合肥工业大学图书出版专项基金资助项目

理论力学学习指导与习题解答

主编　许海燕　胡宗军

合肥工业大学出版社

图书在版编目(CIP)数据

理论力学学习指导与习题解答/许海燕,胡宗军主编．—合肥:合肥工业大学出版社,2023.12

ISBN 978-7-5650-5236-1

Ⅰ.①理…　Ⅱ.①许…　②胡…　Ⅲ.①理论力学—高等学校—教学参考资料　Ⅳ.①O31

中国版本图书馆CIP数据核字(2022)第022356号

理论力学学习指导与习题解答

许海燕　胡宗军　主编　　　　责任编辑　马成勋

出　版	合肥工业大学出版社	版　次	2023年12月第1版
地　址	合肥市屯溪路193号	印　次	2023年12月第1次印刷
邮　编	230009	开　本	787毫米×1092毫米　1/16
电　话	理工图书出版中心:15555129192	印　张	20.25
	营销与储运管理中心:0551-62903198	字　数	480千字
网　址	press.hfut.edu.cn	印　刷	安徽联众印刷有限公司
E-mail	hfutpress@163.com	发　行	全国新华书店

ISBN 978-7-5650-5236-1　　　　定价:58.00元

前　言

理论力学是一门理论性、逻辑性、实践性都很强的技术基础课，是大多数理工科学生的必修课。要想学好理论力学，需要深入透彻地掌握其基本概念、基本理论和基本方法，有必要完成一定量的习题。由于理论力学理论应用和解题方法灵活多样，常使初学者产生“理论容易懂，做题难上难”的感觉。合肥工业大学理论力学课程组编写的《理论力学习题解答》已使用多年，并受到读者一致好评，总有读者向我们索取历年考试真题解答及其他辅助学习资料，为此特编写本书奉献给读者。本书在哈尔滨工业大学《理论力学》原习题解答的基础上扩充了大量不同类型的习题及历年考试真题，包括一些力学竞赛题，并凝练了课程组多年来的教学经验。

全书共分为17章，每章分“主要内容”和“习题指导与解答”两大部分。“主要内容”部分简要叙述该章的主要理论、定理和公式等，突出重点、难点，力求脉络清晰、简单明了。“习题指导与解答”又分为“解题步骤”和“习题解答”两部分，“解题步骤”主要归纳概括该章节解题的主要分析方法、思路和步骤，着重解题特点及注意事项分析。“习题解答”给出大量多样化题型的具体解答过程，并针对一些典型题目给出解题分析与解题思路、逻辑推理及一题多解等。

本书主要特点：内容丰富、题型多样、全真考题、逻辑推理、一题多解。

本书可作为高等学校工科各专业师生的教学参考书，也可供相关工程技术人员参考。

需要另外说明两点：

(1)在研究系统时，系统的受力图直接在原图上画出，而不再对原图解除约束并另外作图，以节省篇幅，希望不引起误会。

(2)理论力学习题解法灵活多样，一题多解。为启发读者灵活应用理论和定理，本书中有些题目给出了多种解法，但多数题目只给了一种解法，有的也简要说明了其他解法，希望能起到抛砖引玉的作用。

全书第 1 章至第 8 章由胡宗军编写、第 9 章至第 17 章由许海燕编写。编写过程中得到了理论力学课程组和合肥工业大学出版社马成勋老师的大力支持和帮助，谨此致谢！

由于编者水平有限，若有错误、疏漏之处，恳请读者不吝指正。

编　者

2023 年 10 月

目　录

第1章　静力学公理和物体的受力分析

1.1　主要内容

一、基本概念

1. 力

即物体之间的相互机械作用，其外效应为使物体的机械运动状态发生变化，内效应为使物体产生变形。

力的三要素：相对变形体，其三要素为力的大小、方向和作用点，力矢量是定位矢量；相对刚体，其三要素为力的大小、方向、作用线，力矢量是滑移矢量。

2. 力系

即作用在物体上的一群力。按照力的作用位置分，力系有平面力系和空间力系。平面力系又可分为平面共点、汇交、平行、力偶、任意力系；空间力系又可分为空间共点、汇交、平行、力偶、任意力系。

3. 平衡

即物体相对于惯性坐标系静止或者做匀速直线运动。

4. 刚体

即任何情况下不变形的物体，或其内部任意两点间距离始终不变的物体。刚体是理想化的力学模型。

二、静力学公理

公理1　力的平行四边形法则　作用在物体上同一点的两个力可以合成为一个合力，合力的大小和方向由这两个力为邻边的平行四边形的对角线确定，合力的作用点即该点，或合力矢等于这两个力矢的几何和。

注意：此公理阐明了作用在一个物体上最简单的力系的合成规则，是复杂力系简化的基础。

公理2　二力平衡条件　作用在刚体上的两个力，使刚体保持平衡的必要和充分条件是：这两个力大小相等、方向相反，且在同一直线上。

注意：此公理是判断二力构件的依据。在画物体受力图时，若能首先判断出有二力构件存在，将给解题带来方便。对变形体，此公理不是充要条件。

公理3　加减平衡力系原理　在已知力系加上或减去任意的平衡力系，不改变原力系对刚体的作用效应。

注意：此公理是研究力系等效变换的重要依据。此公理只适用于刚体，而不适用于变形体。

推论1　力的可传性　作用在刚体上某点的力，可沿着作用线滑移到刚体内任一点，不改变该力对刚体的作用效应。

注意：此推论说明对刚体而言，力是滑移（动）矢量，其三要素为力的大小、方向和作用线。

推论2　三力平衡汇交定理　作用在刚体上的三个相互平衡的力，若其中两个力的作用线汇交于一点，则此三个力必然共面，且第三个力的作用线通过汇交点。

注意：此定理可用来确定一些未知力的方向。三力平衡平行时是三力平衡汇交的特例，可认为汇交点在无穷远处。

公理4　作用和反作用公理（定律）　作用与反作用力必然同时存在，且两个力的大小相等，方向相反，沿同一条直线，分别作用在相互作用的两个物体上。

注意：这个公理阐明了两个物体相互作用的关系，作用与反作用力是分别作用在两个物体上的，不能错误地与二力平衡公理混同起来。

公理5　刚化原理　变形体在某力系作用下处于平衡，若将此变形体视为刚体，其平衡状态保持不变。

注意：此公理阐明了变形体抽象成刚体模型的条件，并指出刚体平衡的必要和充分条件只是变形体平衡的必要条件，即：变形体在某力系作用下处于平衡，则此力系为平衡力系；若变形体在一平衡力系作用下，则该变形体未必平衡。

三、约束和约束力

1. 约束

限制非自由体运动的条件称为约束。

2. 约束力

约束对非自由体施加的力称为约束力。

注意：约束力的方向与该约束所能阻碍的位移方向相反，这是确定约束力方向的准则。画约束力时，应分别根据每个约束本身的特性确定其约束力的方向，其大小将由静力平衡方程求出。

3. 约束的分类

（1）光滑（面、线、点）接触约束

特点：限制沿接触处公法线方向的运动。

约束力$\boldsymbol{F}_N$的方向：沿接触处的公法线指向被约束的物体。

注意：正确理解法线、公法线的概念。面接触的法线易理解，线、点接触的法线、公法线如何理解？实际上，严格地说接触处都应该是面接触，线、点接触是抽象化的模型。对于面（线）接触，在理论力学中考虑用作用在一个点的集中力，而不是用单位面积（长度）的力来表示。

对此类约束，强调约束力一定沿着接触处的公法线，不可仅凭直观感觉或臆断。

(2) 柔性体约束(绳索、链条、胶带等)

特点：限制沿柔索方向脱离柔索的运动，柔索只能承受拉力。

约束力$\boldsymbol{F}_{\mathrm{T}}$ 的方向：沿柔索背离被约束的物体。

(3) 光滑铰链约束(径向轴承、圆柱形铰链、固定铰支座等)

特点：限制沿径向的相对位移，而不限制绕铰链中心的相对转动及沿轴向的位移。

约束力：垂直于轴线并通过铰链中心。在平面问题中，一般用两个大小未知的正交分力$\boldsymbol{F}_x$，$\boldsymbol{F}_y$ 表示。

注意：此类约束的约束力实质为一个力。在实际分析中可用二力平衡公理、三力汇交定理等能确定其作用线时，最好画成一个力；当力的作用方向不能确定或者能确定但为求解方便时，一般画成两个相互正交的力。

(4) 滚动(辊轴) 支座约束

特点：限制沿接触处公法线方向的运动。

约束力$\boldsymbol{F}_{\mathrm{N}}$ 的方向：垂直于支撑面，且通过铰链中心。

注意：滚动支座与光滑接触面类似，其约束力垂直于支撑面且通过铰链中心，如图 1-1(a) 所示，三种形式均可表示滚动支座，第三图中小杆件为二力杆，既可承受拉力也可承受压力。滚动支座的约束力可以向上，也可以向下，如图 1-1(b) 所示，可以为双侧约束(工程中可采用各种措施将滚动支座做成双侧支座)。

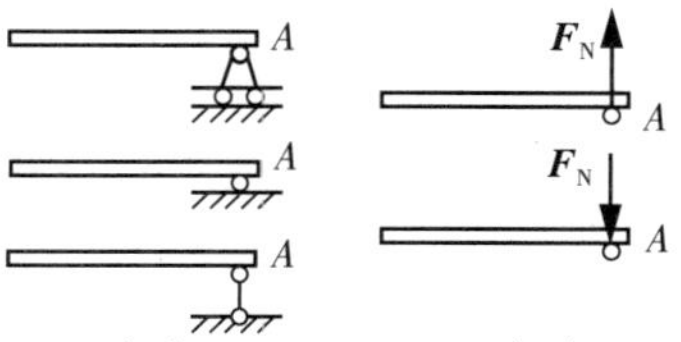

图 1-1

(5) 球铰链约束

用球和球壳将两个构件连接在一起的约束称为球铰链。

特点：限制构件的球心任意方向的位移，而不限制绕球心的任意转动。

约束力：方向不定的且过球心的空间法向约束力，一般用三个正交的分力$\boldsymbol{F}_x$，$\boldsymbol{F}_y$，$\boldsymbol{F}_z$ 表示。

(6) 止推轴承

特点：既限制轴的径向位移又限制轴向位移。

约束力：用三个正交的分力$\boldsymbol{F}_x$，$\boldsymbol{F}_y$，$\boldsymbol{F}_z$ 表示。

(7) 固定端(插入端约束)

特点：既限制相对移动又限制相对转动。

约束力：可简化为一个力和一个力偶。在平面问题中，用两个正交分力$\boldsymbol{F}_x$，$\boldsymbol{F}_y$ 和一个约束力偶 M 表示。

4. 关于约束力的说明

确定各类约束的约束力数目的基本方法是：观察物体所有可能的运动，判断哪几种运动被约束所阻碍，若移动受到阻碍，则产生约束力；若转动受到阻碍，则产生约束力偶。例如，与径向轴承相比，止推轴承约束多了一个阻碍沿轴线方向的移动，因此约束力用三个正交的分力$\boldsymbol{F}_x$，$\boldsymbol{F}_y$，$\boldsymbol{F}_z$ 表示。再如空间固定端约束，它阻碍物体在空间的六种可能的运动(沿 x，y，z 三坐标轴的移动和绕这三轴的转动)，因此有三个约束力$\boldsymbol{F}_x$，$\boldsymbol{F}_y$，$\boldsymbol{F}_z$ 和三个约束力偶 M_x，

M_y,M_z 共 6 个未知分量。

四、物体的受力分析和受力图

1. 物体的受力分析

针对研究对象,确定其受力的个数、各力的作用位置和力的作用方向,这种分析过程称为受力分析。

2. 受力图

将研究对象(受力体)从周围物体(施力体)中分离出来,画出分离体简图,在简图上把施力物体对研究对象的所有作用力(包括主动力和约束力)全部画出,这样的图称为受力图。

3. 画受力图的步骤

(1) 明确研究对象,解除其约束,取分离体,画出其简图;

(2) 画分离体的受力图。把作用于研究对象上的主动力(如物体上所受的重力、风力、水压力或已知载荷)和约束力全部画在分离体上。

4. 注意事项

(1) 凡在去掉约束处,需根据约束的类型逐一画上约束力。约束力的数目应与所受约束的个数相适应。在画约束力时,由于铰链的约束力的方向不能预先确定,通常用两个正交分力表示。

(2) 会判断二力构件和三力构件,即当物体仅受两个或三个力作用而处于平衡时,则可根据二力平衡条件或三力平衡汇交定理确定约束力的方向(力线)。

(3) 若研究对象是系统,则只画外力,不画内力。

(4) 检查是否漏画力或多画力,检查各约束力的方向是否正确,检查作用与反作用关系是否符合。

绘制受力图的步骤如图 1-2 所示:

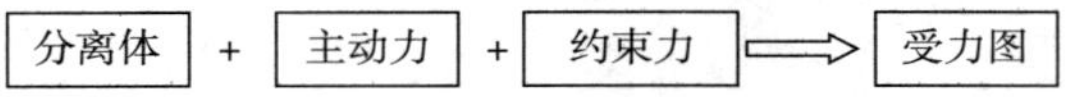

图 1-2

1.2 解题指导与习题解答

1-1 检查题 1-1 受力图中是否有错?若有错,如何改正。

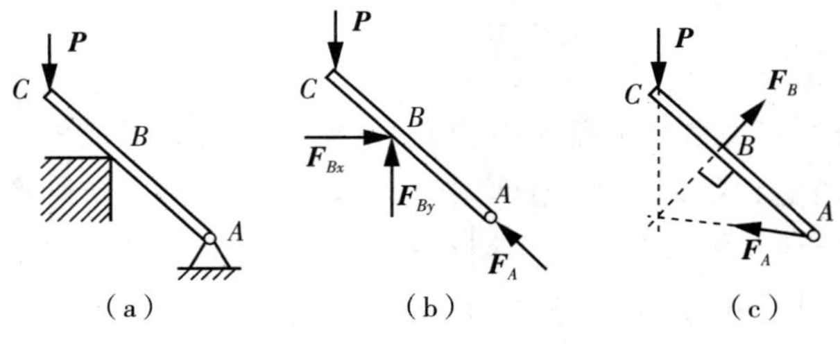

题 1-1 图 A

【解 A】 题 1-1 图 A(b) 中受力图有错。B 处为光滑接触，约束力沿公法线方向，垂直于杆 AC。改后如题题 1-1 图 A(c) 所示，根据三力平衡汇交定理，确定支座 A 处的约束力方向。

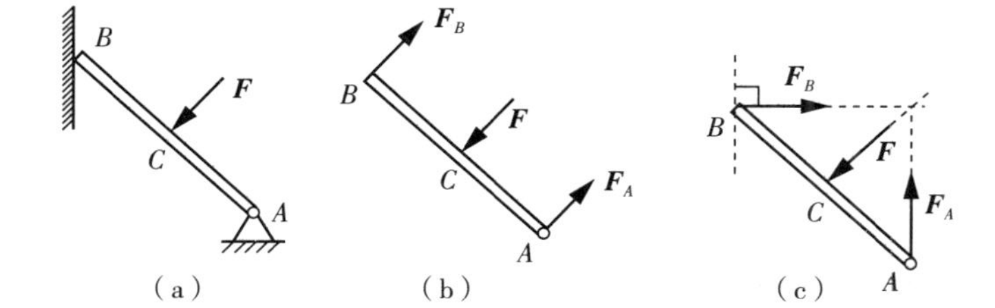

题 1-1 图 B

【解 B】 题 1-1 图 B(b) 中受力图有错。B 处为光滑接触，约束力沿公法线方向，垂直于墙面。改后如题 1-1 图 B(c) 所示，根据三力平衡汇交定理，确定支座 A 处的约束力方向。

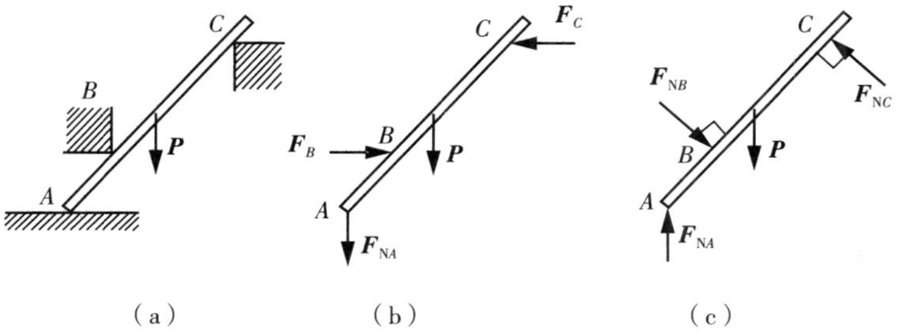

题 1-1 图 C

【解 C】 题 1-1 图 C(b) 中受力图有错。B、C 处均为光滑接触，约束力沿公法线方向，指向并垂直于杆 AC。改后如题 1-1 图 C(c) 所示。

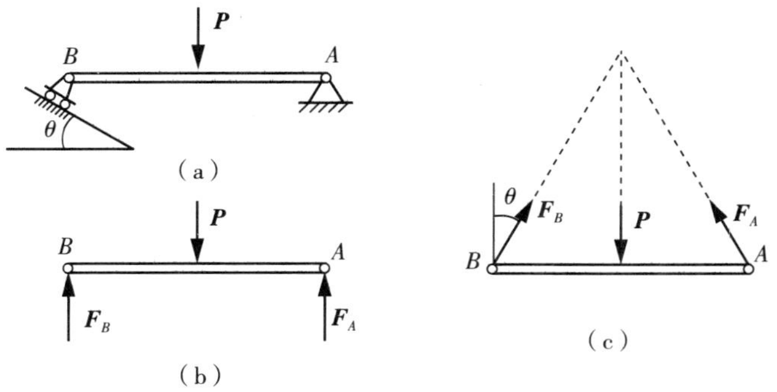

题 1-1 图 D

【解 D】 题 1-1 图 D(b) 中受力图有错。B 处为滚动支座，约束力垂直于支撑面，且通过铰链中心 B。改后如题 1-1 图 D(c) 所示，根据三力平衡汇交定理，确定支座 A 处的约束力方向。

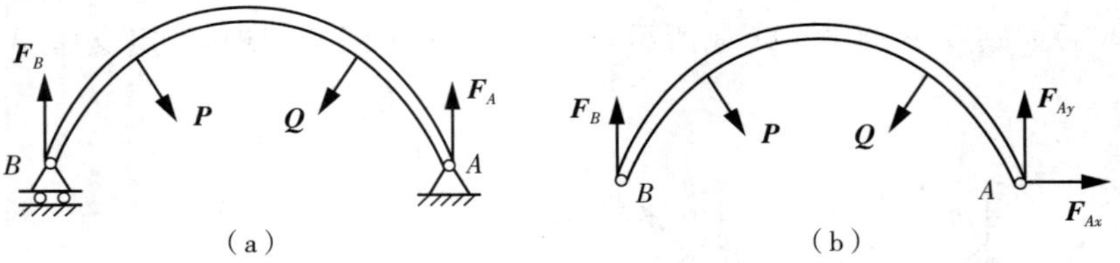

题 1-1 图 E

【解 E】 题 1-1 图 E(a) 中受力图有错。B 处为滚动支座，所画的约束力正确，但 A 处为固定铰支座，约束力须用两个正交分力表示。改后如题 1-1 图 E(b) 所示。

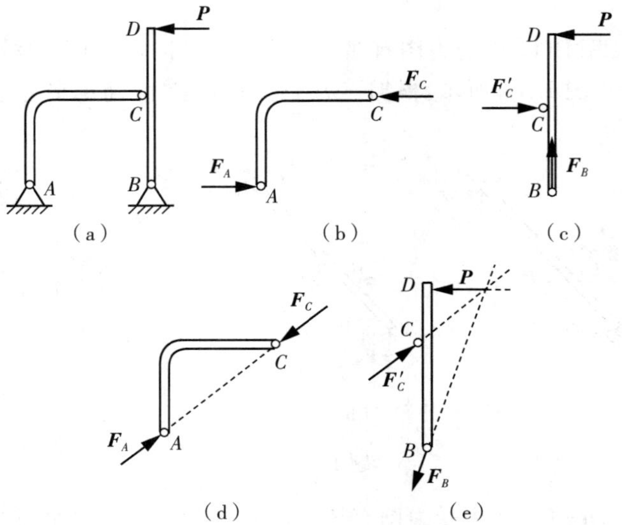

题 1-1 图 F

【解 F】 题 1-1 图 F(b)(c) 中受力图均有错。AC 为二力构件，受力沿 AC 连线方向，BD 为三力平衡汇交。改后如题 1-1 图 F(d)(e) 所示。

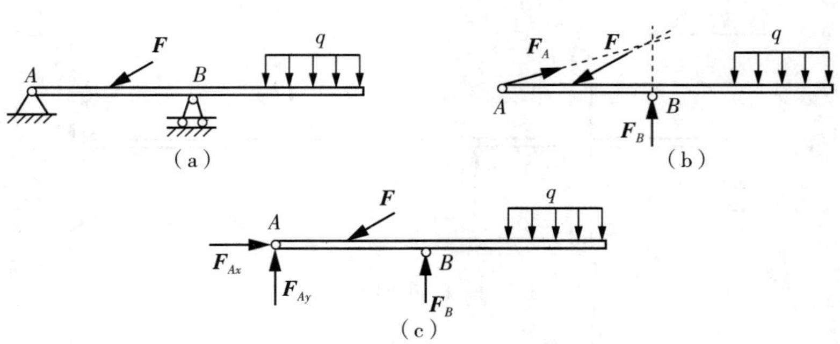

题 1-1 图 G

【解 G】 题 1-1 图 G(b) 中受力图有错。梁上除作用有集中力 **F** 外，还有均布载荷 q，不可以简单地为部分三力汇交平衡，改后如题 1-1 图 G(c)。

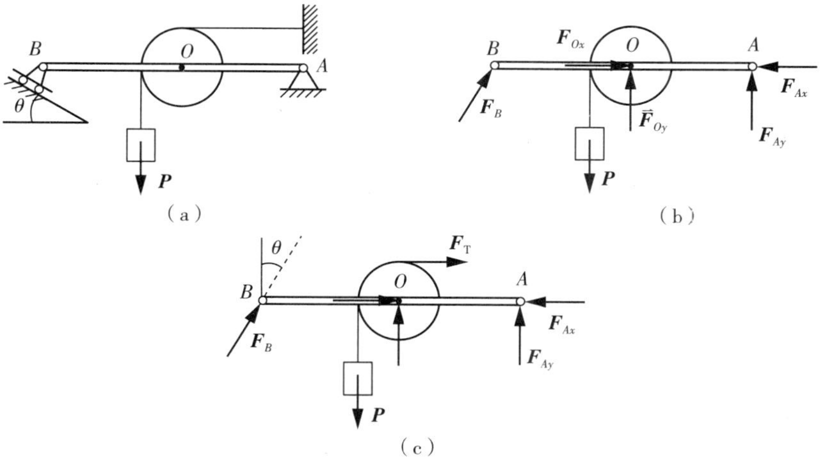

题 1-1 图 H

【解 H】 题 1-1 图 H(b) 中受力图有错。研究对象是梁 AB 和滑轮 O 系统解除了支座 A、B 及绳子的约束，应该代之以相应的约束力，因此应该画上绳子的张力，不应该画轴承 O 处的约束力(系统内力)，改后如题 1-1 图 H(c)。

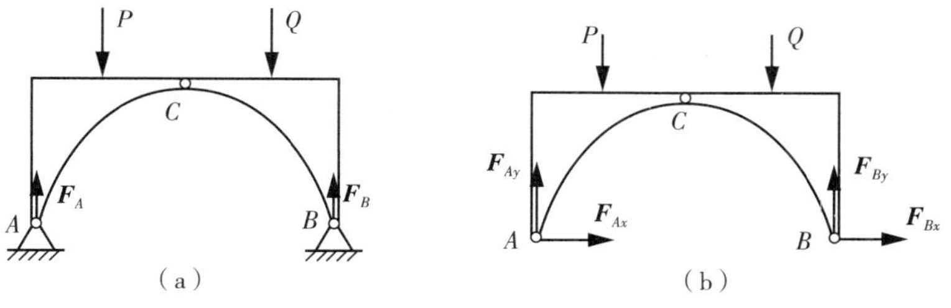

题 1-1 图 I

【解 I】 题 1-1 图 I(a) 中受力图有错。A、B 支座均为固定铰支座，约束力均用两个正交分力表示。不可因为主动力均沿铅垂方向，便想当然认为约束力也都是沿铅垂方向。改后如题 1-1 图 I(b)。

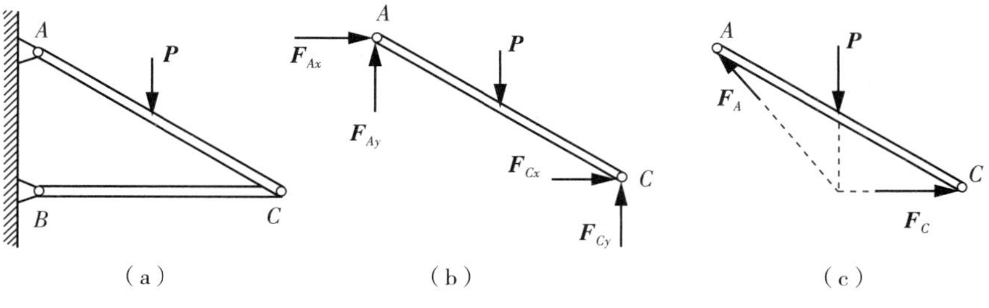

题 1-1 图 J

【解 J】 题 1-1 图 J(b) 中受力图欠妥。BC 为二力构件，可直接判断铰 C 处约束力沿 BC 连线方向，进一步根据 AC 构件三力平衡汇交，确定支座 A 处的约束力方向。改后如题 1-1 图 J(c)。

1-2 图中集中力 $\boldsymbol{P}$ 为已知。试画出构件 AB 的受力图。

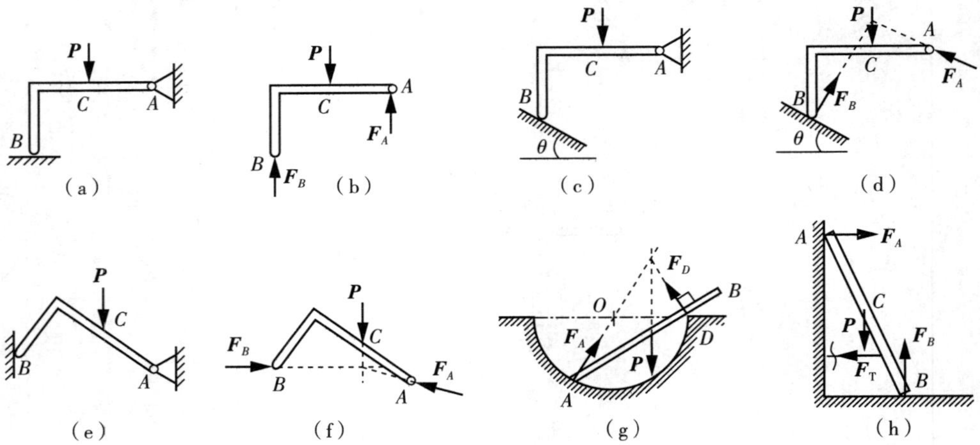

题 1-2 图

1-3 下列习题中假定接触处都是光滑的，物体的重量除图中注明者外均略去不计，请画出下列指定物体的受力图。

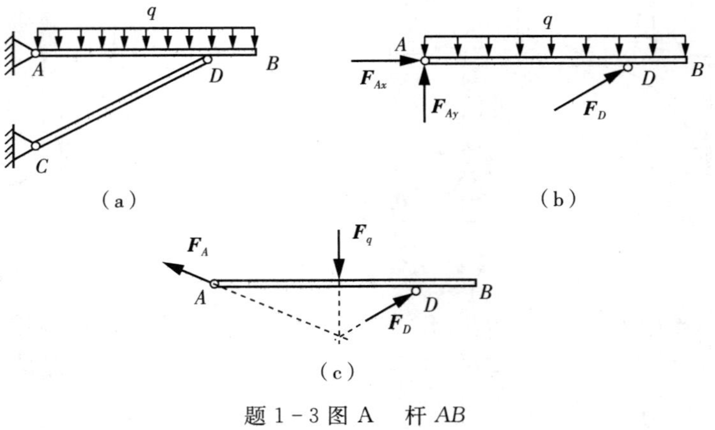

题 1-3 图 A 杆 AB

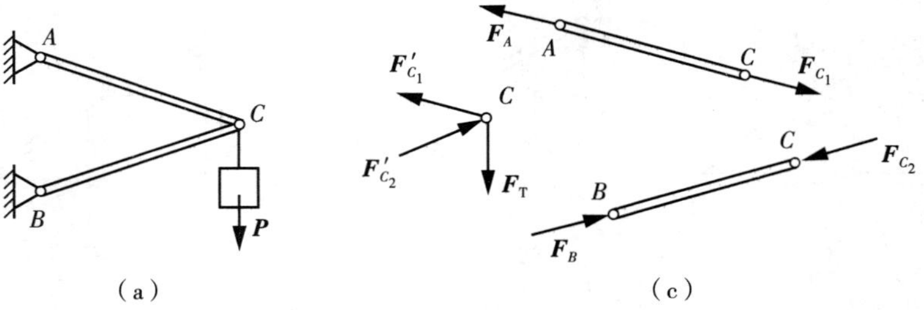

题 1-3 图 B 杆 AC、BC，销 C

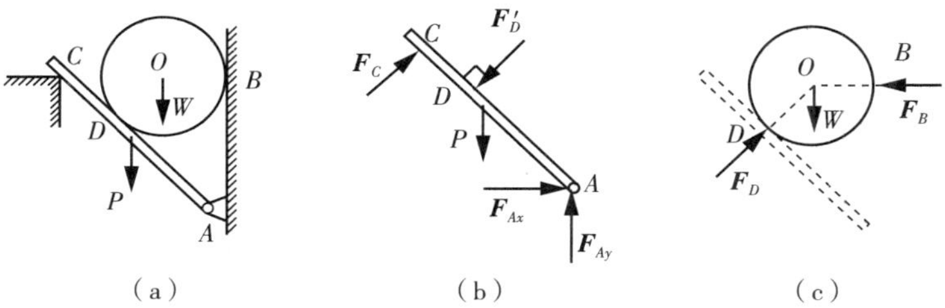

题 1-3 图 C　杆 AC，圆柱 O

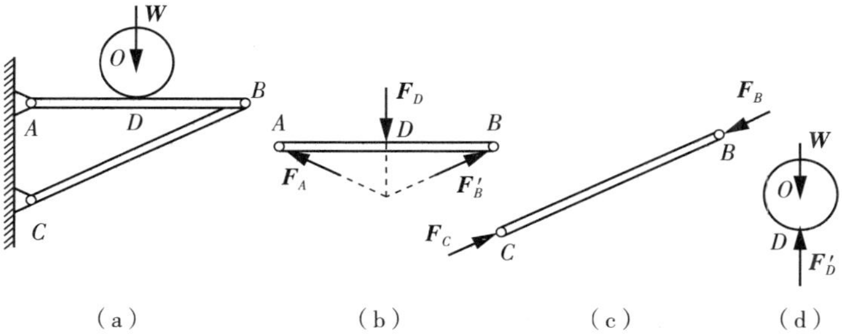

题 1-3 图 D　杆 AB、BC，圆柱 O

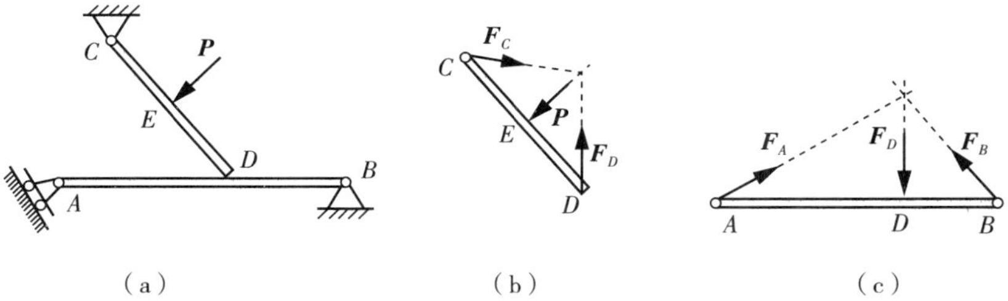

题 1-3 图 E　杆 AB、CD

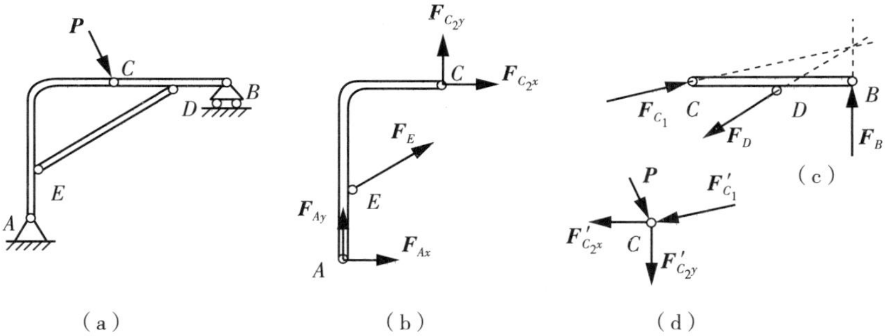

题 1-3 图 F　弯杆 AC，杆 BC，销 C

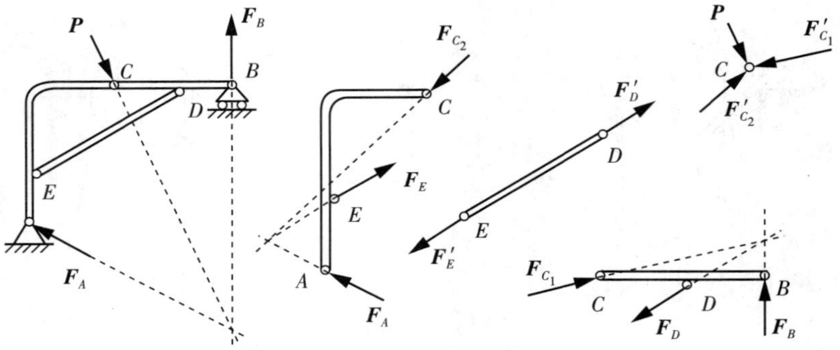

题 1-3 图 F （另解）弯杆 AC，杆 BC，销 C

提示：先研究系统，由三力平衡汇交，画出固定铰支座 A 的约束力方向；再分别研究构件 AC 和 BC，为三力汇交。ED 为二力杆；销钉 C 为汇交力系作用。所以各约束力均可确定方向。

注意：在练习画受力图阶段时，可以利用二力平衡、三力平衡汇交等定理确定未知约束力的方向。而在后续章节中，利用平衡方程求解未知约束力时，有时用正交分量表示未知约束力，反而利于求解。

1-4　画出如题 1-4 图所示各物系中指定物体的受力图和整个系统的受力图，物体自重均不计。

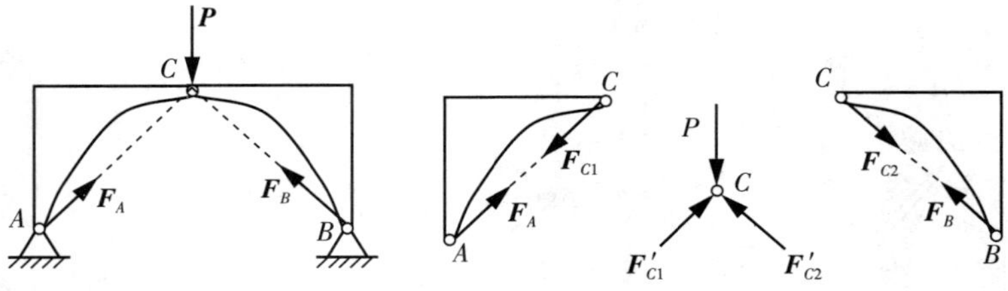

题 1-4 图 A　构件 AC、BC，销 C

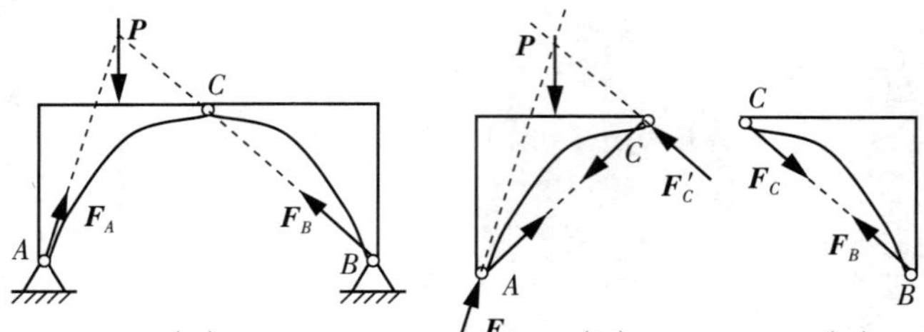

(a)　(b)　(c)

题 1-4 图 B　构件 AC、BC

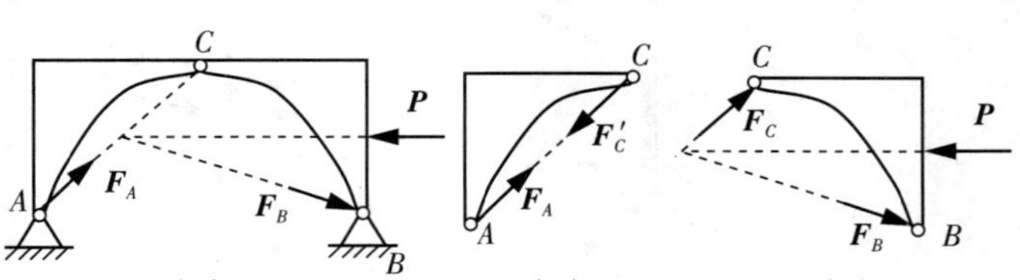

(a)　(b)　(c)

题 1-4 图 C　构件 AC、BC

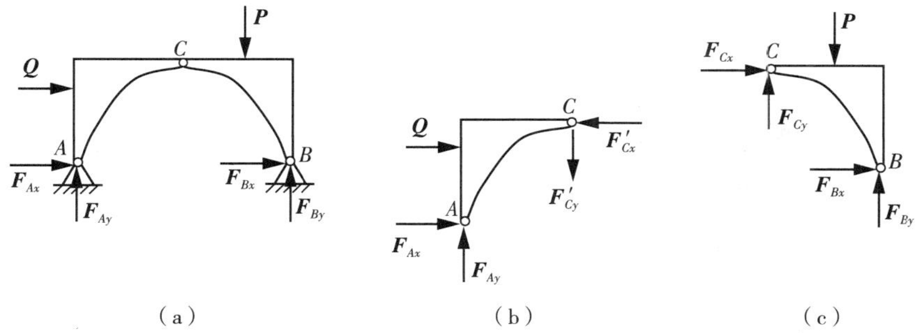

题 1-4 图 D　构件 AC、BC

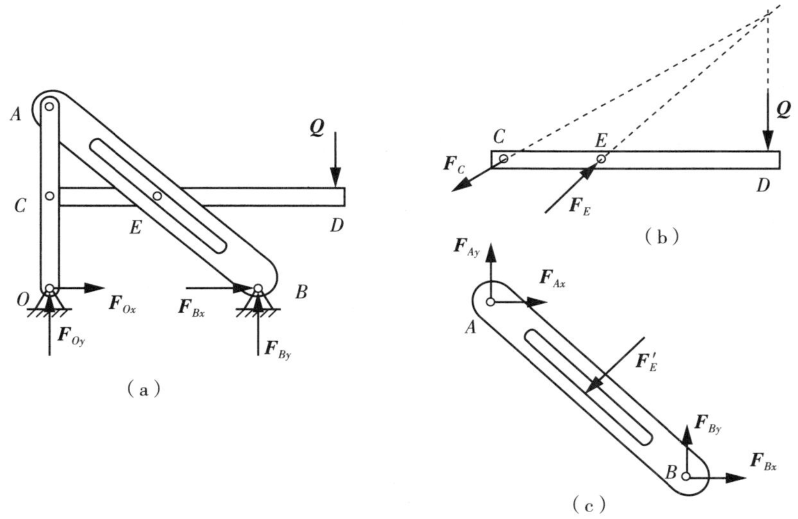

题 1-4 图 E　构件 AB、CD

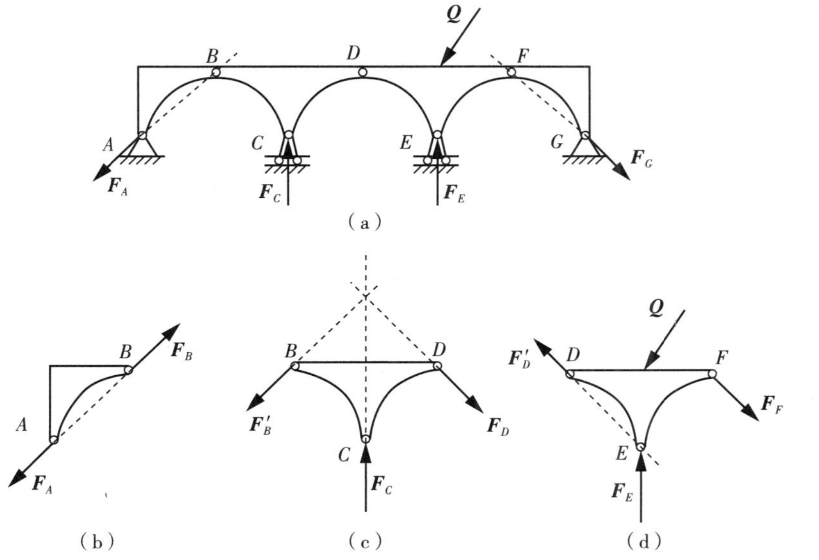

题 1-4 图 F　构件 AB、BCD、DEF

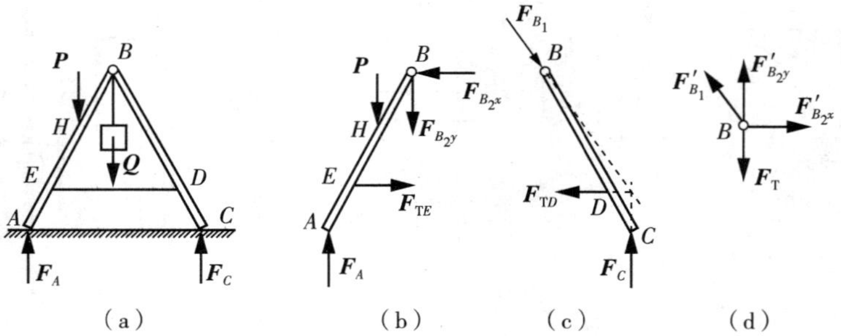

题 1－4 图 G 构件 AB、BC、销 B

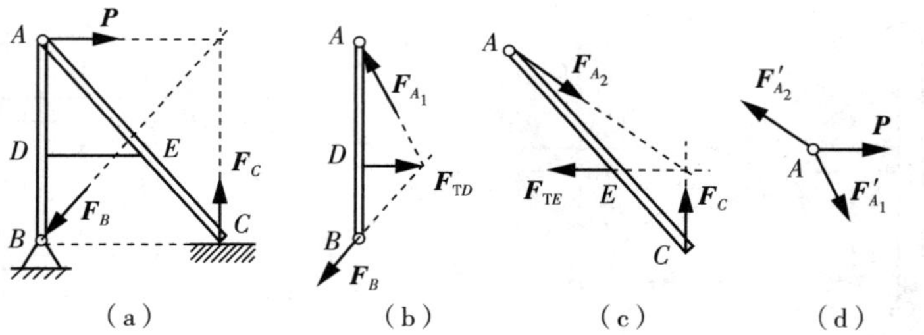

题 1－4 图 H 构件 AB、AC，销钉 A

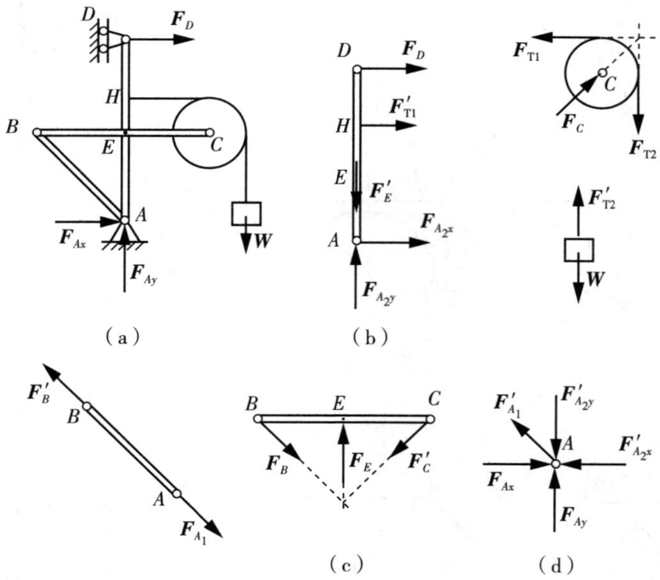

题 1－4 图 I 构件 AD、BC，销钉 A

1－5 如图 1－5 所示各构架中，除标识重物外，各构件自重均不计，画出下列各物系中指定物体的受力图和整个物系的受力图。

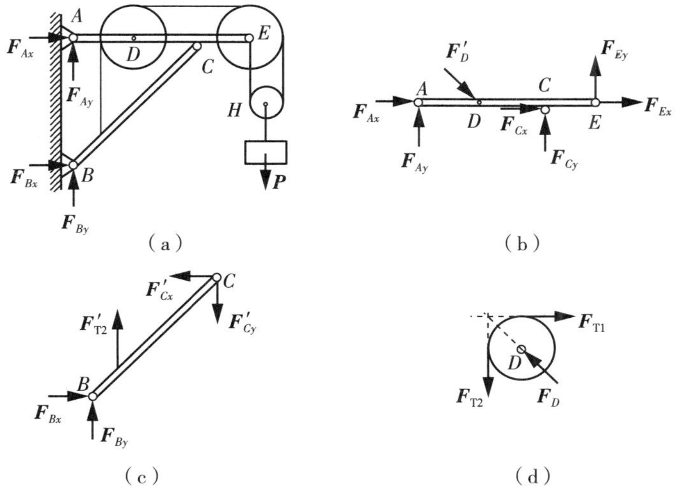

题 1－5 图 A　杆 AE、BC 和轮 D

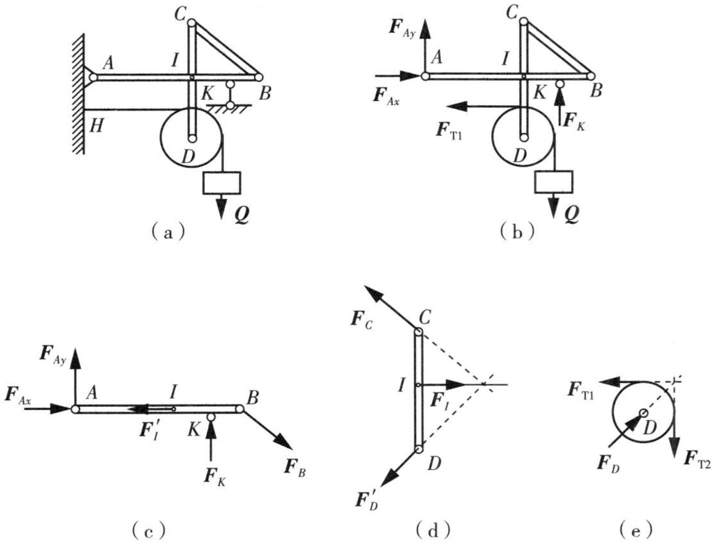

题 1－5 图 B　杆 AB、CD 和轮 D

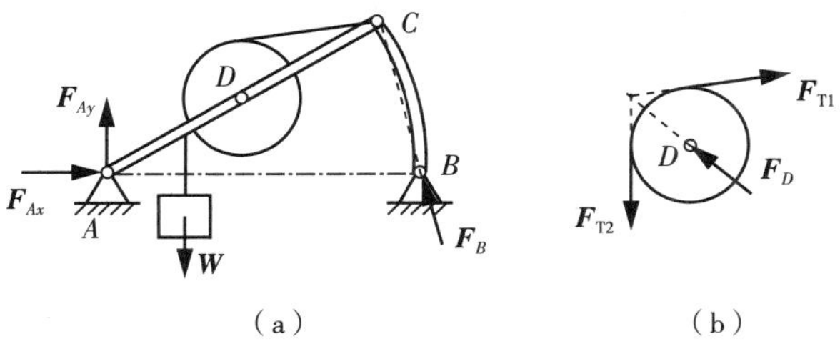

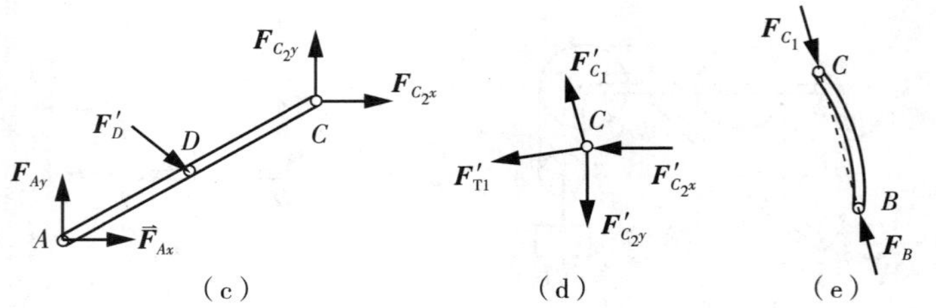

题 1－5 图 C　轮 D，杆 AC，销 C 和杆 BC

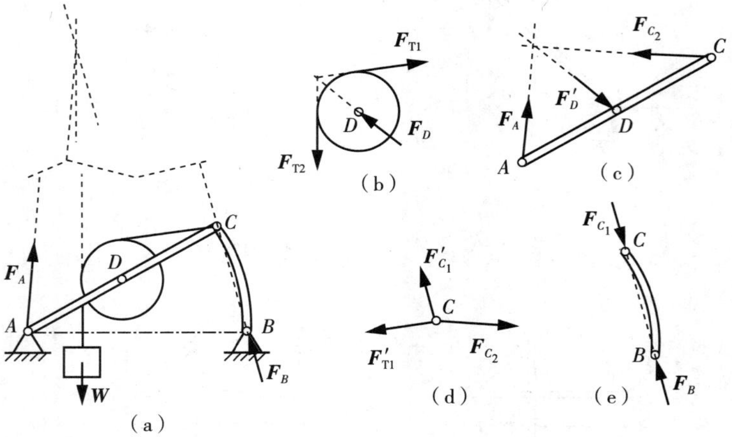

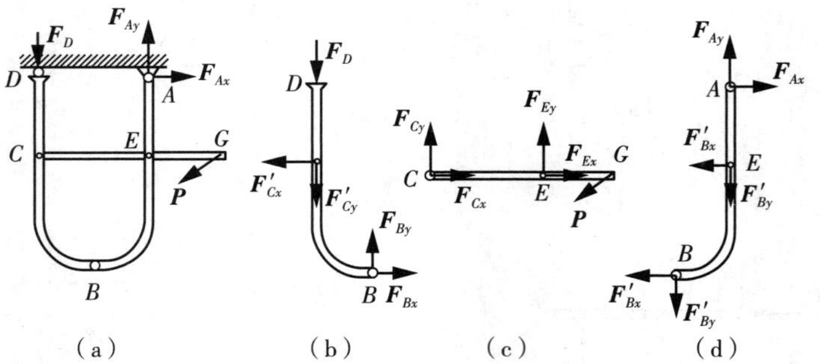

题 1－5 图 D　杆 BD、CG 和 AB

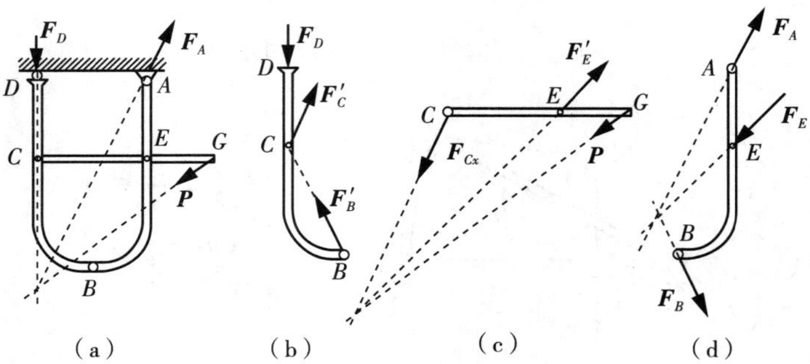

题 1－5 图 D　（另解）图 D 杆 BD、CG 和 AB

提示：先研究系统，由三力平衡汇交，画出固定铰支座 A 的约束力方向；再分别研究构件 BD、AB 和 CG，均为三力平衡汇交；研究 BD 可知 B 处反力通过点 C，研究 AB 得 E 处反力方向，研究 CG，确定 C 处反力方向。所以各约束力均可确定方向。

注意：从本题可知，虽然各约束力均可确定其方向，但几何角度的确定并不容易。在今后用平衡方程实际求解未知约束力时，用正交分量表示未知约束力，反而更利于求解。

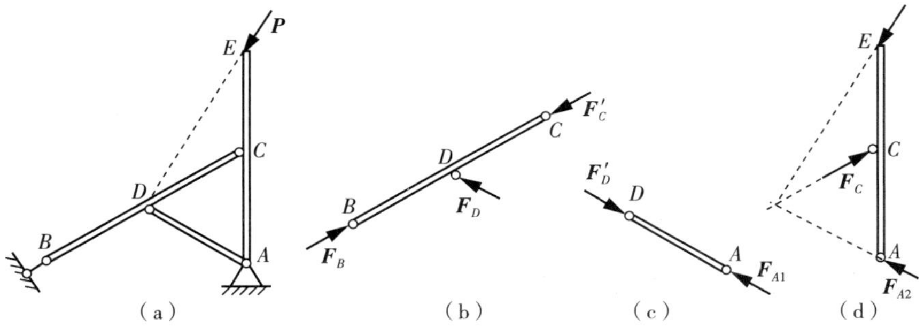

题 1－5 图 E　杆 BC、AD 和 AE

提示：先研究系统，活动支座 B 的约束力沿 BC 方向，由三力平衡汇交定理，可知固定铰支座 A 的约束力沿 AD 方向；AD 为二力杆，BC、AE 杆均为三力平衡汇交；易知二力杆 AD 受力为零。

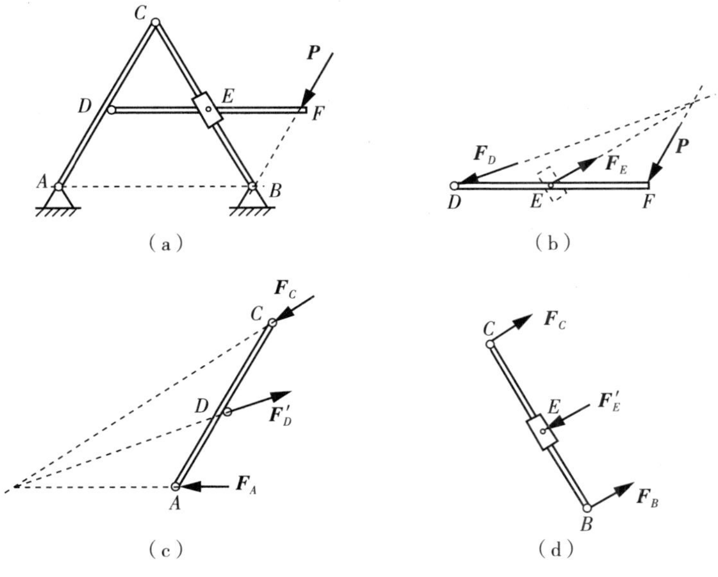

题 1－5 图 F　杆 AC、BC 和 DF

提示：(1) 研究系统，因力 $\boldsymbol{P}$ 通过支座 B，由三力平衡汇交定理，可知支座 A 的约束力必沿 AB 方向；(2) 研究 DF 杆，套筒 E 处约束力垂直于 BC，三力平衡汇交；(3) 研究 AC 杆，三力汇交平衡，确定 C 处约束力方向；(4) 研究 BC，确定 B 处约束力方向。

第2章　平面力系

2.1　主要内容

一、平面汇交力系合成与平衡的几何法

(1) 平面汇交力系合成的几何法是根据力多边形法则画图，求得平面汇交力系的合力。合力的大小和方向由力多边形的封闭边确定，合力的作用点是力系的汇交点。

$$\boldsymbol{F}_{\mathrm{R}}=\boldsymbol{F}_1+\boldsymbol{F}_2+\cdots+\boldsymbol{F}_n=\sum \boldsymbol{F}_i \tag{2-1}$$

(2) 平面汇交力系平衡的必要充分条件是该力系的合力等于零，用几何法表示为力多边形自行封闭。

注意：在求合力的力多边形中，所有分力矢量首尾相接，画各分力矢量的次序可以任意，力多边形可以不同，但求得的合力相同，合力矢由第一个分力的始端指向最后一个分力的尾端；而平衡时的力多边形中各力矢量是首尾相连，自行封闭。与求合力的力多边形不同。

二、平面汇交力系合成与平衡的解析法

(1) 平面汇交力系合成的解析法是根据合矢量投影定理：合矢量在轴上的投影等于所有分矢量在同一轴上的投影的代数和，如 x、y 轴上有

$$F_{\mathrm{R}x}=\sum F_{xi},F_{\mathrm{R}y}=\sum F_{yi} \tag{2-2}$$

合力矢的大小和方向余弦分别为

$$F_{\mathrm{R}}=\sqrt{F_{\mathrm{R}x}^2+F_{\mathrm{R}y}^2}=\sqrt{\left(\sum F_{xi}\right)^2+\left(\sum F_{yi}\right)^2} \tag{2-3}$$

$$\cos(\boldsymbol{F}_{\mathrm{R}},i)=\frac{\sum F_{xi}}{F_{\mathrm{R}}},\cos(\boldsymbol{F}_{\mathrm{R}},j)=\frac{\sum F_{yi}}{F_{\mathrm{R}}} \tag{2-4}$$

(2) 平面汇交力系平衡的充分与必要条件是合力为零，即

$$\boldsymbol{F}_{\mathrm{R}}=\sum \boldsymbol{F}_i=0 \tag{2-5}$$

平衡方程为

$$\sum F_{xi}=0,\sum F_{yi}=0 \tag{2-6}$$

有两个独立方程，可解两个未知量。

三、平面力对点的矩

1. 力矩的概念

力矩是度量力对物体转动效果的物理量。平面力系中力 $\boldsymbol{F}$ 对该平面内 O 点的矩是代数量，记为

$$M_O(\boldsymbol{F})=\pm Fh \tag{2-7}$$

式中，F 是力的大小；h 为力臂。通常规定逆时针转向为正，顺时针转向为负。

2. 力矩的解析表达式

$$M_O(\boldsymbol{F})=xF_y-yF_x \tag{2-8}$$

式中，x、y 是力作用点的坐标，F_y、F_x 是力 $\boldsymbol{F}$ 在 x、y 轴上的投影。

3. 合力矩定理

合力对平面内任一点（轴）之矩等于各分力对该点（轴）之矩的代数和，即

$$M_O(\boldsymbol{F}_\mathrm{R})=\sum_{i=1}^{n}M_O(\boldsymbol{F}_i) \tag{2-9}$$

合力矩的解析表达式为

$$M_O(\boldsymbol{F}_\mathrm{R})=\sum(x_iF_{yi}-y_iF_{xi}) \tag{2-10}$$

四、力偶与力偶矩

1. 力偶

由等值、反向、不共线的两个平行力组成的力系。力偶所在的平面称为力偶的作用面，力偶中两个平行力之间的垂直距离称为力偶臂。

提示：力偶中的两个力在任意轴上的投影和为零。因此，在列力的投影平衡方程时，不必考虑力偶中的两个力的投影。

2. 力偶矩

度量力偶对物体的转动效应，即

$$M(\boldsymbol{F},\boldsymbol{F}')=M=\pm Fd \tag{2-11}$$

力偶矩是代数量，其绝对值等于力的大小与力偶臂的乘积。取逆时针转向为正，反之为负。式中 $\boldsymbol{F}$ 为力的大小，d 为力偶臂。

3. 力偶的性质

(1) 力偶对任意点之矩等于力偶矩，与矩心位置无关。

提示：这是力偶矩与力矩的重要区别。矩心不同，力矩一般会变化，但力偶矩与矩心无关，对任一点的力矩都等于力偶矩本身。

(2) 只要保持力偶矩不变，力偶可在作用面内任意移动或转动，也可任意改变力的大小和力偶臂的长短，对刚体的作用效应不变。

提示：本性质一般用于理论推导，实际解题时用处不大。

(3) 力偶没有合力，力偶只能与力偶相平衡。

提示：本性质在实际解题时常常用来直接判断一些未知约束力的方向。

(4) 力偶等效条件：力偶矩相等的两个力偶相互等效。

五、平面力偶系的合成和平衡条件

1. 平面力偶系的合成

同平面内的任意一个力偶，可合成为一个合力偶 M，合力偶的矩等于各个力偶矩的代数和，即

$$M=\sum M_i \tag{2-12}$$

2. 平面力偶系的平衡条件

平面力偶系平衡的必要和充分条件是：所有各力偶矩的代数和等于零，即

$$\sum M_i=0 \tag{2-13}$$

只有一个独立方程，可解一个未知量。

六、平面任意力系向作用面内一点的简化

1. 力的平移定理

作用在刚体上的力，可平行移动到刚体上任一点，平移时需附加一力偶，附加力偶的力偶矩等于原作用力对平移点之矩。

该定理表明，一个力可以等效于一个力和一个力偶。其逆定理表明，可将平面内的一个力和一个力偶等效于一个力。

应用力的平移定理，将力系向一点简化的方法是力系简化的普遍方法。

2. 平面力系向平面内一点简化　主矢和主矩

平面任意力系向作用面内任一点(称为简化中心)简化，可得一个力和一个力偶。这个力的大小和方向等于力系中各分力的矢量和(称为力系的主矢)，作用线过简化中心；这个力偶的力偶矩等于力系中各分力对于简化中心的力矩的代数和(称为力系的主矩)。

主矢：力系中各力的矢量和称为力系的主矢量(简称主矢)，即

$$\boldsymbol{F}'_{\mathrm{R}}=\sum \boldsymbol{F} \tag{2-14}$$

主矢量与简化中心位置无关。

主矩：力系中各力对简化中心之矩的代数和称为力系对简化中心的主矩，即

$$M_O=\sum M_O(\boldsymbol{F}_i) \tag{2-15}$$

一般情况下主矩与简化中心位置有关。

主矢和主矩的解析式如下：

若以简化中心为原点，建立直角坐标系 Oxy 则主矢与主矩的解析表达式分别为

$$F'_R = \sum F_x \boldsymbol{i} + \sum F_y \boldsymbol{j} ; M_O = \sum M_O(\boldsymbol{F}_i) = \sum (x_i F_{iy} - y_i F_{ix}) \tag{2-16}$$

式中 F_{ix}，F_{iy}为力系中各力在坐标轴上的投影，x_i，y_i为力 $\boldsymbol{F}_i$ 作用点的坐标。

3. 平面任意力系简化结果分析

平面任意力系简化的最终结果有三种：当主矢不等于零、主矩等于零时，最终结果为一个力，称为合力；当主矢为零、主矩不为零时，最终结果为一个力偶，称其为合力偶；当主矢、主矩均为零时力系平衡。

七、平面任意力系的平衡条件和平衡方程

(1) 平面任意力系平衡的充要条件是力系的主矢和对任一点的主矩都等于零，即

$$\begin{aligned} \boldsymbol{F}'_R &= \sum \boldsymbol{F} = 0 \\ M_O &= \sum M_O(\boldsymbol{F}) = 0 \end{aligned} \tag{2-17}$$

(2) 平面任意力系平衡方程的 3 种形式见表 2-1。

表 2-1　平面任意力系平衡方程的三种形式

基本形式	二力矩式	三力矩式
$\sum F_x = 0$ $\sum F_y = 0$ $\sum M_O(\boldsymbol{F}) = 0$	$\sum F_x = 0$ $\sum M_A(\boldsymbol{F}) = 0$ $\sum M_B(\boldsymbol{F}) = 0$ A、B 连线与 x 轴不垂直	$\sum M_A(\boldsymbol{F}) = 0$ $\sum M_B(\boldsymbol{F}) = 0$ $\sum M_C(\boldsymbol{F}) = 0$ A、B、C 三点不共线

2.2　解题指导与习题解答

一、解题指导

1. 单个物体平衡问题

单个物体平衡问题解题一般步骤是：选取研究对象，画受力图、列方程、解方程。若属于平面汇交力系问题，还可以用几何法，即做封闭的力多边形：从已知力开始，按照合适的比例，作图将各作用力矢量首尾相连接，确定未知力的大小和方向；若属于力偶平衡问题，注意利用力偶的性质，直接判断未知约束力的方向并求解；若该物体只受三个力平衡，则可利用三力平衡汇交定理（或三力平行）直接判断未知力的方向。

2. 物体系统平衡问题

(1) 选取研究对象。两种思路：一是先研究整个系统，列出平衡方程，求出部分未知量，再考虑拆分系统，选取某构件或若干构件组成的部分系统为研究对象，列方程逐步求解全部待求量；二是直接拆分系统，取各部分为研究对象，求出全部待求量。

(2) 进行受力分析。在各研究对象分离体上画出所有的力，对拆分出的对象，注意物体之间的作用力与反作用力的关系。

(3) 列出平衡方程。尽量使得一个方程中只含有一个未知量，可取投影轴与较多的未知力相垂直，矩心取在尽可能多的未知力的交点上。

(4) 解方程。若计算结果为正值，则受力图中力的方向为真实方向；若为负值，则说明与图示方向相反。

3. 平面简单桁架的内力计算

平面简单桁架的内力分析有两种方法，即节点法和截面法。

(1) 节点法。选取每个节点为研究对象，各节点均受平面汇交力系作用，可列出两个独立平衡方程，求解两个未知力，依次求解未知杆件的内力。

(2) 截面法。选取适当的假想截面把桁架截开，选取其中一部分作为研究对象，列出平面任意力系的 3 个平衡方程，求解未知力。

注意：

(1) 桁架问题通常需要先求支座约束力，但有时亦可不必求；通常统一假定各杆内力为拉力，若求出的值为正，则为拉杆，若为负值，则为压杆。

(2) 节点法选取的节点上未知力 $\leqslant 2$ 个，截面法截取的未知杆件 $\leqslant 3$ 根。

(3) 当无法做到(2) 时，应灵活选取截面和节点，综合两种方法简捷地解题。

(4) 桁架中零杆的判定

① 不共线的两杆节点上无载荷作用，则此两根杆均为零杆。

② 两杆节点上只受到一力沿其中一杆轴向，则另一杆为零杆。

③ 三杆节点上无载荷或约束力作用，其中两杆共线，则不共线的杆必为零杆。

二、习题解答

2-1　如题 2-1 图所示，$m=100\text{kg}$ 的球 O，用绳悬挂在墙壁上，平衡时绳与墙壁间夹角为 $\theta=30^\circ$。求墙壁的约束力和绳子的张力。

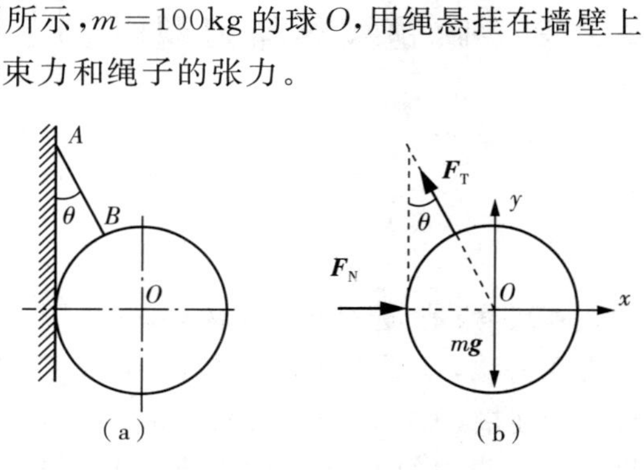

题 2-1 图

【解】 (1) 研究球 O,受力如题 2-1(b) 图所示。其中 mg 为球的重量,F_T 为绳子拉力,F_N 为墙壁的约束力。

(2) 选坐标轴 Oxy,列平衡方程

$$\sum F_x = 0, F_N - F_T\sin\theta = 0$$

$$\sum F_y = 0, F_T\cos\theta - W = 0$$

(3) 求解和讨论

$$F_T = \frac{mg}{\cos\theta}, F_N = F_T\sin\theta$$

代入数据得,绳子的张力 $F_T = 1131.6\text{N}$,墙壁的约束力 $F_N = 565.8\text{N}$。

2-2　均质杆的质量为 100kg,A 端为铰链支座,B 端为活动铰链支座,支承在 30° 的斜面上如题 2-2 图所示。杆与铅垂线成 60° 角,求支座 A、B 的约束力。

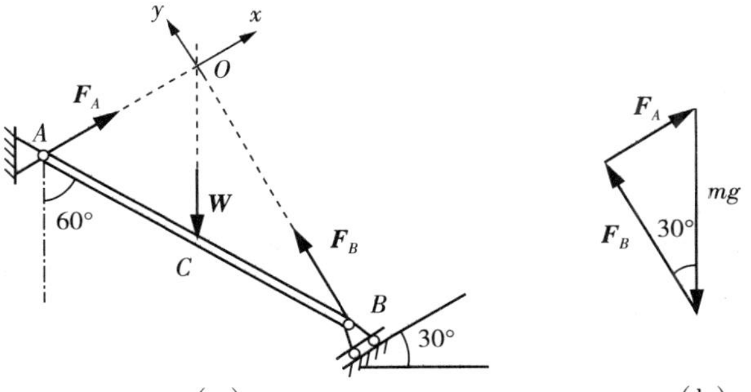

题 2-2 图

【解】 选杆 AB 为研究对象,作受力图(由于本题是单一物体的平衡问题,受力图可直接画在实物简图上)。由于支座 A 的反力 $\boldsymbol{F}_A$ 方向未知,可应用三力平衡汇交定理确定。$\boldsymbol{mg}$、$\boldsymbol{F}_A$、$\boldsymbol{F}_B$ 汇交于 O 点,由三角形关系知,$\triangle AOB$ 是一直角三角形($\because AC = BC = OC = AO$)。

解法 1. 几何法

作力多边形如题 2-2(b) 图,$\boldsymbol{mg}$、$\boldsymbol{F}_A$、$\boldsymbol{F}_B$—— 自行闭合,根据几何关系,有

$$F_B = mg\cos30°, F_A = mg\sin30°$$

解法 2. 解析法

选坐标轴 Oxy,如题 2-2 图所示,列平衡方程:

$$\sum F_x = 0, F_A - mg\sin30° = 0; \sum F_y = 0, F_B - mg\cos30° = 0$$

代入数据得支座 A、B 的约束力分别为 $F_A = 490\text{N}$,$F_B = 848.7\text{N}$。

注意:由本例可见,几何法对于三个力的平衡问题较为方便。如果力的数目较多,则不宜采用此法,而采用解析法。为使解题简便,要恰当选取坐标轴,本题所选坐标轴较为方便,若选 x 轴沿水平方向,则解题较麻烦。

2-3　长度为 $2L$ 的均质杆，一端抵在光滑墙上，而杆身侧斜靠在与墙相距为 $d(d \leqslant L\cos\theta)$ 的光滑棱角上。求平衡时杆与水平面所成的夹角 θ。

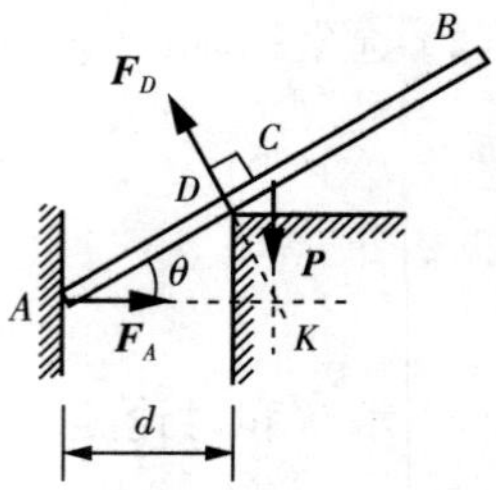

题 2-3 图

【解】　杆 AB，受力如题 2-3 图所示。由三力平衡汇交定理，可知杆所受的三个力汇交于点 K，

$$AC = L, AD = \frac{d}{\cos\theta},\quad AK = AC\cos\theta = \frac{AD}{\cos\theta},$$

$$\therefore L\cos\theta = \frac{d}{\cos^2\theta}, \cos^3\theta = \frac{d}{L},$$

所以，平衡时杆与水平面所成的角 $\theta = \arccos\sqrt[3]{\dfrac{d}{L}}$。

注意：本题求物体的平衡位置问题，直接用三力平衡汇交定理比较方便。

2-4　物体重 $P=20\text{kN}$，用绳子挂在支架的滑轮 B 上，绳子的另一端接在绞车 D 上，如题 2-4 图所示，转动绞车物体便能升起。设滑轮的大小及其中的摩擦略去不计，A、B、C 三处均为铰链连接。当物体处于平衡状态时，试求拉杆 AB 和支杆 CB 所受的力。

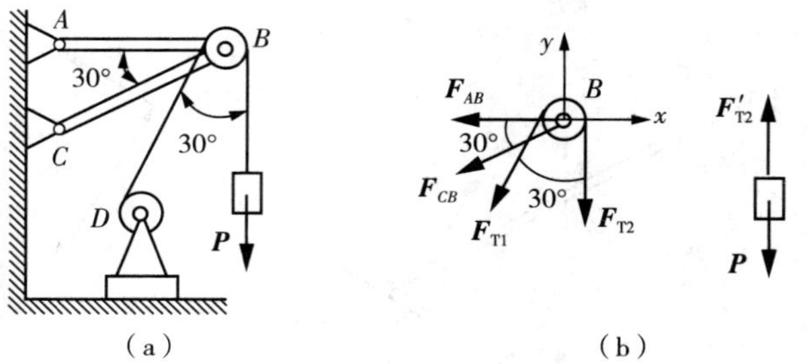

题 2-4 图

【解】　研究滑轮 B(包括销 B)，受力如题 2-4(b) 图所示，选坐标轴 Oxy 列平衡方程，

$$\sum F_x = 0,\ -F_{AB} - F_{CB}\cos30° - F_{T1}\sin30° = 0$$

$$\sum F_y = 0,\ -F_{CB}\sin30° - F_{T1}\cos30° - F_{T2} = 0$$

式中 $F_{T1} = F_{T2} = F'_{T2} = P = 20\text{kN}$，联立解得

$$F_{AB} = 54.64\text{kN}, F_{CB} = -74.64\text{kN}$$

即杆 AB 受 54.64kN 的拉力；杆 CB 受 74.64kN 的压力。

2-5　四连杆机构 $OABO_1$，在题 2-5 图所示位置平衡。已知 $OA=40\text{cm}$，$O_1B=60\text{cm}$，作用在曲柄 OA 上的力偶矩大小为 $m_2=1\text{Nm}$，不计杆重，求作用在 O_1B 上的力偶矩 m_1 的大小及连杆 AB 所受的力。

【解】　连杆 AB 为二力杆，OA 杆、O_1B 杆均为力偶系平衡，受力如题 2-5(b) 图所示。研究 OA 杆，由

$$\sum M = 0,\quad F_A \cdot OA\sin30° - m_2 = 0$$

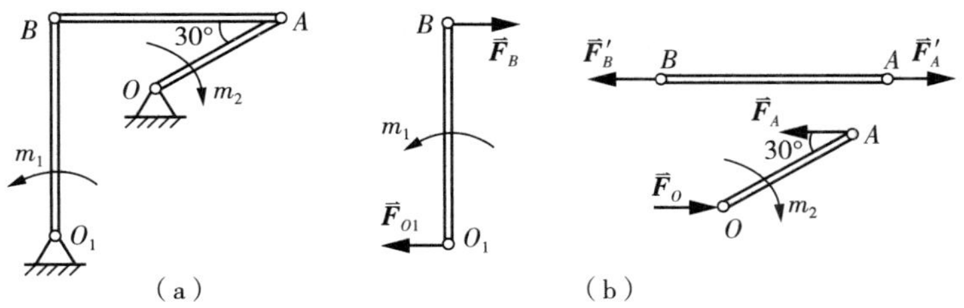

题 2-5 图

代入数据解得 $F_A=5\text{N}$，且 $F_O=F_A=F_B=5\text{N}$，即连杆 AB 受 5N 的拉力。

研究 O_1B 杆，由

$$\sum M=0,\quad m_1-F_B\cdot BO_1=0$$

解得 $m_1=3\text{N}\cdot\text{m}$。

2-6　如题2-6图所示机构中，曲柄 OA 上作用一力偶，其矩为 M，滑块 D 上作用水平力 F。已知 $OA=a$，$BC=BD=l$。求当机构在图示位置平衡时，力 $\boldsymbol{F}$ 与力偶矩 M 的关系。

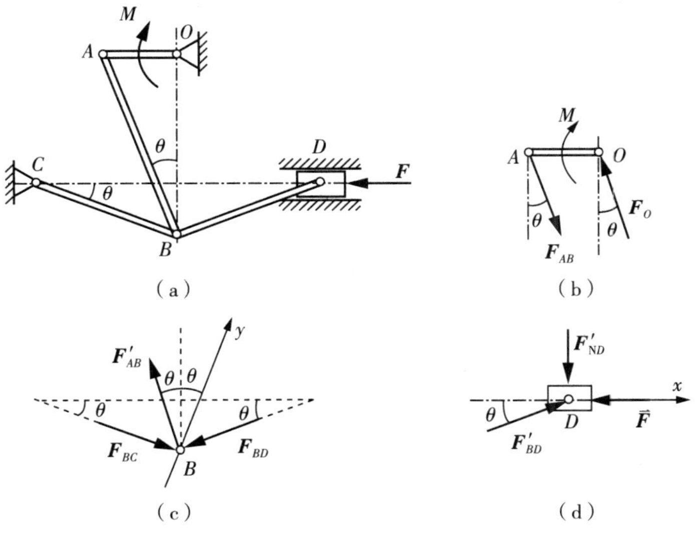

题 2-6 图

【解】　易知杆 AB、BC、BD 均为二力杆。研究 OA，受力如题 2-6(b) 图所示。

$$\sum M=0, F_{AB}a\cos\theta-M=O, F_{AB}=\frac{M}{a\cos\theta}$$

研究节点 B，受力如题 2-6(c) 图所示。

$$\sum F_y=0, F'_{AB}\cos 2\theta-F_{BD}\sin 2\theta=O, F_{BD}=\frac{M}{a\cos\theta\tan 2\theta}$$

研究滑块 D，受力如题 2-6(d) 图所示。

$$\sum F_x = 0, F'_{BD}\cos\theta - F = O$$

解得力 **F** 与力偶矩 M 的关系为 $F = \dfrac{M}{a\tan 2\theta}$。

2-7　在如题 2-7 图所示的结构中，各构件的自重略去不计，在构件 BC 上作用一力偶矩为 M 的力偶，各尺寸如图，求支座 A 的约束力。

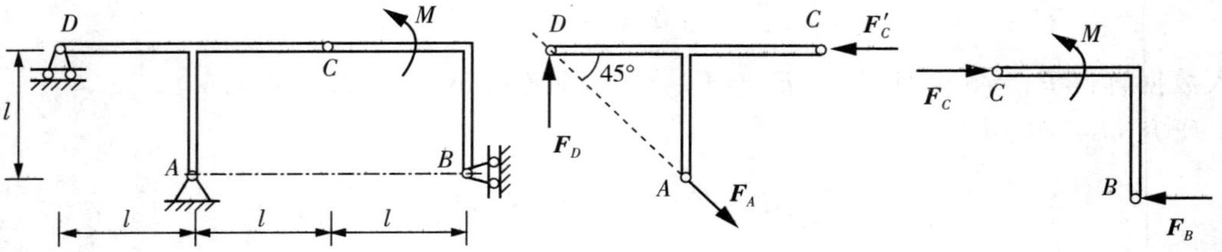

（a）　　（b）　　（c）

题 2-7 图

【解】　(1) 研究构件 BC，受力如题 2-7(c) 图。B、C 两处约束力构成力偶与主动力偶 M 相平衡，即

$$\sum M = 0, -F_B \cdot l + M = 0, F_B = F_C = M/l$$

(2) 研究构件 ADC，为三力汇交平衡，受力如题 2-7(b) 图所示

$$\sum F_x = 0, F_A\cos 45° - F'_C = 0, F_A = \sqrt{2}F'_C = \sqrt{2}M/l$$

即支座 A 的约束力为 $F_A = \sqrt{2}M/l$　(↘)

2-8　简明回答下列问题：怎样判定静定和静不定问题？题 2-8 图中所示的 6 种情况哪些是静定问题，哪些是静不定问题？为什么？

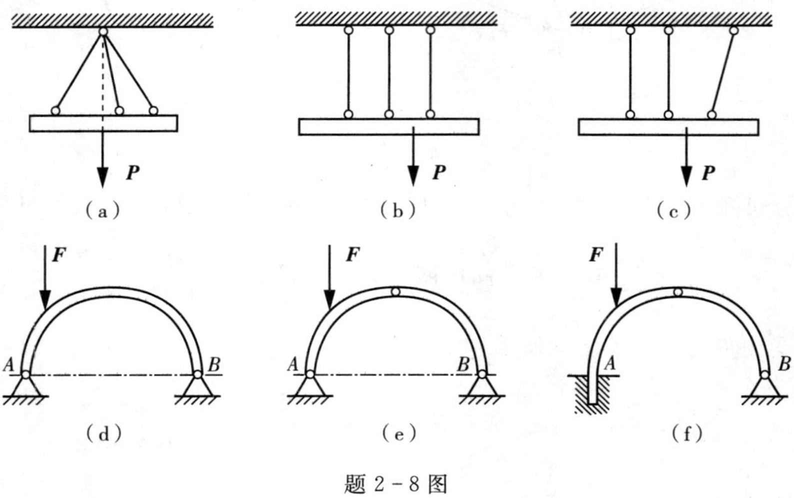

（a）　　（b）　　（c）

（d）　　（e）　　（f）

题 2-8 图

【答】 未知量数等于独立的平衡方程数，所有未知量都能用平衡方程求出，这样的问题称为静定问题；未知量数大于独立的平衡方程数，未知量不能全部用平衡方程求出，这样的问题称为静不定问题。如题 2－8 图所示的六种情况中，图(c)、图(e) 两种情况为静定问题，其余为静不定问题。

图(a)：平面汇交力系，有 2 个方程，未知量有 3 个，1 次静不定问题；

图(b)：平面平行力系，有 2 个方程，未知量有 3 个，1 次静不定问题；

图(c)：平面一般力系，有 3 个方程，未知量有 3 个，静定问题；

图(d)：平面一般力系，有 3 个方程，未知量有 4 个，1 次静不定问题；

图(e)：平面一般力系，有 6 个方程，未知量有 6 个，静定问题；

图(f)：平面一般力系，有 6 个方程，未知量有 7 个，1 次静不定问题。

2－9　简支梁如题 2－9(a) 图所示，梯形载荷的集度分别为 q_1、q_2，求支座 A、B 处的反力。

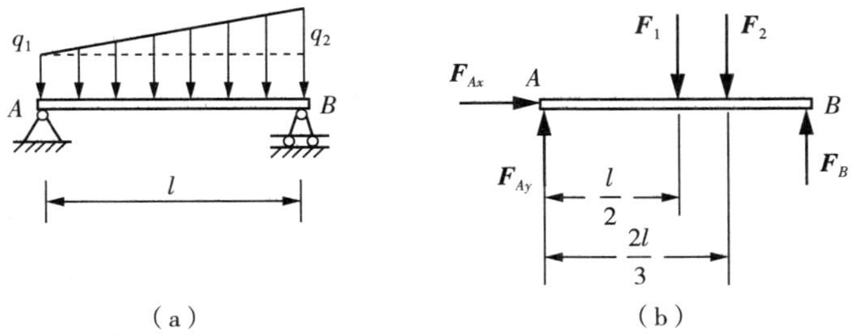

题 2－9 图

【解】 研究 AB 梁，梯形载荷可分解为集度 q_1 的均布载荷(合力为 F_1) 和最大集度为 (q_2-q_1) 的线性载荷(合力为 F_2)。AB 梁受力如题 2－9(b) 图所示，列平衡方程

$$\sum F_x=0, F_{Ax}=0$$

$$\sum F_y=0, F_{Ay}+F_B-F_1-F_2=0$$

$$\sum M_A(\boldsymbol{F})=0, F_B l-F_1\left(\frac{l}{2}\right)-F_2\left(\frac{2l}{3}\right)=0$$

联立上式，且 $F_1=q_1 l, F_2=\frac{1}{2}(q_2-q_1)l$，解得

$$F_{Ax}=0,\quad F_{Ay}=\frac{1}{6}(2q_1+q_2)l, F_B=\frac{1}{6}(q_1+2q_2)l$$

2－10　刚架尺寸如题 2－10 图所示，已知均布载荷 $q=4\text{kN/m}$，集中力 $P=5\text{kN}$，求固定端 A 处的约束力。

【解】 研究直角刚架 ABC，受力如题 2－10 图所示，列平衡方程

$$\sum F_x=0,\quad F_{Ax}=0$$

$$\sum F_y = 0,\quad F_{Ay} - q \cdot 3 - P = 0$$

$$\sum M_A(\boldsymbol{F}) = 0,\quad M_A - P \cdot 3 - q \times 3 \times \frac{3}{2} = 0$$

代入数据 $q = 4\text{kN/m}$，$P = 5\text{kN}$，解得固定端 A 处的约束力

$$F_{Ax} = 0\text{kN},F_{Ay} = 17\text{kN},M_A = 33\text{kN}\cdot\text{m}$$

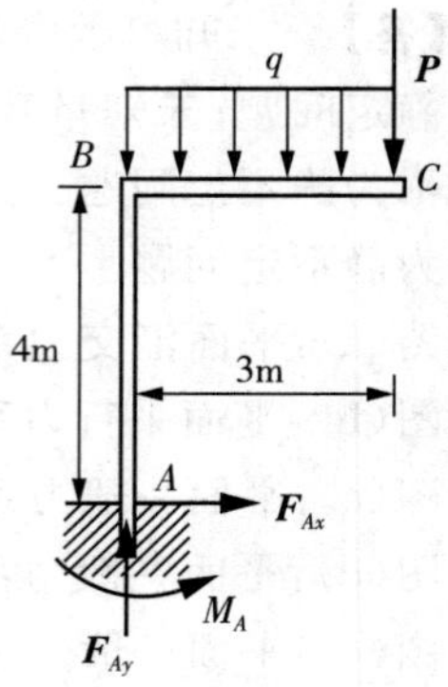

题 2-10 图

2-11 均质圆盘重450N，置于墙与倾角为30°的杆 AB 间。AB 杆由铰链 A 与撑杆 BC 支持，如题2-11图所示。已知 $AB = l$，$AD = 0.4l$，各杆重及摩擦不计。试求支座 A、C 的约束力。

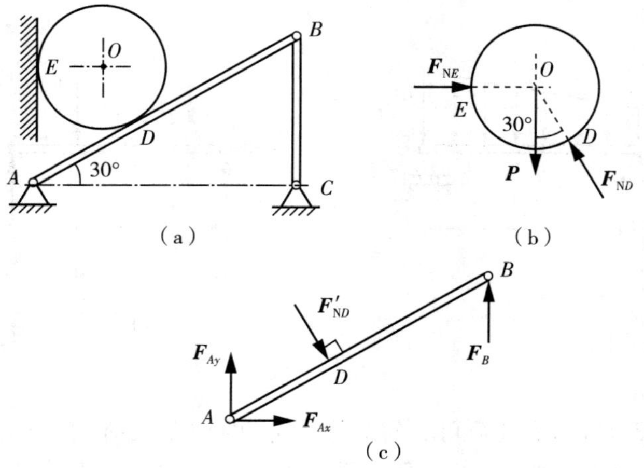

题 2-11 图

【解】 均质盘与 AB 杆的受力图分别如题2-11(b)(c)图所示。研究盘

$$\sum F_y = 0, F_{ND}\cos 30° - P = 0 \tag{1}$$

BC 为二力杆，$F_B = F_C$，方向沿 BC 轴线。研究 AB 杆

$$\sum M_A(\boldsymbol{F}) = 0, F_B \cdot l\cos 30° - F_{ND}(0.4l) = 0 \tag{2}$$

$$\sum F_x = 0, F_{ND}\cos 60° + F_{Ax} = 0 \tag{3}$$

$$\sum F_y = 0, F_{Ay} - F_{ND}\sin 60° + F_B = 0 \tag{4}$$

联立式(1)～(4)，且 $P = 450\text{N}$，解得

$$F_{ND} = \frac{2P}{\sqrt{3}}, F_B = 238.5\text{N}, F_{Ax} = -259.8\text{N}, F_{Ay} = 211.5\text{N}$$

即支座 A、C 的约束力分别为 $F_{Ax} = -259.8\text{N}$，$F_{Ay} = 211.5\text{N}$，$F_C = 238.5\text{N}$。

2－12　如题 2－12 图所示铁路起重机除在平衡重 W 外的全部重量为 500kN，重心在两铁轨的对称平面内，最大起重量为 200kN。为保证起重机在空载和最大载荷时都不至于倾倒，求平衡重 W 及其距离 x。

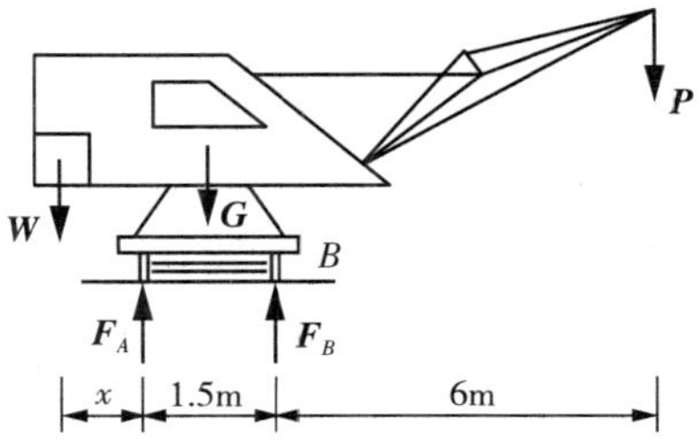

题 2－12 图

【解】　起重机受力如图 2－12 图所示，分析两种状态：

(1) 满载时，有 $F_A \geqslant 0$，得

$$\sum M_B(\boldsymbol{F}) = 0, W(x+1.5) + G \cdot \frac{1.5}{2} - P \cdot 6 \geqslant 0$$

(2) 空载时，有 $F_B \geqslant 0$，得

$$\sum M_A(\boldsymbol{F}) = 0, W \cdot x - G \cdot \frac{1.5}{2} \leqslant 0$$

式中 $G = 500\text{kN}$，$P = 200\text{kN}$，解得 $W \geqslant 300\text{kN}$，$x \leqslant 1.25\text{m}$。所以，为了保证起重机在空载和最大荷载时都不至于倾倒，必须满足

$$W \geqslant 300\text{kN}, x \leqslant 1.25\text{m}。$$

2－13　均质球重为 P，半径为 r，放在墙与杆 CB 之间，杆长为 l，其与墙的夹角为 θ，B 端用水平绳 BA 拉住，不计杆重，求绳索的拉力，并求 θ 为何值时绳的拉力为最小。

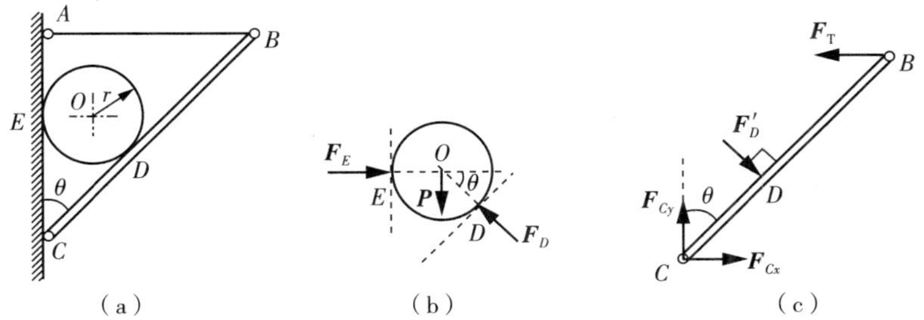

题 2－13 图

【解】　先研究球 O，受力如题 2－13 图，由

$$\sum F_y = 0, F_D \sin\theta - P = 0, \therefore F_D = \frac{P}{\sin\theta}$$

再研究 BC 杆，受力如题 2－13 图所示，由

$$\sum M_C(\boldsymbol{F}) = 0, F_T \cdot l\cos\theta - F'_D \cdot CD = 0,$$

$$F_T = \frac{F'_D \cdot CD}{l\cos\theta}。$$

由几何关系知，$\tan\dfrac{\theta}{2}=\dfrac{r}{CD}$，解得 $F_{\mathrm{T}}=\dfrac{rP}{2l\sin^2\dfrac{\theta}{2}\cos\theta}$。

为求绳的拉力最小值，设 $F(\theta)=2\sin^2\dfrac{\theta}{2}\cos\theta=\cos\theta(1-\cos\theta)$，令 $\dfrac{\mathrm{d}F(\theta)}{\mathrm{d}\theta}=0$，得

$$-\sin\theta(1-\cos\theta)+\cos\theta\sin\theta=0$$

$$\sin\theta(2\cos\theta-1)=0\quad \text{得 } \theta=0^\circ(\text{舍去}),\theta=60^\circ$$

∴ 当 $\theta=60^\circ$ 时，$F(\theta)$ 有最大值，绳有最小拉力为 $F_{\mathrm{Tmin}}=\dfrac{4Pr}{l}$。

2-14　(1) 已知 $q=20\mathrm{kN/m}$，$M=40\mathrm{kN\cdot m}$，求如题 2-14(1) 图组合梁中各支座及中间铰处的约束力。

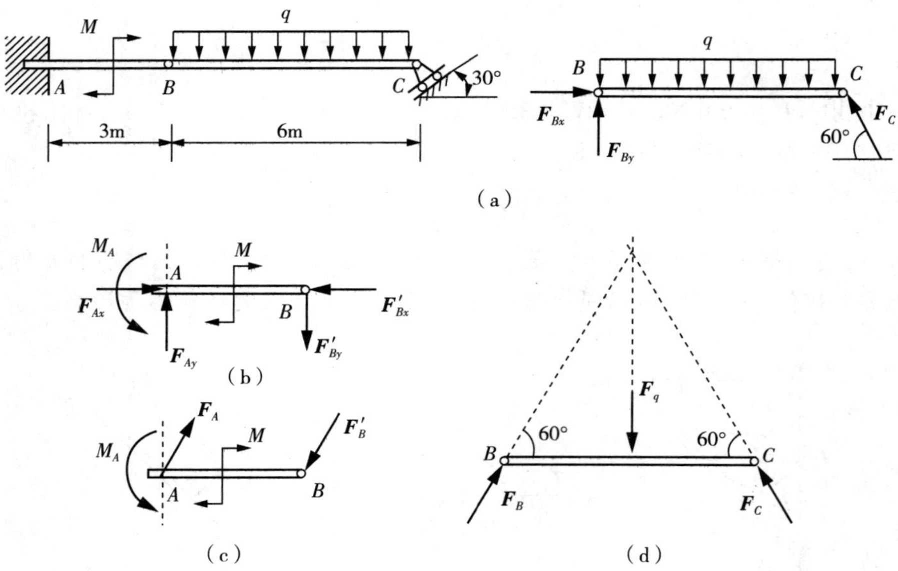

题 2-14(1) 图

【解 1】 ① 研究 BC 梁，受力如题 2-14(1)(a) 图所示，可知

$$\sum M_B(\boldsymbol{F})=0,\ -F_C\cdot 6\sin60^\circ+q\times6\times3=0$$

$$\sum F_x=0,F_{Bx}-F_C\cos60^\circ=0$$

$$\sum F_y=0,F_{By}+F_C\sin60^\circ-q(6)=0$$

解得 $F_C=69.28\mathrm{kN}$，　$F_{Bx}=34.64\mathrm{kN}$，$F_{By}=60\mathrm{kN}$。

② 研究 AB 梁，受力如题 2-14(1)(b) 图所示，可知，

$$\sum F_x=0,F_{Ax}-F_{Bx}=0$$

$$\sum F_y = 0, F_{Ay} + F_{By} = 0$$

$$\sum M_A(\boldsymbol{F}) = 0, M_A - F'_{By} \cdot 3 - M = 0$$

解得 $F_{Ax} = 34.64\text{kN}, F_{Ay} = 60\text{kN}, M_A = 220\text{kN} \cdot \text{m}$。

【解 2】 ① 研究 BC 梁，受力如题 2 - 14(1)(d) 图所示，均布载荷用合力代替 $F_q = q \cdot 6 = 120\text{kN}$，三力汇交平衡，可得

$$\sum F_x = 0, F_B \cos 60° - F_C \cos 60° = 0$$

$$\sum F_y = 0, F_B \sin 60° + F_C \sin 60° - F_q = 0$$

解得　$F_C = 69.28\text{kN}$，　$F_B = 69.28\text{kN}$。

② 研究 AB 梁，受力如题 2 - 14(1)(c) 图所示，为力偶系平衡，$F_A = F'_B$，可得

$$\sum M = 0, M_A - F'_B \cdot 3\sin 60° - M = 0$$

解得　$F_A = 69.28\text{kN}, M_A = 220\text{kN} \cdot \text{m}$。

(2) 已知 $P = 5\text{kN}, q = 2.5\text{kN/m}, M = 5\text{kN} \cdot \text{m}$，求如题 2 - 14 图 2 组合梁中各支座及中间铰处的约束力

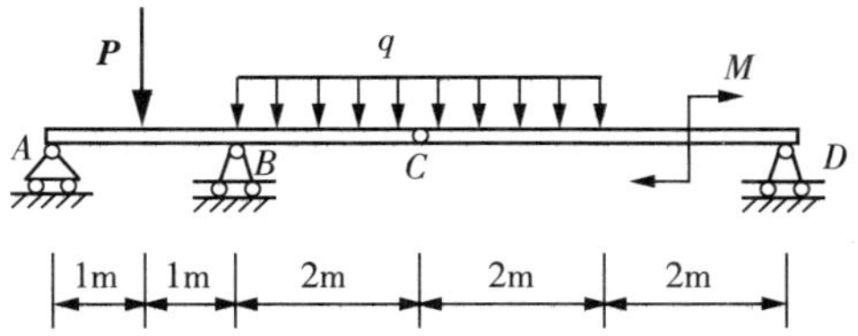

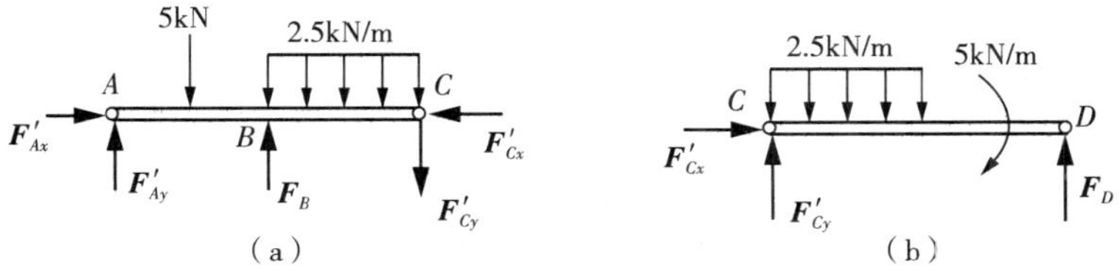

题 2 - 14(2) 图

【解】 ① 研究 CD 梁，受力如题 2 - 14(2)(b) 图，可得

$$\sum M_C(\boldsymbol{F}) = 0, F_D \cdot 4 - 2.5 \times 2 \times 1 - 5 = 0, F_D = 2.5\text{kN}$$

$$\sum F_x = 0, F_{Cx} = 0$$

$$\sum F_y = 0, F_{Cy} - 2.5 \times 2 + F_D = 0, F_{Cy} = 2.5\text{kN}$$

② 研究 AC 梁，受力如题 2 - 14(2)(a) 图，可得

$$\sum F_x = 0, F_{Ax} - F'_{Cx} = 0$$

$$\sum F_y = 0, \quad F_{Ay} - 5 + F_B - 2.5 \times 2 - F'_{Cy} = 0$$

$$\sum M_A(\boldsymbol{F}) = 0, -5 \times 1 + F_B \cdot 2 - 2.5 \times 2 \times 3 - F'_{Cy} \cdot 4 = 0$$

解得 $F_{Ax} = 0\text{kN}, F_{Ay} = -2.5\text{kN}, F_B = 15\text{kN}$。

注意：对于本题中的两种组合梁，都是采取直接拆分，分别取各部分研究，列出平衡方程来求解。因为若直接研究系统，可以看出有四个未知量，而系统只能列出三个平衡方程，不能求解。

2-15 如题 2-15 图所示平面构架，构件 AB 上作用一个矩为 M 的力偶，梁 DC 上作用一最大集度为 $\boldsymbol{q}$ 的线性分布载荷，各构件重量均不计，试求支座 A、D 处的约束力。

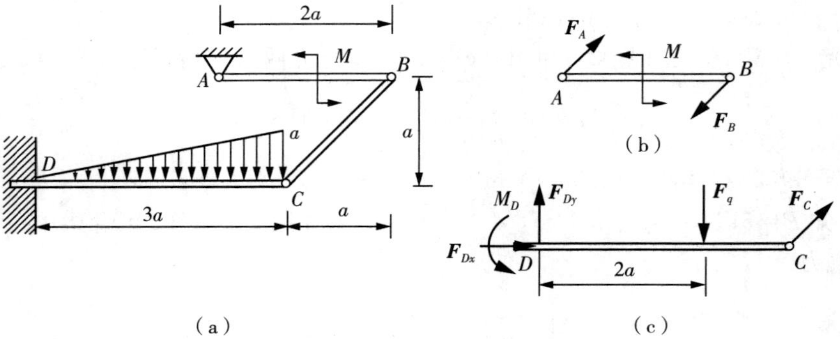

题 2-15 图

【解】 BC 为二力杆，B、C 处受力沿 BC 连线。研究 AB，受力如题 2-15(b) 图所示，得

$$\sum M_B(\boldsymbol{F}) = 0, M - F_A \cdot 2a\sin 45^\circ = 0$$

解得 $F_A = \dfrac{M}{\sqrt{2}a}$，且 $F_B = F_C = F_A = \dfrac{M}{\sqrt{2}a}$

研究 CD，受力如题 2-15(c) 图，线性分布载荷用合力代替：$F_q = \dfrac{1}{2}q \cdot 3a = \dfrac{3}{2}qa$

$$\sum F_x = 0, F_{Dx} + F_C\cos 45^\circ = 0$$

$$\sum F_y = 0, F_{Dy} + F_C\sin 45^\circ - \frac{3}{2}qa = 0$$

$$\sum M_D(\boldsymbol{F}) = 0, M_D + F_C\sin 45^\circ(3a) - F_q \cdot 2a = 0$$

解得 $F_{Dx} = -\dfrac{M}{2a}, F_{Dy} = \dfrac{1}{2a}(3qa^2 - M), M_D = 3qa^2 - \dfrac{3}{2}M$。

2-16 如题 2-16 图所示机架上挂一重 P 的物体，各构件的尺寸见图所示。不计滑轮及杆的自重与摩擦，求支座 A、C 的约束力。

【解】 研究 AB、BC，可知 AB、BC 均为二力体，受力如题 2-16(b) 图，则支座 A、C 的约束力分别沿 AB 连线和 CB 连线方向。研究系统，受力如题 2-16(a) 图，以下用两种方法列

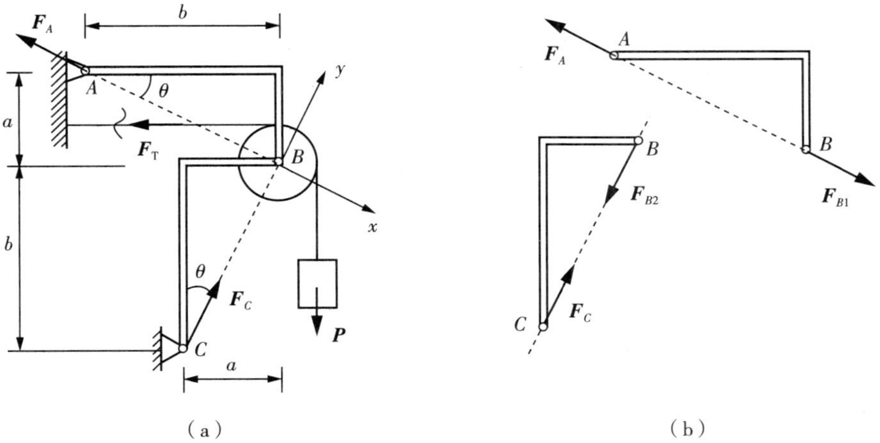

题 2－16 图

出平衡方程：

法 1：$\sum M_A(\boldsymbol{F})=0, F_C\sqrt{a^2+b^2}-F_T(a-r)-P(b+r)=0$

$$\sum M_C(\boldsymbol{F})=0, F_A\sqrt{a^2+b^2}+F_T(b+r)-P(a+r)=0$$

式中 r 为滑轮 D 的半径，$F_T=P$。解得支座 A、C 的约束力分别为 $F_A=\dfrac{a-b}{\sqrt{a^2+b^2}}P, F_C=\dfrac{a+b}{\sqrt{a^2+b^2}}P$。

法 2：取坐标轴 Bxy，如题 2－16(a) 图所示，得

$$\sum F_x=0, P\sin\theta-F_T\cdot\cos\theta-F_A=0$$

$$\sum F_y=0, F_C-P\cos\theta-F_T\cdot\sin\theta=0$$

式中，$\sin\theta=\dfrac{a}{\sqrt{a^2+b^2}}$，$\cos\theta=\dfrac{b}{\sqrt{a^2+b^2}}$，$F_T=P$，解得支座 A、C 的约束力分别为

$$F_A=\frac{a-b}{\sqrt{a^2+b^2}}P, F_C=\frac{a+b}{\sqrt{a^2+b^2}}P$$

2－17　如题 2－17 图所示平面结构由构件 AB、BD 及直角构件 DE 组成。已知均布载荷集度为 q，力偶矩为 M，且 $M=2ql^2$。各构件自重不计。试求固定端 A 和支座 E 处的约束力。

分析：本题若直接研究系统，易知有四个未知量，而系统只能列出 3 个平衡方程，不能求解，所以应拆分系统进行分析。

【解】　直角构件 DE 为二力构件，受力如题 2－17(b) 图。D、E 处受力沿 DE 连线，且 $F_D=F_E$。研究 BD，受力如题 2－17(d) 图，得

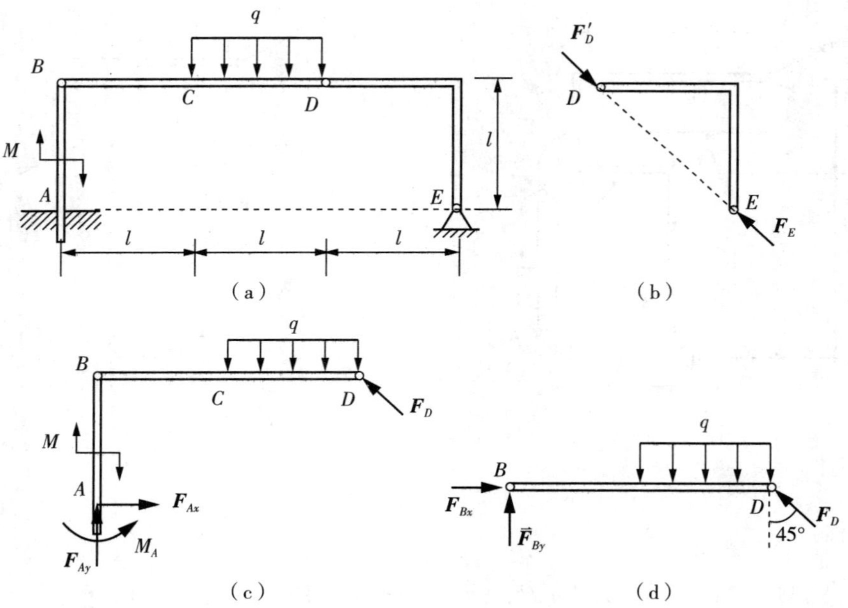

题 2-17 图

$$\sum M_B = 0 \quad F_D \cdot 2l\cos45^\circ - ql\left(\frac{3}{2}l\right) = 0\text{，得 } F_D = \frac{3\sqrt{2}}{4}ql$$

即支座 E 处约束力为

$$F_E = \frac{3\sqrt{2}}{4}ql$$

研究 AB 和 BD 系统，受力如题 2-17(c) 图，有

$$\sum F_x = 0, F_{Ax} - F_D\cos45^\circ = 0$$

$$\sum F_y = 0, F_{Ay} - ql + F_D\sin45^\circ = 0$$

$$\sum M_A = 0, M_A - M - ql \cdot \frac{3l}{2} + F_D \cdot l\sin45^\circ + F_D \cdot 2l\cos45^\circ = 0$$

解得固定端 A 处的约束力为

$$F_{Ax} = \frac{3}{4}ql \quad (\rightarrow), F_{Ay} = \frac{7}{4}ql(\uparrow), M_A = \frac{5}{4}ql^2(\text{逆时针})$$

2-18　如题 2-18 图所示结构，由 AH、CB、DE 三杆连接而成，杆重不计。已知：$Q = 4\sqrt{2}$ kN，$M = 10$ kN·m，$l = 1$ m，$\theta = 45^\circ$。试求：(1) 支座 A、B 的约束力；(2) 铰链 C、D 的约束力。

分析：本题可直接研究系统，有三个未知量，列出 3 个平衡方程，求解出支座的约束力，然后再拆分系统，求铰链的约束力。取研究对象、列平衡方程的思路是每列一个方程，直接求解出一个未知量。

【解】　研究系统，受力如题 2-18(a) 图，有

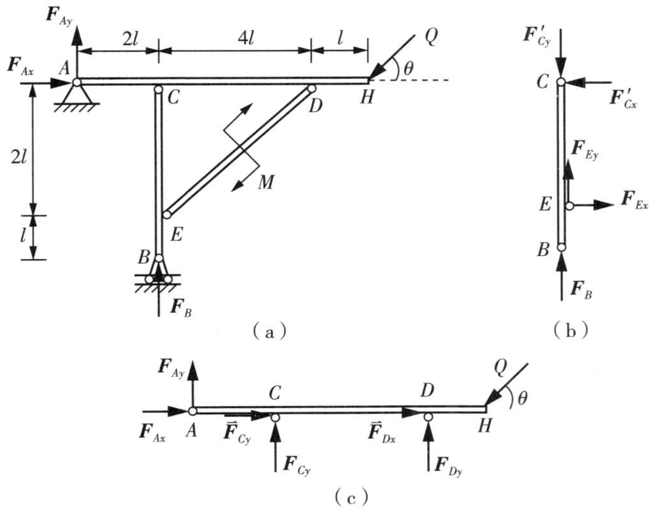

题 2 - 18 图

$$\sum M_A(\boldsymbol{F})=0,F_B\cdot 2l-M-Q\sin45^\circ\cdot 7l=0$$

$$\sum F_x=0,F_{Ax}-Q\cos45^\circ=0$$

$$\sum F_y=0,F_{Ay}+F_B-Q\sin45^\circ=0$$

代入数据，得 $F_{Ax}=4\text{kN}$，$F_{Ay}=-15\text{kN}$，$F_B=19\text{kN}$。

研究 BC 杆，受力如题 2 - 18(b) 图所示，有

$$\sum M_E(\boldsymbol{F})=0\quad F'_{Cx}\cdot 3l=0$$

得 $F'_{Cx}=0\text{kN}$。

研究 AH 杆，受力如题 2 - 18(c) 图，有

$$\sum F_x=0,F_{Ax}+F_{Cx}+F_{Dx}-Q\cos45^\circ=0,\text{得 } F_{Dx}=0\text{kN}$$

$$\sum F_y=0,F_{Ay}+F_{Cy}+F_{Dy}-Q\sin45^\circ=0,\text{得 } F_{Cy}=21.5\text{kN}$$

$$\sum M_C(\boldsymbol{F})=0,F_{Dy}\cdot 4l-Q\sin45^\circ\cdot 5l-F_{Ay}\cdot 2l=0,\text{得 } F_{Dy}=-2.5\text{kN}。$$

2 - 19　如题 2 - 19(a) 图所示，组合梁由 AC、CD 两段构成，起重机放在梁上。已知起重机重载荷 $W=50\text{kN}$，重心过铰 C；起重载荷 $P=10\text{kN}$，尺寸见图，长度单位为 m。求支座 A、B、D 和中间铰 C 处的约束力。

【解】　研究吊车，受力如题 2 - 19(b) 图所示，有

$$\sum M_G(\boldsymbol{F})=0,F_F\cdot 2-W\cdot 1+P\cdot 3=0,F_F=10\text{kN}$$

$$\sum M_F(\boldsymbol{F})=0,P\cdot 5+W\cdot 1-F_G\cdot 2=0,F_G=50\text{kN}$$

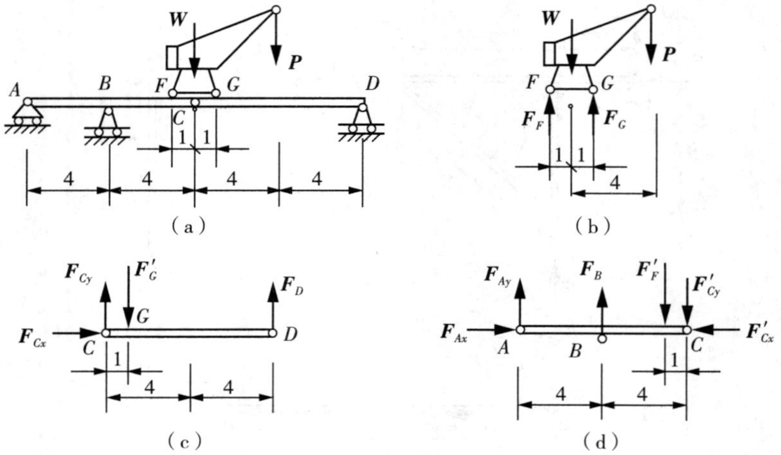

题 2-19 图

研究 CD 梁，受力如题 2-19(c) 图所示，有

$$\sum M_C(\boldsymbol{F})=0, F_D\cdot 8-F_G\cdot 1=0, F_D=6.25\text{kN}$$

$$\sum M_D(\boldsymbol{F})=0, F_{Cy}\cdot 8-F_G\cdot 7=0, F_{Cy}=43.75\text{kN}(\uparrow)$$

$$\sum F_x=0, F_{Cx}=0$$

研究 AC 梁，受力如题 2-19(d) 图，有

$$\sum F_x=0, F_{Ax}-F'_{Cx}=0, F_{Ax}=0$$

$$\sum M_A(\boldsymbol{F})=0, F_B\cdot 4-F'_{Cy}\cdot 8+F_F\cdot 7=0, F_B=105\text{kN}(\uparrow)$$

$$\sum F_y=0, F_{Ay}+F_B-F'_F-F'_{Cy}=0, F_{Ay}=-51.25\text{kN}(\downarrow)$$

2-20　如题 2-20 图所示结构，重物 $Q=1200\text{N}$，$AD=DB=2\text{m}$，$CD=DE=1.5\text{m}$，不计各杆和滑轮的重量，求支座 A、B 处的约束力及杆 BC 的内力。

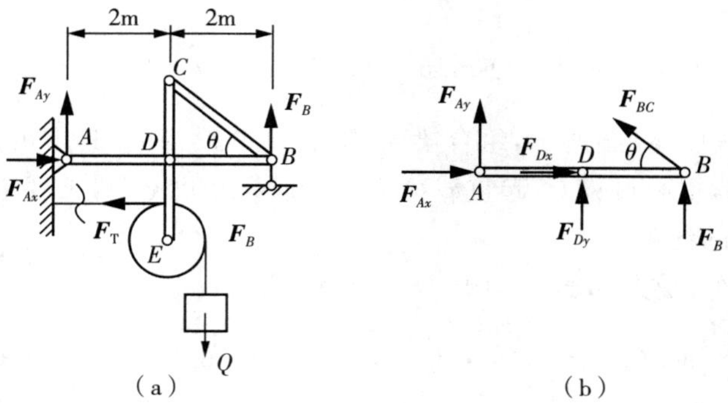

题 2-20 图

【解】 研究系统，受力如题 2－20(a) 图，有

$$\sum F_x=0, F_{Ax}-F_T=0$$

$$\sum F_y=0, F_{Ay}-Q+F_B=0$$

$$\sum M_A(\boldsymbol{F})=0, F_B\cdot AB-Q(AD+r)-F_T(DE-r)=0$$

式中 r 为滑轮的半径，$AB=2AD=4\text{m}$，$DE=1.5\text{m}$，$F_T=Q=1200\text{N}$，解得　$F_{Ax}=1200\text{N}$，$F_{Ay}=150\text{N}$，$F_B=1050\text{N}$。

再研究 ADB 杆，受力如题 2－20(b) 图所示，有

$$\sum M_D(\boldsymbol{F})=0, F_{BC}\cdot 2\sin\theta+F_B\cdot 2-F_{Ay}\cdot 2=0$$

解得　$F_{BC}=1500\text{N}$。

2－21　如题 2－21 图所示，杆 AD、CE 和直角折杆 BF 铰接成图示构件，图中尺寸的单位为 cm。水平力 $P=1.2\text{kN}$，各构件不计自重，求铰链 B 的约束力。

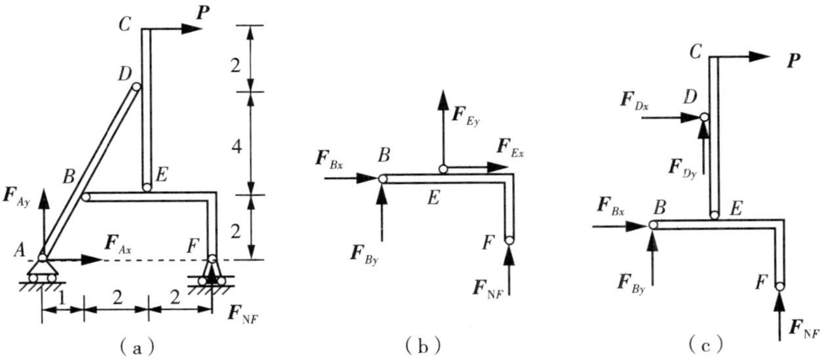

题 2－21 图

分析：本题只求铰链 B 的约束力，在分析时要注意灵活选取研究对象，列出适当的方程，避开不需要求解的未知量，简捷地解题。

【解】 研究系统，受力如题 2－21(a) 图所示，有

$$\sum M_A(\boldsymbol{F})=0, F_{NF}\cdot 5-P\cdot 8=0,$$

研究 BEF 杆，受力如题 2－21(b) 图，有

$$\sum M_E(\boldsymbol{F})=0, F_{NF}\cdot 2-F_{By}\cdot 2=0$$

研究 CE、BEF 系统，受力如题 2－21(c) 图，有

$$\sum M_D(\boldsymbol{F})=0, F_{Bx}\cdot 4-F_{By}\cdot 2+F_{NF}\cdot 2-P\cdot 2=0$$

解得 $F_{Bx}=1.92\text{kN}$，$F_{By}=0.6\text{kN}$，所以

$$F_B=\sqrt{F_{Bx}^2+F_{By}^2}=\sqrt{1.92^2+0.6^2}=2.01\text{kN}$$

2-22　平面构架的尺寸及支座如题 2-22 图所示，三角形分布载荷的最大集度 $q=2\text{kN/m}$，$M=10k\text{Nm}$，$F=2\text{kN}$，各构件自重不计，求铰支座 D 处的销钉对杆 CD 的作用力。

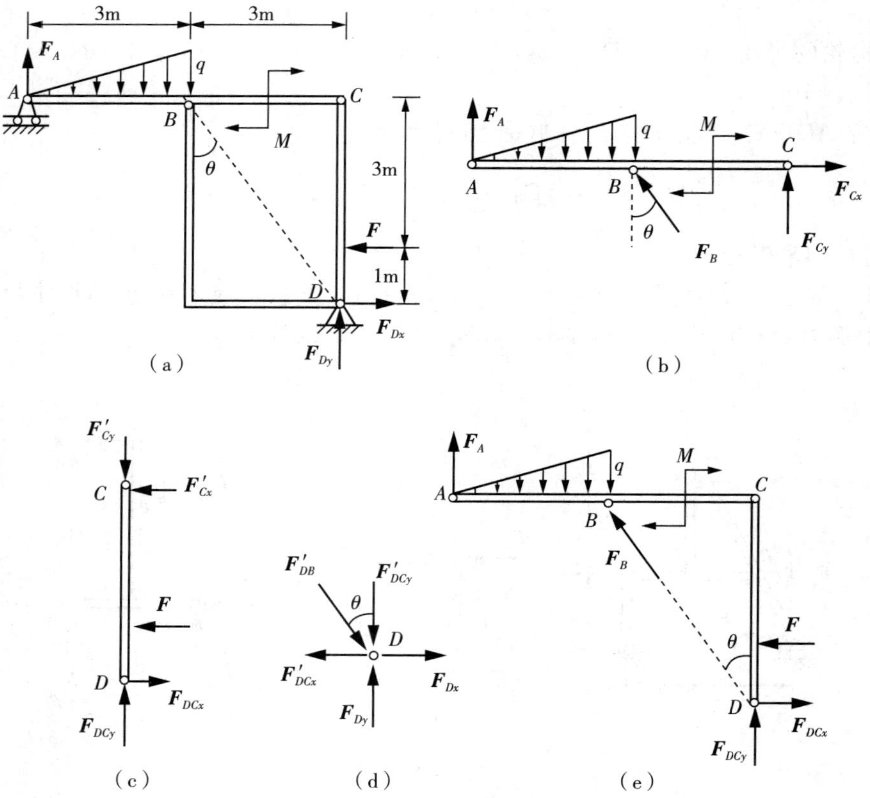

题 2-22 图

分析：本题的难点在于销钉 D 的受力分析：对销钉 D 有 3 个施力体，支座 D 的作用力 F_{Dx}、F_{Dy}、杆 CD 的作用力 F'_{DCx}、F'_{DCy} 及直角杆 BD 的作用力 F_{BD}。为求销钉 D 对杆 CD 的作用力 F_{DCx}、F_{DCy}，本题采用了三种解法，供读者比较。

【解 1】　研究系统，受力如题 2-22(a) 图，

$$\sum M_D(\boldsymbol{F})=0,\ -F_A\cdot 6+\frac{1}{2}q\times 3\times 4-M+F\cdot 1=0 \tag{1}$$

BD 为二力构件，F_B、F_{BD} 沿 BD 连线。研究 AC，受力如题 2-22(b) 图，

$$\sum M_B(\boldsymbol{F})=0,\ -F_A\cdot 3+\frac{1}{2}q\times 3\times 1-M+F_{Cy}\cdot 3=0 \tag{2}$$

研究 CD，受力如题 2-22(c) 图，

$$\sum M_C(\boldsymbol{F})=0, F_{DCx}\cdot 4-F\cdot 3=0 \tag{3}$$

$$\sum F_y=0,\quad -F'_{Cy}+F_{DCy}=0 \tag{4}$$

联立式(1)～(4),代入数据,解得支座 D 处的销钉对杆 CD 的作用力为

$$F_{DCx}=1.5\text{kN}, F_{DCy}=3\text{kN}$$

【解 2】　研究系统,受力如题 2-22(a) 图,

$$\sum M_D(\boldsymbol{F})=0, -F_A\cdot 6+\frac{1}{2}q\times 3\times 4-M+F\cdot 1=0 \tag{1}$$

$$\sum F_x=0, F_{Dx}-F=0 \tag{2}$$

$$\sum F_y=0, F_A-\frac{1}{2}q\cdot 3+F_{Dy}=0 \tag{3}$$

BD 为二力构件,F_B、F_{BD} 沿 BD 连线。研究 AC,受力如题 2-22(b) 图,

$$\sum M_C(\boldsymbol{F})=0, -F_A\cdot 6+\frac{1}{2}q\times 3\times 4-F_B\cos\theta\cdot 3-M=0 \tag{4}$$

研究销钉 D,受力如题 2-22(d) 图,

$$\sum F_x=0, F'_{DB}\sin\theta+F_{Dx}-F'_{DCx}=0 \tag{5}$$

$$\sum F_y=0, -F'_{DB}\cos\theta+F_{Dy}-F'_{DCy}=0 \tag{6}$$

式中 $\cos\theta=\frac{4}{5}, \sin\theta=\frac{3}{5}$。

联立式(1)～(4),代入数据,解得 $F'_{DCx}=1.5\text{kN}, F'_{DCy}=3\text{kN}$。铰支座 D 处的销钉对杆 CD 的作用力与之大小相等,方向相反。

【解 3】　研究系统,受力如题 2-22(a) 图,

$$\sum M_D(\boldsymbol{F})=0, -F_A\cdot 6+\frac{1}{2}q\times 3\times 4-M+F\cdot 1=0 \tag{1}$$

BD 为二力构件,F_B、F_{BD} 沿 BD 连线。研究 CD,受力如题 2-23(c) 图,

$$\sum M_C(\boldsymbol{F})=0, F_{DCx}\cdot 4-F\cdot 3=0 \tag{2}$$

研究 AC、CD 系统,受力如题 2-23(e) 图,

$$\sum M_B(\boldsymbol{F})=0, -F_A\cdot 3+\frac{1}{2}q\times 3\times 1-M-F\cdot 3+F_{DCy}\cdot 3+F_{DCx}\cdot 4=0 \tag{3}$$

解得支座 D 处的销钉对杆 CD 的作用力为 $F_{DCx}=1.5\text{kN}, F_{DCy}=3\text{kN}$。

2-23　平面构架由杆 AB、DE 及 DB 铰接而成。已知重物为 P,定滑轮半径为 R,动滑轮半径为 r,且 $R=2r=l, \theta=45°$。$DC=CE=AC=CB=2l$;试求 A、E 支座的约束力及 BD 杆

所受的力。

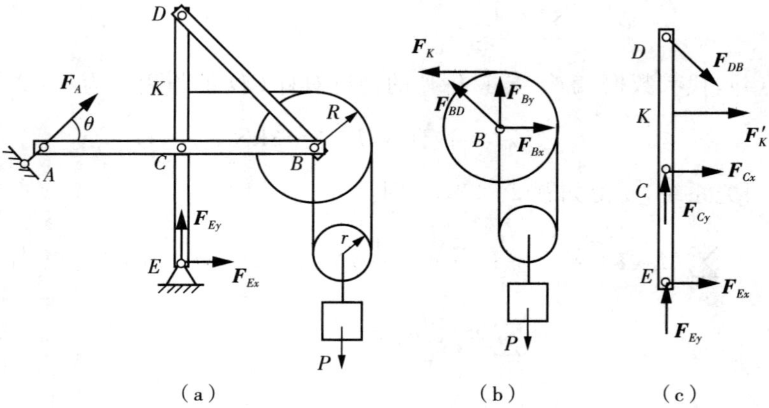

题 2-23 图

【解】 研究系统,受力如题 2-23(a) 图。由平衡方程

$$\sum M_E(\boldsymbol{F})=0,\ -F_A\cdot\sqrt{2}\cdot 2l-P\cdot\frac{5}{2}l=0$$

$$\sum F_x=0, F_A\cos45^\circ+F_{Ex}=0$$

$$\sum F_y=0, F_A\sin45^\circ+F_{Ey}-P=0$$

解得　$F_A=-\frac{5\sqrt{2}}{8}P, F_{Ex}=\frac{5}{8}P,\quad F_{Ey}=\frac{13}{8}P$;

易知 BD 为二力杆。

研究题 2-23(b) 图所示的系统,受力情况如题 2-23(b) 图,有

$$\sum M_B(\boldsymbol{F})=0,\ -P\cdot r+F_K\cdot R=0,\text{得 } F_K=\frac{P}{2}$$

再研究 DE 杆,受力如题 2-23(c) 图,由平衡方程

$$\sum M_C(\boldsymbol{F})=0,\ -F_{DB}\cdot\cos45^\circ\cdot 2l-F'_K l+F_{Ex}\cdot 2l=0$$

解得　$F_{DB}=\frac{3\sqrt{2}}{8}P$　(杆 BD 受拉)。

2-24　如题 2-24 图所示结构由 AC 和 CB 组成。已知线性分布载荷 $q_1=3\text{kN/m}$,均布载荷 $q_2=0.5\text{kN/m}$,$M=2\text{kN}\cdot\text{m}$。不计杆重,求固定端 A 与支座 B 的约束力和铰链 C 的内力。

【解】 (1) 研究 BC,受力如题 2-24(c) 图所示。

$$\sum F_x=0,\quad F_{Cx}=0$$

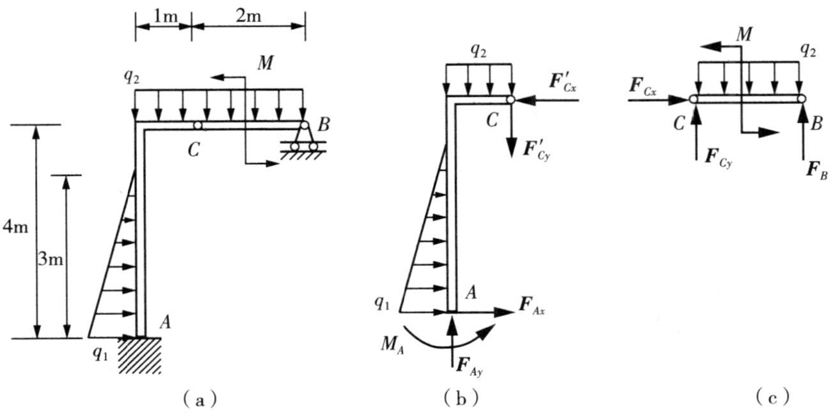

题 2-24 图

$$\sum M_C(\boldsymbol{F})=0,\quad M+F_B\cdot 2-q_2\cdot 2\times 1=0$$

$$\sum F_y=0,\quad F_{Cy}+F_B-q_2\cdot 2=0$$

解得铰链 C 的内力 $F_{Cx}=0\text{kN}$，$F_{Cy}=1.5\text{kN}$，支座 B 的约束力 $F_B=-0.5\text{kN}(\downarrow)$。

(2) 研究 AC，受力如题 2-24(b) 图所示。

$$\sum F_x=0,\quad F_{Ax}+\frac{1}{2}q_1(3)-F'_{Cx}=0$$

$$\sum F_y=0,\quad F_{Ay}-F'_{Cy}-q_2(1)=0$$

$$\sum M_A(\boldsymbol{F})=0,\quad M_A-\frac{1}{2}q_1(3)(1)-q_2(1)\left(\frac{1}{2}\right)-F'_{Cy}(1)+F'_{Cx}(4)=0$$

解得固定端 A 的约束力为

$$F_{Ax}=-4.5\text{kN}(\leftarrow)F_{Ay}=2\text{kN}(\uparrow)M_A=6.25\text{kN}\cdot\text{m}(\circlearrowleft)$$

2-25　如题 2-25 图所示构架由直杆 BC，CD 及直角弯杆 AB 组成，各杆自重不计，载荷分布及尺寸如图所示。销钉 B 穿透 AB 及 BC 两构件，在销钉 B 上作用集中力 P。已知 q，a，M，且 $M=qa^2$。求(1) 固定端 A 的约束力及销钉 B 对 BC、AB 的作用力。

【解】 (1) 研究 BC，受力如题 2-25(d) 图所示，

$$\sum M_C(\boldsymbol{F})=0,\quad M-aF_{B2y}=0,\text{得 } F_{B2y}=\frac{M}{a}=qa$$

(2) 研究 BC，CD 系统，受力如题 2-25(e) 图所示，

$$\sum M_D(\boldsymbol{F})=0,\quad aF_{B2x}-aF_{B2y}+M-qa\,\frac{a}{2}=0$$

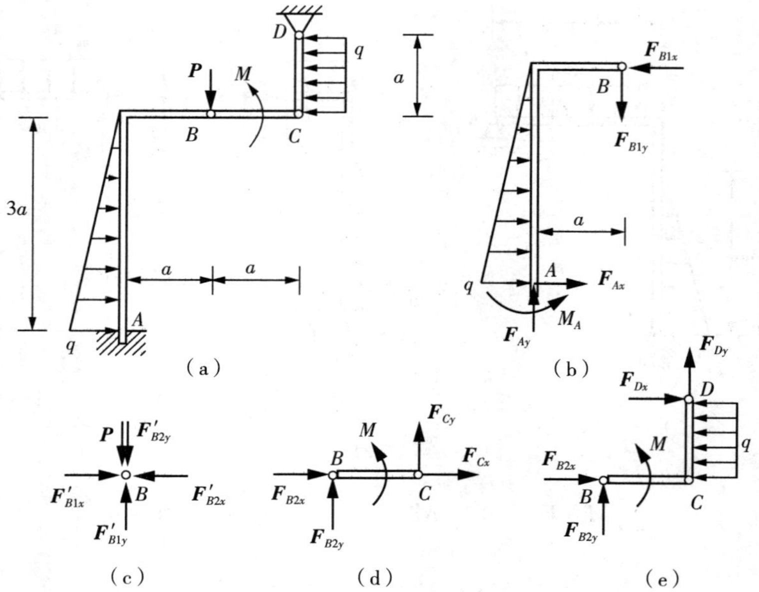

题 2-25 图

解得 $F_{B2x}=\frac{3}{2}qa-\frac{M}{a}=\frac{1}{2}qa$，即销钉 B 对 BC 的作用力为

$$F_{B2x}=\frac{1}{2}qa(\rightarrow),F_{B2y}=qa \quad (\uparrow)$$

(3) 研究销钉 B，受力如题 2-25(c) 图，

$$\sum F_x=0,\quad F'_{B1x}-F'_{B2x}=0$$

$$\sum F_y=0,\quad F'_{B1y}-F'_{B2y}-P=0$$

解得 $F'_{B1x}=\frac{1}{2}qa,F'_{B1y}=P+qa$

即销钉 B 对 AB 的作用力为 $F_{B1x}=\frac{1}{2}qa \quad (\leftarrow),F_{B1y}=P+qa \quad (\downarrow)$

(4) 研究 AB，受力如题 2-25(b) 图，

$$\sum F_x=0,\quad F_{Ax}+\frac{1}{2}q\cdot 3a-F_{B1x}=0$$

$$\sum F_y=0,\quad F_{Ay}-F_{B1y}=0$$

$$\sum M_A(\boldsymbol{F})=0,M_A-\frac{1}{2}q\cdot 3a\cdot a+3aF_{B1x}-aF_{B1y}=0$$

解得固定端 A 处约束反力

$$F_{Ax} = -qa(\leftarrow), F_{Ay} = P + qa(\uparrow), M_A = (P + qa)a(\circlearrowleft)$$

负号表示该力的实际方向与图设的方向相反。

2-26　如题2-26图所示结构受载荷 $P=300\text{kN}$ 作用，不计各杆自重。试求：(1) 固定端的约束力；(2) 竖杆 1 的内力。

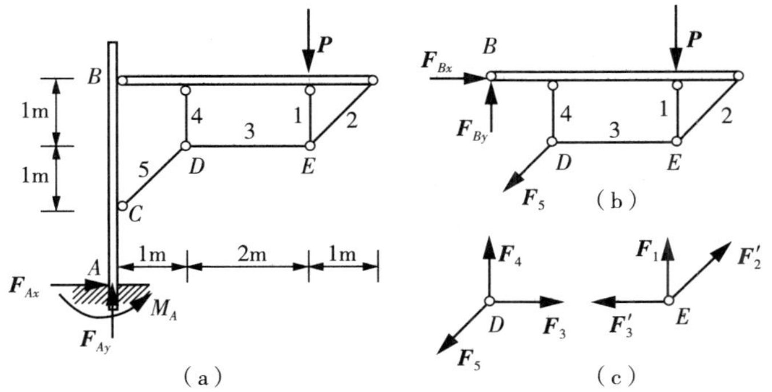

题 2-26 图

【解】　研究系统，受力如题 2-26(a) 图，有

$$\sum F_x = 0,\quad F_{Ax} = 0$$

$$\sum F_y = 0,\quad F_{Ay} - P = 0$$

$$\sum M_A(\boldsymbol{F}) = 0, M_A - 3P = 0$$

得固定端约束力 $F_{Ax} = 0\text{kN}, F_{Ay} = 300\text{kN}, M_A = 900\text{kN}\cdot\text{m}$。

研究 BED，受力如题 2-26(b) 图，有

$$\sum M_B(\boldsymbol{F}) = 0$$

$$-F_5 \cdot \sqrt{2} - P \cdot 3 = 0, \text{得 } F_5 = -450\sqrt{2}(\text{kN})。$$

研究节点 D，受力如题 2-26(c) 图，

$$\sum F_x = 0, F_3 - F_5\cos 45^\circ = 0$$

$$\text{得 } F_3 = -450(\text{kN})$$

研究节点 E，受力如题 2-26(c) 图，

$$\sum F_x = 0, F_2\cos 45^\circ - F_3' = 0$$

$$\sum F_y = 0, F_1 + F_2\sin 45^\circ = 0$$

得 $F_1 = 450\text{kN}$，即竖杆 1 受拉力。

2-27　已知桁架结构及其受力如题 2-27 图所示，试求杆 1、2、3 的内力。

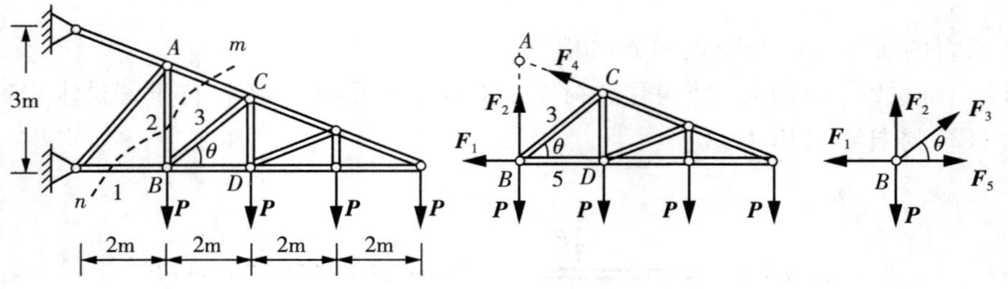

（a）　　　　（b）　　　　（c）

题 2-27 图

【解】 用截面 mn 截取桁架右部研究，受力如题 2-27(b) 图所示，由

$$\sum M_A(\boldsymbol{F})=0,\quad -F_1\cdot AB-2P-4P-6P=0$$

$$\sum M_C(\boldsymbol{F})=0,\quad -F_1\cdot CD-2F_2+2P-2P-4P=0$$

由比例关系，有$\dfrac{AB}{3}=\dfrac{6}{8}$，$\dfrac{CD}{3}=\dfrac{4}{8}$，得 $AB=2.25\text{m}$，$CD=1.5\text{m}$，

解得 $F_1=-5.333P$(压)，$F_2=2P$(拉)。

再研究 B 节点，受力如题 2-27(c) 图所示，由

$$\sum F_y=0,\quad F_2+F_3\sin\theta-P=0$$

式中 $\sin\theta=\dfrac{CD}{BC}=\dfrac{1.5}{\sqrt{2^2+1.5^2}}$，解得

$$F_3=-1.667P(\text{压})。$$

2-28　用节点法求如题 2-28 图所示桁架各杆件的内力。

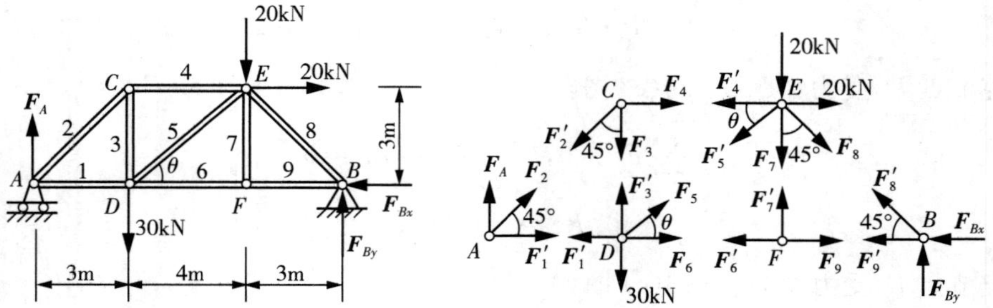

（a）　　　　（b）

题 2-28 图

【解】 (1) 整体研究，受力如题 2-28(a) 图，

$$M_B(\boldsymbol{F})=0,-F_A(10)+30(7)+20(3)-20(3)=0$$

$$\sum F_y = 0,\quad F_A - 30 - 20 + F_{By} = 0$$

解得

$$\begin{cases} F_A = 21\text{kN} \\ F_{By} = 29\text{kN} \end{cases}$$

(2) 分别研究各节点,受力如题 2-28(b) 图,

A 节点:

$$\sum F_x = 0, F_1 + F_2\cos45° = 0$$

$$\sum F_y = 0, F_A + F_2\sin45° = 0$$

解得$\begin{cases} F_1 = 21\text{kN} \\ F_2 = -29.7\text{kN}。\end{cases}$

C 节点:

$$\sum F_x = 0, F_4 - F_2'\sin45° = 0$$

$$\sum F_y = 0, -F_3 - F_2'\cos45° = 0$$

解得$\begin{cases} F_3 = 21\text{kN} \\ F_4 = -21\text{kN}。\end{cases}$

D 节点:

$$\sum F_x = 0, F_5\cos\theta + F_6 - F_1' = 0$$

$$\sum F_y = 0, F_5\sin\theta + F_3' - 30 = 0$$

$$\sin\theta = 0.6, \cos\theta = 0.8$$

解得 $F_5 = 15\text{kN}, F_4 = 9\text{kN}$。

F 节点:

$$\sum F_x = 0, F_9 - F_6' = 0$$

$$\sum F_y = 0, F_7 = 0$$

解得 $F_7 = 0\text{kN}, F_9 = 9\text{kN}$。

B 节点:

$$\sum F_y = 0, F_8\sin45° + F_{By} = 0$$

解得 $F_8 = -41\text{kN}$。

2-29　已知载荷 $\boldsymbol{P}$ 及尺寸,求题 2-29 图所示平面桁架 1、2、3 杆的内力。

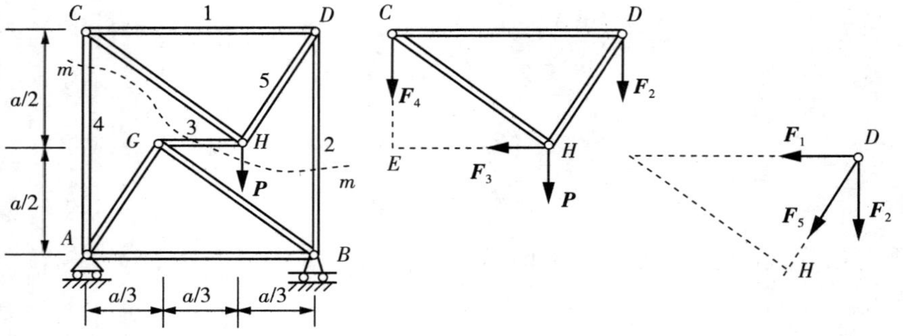

(a)　　(b)　　(c)

题 2－29 图

【解】 (1) 作 mm 截面，取上部研究，受力如题 2－29(b) 图，

$$\sum F_x = 0, -F_3 = 0$$

$$\sum M_E(\boldsymbol{F}) = 0, -P\left(\frac{2a}{3}\right) - F_2(a) = 0$$

解得　$F_3 = 0, F_2 = -\frac{2}{3}P$。

(2) 研究节点 D，受力如题 2－29(c) 图，

$$\sum M_H(\boldsymbol{F}) = 0, F_1\left(\frac{a}{2}\right) - F_2\left(\frac{a}{3}\right) = 0，解得\ F_1 = -\frac{4}{9}P$$

即杆 1、2 均为压杆，受压力分别为 $\frac{4}{9}P$ 和 $\frac{2}{3}P$，杆 3 不受力。

2－30　试计算如题 2－30 图所示桁架中指定杆件的内力，图中 $F = 8\text{kN}$。

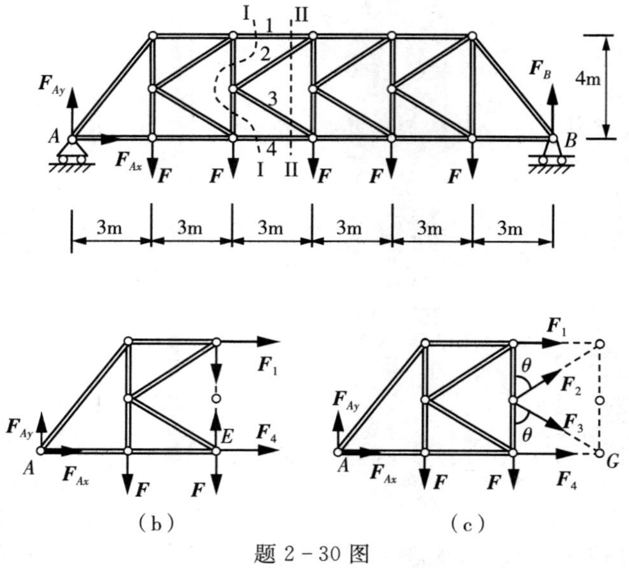

(b)　　(c)

题 2－30 图

【解】 (1) 研究系统，受力如题 2-30(a) 图，

$$\sum F_x = 0, F_{Ax} = 0$$

$$\sum M_A(\boldsymbol{F}) = 0, 18F_B - 15F - 12F - 9F - 6F - 3F = 0$$

$$\sum M_B(\boldsymbol{F}) = 0, 15F + 12F + 9F + 6F + 3F - 18F_{Ay} = 0$$

解得 $F_{Ax} = 0, F_{Ay} = 20(\text{kN}), F_B = 20(\text{kN})$。

研究截面 $I-I$ 左半部，受力如题 2-30(b) 图，

$$\sum M_E(\boldsymbol{F}) = 0, -6F_{Ay} - 4F_1 + 3F = 0$$

$$\sum F_x = 0, F_1 + F_4 + F_{Ax} = 0$$

解得 $F_1 = -24\text{kN}, F_4 = 24\text{kN}$。

研究截面 II-II 左半部，受力如题 2-30(c) 图，

$$\sum M_G(\boldsymbol{F}) = 0, -9F_{Ay} - 4F_1 + 6F + 3F - 2F_2\sin\theta - 3F_2\cos\theta = 0$$

$$\sum F_x = 0, F_{Ax} + F_1 + F_2\sin\theta + F_3\sin\theta + F_4 = 0$$

式中 $\sin\theta = \dfrac{3}{\sqrt{13}}, \cos\theta = \dfrac{2}{\sqrt{13}}$，解得

$$F_2 = -3.6\text{kN}, F_3 = 3.6\text{kN}$$

2-31　复杂桁架的支座和载荷如题 2-31 图所示，已知 $AB = BC = CA = a$，载荷为 F，求 AB 杆的内力。

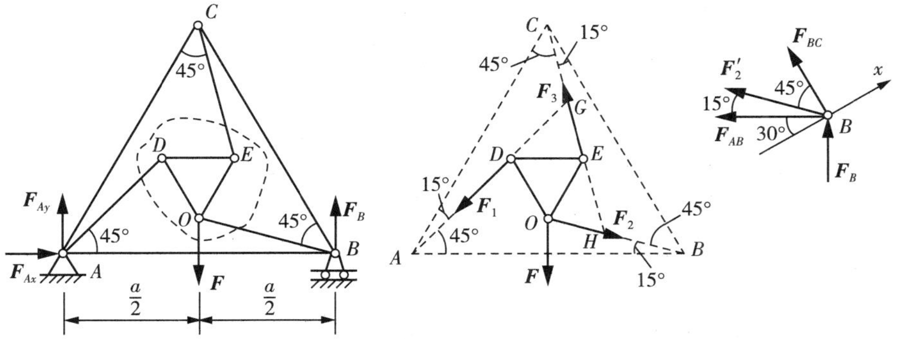

(a)　(b)　(c)

题 2-31 图

【解】 (1) 用题 2-31(a) 图中所示虚线围成的假想截面截断杆 AD、BO、CE 三杆，取出三角形 ODE 为研究对象，受力如题 2-31(b) 图，设 $\boldsymbol{F}_1$ 与 $\boldsymbol{F}_3$ 交点为 G，$\boldsymbol{F}_2$ 与 $\boldsymbol{F}_3$ 与交点为 H。

由$\sum M_G(\boldsymbol{F})=0, F\cdot CG\sin15^\circ+F_2\cdot GH\sin60^\circ=0$得

$$F_2=-\left(\frac{2}{\sqrt{3}}\frac{CG}{GH}\sin15^\circ\right)F$$

几何关系：在ΔBHC中，由正弦定理，得$\frac{BH}{\sin15^\circ}=\frac{CH}{\sin45^\circ}, \frac{CH}{BH}=\frac{\sin45^\circ}{\sin15^\circ}$

又$CG=BH, \frac{CG}{GH}=\frac{BH}{CH-BH}=\frac{1}{\frac{CH}{BH}-1}=\frac{1}{\frac{\sin45^\circ}{\sin15^\circ}-1}=\frac{\sqrt{3}}{3}$，所以

$$F_2=-\frac{2}{3}F\sin15^\circ$$

(2) 研究系统，受力如题 2-31(a) 图，

由$\sum M_A(\boldsymbol{F})=0, -F\cdot\frac{a}{2}+F_B\cdot a=0$，得$F_B=\frac{1}{2}F$

(3) 研究节点B，受力如题 2-31(c) 图，取x轴，由

$$\sum F_x=0, F_B\cos60^\circ-F_{AB}\cdot\cos30^\circ-F_2'\cos45^\circ=0$$

$$F_{AB}=\frac{2}{\sqrt{3}}\left(\frac{F}{4}+\frac{2}{3}F\cos45^\circ\sin15^\circ\right)=\frac{2F}{\sqrt{3}}\left(\frac{1}{4}+\frac{2}{3}\cdot\frac{1}{2}(\sin60^\circ-\sin30^\circ)\right)$$

$$=\frac{1}{3}\left(1+\frac{\sqrt{3}}{6}\right)F=0.43F$$

即AB杆的内力为$0.43F$(拉力)。

第3章　空间力系

3.1　主要内容

一、空间汇交力系的合成与平衡

空间汇交力系的合力等于各分力的矢量和，合力作用线通过汇交点。空间汇交力系平衡的充要条件是，该力系的合力等于零。平衡方程为

$$\sum F_x = 0, \sum F_y = 0, \sum F_z = 0 \tag{3-1}$$

提示：与平面汇交力系不同，空间汇交力系问题无论是合成或者平衡，均采用解析法而不采用几何法，因为空间力多边形画起来不方便。解析法的计算基础是力在坐标轴上的投影，力在坐标轴上的投影有直接投影和间接投影两种计算方法。

二、力对点的矩和力对轴的矩

1. 力对点的矩

空间力系中力对点的矩有三个要素，即力矩的大小、力矩的转向和力矩的作用面，需要用矢量表示为

$$\boldsymbol{M}_O(\boldsymbol{F}) = \boldsymbol{r} \times \boldsymbol{F} = \begin{vmatrix} \boldsymbol{i} & \boldsymbol{j} & \boldsymbol{k} \\ x & y & z \\ F_x & F_y & F_y \end{vmatrix} = (yF_z - zF_y)\boldsymbol{i} + (zF_x - xF_z)\boldsymbol{j} + (xF_y - yF_x)\boldsymbol{k} \tag{3-2}$$

力对点的矩是定位矢量，定位在矩心 O 点。

2. 力对轴的矩

力对轴的矩有两个要素，即力矩的大小和力矩的转向，用代数量表示为

$$M_z(\boldsymbol{F}) = \pm F_{xy} \cdot h \tag{3-3}$$

或

$$M_x(\boldsymbol{F}) = yF_z - zF_y, M_y(\boldsymbol{F}) = zF_x - xF_z, M_z(\boldsymbol{F}) = xF_y - yF_x \tag{3-4}$$

正负号规定:从轴的正向看去,逆时针为正,反之为负;当力线与轴平行或相交时(即共面时),力对轴的矩为零。

3. 力对点的矩与力对轴的矩的关系

力对点的矩矢量在通过该点的轴上的投影,等于力对该轴的矩。

$$[\boldsymbol{M}_O(\boldsymbol{F})]_x = M_x(\boldsymbol{F}),[\boldsymbol{M}_O(\boldsymbol{F})]_y = M_y(\boldsymbol{F}),[\boldsymbol{M}_O(\boldsymbol{F})]_z = M_z(\boldsymbol{F}) \tag{3-5}$$

三、空间力偶

1. 力偶矩矢

空间力偶对刚体的作用效果决定于3个因素(力偶矩大小、力偶作用面方位及力偶的转向),它可用力偶矩矢表示为

$$\boldsymbol{M} = \boldsymbol{r}_{BA} \times \boldsymbol{F} \tag{3-6}$$

2. 空间力偶的性质和等效定理

空间力偶只要保持力偶矩不变,其作用面可以等效移至与之平行的任意平面内,力偶矩矢是自由矢量。

力偶等效定理:作用于刚体上的两力偶,若其力偶矩矢相等,则它们彼此等效。

3. 空间力偶系的合成与平衡

空间力偶系可以合成为一个合力偶,合力偶的矩等于力偶系中各力偶矩矢的矢量和,即

$$\boldsymbol{M} = \sum \boldsymbol{M}_i \tag{3-7}$$

空间力偶系平衡的充要条件是该力偶系的合力偶矩等于零,平衡方程为

$$\sum M_x = 0,\sum M_y = 0,\sum M_z = 0 \tag{3-8}$$

四、空间任意力系的简化·主矢和主矩

空间任意力系向任一点 O 简化的一般结果是得到一个力和一个力偶。该力的大小和方向等于各分力的矢量和(力系的主矢),作用线通过简化中心;该力偶的力偶矩矢等于各分力对简化中心的力矩的矢量和(力系的主矩)。

主矢与简化中心无关,主矩一般情况下与简化中心的位置有关。

$$\boldsymbol{F}'_{\mathrm{R}} = \sum \boldsymbol{F}_i(\text{主矢})\ \boldsymbol{M}_O = \sum \boldsymbol{M}_O(\boldsymbol{F}_i)(\text{主矩}) \tag{3-9}$$

空间任意力系简化的最终结果,见表3-1。

表3-1 空间任意力系简化的最终结果

主矢	主矩	最后结果	说明
$F'_{\mathrm{R}} = 0$	$M_O = 0$	平衡	
	$M_O \neq 0$	合力偶	此时主矩与简化中心的位置无关

（续表）

<table>
<tr><th>主矢</th><th colspan="2">主矩</th><th>最后结果</th><th>说明</th></tr>
<tr><td rowspan="4">$F'_{\mathrm{R}} \neq 0$</td><td colspan="2">$M_O = 0$</td><td>合力</td><td>合力作用线通过简化中心</td></tr>
<tr><td>$M_O \neq 0$</td><td>$\boldsymbol{F}'_{\mathrm{R}} \perp \boldsymbol{M}_O$</td><td>合力</td><td>合力作用线离简化中心 O 的距离为
$d = \dfrac{\lvert \boldsymbol{M}_O \rvert}{F'_{\mathrm{R}}}$</td></tr>
<tr><td rowspan="2">$M_O \neq 0$</td><td>$\boldsymbol{F}'_{\mathrm{R}} // \boldsymbol{M}_O$</td><td>力螺旋</td><td>力螺旋的中心轴通过简化中心</td></tr>
<tr><td>$\boldsymbol{F}'_{\mathrm{R}}$ 与$\boldsymbol{M}_O$ 成 θ 角</td><td>力螺旋</td><td>力螺旋的中心轴离简化中心 O 的距离为
$d = \dfrac{\lvert \boldsymbol{M}_O \rvert \sin\theta}{F'_{\mathrm{R}}}$</td></tr>
</table>

五、空间任意力系的平衡方程

空间任意力系的平衡的充要条件是力系的主矢和对任一点主矩均为零，平衡方程为

$$\sum F_x = 0, \sum F_y = 0, \sum F_z = 0, \sum M_x(\boldsymbol{F}) = 0, \sum M_y(\boldsymbol{F}) = 0, \sum M_z(\boldsymbol{F}) = 0 \tag{3-10}$$

六、物体重心的坐标公式

在重力场中，物体重力的合力作用点称为物体的重心，确定重心的方法有

1. 对称法

当均质物体具有对称面、对称轴、对称中心时，重心必在对称面、对称轴、对称中心上。

2. 积分法

适用于重量、质量、体积、面积等容易写成解析表达式且积分区域容易确定的物体。

3. 组合法

(a) 分割法 适用于各部分的重心与各部分的重量、质量、体积、面积、长度为已知的物体；

(b) 负体(面)积法　适用于开有孔、槽等空缺的物体。

4. 实验法

有悬挂法和称重法，适用于形状复杂或不均质的物体。

5. 查表法

工程中常见的一些形状或标准截面，其重心坐标可从工程手册中查到。此处的物体可以是单个物体，亦可以是物体系。重心的公式为

$$\boldsymbol{r}_C = \frac{\sum \Delta P_i \boldsymbol{r}_i}{P}（其中 P = \Delta P_i） \tag{3-11}$$

或

$$x_C=\frac{\sum \Delta P_i x_i}{P},y_C=\frac{\sum \Delta P_i y_i}{P},z_C=\frac{\sum \Delta P_i z_i}{P} \tag{3-12}$$

或写成积分形式

$$x_C=\frac{\int_V x\gamma\,\mathrm{d}V}{\int_V \gamma\,\mathrm{d}V},y_C=\frac{\int_V y\gamma\,\mathrm{d}V}{\int_V \gamma\,\mathrm{d}V},z_C=\frac{\int_V z\gamma\,\mathrm{d}V}{\int_V \gamma\,\mathrm{d}V} \tag{3-13}$$

从这组公式可以推出物体的质心公式，均质物体（板、壳、杆）的重心（形心）等公式。

3.2 解题指导与习题解答

一、解题指导

解题步骤及注意事项

空间力系的平衡问题的求解步骤和平面力系类似，即选取研究对象、画受力图、列平衡方程、求解。在求解中还应注意：

(1) 研究对象的受力图、坐标系的空间形象清晰，各力与坐标轴之间的空间关系明确。

(2) 正确计算力在坐标轴上的投影及力对轴的矩。

(3) 当力与坐标轴相交或平行时，力对该轴的矩为零。简化计算技巧：尽量选取与尽可能多的未知力平行或相交的矩轴，以减少力矩方程中的未知量。

(4) 可以用力矩方程代替投影方程，且各坐标轴可以互不垂直，但所列方程需彼此独立。

二、习题解答

3-1　如题3-11图所示棱长为a的正方体的顶点A作用一集中力$\boldsymbol{F}$，试求(1) 该力在三个坐标轴上的投影；(2) 该力对三个坐标轴之矩；(3) 该力对坐标原点O的力矩矢。

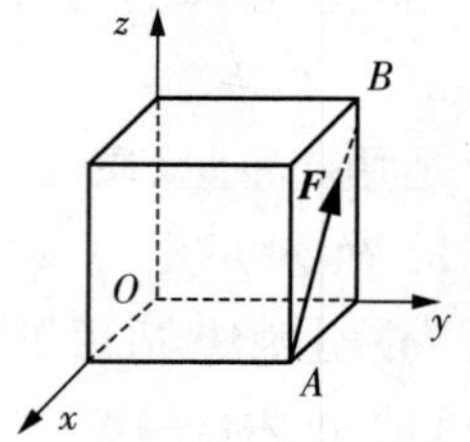

题 3-1 图

【解】 (1) 该力在三个坐标轴上的投影

$$F_x=-\frac{\sqrt{2}}{2}F,F_y=0,F_z=\frac{\sqrt{2}}{2}F,$$

(2) 该力对三个坐标轴之矩

$$M_x(\boldsymbol{F})=\frac{\sqrt{2}}{2}Fa,M_y(\boldsymbol{F})=-\frac{\sqrt{2}}{2}Fa,M_z(\boldsymbol{F})=\frac{\sqrt{2}}{2}Fa$$

(3) 该力对原点O的力矩矢$\boldsymbol{M}_O(\boldsymbol{F})=\frac{\sqrt{2}}{2}Fai-\frac{\sqrt{2}}{2}Faj+\frac{\sqrt{2}}{2}Fak$

3-2　如题3-2图所示，已知 $A(1,0,1)$，$B(0,1,2)$（长度单位为米），$F=\sqrt{3}\,\text{kN}$。求力 $\boldsymbol{F}$ 对 $\boldsymbol{x}$、$\boldsymbol{y}$、$\boldsymbol{z}$ 轴的矩。

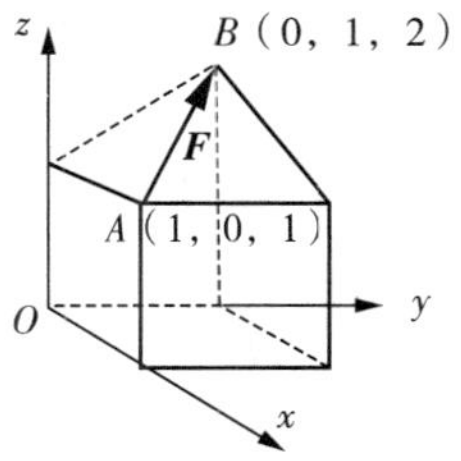

题3-2图

【解】 $\overline{\boldsymbol{AB}}=-\boldsymbol{i}+\boldsymbol{j}+\boldsymbol{k},\boldsymbol{e}_{AB}=\dfrac{\overline{\boldsymbol{AB}}}{|\overline{\boldsymbol{AB}}|}=\dfrac{1}{\sqrt{3}}(-\boldsymbol{i}+\boldsymbol{j}+\boldsymbol{k})$

$$\boldsymbol{F}=F\boldsymbol{e}_{AB}=-\boldsymbol{i}+\boldsymbol{j}+\boldsymbol{k}(\text{kN})$$

$$\boldsymbol{M}_O(\boldsymbol{F})=\boldsymbol{r}_A\times\boldsymbol{F}=\begin{vmatrix}\boldsymbol{i} & \boldsymbol{j} & \boldsymbol{k}\\ 1 & 0 & 1\\ -1 & 1 & 1\end{vmatrix}=-\boldsymbol{i}-2\boldsymbol{j}+\boldsymbol{k}(\text{kN}\cdot\text{m})$$

得 $M_x(\boldsymbol{F})=-1\text{kN}\cdot\text{m},M_y(\boldsymbol{F})=-2\text{kN}\cdot\text{m},M_z(\boldsymbol{F})=1\text{kN}\cdot\text{m}$。

3-3　如题3-3图所示长方体，试求集中力 $\boldsymbol{P}$ 和 $\boldsymbol{Q}$ 分别对三坐标轴之矩。

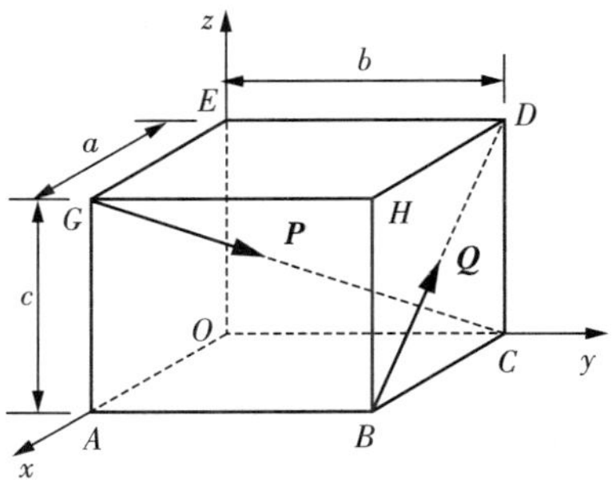

题3-3图

【解】（1）力 $\boldsymbol{P}$ 和 $\boldsymbol{Q}$ 在三个坐标轴上的投影分别为

$$P_x=-\frac{a}{\sqrt{a^2+b^2+c^2}}P,P_y=\frac{b}{\sqrt{a^2+b^2+c^2}}P,$$

$$P_z=-\frac{c}{\sqrt{a^2+b^2+c^2}}P,$$

$$Q_x=-\frac{aQ}{\sqrt{a^2+c^2}},Q_y=0,Q_z=\frac{cQ}{\sqrt{a^2+c^2}}$$

（2）力 $\boldsymbol{P}$ 和 $\boldsymbol{Q}$ 对原点 O 的力矩矢

矢径 $\boldsymbol{r}_G=a\boldsymbol{i}+0\boldsymbol{j}+c\boldsymbol{k}$，$\boldsymbol{r}_B=a\boldsymbol{i}+b\boldsymbol{j}+0\boldsymbol{k}$

$$\boldsymbol{M}_O(\boldsymbol{P})=\boldsymbol{r}_G\times\boldsymbol{P}=\begin{vmatrix}\boldsymbol{i} & \boldsymbol{j} & \boldsymbol{k}\\ a & 0 & c\\ \dfrac{-aP}{\sqrt{a^2+b^2+c^2}} & \dfrac{bP}{\sqrt{a^2+b^2+c^2}} & \dfrac{-cP}{\sqrt{a^2+b^2+c^2}}\end{vmatrix}$$

$$=\frac{bP}{\sqrt{a^2+b^2+c^2}}(-c\boldsymbol{i}+a\boldsymbol{k})$$

$$\boldsymbol{M}_O(\boldsymbol{Q})=\boldsymbol{r}_B\times\boldsymbol{Q}=\begin{vmatrix}\boldsymbol{i} & \boldsymbol{j} & \boldsymbol{k}\\ a & b & 0\\ -\dfrac{aQ}{\sqrt{a^2+c^2}} & 0 & \dfrac{cQ}{\sqrt{a^2+c^2}}\end{vmatrix}=\frac{Q}{\sqrt{a^2+c^2}}(bc\boldsymbol{i}-ac\boldsymbol{j}+ab\boldsymbol{k})$$

（3）根据力对点的矩与力对轴的矩的关系，可得力 P 和 Q 对三个坐标轴之矩分别为

$$M_x(\boldsymbol{P})=-\frac{bcP}{\sqrt{a^2+b^2+c^2}},M_y(\boldsymbol{P})=0,M_z(\boldsymbol{P})=\frac{abP}{\sqrt{a^2+b^2+c^2}}$$

$$M_x(\boldsymbol{Q})=\frac{bcQ}{\sqrt{a^2+c^2}},M_y(\boldsymbol{Q})=-\frac{acQ}{\sqrt{a^2+c^2}},M_z(\boldsymbol{Q})=\frac{abQ}{\sqrt{a^2+c^2}}$$

3-4　如题 3-4 图所示长方体边长为 a、b、c，力 $\boldsymbol{F}$ 沿 BD，试计算力 $\boldsymbol{F}$ 对 AC 轴之矩 $M_{AC}(\boldsymbol{F})$。

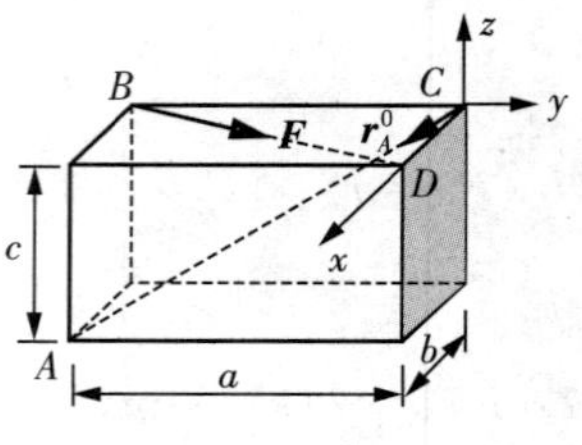

题 3-4 图

【解】　建立坐标系 $Cxyz$ 如题 3-4 图所示，则 $\boldsymbol{r}_B=\overline{\boldsymbol{CB}}=-a\boldsymbol{j}$，　$\boldsymbol{F}=\frac{bF}{\sqrt{a^2+b^2}}\boldsymbol{i}+\frac{aF}{\sqrt{a^2+b^2}}\boldsymbol{j}$，力 $\boldsymbol{F}$ 对 C 点的矩为：

$$\boldsymbol{M}_C(\boldsymbol{F})=\boldsymbol{r}_B\times\boldsymbol{F}=\begin{vmatrix}\boldsymbol{i} & \boldsymbol{j} & \boldsymbol{k}\\ 0 & -a & 0\\ \frac{bF}{\sqrt{a^2+b^2}} & \frac{aF}{\sqrt{a^2+b^2}} & 0\end{vmatrix}=\frac{abF}{\sqrt{a^2+b^2}}\boldsymbol{k}$$

故，力 $\boldsymbol{F}$ 对 C 点的矩矢 $\boldsymbol{M}_C(\boldsymbol{F})$ 沿 z 轴方向。

$$\boldsymbol{r}_A=\overline{\boldsymbol{CA}}=b\boldsymbol{i}-a\boldsymbol{j}-c\boldsymbol{k}$$

单位向量 $\boldsymbol{r}_A^0=\frac{\boldsymbol{r}_A}{|\boldsymbol{r}_A|}=\frac{1}{\sqrt{a^2+b^2+c^2}}(b\boldsymbol{i}-a\boldsymbol{j}-c\boldsymbol{k})$，所以，$\boldsymbol{F}$ 对 AC 轴之矩为

$$M_{AC}(\boldsymbol{F})=\boldsymbol{M}_C(\boldsymbol{F})\cdot\boldsymbol{r}_A^0=-\frac{abc}{\sqrt{a^2+b^2}\sqrt{a^2+b^2+c^2}}F,$$

方向：力矩的矢量方向与 AC 轴相同。

3-5　构件 $ABCO$ 如题 3-5 图所示，其中 AB 段与 z 轴平行，BC 段与 x 轴平行，CO 段与 y 轴重合，$AB=a$，$BC=b$，$OC=l$，作用在 A 点的三个力 $F_1=F_2=F_3=F$，且 $\boldsymbol{F}_1$ 与 z 轴平行，$\boldsymbol{F}_2$ 与 x 轴平行，$\boldsymbol{F}_3$ 与 y 轴平行。试求该力系向坐标原点 O 简化的主矢和主矩(均用矢量表示)

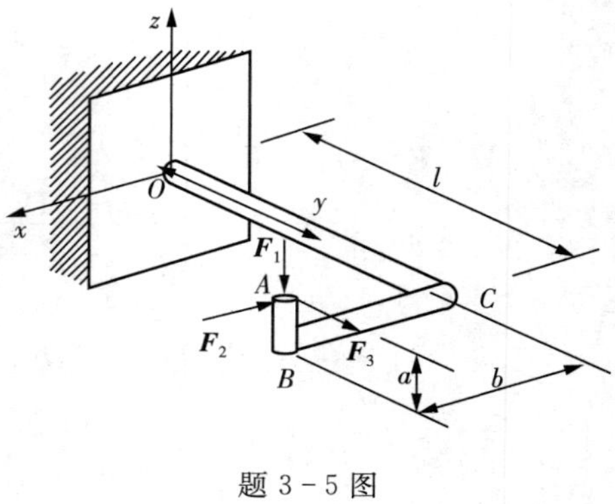

题 3-5 图

【解】　力系的主矢：

$$\boldsymbol{F}_R'=-F_2\boldsymbol{i}+F_3\boldsymbol{j}-F_1\boldsymbol{k}=F(-\boldsymbol{i}+\boldsymbol{j}-\boldsymbol{k})$$

力系对三个坐标轴的矩分别为

$$M_x=-F_1\cdot l-F_3\cdot a=-F(l+a)$$

$$M_y=F_1\cdot b-F_2\cdot a=F(b-a)$$

$$M_z=F_2\cdot l+F_3\cdot b=F(l+b)$$

力系对坐标原点 O 的力矩矢

$$\boldsymbol{M}_O=-F(l+a)\boldsymbol{i}+F(b-a)\boldsymbol{j}+F(l+b)\boldsymbol{k}。$$

3－6　边长为 $a\times b\times c$ 的长方体受力如题 3－6 图所示，且 $F_1=F_2=F_3=F$，(1) 试求力系向 O 点简化的结果；(2) 求该力系简化为一个合力需要满足的条件。

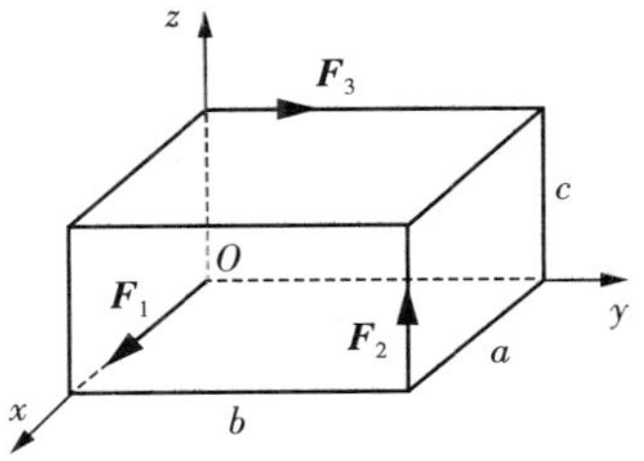

题 3－6 图

【解】 (1) 矢量表示各力：$\boldsymbol{F}_1=F\boldsymbol{i}$，$\boldsymbol{F}_2=F\boldsymbol{k}$，$\boldsymbol{F}_3=F\boldsymbol{j}$。

力系向 O 点简化的主矢

$$\boldsymbol{F}_R=\sum\boldsymbol{F}_i=F_1\boldsymbol{i}+F_3\boldsymbol{j}+F_2\boldsymbol{k}=F(\boldsymbol{i}+\boldsymbol{j}+\boldsymbol{k})$$

主矩

$$\boldsymbol{M}_O=(F_2b-F_3c)\boldsymbol{i}-F_2a\boldsymbol{j}+0\boldsymbol{k}=F(b-c)\boldsymbol{i}-Fa\boldsymbol{j}$$

(2) 力系简化为一个合力需要满足的条件是主矢和主矩相互垂直 $\boldsymbol{F}_R\perp\boldsymbol{M}_O$，

$$\boldsymbol{F}_R\cdot\boldsymbol{M}_O=0, F\cdot F(b-c)+F\cdot(-Fa)=0，得 a=b-c$$

3－7　如题 3－7 图所示，边长为 a 的立方体上作用集中力 $F_1=F$，$F_2=\sqrt{2}F$，试求该力系向坐标原点简化的主矢和主矩(均用矢量表示)。

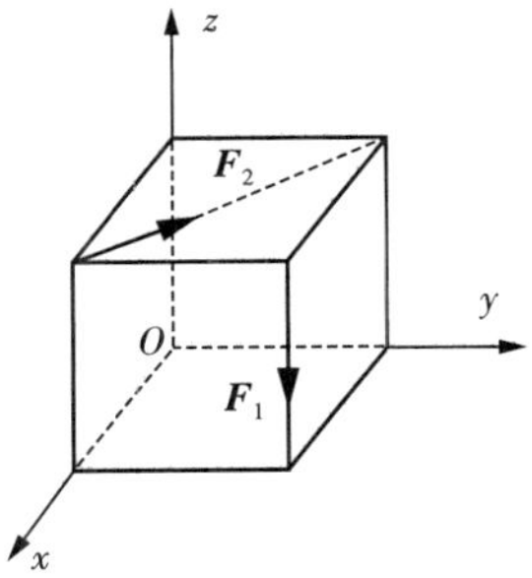

题 3－7 图

【解】 力系的主矢：

$$\boldsymbol{F}'_R=-F_2\sin45^\circ\boldsymbol{i}+F_2\cos45^\circ\boldsymbol{j}-F_1\boldsymbol{k}=F(-\boldsymbol{i}+\boldsymbol{j}-\boldsymbol{k})$$

力系对三个坐标轴的矩分别为

$$M_x=-F_1\cdot a-F_2\cos45^\circ\cdot a=-2Fa,$$

$$M_y=F_1\cdot a-F_2\cdot\cos45^\circ a=0,$$

$$M_z=F_2\cos45^\circ\cdot a=Fa$$

力系对点 O 的主矩：$\boldsymbol{M}_O=-2Fa\boldsymbol{i}+0\boldsymbol{j}+Fa\boldsymbol{k}$

3－8　如题 3－8 图所示，边长为 a 的立方体上作用有 4 个力，且 $F_1=F_2=F_3=F_4=F$，作用在相应的边上。求此力系简化的最终结果，并在图中表示。

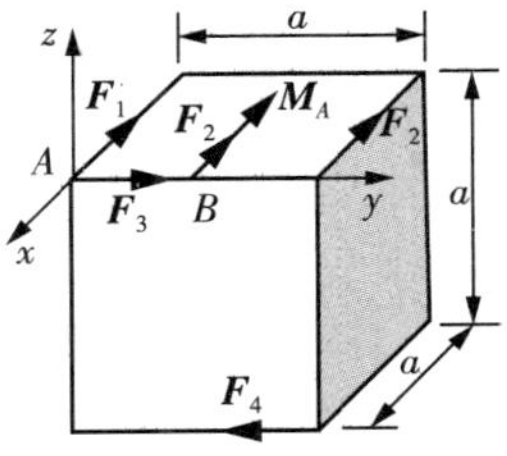

题 3－8 图

【解】 建立如题 3－8 图所示坐标系 $Axyz$，将力系向 A 点简化。

主矢和主矩分别为

$$\boldsymbol{F}'_R=\sum\boldsymbol{F}_i=(-F_1-F_2)\boldsymbol{i}+(F_3-F_4)\boldsymbol{j}=-2F\boldsymbol{i}$$

$$\boldsymbol{M}_A=\sum\boldsymbol{M}_i(\boldsymbol{F}_i)=\begin{vmatrix}\boldsymbol{i}&\boldsymbol{j}&\boldsymbol{k}\\0&0&0\\-F_1&0&0\end{vmatrix}+\begin{vmatrix}\boldsymbol{i}&\boldsymbol{j}&\boldsymbol{k}\\0&a&0\\-F_2&0&0\end{vmatrix}+\begin{vmatrix}\boldsymbol{i}&\boldsymbol{j}&\boldsymbol{k}\\0&0&0\\0&F_3&0\end{vmatrix}+\begin{vmatrix}\boldsymbol{i}&\boldsymbol{j}&\boldsymbol{k}\\0&a&-a\\0&-F_4&0\end{vmatrix}$$

$$=F_2a\boldsymbol{k}-F_4a\boldsymbol{i}=-Fa\boldsymbol{i}+Fa\boldsymbol{k}$$

由矢量式可得力系简化的最终结果为力螺旋，$\boldsymbol{F}_R=-2F\boldsymbol{i}$，$\boldsymbol{M}_A=-Fa\boldsymbol{i}$。如题3-8图所示，$\boldsymbol{F}_R$作用点为

$$x=0,y=\frac{Fa}{2F}=\frac{a}{2},z=0$$

3-9　如题3-9图所示，起重机装在三轮小车ABC上，尺寸为：$AD=DB=1\text{m}$，$CD=1.5\text{m}$，$CM=1\text{m}$，$KL=4\text{m}$。机身连同平衡锤F共重$P_1=100\text{kN}$，作用在G点，G点在平面$LMNF$之内，$GH=0.5\text{m}$，所举重物$P_2=30\text{kN}$。求当起重机的平面LMN平行于AB时车轮对轨道的压力。

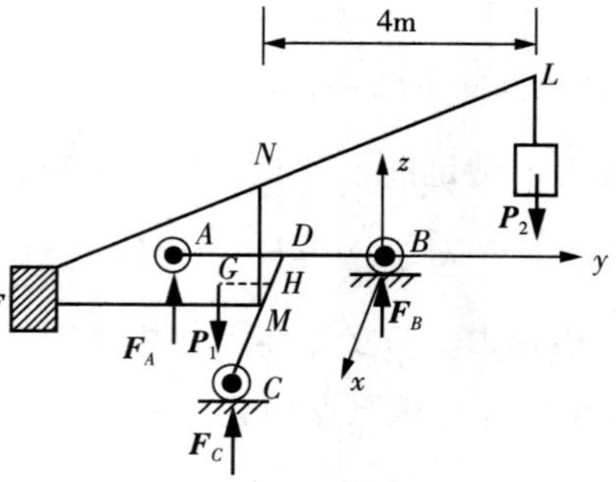

题3-9图

【解】　研究起重机，受力情况如题3-9图所示，取坐标系$Bxyz$，由

$$\sum M_y(\boldsymbol{F})=0,\ -F_C\cdot CD+(P_1+P_2)\cdot DM=0$$

$$\sum M_x(\boldsymbol{F})=0,\quad -F_A\cdot AB-F_C\cdot DB-3P_2+1.5P_1=0$$

$$\sum F_z=0,\quad F_A+F_B+F_C-P_1-P_2=0$$

代入数据，解得

$$F_A=8\frac{1}{3}\text{kN},F_B=78\frac{1}{3}\text{kN},F_C=43\frac{1}{3}\text{kN}。$$

3-10　如题3-10图所示支架，三根不计自重的直杆用球铰链连结于点O，平面BOC为水平面，$OB=OC$，AD垂直于BC，$BD=DC$。铰链O处挂一重物$W=1\text{kN}$，求三杆所受的力。

【解】　三杆均为二力杆，系统受力如题3-10图所示，由

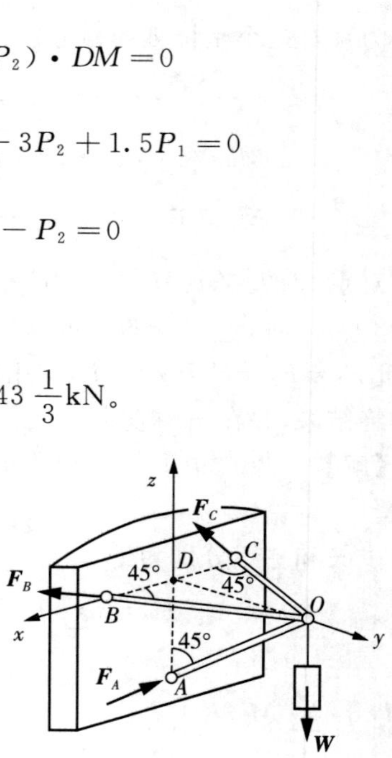

题3-10图

$$\sum F_x=0,\quad F_B\cos 45°-F_C\cos 45°=0$$

$$\sum F_y = 0, \quad -F_B\sin45° - F_C\sin45° + F_A\sin45° = 0$$

$$\sum F_z = 0, \quad F_A\cos45° - W = 0$$

代入数据 $W = 1000\text{N}$，解得

$$F_A = 1414\text{N}(\text{压}), F_B = F_C = 707\text{N}(\text{拉})。$$

3 - 11　三根无重直杆组成如题 3 - 11 图所示空间构架由，A、B 和 C 端则用球铰链固定在水平地板上。球铰链 D 端所挂物重 $P = 10\ \text{kN}$。求铰链 A、B 和 C 的反力。

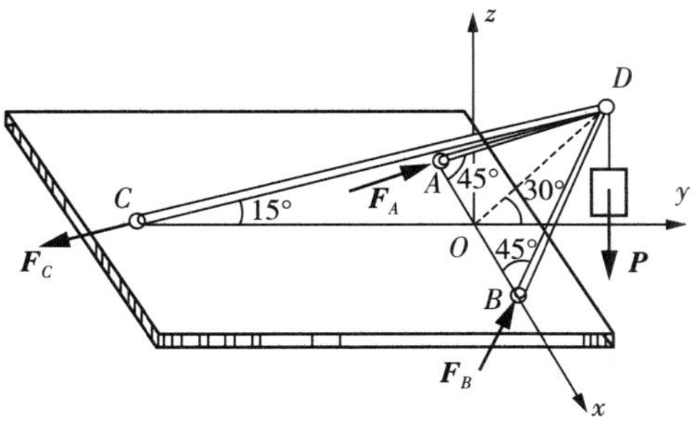

题 3 - 11 图

【解】　三杆均为二力杆，球铰 A、B 和 C 的约束力分别沿各杆轴线方向。系统受力如题 3 - 11 图所示，列平衡方程

$$\sum F_x = 0, \quad F_A\cos45° - F_B\cos45° = 0$$

$$\sum F_y = 0, \quad F_A\sin45°\cos30° + F_B\sin45°\cos30° - F_C\cos15° = 0$$

$$\sum F_z = 0, \quad F_A\sin45°\sin30° + F_B\sin45°\sin30° - F_C\sin15° - P = 0$$

解得

$$F_A = F_B = 26.39\text{kN}(\text{压}), \quad F_C = 33.46\text{kN}(\text{拉})$$

3 - 12　如题 3 - 12 图所示，三连杆铰接于 A 点，在 A 点作用一水平力 $\boldsymbol{P}$，试求各连杆所受的力。

分析：三连杆均为二力杆，约束力均沿杆的轴线。设三杆均为拉杆，研究球铰 A，选地面圆心 O 为坐标轴原点。FD 需用二次投影法。

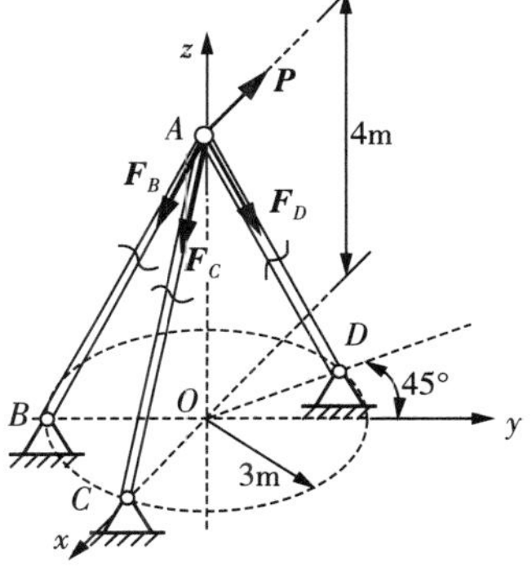

题 3 - 12 图

【解】　研究球铰 A，解除三杆的约束，设三杆均为拉杆，画受力图，为空间汇交力系。选坐标轴 $Oxyz$ 如图，列平衡方程

$$\sum F_x = 0, F_C \cdot \frac{3}{5} - F_D \cdot \frac{3}{5}\sin45° - P = 0$$

$$\sum F_y=0,\ -F_B\cdot\frac{3}{5}+F_D\cdot\frac{3}{5}\cos45°=0$$

$$\sum F_z=0,\ -F_B\cdot\frac{4}{5}-F_C\cdot\frac{4}{5}-F_D\cdot\frac{4}{5}=0$$

联立解得

$$F_C=1.18P,F_B=-0.49P,F_D=-0.69P$$

即 AC 杆受拉力;AB 和 AD 杆受压力。

3-13 如题3-13图所示,已知 $q=2\text{kN/m}$;$P=5\text{kN}$,$Q=4\text{kN}$,作用线分别平行于 AB、CD。求固定端 O 处的约束力。

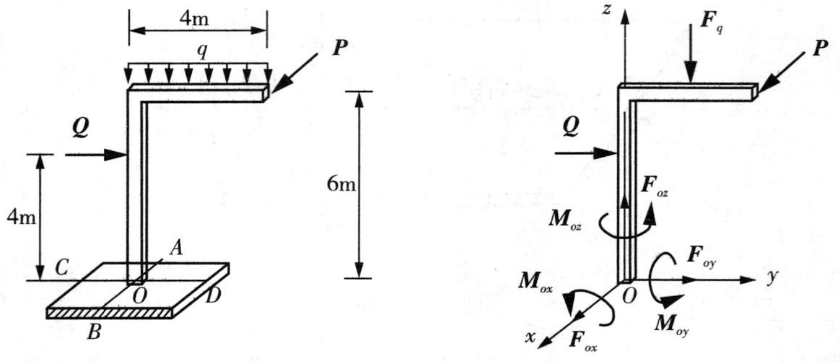

(a) (b)

题3-13图

【解】 研究悬臂钢架,其受力如题3-13(b)图,其中均布载荷用合力$\boldsymbol{F}_q$代替,且 $F_q=4q=8\text{kN}$。由

$$\sum F_x=0,\quad F_{Ox}+P=0$$

$$\sum F_y=0,\quad F_{Oy}+Q=0$$

$$\sum F_z=0,\quad F_{Oz}-F_q=0$$

$$\sum M_x(\boldsymbol{F})=0,\quad M_{Ox}-Q\cdot4-F_q\cdot2=0$$

$$\sum M_y(\boldsymbol{F})=0,\quad M_{Oy}-P\cdot6=0$$

$$\sum M_z(\boldsymbol{F})=0,\quad M_{Oz}-P\cdot4=0$$

解得 $F_{Ox}=-5\text{kN},F_{Oy}=-4\text{kN},F_{Oz}=8\text{kN};$

$$M_{Ox}=32\text{kN}\cdot\text{m},M_{Oy}=-30\text{kN}\cdot\text{m},M_{Oz}=20\text{kN}\cdot\text{m}$$

3-14 如题3-14图所示曲杆 $ABCD$,$\angle ABC=\angle BCD=90°$,且平面 ABC 与平面 BCD

垂直。在曲杆的 AB、BC 和 CD 上作用三个力偶，力偶所在平面分别垂直于各段轴线。已知力偶矩 m_2 和 m_3，求使曲杆处于平衡的力偶矩 m_1 和向心轴承 A、铰支座 D 的约束力。

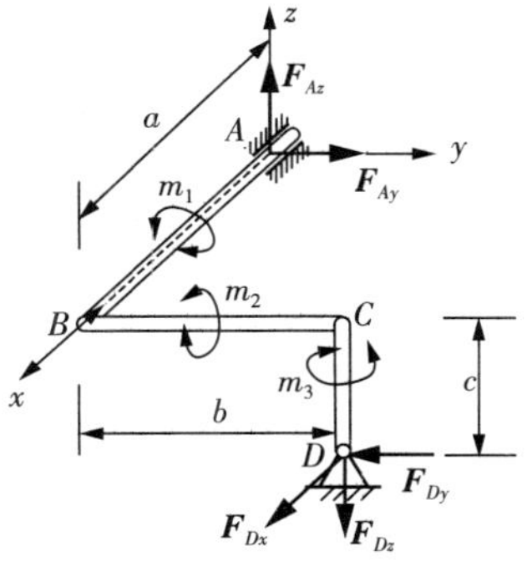

题 3-14 图

分析：取曲杆为研究对象作受力图。约束力为 $\boldsymbol{F}_{Ay}$、$\boldsymbol{F}_{Az}$ 和 $\boldsymbol{F}_{Dx}$、$\boldsymbol{F}_{Dy}$、$\boldsymbol{F}_{Dz}$，由于主动力系为力偶系，而力偶只能与力偶相平衡，所以 A、D 两处的约束力必然形成力偶，即形成力偶 $\boldsymbol{M}_1=(\boldsymbol{F}_{Ay},\boldsymbol{F}_{Dy})$，$\boldsymbol{M}_2=(\boldsymbol{F}_{Az},\boldsymbol{F}_{Dz})$，且 $\boldsymbol{F}_{Dx}$ 为单个的力，所以 $F_{Dx}=0$。本题可以用空间力偶系平衡条件求解，亦可用空间一般力系平衡来求解。

【解 1】　用空间力偶系平衡条件求解，研究曲杆并作受力图。

用矢量表示各力偶，有 $\boldsymbol{m}_1=m_1\boldsymbol{i}$，$\boldsymbol{m}_2=-m_2\boldsymbol{j}$，$\boldsymbol{m}_3=m_3\boldsymbol{k}$，根据力偶系平衡的条件，$A$、$D$ 两处的约束力必然形成力偶，且 $\boldsymbol{F}_{Dx}=0$ 令

$$\boldsymbol{M}_1=(\boldsymbol{F}_{Ay},\boldsymbol{F}_{Dy})=-cF_{Dy}\boldsymbol{i}-aF_{Dy}\boldsymbol{k},\boldsymbol{M}_2=(\boldsymbol{F}_{Az},\boldsymbol{F}_{Dz})=-bF_{Dz}\boldsymbol{i}+aF_{Dz}\boldsymbol{j}$$

由力偶系平衡方程 $\sum \boldsymbol{M}_i=0$ 有

$$\boldsymbol{m}_1+\boldsymbol{m}_2+\boldsymbol{m}_3+\boldsymbol{M}_1+\boldsymbol{M}_2=0$$

即

$$m_1\boldsymbol{i}-m_2\boldsymbol{j}+m_3\boldsymbol{k}-cF_{Dy}\boldsymbol{i}-aF_{Dy}\boldsymbol{k}-bF_{Dz}\boldsymbol{i}+aF_{Dz}\boldsymbol{j}=0$$

$$(m_1-cF_{Dy}-bF_{Dz})\boldsymbol{i}+(-m_2+aF_{Dz})\boldsymbol{j}+(m_3-aF_{Dy})\boldsymbol{k}=0$$

得

$$\begin{cases}m_1-cF_{Dy}-bF_{Dz}=0\\-m_2+bF_{Dz}=0\\m_3-aF_{Dy}=0\end{cases}$$

解得

$$F_{Dy}=\frac{m_3}{a},F_{Dz}=\frac{m_2}{a},m_1=\frac{b}{a}\cdot m_2+\frac{c}{a}\cdot m_3$$

所以 $F_{Ay}=\dfrac{m_3}{a}(\rightarrow)$，$F_{Az}=\dfrac{m_2}{a}(\uparrow)$，$F_{Dx}=0$，$F_{Dy}=\dfrac{m_3}{a}(\leftarrow)$，$F_{Dz}=\dfrac{m_2}{a}(\downarrow)$，$m_1=\dfrac{b}{a}m_2+\dfrac{c}{a}m_3$。

【解 2】　用空间任意力系平衡方程求解。取直角坐标系 $Axyz$，曲杆受力如题 3-14 图，

$$\sum F_x=0,F_{Dx}=0$$

$$\sum F_y=0,F_{Ay}-F_{Dy}=0$$

$$\sum F_z=0,F_{Az}-F_{Dz}=0$$

$$\sum M_x(\boldsymbol{F})=0, m_1-F_{Dz}\cdot b-F_{Dy}\cdot c=0$$

$$\sum M_y(\boldsymbol{F})=0, -m_2-F_{Dx}\cdot c+F_{Dz}\cdot a=0$$

$$\sum M_z(\boldsymbol{F})=0, m_3-F_{Dx}\cdot b-F_{Dy}\cdot a=0$$

联立解得 $F_{Ay}=\dfrac{m_3}{a}, F_{Az}=\dfrac{m_2}{a}, F_{Dx}=0, F_{Dy}=\dfrac{m_3}{a}, F_{Dz}=-\dfrac{m_2}{a}, m_1=\dfrac{b}{a}m_2+\dfrac{c}{a}m_3$。

3-15 不计重量的板 $ABCD$ 在球铰链 A、蝶铰链 B 及细绳 CE 等约束下而处于水平面上，已知 $BE\perp AB$，$\angle BCD=\angle BCE=30°$，力 G 平行于轴 z 且 $G=500\text{N}$。设蝶铰链不产生 y 方向的约束力，试求细绳拉力和铰链的约束力。

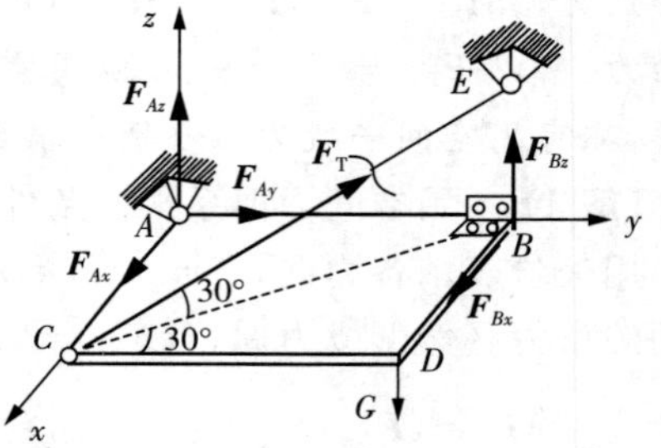

题 3-15 图

【解】 研究矩形薄板 $ABDC$，受力如题 3-15 图所示，建立坐标系。由

$$\sum F_x=0,\quad F_{Ax}+F_{Bx}-F_{T}\cos30°\sin30°=0$$

$$\sum F_y=0,\quad F_{Ay}+F_{T}\cos30°\cos30°=0$$

$$\sum F_z=0,\quad F_{Az}+F_{Bz}+F_{T}\sin30°-G=0$$

$$\sum M_x(\boldsymbol{F})=0,\quad F_{Bz}\cdot AB-G\cdot CD=0$$

$$\sum M_y(\boldsymbol{F})=0,\quad G\cdot BD-F_{T}\sin30°\cdot AC=0$$

$$\sum M_z(\boldsymbol{F})=0,\quad F_{T}\cos30°\cos30°\cdot AC-F_{Bx}\cdot AB=0$$

式中 $AB=CD, AC=BD, AB=\sqrt{3}AC, G=500\text{N}$，联立解得

$$F_{Ax}=0, F_{Ay}=-750\text{N}, F_{Az}=-500\text{N}, F_{Bx}=433\text{N}, F_{Bz}=500\text{N}, F_{T}=1000\text{N}。$$

3-16 扒杆如题3-16图所示，竖杆 AB 用两绳拉住，并在 A 点用球铰约束，$P=20\text{kN}$。求两绳中的拉力和铰 A 处的约束力。

【解】 研究扒杆系统，受力如下图。建立坐标系，由

$$\sum F_x=0,\quad F_{Ax}-F_{T1}\cos60°\cos45°+F_{T2}\cos60°\cos45°=0$$

$$\sum F_y=0,\quad F_{Ay}-F_{T1}\cos60°\sin45°-F_{T2}\cos60°\sin45°=0$$

$$\sum F_z=0,\quad F_{Az}-F_{T1}\sin60°-F_{T2}\sin60°-P=0$$

$$\sum M_x(\boldsymbol{F})=0,\quad 5F_{T1}\cos60°\sin45°+5F_{T2}\cos60°\sin45°-5P=0$$

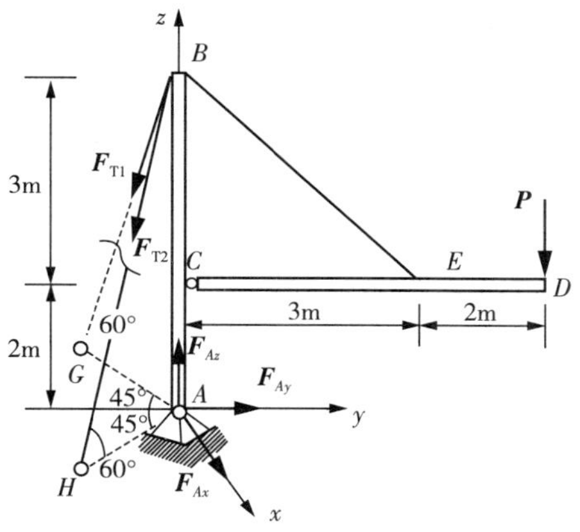

题 3-16 图

$$\sum M_y(\boldsymbol{F})=0,\quad -5F_{T1}\cos 60^\circ\cos 45^\circ+5F_{T2}\cos 60^\circ\cos 45^\circ=0$$

代入数据 $P=20\text{kN}$，联立解得

$$F_{T1}=F_{T2}=28.3\text{kN},F_{Ax}=0\text{kN},F_{Ay}=20\text{kN},F_{Az}=69\text{kN}。$$

3-17　如题 3-17 图所示，均质杆 AB 重 $W=100\text{N}$，A 端用球铰支承，B 端靠在光滑墙壁上，并用细绳 BC 拉住(图中尺寸为 cm)，试求 B 端绳子的张力拉力和墙壁的约束力。

分析：杆 AB 在球铰 A 有三个约束力，而 B 端有两个约束力，共五个未知量。但本题只需求 B 端的两个未知量，A 处的约束力不用求，为此可考虑选择通过点 A 的力矩轴，则可避开 A 处的未知力。若选 Oz 轴列力矩方程，方程中只出现 $\boldsymbol{F}_T$，而选 Ay' 轴为力矩轴，则方程中出现 $\boldsymbol{F}_N$ 和 $\boldsymbol{F}_T$。

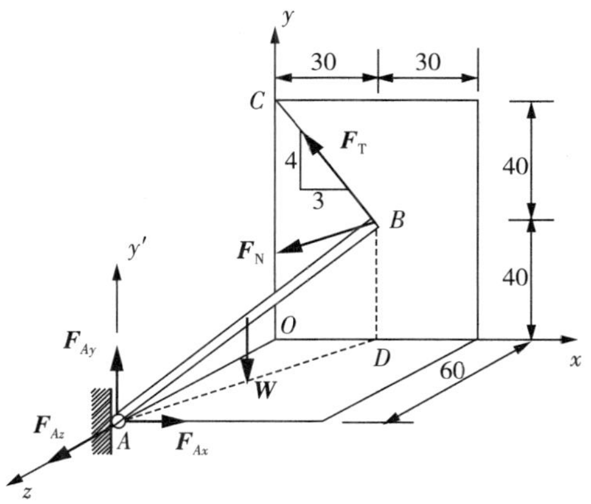

题 3-17 图

【解】　研究杆 AB，受力如题 3-17 图所示，$\boldsymbol{W}$ 为重力；$\boldsymbol{F}_T$ 为绳子拉力；$\boldsymbol{F}_N$ 为墙壁反力；铰 A 反力 $\boldsymbol{F}_{Ax}$、$\boldsymbol{F}_{Ay}$、$\boldsymbol{F}_{Az}$。分别选轴 Oz 及 Ay' 为力矩轴，列平衡方程

$$\sum M_{Oz}(\boldsymbol{F})=0,-W\cdot 15+F_T\cdot\frac{4}{5}\cdot 30+F_T\cdot\frac{3}{5}\cdot 40=0$$

解得
$$F_T=31.2\text{N}$$

$$\sum M_{Ay'}(\boldsymbol{F})=0,F_T\cdot\frac{3}{5}\cdot 60-F_N\cdot 30=0$$

解得
$$F_N=\frac{6}{5}F_T=37.4\text{N}$$

注意:(1) 因绳子在 Oxy 平面内,计算力矩时,可将 $\boldsymbol{F}_T$ 分解为二分力,应用合力矩定理计算较为方便;(2) 亦可取 Ax' 轴为力矩轴,列出 $\sum M_{Ax'}(\boldsymbol{F})=0$。

3-18　如题3-18图所示,边长为 a 的正三角形板 ABC 用三根铅直杆、三根与水平面成30°夹角的斜杆,支承在水平位置。在板面内作用一力偶矩 M,不计板与各杆自重,求各杆之内力。

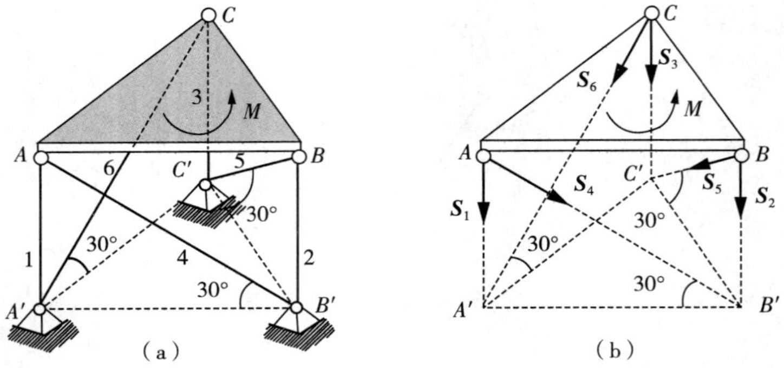

题 3-18 图

分析:题中六根杆子均为二力杆,均假设为拉力。作三角形板的受力图如题3-18图所示。为了使解题简化,恰当选轴,可将六个未知量一一求,而无须解联立方程。根据未知力的分布特点,如选铅垂线方向为力矩轴,则 S_1, S_2, S_3 力矩为零。而每根铅垂杆又有两斜杆通过,其内力矩亦为零,所以可以很方便地解出三铅垂杆的内力,斜杆的内力可选水平线为轴计算力矩。

【解】　研究三角形板,受力如图3-18(b)所示,给各杆件编号,用 $\boldsymbol{S}_1 \sim \boldsymbol{S}_6$ 分别表示各杆的拉力。

$$\sum M_{AA'}=0 \quad M+S_5\cos30^\circ(a\cos30^\circ)=0$$

$$S_5=-\frac{M}{a\cdot\cos^2 30^\circ}=-\frac{4}{3}\frac{M}{a}$$

同理,由 $\sum M_{BB'}=0$ 得　　$S_6=-\frac{4}{3}\frac{M}{a}$

由 $\sum M_{CC'}=0$　得　　$S_4=-\frac{4}{3}\frac{M}{a}$

$$\sum M_{BC}=0 \quad S_1\cdot a\cos30^\circ+S_4\cos60^\circ\cdot a\cos30^\circ=0$$

$$S_1=-S_4\cos60^\circ=\frac{2}{3}\frac{M}{a}$$

同理有 $S_2=S_3=S_1=\frac{2}{3}\frac{M}{a}$(拉力)$S_4=S_5=S_6=-\frac{4}{3}\frac{M}{a}$(压力)。

3-19　已知题3-19图所示六杆支撑一正方形板 $ABCD$,在板角 A 处作用水平力 F。设板和杆自重不计,求各杆内力。

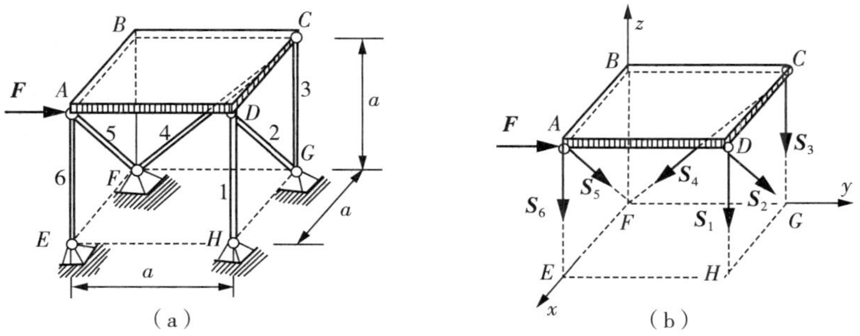

题 3 - 19 图

【解】 研究板 $ABCD$,受力如题 3 - 19(b) 图,给各杆件编号。由平衡方程

$$\sum F_y = 0, \quad -S_4\cos45° + F = 0$$

$$\sum M_{AD}(\boldsymbol{F}) = 0, -S_4\cos45°a - S_3a = 0$$

$$\sum M_{AE}(\boldsymbol{F}) = 0, S_2\cos45°a + S_4\cos45°a = 0$$

$$\sum F_x = 0, \quad -S_5\cos45° - S_2\cos45° = 0$$

$$\sum M_{DC}(\boldsymbol{F}) = 0, \quad S_6a + S_5\cos45°a = 0$$

$$\sum M_{GF}(\boldsymbol{F}) = 0, \quad S_1a + S_6a = 0$$

解得 $S_1 = F, S_2 = -\sqrt{2}F, S_3 = -F, S_4 = \sqrt{2}F, S_5 = \sqrt{2}F, S_6 = -F$(负值说明该杆为压杆)。

3-20　平面图形及尺寸如题3-20图所示,单位为cm。求形心 C 的位置。

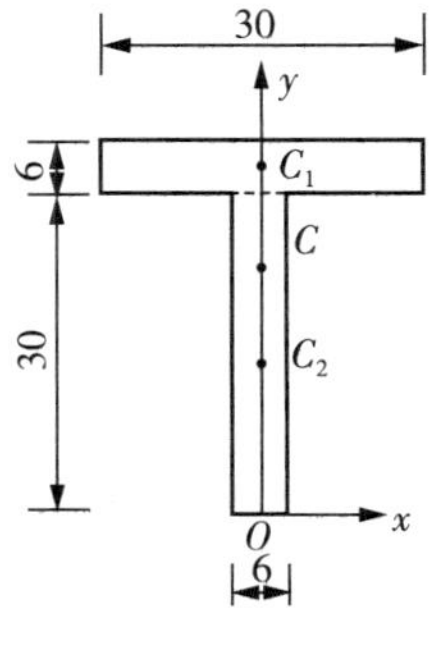

题 3 - 20(a) 图

【解】 (a) 取坐标系如题 3 - 20 图,将该图形分为上下两个矩形,矩形 1 形心 C_1 点坐标:$x_1 = 0\text{cm}, y_1 = 33\text{cm}$,面积

$$S_1 = 30 \times 6 = 180\text{cm}^2$$

矩形 2 形心 C_2 点坐标 $x_2 = 0\text{cm}, y_2 = 15\text{cm}$,面积

$$S_2 = 30 \times 6 = 180\text{cm}^2$$

系统形心: $$x_C = \frac{x_1S_1 + x_2S_2}{S_1 + S_2} = 0\text{cm}$$

$$y_C = \frac{y_1S_1 + y_2S_2}{S_1 + S_2} = \frac{33 \times 180 + 15 \times 180}{180 + 180} = 24\text{cm}$$

(b) 取坐标系如题 3 - 20 图所示,将该图形分为成 3 部分:

上半圆 $R100$,形心 C_1 坐标

$$x_1=0, y_1=\frac{4\times 100}{3\pi}=42.5\text{cm}$$

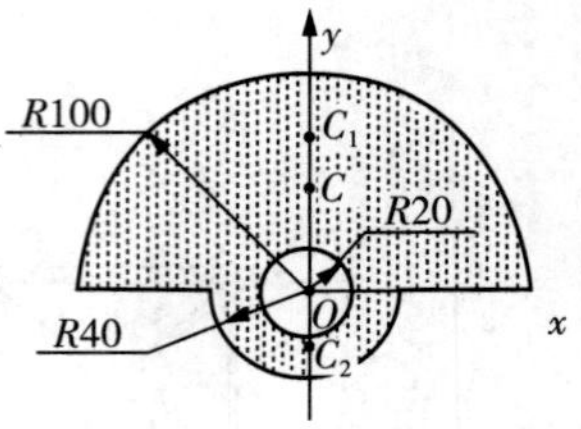

题 3-20(b) 图

面积 $$S_1=\frac{\pi\times 100^2}{2}=15700\text{cm}^2$$

下半圆 $R40$，形心 C_2 坐标

$$x_2=0, y_2=-\frac{4\times 40}{3\pi}=-17\text{cm}$$

面积 $$S_2=\frac{\pi\times 40^2}{2}=2512\text{cm}^2$$

空心圆 $R20$，形心 O 坐标为 $x_3=0, y_3=0$，面积为 $S_3=-\pi\times 20^2=-1256\text{cm}^2$，得

$$x_C=\frac{x_1S_1+x_2S_2+x_3S_3}{S_1+S_2+S_3}=0\text{cm}, y_C=\frac{y_1S_1+y_2S_2+y_3S_3}{S_1+S_2-S_3}=36.78\text{cm}$$

3-21 已知机器基础由均质物体组成，均质块尺寸如题 3-21 图所示，求均质块重心的位置。

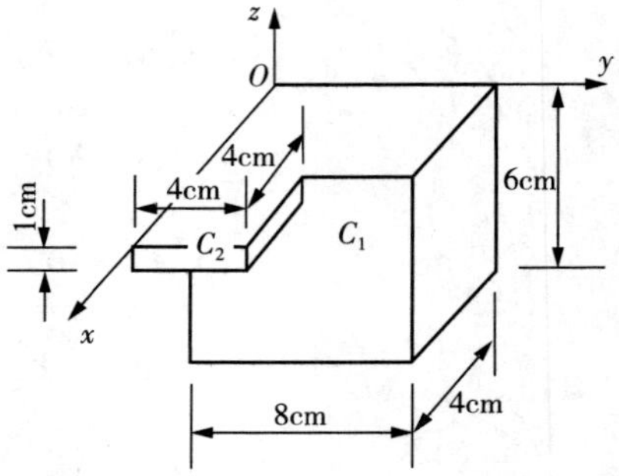

题 3-21 图

【解】 取坐标系，将均质块分为两个长方体。长方体 1 体积

$$V_1=8\times 4\times 6=192\text{cm}^3$$

重心（形心）C_1 坐标

$$x_1=2\text{cm}, y_1=4\text{cm}, z_1=-3\text{cm}$$

长方体 2 体积

$$V_2=4\times 4\times 1=16\text{cm}^3,$$

重心（形心）C_2 坐标

$$x_2=6\text{cm}, y_2=2\text{cm}, z_2=-0.5\text{cm}$$

所以

$$x_C=\frac{\sum V_i x_i}{\sum V_i}=\frac{192\times 2+16\times 6}{192+16}=2.31\text{cm}$$

$$y_C=\frac{\sum V_i y_i}{\sum V_i}=\frac{192\times 4+16\times 2}{192+16}=3.85\text{cm}$$

$$z_C=\frac{\sum V_i z_i}{\sum V_i}=\frac{192\times(-3)+16\times(-0.5)}{192+16}=-2.81\text{cm}$$

即物块重心坐标为(2.31，3.85，−2.81)cm。

第4章　摩　擦

4.1　主要内容

一、滑动摩擦力

1. 静滑动摩擦力$\boldsymbol{F}_s$

两个物体相互接触的表面之间仅有相对滑动趋势而尚未发生滑动时的摩擦力。

方向：与两物体之间相对滑动的趋势相反。

大小：由平衡方程确定，且

$$0 \leqslant F_S \leqslant F_{\max} \tag{4-1}$$

2. 最大静滑动摩擦力

相对滑动即将发生时的摩擦力。

方向：与两物体之间相对滑动的趋势相反。

大小：

$$F_{\max} = f_S F_N \tag{4-2}$$

其中 f_s 为静摩擦因数，$\boldsymbol{F}_N$ 为法向约束力。

3. 动滑动摩擦力$\boldsymbol{F}$

相对滑动已经发生时的摩擦力。

方向：与两物体之间相对速度方向相反。

大小：

$$F = fF_N \tag{4-3}$$

其中 f 为动摩擦因数，$\boldsymbol{F}_N$ 为法向约束力。一般情况下 $f < f_S$。

二、摩擦角与自锁现象

1. 摩擦角 φ_f

当接触面间的静滑动摩擦力达到最大值时，全约束力与法线间的夹角达到最大值，定义为摩擦角 φ_f，有 $\tan\varphi_F = f_S$

全约束力与法线间夹角 φ 的变化范围为　$0 \leqslant \varphi \leqslant \varphi_f$

2. 自锁现象

当主动力的合力作用线在摩擦角之内时，无论主动力大小如何，物体总是处于平衡状态，即为自锁现象。

三、滚动摩阻

1. 滚动摩阻的概念

物体相对于另一物体做滚动或有滚动趋势时所受到的阻碍作用，称为滚动摩阻（简称滚阻）。

2. 滚动摩阻力偶矩 M_f

仅有滚动趋势，尚未发生滚动时的滚阻力偶的力偶矩。

转向：与相对滚动趋势的转向相反。

大小：由平衡方程确定，且 $0 \leqslant M_f \leqslant M_{max}$

3. 最大滚阻力偶矩 M_{max}

相对滚动即将发生时（极限状态）的滚阻力偶的力偶矩。

转向：与相对滚动趋势的转向相反。

大小：

$$M_{max} = \delta F_N \tag{4-4}$$

式中 δ 为滚动摩阻系数，单位一般为 mm。

4. 物体在滚动状态的滚阻 M_f

转向：与相对滚动的转向相反。

大小：$M_{max} \approx \delta F_N$。

4.2 解题指导与习题解答

一、解题指导

1. 考虑摩擦的平衡问题的两种解题方法：解析法和几何法。

2. 考虑摩擦的平衡问题大致分为两类：(1) 求物体的平衡范围；(2) 判断物体的平衡状态。

3. 用解析法求解平衡范围问题的步骤

(1) 取研究对象并画受力图（主动力、约束力，包括摩擦力）。

(2) 列方程。除列出平衡方程外，还要列出相应的补充方程，即 $F_s \leqslant f_s F_N$ 或 $M_f \leqslant \delta F_N$。

(3) 解方程。因补充的摩擦力方程式为不等式，所以问题的解答也有一个范围，即某些力的大小、方向或作用线的位置均可在一定范围内变化，或物体的某些尺寸、角度或摩擦因数在一定范围内变化等。

(4) 分析平衡范围。为方便计算，补充的摩擦力方程可采用等式，求得的是临界平衡条件。因此需要根据问题的性质来分析解答的平衡范围。

4. 判断物体是否平衡的步骤

与上述步骤基本相同，不同之处在于：先假定，再判断，即：先假定物体静止平衡及摩擦力的方向；若求得的摩擦力为正值，则说明与假定的指向相同，否则相反；再根据不等式 $|F_S| \leqslant f_S F_N$ 是否满足来判断物体是否平衡。

5. 用几何法求解平衡范围问题的步骤

(1) 取研究对象画受力图，与解析法不同的是在有摩擦处根据摩擦角的位置画出全约束力的方向及作用线位置，为临界平衡状态下的受力图。

(2) 求解。根据题目要求，从受力图中求得物体的几何尺寸，或力的作用线位置或未知力的大小。

注意：对物体只受三个力作用而平衡的问题，用几何法解题较为方便。

二、习题解答

4-1　物块重 $W=980$N，放在粗糙的斜面上，与斜面间的静摩擦系数 $f_S=0.20$，动摩擦系数 $f=0.17$。当水平主动力分别为 $P=500$N 和 $P=100$N 两种情况时，试确定物块是否滑动；并求实际摩擦力的大小和方向。

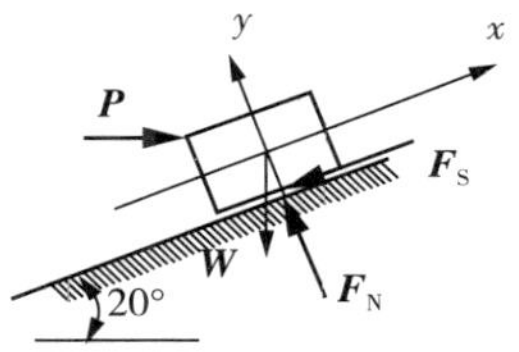

题 4-1 图

【解】　设物块处于平衡状态，且有向上的运动趋势，摩擦力 $\boldsymbol{F}_S$ 方向沿斜面向下，取直角坐标系如图，有

$$\sum F_x = 0,\quad P\cos 20^\circ - W\sin 20^\circ - F_s = 0$$

$$\sum F_y = 0,\quad F_N - W\cos 20^\circ - P\sin 20^\circ = 0$$

(1) 当 $P=500$N 时，解得 $F_N=1091.91$N，$F_S=134.67$N，此时最大静摩擦力为 $F_{max}=f_S F_N=1091.91\times 0.20=218.38$N，满足 $F_S\leqslant F_{max}$，所以物块静止，所受摩擦力为静摩擦力，大小为 $F_S=134.67$N，方向沿斜面向下。

(2) 当 $P=100$N 时，解得 $F_N=955.10$N，$F_S=-241.21$N，摩擦力为负值，说明其真实方向与假设相反，且此时最大静摩擦力为

$$F_{max}=f_S F_N=0.20\times 955.10=191.02\text{N}$$

$|F_s|\geqslant F_{max}$，这是不可能出现的，所以物块沿斜面向下滑动，所受摩擦力为滑动摩擦力，大小为 $F=fF_N=0.17\times 955.10=162.37$N 方向沿斜面向上。

4-2　如题 4-2 图所示，梯子 AB 重为 $P=200$ N，梯长 l，与水平夹角 $\theta=60^\circ$。接触面间的摩擦系数均为 0.25，人重 $W=650$ N。求人所能达到的最高点 C 到 A 点的距离 s。

【解】　研究梯子 AB，受力如图。列平衡方程

$$\sum F_x = 0,\quad F_{NB} - F_{SA} = 0 \tag{1}$$

$$\sum F_y = 0,\quad F_{NA} + F_{SB} - P - W = 0 \tag{2}$$

$$\sum M_A(\boldsymbol{F})=0,\quad P\frac{l}{2}\cos\theta+Ws\cos\theta-F_{NB}l\sin\theta-F_{SB}l\cos\theta=0 \tag{3}$$

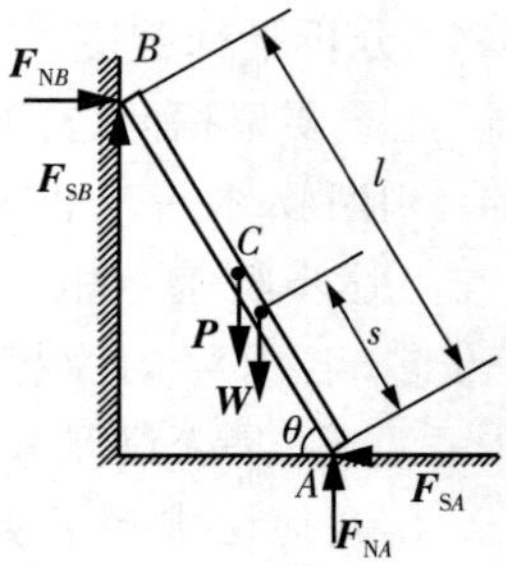

题 4-2 图

临界平衡时，A、B 两处都达到最大静摩擦力，有

$$F_{SA}=f_S F_{NA} \tag{4}$$

$$F_{SB}=f_S F_{NB} \tag{5}$$

代入数据 $P=200\text{N}$，$W=650\text{N}$，$f_s=0.25$，$\theta=60°$，联立式(1)～(5)，解得

$$F_{NA}=\frac{P+W}{1+f_S^2}=800\text{N},F_{SA}=200\text{N},$$

$$F_{NB}=\frac{f_s}{1+f_S^2}(P+W)=200\text{N},F_{SB}=50\text{N}$$

$$s=\frac{l}{W}\left[(\sqrt{3}+f_S)F_{NB}+\frac{1}{2}P\right]=0.456l$$

即能达到的最高点 C 到 A 点的距离为 $s=0.456l$。

4-3　如题 4-3 图所示凸轮推杆机构中，推杆 AB 与滑道间的摩擦系数为 f_S，滑道宽为 b，偏心轮上作用一力偶 m；推杆轴受铅直力 Q。偏心轮与推杆间的摩擦忽略不计，求 b 的尺寸为多少时推杆才不致被卡住。

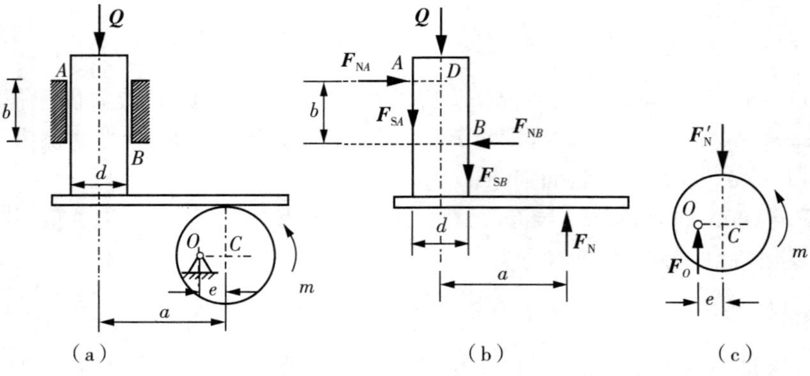

题 4-3 图

【解】　研究推杆 AB，受力分析如题 4-3(b)图。设系统处于临界平衡状态，推杆有向上运动的趋势，则 A、B 处的摩擦力方向向下。列平衡方程

$$\sum F_x=0,\quad F_{NA}-F_{NB}=0 \tag{1}$$

$$\sum F_y=0,\quad -Q-F_{SA}-F_{SB}+F_N=0 \tag{2}$$

$$\sum M_D(\boldsymbol{F})=0, F_{\mathrm{N}}a+F_{\mathrm{S}A}\frac{d}{2}-F_{\mathrm{S}B}\frac{d}{2}-F_{\mathrm{N}B}b=0 \tag{3}$$

考虑临界平衡条件(即推杆将动而尚未动时)A、B 处的摩擦力均达最大值,有

$$F_{\mathrm{S}A}=f_{\mathrm{S}}F_{\mathrm{N}A} \tag{4}$$

$$F_{\mathrm{S}B}=f_{\mathrm{S}}F_{\mathrm{N}B} \tag{5}$$

再研究凸轮,受力如图(c),图中 $F'_{\mathrm{N}}=F_{\mathrm{N}}$。列平衡方程

$$\sum M_O(\boldsymbol{F})=0,\quad m-F'_{\mathrm{N}}e=0 \tag{6}$$

联立式(1) ~ (6),解得

$$b=\frac{2af_{\mathrm{S}}m}{m-Qe}$$

推杆不致被卡住的条件为

$$b>\frac{2af_{\mathrm{S}}m}{m-Qe}$$

4-4　已知尖劈 A 的顶角为 θ,在 B 块上受力 $\boldsymbol{Q}$ 的作用。A 与 B 块间的静摩擦系数为 f_s(其他有滚珠处表示光滑)。不计 A 和 B 块的重量,求(1) 顶住物块所需的力 $\boldsymbol{P}$ 的值;(2) 使物块不向上移动所需的力 $\boldsymbol{P}$ 的值。

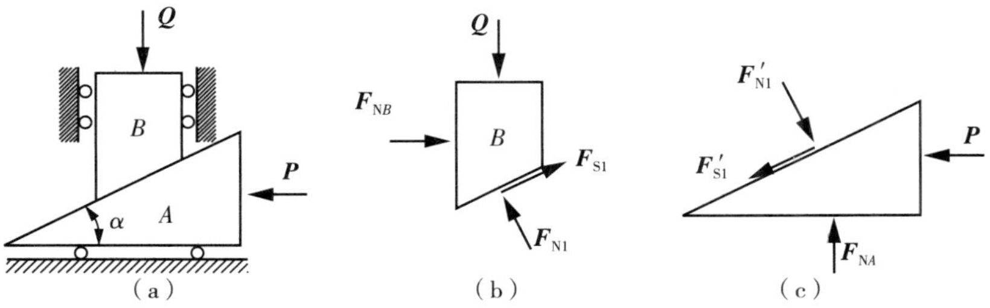

题 4-4 图

【解 1】　(1) 求顶住物块所需的力 $\boldsymbol{P}$ 的值,即求最小值 $P_{\min}$,此时物块 B 有下滑的趋势,受力如题 4-4(b) 图所示,列平衡方程

$$\sum F_y=0,\quad F_{\mathrm{N1}}\cos\theta+F_{\mathrm{S1}}\sin\theta-Q=0$$

再研究物块 A,受力如题 4-4(c) 图所示,列平衡方程

$$\sum F_x=0,\quad -F'_{\mathrm{S1}}\cos\theta+F'_{\mathrm{N1}}\sin\theta-P_{\min}=0$$

临界平衡时,有 $F_{\mathrm{S1}}=f_{\mathrm{S}}F_{\mathrm{N1}}$,　解得

$$P_{\min}=\frac{\sin\theta-f_{\mathrm{S}}\cos\theta}{\cos\theta+f_{\mathrm{S}}\sin\theta}Q$$

(2) 使物块不向上移动所需的力 $\boldsymbol{P}$ 的值，即求最大值 $P_{\max}$，此时物块 B 有上滑的趋势，受力图是将题 4-4(b) 图中的 $\boldsymbol{F}_{s1}$ 画成反向，列平衡方程

$$\sum F_y = 0,\quad F_{N1}\cos\theta - F_{S1}\sin\theta - Q = 0$$

再研究物块 A，受力图是将图(c) 中的 $\boldsymbol{F}'_{s1}$ 画成反向，列平衡方程

$$\sum F_x = 0,\quad F'_{S1}\cos\theta + F'_{N1}\sin\theta - P_{\max} = 0$$

临界平衡时，有 $F_{S1} = f_S F_{N1}$，解得

$$P_{\max} = \frac{\sin\theta + f_S\cos\theta}{\cos\theta - f_S\sin\theta}Q$$

【解 2】 研究系统，受力如题 4-4(d) 图，平衡时，由 $\sum F_y = 0,\quad F_{NA} - Q = 0$ 得 $F_{NA} = Q$

(1) 求顶住物块所需的力 $\boldsymbol{P}$ 的值，即求最小值 $P_{\min}$，此时物块 A 有向右运动的趋势，受力如图(e)，$\boldsymbol{F}_{R1}$ 为物块 B 对物块 A 的全反力，φ_f 为斜面间的摩擦角，且 $\tan\varphi_f = f_S$，物块 A 力三角形如图 4-4(f)，解得 $P_{\min} = Q\tan(\theta - \varphi_f)$，即

$$P_{\min} = \frac{\sin\theta - f_S\cos\theta}{\cos\theta + f_S\sin\theta}Q$$

(2) 使物块不向上移动所需的力 $\boldsymbol{P}$ 的值，即求最大值 $P_{\max}$，此时物块 A 有向左运动的趋势，受力如题 4-4(g) 图，物块 A 力三角形如题 4-4(h) 图，同理可解得 $P_{\max} = Q\tan(\theta + \varphi_f)$，即

$$P_{\max} = \frac{\sin\theta + f_S\cos\theta}{\cos\theta - f_S\sin\theta}Q$$

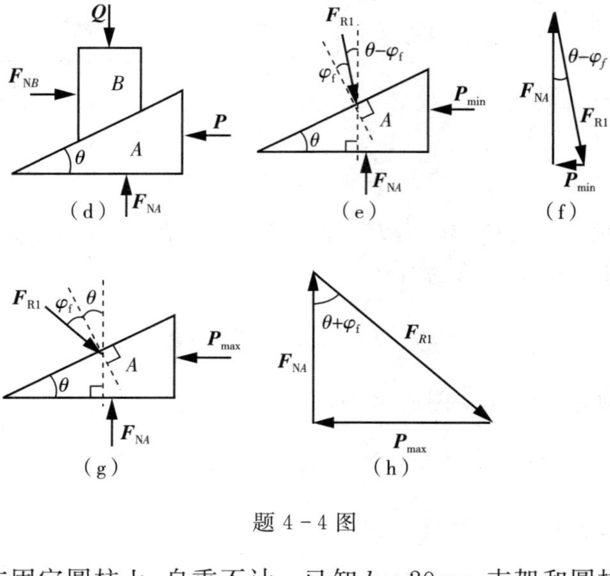

题 4-4 图

4-5　支架套在固定圆柱上，自重不计。已知 $h = 20\text{cm}$，支架和圆柱间的摩擦因数 $f_S = 0.25$。试问 x 至少多远才能使支架不致下滑。

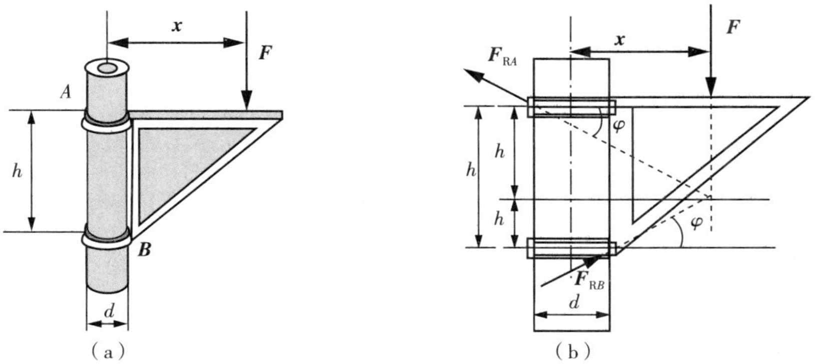

题 4-5 图

【解】 支架受力分析如题4-5(b)图所示。临界平衡时,A、B两处的摩擦力均达到最大值,全反力与法线的夹角等于摩擦角。由几何关系

$$h=h_1+h_2=\left(x+\frac{d}{2}\right)\tan\varphi_f+\left(x-\frac{d}{2}\right)\tan\varphi_f$$

$\tan\varphi_f=f_S=0.25$,代入上式解得

$$x=\frac{h}{2\tan\varphi_f}=40\text{cm}$$

4-6 均质杆 AB 长 $2b$,重 P,放在水平面和半径为 r 的固定圆柱上。设各处摩擦系数均为 f,试求杆处于平衡时 θ 的最大值。

【解】 研究杆 AB,只受三个力处于平衡:重力 $\boldsymbol{P}$,A、D 处的全约束力$\boldsymbol{F}_{RA}$ 和 $\boldsymbol{F}_{RD}$,该三力汇交于一点 K。当$\boldsymbol{F}_{RA}$ 和$\boldsymbol{F}_{RD}$ 偏离接触面法线的角度达到摩擦角 φ_f 时为杆的极限平衡状态,此时角 θ 达到最大值。杆极限平衡状态的受力如题4-6图所示,几何关系

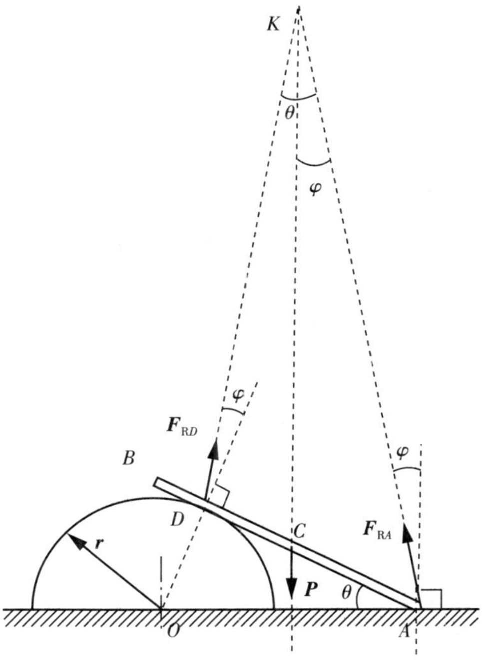

题 4-6 图

$$AC=b,AD=\frac{r}{\tan\theta},AK=\frac{b\cos\theta}{\sin\varphi_f}$$

在三角形 ADK 中,由正弦定理,有

$$\frac{AD}{\sin\theta}=\frac{AK}{\sin(90°+\varphi_f)}$$

即$\dfrac{r}{\sin\theta\tan\theta}=\dfrac{b\cos\theta}{\sin\varphi_f\sin(90°+\varphi_f)}$,$b\sin^2\theta=$

$r\sin\varphi_f\cos\varphi_f$，又摩擦因数 $f=\tan\varphi_f$，所以 $\sin\varphi_f=\dfrac{f}{\sqrt{1+f^2}}$，$\cos\varphi_f=\dfrac{1}{\sqrt{1+f^2}}$，解得

$$\sin\theta=\sqrt{\frac{rf}{(1+f^2)b}}$$

4-7　长为 l 的梯子 AB 水平放置于两个斜面上，两个接触面的摩擦角均为 φ_f。不计梯子的自重，重量为 P 的人在梯子上走动，要使梯子不滑动，求人在梯子上活动的范围。

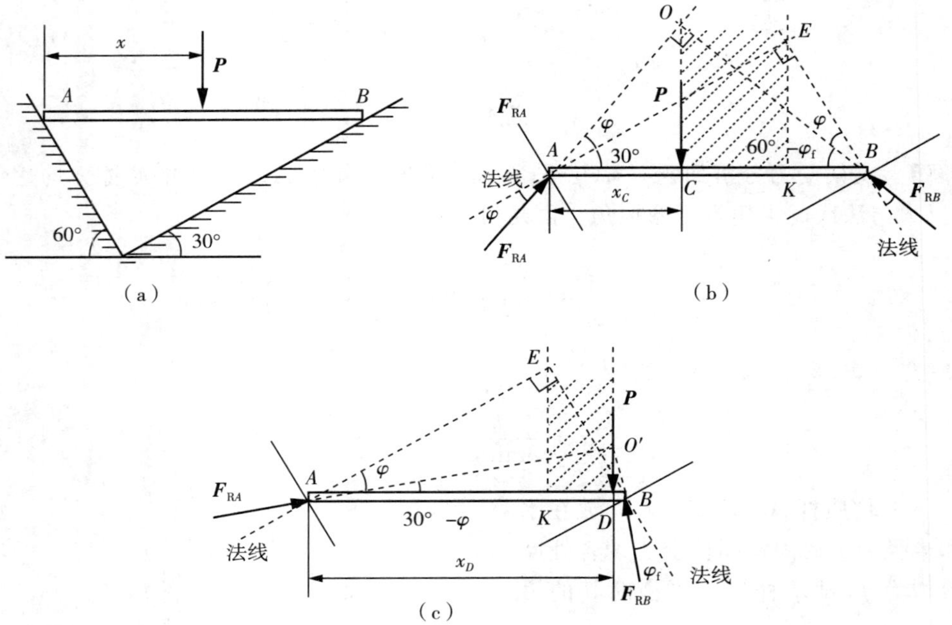

题 4-7 图

【解】　研究梯子 AB，只受三个力处于平衡即重力 $\boldsymbol{P}$，A、B 处的全约束力 $\boldsymbol{F}_{RA}$ 和 $\boldsymbol{F}_{RB}$，采用几何法较方便。若接触面光滑，根据三力平衡汇交定理，重力 P 的作用线必通过点 E，人需站在点 K，才能保持平衡，$AK=l\cos30°\cos30°=3l/4$。但考虑摩擦力的作用，人可以在梯子上点 K 左右一定范围内移动，仍能保持梯子平衡，平衡范围的左右两端是极限位置。

令人自 K 点向左移动，此时梯子 A 点有下滑趋势，而 B 点有上滑趋势，当人走到极限位置点 C 时，A、B 处的全约束力分别为 $\boldsymbol{F}_{RA}$ 和 $\boldsymbol{F}_{RB}$，它们与法线的夹角均等于摩擦角 φ_f，摩擦角相对于法向的偏转法向与相对运动趋势的方向相反，即与摩擦力的指向一致。重力 $\boldsymbol{P}$ 与 $\boldsymbol{F}_{RA}$、$\boldsymbol{F}_{RB}$ 汇交于点 O，受力如题 4-7(a) 图。根据几何关系，极限点 C 的位置

$$x_C=AC=l\cos(30°+\varphi_f)\cos(30°+\varphi_f)=l\cos^2(30°+\varphi_f)$$

根据摩擦力的性质，A、B 处的全约束力只能在摩擦角以内，即全约束力 $\boldsymbol{F}_{RA}$ 和 $\boldsymbol{F}_{RB}$ 的作用线的交点只可能在点 O 或点 O 的右侧直至点 E。所以当重力 $\boldsymbol{P}$ 的作用线在 OE 阴影区时，无论人的体重有多重，三力必然汇交，因而梯子保持平衡。若重力 $\boldsymbol{P}$ 作用线在点 O 左侧，则三力不可能汇交，梯子必然会滑动。

当人自 K 点向右移动，此时梯子 A 点有上滑趋势，而 B 点有下滑趋势，当人走到极限位置点 D 时，A、B 处的全约束力分别为$\boldsymbol{F}_{RA}$ 和$\boldsymbol{F}_{RB}$。重力 $\boldsymbol{P}$ 与$\boldsymbol{F}_{RA}$、$\boldsymbol{F}_{RB}$ 汇交于点O'，受力如题 4-7(b) 图。根据几何关系，极限点 D 的位置

$$x_D = AD = l\cos(30^\circ - \varphi_f)\cos(30^\circ - \varphi_f) = l\cos^2(30^\circ - \varphi_f)$$

综合以上分析，人在梯子上的位置必须满足 $x_C \leqslant x \leqslant x_D$，才能保持梯子平衡，即

$$l\cos^2(30^\circ + \varphi_f) \leqslant x \leqslant l\cos^2(30^\circ - \varphi_f)$$

注意：由题 4-5、4-6、4-7 可见，几何法对于三个力的平衡问题较为方便。当然也可以采用解析法列平衡方程加补充方程联立求解，有兴趣的读者可以尝试用解析法求解。

4-8　质量为 m、半径为 R 的均质圆盘与质量为 m、长为 $l=2R$ 的均质杆铰接。已知圆盘与水平面、杆与水平面之间的摩擦系数均为 f。如题 4-8 图所示位置 $\varphi=60^\circ$，试求保证系统在图示位置平衡时的摩擦系数 f 的最小值。

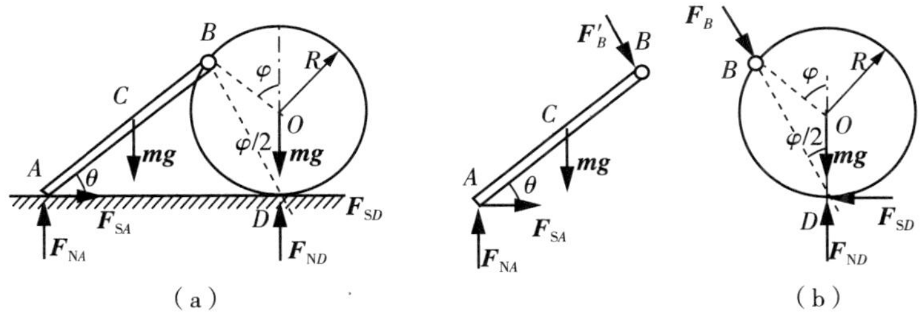

题 4-8 图

【解】　几何关系：在 ΔABD 中 $AB=l$，$BD=2R\cos\frac{\varphi}{2}=\sqrt{3}R$，

$$\sin\theta = \frac{BD\cos\frac{\varphi}{2}}{l} = \frac{\sqrt{3}R\cos30^\circ}{2R} = \frac{3}{4},\cos\theta = \frac{\sqrt{7}}{4}$$

研究系统，受力如题 4-8(a) 图所示，列平衡方程

$$\sum M_A(\boldsymbol{F}) = 0, F_{ND}(l\cos\theta + R\sin\varphi) - mg(l\cos\theta + R\sin\varphi) - mg\frac{l}{2}\cos\theta = 0$$

$$\sum F_x = 0, F_{SA} - F_{SD} = 0$$

研究圆盘，受力如题 4-8(c) 图所示，列平衡方程

$$\sum M_B(\boldsymbol{F}) = 0, F_{SD}(R + R\cos\varphi) - F_{ND}R\sin\varphi + mgR\sin\varphi = 0$$

研究杆 AB，受力如题 4-8(b) 图所示，

$$\sum M_B(\boldsymbol{F}) = 0, F_{SA}l\sin\theta - F_{NA}l\cos\theta + mg\frac{l}{2}\cos\theta = 0$$

解得

$$F_{ND}=\frac{15-\sqrt{21}}{8}mg\approx 1.3mg, F_{SA}=F_{SD}=\frac{7\sqrt{3}-3\sqrt{7}}{24}mg\approx 0.17mg$$

$$F_{NA}=\frac{7\sqrt{21}+16\sqrt{7}-21}{56}mg\approx 0.95mg$$

系统平衡时，需要满足 $F_{SA}\leqslant fF_{NA}$ 和 $F_{SD}\leqslant fF_{ND}$，有 $0.17mg\leqslant 0.95mgf$ 和 $0.17mg\leqslant 1.3mgf$，即 $f\geqslant 0.18$，和 $f\geqslant 0.13$。

综上得，平衡时的摩擦系数 f 的最小值为

$$f_{\min}=0.18$$

4-9　如题4-9图所示，长为 l、质量为 m 的均质杆AB的A端为固定铰支座，B端放在半径为R质量为2m的均质圆盘上，杆处于水平，圆盘放在水平面上。圆盘与杆、圆盘与水平面的静滑动摩擦因数均为 f，不计滚阻和铰链 A 处的摩擦。若系统在图示位置平衡，θ 角已知，求(1) 支座A处的约束力与铅垂线的夹角φ；(2) 圆盘D处的摩擦力；(3) 维持系统在图示位置平衡的摩擦因数 f 的最小值。

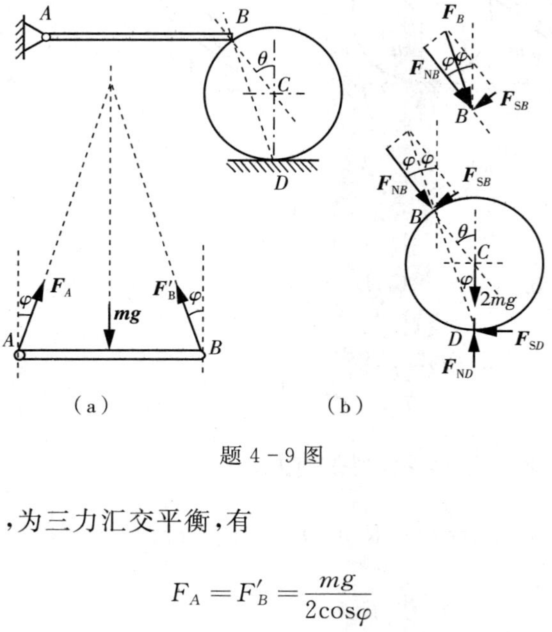

题 4-9 图

【解】　研究杆 AB，为三力汇交平衡，有

$$F_A=F'_B=\frac{mg}{2\cos\varphi}$$

研究圆盘，由三力汇交平衡定理知，力 F_B 必通过点 D，有

$$\varphi=\frac{\theta}{2}$$

B 处的摩擦力为 $F_{SB}=F_B\sin\frac{\theta}{2}=\frac{1}{2}mg\tan\frac{\theta}{2}$，法向力为 $F_{NB}=F_B\cos\frac{\theta}{2}=\frac{1}{2}mg$，

$$\sum M_C(\boldsymbol{F})=0, F_{SB}\cdot R-F_{SD}\cdot R=0$$

$$\sum F_y=0, F_{ND}-F_B\cos\frac{\theta}{2}-2mg=0$$

得 D 处摩擦力为 $F_{SD}=\frac{1}{2}mg\tan\frac{\theta}{2}$，法向力为 $F_{ND}=\frac{5}{2}mg$

综上所述，B 处最大静摩擦力

$$F_{SB\max}=fF_{NB}=\frac{1}{2}fmg$$

D 处最大静摩擦力

$$F_{SD\max}=fF_{ND}=\frac{5}{2}fmg$$

因系统平衡的条件为 $F_{SB}\leqslant F_{SB\max}$，$F_{SD}\leqslant F_{SD\max}$ 有

$$\frac{1}{2}mg\tan\frac{\theta}{2}\leqslant\frac{1}{2}fmg \text{ 和 } \frac{1}{2}mg\tan\frac{\theta}{2}\leqslant\frac{5}{2}fmg$$

得 $f\geqslant\tan\frac{\theta}{2}$　和　$f\geqslant\frac{1}{5}\tan\frac{\theta}{2}$，所以系统平衡要求

$$f_{\min}=\tan\frac{\theta}{2}$$

4-10　物块 A 重 500N，轮轴 B 重 1000N，物 A 与轮轴以水平绳连接。轮轴半径 $r=5$cm，$R=10$cm，在轮轴上绕以细绳，此绳跨过光滑的滑轮 D，在端点系一重物 C。已知物块 A 与水平面间的静摩擦因数为 0.5，轮轴与水平面间的静摩擦因数为 0.2。求使物体系平衡时物体 C 重量的最大值。

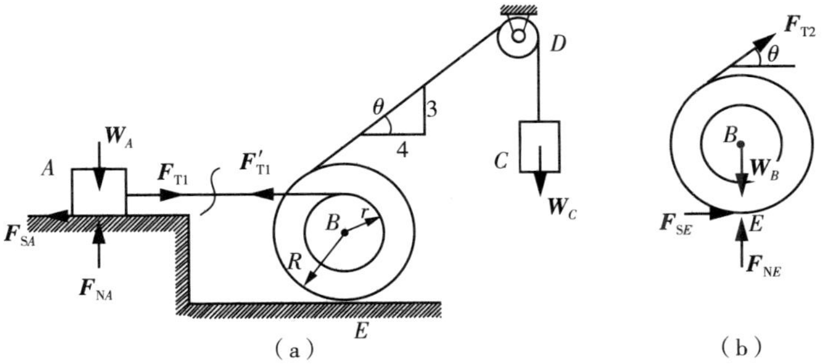

题 4-10 图

【解】　物块 A、轮轴 B 及物块 C 受力分别如题 4-(a)、(b)、(c) 图所示。设系统处于平衡，有 $F_{T2}=F'_{T2}=W_C$，对物块 A，有

$$\sum F_x=0, F_{T1}-F_{SA}=0 \tag{1}$$

$$\sum F_y=0, F_{NA}-W_A=0 \tag{2}$$

对轮轴 B，有

$$\sum F_x = 0, F_{T2}\cos\theta - F'_{T1} + F_{SE} = 0 \tag{3}$$

$$\sum F_y = 0, F_{T2}\sin\theta - W_B + F_{NE} = 0 \tag{4}$$

$$\sum M_E(\boldsymbol{F}) = 0, F_{T1}\cdot(R+r) - F_{T2}\cdot(R+R\cos\theta) = 0, \tag{5}$$

式中 $\cos\theta=\frac{4}{5}$，$\sin\theta=\frac{3}{5}$。

(1) 先设轮轴即将滚动但不打滑，使物块 A 即将滑动，则摩擦力

$$F_{SA} = f_{SA}F_{NA} \tag{6}$$

解得　$W_C = 208(\text{N})$。

验证：轮轴 B 在 E 处的摩擦力

$$F_{SE} = F_{SA} - W_C\cos\theta = 250 - 208\times\frac{4}{5} = 83.6\text{N}$$

$$F_{SE\max} = f_{SE}F_{NE} = f_{SE}(W_B - W_C\sin\theta) = 0.2\times\left(1000 - 208\times\frac{3}{5}\right) = 175\text{N}$$

$\therefore F_{SE}=83.6\text{N} < F_{SE\max}=175\text{N}$，即轮轴在即将滚动时确实不打滑。

(2) 再设轮轴 B 即将滑动而物块 A 不动，E 处的摩擦力达临界值

$$F_{SE} = f_{SE}F_{NE} \tag{7}$$

联立(1)、(2)、(3)、(4)、(5)、(7)，可解得 $W_C=384.6\text{N}$，$F_{SA} > f_{SA}F_{NA}$（假设不成立）即此时物块 A 已不能平衡。所以，整个系统平衡时物块 C 重量的最大值

$$W_C = 208\text{N}$$

4-11　如题 4-11 图所示，均质块 A 与 B 质量分别为 $m_A=10\text{kg}$ 和 $m_B=6\text{kg}$，块 A 与 B 之间摩擦因数 $f_1=0.55$，块 A 与水平面之间的摩擦因数 $f_2=0.2$。图中尺寸单位为 mm。今在 C 点加一水平力 $\boldsymbol{P}$，求不致使 A、B 块运动时力 $\boldsymbol{P}$ 的最大值。

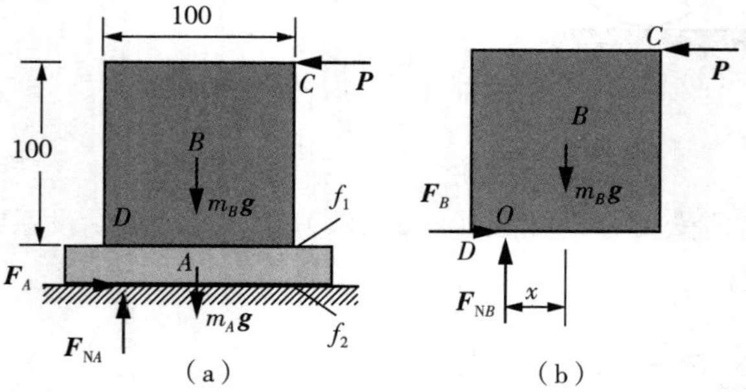

题 4-11 图

分析：A、B 块有三种运动的可能性：(1)A 不动，B 在 A 上向左滑动；(2)A 不动，B 在 A 上绕 D 点翻倒；(3)A、B 一同向左滑动，因 A 块很扁，不致翻倒。分别求出三种临界情况下力 P 的最大值，然后再加以比较，取其最小值。

【解】 (1) 考虑 B 块的平衡。受力如题 4－11(b) 图，列出平衡方程

$$\sum F_x = 0, F_B - P = 0$$

$$\sum F_y = 0, F_{NB} - m_B g = 0$$

$$\sum M_O(\boldsymbol{F}) = 0, P \times 100 - m_B g \times x = 0$$

设 B 块处于欲滑的临界状态，则 $\boldsymbol{F_B}$ 达最大值，即 $F_B = f_1 F_{NB}$，解得 $P = 32.4\text{N}, F_{NB} = 58.9\text{N}, x = 55\text{mm}$。

讨论：由于 B 块宽 100mm，现 $x > 100/2 = 50\text{mm}$，但 F_{NB} 不可能在 D 点之外，说明 B 块在滑动前已翻倒。

(2) 设 B 块处于欲翻倒的临界状态。受力如题 4－11(c) 图，这时正压力 F_{NB} 在 D 点，力 $\boldsymbol{P}$ 的最大值可用平衡方程求。

$$\sum M_D(\boldsymbol{F}) = 0, P \cdot 100 - m_B g \cdot 50 = 0$$

$$\sum F_x = 0, F_B - P = 0$$

$$\sum F_y = 0, F_{NB} - m_B g = 0$$

解得

$$P = 29.5\text{N}, F_{NB} = 58.9\text{N} F_B = 29.5\text{N}$$

由结果可知，摩擦力 $F_B < f_1 F_{NB} = 32.4\text{N}$ 未达最大值，因而 B 块不致水平向左滑动。

(3) 设 A 与 B(无相对运动)一同处于向左滑动的临界状态，系统受力如题 4－11(a) 图。此时摩擦力 F_A 达最大值，即 $F_A = f_2 F_{NA}$。列平衡方程

$$\sum F_x = 0, \quad F_A - P = 0$$

$$\sum F_y = 0, F_{NA} - m_A g - m_B g = 0$$

解得

$$F_{NA} = 156.8\text{N}, P = 31.4\text{N}$$

讨论：比较力 $\boldsymbol{P}$ 在三种可能情况下的值分别为 32.4N、29.5N、31.4N。可见要使 A、B 块不致运动，作用力 $\boldsymbol{P}$ 的最大值应为 29.5N。其平衡范围为 $0 \leqslant P \leqslant 29.5\text{N}$，若超过这个范围，首先运动的可能性是 B 块绕 D 点翻倒。

4－12　重为 Q、半径为 R 的均质圆柱 C 放在倾角为 θ 的斜面上，圆柱 C 与斜面间的滚动摩阻系数为 δ。吊有重物的柔绳跨过半径为 R 的滑轮系于圆柱中心 C 上。物块重 P，求(1)

保证圆柱滚动而不滑动，圆柱与斜面的滑动摩擦系数为多少？（2）维持圆柱在斜面上平衡时，物块 P 的重量范围。

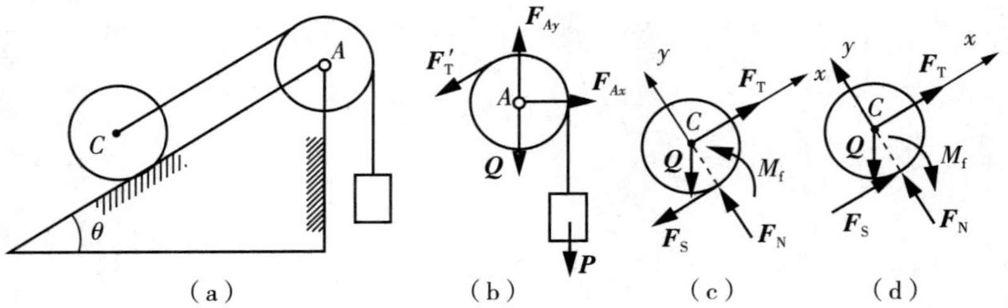

（a）（b）（c）（d）

题 4－12 图

【解】 取轮 A 及重物研究，受力如题 4－12(b) 图。

$$\sum M_A(\boldsymbol{F})=0,F'_TR-PR=0,\therefore F'_T=P$$

（1）研究圆柱 C，受力如题 4－12(c) 图

$$\sum M_C(\boldsymbol{F})=0,M_f-F_SR=0,\text{得 } F_S=\frac{M_f}{R}$$

轮 C 只滚不滑的条件为 $F_S\leqslant f_SF_N$，滚动摩擦定律 $M_f=\delta F_N$，$F_s=\frac{M_f}{R}=\frac{\delta F_N}{R}\leqslant f_SF_N$，得保证圆柱纯滚动滑动摩擦系数应为

$$f_S\geqslant\frac{\delta}{R}$$

（2）取圆柱 C 研究，当 $P=P_{max}$ 时，圆柱 C 受力如题 4－12(c) 图，此时 $F_T=F'_T=P_{max}$，

$$\sum F_x=0,\quad F_T-F_s-Q\sin\theta=0$$

$$\sum F_y=0,\quad F_N-Q\cos\theta=0$$

$$\sum M_C(\boldsymbol{F})=0,M_f-F_sR=0$$

$$\therefore\ P_{max}=Q\left(\sin\theta+\frac{\delta}{R}\cos\theta\right)$$

当 $P=P_{min}$ 时，圆柱 C 受力如题 4－12(d) 图，此时 $F_T=F'_T=P_{min}$

$$\sum F_x=0,\quad F_T+F_s-Q\sin\theta=0$$

$$\sum F_y=0,\quad F_N-Q\cos\theta=0$$

$$\sum M_C(\boldsymbol{F})=0,M_f-F_sR=0$$

$$\therefore P_{\min}=Q\left(\sin\theta-\frac{\delta}{R}\cos\theta\right)$$

圆柱欲保持在斜面上平衡时，物块 P 的重量范围为

$$Q\left(\sin\theta-\frac{\delta}{R}\cos\theta\right)\leqslant P\leqslant Q\left(\sin\theta+\frac{\delta}{R}\cos\theta\right)$$

4-13　均质箱体 A 的宽度 $b=1\text{m}$，高 $h=2\text{m}$，重 $P=200\text{kN}$，放在倾角为 $\theta=20°$ 的斜面上。箱体与斜面之间的静摩擦因数 $f_S=0.2$。今在箱体的 C 点系一无重软绳，方向如题 4-13 图所示，绳的另一端绕过滑轮 D 挂一重物 E。已知 $BC=a=1.8\text{m}$。求箱体处于平衡状态的重物 E 的重量。

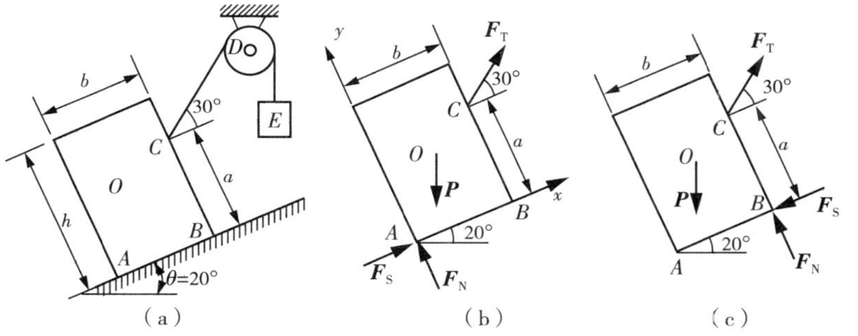

题 4-13 图

【解】　(1) 物 E 重量较小时，箱体下滑与逆时针翻倒的临界受力如题 4-13(b) 图所示。

① 箱体临界下滑

$$\sum F_x=0,\quad F_T\cos30°+F_S-P\sin20°=0$$

$$\sum F_y=0,\quad F_N-P\cos20°+F_T\sin30°=0$$

且 $F_S=f_SF_N$ 解得

$$F_T=\frac{P(\sin20°-f_S\cos20°)}{\cos30°-f_S\sin30°}=40.2\text{kN}$$

② 箱体临界逆时针绕点 A 翻倒判别，

$$M_A(\boldsymbol{P})=P\sin20°\cdot\frac{h}{2}-P\cos20°\cdot\frac{b}{2}<0$$

又 $F_T\geqslant0$，　$M_A(\boldsymbol{F}_T)=F_T\sin30°\cdot b-F\cos30°\cdot a<0$，所以题 4-13(b) 图所示状态不会出现翻倒。

(2) 物 E 重量较大时，$\boldsymbol{F}_T$ 较大，箱体上滑与顺时针翻倒的临界受力如题 4-13(c) 图所示。

① 箱体临界上滑

$$\sum F_x=0,\quad F_T\cos30°-F_S-P\sin20°=0$$

$$\sum F_y = 0,\quad F_N - P\cos 20^\circ + F_T \sin 30^\circ = 0$$

且 $F_S = f_S F_N$ 解得

$$F_T = \frac{P(\sin 20^\circ + f_S \cos 20^\circ)}{\cos 30^\circ + f_S \sin 30^\circ} = 109.7\text{kN}$$

② 箱体临界顺时针绕点 B 翻倒，

$$\sum M_B(\boldsymbol{F}) = 0,\quad F_T \cos 30^\circ \cdot a + P\cos 20^\circ \cdot \frac{b}{2} + P\sin 20^\circ \cdot \frac{h}{2} = 0$$

解得 $F_T = \dfrac{P(h\sin 20^\circ + b\cos 20^\circ)}{2a\cos 30^\circ} = 104\text{kN}$

综上所述，箱体处于平衡状态的重物 E 的重量范围是 $40.2\text{kN} \leqslant F_T \leqslant 104\text{kN}$

注意：以上本题用解析法求解。也可以用几何法来分析箱体临界上滑和临界下滑的情形。

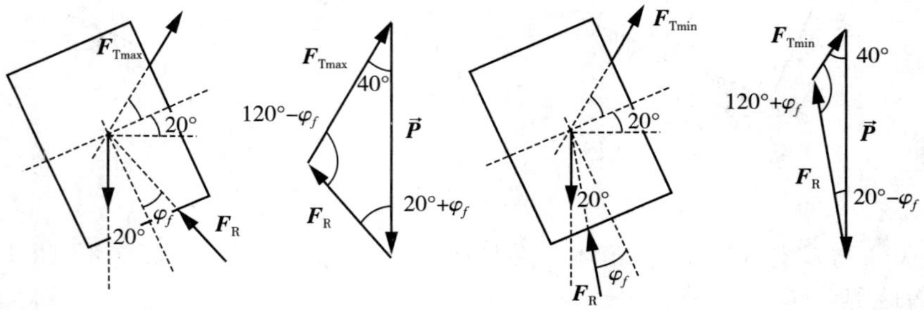

(d) 临界上滑　(e)　(f) 临界下滑　(g)

题 4-13 图

几何法：临界上滑，箱体受力如题 4-13(d) 图，其中 $\tan\varphi_f = f_s$，$\boldsymbol{F}_R$ 为斜面的全约束力。画力三角形如题 4-13(e) 图，由正弦定理，得

$$\frac{F_{Tmax}}{\sin(20^\circ + \varphi_f)} = \frac{P}{\sin(120^\circ - \varphi_f)},\ F_{Tmax} = \frac{\sin 20^\circ + \tan\varphi_f \cos 20^\circ}{\sin 60^\circ + \tan\varphi_f \cos 60^\circ} = 109.7\text{kN}$$

临界下滑，箱体受力如题 4-13(f) 图，其中 $\tan\varphi_f = f_S$，$\boldsymbol{F}_R$ 为斜面的全约束力。画力三角形如题 4-13(g) 图，由正弦定理，得

$$\frac{F_{Tmin}}{\sin(20^\circ - \varphi_f)} = \frac{P}{\sin(120^\circ + \varphi_f)},\ F_{Tmin} = \frac{\sin 20^\circ - \tan\varphi_f \cos 20^\circ}{\sin 60^\circ - \tan\varphi_f \cos 60^\circ} = 40.2\text{kN}$$

再综合临界翻倒的情形(如前所述)，可得箱体处于平衡状态的重物 E 的重量范围是

$$40.2\text{kN} \leqslant F_T \leqslant 104\text{kN}$$

第5章 点的运动学

5.1 主要内容

点的运动学研究的是点相对于某参考系的几何位置随时间的变化规律，包括点的运动轨迹、运动方程、速度和加速度。可采用矢量法、直角坐标法和自然坐标法等方法进行研究。

一、矢量法

1. 运动方程

矢径 $\boldsymbol{r}$ 随时间而变化的单值连续函数

$$\boldsymbol{r}=\boldsymbol{r}(t) \tag{5-1}$$

2. 运动轨迹

矢径 $\boldsymbol{r}$ 的末端描绘的连续曲线。

3. 速度

动点的速度矢量等于矢径对时间的一阶导数

$$\boldsymbol{v}=\frac{\mathrm{d}\boldsymbol{r}}{\mathrm{d}t} \tag{5-2}$$

4. 加速度

动点的加速度矢量等于速度矢量的一阶导数或矢径的二阶导数

$$\boldsymbol{a}=\frac{\mathrm{d}\,\boldsymbol{v}}{\mathrm{d}t}=\frac{\mathrm{d}^2\boldsymbol{r}}{\mathrm{d}t^2} \tag{5-3}$$

二、直角坐标法

1. 运动方程

矢径 $\boldsymbol{r}=x\boldsymbol{i}+y\boldsymbol{j}+z\boldsymbol{k}$

$$x=f_1(t),y=f_2(t),z=f_3(t) \tag{5-4}$$

2. 轨迹方程

将上述运动方程中消去时间 t 即得

$$f(x,y,z)=0 \tag{5-5}$$

3. 速度

$$\boldsymbol{v}=\dot{\boldsymbol{r}}=\dot{x}\boldsymbol{i}+\dot{y}\boldsymbol{j}+\dot{z}\boldsymbol{k}=v_x\boldsymbol{i}+v_y\boldsymbol{j}+v_z\boldsymbol{k} \tag{5-6a}$$

$$v_x=\dot{x},v_y=\dot{y},v_z=\dot{z} \tag{5-6b}$$

速度的模 $v=\sqrt{v_x^2+v_y^2+v_z^2}$,方向余弦 $\cos(\boldsymbol{v},\boldsymbol{i})=\frac{v_x}{v}$,$\cos(\boldsymbol{v},\boldsymbol{j})=\frac{v_y}{v}$,$\cos(\boldsymbol{v},\boldsymbol{k})=\frac{v_z}{v}$。

4. 加速度

$$\boldsymbol{a}=\boldsymbol{a}_x\boldsymbol{i}+a_y\boldsymbol{j}+a_z\boldsymbol{k} \tag{5-7a}$$

$$a_x=\dot{v}_x=\ddot{x},a_y=\dot{v}_y=\ddot{y},a_z=\dot{v}_z=\ddot{z} \tag{5-7b}$$

加速度的模 $a=\sqrt{a_x^2+a_y^2+a_z^2}$,方向余弦 $\cos(\boldsymbol{a},\boldsymbol{i})=\frac{a_x}{a}$,$\cos(\boldsymbol{a},\boldsymbol{j})=\frac{a_y}{a}$,$\cos(\boldsymbol{a},\boldsymbol{k})=\frac{a_z}{a}$。

三、自然坐标法

所谓自然法,是在已知点的轨迹的前提下,用弧坐标确定点的运动方程,采用随点一起运动的自然轴($\boldsymbol{\tau},\boldsymbol{n},\boldsymbol{b}$),并将点的速度、加速度投影在该轴上。

1. 运动方程

$$s=f(t) \tag{5-8}$$

弧坐标的原点 O 是轨迹上的某定点,弧坐标 s 是原点 O 到动点的轨迹的弧长,弧坐标的正负号由原点 O 沿轨迹的两个方向自行规定。

2. 点的速度

$$\boldsymbol{v}=v\boldsymbol{\tau} \tag{5-9}$$

速度模 $v=\frac{\mathrm{d}s}{\mathrm{d}t}$,方向沿轨迹的切向,指向由 v 的正负号决定。

3. 点的加速度

$$\boldsymbol{a}=a_\tau\boldsymbol{\tau}+a_n\boldsymbol{n} \tag{5-10}$$

加速度位于轨迹上动点处的密切面内,切向加速度大小为

$$a_\tau=\frac{\mathrm{d}v}{\mathrm{d}t}=\frac{\mathrm{d}^2s}{\mathrm{d}t^2} \tag{5-11a}$$

法向加速度大小为

$$a_n=\frac{v^2}{\rho} \tag{5-11b}$$

副法线方向加速度大小为

$$a_b\equiv 0 \tag{5-11c}$$

全加速度模 $a=\sqrt{a_t^2+a_n^2}$,方向 $\tan(\boldsymbol{a},\boldsymbol{n})=\frac{a_\tau}{a_n}$ 。

5.2　解题指导与习题解答

一、解题指导

点的运动学问题一般用直角坐标法和自然法求解，矢量法一般用于说明概念和公式推导。问题的类型一般分为三类，解题步骤亦各不相同。

1. 已知运动方程或需要自行建立运动方程，求其他运动量（轨迹、速度、加速度等）

(1) 若点的轨迹已知，则在轨迹上建立弧坐标，用自然法求解；

(2) 若已知直角坐标下点的运动方程，则消去时间 t，即得点的轨迹方程；求速度和加速度则归结为对运动方程的一阶求导和二阶求导计算。

(3) 选择适当的直角坐标系，确定动点的初始位置，再置动点于任意位置上（切勿不可放在特殊位置上），通过几何分析，将动点坐标表示成某参量的函数，且该参量表示为时间的函数，即可得到点的运动方程，通过求导计算可得速度、加速度的投影值，并可计算其他量。

2. 已知点的速度或加速度的规律，求点的运动方程

此类问题归结为积分计算而求得运动方程，积分常数由运动的初始条件确定。

3. 综合问题

此类问题一般是给出了直角坐标表示的运动方程或可自行建立直角坐标的运动方程，需要求点沿轨迹的运动方程、切向加速度、法向加速度、全加速度及点轨迹的曲率半径等。

(1) 根据直角坐标的运动方程，通过求导计算可求得点的速度 v 和全加速度 a 的大小；

(2) 用公式 $a_\tau = \dfrac{\mathrm{d}v}{\mathrm{d}t}$ 求切向加速度的大小；

(3) 用公式 $a_n = \sqrt{a^2 - a_\tau^2}$ 求法向加速度的大小；

(4) 用公式 $\rho = v^2/a_n$ 求任一瞬时动点处的曲率半径；

(5) 求点沿轨迹的运动方程 $s = s_0 + \int_{t_0}^{t} \sqrt{v_x^2 + v_y^2 + v_z^2}\,\mathrm{d}t$

二、习题解答

5-1　平均速度与瞬时速度有何不同？在什么情况下，它们一致？

【答】　平均速度 v 是运动质点在某一时间间隔 $t \to t + \Delta t$ 内的位移 $\Delta \boldsymbol{r}$ 与时间间隔 Δt 的比值，即 $\boldsymbol{v} = \dfrac{\Delta \boldsymbol{r}}{\Delta t}$，度量的是矢径的大小和方向改变的平均快慢程度，其方向沿位移的方向，即沿 Δt 对应的轨迹割线方向；瞬时速度 $\boldsymbol{v}$ 等于运动质点的矢径对时间的一阶导数，即 $\boldsymbol{v} = \dfrac{\mathrm{d}\boldsymbol{r}}{\mathrm{d}t}$，其方向沿矢径 $\boldsymbol{r}$ 的矢端曲线的切线，即动点运动轨迹的切线方向，并与此点运动的方向一致。平均速度与瞬时速度均为矢量，在 $\Delta t \to 0$ 的极限情况，两者一致，在匀速直线运动中二者也是一致的。

5-2　点沿曲线运动，如题 5-2 图所示各点所给出的速度 $\boldsymbol{v}$ 和加速度 a 哪些是可能的哪

些是不可能的并说明理由。(其中点 C、E 为拐点。)

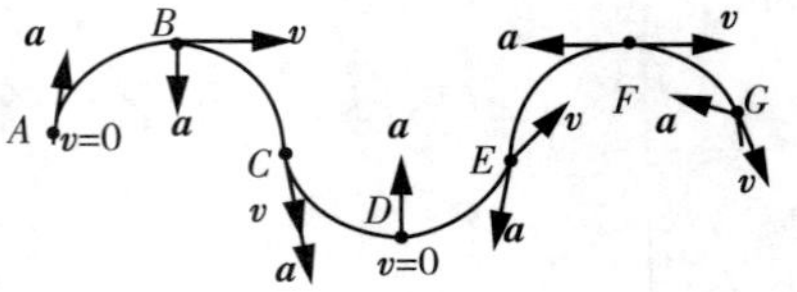

题 5-2 图

【答】 A、B、C、G 可能,D、E、F 不可能。

对 D,$\because v\neq 0$,$\therefore a_n=\dfrac{v^2}{\rho}=0$;

对 E,v 应在轨迹的切线方向上;

对 F,$\because v\neq 0$,$\rho\neq\infty$,$\therefore a_n=\dfrac{v^2}{\rho}\neq 0$。

5-3　$\dfrac{\mathrm{d}\boldsymbol{r}}{\mathrm{d}t}$ 和 $\dfrac{\mathrm{d}r}{\mathrm{d}t}$ 有无不同?$\dfrac{\mathrm{d}\boldsymbol{v}}{\mathrm{d}t}$ 和 $\dfrac{\mathrm{d}v}{\mathrm{d}t}$ 有无不同?试就直线运动与曲线运动分别加以讨论。

【答】 $\dfrac{\mathrm{d}\boldsymbol{r}}{\mathrm{d}t}$ 既反映位置矢 $\boldsymbol{r}$ 大小的改变又反映其方向的改变,是质点运动某时刻的速度矢量,而 $\dfrac{\mathrm{d}r}{\mathrm{d}t}$ 只表示 $\boldsymbol{r}$ 大小的改变。如在极坐标系中,$\dfrac{\mathrm{d}\boldsymbol{r}}{\mathrm{d}t}=\dot{r}\boldsymbol{i}+r\dot{\theta}j$ 而 $\dfrac{\mathrm{d}r}{\mathrm{d}t}=\dot{r}$。在直线运动中,规定了直线的正方向后,$\dfrac{\mathrm{d}r}{\mathrm{d}t}=\left|\dfrac{\mathrm{d}\boldsymbol{r}}{\mathrm{d}t}\right|$,且 $\dfrac{\mathrm{d}\boldsymbol{r}}{\mathrm{d}t}$ 的正负可表示 $\dfrac{\mathrm{d}\boldsymbol{r}}{\mathrm{d}t}$ 的指向,两者都可表示质点的运动速度;在曲线运动中 $\dfrac{\mathrm{d}\boldsymbol{r}}{\mathrm{d}t}\neq\left|\dfrac{\mathrm{d}\boldsymbol{r}}{\mathrm{d}t}\right|$,且 $\dfrac{\mathrm{d}r}{\mathrm{d}t}$ 也表示不了 $\dfrac{\mathrm{d}r}{\mathrm{d}t}$ 的指向,两者完全不同。

$\dfrac{\mathrm{d}\boldsymbol{v}}{\mathrm{d}t}$ 表示质点运动速度的大小和方向的改变,是加速度矢量,而 $\dfrac{\mathrm{d}v}{\mathrm{d}t}$ 只是质点运动速度大小的改变。在直线运动中规定了直线的正方向后,两者都可表示质点运动的加速度;在曲线运动中,二者不同,$\dfrac{\mathrm{d}\boldsymbol{v}}{\mathrm{d}t}=\boldsymbol{a}_\tau+\boldsymbol{a}_n$,而 $\dfrac{\mathrm{d}v}{\mathrm{d}t}=a_\tau$。

5-4　点 M 沿螺旋线自外向内运动,如题 5-4 图所示,它走过的弧长与时间的一次方成正比,问点的加速度是越来越大还是越来越小?点 M 是越跑越慢还是越跑越快?

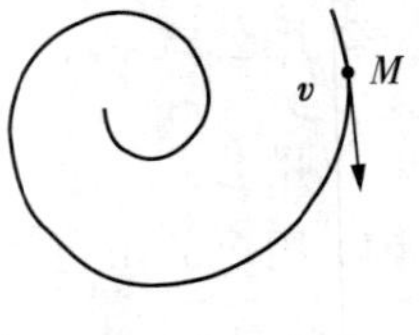

题 5-4 图

【答】 点的加速度越来越大;点的速度大小不变,点作匀速曲线运动。因为点 M 走过的弧长与时间的一次方成正比,所以点的速度大小不变,切向加速度为零,但由于曲率半径不断减小,导致法向加速度越来越大,所以点的加速度越来越大。

5-5　当点作曲线运动时,点的加速度 $\boldsymbol{a}$ 是恒矢量,如题 5-5 图所示,问点是否作匀变速运动?

【答】 因为点的切向加速度大小发生变化,所以点并不作匀变速运动。

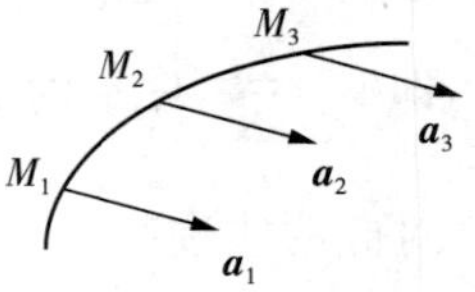

题 5-5 图

5-6　在怎样的运动中只有 $\boldsymbol{a}_\tau$ 而无 $\boldsymbol{a}_n$?在怎样的运动中又只有 $\boldsymbol{a}_n$ 而无 $\boldsymbol{a}_\tau$?在怎样的运动中既有 $\boldsymbol{a}_n$ 又有 $\boldsymbol{a}_\tau$?

【答】 质点在直线运动中只有 $\boldsymbol{a}_\tau$ 而无 $\boldsymbol{a}_n$,质点的匀速曲线运动中只有 $\boldsymbol{a}_n$ 而无 $\boldsymbol{a}_\tau$ 只有 a_n 而无 a_τ;质点作变速运动时既有 $\boldsymbol{a}_n$ 又有 $\boldsymbol{a}_\tau$。

5-7　点做曲线运动时,判断下述说法是否正确:

(1) 若切向加速度为正，则点作加速运动；

(2) 若切向加速度与速度符号相同，则点作加速运动；

(3) 若切向加速度为零，则速度为常矢量。

【答】 (1) 不正确。若速度亦为正，则点作加速运动；若速度为负，则点作减速运动。

(2) 正确。

(3) 不正确。切向加速度为零，只能说明速度大小不变；若速度方向改变，则速度不是常矢量。

5 - 8　在极坐标系中，$v_r=\dot{r}$，$v_\theta=r\dot{\theta}$ 分别代表在极经方向及与极经垂直方向(极角 θ 方向)的速度，但为什么沿这两个方向的加速度分别为 $a_r=\ddot{r}-r\dot{\theta}^2$，$a_\theta=r\ddot{\theta}+2\dot{r}\dot{\theta}$？你能说出 a_r 中的 $-r\dot{\theta}^2$ 和 a_θ 中另一个 $\dot{r}\dot{\theta}$ 出现的原因和它们的物理意义吗？

【答】 质点运动时，径向速度 v_r 和横向速度 v_θ 的大小、方向都改变，而 a_r 中的 $\ddot{r}$ 只反映了 v_r 本身大小的改变，a_θ 中的 $r\ddot{\theta}+\dot{r}\dot{\theta}$ 只是 v_θ 本身大小的改变。事实上，横向速度 v_θ 方向的改变会引起径向速度 v_r 大小的改变，$-r\dot{\theta}^2$ 就是反映这种改变的加速度分量；径向速度 v_r 的方向改变也引起 v_θ 的大小改变，另一个 $-r\dot{\theta}^2$ 即为反映这种改变的加速度分量，故 $a_r=\ddot{r}-r\dot{\theta}^2$，$a_\theta=r\ddot{\theta}+2\dot{r}\dot{\theta}$。这表示点的径向与横向运动在相互影响，它们一起才能完整地描述点的运动变化情况。

5 - 9　如题 5 - 9(a) 图所示半径为 R 的凸轮绕 O 轴转动，偏心距 $OC=e$，带动顶杆 BC 沿铅直轨道平动。已知 $\varphi=\omega t$(ω 为常量)。求(1) 顶杆 AB 端点 B 的运动方程、速度；(2) 如把顶杆换成平底物块 M，如题 5 - 9(b) 图，求物块 M 上 B 点的运动方程、速度和加速度。

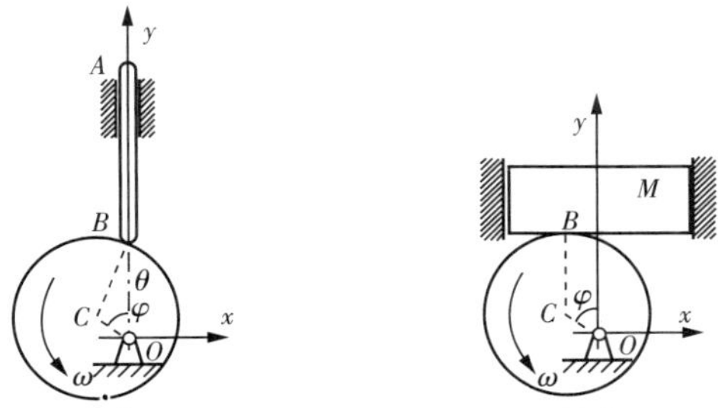

(a)　　(b)

题 5 - 9 图

【解】 (1) 建立坐标系如题 5 - 9(a) 图所示，则顶杆 BC 端点 B 的运动方程

$$y_B=OC\cdot\cos\varphi+AB\cdot\cos\theta=e\cos\varphi+\sqrt{R^2-e^2\sin^2\varphi}$$

即

$$y_B=e\cos\omega t+\sqrt{R^2-e^2\sin^2\omega t}$$

点 B 的速度为

$$v_B=\frac{\mathrm{d}y_B}{\mathrm{d}t}=-e\omega\left(\sin\omega t+\frac{e\sin2\omega t}{2\sqrt{R^2-e^2\sin^2\omega t}}\right)$$

(2) 建立坐标系如题 5-9(b) 图，则物块 M 上 B 点的运动方程为

$$y=R+e\cos\varphi=R+e\cos\omega t$$

点 B 的速度和加速度分别为

$$v_B=\dot{y}_B=-e\omega\sin\omega t a_B=\ddot{y}_B=-e\omega^2\cos\omega t$$

5-10 已知摇杆机构的滑杆 AB 以匀速 $\boldsymbol{u}$ 向上运动，初瞬时 $\varphi=0$，摇杆长 $OC=b$。分别用直角坐标法和自然法建立摇杆上 C 点的运动方程，并求在 $\varphi=\pi/4$ 时该点的速度。

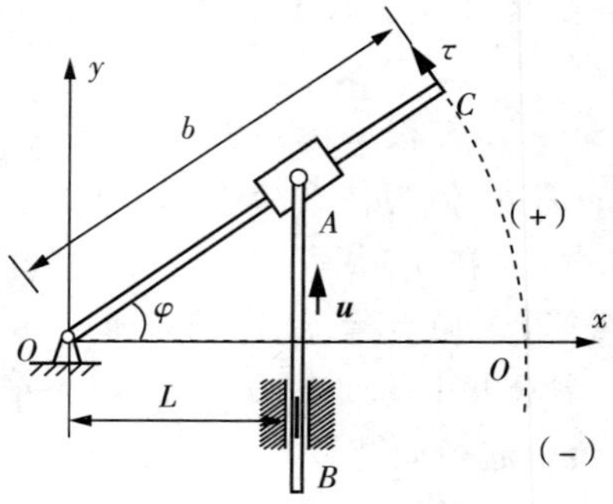

题 5-10 图

【解】 (1) 建立如题 5-10 图所示直角坐标系，C 点坐标为

$$x_C=OC\cdot\cos\varphi,y_C=OC\cdot\sin\varphi$$

由 $0\leqslant\varphi<\frac{\pi}{2}$，$\tan\varphi=\frac{ut}{L}$，得 C 点的运动方程

$$x_C=\frac{bL}{\sqrt{L^2+u^2t^2}},y_C=\frac{but}{\sqrt{L^2+u^2t^2}}$$

$$v_{Cx}=\dot{x}_C=\frac{-bLu^2t}{\sqrt{(L^2+u^2t^2)^3}};v_{Cy}=\dot{y}_C=\frac{bL^2u}{\sqrt{(L^2+u^2t^2)^3}}$$

当 $\varphi=\frac{\pi}{4}$ 时，$ut=L$，得 $v_{Cx}=\frac{-\sqrt{2}bu}{4L}$；$v_{Cy}=\frac{\sqrt{2}bu}{4L}$，即 $\varphi=\frac{\pi}{4}$ 时 C 点的速度为

$$v_C=\frac{bu}{2L}$$

且 $\cos(\boldsymbol{v}_C,\boldsymbol{i})=-\frac{\sqrt{2}}{2}$，$\boldsymbol{v}_C$ 与 x 轴正向夹角为 135°。

(2) 建立如题5-10图所示弧坐标系，则 C 点的弧坐标 $s=b\varphi$，又 $\tan\varphi=\frac{ut}{L}$，$\varphi=arc\tan\frac{ut}{L}$，$C$ 点的速度为

$$v_C=\frac{\mathrm{d}s}{\mathrm{d}t}=b\frac{\mathrm{d}\varphi}{\mathrm{d}t}=b\frac{\mathrm{d}\left(arc\tan\frac{ut}{L}\right)}{\mathrm{d}t}=b\frac{\frac{u}{L}}{1+\left(\frac{ut}{L}\right)^2}$$

当 $\varphi=\frac{\pi}{4}$ 时，$ut=L$，此时 $v_C=\frac{bu}{2L}$，方向在题 5-10 图所示 τ 方向上。

5-11 已知动点的运动方程 $x=50\mathrm{t}$，$y=500-5t^2$。求(1) 动点的运动轨迹；(2) 当 $t=0$ 时，动点的切向加速度、法向加速度及轨迹的曲率半径。

【解】 (1) 求动点运动的轨迹。在已知的运动方程中消去时间 t，即得轨迹方程为

$$x^2 = 250000 - 500y$$

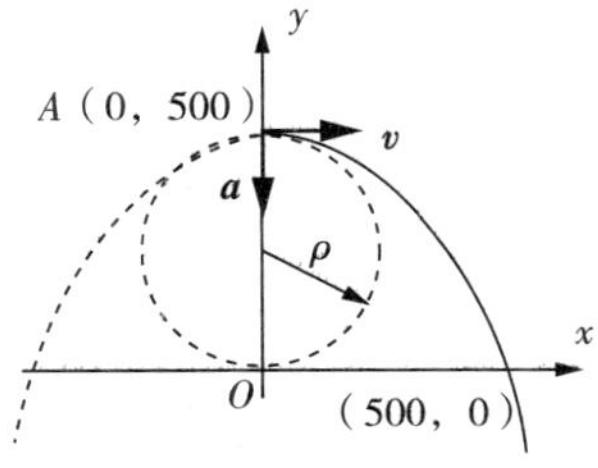

题 5 - 11 图

可知动点的轨迹为抛物线，如题 5 - 11 图所示。当 $t=0$ 时，$x=0$，$y=500$，即运动开始时，动点在抛物线最高点 A，当时间 t 的值增加时，动点在题 5 - 3 图中实线所示的半抛物线上运动，即动点的运动轨迹为

$$x^2 = 250000 - 500y \quad (x \geqslant 0)$$

（2）对动点的运动方程求一阶导数和二阶导数，分别可得动点的速度和加速度的投影值

$$\left.\begin{aligned} v_x &= \dot{x} = 50 \\ v_y &= \dot{y} = -10t \end{aligned}\right\} \quad \left.\begin{aligned} a_x &= \ddot{x} = 0 \\ a_y &= \ddot{y} = -10 \end{aligned}\right\}$$

动点速度的大小

$$v = \sqrt{v_x^2 + v_y^2} = 10\sqrt{25 + t^2}$$

动点加速度的大小

$$a = \sqrt{a_x^2 + a_y^2} = 10$$

动点的切向加速度 $a_\tau = \dfrac{\mathrm{d}v}{\mathrm{d}t} = \dfrac{10t}{\sqrt{25 + t^2}}$，法向加速度 $a_n = \sqrt{a^2 - a_\tau^2} = \dfrac{50}{\sqrt{25 + t^2}}$，动点轨迹的曲率半径

$$\rho = \frac{v^2}{a_n} = 2\,(25 + t^2)^{\frac{3}{2}}$$

当 $t=0$ 时，分别代入以上各式，得开始瞬时点的加速度和曲率半径。

切向加速度 $a_\tau = 0$，法向加速度 $a_n = 10^2$，轨迹的曲率半径 $\rho = 250$。

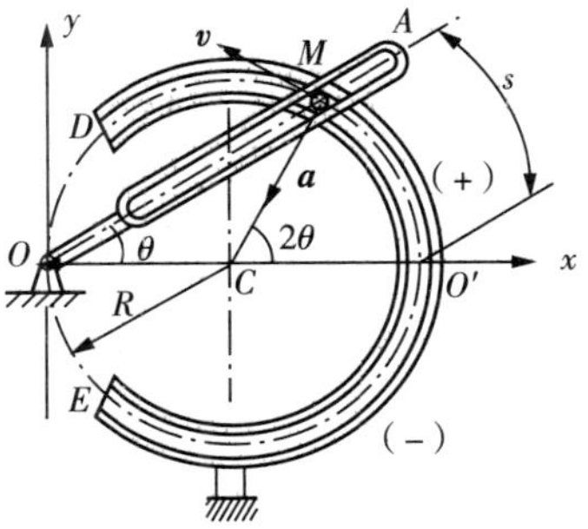

题 5 - 12 图

5 - 12　摇杆滑道机构如题 5 - 12 图所示，摇杆 OA 在一定范围内以匀角速度 $\omega = \dfrac{\pi}{10}\mathrm{rad/s}$ 绕 O 轴转动，销钉 M 可沿固定弧形滑道 DE 和摇杆 OA 滑动，弧 DE 的半径为 $R = 10\mathrm{cm}$，轴 O 在弧 DE 所在的圆周上。$\theta = \omega t$。试分别用直角坐标系法和自然法给出动点 M 的运动方程，并求其速度和加速度。

【解】（1）直角坐标法。建立直角坐标系 Oxy 如题 5 - 12 图，则动点 M 的坐标为

$$\begin{cases} x_M = R + R\cos 2\theta \\ y_M = R\sin 2\theta \end{cases}$$

即$\begin{cases}x_M=R+R\cos2\omega t\\ y_M=R\sin2\omega t\end{cases}$，消去时间，得轨迹方程为

$$(x_M-R)^2+y_M^2=R^2$$

轨迹为以 $C(R,0)$ 为圆心，R 为半径的圆。

动点 M 的速度的投影为

$$v_{Mx}=\dot{x}_M=-2\omega R\sin2\omega t,v_{My}=\dot{y}_M=2\omega R\cos2\omega t$$

速度的大小 $v_M=\sqrt{\dot{x}_M^2+\dot{y}_M^2}=2\omega R$，代入数据得

$$v_M=2\pi\text{cm/s}$$

速度方向沿 $\overset{\frown}{ED}$ 弧的切线方向。

M 的加速度的投影为

$$a_{Mx}=\ddot{x}_M=4\omega^2R\cos2\omega t,a_{My}=\ddot{y}_M=-4\omega^2R\sin2\omega t$$

加速度的大小 $a_M=\sqrt{\ddot{x}_M^2+\ddot{y}_M^2}=4\omega^2R$ 代入数据得 $a_M=0.4\pi^2\text{cm/s}^2$；加速度方向指向圆心 C。

(2) 自然法。已知销钉M的轨迹为以$C(R,0)$为圆心，R为半径的圆，建立如图所示弧坐标，销钉 M 运动的起始位置为弧坐标原点 O'，则任一瞬时，M 的弧坐标为

$$s=R(2\theta)=2R\omega t$$

M 的速度为 $v=\dfrac{\mathrm{d}s}{\mathrm{d}t}=2R\omega$，代入数据得 $v_M=2\pi\text{cm/s}$

M 的切向加速度和法向加速度分别为

$$a_\tau=\frac{\mathrm{d}v}{\mathrm{d}t}=0,a_n=\frac{v^2}{R}=4\omega^2R$$

M 的全加速度 $a=\sqrt{a_\tau^2+a_n^2}=4R\omega^2$，代入数据得 $a_M=0.4\pi^2(\text{cm/s}^2)$，加速度方向指向圆心 C。

注意：本题销钉 M 轨迹已知，用自然法比较方便。本题亦可用极坐标法求解，读者可以试解。

5-13　曲柄 OA 长 r，在平面内绕 O 轴转动，如题 5-13 图所示，杆 AB 通过固定于点D 的套筒与曲柄 OA 铰接于 A 点。设 $\varphi=\omega t$，杆 AB 长 $l=2r$，求点 B 的运动方程、速度和加速度。

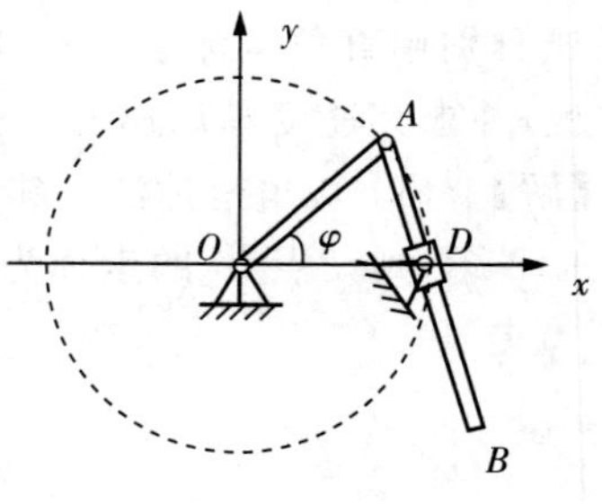

题 5-13 图

【解】　建立坐标系如题 5-13 图，在 $\triangle OAD$ 中，$OA=OD=r$，

$$AD=2r\sin\frac{\varphi}{2},BD=AB-AD=2r\left(1-\sin\frac{\varphi}{2}\right),\angle ODA=\frac{\pi}{2}-\frac{\varphi}{2},\varphi=\omega t$$

B 点的坐标为

$$\begin{cases}x_B=r\cos\varphi+2r\cos\left(\dfrac{\pi}{2}-\dfrac{\varphi}{2}\right)=r\cos\varphi+2r\sin\dfrac{\varphi}{2}\\ y_B=-2r\left(1-\sin\dfrac{\varphi}{2}\right)\sin\left(\dfrac{\pi}{2}-\dfrac{\varphi}{2}\right)=r\sin\varphi-2r\cos\dfrac{\varphi}{2}\end{cases}$$

即点 B 的运动方程为

$$\begin{cases}x_B=r\cos\omega t+2r\sin\dfrac{\omega t}{2}\\ y_B=r\sin\omega t-2r\cos\dfrac{\omega t}{2}\end{cases}$$

点 B 的速度的投影值

$$\begin{cases}v_{Bx}=\dfrac{\mathrm{d}x_B}{\mathrm{d}t}=\omega r\left(\cos\dfrac{\omega t}{2}-\sin\omega t\right)\\ v_{By}=\dfrac{\mathrm{d}y_B}{\mathrm{d}t}=\omega r\left(\sin\dfrac{\omega t}{2}+\cos\omega t\right)\end{cases}$$

速度的模

$$v_B=\sqrt{v_{Bx}^2+v_{By}^2}=\omega r\sqrt{2-2\sin\frac{\omega t}{2}}$$

点 B 的加速度

$$\begin{cases}a_{Bx}=\ddot{x}_B=\omega^2 r\left(-\dfrac{1}{2}\sin\dfrac{\omega t}{2}-\cos\omega t\right)\\ a_{By}=\ddot{y}_B=\omega^2 r\left(\dfrac{1}{2}\cos\dfrac{\omega t}{2}-\sin\omega t\right)\end{cases}$$

加速度的模

$$a_B=\sqrt{a_{Bx}^2+a_{By}^2}=\omega^2 r\sqrt{\frac{5}{4}-\sin\frac{\omega t}{2}}$$

5－14　如题 5－14 图所示刨床的曲柄滑道机构，由曲柄 OA、摇杆 O_1B 及滑块 A、B 组成。曲柄 OA 绕轴 O 转动，通过滑块 A 带动摇杆 O_1B 绕轴 O_1 转动，接着通过滑块 B 带动滑枕 BCD 沿水平滑道往复运动。已知 $O_1B=l$，$OA=r$，$O_1O=a$，且 $r<a$。当曲柄以匀角速度 ω 转动时，求滑枕 BCD 的运动方程。

【解】 滑枕 BCD 沿水平轨道作往复移动，销 B 的水平方向的运动方程即等同于滑枕 BCD 的运动方程。建立坐标系 O_1xy 如题 5－14 图所示，则 B 销的 x 坐标

$$x_B = O_1B\sin\theta = l\sin\theta$$

在 ΔOO_1A 中，$OA=r$，$O_1O=a$，由余弦定理，得 $O_1A=\sqrt{a^2+r^2+2ar\cos\omega t}$，又

$$\sin\theta = \frac{r\sin\omega t}{O_1A} = \frac{r\sin\omega t}{\sqrt{a^2+r^2+2ar\cos\omega t}}$$

所以 $x_B = \dfrac{rl\sin\omega t}{\sqrt{a^2+r^2+2ar\cos\omega t}}$ 即滑枕 BCD 的运动方程。

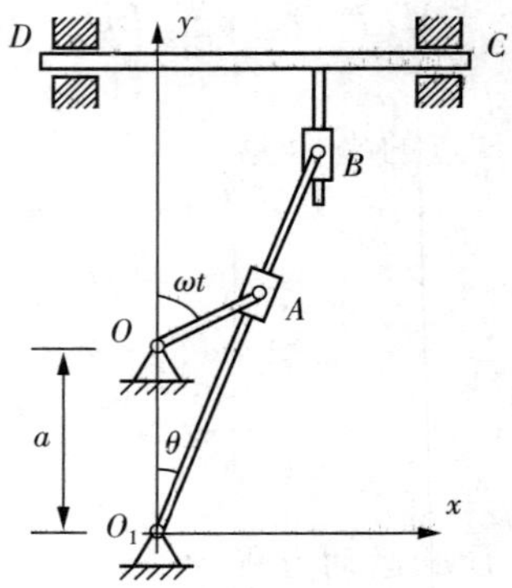

题 5－14 图

注意：本题求出了滑枕 BCD 的运动方程，若还需要求滑枕的速度和加速度，可以继续对运动方程求导，读者可以试解。

5－15　如题 5－15 图所示机构，$OA=AB=CM=3l$，$OC=AD=l$，曲柄 OA 以匀角速度 ω 转动。试求当 $\varphi=45°$ 时，点 M 的速度。

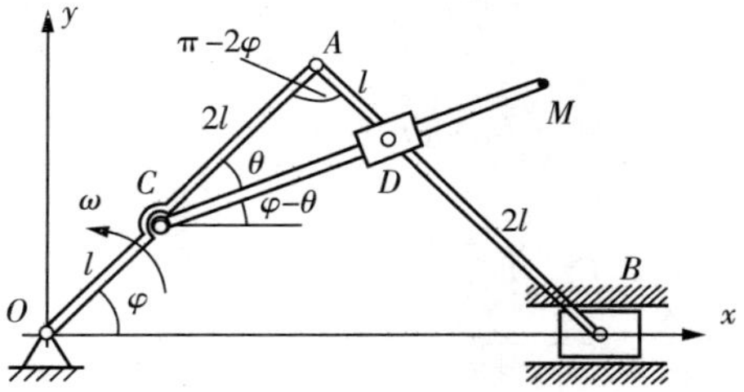

题 5－15 图

【解】 建立如题 5－15 图所示 Oxy 坐标系，用变量 φ，θ 表示点 M 的运动方程

$$\begin{cases} x_M = l\cos\varphi + 3l\cos(\varphi-\theta) \\ y_M = l\sin\varphi + 3l\sin(\varphi-\theta) \end{cases}$$

求导得点 M 的运动方程

$$\begin{cases} v_{Mx} = \dot{x}_M = -l\dot{\varphi}\sin\varphi - 3l\sin(\varphi-\theta)(\dot{\varphi}-\dot{\theta}) \\ v_{My} = \dot{y}_M = l\dot{\varphi}\cos\varphi + 3l\cos(\varphi-\theta)(\dot{\varphi}-\dot{\theta}) \end{cases}$$

点 M 的速度 $v_M^2 = v_{Mx}^2 + v_{My}^2$，得

$$v_M^2 = \dot{\varphi}^2 l^2 + 9l^2(\dot{\varphi}-\dot{\theta})^2 + 6\dot{\varphi}l^2(\dot{\varphi}-\dot{\theta})[\sin\varphi\sin(\varphi-\theta)+\cos\varphi\cos(\varphi-\theta)] \tag{1}$$

在 ΔCAD 中，$AC=2l$，$AD=l$，由余弦定理，得

$$CD = \sqrt{(2l)^2 + l^2 + 2\cdot 2l\cdot l\cos(\pi-2\varphi)} = l\sqrt{5+4\cos2\varphi}$$

由正弦定理，得$\frac{CD}{\sin(\pi-2\varphi)}=\frac{AD}{\sin\theta}$，则有

$$\sin\theta=\frac{\sin2\varphi}{\sqrt{5+4\cos2\varphi}}$$

上式两边对时间求导，得

$$\dot{\theta}=\frac{2\dot{\varphi}\cos2\varphi(5+4\cos2\varphi)+4\dot{\varphi}\sin2\varphi}{\cos\theta\,(5+4\cos2\varphi)^{\frac{3}{2}}} \tag{2}$$

注意到 $\dot{\varphi}=\omega$，且当 $\varphi=45^\circ$ 时，$\cos\theta=\frac{2}{\sqrt{5}}$，$\sin\theta=\frac{1}{\sqrt{5}}$，代入式(1)(2) 解得 $\dot{\theta}=\frac{2}{5}\omega$，$v_M^2=\omega^2 l^2\left(1+\frac{81}{25}+\frac{36\sqrt{5}}{25}\right)$，点 M 的速度为

$$v_M\approx2.73\omega l$$

第6章　刚体的简单运动

6.1　主要内容

一、刚体的平行移动

在刚体内任意取一条线段，在运动过程中该线段始终与其最初位置保持平行，则称刚体作平行移动，简称平移。

刚体作平移时，刚体内各点的轨迹形状完全相同，各点的轨迹可能是直线（称为直线平移），也可能是曲线（称为曲线平移）。在每一瞬时，各点的速度、加速度也相同。因此，研究刚体的平移可以归结为研究刚体内任一点（如质心）的运动。

二、刚体的定轴转动

刚体运动时，其上或扩展部分有两点保持不动，则称刚体做定轴转动；称通过这两个固定点的线段或其有扩展部分为刚体的转轴或轴线，简称轴。

刚体的转动方程表示刚体的位置随时间的变化规律。

$$\varphi = f(t) \tag{6-1}$$

角速度 ω 表示刚体转动的快慢程度和转向，是代数量。

$$\omega = \frac{\mathrm{d}\varphi}{\mathrm{d}t} = \dot{\varphi} \tag{6-2}$$

角加速度 α 表示角速度对时间的变化率，是代数量。

$$\alpha = \frac{\mathrm{d}\omega}{\mathrm{d}t} = \frac{d^2\varphi}{\mathrm{d}t^2} = \dot{\omega} = \ddot{\varphi} \tag{6-3}$$

当 α 与 ω 同号时，刚体做匀加速转动；当 α 与 ω 异号时，刚体作匀减速转动。

转角、角速度、角加速度也可以用矢量表示，分别为 $\boldsymbol{\varphi} = \varphi \boldsymbol{k}$，$\boldsymbol{\omega} = \omega \boldsymbol{k}$，$\boldsymbol{\alpha} = \alpha \boldsymbol{k}$，这些矢量均为沿转轴上的滑移矢量，其中 $\boldsymbol{k}$ 为沿转轴正向的单位向量。

三、绕定轴转动刚体上点的速度与加速度

1. 用自然法确定定轴转动刚体上点的速度与加速度

定轴转动刚体内各点均作圆周运动，圆心在轴上。设刚体上任一点到轴的距离为 R（称

为转动半径)，则由自然法，该点的运动方程为

$$s = R\varphi \tag{6-4}$$

点的速度为

$$v = R\omega \tag{6-5}$$

切向加速度为

$$a_t = R\alpha \tag{6-6}$$

法向加速度为

$$a_n = R\omega^2 \tag{6-7}$$

全加速度大小

$$a = R\sqrt{\omega^4 + \alpha^2} \tag{6-8}$$

提示：当刚体定轴转动时，转动方程、角速度、角加速度是刚体整体性质的度量。其上各点的速度、加速度是刚体局部性质的度量。

注意：速度、加速度是针对某瞬时、某个点而言；角速度、角加速度是针对某瞬时某个刚体而言。

2. 用矢积表示定轴转动刚体上点的速度与加速度

刚体的角速度 $\boldsymbol{\omega} = \omega \boldsymbol{k}$，角加速度 $\boldsymbol{\alpha} = \alpha \boldsymbol{k}$，在转轴上任取一点 O 为坐标原点，设刚体上任一点到 O 的位置矢量(矢径)为 $\boldsymbol{r}$，则该点的速度、加速度分别为

$$\boldsymbol{v} = \boldsymbol{\omega} \times \boldsymbol{r} \tag{6-9a}$$

$$\boldsymbol{a} = \boldsymbol{a}_t + \boldsymbol{a}_n = \boldsymbol{\alpha} \times \boldsymbol{r} + \boldsymbol{\omega} \times \boldsymbol{v} \tag{6-9b}$$

四、轮系的传动比

1. 两个啮合齿轮的传动比

主动轮 I 与从动轮 II 的角速度之比值为传动比，用 i_{12} 表示，即

$$i_{12} = \frac{\omega_1}{\omega_2} = \frac{n_1}{n_2} = \frac{r_2}{r_1} = \frac{z_2}{z_1} \tag{6-10}$$

式中 ω_1, n_1, r_1, z_1 分别为主动轮的角速度、转速、节圆半径和齿数；ω_2, n_2, r_2, z_2 分别为从动轮的角速度、转速、节圆半径和齿数。

2. 圆柱齿轮轮系的传动比

$$i_{1n} = \frac{\text{各被动轮齿数的乘积}}{\text{各主动轮齿数的乘积}}(-1)^m \tag{6-11}$$

式中 m 为外啮合的个数，当 m 为奇数时，传动比为负值，说明输出轴的转动方向与输入轴的转动方向相反。

6.2 解题指导与习题解答

一、解题指导

解题时首先判断刚体的运动形式，若是作平移，则归结为点的运动学问题，同上一章；若是做定轴转动，则根据问题类型求解：

(1) 已知刚体的转动方程或自行建立刚体的转动方程，求刚体的角速度和角加速度以及刚体上任一点的速度和加速度。此类问题归结为求导计算，依次对转动方程求导即可得刚体的角速度和角加速度，再带公式求得刚体上任一点的速度、加速度。

(2) 已知刚体的角加速度，求刚体的转动方程。此类问题归结为积分计算，且用运动的初始条件($t=0$ 时，φ 及 ω 的值)确定积分常数。

(3) 运动传递问题。分析各刚体的运动形式及刚体之间接触点处的特点，找到接触点处运动量之间的关系(如接触处无相对滑动，则两刚体的接触点具有相同的速度、切向加速度等)，从而建立主动件和从动件的运动量之间的关系，求出未知量。对于定轴轮系可直接应用传动比公式。

二、习题解答

6-1　杆 OA 绕固定轴 O 转动，某瞬时杆端 A 点的加速度 a 如题 6-1(a)、(b)、(c) 图所示。则该瞬时________的角速度为零，________的角加速度为零。

① 图(a) 系统；② 图(b) 系统；③ 图(c) 系统。

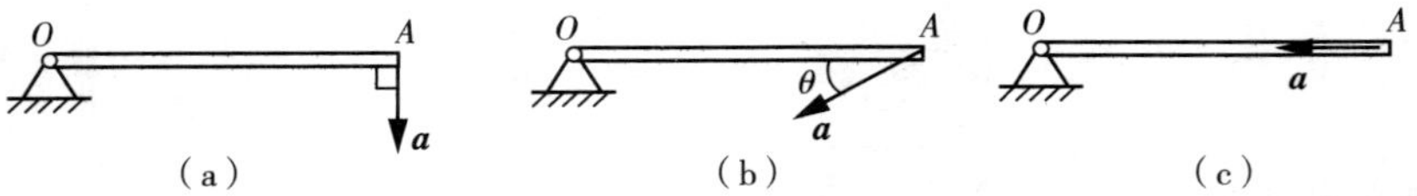

题 6-1 图

【答】 ①、③。

6-2　一细绳绕在鼓轮上，绳端系一重物 M，M 以速度 $\boldsymbol{v}$ 和加速度 $\boldsymbol{a}$ 向下运动。轮的半径为 r，绳与鼓轮间无相对滑动。问绳上两点 A、D 和轮缘上两点 B、C 的加速度是否相同？

【答】 绳上 D 点与轮缘上 C 点的加速度相同；

绳上 A 点与轮缘上 B 点的加速度不相同；

绳上 A 点的加速度等于轮缘上 B 点的切向加速度。

$$a_D^n=a_C^n=\frac{v^2}{r},a_D^\tau=a_C^\tau=a;a_B^n=\frac{v^2}{r},a_B^\tau=a_A=a。$$

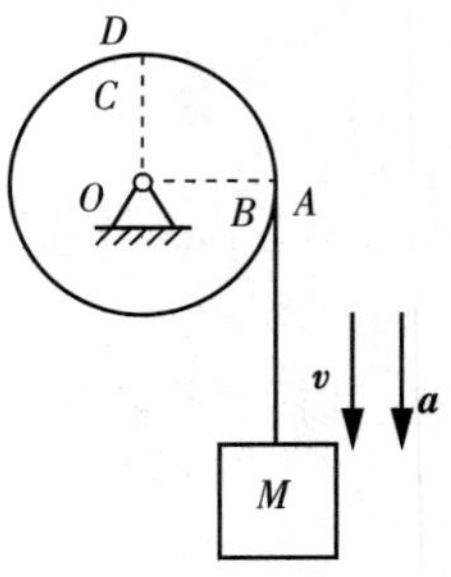

题 6-2 图

6-3　如题 6-3 图所示平行四边形 O_1ABO_2 机构的 O_1A 杆以匀角速度 ω 绕 O_1 轴转动，则 T 形杆上 D 点的速度为________加速度为________。(二者

方向要在图上画出）

【答】 $v_D = v_A = 2r\omega, a_D = a_A = 2r\omega^2$

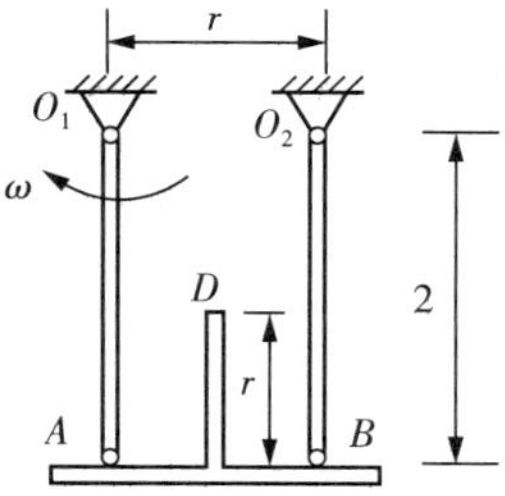

题 6－3 图

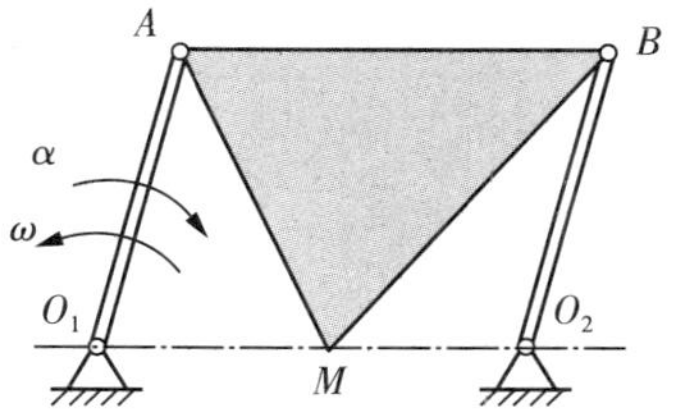

题 6－4 图

6－4　如题 6－4 图所示，在平面机构中，刚性板 AMB 与杆 O_1A、O_2B 铰接，若 $O_1A = O_2B = l$，$O_1O_2 = AB$，在图示瞬时，O_1A 杆角速度为 ω，角加速度为 α，则

M 点的速度大小为________；

M 点的加速度大小为________。

（方向均应在图中表示）

【答】 $v_M = v_A = l\omega$；　$a_M = a_A = l\sqrt{\alpha^2 + \omega^4}$

6－5　已知刚体的角速度为 ω，角加速度为 α，求 A、M 两点的速度、切向和法向加速度的大小，并画出方向。

【解】 (1)T 型杆做定轴转动，A 点速度：$v_A = 2a\omega$，A 点法向加速度

$$a_A^n = 2a\omega^2$$

切向加速度

$$a_A^\tau = 2a\alpha$$

M 点速度

$$v_M = \omega\sqrt{a^2 + b^2}$$

M 点法向加速度 $a_M^n = \omega^2\sqrt{a^2 + b^2}$

切向加速度 $a_M^\tau = \alpha\sqrt{a^2 + b^2}$

(2)A 点速度：$v_A = a\omega$，加速度 $\begin{cases} a_A^n = a\omega^2 \\ a_A^\tau = a\alpha \end{cases}$

M 点速度：∵ AB 杆作曲线平动，

$$\therefore v_M = v_A = a\omega, \quad \begin{matrix} a_M^n = a_A^n = a\omega^2 \\ a_M^\tau = a_A^\tau = a\alpha \end{matrix}$$

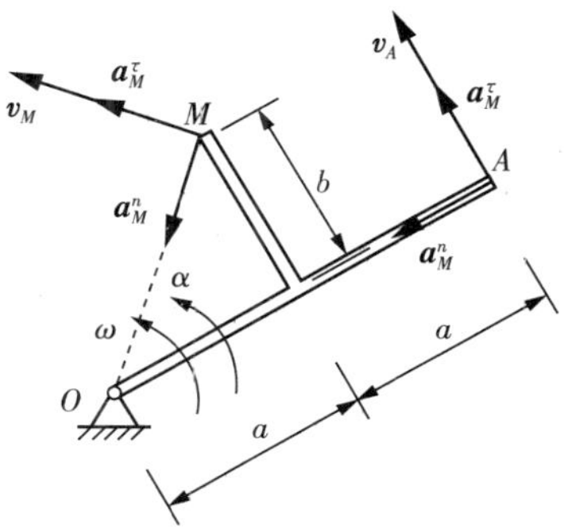

(a)

题 6－5－1 图

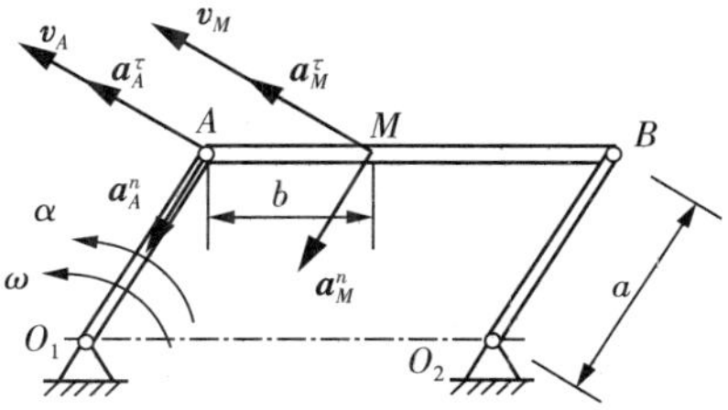

(b)

题 6－5－2 图

6－6　直角曲杆 ABC 在如题 6－6 图所示平面内可绕 O 轴转动，已知某瞬时 A 点的加速度为 a（单位 m/s^2），则该瞬时曲杆的角速度 $\omega=$________，角加速度 $\alpha=$________；B 点的加速度（用分量表示）$a_B^n=$________；$a_B^\tau=$________。

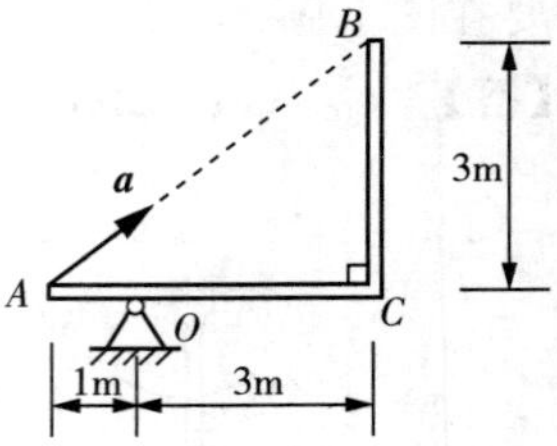

题 6－6 图

【答】　$\sqrt{\dfrac{4a}{5}}\text{rad/s},\dfrac{3a}{5}\text{rad/s}^2,\dfrac{12\sqrt{2}}{5}a,\dfrac{9\sqrt{2}}{5}a$。

6－7　如题 6－7 图所示，一飞轮绕固定轴 O 转动，其轮缘上任一点 M 的全加速度在某运动过程中与轮半径的交角恒为 60°。当运动开始时，其转角 $\varphi_0=0$，角速度为 ω_0。求飞轮的转动方程以及角速度与转角的关系。

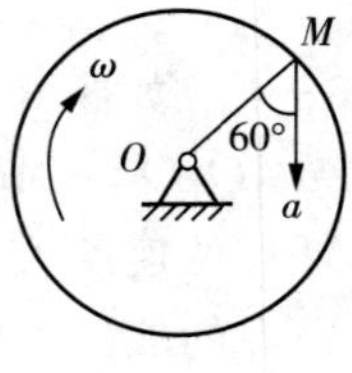

题 6－7 图

【解】　由题知 $\dfrac{a_M^\tau}{a_M^n}=\tan 60°$，即 $\dfrac{\alpha}{\omega^2}=\sqrt{3}$ 或 $\dfrac{1}{\omega^2}\dfrac{d\omega}{dt}=\sqrt{3}$

又 $\dfrac{d\omega}{dt}=\dfrac{d\omega}{d\varphi}\dfrac{d\varphi}{dt}=\omega\dfrac{d\omega}{d\varphi}$，代入上式并分离变量得 $\dfrac{1}{\omega}d\omega=\sqrt{3}\,d\varphi$

$$\therefore\quad \omega=\omega_0 e^{\sqrt{3}\varphi}=\frac{d\varphi}{dt}$$

两边取定积分，$t=0$ 时，$\varphi_0=0$，得 $\varphi=\dfrac{\sqrt{3}}{3}\ln\dfrac{1}{1-\sqrt{3}\omega_0 t}$。

6－8　已知轮 I、II、III 的半径分别为 $r_1=30\text{cm}$，$r_2=75\text{cm}$，$r_3=40\text{cm}$，轮 I 的转速 $n_1=100\text{rpm}$。求物块 M 的上升速度，胶带 AB、BC、CD、DA 各段上点的加速度的大小。

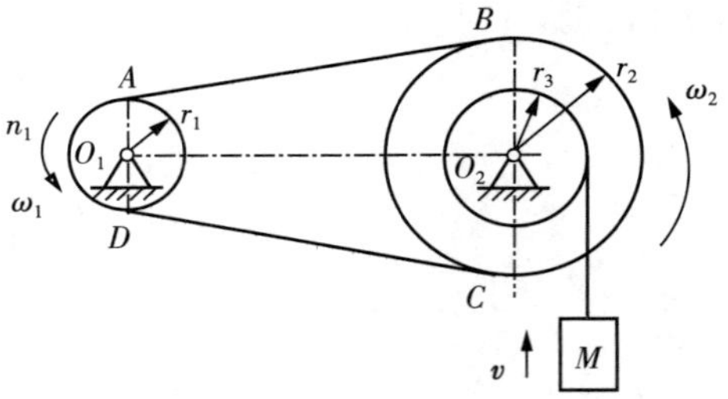

题 6－8 图

【解】　由轮 I 的转速和两轮的传动关系，有 $\omega_1=\dfrac{\pi n_1}{30}$，$\omega_2=\dfrac{\omega_1 r_1}{r_2}$

物块 M 的上升速度 $v_M=r_3\omega_2=1.676\text{cm/s}$；$AB$ 和 CD 之间各点做匀速直线运动，AD 和 BC 之间各点作匀速圆周运动，所以

$$a_{AD}=r_1\omega_1^2=32.9\text{cm/s}^2,\ a_{BC}=r_2\omega_2^2=13.16\text{cm/s}^2,\ a_{AB}=a_{CD}=0$$

6－9　摩擦传动机构的主动轮 I 的转速为 $n=600\text{rpm}$，它与轮 II 的接触点按箭头所示方向移动，距离 d 按规律 $d=10-0.5t$ 变化，单位为厘米、秒。摩擦轮的半径 $r=5\text{cm}$，$R=15\text{cm}$。求（1）以距离 d 表示的轮 II 的角加速度，（2）当 $d=r$ 时，轮 II 边缘上的一点的全加速度的大小。

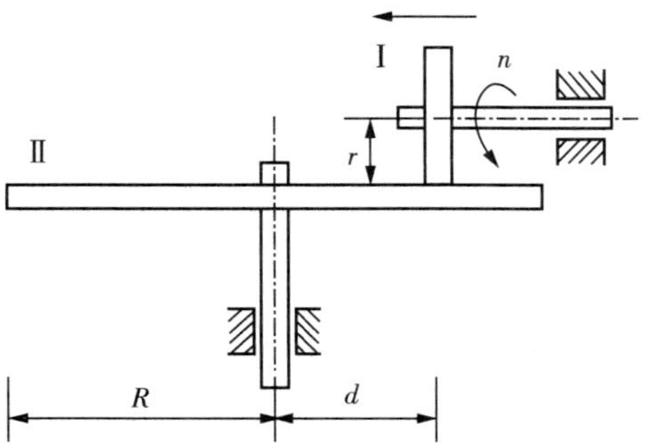

题 6 - 9 图

【解】 主动轮 I 的转速为 $n=600\text{rpm}$，则角速度

$$\omega_{\text{I}}=\frac{2\pi n}{60}=\frac{\pi\cdot 600}{30}=20\pi$$

两摩擦轮接触点的速度相等，有 $r\omega_{\text{I}}=\omega_{\text{II}}d$，所以从动轮 II 的角速度为

$$\omega_{\text{II}}=\frac{r\omega_{\text{I}}}{d}=\frac{5}{d}(20\pi)=\frac{100\pi}{d}$$

式中 $d=10-0.5t$，则轮 II 的角加速度

$$\alpha_{\text{II}}=\frac{\mathrm{d}\omega_{\text{II}}}{\mathrm{d}t}=-\frac{100\pi}{d^2}\frac{d}{\mathrm{d}t}(10-0.5t)=\frac{50\pi}{d^2}\text{rad/s}^2$$

当 $d=r=5\text{cm}$ 时，

$$\alpha_{\text{II}}=\frac{50\pi}{r^2}=\frac{50\pi}{5^2}=2\pi(\text{rad/s}^2),\omega_{\text{I}}=\omega_{\text{II}}=\frac{2\pi n}{60}=20\pi\text{rad/s}$$

所以，当 $d=r$ 时，轮 II 边缘上的一点的全加速度的大小为

$$a=R\sqrt{\alpha_{II}^2+\omega_{II}^4}=15\sqrt{(2\pi)^2+(20\pi)^4}=59218\text{cm/s}^2$$

6 - 10　在题 6 - 10 图所示机构中，齿轮 1 固结在杆 AC 上，$AB=O_1O_2$，$O_1A=O_2B=l$。齿轮 1 和半径为 r_2 的齿轮 2 相啮合，齿轮 2 可绕 O_2 轴转动，且和曲柄 O_2B 没有联系。若 $\varphi=b\sin\omega t$，试确定 $t=\pi/2\omega$ 时，轮 2 的角速度和角加速度。

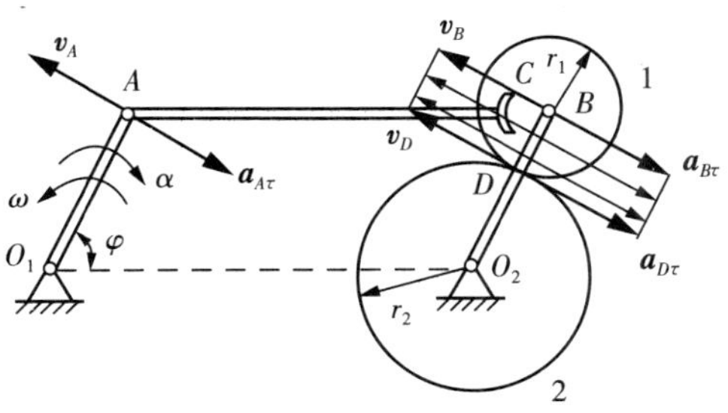

题 6 - 10 图

【解】 O_1A 做定轴转动，转角 $\varphi=b\sin\omega t$，角速度 $\omega=\frac{\mathrm{d}\varphi}{\mathrm{d}t}=b\omega\cos\omega t$，角加速度 $\alpha=\frac{\mathrm{d}\omega}{\mathrm{d}t}=-b\omega^2\sin\omega t$，$O_1A$ 上点 A 的速度和切向加速度分别为

$$v_A=O_1A\cdot\omega=lb\omega\cos\omega t, a_{A\tau}=l\alpha=-lb\omega^2\sin\omega t$$

又杆 AC 与轮 l 固结在一起成刚体 ACB，且 $O_1A=O_2B$，$AB=O_1O_2$，O_1ABO_2 为平行四边形，故刚体 ACB 作平行移动。平动刚体在同一时刻各点的速度及加速度均相同，故齿轮 1、2 啮合点 D 的速度、切向加速度与 A、B 两点的相同，即

$$v_D=v_B=v_A=l\omega=lb\omega\cos\omega t, a_{D\tau}=a_{B\tau}=a_{A\tau}=l\alpha=-lb\omega^2\sin\omega t$$

所以轮 2 的角速度和角加速度分别为

$$\omega_2=\frac{v_D}{r_2}=\frac{lb}{r_2}\omega\cos\omega t, \alpha_2=\frac{a_{D\tau}}{r_2}=-\frac{lb}{r_2}\omega^2\sin\omega t$$

当 $t=\frac{\pi}{2\omega}$ 时，有 $\omega_2=0$，$\alpha_2=-\frac{lb}{r_2}\omega^2$（负号表示 α_2 的转向为顺时针）。

6－11 如题 6－11 图所示曲柄滑块机构，已知 $OA=AB=l$，图示瞬时，OA 杆的角速度为 ω，$\angle OAB=\varphi$，若杆 AB 的中点 M 的速度矢量与加速度矢量相互垂直，试求杆 OA 的角加速度（表示为 ω 和 φ 的函数）。

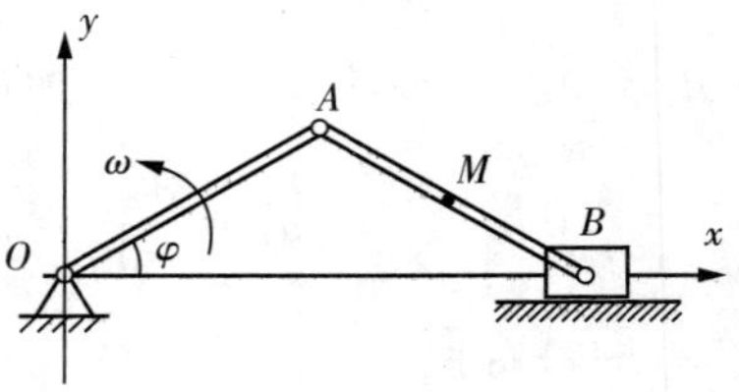

题 6－11 图

【解】 选坐标系 Oxy，则 AB 杆中点 M 的坐标

$$x_M=\frac{3l}{2}\cos\varphi, y_M=\frac{l}{2}\sin\varphi$$

点 M 速度的投影

$$v_{Mx}=\dot{x}_M=-\frac{3l}{2}\sin\varphi\frac{\mathrm{d}\varphi}{\mathrm{d}t}=-\frac{3l}{2}\omega\sin\varphi, v_{My}=\dot{y}_M=\frac{l}{2}\cos\varphi\frac{\mathrm{d}\varphi}{\mathrm{d}t}=\frac{l}{2}\omega\cos\varphi$$

点 M 加速度的投影

$$a_{Mx}=\ddot{x}_M=-\frac{3l}{2}\alpha\sin\varphi-\frac{3l}{2}\omega^2\cos\varphi, a_{My}=\ddot{y}_M=\frac{l}{2}\alpha\cos\varphi-\frac{l}{2}\omega^2\sin\varphi$$

M 点的速度矢量

$$\boldsymbol{v}_M=\dot{x}_M\boldsymbol{i}+\dot{y}_M\boldsymbol{j}=-\frac{3}{2}l\omega\sin\varphi\boldsymbol{i}+\frac{1}{2}l\omega\cos\varphi\boldsymbol{j}$$

M 点的加速度矢量

$$\boldsymbol{a}_M = \ddot{x}_M\boldsymbol{i} + \ddot{y}_M\boldsymbol{j} = \left(-\frac{3l}{2}\alpha\sin\varphi - \frac{3l}{2}\omega^2\cos\varphi\right)\boldsymbol{i} + \left(\frac{l}{2}\alpha\cos\varphi - \frac{l}{2}\omega^2\sin\varphi\right)\boldsymbol{j}$$

$\because \boldsymbol{v}_M \perp \boldsymbol{a}_M$，$\therefore \boldsymbol{v}_M \cdot \boldsymbol{a}_M = 0$，$\therefore \dot{x}_M\ddot{x}_M + \dot{y}_M\ddot{y}_M = 0$，有

$$\left(-\frac{3l}{2}\omega\sin\varphi\right)\left(-\frac{3l}{2}\alpha\sin\varphi - \frac{3l}{2}\omega^2\cos\varphi\right) + \frac{l}{2}\omega\cos\varphi\left(\frac{l}{2}\alpha\cos\varphi - \frac{l}{2}\omega^2\sin\varphi\right) = 0$$

解得杆 OA 的角加速度

$$\alpha = -\frac{8\omega^2\tan\varphi}{9\tan^2\varphi + 1}$$

顺时针转向。

第 7 章　点的合成运动

7.1　主要内容

一、动点・定系・动系　绝对运动・相对运动・牵连运动

动点：一个处于运动状态的无质量、无大小的几何点，可以是运动刚体上的一个点，也可以是由一个物体抽象出来的点。

定系（静参考系）：一般将固结在地球表面的坐标系作为定系（静系）。

动系（动参考系）：建立在相对于定系运动的参考体上的坐标系。

绝对运动：动点相对于定参考系的运动；

相对运动：动点相对于动参考系的运动；

牵连运动：动参考系相对于定参考系的运动。

点的牵连运动和相对运动合成为点的绝对运动。

动点在绝对运动中的运动方程、速度、加速度称为点的绝对运动方程、绝对速度、绝对加速度，通常用$\boldsymbol{v}_a$、$\boldsymbol{a}_a$ 表示绝对速度、绝对加速度。

动点在相对运动中的运动方程、速度、加速度称为点的相对运动方程、相对速度、相对加速度；通常用$\boldsymbol{v}_r$、$\boldsymbol{a}_r$ 表示相对速度、相对加速度。

在某瞬时，动系上与动点重合的点（称为牵连点）的速度、加速度称为牵连速度、牵连加速度，通常用$\boldsymbol{v}_e$、$\boldsymbol{a}_e$ 表示牵连速度、牵连加速度。

提示：动点的绝对运动和相对运动都是指点的运动，它们可以是直线运动，也可以是曲线运动。而牵连运动是参考体的运动，更直观地说，是刚体的运动，它可能作平动、定轴转动或其他较复杂的运动。

区分三种运动应注意两点：站在什么地方看物体的运动；看什么物体的运动。

二、点的速度合成定理

点的绝对速度等于牵连速度和相对速度的矢量和，即

$$\boldsymbol{v}_a = \boldsymbol{v}_e + \boldsymbol{v}_r \tag{7-1}$$

以此式画出的速度合成图称为速度平行四边形，可以求解两个未知量。

三、点的加速度合成定理

1. 动系作平移时，动点的绝对加速度等于其牵连加速度和相对加速度的矢量和，即

$$\boldsymbol{a}_a=\boldsymbol{a}_e+\boldsymbol{a}_r \tag{7-2}$$

2. 动系作转动时，动点的绝对加速度等于其牵连加速度、相对加速度及科氏加速度的矢量和，即

$$\boldsymbol{a}_a=\boldsymbol{a}_e+\boldsymbol{a}_r+\boldsymbol{a}_C \tag{7-3}$$

式中绝对加速度 $\boldsymbol{a}_a$ 为动点相对于定参考系运动的加速度；相对加速度 $\boldsymbol{a}_r$ 为动点相对于动参考系运动的加速度；牵连加速度 $\boldsymbol{a}_e$ 为动参考系上与动点相重合的那一点相对于定参考系运动的加速度；科氏加速度 $\boldsymbol{a}_C$ 是牵连运动为转动时，牵连运动和相对运动相互影响而出现的一项附加的加速度，且

$$\boldsymbol{a}_C=2\,\boldsymbol{\omega}_e\times\boldsymbol{v}_r \tag{7-4}$$

当动参考系作平移或 $v_r=0$ 或 $\boldsymbol{\omega}_e$ 与$\boldsymbol{v}_r$ 平行时 $a_C=0$。

四、动点与动系的选取原则

1. 问题的类型

(1) 两个互不相干的点，求二者的相对速度。可将其中一个点视为动点，另一个点上固结平移参考系(相当于平移刚体)。

(2) 一单独的点(动点) 在另一个运动的物体(动系) 上运动的问题。

(3) 两个运动的物体，A 物体上有一点始终与 B 物体接触且在其上运动，则选 A 上这一点(常接触点) 为动点，动系固结在 B 物体上。

(4) 两个运动的物体相互接触，但没有常接触点，可根据情况选取其中一个物体的某特殊点为动点，另一个物体上固结动系，满足相对运动轨迹易于确定为前提。

2. 选取原则小结

(1) 动点与动系不可选在同一物体上，应选在不同的刚体上(定系一般固结在地面上)。

(2) 动点相对于动系的相对轨迹应易于确定或是已知曲线。

7.2　解题指导与习题解答

一、解题指导

1. 根据题意选择动点，确定两组坐标系。

2. 分析三种运动及其速度和加速度

分析绝对运动和相对运动的特点(直线、圆周或其他曲线运动)，牵连运动时哪一种运动(平移、转动或其他某一种刚体运动)；分析速度和加速度时，特别要注意牵连速度和牵连加

速度时动系上与动点重合点的速度和加速度。速度、加速度均为矢量,有大小、方向两个要素,因此必须分析清楚各要素中哪些是已知的,哪些是未知的。

3. 应用速度合成定理$\boldsymbol{v}_a=\boldsymbol{v}_e+\boldsymbol{v}_r$求解:画出速度平行四边形,分析6个要素中的已知要素和未知要素,若已知4个要素,即可用正弦定理、余弦定理或三角知识求解未知的2个要素。

注意:作图时要使绝对速度为平行四边形的对角线。

4. 应用加速度合成定理求解

根据动系作平移或转动,判断是否有科氏加速度。当动系作转动,且绝对运动和相对运动均为曲线运动时,加速度合成定理为最一般的形式

$$\boldsymbol{a}_a^\tau+\boldsymbol{a}_a^n=\boldsymbol{a}_e^\tau+\boldsymbol{a}_e^n+\boldsymbol{a}_r^\tau+\boldsymbol{a}_r^n+\boldsymbol{a}_C \tag{7-5}$$

对工程中常见的机构运动问题,上式为平面矢量式,画加速度矢量图。在速度分析基础上,各项法向加速度量为已知量。分析各加速度要素中的已知量和未知量,平面矢量方程只能求解两个未知量。

因加速度矢量要素较多,通常采用解析法,即选取适当的坐标轴,将加速度合成矢量式分别向对应的坐标轴投影,得到相应的解析方程组,解出未知的加速度量。

注意:因加速度问题分析时涉及的矢量较多,求解时用的是合矢量投影定理,即合矢量在某轴上的投影等于分矢量在同一轴上的投影相等。务必注意此投影式的写法和静力学中的平衡方程的区别。

二、习题解答

7-1　题7-1图中的速度平行四边形有无错误?如果有错,请指出错在哪里。

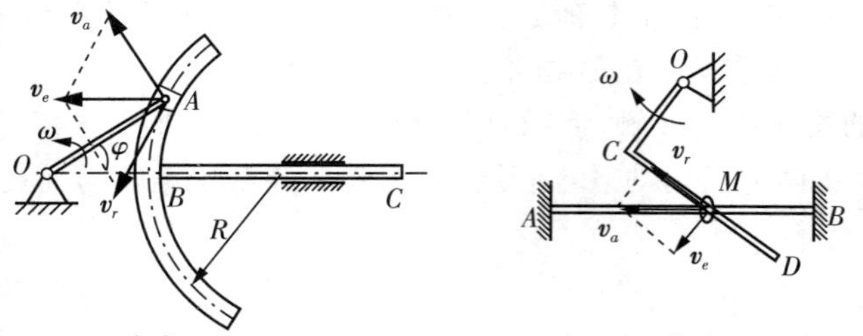

(a)　　　　(b)

题7-1图

【解】　两图均有错误,正确的速度平行四边形分别见下图。

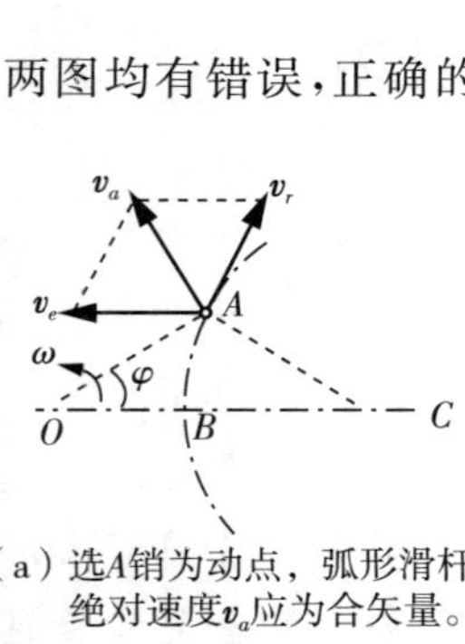

(a) 选A销为动点,弧形滑杆BC为动系。绝对速度v_a应为合矢量。

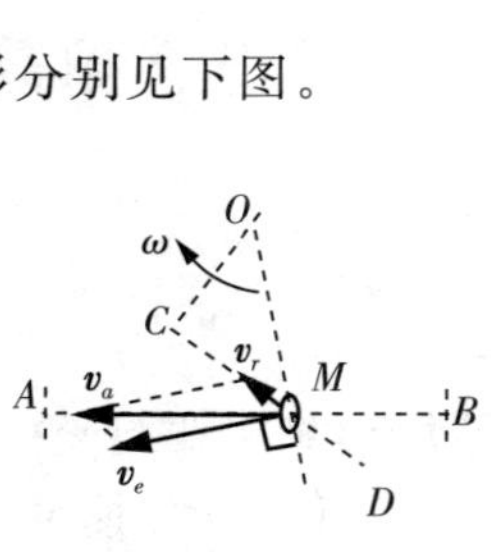

(b) 选小环M为动点,直角曲杆OCD为动系。牵连速度$v_e \perp OM$

7－2　在下列各题中，试根据所给的条件选动点、动系，判别绝对运动、相对运动和牵连运动的形式，并画出速度矢量图。

如题 7－2(a) 图所示 M 为一小圆环，套在杆 OA 和固定的大圆环上，已知杆 OA 的角速度为 ω。求环 M 沿大环滑动的速度。

如题 7－2(b) 图所示偏心轮以角速度 ω 绕 O 轴转动，求从动杆 O_1M 的角速度。

如题 7－2(c) 图所示机构中，$AB=CD$，$AD=BC$，杆 AB 以角速度 ω 转动，求杆 ME 的速度。

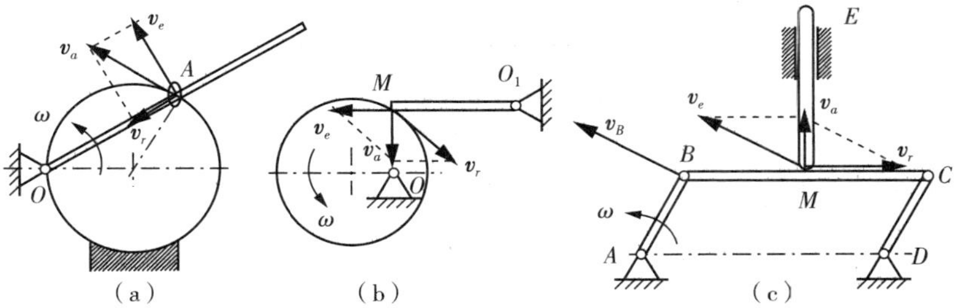

题 7－2 图

【解】 (a) 选动点：小环 M，动系：固结于 OA 杆；

绝对运动：小环 M 沿大圆环的圆周运动；

相对运动：小环 M 沿 OA 的直线运动；

牵连运动：动系随 OA 杆的定轴转动。

(b) 选动点：杆 O_1M 上的 M 点，动系：固结于偏心轮；

绝对运动：动点以 O_1 为圆心 O_1M 为半径的圆周运动；

相对运动：动点 M 沿偏心轮轮廓的曲线运动；

牵连运动：动系随偏心轮的定轴转动。

(c) 选动点：杆 EM 上的 M 点，动系：固结于 BC 杆；

绝对运动：动点 M 沿铅垂方向做直线运动；

相对运动：动点 M 沿 BC 杆做直线运动；

牵连运动：动系随 BC 杆做曲线平动。

7－3　曲柄 OA 以 ω 绕轴 O 转动，并带动直角曲杆 O_1BC 绕轴 O_1 转动。若取 A 销为动点，杆 O_1BC 为动坐标系，则相对速度的大小为________，牵连速度的大小为________。

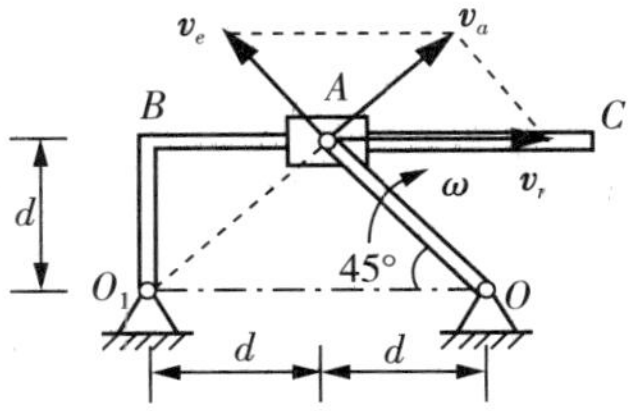

题 7－3 图

① $d\omega$；② $\sqrt{2}\,d\omega$；③ $2d\omega$；④ $\dfrac{\sqrt{2}\,d\omega}{2}$。

【答】　③，②

7－4　本题各小题均为画图题。试根据所给条件，选动点、动系，分别画出速度合成图和加速度合成图。

(1) 题 7－4(a)、(b)、(c)、(d) 图中主动件三角块或半圆凸轮的速度 $\boldsymbol{v}$、加速度 $\boldsymbol{a}$ 已知，求从动件顶杆或摆杆的角速度和角加速度；

(2) 题(e)图中，半圆板的半径为R，$O_1A = O_2B$，$O_1A // O_2B$，O_1A的角速度为ω_1，杆OM可绕水平轴O转动。图示瞬时，$\varphi = 45^\circ$，$\theta = 30^\circ$，试做出M点的速度合成图及加速度合成图。

【解】 动点：AB杆上A点；动系：固结于三角块。

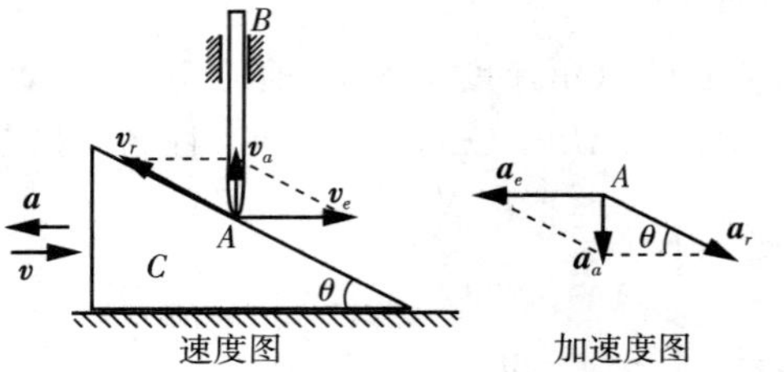

题 7-4(a) 图

【解】 动点：OA杆上A点；动系：固结于三角块。

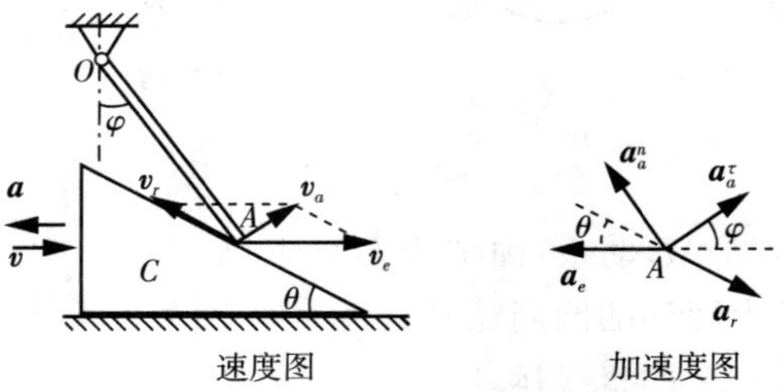

题 7-4(b) 图

【解】 动点：AB杆上A点；动系：固结于半圆轮上。

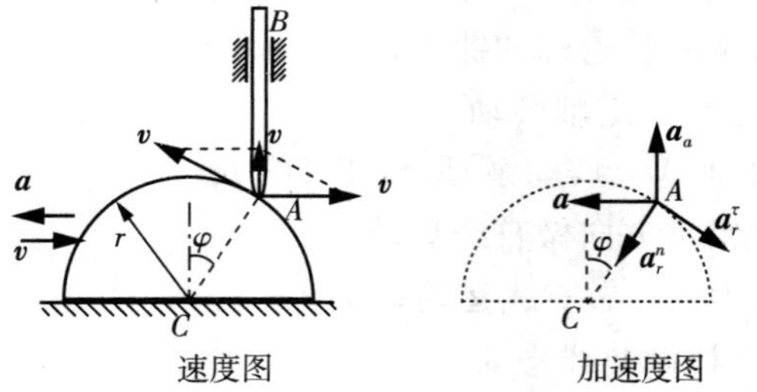

题 7-4(c) 图

【解】 动点：OA杆上A点；动系：固结于半圆轮上。

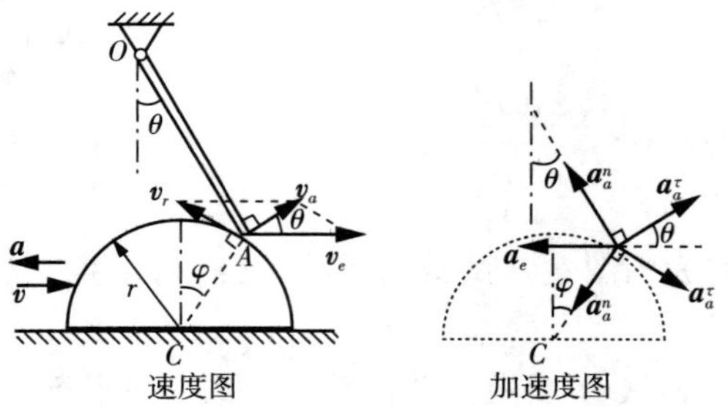

题 7-4(d) 图

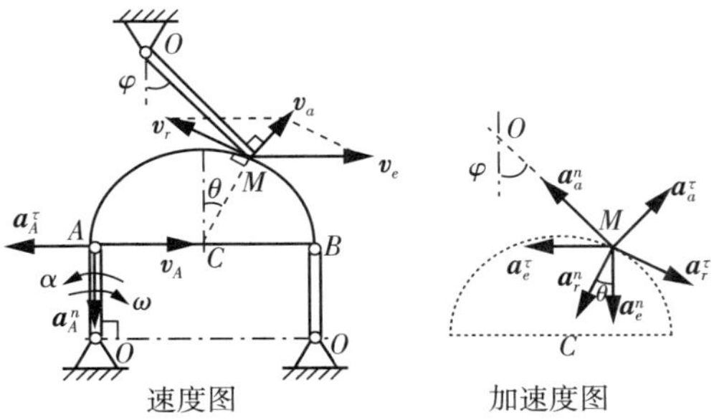

题 7－4(e) 图

【解】　动点：OM 杆上 M 点，动系：固结于半圆轮上。动系半圆轮作曲线平移，牵连速度、牵连加速度与点 A 的速度、加速度相等，矢量图如题 7－4(e) 图。

注意：本题为层次递进分析题，从图(a) 的绝对运动、相对运动均为直线运动，牵连运动为直线平移，递进到(b) 绝对运动为曲线、(c) 相对运动为曲线、(d) 绝对运动、相对运动均为曲线，一直到(e) 三种运动均为曲线，此处三种加速度均为切向和法向两项，即牵连运动为平移的加速度合成定理最一般的形式。

7－5　如题 7－5 图所示，小环 M 套在半径为 R 的半圆环和直杆 AB 上，已知图示瞬时速度，

(a) AB 杆平移的速度为 $\boldsymbol{v}$，加速度为 $\boldsymbol{a}$，半圆环固定；

(b) 半圆环平移的速度为 $\boldsymbol{v}$，加速度为 $\boldsymbol{a}$，杆 AB 固定；

试选择动点、动系，分别做出 φ 角瞬时小环 M 的速度合成图及加速度合成图。

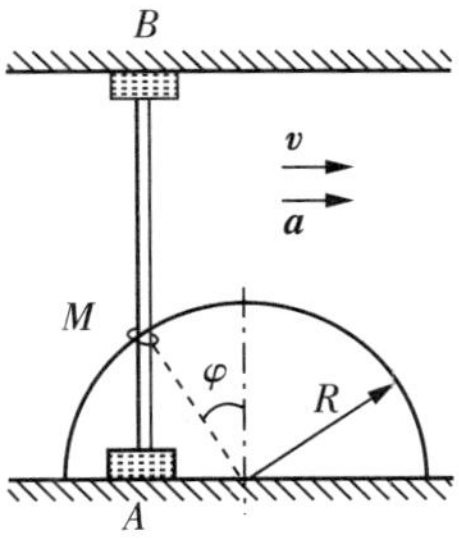

题 7－5 图

【解】　(a) 选动点：小环 M，动系：固结于直杆 AB；直杆 AB 作平移，各矢量如题 7－5(a) 图。

(b) 选动点：小环 M，动系：固结于半圆环；半圆环作平移。各矢量如题 7－5(b) 图。

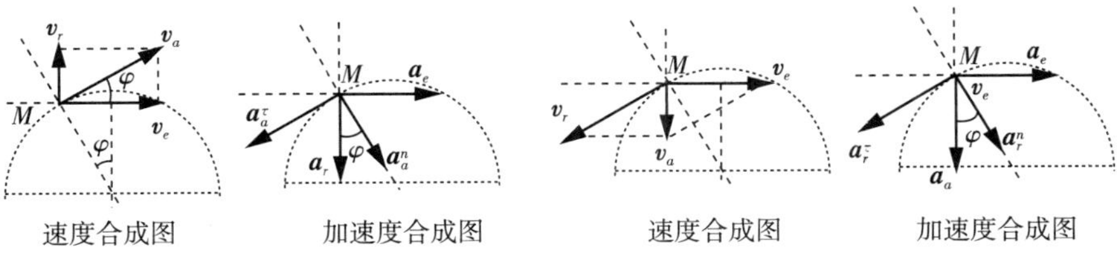

题 7－5 图

7－6　物体对地面的速度为 $\boldsymbol{u}$，沿下列轨道运动至图示位置时，试求出科氏加速度的大小和方向，设地球的自转角速度为 ω。

(1) 赤道 A 点；

(2) 北纬 30°B 点；

(3) 沿经线 C 点；

(4) 沿经线 D 点；

(5) 沿经线 E 点。

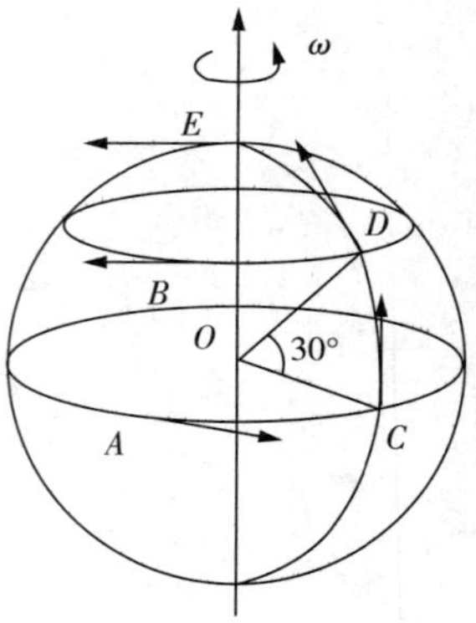

题 7-6 图

【解】 (1) 赤道 A 点； $a_C=2\omega u$，方向指向地心

(2) 北纬 30° B 点；$a_C=2\omega u$，方向沿轨迹圆半径指向外。

(3) 沿经线 C 点；$a_C=0$。

(4) 沿经线 D 点；$a_C=\omega u$，方向过 D 点沿纬线切向。

(5) 沿经线 E 点。$a_C=2\omega u$，方向过 E 指向纸面外。

7-7　如题 7-7 图所示，圆盘半径为 $2r$，其上有半径为 r 的半圆槽，滑块 A 可在半圆槽内滑动。圆盘以匀角速度 ω 绕 O 轴转动，通过滑块 A 带动直杆 AB 沿铅直轨道运动。若选销 A 为动点，圆盘为动系，试分别画出速度合成图和加速度合成图。

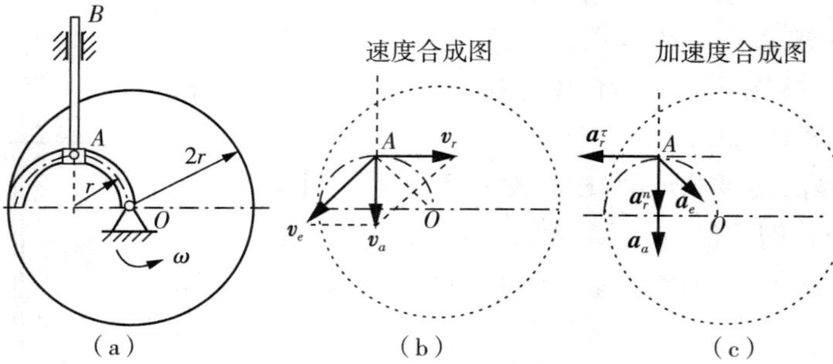

题 7-7 图

7-8　直杆 OA 和直角曲杆 O_1B 可分别绕 O 和 O_1 点转动，已知 OA 杆以匀角速度 ω 转动，试做出图示瞬时 B 销的速度合成图和加速度合成图。

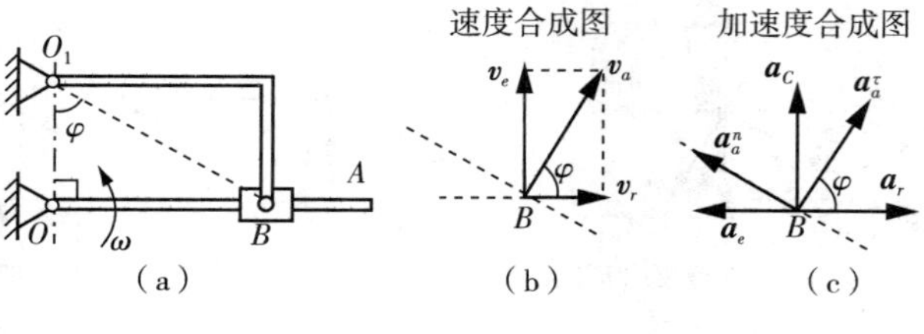

题 7-8 图

7-9　半径为 r 的半圆形槽边缘处铰接一套筒 D，杆 AB 可沿套筒滑动，杆端 A 以匀速 v_A 在半圆形槽内运动。若选杆上 A 点为动点，套筒 D 为动系，试画出动点的速度合成图和加速度合成图。

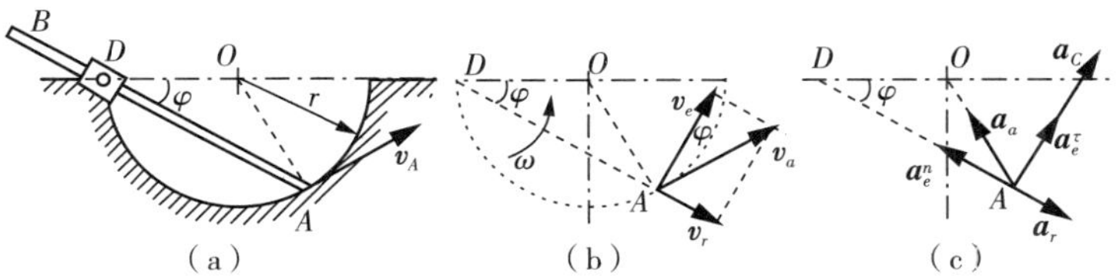

题 7 - 9 图

7-10　如题 7-10 图所示铰接四边形机构中，$O_1A=O_2B=10\text{cm}$，$O_1O_2=AB$，杆 O_1A 以匀角速度 $\omega=2\text{rad/s}$ 绕 O_1 轴转动，通过套筒 C 带动杆 CD 沿铅直轨道运动。求当 $\varphi=60^o$ 时 CD 杆的速度及加速度。

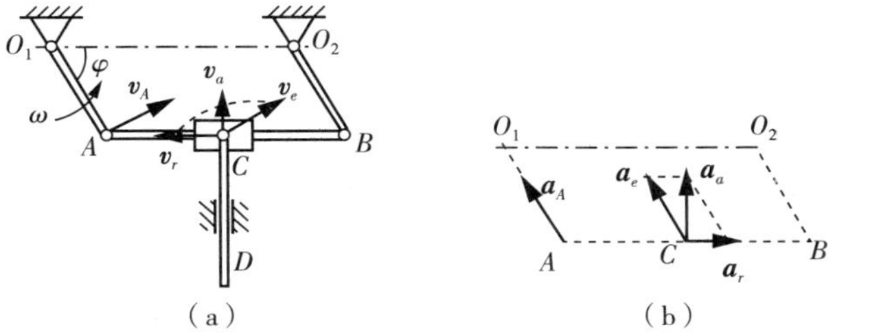

题 7 - 10 图

【解】　选 C 销为动点，杆 AB 为动系。AB 杆作曲线平移，其上各点速度、加速度均相等，动点的牵连速度、牵连加速度与 A 点相同。如题 7-10(a) 图，C 点的速度

	$\boldsymbol{v}_a$	=	$\boldsymbol{v}_e$	+	$\boldsymbol{v}_r$
大小：	$\omega\cdot O_1A$		?		?
方向：	$\perp O_1A$		水平		铅直

$$v_e=v_A=\omega\cdot O_1A=20\text{cm/s},v_a=v_e\cos\varphi=10\text{cm/s}$$

如题 7-10(b) 图，C 点的加速度

	$\boldsymbol{a}_a$	=	$\boldsymbol{a}_e$	+	$\boldsymbol{a}_r$
大小：	?		$\omega^2 O_1A$		?
方向：	铅直		$A\rightarrow O_1$		水平

$$a_e=a_A=\omega^2\cdot O_1A=40\text{cm/s}^2,a_a=a_e\sin\varphi=34.64\text{cm/s}^2$$

综上，CD 杆的速度为 10cm/s，加速度为 34.64cm/s^2。

7-11　如题7-11图所示曲柄滑道机构中，曲柄 $OA=100\text{mm}$，以匀角速度 $\omega=2\text{rad/s}$ 绕 O 轴转动，通过滑块 A 带动 T 形杆 BCD 沿水平轨道运动。求当 $\varphi=45°$ 时 T 形杆的速度和加速度。

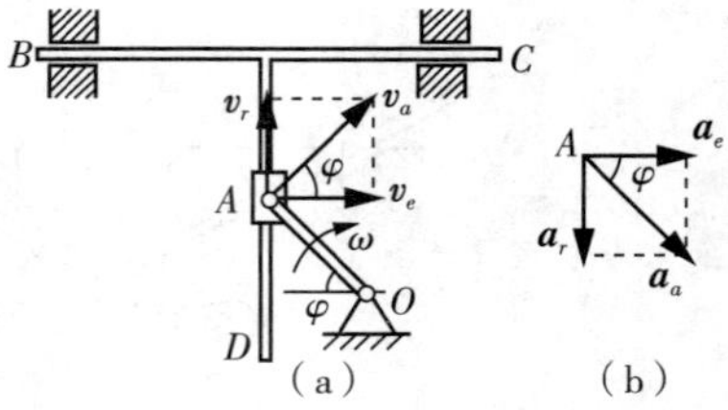

题 7-11 图

【解】　取滑块 A 销为动点，T 形杆 BCD 为动系，则如题7-11(a)图，A 点的速度

	v_a	=	v_e	+	v_r
大小：	$\omega\cdot OA$		?		?
方向：	$\perp OA$		水平		铅直

代入数据，$v_a=\omega\cdot OA=2\times100=200\text{mm/s}$，$v_e=v_a\cos\varphi=141.4\text{mm/s}$

如题(b)图，A 点的加速度

	a_a	=	a_e	+	a_r
大小：	$\omega^2\cdot OA$		?		?
方向：	$A\to O$		水平		铅直

代入数据，$a_a=\omega^2\cdot OA=2^2\times100=400\ \text{mm/s}^2$，$a_e=a_a\cos\varphi=282.8\ \text{mm/s}^2$

综上，T 形杆的速度为 141.4mm/s；加速度为 282.8mm/s^2

7-12　小车以匀加速度 $a=49.2\text{cm/s}^2$ 水平向右运动，圆轮半径 $r=20\text{cm}$，绕 O 轴转动的规律为 $\varphi=2t^2$（t 以秒计，φ 以 rad 计）。求在 $t=1s$ 时，轮缘上 A 点的绝对加速度。

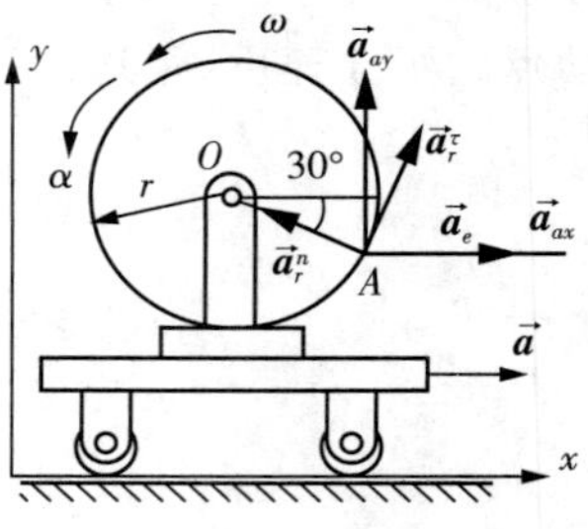

题 7-12 图

【解】　选动点：轮缘上 A 点，动系：小车。牵连运动为平移，则如题7-12图所示，A 点的加速度

	a_a	=	a_e	+	a_r^n	+	a_r^τ
大小：	?		a		$r\omega^2$		$r\alpha$
方向：	?		水平		$A\to O$		$\perp OA$

$$\omega=\frac{d\varphi}{dt}=2t,\quad \alpha=\frac{d\omega}{dt}=2,\therefore\ \omega\mid_{t=1s}=2\text{rad/s},\quad \alpha\mid_{t=1s}=2\text{rad/s}^2$$

将上式分别向 x 和 y 投影得

$$a_{ax}=a_e+a_r^\tau\sin30°-a_r^n\cos30°=0.1\text{cm/s}^2$$

$$a_{ay}=a_r^\tau\cos30°+a_r^n\sin30°=74.64\text{cm/s}^2$$

$a=\sqrt{a_{ax}^2+a_{ay}^2}\approx 74.64\text{cm/s}^2$—— 即 A 点的绝对加速度。

7-13　已知圆弧形滑槽半径 $R=10$cm，圆心在导杆上。曲柄 $OA=10$cm，$\omega=4\pi$rad/s，求当 $\varphi=30°$ 时，导杆 CB 的速度及加速度。

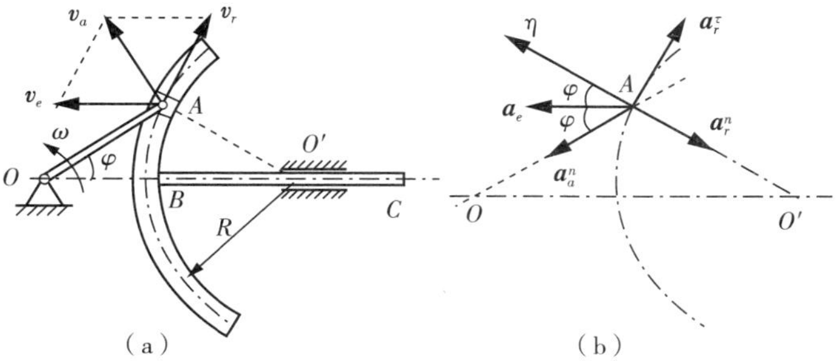

（a）　　　　（b）

题 7-13 图

【解】　选 A 销为动点，滑槽为动系，定系为机架。如题 7-13(a) 图，A 点的速度

	$\boldsymbol{v}_a$	=	$\boldsymbol{v}_e$	+	$\boldsymbol{v}_r$
大小：	$\omega\cdot OA$		?		?
方向：	$\perp OA$		水平		弧槽切向

当 $\varphi=30°$ 时，$v_e=v_r=v_a=\omega\cdot OA=40\pi$cm/s，如题 7-13(b) 图，$A$ 点的加速度

	$\boldsymbol{a}_a^\tau$	+	$\boldsymbol{a}_a^n$	=	$\boldsymbol{a}_e$	+	$\boldsymbol{a}_r^n$	+	$\boldsymbol{a}_r^\tau$
大小：	0		$\omega^2\cdot OA$		?		v_r^2/R		?
方向：	$\perp OA$		$A\to O$		水平		$A\to O'$		弧槽切向

将上式向 η 轴上投影，得

$$a_a^n\cos60°=a_e\cos30°-a_r^n$$

代入数据，解得 $a_e=160\sqrt{3}\pi^2\text{cm/s}^2$（←）

综上，导杆 BC 的速度为 40πcm/s，加速度为 $160\sqrt{3}\pi^2\text{cm/s}^2$（←）。

注意：本题亦可以用解析法，建立坐标系 Oxy，写出弧形槽中心 O' 的运动方程 $x_{O'}=2R\cos\varphi$，然后对时间求导即可的导杆的速度和加速度。

7-14　偏心凸轮半径为 R，偏心距 $OC=e$，图示瞬时 OC 与水平线成夹角 φ，凸轮绕轴 O 转动的角速度为 ω，角加速度为 α，顶杆的平底始终接触凸轮表面。求顶杆的速度及加速度。

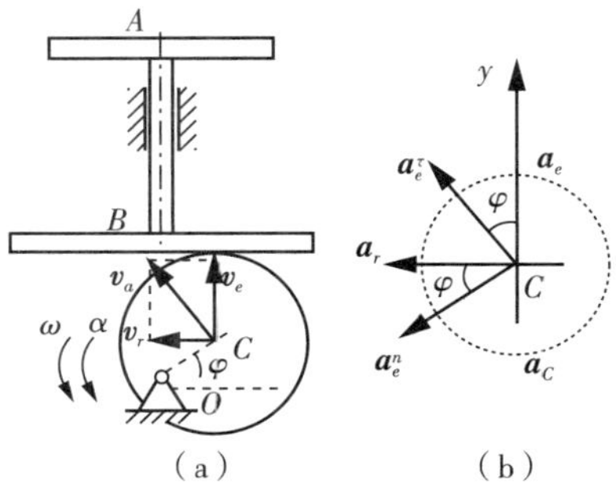

（a）　　（b）

题 7-14 图

【解】 取轮心 C 为动点，顶杆 AB 为动系。相对运动轨迹为水平直线。如题 7－14(a) 图，C 点速度

	$\boldsymbol{v}_a$	$= \boldsymbol{v}_e$	$+ \boldsymbol{v}_r$
大小：	$OC\cdot\omega$	?	?
方向：	$\perp OC$	铅直	水平

式中 $v_a=\omega\cdot OC=\omega e$，$v_e=v_a\cos\varphi$，即顶杆的速度为

$$v_e=\omega e\cos\varphi$$

如题 7－14(b) 图，C 点加速度

	$\boldsymbol{a}_a^n$	$+ \boldsymbol{a}_a^\tau$	$= \boldsymbol{a}_e$	$+ \boldsymbol{a}_r$
大小：	$\omega^2 e$	αe	?	?
方向：	$C\rightarrow O$	$\perp OC$	铅直	水平

将上式向 y 轴投影得

$$a_a^\tau\cos\varphi-a_a^n\sin\varphi=a_e,\ a_e=e\alpha\cos\varphi-e\omega^2\sin\varphi$$

即顶杆的加速度。

7－15 曲柄 OA 以匀角速度 ω 绕轴 O 转动，通过滑块 A 带动直角曲杆 O_1BC 绕轴 O_1 转动。已知 $OA=\sqrt{2}d$，$OO_1=2d$，$O_1B=d$。图示瞬时 $\varphi=45^\circ$，试求该瞬时曲杆 O_1BC 的角速度和角加速度。

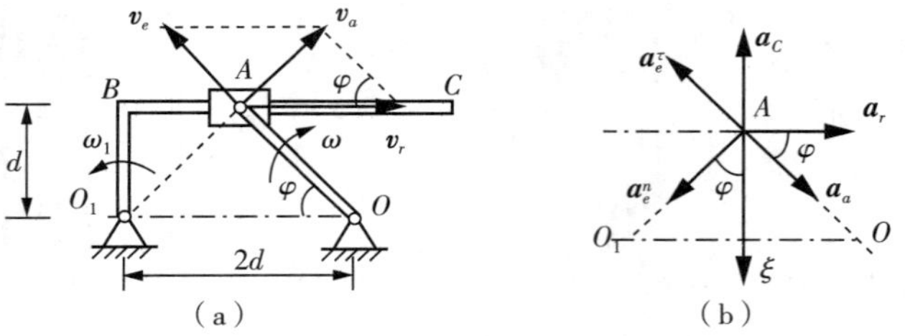

题 7－15 图

【解】 选 A 销为动点，动系固连于直角曲杆 O_1BC 上，定系固连机架。如题 7－15(a) 图，A 点速度

	$\boldsymbol{v}_a$	$= \boldsymbol{v}_e$	$+ \boldsymbol{v}_r$
大小：	$OA\cdot\omega$	?	?
方向：	$\perp OA$	$\perp O_1A$	沿 BC

代入数据 $v_a=OA\cdot\omega=\sqrt{2}\,\mathrm{d}\omega$，$v_e=v_a\tan\varphi=\sqrt{2}\,\mathrm{d}\omega$，$v_r=\dfrac{v_a}{\sin\varphi}=2\mathrm{d}\omega$，得曲杆的角速度

$$\omega_1=\frac{v_e}{O_1A}=\frac{\sqrt{2}\,\mathrm{d}\omega}{\sqrt{2}\,d}=\omega$$

A 点加速度分析图如题 7－15(b) 图，

	$\boldsymbol{a}_a$	$=$	$\boldsymbol{a}_e^n$	$+$	$\boldsymbol{a}_e^\tau$	$+$	$\boldsymbol{a}_r$	$+$	$\boldsymbol{a}_C$
大小：	$\omega^2\cdot OA$		$\omega_1^2\cdot O_1A$		?		?		$2\omega_1 v_r$
方向：	$A\to O$		$A\to O_1$		$\perp O_1A$		沿 BC		$\perp BC$

式中 $a_a=OA\cdot\omega^2=\sqrt{2}\,\mathrm{d}\omega^2$，$a_C=2\omega_1 v_r=4\mathrm{d}\omega^2$，$a_e^n=O_1A\cdot\omega_1^2=\sqrt{2}\,\mathrm{d}\omega^2$。

将加速度矢量式向 ξ 方向投影，得

$$a_a\sin\varphi=a_e^n\cos\varphi-a_e^\tau\sin\varphi-a_C$$

代入数据，有$\sqrt{2}\,\mathrm{d}\omega^2\sin45°=\sqrt{2}\,\mathrm{d}\omega^2\cos45°-a_e^\tau\sin45°-4\mathrm{d}\omega^2$，解得

$$a_e^\tau=-4\sqrt{2}\,\mathrm{d}\omega^2,\ \alpha_1=\frac{a_e^\tau}{O_1A}=-4\omega^2$$

即曲杆的角加速度　$\alpha_1=-4\omega^2$(顺时针转向)。

7－16　摇杆 OA 绕 O 轴摆动，通过固定在滑枕 BC 上的销子带动滑枕运动。已知 $h=2\mathrm{m}$，当 $\varphi=30°$ 时，摇杆的角速度和角加速度分别为 $\omega=1\mathrm{rad/s}$，$\alpha=1\ \mathrm{rad/s^2}$，求此时滑枕 BC 的速度和加速度。

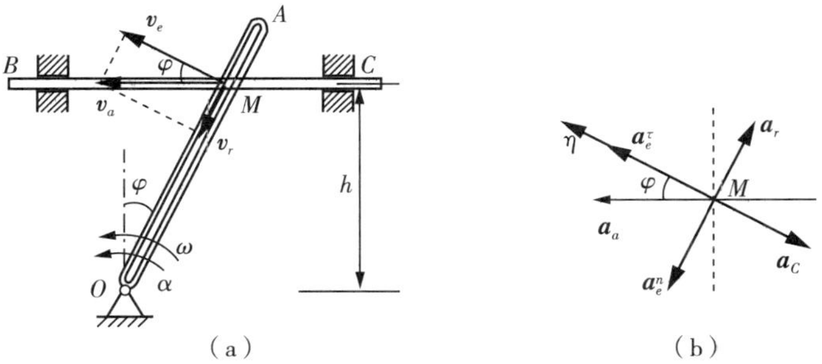

题 7－16 图

【解】　以销钉 M 点为动点，OA 杆为动系，则如题 7－16(a) 图，M 点的速度

	$\boldsymbol{v}_a$	$=$	$\boldsymbol{v}_e$	$+$	$\boldsymbol{v}_r$
大小：	?		$OM\cdot\omega$		?
方向：	水平		$\perp OA$		沿 OA

式中 $OM=\dfrac{h}{\cos\varphi}$，得 $v_a=\dfrac{v_e}{\cos\varphi}=\dfrac{h\omega}{\cos^2\varphi}$，$v_r=v_a\sin\varphi$，代入数据得滑枕 BC 的速度

$$v_a=\frac{8}{3}\mathrm{m/s},\ v_r=\frac{4}{3}\mathrm{m/s}$$

M 点的加速度如题 7－16(b) 图，

	$\boldsymbol{a}_a$	=	$\boldsymbol{a}_e^n$	+	$\boldsymbol{a}_e^\tau$	+	$\boldsymbol{a}_r$	+	$\boldsymbol{a}_C$
大小：	?		$\omega^2 \cdot OM$		$\alpha \cdot OM$		?		$2\omega v_r$
方向：	水平		$M \to O$		$\perp OM$		沿 OM		$\perp OM$

将上式向 η 轴投影

$$a_a \cos\varphi = a_e^\tau - a_C$$

代入数据，解得

$$a_a = 0.413 \text{m/s}^2$$

7－17　直角曲杆 OBC 绕 O 轴以匀角速度 $\omega = 3$ rad/s 转动，拨动套在其上的小环 M 沿固定直杆 OA 滑动，已知 $OB = 10$cm，求当 $\varphi = 60°$ 时，小环 M 的速度与加速度。

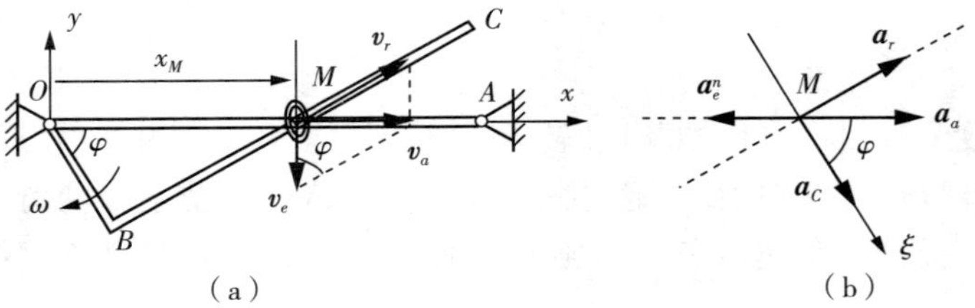

题 7－17 图

【解】 取小环 M 为动点，动系固连曲杆 OBC 上，定系固连机架。M 点速度如图7－17(a)，

	$\boldsymbol{v}_a$	=	$\boldsymbol{v}_e$	+	$\boldsymbol{v}_r$
大小：	?		$OM \cdot \omega$		?
方向：	沿 OA		$\perp OM$		沿 BC

$$v_e = OM \cdot \omega = \frac{OB}{\cos\varphi} \cdot \omega = \frac{0.1}{\cos 60°} \times 3 = 0.6 \text{m/s}, v_r = \frac{v_e}{\cos\varphi} = 1.2 \text{m/s},$$

$$v_a = v_e \tan\varphi = 0.6 \tan 60° = 0.6\sqrt{3} \text{ m/s}$$

即小环 M 的速度为 $0.6\sqrt{3}$ m/s(→)。

如题 7－17(b) 图，M 点的加速度

	$\boldsymbol{a}_a$	=	$\boldsymbol{a}_e$	+	$\boldsymbol{a}_r$	+	$\boldsymbol{a}_C$
大小：	?		$\omega^2 OM$		?		$2\omega v_r$
方向：	沿 OA		$M \to O$		沿 BC		$\perp BC$

将上式向 ξ 方向投影，得

$$a_a\cos\varphi = -a_e^n\cos\varphi + a_C$$

式中 $a_e^n = OM\cdot\omega^2 = \frac{0.1}{\cos\varphi}\times 3^2 = 1.8\text{m/s}^2$，$a_C = 2\omega v_r = 2\times 3\times 1.2 = 7.2\text{m/s}^2$，

$\therefore\ a_a = \frac{7.2}{\cos 60^\circ} - 1.8 = 12.6\text{m/s}^2$ 即小环 M 的加速度为 12.6 m/s^2(→)

注意：本题亦可用解析法，建立如题 7-17(a) 图坐标系 Oxy，小环沿 x 轴运动，列出小环 M 的运动方程

$$x_M = \frac{OB}{\cos\varphi} = \frac{10}{\cos\varphi}\text{cm}$$

对时间求导得速度和加速度

$$v_M = \dot{x}_M = \frac{10\sin\varphi}{\cos^2\varphi}\dot{\varphi}\text{cm/s}$$

$$a_M = \ddot{x}_M = \frac{10\sin\varphi}{\cos^2\varphi}\ddot{\varphi} + \frac{10(1+\sin^2\varphi)}{\cos^3\varphi}\dot{\varphi}^2\text{cm/s}^2$$

且 $\dot{\varphi} = \omega = 3\text{rad/s}$，$\ddot{\varphi} = 0\text{rad/s}^2$，将 $\varphi = 60^\circ$ 代入即可求得速度和加速度。读者不妨一试。

7-18　槽杆 AB 可绕 A 轴做定轴转动，固结在齿条 CD 上的销钉 M 可在槽内滑动，节圆半径为 $r=0.5\text{m}$ 的齿轮 O 与齿条 CD 相啮合，$l=1\text{m}$。图示瞬时 $\theta=30^\circ$，槽杆的角速度为 $\omega = 1\text{rad/s}$，角加速度为 $\alpha = 1\text{rad/s}^2$（转向如图 7-18），通过销 M 带动齿条 CD 及齿轮 O 运动。试求该瞬时齿轮 O 的角速度和角加速度。

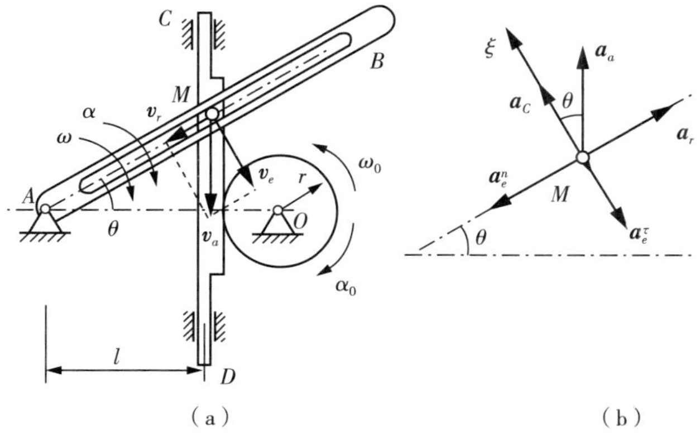

题 7-18 图

【解】　选 M 销为动点，动系固结于槽杆 AB 上，如题 7-18(a) 图，M 点的速度

	$\boldsymbol{v}_a$	=	$\boldsymbol{v}_e$	+	$\boldsymbol{v}_r$
大小：	?		$\omega\cdot AM$		?
方向：	沿 CD		$\perp AM$		沿 AB

得 $v_a=\dfrac{v_e}{\cos\theta}=\dfrac{l\omega}{\cos^2\theta}=\dfrac{4}{3}\text{m/s}$，$v_r=v_e\tan\theta=\dfrac{l\omega\sin\theta}{\cos^2\theta}=\dfrac{2}{3}\text{m/s}$。

则该瞬时齿轮 O 的角速度

$$\omega_O=\frac{v_a}{r}=\frac{8}{3}\text{rad/s}(\text{逆时针转向})$$

M 点的加速度如题 7-18(b) 图，

	$\boldsymbol{a}_a$	=	$\boldsymbol{a}_e^n$	+	$\boldsymbol{a}_e^\tau$	+	$\boldsymbol{a}_r$	+	$\boldsymbol{a}_C$
大小：	?		$\omega^2\cdot AM$		$\alpha\cdot AM$		?		$2\omega v_r$
方向：	沿 CD		$M\rightarrow A$		$\perp AM$		沿 AM		$\perp AM$

式中 $a_e^n=\omega^2\dfrac{l}{\cos\theta}=\dfrac{2\sqrt{3}}{3}\text{m/s}^2$，$a_e^\tau=\alpha\dfrac{l}{\cos\theta}=\dfrac{2\sqrt{3}}{3}\text{m/s}^2$，$a_C=2\omega v_r=\dfrac{4}{3}\text{m/s}^2$，

将上式投影至 ξ 轴上，有 $a_a\cos\theta=-a_e^\tau+a_C$，解得 CD 的加速度为 $a_a=0.206\text{m/s}^2\uparrow$。所以，齿轮 O 的角加速度

$$\alpha_O=\frac{a_a}{r}=0.412\text{rad/s}^2(\text{顺时针转向})$$

7-19　如题 7-19 图所示偏心轮摇杆机构中，摇杆 O_1A 借助弹簧压在半径为 R 的偏心轮 C 上。偏心轮 C 绕轴 O 往复摆动，从而带动摇杆绕轴 O_1 摆动。图示瞬时，轮 C 的角速度为 ω，角加速度为零，$OC\perp OO_1$，$\theta=60°$，求该瞬时摇杆 O_1A 的角速度 ω_1 和角加速度 α_1。

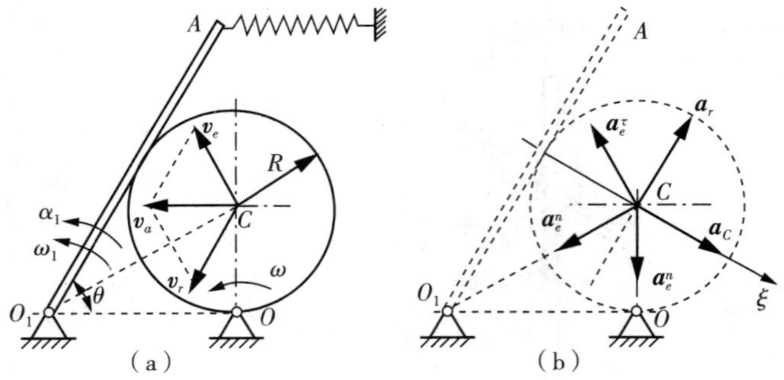

题 7-19 图

【解】　选轮心 C 为动点，动系固结于 O_1A 杆上，相对运动轨迹平行于 O_1A 杆。如题 7-19(a) 图，C 点的速度

	$\boldsymbol{v}_a$	=	$\boldsymbol{v}_e$	+	$\boldsymbol{v}_r$
大小：	$R\omega$		?		?
方向：	$\perp OC$		$\perp O_1C$		$//O_1A$

得 $v_e = v_r = v_a = R\omega$，杆 O_1C 的角速度 $\omega_1 = \dfrac{v_e}{O_1C} = \dfrac{R\omega}{2R} = \dfrac{\omega}{2}$。

如题 7-19(b) 图，C 点的加速度

	$\boldsymbol{a}_a$	$=$	$\boldsymbol{a}_e^n$	$+$	$\boldsymbol{a}_e^\tau$	$+$	$\boldsymbol{a}_r$	$+$	$\boldsymbol{a}_C$
大小：	$\omega^2 R$		$\omega_1{}^2 O_1C$		?		?		$2\omega_1 v_r$
方向：	$C \to O$		$C \to O_1$		$\perp O_1C$		$//O_1A$		$\perp O_1A$

将此式投影至 ξ 轴上，得

$$a_a \cos 60^\circ = -a_e^n \cos 60^\circ - a_e^\tau \cos 30^\circ + a_C$$

解得 $a_e^\tau = \dfrac{\sqrt{3}}{6} R\omega^2$，杆 O_1C 的角加速度 $\alpha_1 = \dfrac{a_e^\tau}{O_1C} = \dfrac{\sqrt{3}}{12}\omega^2$。

7-20　如题 7-20 图所示小环 M 套在杆 AB 和半径为 R 的固定大圆环 C 上，杆 AB 绕轴 A 转动，拨动小环 M 沿大环运动。图示瞬时 $\varphi = 60^\circ$，杆 AB 的角速度和角加速度分别为 ω 和 α，试求该瞬时小环 M 的绝对速度和绝对加速度。

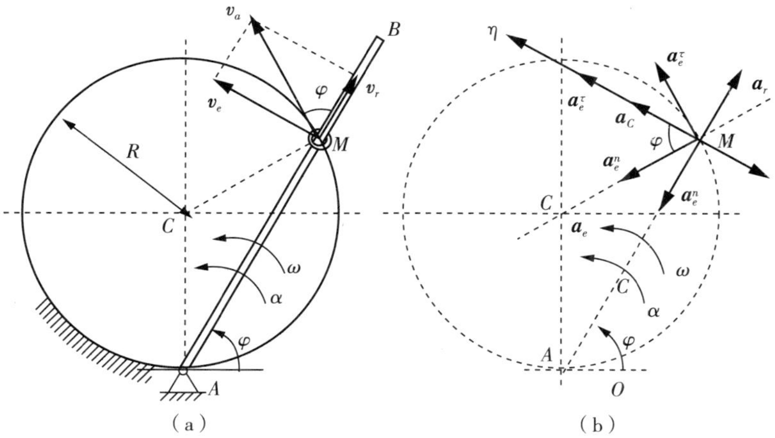

题 7-20 图

【解】　选小环 M 为动点，杆 AB 为动系，则绝对运动轨迹即沿大环圆周，相对轨迹沿 AB 杆。如题 7-20(a) 图，M 点的速度

	$\boldsymbol{v}_a$	$=$	$\boldsymbol{v}_e$	$+$	$\boldsymbol{v}_r$
大小：	?		$\omega \cdot AM$		?
方向：	$\perp CM$		$\perp AM$		沿 AB

式中 $AM = 2R\sin\varphi$，得 $v_r = \dfrac{v_e}{\tan\varphi} = 2\omega R\cos\varphi$，$v_a = \dfrac{v_e}{\sin\varphi} = 2\omega R$，即小环的绝对速度为

$$v_M = 2\omega R$$

如题 7-20(b) 图，M 点的加速度

	a_a^n	+	a_a^τ	=	a_e^n	+	a_e^τ	+	a_r	+	a_C
大小：	v_a^2/R		?		$\omega^2 \cdot AM$		$\alpha \cdot AM$		?		$2\omega v_r$
方向：	$M \to C$		$\perp MC$		$M \to A$		$\perp AM$		沿 AB		$\perp AB$

将此式投影至 η 轴上：$a_a^n \cos\varphi + a_a^\tau \sin\varphi = a_e^\tau + a_C$，得 $a_a^\tau = 2R\alpha$。小环 M 的绝对加速度

$$a_a^n = 4\omega^2 R, a_a^\tau = 2R\alpha$$

注意：本题亦可用解析法，建立直角坐标系或自然坐标系，列出小环 M 的运动方程，求导即可，读者可以一试。

7-21　如题 7-21 图所示机构，$O_1O_2 = AB$，$O_1A = O_2B = 20\text{cm}$，$O_1A$ 杆以匀角速度 $\omega = 2\text{rad/s}$ 绕 O_1 转动，通过 ABD 杆及滑块 D 带动 O_3E 杆绕 O_3 轴转动。图示瞬时 $O_3D = 40\text{cm}$，试求 O_3E 杆的角速度和角加速度。

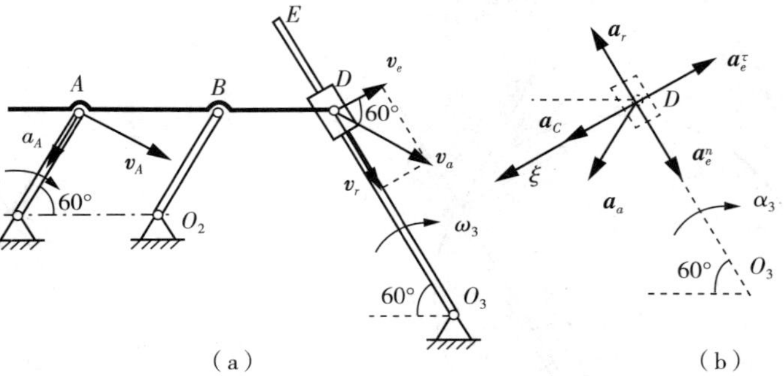

题 7-21 图

【解】　由已知条件易知杆 ABD 作平移，有

$$v_D = v_A = \omega \cdot O_1A = 40\text{cm/s}, a_D = a_A = \omega^2 \cdot O_1A = 80\text{cm/s}^2$$

选 D 销为动点，O_3E 杆为动系，如题 7-21(a) 图，D 点的速度

	v_a	=	v_e	+	v_r
大小：	$\omega \cdot O_1A$		?		?
方向：	$\perp O_1A$		$\perp O_3E$		沿 O_3E

式中 $v_a = 40(\text{cm/s})$，$a_a = 80\text{cm/s}^2$

$\therefore v_e = v_a \cos 60° = 20\text{cm/s}$，$v_r = v_a \sin 60° = 20\sqrt{3}\,\text{cm/s}$，$\omega_3 = \dfrac{v_e}{O_3D} = \dfrac{1}{2}\text{rad/s}$（顺时针转向）

如题 7-21(b) 图，D 点的加速度

	$\boldsymbol{a}_a$	=	$\boldsymbol{a}_e^n$	+	$\boldsymbol{a}_e^\tau$	+	$\boldsymbol{a}_r$	+	$\boldsymbol{a}_C$
大小：	$\omega^2 \cdot O_1A$		$\omega_3^2 \cdot O_3D$		?		?		$2\omega_3 v_r$
方向：	$//O_1A$		$D \to O_3$		$\perp O_3E$		沿 O_3E		$\perp O_3E$

式中 $a_a = 80\text{cm/s}^2$，$a_C = 2\omega_3 v_r = 20\sqrt{3}\,\text{cm/s}^2$。

将上式投影至 ξ 轴上，得

$$a_a\cos30^\circ = a_C - a_e^\tau,\ a_e^\tau = -20\sqrt{3}\,\text{cm/s}^2$$

则有 $\alpha_3 = \dfrac{a_e^\tau}{O_3D} = -\dfrac{\sqrt{3}}{2}\ \text{rad/s}^2$，负号表示 α_3 实际为逆时针转向。

7-22　销钉 P 被限制在构件 I、II 的滑槽 AB 和 CD 中运动。图示瞬时，构件 I 以匀速 $v_{\text{I}} = 80\text{mm/s}$ 运动，构件 II 的速度 $v_{\text{II}} = 40\text{mm/s}$，加速度 $a_{\text{II}} = 10\ \text{mm/s}^2$，各矢量方向如题 7-22 图。试求该瞬时销钉 P 的速度和加速度。

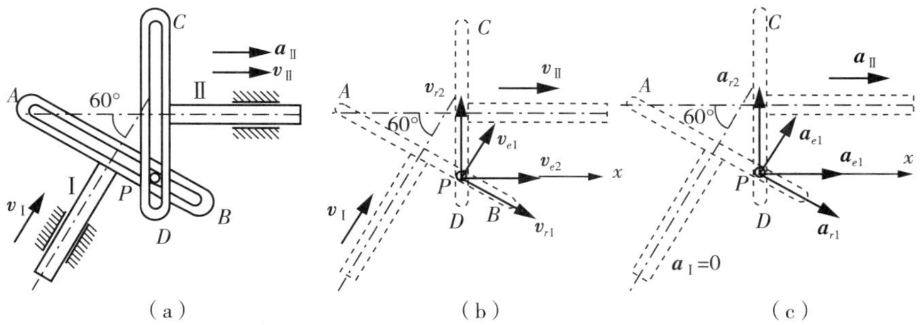

题 7-22 图

【解】　选销 P 为动点，分别将动系 1，2 固结在滑槽 AB 和 CD 上，则如题 7-22(b) 图，销 P 的速度为

	$\boldsymbol{v}_{a1}$	=	$\boldsymbol{v}_{e1}$	+	$\boldsymbol{v}_{r1}$
大小：	?		v_{I}		?
方向：	?		沿 60° 角		沿 AB 槽

	$\boldsymbol{v}_{a2}$	=	$\boldsymbol{v}_{e2}$	+	$\boldsymbol{v}_{r2}$
大小：	?		v_{II}		?
方向：	?		水平沿		CD 槽

式中 $\boldsymbol{v}_{a1} = \boldsymbol{v}_{a2} = \boldsymbol{v}_P$，$v_{e1} = v_{\text{I}} = 80\text{mm/s}$，$v_{e2} = v_{\text{II}} = 40\text{mm/s}$，有

$$\boldsymbol{v}_{e1} + \boldsymbol{v}_{r1} = \boldsymbol{v}_{e2} + \boldsymbol{v}_{r2} \tag{1}$$

将式(1) 投影至 x 轴上：$v_{e1}\cos60^\circ + v_{r1}\cos30^\circ = v_{e2}$，　代入数据得 $v_{r1} = 0$，所以，销 P 的速度

$$v_P = v_{\text{I}} = 80\text{mm/s}\quad (\nearrow)$$

如题 7-22(c) 图，销 P 的加速度为

$$\boldsymbol{a}_{a1}=\boldsymbol{a}_{e1}+\boldsymbol{a}_{r1}=\boldsymbol{a}_{r1},\boldsymbol{a}_{a2}=\boldsymbol{a}_{e2}+\boldsymbol{a}_{r2}$$

式中 $a_{e1}=a_{I}=0,a_{e2}=a_{II}=10\ \mathrm{mm/s^2},\boldsymbol{a}_{a1}=\boldsymbol{a}_{a2}=\boldsymbol{a}_{P}$，所以

$$\boldsymbol{a}_{e1}+\boldsymbol{a}_{r1}=\boldsymbol{a}_{e2}+\boldsymbol{a}_{r2} \tag{2}$$

将式(2)投影至 x 轴上：x： $a_{e1}\cos60°+a_{r1}\cos30°=a_{e2}$， 得 $a_{r1}\approx11.5\ \mathrm{mm/s^2}$
所以，销 P 的加速度 $a_P=11.5\ \mathrm{mm/s^2}$ （↘）。

7-23 如题7-23图机构，曲柄 OA 以匀角速度 ω 逆时针转动，$O_1O=OA=l$，$O_1D=2l$，在图示瞬时，$\varphi=60°$，$BD=2l$，试求杆 O_1D 和 DE 的角速度和角加速度，以及滑块 B 相对杆 DE 的加速度。

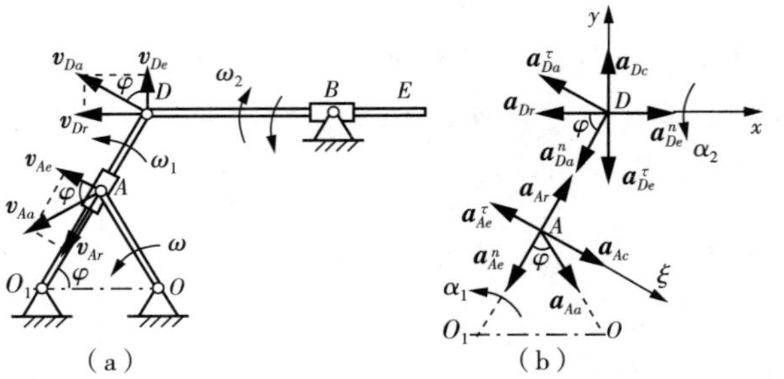

题 7-23 图

【解】 (1) 求杆 O_1D 的角速度 ω_1 和角加速度 α_1。选销 A 为动点，杆 O_1D 为动系，则 A 点的速度如题 7-23(a) 图，

	$\boldsymbol{v}_{Aa}$	=	$\boldsymbol{v}_{Ae}$	+	$\boldsymbol{v}_{Ar}$
大小：	$OA\cdot\omega$		$O_1A\cdot\omega_1$		?
方向：	$\perp OA$		$\perp O_1D$		沿 O_1D

得 $v_{Ar}=v_{Aa}\sin\varphi=\frac{\sqrt{3}}{2}l\omega$，$v_{Ae}=v_{Aa}\cos\varphi=\frac{1}{2}l\omega=O_1A\cdot\omega_1$，杆 O_1D 的角速度为 $\omega_1=\frac{1}{2}\omega$，$A$ 点的加速度如题 7-23(b) 图，

	$\boldsymbol{a}_{Aa}$	=	$\boldsymbol{a}_{Ae}^{n}$	+	$\boldsymbol{a}_{Ae}^{\tau}$	+	$\boldsymbol{a}_{Ar}$	+	$\boldsymbol{a}_{AC}$
大小：	$OA\cdot\omega^2$		$O_1A\cdot\omega_1^2$		$O_1A\cdot\alpha_1$		?		$2\omega_1v_{Ar}$
方向：	$A\to O$		$A\to O_1$		$\perp O_1D$		沿 O_1D		$\perp O_1D$

式中 $a_{Aa}=l\omega^2$，$a_{AC}=2\omega_1v_{Ar}=\frac{\sqrt{3}}{2}l\omega^2$ 上式向 ξ 方向投影

$$a_{Aa}\sin\varphi=-a_{Ae}^{\tau}+a_{AC}$$

解得 $a_{Ae}^{\tau}=0$，所以 $\alpha_1=0$。

(2) 求杆 DE 的角速度和角加速度及滑块 B 相对杆 DE 的加速度。选销 D 为动点，套筒 B 为动系（套筒 B 与杆 BD 的角速度、角加速度均相等），则 D 点的速度如题 7-23(a) 图，

	$\boldsymbol{v}_{Da}$	=	$\boldsymbol{v}_{De}$	+	$\boldsymbol{v}_{Dr}$
大小：	$O_1D \cdot \omega_1$		$DB \cdot \omega_2$		?
方向：	$\perp O_1D$		$\perp DE$		沿 DE

式中 $v_{Da}=O_1D \cdot \omega_1=l\omega$，$v_{Dr}=v_{Da}\sin\varphi=\dfrac{\sqrt{3}}{2}l\omega$，$v_{De}=v_{Da}\cos\varphi=\dfrac{1}{2}l\omega=DB \cdot \omega_2$，所以杆 BE 的角速度为

$$\omega_2=\frac{1}{2}\omega$$

D 点的加速度如题 7-23(b) 图，

	$\boldsymbol{a}_{Da}^n$	+	$\boldsymbol{a}_{Da}^\tau$	=	$\boldsymbol{a}_{De}^n$	+	$\boldsymbol{a}_{De}^\tau$	+	$\boldsymbol{a}_{Dr}$	+	$\boldsymbol{a}_{DC}$
大小：	$O_1D \cdot \omega_1^2$		$O_1D \cdot \alpha_1$		$DB \cdot \omega_2^2$		$DB \cdot \alpha_2$		?		$2\omega_1 v_{Ar}$
方向：	$D \to O_1$		$\perp O_1D$		$D \to B$		$\perp DB$		沿 DB		$\perp DB$

式中 $a_{Da}^n=\omega_1^2 \cdot O_1D=\dfrac{\omega^2 l}{2}$，$a_{Da}^\tau=\alpha_1 \cdot O_1D=0$，$a_{DC}=2\omega_2 v_{Dr}=\dfrac{\sqrt{3}}{2}\omega^2 l$，$a_{De}^n=\omega_2^2 \cdot DB=\dfrac{\omega^2 l}{2}$，将上式分别向 x、y 轴投影得

$$x:-a_{Da}^n\cos60°=a_{De}^n-a_{Dr},\ a_{Dr}=\frac{3}{4}\omega^2 l$$

$$y:-a_{Da}^n\sin60°=-a_{De}^\tau+a_{DC},\ a_{De}^\tau=\frac{3\sqrt{3}}{4}\omega^2 l,\ \alpha_2=\frac{a_{De}^\tau}{DB}=\frac{3\sqrt{3}}{8}\omega^2$$

即 BD 的角加速度为 $\alpha_2=\dfrac{3\sqrt{3}}{8}\omega^2$（逆时针），滑块 B 相对杆 DE 的加速度为 $\dfrac{3}{4}\omega^2 l$。

7-24　如题 7-24 图所示圆盘绕 AB 轴转动，角速度 $\omega=2t$ rad/s，点 M 沿圆盘直径离开中心向外移动的方程：$r=OM=4t^2$ cm。半径 OM 与 AB 轴成 60° 角。求当 $t=1$s 时，点 M 的绝对加速度的大小。

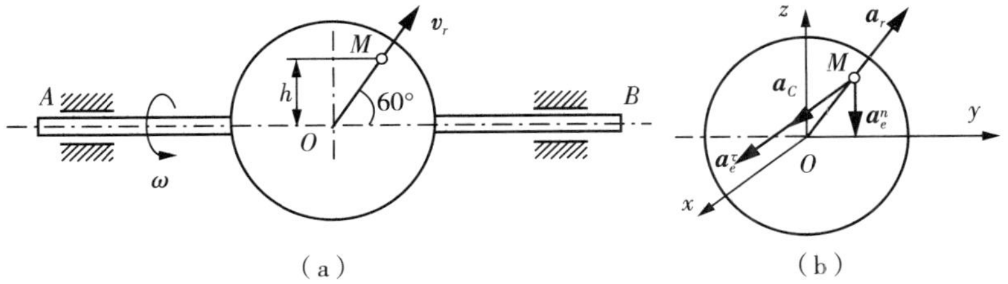

题 7-24 图

【解】 取 M 点为动点，圆盘为动系，机架为定系。动点的绝对运动待求，相对运动为沿 OM 的直线，相对运动方程为 $r=4t^2\text{cm}$，牵连运动为圆盘的定轴转动，且 $\omega=2t$。则相对速度和加速度

$$v_r=\frac{\mathrm{d}}{\mathrm{d}t}(4t^2)=8t(\text{cm/s}),a_r=\frac{\mathrm{d}^2}{\mathrm{d}t}(4t^2)=8\text{cm/s}^2$$

当 $t=1\text{s}$ 时，$r=4\text{cm}$，$v_r=8\text{cm/s}$，$a_r=8\text{cm/s}^2$。圆盘在该位置的角速度和角加速度

$$\omega_{\mid t=1\text{s}}=2t_{\mid t=1\text{s}}=2\text{rad/s},\alpha=\frac{\mathrm{d}\omega}{\mathrm{d}t}=2\ \text{rad/s}^2$$

牵连切向加速度

$$a_e^\tau=\alpha h=\alpha r\sin60^\circ=4\sqrt{3}\,\text{cm/s}^2$$

牵连法向加速度

$$a_e^n=\omega^2h=\omega^2r\sin60^\circ=8\sqrt{3}\,\text{cm/s}^2$$

科氏加速度

$$a_C=2\omega v_r\sin60^\circ=16\sqrt{3}\,\text{cm/s}^2$$

取坐标系 $Oxyz$ 如题 7－24(b) 图，$Ox\perp$ 盘面，则动点 M 的加速度：

	$\boldsymbol{a}_a$ =	$\boldsymbol{a}_e^n$ +	$\boldsymbol{a}_e^\tau$ +	$\boldsymbol{a}_r$ +	$\boldsymbol{a}_C$
大小：	?	$8\sqrt{3}$	$4\sqrt{3}$	8	$16\sqrt{3}$
方向：	?	沿 z 轴负向	沿 x 轴正向	沿 OM	沿 x 轴正向

可见上式是空间矢量式，除$\boldsymbol{a}_a$ 外其余各量的大小和方向均已知，将上式分别投影至 x,y,z 轴，有

$$\begin{cases}a_{ax}=a_e^\tau+a_C=20\sqrt{3}\,\text{cm/s}^2\\a_{ay}=a_r\cos60^\circ=4\text{cm/s}^2\\a_{az}=a_r\sin60^\circ-a_e^n=20\sqrt{3}\,\text{cm/s}^2\end{cases}$$

所以，M 的绝对加速度

$$a_M=a_a=\sqrt{a_{ax}^2+a_{ay}^2+a_{az}^2}\quad=35.55\text{cm/s}^2$$

7－25　如题 7－25 图所示牛头刨床机构。已知曲柄 $OA=r=20\text{cm}$，以匀角速度 $\omega=2\text{rad/s}$ 做定轴转动，求图示位置滑枕 CD 的速度和加速度。

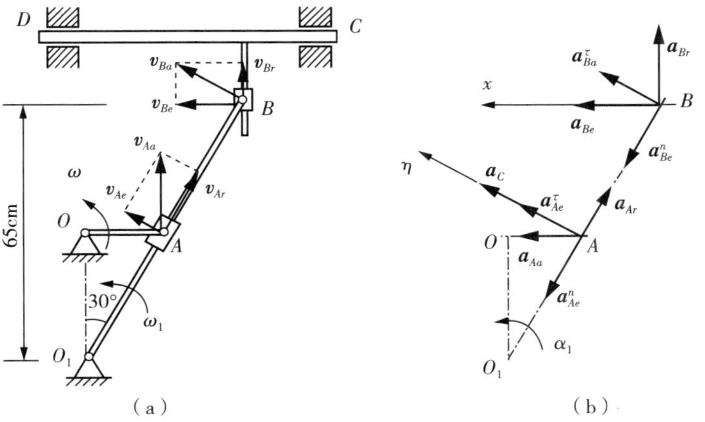

题 7－25 图

【解】 (1)进行速度分析,如题 7－25(a)图。取 A 销为动点,O_1B 为动系,则 A 点的速度

	$\boldsymbol{v}_{Aa}$	=	$\boldsymbol{v}_{Ae}$	+	$\boldsymbol{v}_{Ar}$
大小:	$OA\cdot\omega$		$O_1A\cdot\omega_1$		?
方向:	$\perp OA$		$\perp O_1B$		沿 O_1B

式中

$$v_{Aa}=r\omega=20\times2=40\text{cm/s},v_{Ae}=v_{Aa}\sin30^\circ=20\text{cm/s}$$

$$\omega_1=\frac{v_{Ae}}{O_1A}=\frac{v_{Ae}}{2r}=0.5\text{rad/s},v_{Ar}=v_{Aa}\cos30^\circ=20\sqrt{3}\,\text{cm/s}$$

再选 B 销为动点,滑枕 CD 为动系,则 B 点的速度

	$\boldsymbol{v}_{Ba}$	=	$\boldsymbol{v}_{Be}$	+	$\boldsymbol{v}_{Br}$
大小:	$O_1B\cdot\omega_1$		?		?
方向:	$\perp O_1B$		水平方向		铅垂方向

式中 $v_{Ba}=O_1B\cdot\omega_1=\frac{65}{\cos30^\circ}\times0.5=\frac{65}{\sqrt{3}}\text{cm/s},v_{Be}=v_{Ba}\cos30^\circ$,得滑枕 CD 的速度为

$$v_{Be}=32.5\text{cm/s}$$

(2)加速度分析,如题 7－25(b)图,动点、动系如前。A 的加速度为

	$\boldsymbol{a}_{Aa}$	=	$\boldsymbol{a}^{n}_{Ae}$	+	$\boldsymbol{a}^{\tau}_{Ae}$	+	$\boldsymbol{a}_{Ar}$	+	$\boldsymbol{a}_{C}$
大小:	$OA\cdot\omega^2$		$O_1A\cdot\omega_1^2$		$O_1A\cdot\alpha_1$		?		$2\omega_1v_{Ar}$
方向:	$A\rightarrow O$		$A\rightarrow O_1$		$\perp O_1B$		沿 O_1B		$\perp O_1B$

将上式向 η 轴投影，得 $a_{Aa}\cos30° = a_{Ae}^{\tau} + a_C$，解得：

$$a_{Ae}^{\tau} = 20\sqrt{3}\,\mathrm{cm/s^2},\ \alpha_1 = \frac{a_{Ae}^{\tau}}{O_1A} = \frac{\sqrt{3}}{2}\,\mathrm{rad/s^2}$$

B 点的加速度为

	$\boldsymbol{a}_{Ba}^{\tau}$	+	$\boldsymbol{a}_{Ba}^{n}$	=	$\boldsymbol{a}_{Be}$	+	$\boldsymbol{a}_{Br}$
大小：	$O_1B\cdot\alpha_1$		$O_1B\cdot\omega_1^2$		?		?
方向：	$\perp O_1B$		$B\rightarrow O_1$		水平		铅直

将上式向 x 轴投影，得

$$a_{Ba}^{\tau}\cos30° + a_{Ba}^{n}\sin30° = a_{Be}$$

代入数据，解得滑枕 CD 的加速度为

$$a_{Be} = 65.67\,\mathrm{cm/s^2}$$

第8章　刚体的平面运动

8.1　主要内容

一、刚体的平面运动概述与运动分解

1. 定义

刚体内任意一点在运动过程中始终与某一固定平面保持不变的距离，称这种运动为刚体的平面运动。

2. 简化

刚体的平面运动简化为平行于固定平面所截出的任何平面图形 S 在其自身平面内的运动。

3. 刚体的平面运动方程

$$\begin{cases} x_O{}' = f_1(t) \\ y_O{}' = f_2(t) \\ \varphi = f_3(t) \end{cases} \tag{8-1}$$

式中 O' 为基点，图形 S 为平行于某固定平面截取的图形。其上任一点 A 的运动方程为

$$x_A = x_O{}' + r_A\cos(\varphi+\theta),\quad y_A = y_O{}' + r_A\sin(\varphi+\theta) \tag{8-2}$$

4. 刚体的平面运动分解

平面图形的运动可分解为随基点的平移和绕基点的转动。平移为牵连运动，与基点的选择有关；转动为相对于平移参考系的运动，与基点的选择无关。

二、求平面运动图形内各点速度的方法

1. 基点法（合成法）

平面图形上任意两点 A 和 B 的速度的关系为

$$\boldsymbol{v}_B = \boldsymbol{v}_A + \boldsymbol{v}_{BA} \tag{8-3}$$

式中 $\boldsymbol{v}_{BA} \perp AB$，$v_{BA} = AB \cdot \omega$，$\omega$ 为平面图形的角速度，AB 是点 A、B 之间的距离。

2. 投影法（速度投影定理）

平面图形上任意两点 A 和 B 的速度在这两点连线上的投影值相等，

$$[\boldsymbol{v}_B]_{AB} = [\boldsymbol{v}_A]_{AB} \tag{8-4}$$

说明：此定理反映了刚体的性质，表明刚体上任意两点间距离不变，对做任何运动的刚体均成立。

3. 瞬心法

在任意瞬时，平面图形内速度为零的点称为**速度瞬心**。平面图形的瞬心为点 C，则其上任一点 M 的速度大小为

$$v_M = CM \cdot \omega \tag{8-5}$$

其中 CM 为点 M 到速度瞬心 C 的距离，ω 为平面图形的角速度，$\boldsymbol{v}_M \perp CM$，指向图形转动的方向。

说明　刚体的平面运动可看成是绕一系列速度瞬心的瞬时转动。

三、基点法求平面图形内各点的加速度

平面图形内任一点 B 的加速度等于随基点 A 的加速度与该点随图形绕基点转动的切向加速度和法向加速度的矢量和，即

$$\boldsymbol{a}_B = \boldsymbol{a}_A + \boldsymbol{a}_{BA}^n + \boldsymbol{a}_{BA}^\tau \tag{8-6}$$

式中 B 相对基点 A 的切向加速度 $\boldsymbol{a}_{BA}^\tau \perp AB$，$a_{BA}^\tau = \alpha \cdot AB$；$B$ 相对基点 A 的法向加速度 a_{BA}^n：$B \to A$，$a_{BA}^n = \omega^2 \cdot AB$；$\omega$ 为平面图形的角速度，α 为平面图形的角加速度。

四、运动学综合应用

1. 运动学的分析方法分类

运动学分析方法分为两类，即**解析法**和**矢量法**（又称几何法）。

解析法的特点是建立运动方程，该运动方程适用于运动的全过程或部分过程，在此基础上通过求导运算可得速度、加速度（或者建立的是刚体的转动方程，求导可得角速度、角加速度）。

矢量法的特点是不建立运动方程，只关心某特殊位置的运动量分析，采用的是矢量法，如画速度、加速度的矢量图，列出的方程一般为矢量方程。

2. 运动学综合应用

运动学综合应用主要是指点的合成运动和刚体的平面运动这两章的综合应用。分类如下：

（1）凡是分析同一刚体上的两点之间的速度、加速度的关系，则采用刚体平面运动的方法求解，所用公式

$$\boldsymbol{v}_B = \boldsymbol{v}_A + \boldsymbol{v}_{BA} \tag{8-7a}$$

$$\boldsymbol{a}_B = \boldsymbol{a}_A + \boldsymbol{a}_{BA}^n + \boldsymbol{a}_{BA}^\tau \tag{8-7b}$$

（2）凡是分析两个物体之间有相对运动，或某点相对于另一物体运动的问题时，则采用点的合成运动的方法求解，所用公式

$$\boldsymbol{v}_a = \boldsymbol{v}_e + \boldsymbol{v}_r \tag{8-8a}$$

$$\boldsymbol{a}_a = \boldsymbol{a}_e + \boldsymbol{a}_r + \boldsymbol{a}_C \tag{8-8b}$$

(3) 当一个问题中既有刚体的平面运动，又有物体之间的相对运动或点相对于物体的运动，则是这两类问题的综合应用，需要联合上述两种方法求解。

8.2　解题指导与习题解答

一、解题指导

1. 分析题中各构件的运动类型（平移、定轴转动或平面运动），注意各构件连接点的运动特点。

2. 速度分析可用**基点法**或**瞬心法**。

基点法：一般选速度为已知的点（如点 A）为基点，由

	$\boldsymbol{v}_B$	=	$\boldsymbol{v}_A$	+	$\boldsymbol{v}_{BA}$
大小：	?		已知		$AB \cdot \omega$
方向：	?		已知		$\perp BA$

注意：基点法公式中需要知道三个矢量 6 个要素中的 4 个要素，才能求解其余的 2 个要素。若未知要素多于 2 个，则需另找补充条件；作图时以 v_B 为对角线作速度平行四边形，根据几何关系用三角知识求解。

瞬心法：根据已知条件针对作平面运动的构件，找到其速度瞬心（如点 C），则其上任一点 M 的速度大小为 $\boldsymbol{v}_M = CM \cdot \omega$，且 $v_M \perp \overline{CM}$。

注意：每个作平面运动的刚体在每一瞬时都唯一地存在一个速度瞬心，不可以找所谓运动机构的瞬心。确定的每个瞬心和角速度都应该明确是哪一个平面图形的瞬心和角速度，决不可混淆。

3. 加速度分析

一般选加速度为已知的点（如点 A）为基点，若求点 B 的加速度，由

	$\boldsymbol{a}_B$	=	$\boldsymbol{a}_A$	+	$\boldsymbol{a}_{BA}^n$	+	$\boldsymbol{a}_{BA}^\tau$
大小：	?		已知		$AB \cdot \omega^2$		$AB \cdot \alpha$
方向：	?		已知		$B \to A$		$\perp AB$

注意：(1) 进行加速度分析前，一般需先进行速度分析，求出图形的角速度，从而相应的法向加速度为已知；(2) 画出加速度矢量图。作图时，法向加速度方向确定，不可随意画；切向加速度方位沿切线方向，但指向未知，作图时其指向任意假定，画出切向加速度的同时，画出相应构件的角加速度的转向。(3) 因加速度矢量要素较多，通常采用合矢量投影定理求

解，即选取适当的坐标轴，将加速度合成矢量式分别向对应的坐标轴投影，得到相应的解析方程组，求解未知量。

4. 关于加速度瞬心

设刚体上点 P 为加速度中心，则任一点 M 的加速度为

$$\boldsymbol{a}_M = \boldsymbol{a}_{MP}^n + \boldsymbol{a}_{MP}^\tau \tag{8-9}$$

式中 $a_{MP}^n = MP \cdot \omega^2$，方向 $M \rightarrow P$；$a_{MP}^\tau = MP \cdot \alpha$，方向 $\perp MP$。M 的加速度为

$$a_M = MP\sqrt{\alpha^2 + \omega^4} \tag{8-10a}$$

方向为

$$\tan\theta = \frac{a_{MP}^\tau}{a_{MP}^n} = \frac{\alpha}{\omega^2} \tag{8-10b}$$

特例：(1) 当 $\omega = 0$ 时，则各点加速度垂线的交点即为加速度中心，$a_M = MP \cdot \alpha$，方向 $\perp MP$；(2) 当 $\alpha = 0$ 时，各点加速度的延长线交点即为加速度中心，$a_M = MP \cdot \omega^2$，方向 $M \rightarrow P$。

二、习题解答

8-1　如题 8-1 图所示，O_1A 的角速度为 ω，板 ABC 和杆 O_1A 铰接，试判断问图中 O_1A 和 AC 上各点的速度分布规律？是否正确

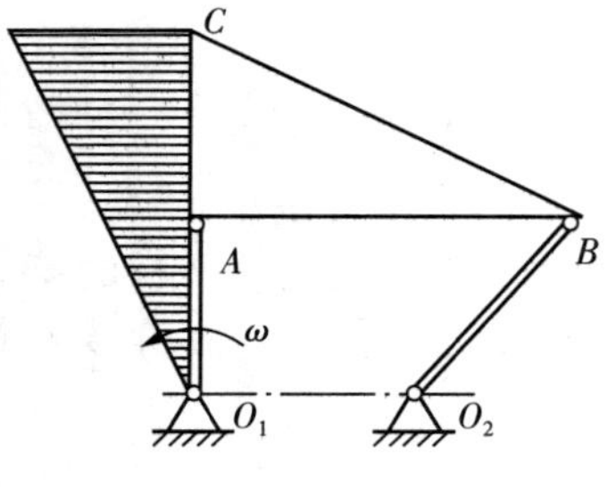

题 8-1(a) 图

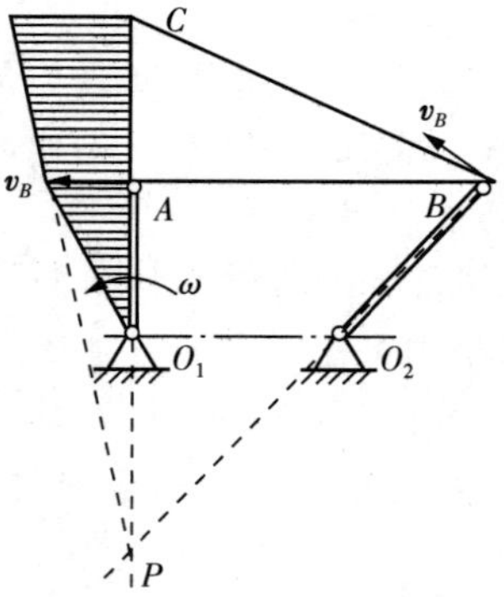

题 8-1(b) 图

【解】 O_1A 上速度分布规律正确，AC 上不正确，订正如题 8-1(b) 图。P 为板 ABC 的速度瞬心，AC 上各点速度的分布与该点到瞬心 P 的距离成正比。O_1A 上各点速度的分布与该点到转轴 O_1 的距离成正比。

8-2　如题 8-2 图所示，板车车轮半径为 r，以角速度 ω 沿地面只滚动不滑动，另有半径同为 r 的轮 A 和 B 在板车上只滚动不滑动，其转向如

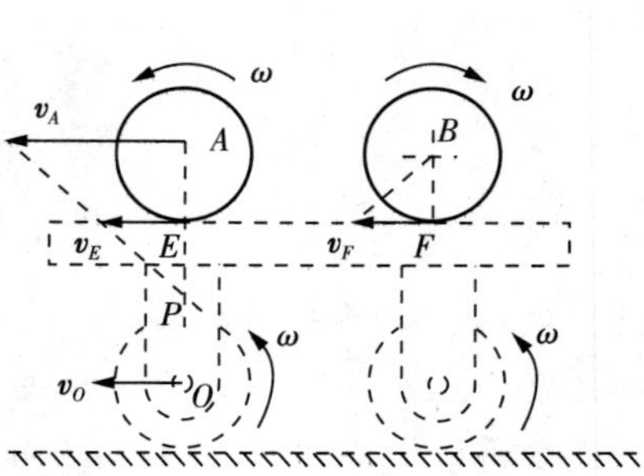

题 8-2 图

图，角速度的大小均为 ω，试分别确定 A 轮和 B 轮的速度瞬心位置。

【解】 板车作平动，轮 A、B 在车上纯滚动，与板车接触点 E、F 的速度相同，且 $v_E=v_F=v_O=\omega r$，轮 A、B 在均作平面运动，由基点法，有

$$\boldsymbol{v}_A=\boldsymbol{v}_E+\boldsymbol{v}_{AE}$$

式中 $v_{AE}=\omega r$，所以 $v_A=2\omega r$，且 A 轮的速度瞬心在 E 点下方 r 处。

同理可得 B 轮的速度瞬心即轮心 B 处。

8-3　改错题：已知 $v_A=O_1A\cdot\omega_1$，方向如题 8-3 图，$\boldsymbol{v}_D\perp O_2D$，于是可确定速度瞬心 C 的位置，求得

$$v_D=\frac{v_A}{AC}\cdot CD,\omega_2=\frac{v_D}{O_2D}=\frac{v_A}{AC}\cdot\frac{CD}{O_2D}$$

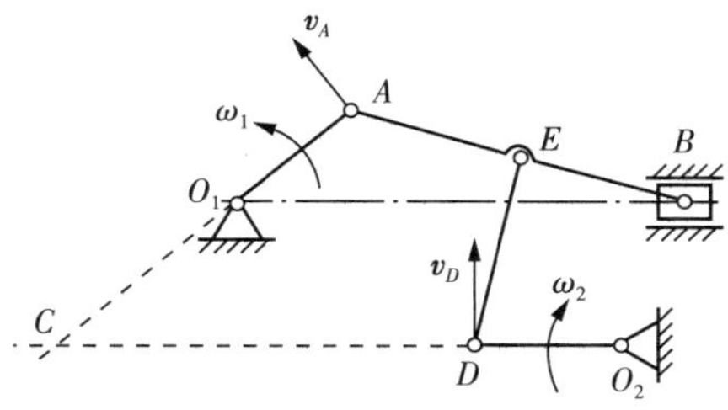

题 8-3(a) 图

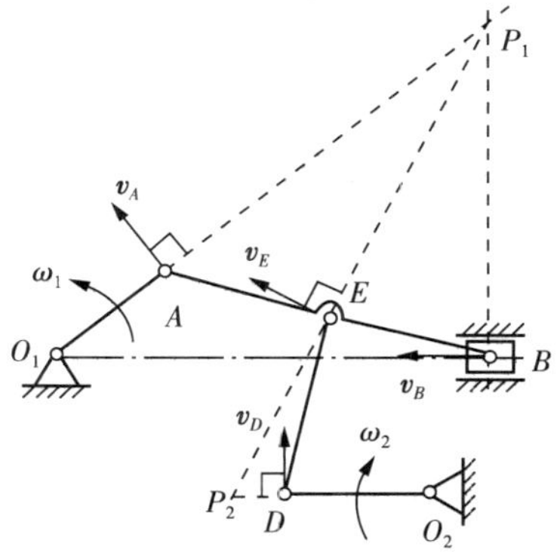

题 8-3(b) 图

【解】 AB 和 DE 是两个构件，均作平面运动，各有其速度瞬心，且 A 和 D 不是同一刚体上的两点，故确定的所谓瞬心 C 是无意义的。正解为 AB、DE 的速度瞬心分别为 P_1 和 P_2，如题 8-3(b) 图。

8-4　直杆 AB 的 A 端以匀速度 $\boldsymbol{v}$ 沿半径为 R 的半圆弧轨道运动，而杆身保持与轨道右尖角接触。问杆 AB 做什么运动？你能用几种方法求出杆 AB 的角速度？

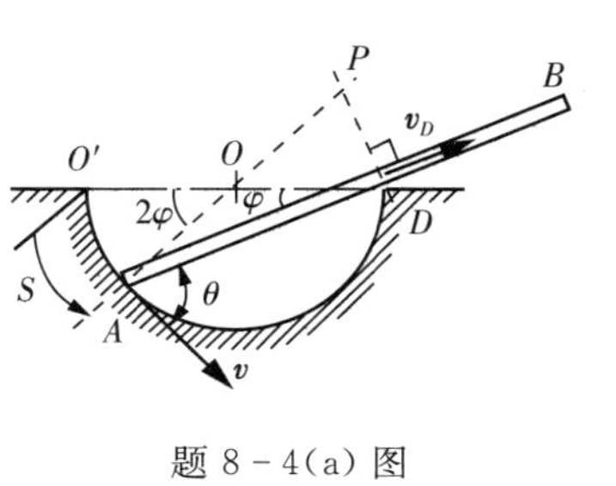

题 8-4(a) 图

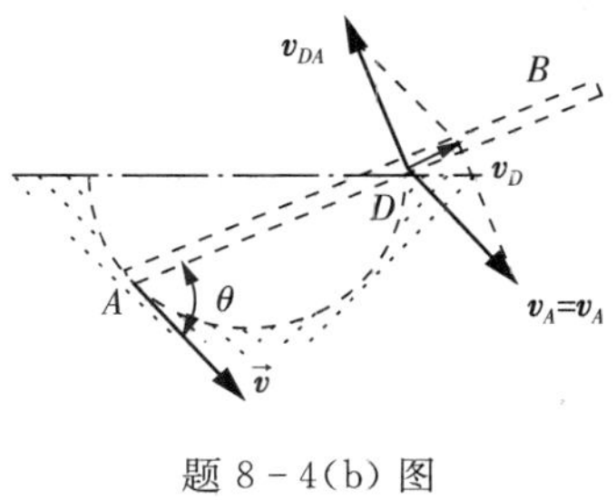

题 8-4(b) 图

【解】 AB 杆作平面运动。

(1) 瞬心法。如题 8-4(a) 图，由 A、D 两点的速度方向，得 AB 杆的速度瞬心为 P，所以

$$\omega_{AB}=\frac{v_A}{AP}=\frac{v}{2R}$$

(2) 基点法。如题 8-4(b) 图，由 $\boldsymbol{v}_D=\boldsymbol{v}_A+\boldsymbol{v}_{DA}$，有 $v_{DA}=v_A\sin\theta=\omega_{AB}DA$，又 $DA=2R\cos(90^\circ-\theta)=2R\sin\theta$

$$\omega_{AB}=\frac{v}{2R}$$

(3) 自然法：如题 8-4(a) 图，

$$\omega_{AB}=\frac{\mathrm{d}\varphi}{\mathrm{d}t},\text{而 } s=2\varphi R\ \therefore\ \frac{\mathrm{d}s}{\mathrm{d}t}=2R\frac{\mathrm{d}\varphi}{\mathrm{d}t}=v,\ \frac{\mathrm{d}\varphi}{\mathrm{d}t}=\frac{v}{2R}\quad \text{则 } \omega_{AB}=\frac{v}{2R}$$

8-5　如题 8-5 图所示曲柄摇机构中，曲柄 OA 以角速度 ω_o 绕 O 轴转动，带动连杆 AC 在摇块 B 内滑动，摇块及与其固结的 BD 杆绕 B 铰转动，杆 BD 长 l；求在图示位置时摇块的角速度及 D 点的速度。

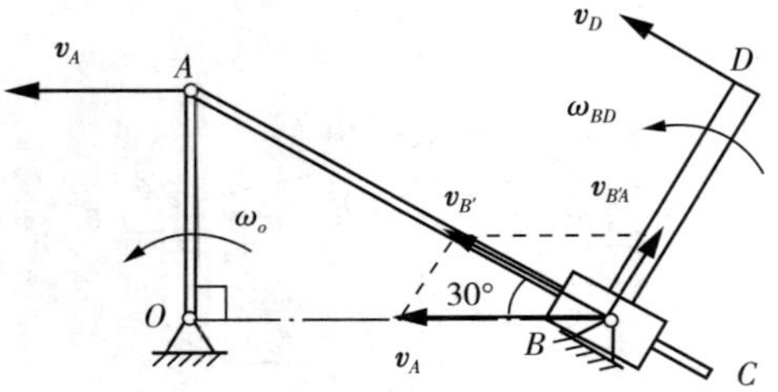

题 8-5(a) 图

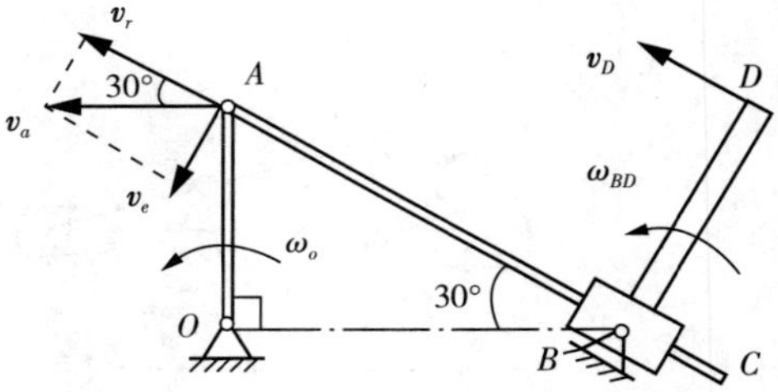

题 8-5(b) 图

【解 1】　AC 杆作平面运动，以 A 为基点，画 AC 上与 B 重合的点 B' 速度合成图。B' 的速度沿 AC 方向。

$$v_{B'}=v_A+v_{B'A},v_{B'A}=v_A\sin30^\circ$$

$$\omega_{AC}=\frac{v_{BA}}{AB}=\frac{AB\sin30^\circ\cdot\omega_o\sin30^\circ}{AB}=\frac{\omega_o}{4}$$

又 BD 与 AC 角速度相同，

$$\omega_{BD}=\omega_{AC}=\frac{1}{4}\omega_O,v_D=l\omega_{BD}=\frac{1}{4}l\omega_O$$

【解 2】　用点的合成运动方法求解。选 A 销为动点，摇块 BD 为动系，如题 8-5(b) 图。则 $v_a=\omega_oOA$，由 $\boldsymbol{v}_a=\boldsymbol{v}_e+\boldsymbol{v}_r$，得

$$v_e=v_a\sin30^\circ=\frac{1}{2}\omega_oOA$$

又 $v_e=\omega_{BD}\cdot AB$，

$$\frac{1}{2}\omega_o OA = \omega_{BD} \cdot AB$$

得摇块的角速度 $\omega_{BD} = \frac{1}{4}\omega_O$，$D$ 点的速度 $v_D = l\omega_{BD} = \frac{1}{4}l\omega_O$。

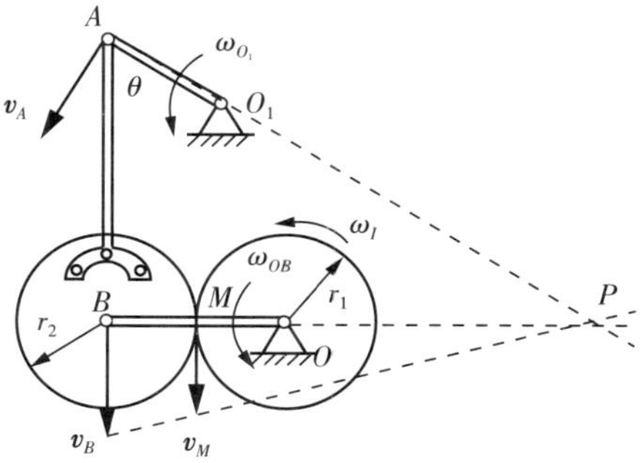

题 8 - 6 图

8 - 6　在瓦特行星传动机构中，平衡杆 O_1A 绕 O_1 轴转动，并藉连杆 AB 带动曲柄 OB，而曲柄 OB 活动地装置在 O 轴上。在 O 轴上装有齿轮 I，齿轮 II 的轴安装在杆 AB 的 B 端。已知 $r_1 = r_2 = 30\sqrt{3}\,\text{cm}$，$O_1A = 75\text{cm}$，$AB = 150\text{cm}$，又 $\omega = 6\text{rad/s}$；求当 $\theta = 60°$ 及 $AB \perp OB$ 时，曲柄 OB 及齿轮 I 的角速度。

【解】　速度分析如题 8 - 6 图，P 点为杆 AB 和轮 Ⅱ 的速度瞬心，所以

$$\omega_{AB} = \frac{v_A}{PA} = \frac{O_1A \cdot \omega_{O1}}{2 \cdot AB},\quad v_B = PB \cdot \omega_{AB} = \frac{\sqrt{3}}{2}O_1A \cdot \omega_{O1}$$

杆 OB 的角速度为
$$\omega_{OB} = \frac{v_B}{r_1 + r_2} = 3.75\text{rad/s}$$

两轮啮合点 M 的速度和轮 Ⅰ 的角速度分别为

$$v_M = PM \cdot \omega_{AB},\ \omega_I = \frac{v_M}{r_1} = 6\text{rad/s}$$

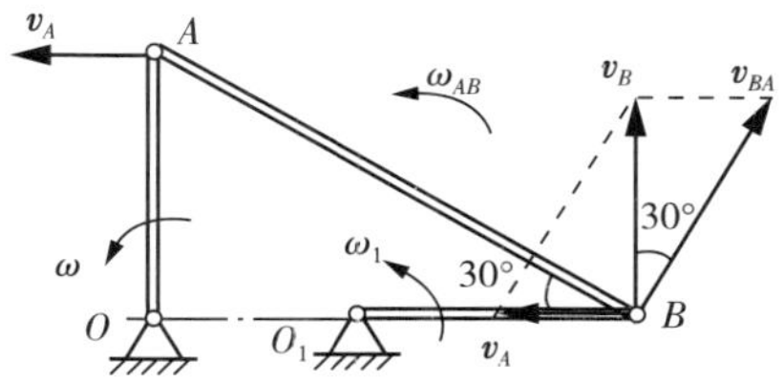

题 8 - 7 图

8-7　如题 8-7 图所示四连杆机构中，$OA = O_1B = r$，$AB = 2r$，曲柄 OA 的角速度 $\omega = 3\text{rad/s}$。图示瞬时，$OA \perp OO_1$，O_1B 正好在 OO_1 的延长线上，求该瞬时 AB 杆的角速度 ω_{AB} 和曲柄 O_1B 的角速度 ω_1。

【解 1】　基点法：AB 作平面运动。以 A 为基点，有

	$\boldsymbol{v}_B$	=	$\boldsymbol{v}_A$	+	$\boldsymbol{v}_{BA}$
大小：	?		$OA \cdot \omega$		$AB \cdot \omega_{AB}$?
方向：	$\perp O_1B$		$\perp OA$		$\perp AB$

由几何关系，得 $v_{BA} = \frac{v_A}{\sin 30°} = 2r\omega$，$v_B = v_{BA}\cos 30° = \sqrt{3}r\omega$，$AB$ 杆的角速度

$$\omega_{AB} = \frac{v_{BA}}{AB} = \frac{2r\omega}{2r} = \omega = 3\text{rad/s}$$

曲柄 O_1B 的角速度

$$\omega_1=\frac{v_B}{O_1B}=\frac{\sqrt{3}r\omega}{r}=3\sqrt{3}\,\text{rad/s}$$

【解 2】 瞬心法：杆 OA、O_1B 做定轴转动，$\boldsymbol{v}_A\perp OA$，$\boldsymbol{v}_B\perp O_1B$，$AB$ 杆作平面运动，速度瞬心为点 O，由 $v_A=OA\cdot\omega$，

$$\omega_{AB}=\frac{v_A}{OA}=\omega,\ v_B=OB\cdot\omega_{AB}=3\sqrt{3}r\omega$$

又 $v_B=O_1B\cdot\omega_1$，$\therefore\omega_1=\dfrac{v_B}{O_1B}=3\sqrt{3}\,\text{rad/s}$

8-8 如题 8-8 图所示机构中，行星轮 I 和固定齿轮 II 半径均为 r，系杆 OA 角速度为 ω，连杆 BD 铰接于 II 轮轮缘，$BD=l$，$O_1D=\sqrt{2}l$。图示瞬时 $BD\perp OA$，且 $\angle BDO_1=45°$，求该瞬时杆 BD、杆 O_1D 的角速度。

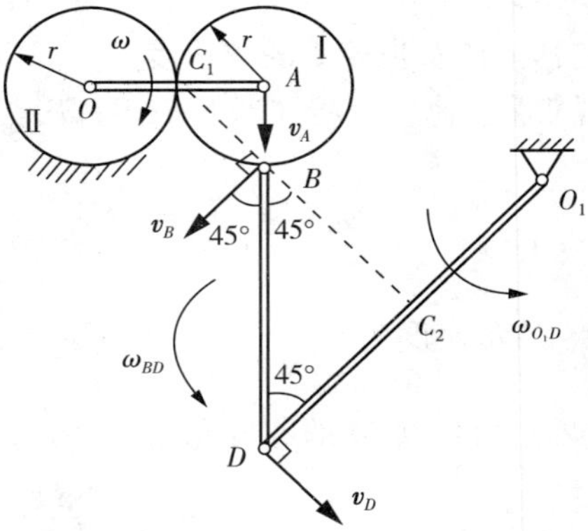

题 8-8 图

【解】 杆 OA 和 O_1D 做定轴转动，齿轮 I 和杆 BD 均作平面运动。齿轮 I 的速度瞬心为啮合点 C_1，轮心 A 的速度

$$v_A=OA\cdot\omega=2r\omega，且\ \boldsymbol{v}_A\perp OA$$

B 点的速度 $\boldsymbol{v}_B\perp C_1B$，且 $\dfrac{v_B}{v_A}=\dfrac{C_1B}{C_1A}=\sqrt{2}$，即

$$v_B=\sqrt{2}v_A=2\sqrt{2}r\omega$$

又 D 点速度 $\boldsymbol{v}_D\perp DO_1$，过点 B 和点 D 分别作 $\boldsymbol{v}_B$ 和 $\boldsymbol{v}_D$ 的垂线，则杆 BD 的速度瞬心为 C_2，所以杆 BD 的角速度

$$\omega_{BD}=\frac{v_B}{BC_2}=\frac{4r\omega}{l}$$

D 点速度 $v_D=\omega_{BD}\cdot DC_2=\dfrac{4r}{l}\omega\cdot\dfrac{\sqrt{2}}{2}l=2\sqrt{2}r\omega$，$\therefore$ 杆 O_1D 的角速度

$$\omega_{O_1D}=\frac{v_D}{O_1D}=\frac{2\sqrt{2}r\omega}{\sqrt{2}l}=\frac{2r\omega}{l}$$

8-9 如题 8-9 图所示机构，杆 $AC=BC=l=0.2\text{m}$，滑块 A 与 B 分别沿直线轨道运动，图示瞬时 $ADBC$ 构成一平行四边形，$v_A=0.2\text{m/s}$，$v_B=0.4\text{m/s}$，试求该瞬时 C 点的速度和两杆的角速度。

【解】 杆 AC、BC 均作平面运动，则分别以 A、B 为基点，如题 8-9(b) 图，C 点的速度为

	$\boldsymbol{v}_C$	=	$\boldsymbol{v}_A$	+	$\boldsymbol{v}_{CA}$	=	$\boldsymbol{v}_B$	+	$\boldsymbol{v}_{CB}$
大小：	?		0.2A		$C\cdot\omega_{AC}$?		0.4		$BC\cdot\omega_{BC}$?
方向：	?		→		$\perp AC$		↖		$\perp BC$

将式$\boldsymbol{v}_A+\boldsymbol{v}_{CA}=\boldsymbol{v}_B+\boldsymbol{v}_{CB}$分别投影至 x、y 轴，得

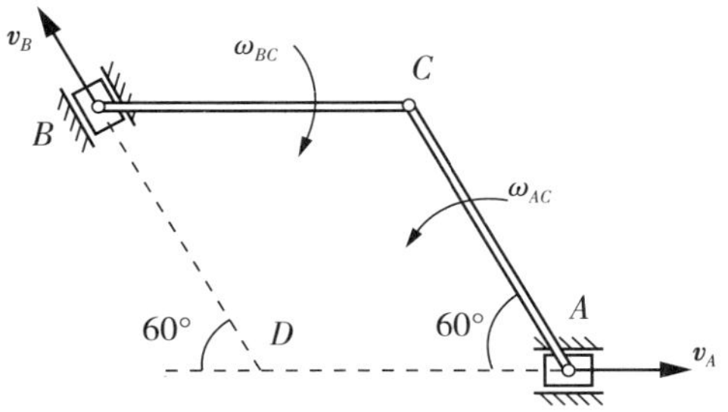

题 8-9(a) 图

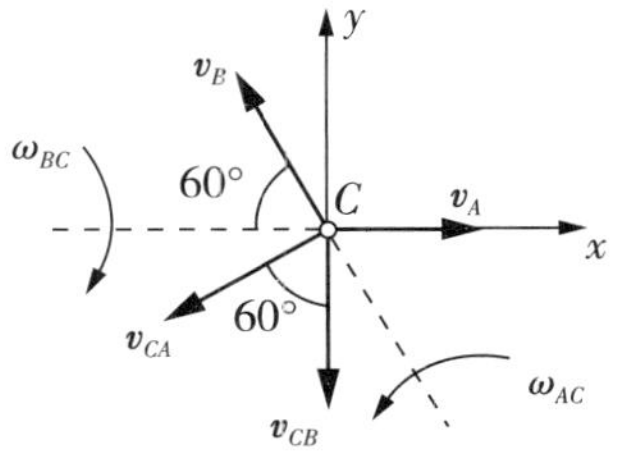

题 8-9(b) 图

$$x:\quad v_A-v_{CA}\cos30^\circ=-v_B\cos60^\circ$$

$$y:\quad -v_{CA}\sin30^\circ=v_B\cos30^\circ-v_{CB}$$

解得 $$v_{CA}=\frac{v_A+v_B\cos60^\circ}{\cos30^\circ}=\frac{0.2+0.4\times\frac{1}{2}}{\sqrt{3}/2}=0.462\text{m/s}$$

$$v_{CB}=v_B\cos30^\circ+v_{CA}\sin30^\circ=0.4\cos30^\circ+0.462\sin30^\circ=0.577\text{m/s}$$

则杆 AC 的角速度为

$$\omega_{AC}=\frac{v_{CA}}{l}=\frac{0.462}{0.2}=2.31\text{rad/s}$$

杆 BC 的角速度为

$$\omega_{BC}=\frac{v_{CB}}{l}=\frac{0.577}{0.2}=2.89\text{rad/s}$$

再将式$v_C=v_A+v_{CA}$分别向 x、y 轴投影，有

$$v_{Cx}=v_A-v_{CA}\cos30^\circ=0.2-0.462\cos30^\circ=-0.2\text{m/s}(\leftarrow)$$

$$v_{Cy}=-v_{CA}\sin30^\circ=-0.462\sin30^\circ=-0.231\text{m/s}(\downarrow)$$

所以，C 点速度为

$$v_C=\sqrt{v_{Cx}^2+v_{Cy}^2}=0.306\text{m/s}$$

8-10　如题 8-10 图所示平面机构。已知：$AB=2l$，C 为 AB 杆中点，$OC=l$，$BD=\sqrt{2}l$，

OC 杆以匀角速度 ω 转动，A、D 在同一水平线上。在图示位置时，φ= 60 °，$\theta = 45°$，$OC \perp AB$。试求该瞬时滑块 D 的速度及滑块 A 的加速度。

【解】 (1) 速度分析：如题 8-10(a) 图，OC 杆做定轴转动，$v_C = \omega$? l，AB、BD 杆均作平面运动，速度瞬心分别是 P_{AB}、P_{BD}，由速度投影定理，有

$$[\boldsymbol{v}_A]_{AB} = [\boldsymbol{v}_C]_{AB}$$

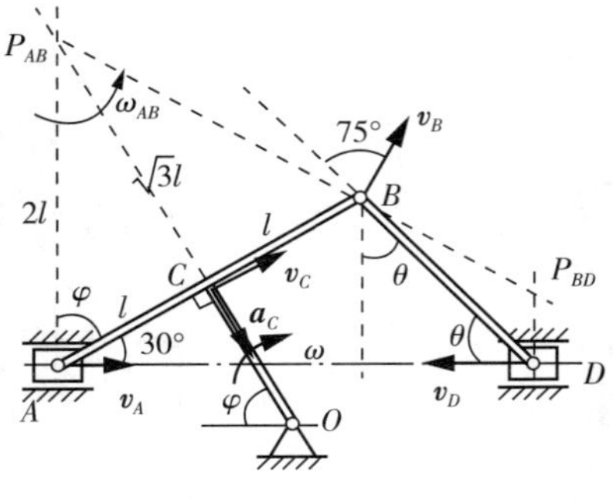

题 8-10(a) 图

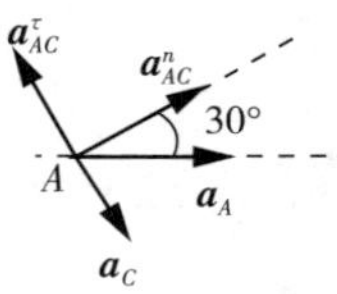

题 8-10(b) 图

得 $v_A \cos 30° = v_C$，AB 杆角速度

$$\omega_{AB} = \frac{v_C}{\sqrt{3}\,l} = \frac{\omega}{\sqrt{3}}, v_B = \omega_{AB} \cdot BP_{AB} = \frac{2}{\sqrt{3}}\omega l$$

对 BD 杆，由速度投影定理，有 $[\boldsymbol{v}_B]_{BD} = [\boldsymbol{v}_D]_{BD}$，得

$$v_B \cos 75° = v_D \cos 45°, v_D = \frac{\cos 75°}{\cos 45°} v_B = \frac{2\sqrt{2}}{\sqrt{3}} \cos 75° \omega l$$

则滑块 D 的速度 $v_D \approx 1.58\omega l$

(2) 加速度分析：AB 杆作平面运动，以 C 为基点，则如题 8-10(b) 图，A 点的加速度为

	$\boldsymbol{a}_A$	=	$\boldsymbol{a}_C$	+	$\boldsymbol{a}_{AC}^n$	+	$\boldsymbol{a}_{AC}^{\tau}$
大小：	?		$\omega^2 \cdot OC$		$\omega_{AB}^2 \cdot AC$		?
方向：	水平		$C \to O$		$A \to C$		$\perp AC$

将上式投影至 AB 轴上，得

$$a_A \cos 30° = a_{AC}^n, a_A = \frac{a_{AC}^n}{\cos 30°} = \frac{2\sqrt{3}}{9}\omega^2 l$$

则滑块 A 的加速度 $a_A \approx 0.38\omega^2 l$

8-11 四连杆机构中，曲柄 AB 作减速转动，图示瞬时，其角速度 $\omega_1 = 10\text{rad/s}$，角加速度 $\alpha_1 = 5\ \text{rad/s}^2$，转向及机构的位置和尺寸(单位以 cm 计)如题 8-11 图所示。试求连杆 BC 和摇杆 CD 的角加速度。

【解】 曲柄 AB 和摇杆 CD 做定轴转动，连杆 BC 作平面运动。分析时，从主动件（曲柄 AB）开始，求得点 A 的运动，再分析连杆 BC 的运动，求得点 C 的运动。当 C 点的速度和加速度求得后，即可求得 CD 杆的角速度 ω_2 和角加速度 α_2。

(1) 速度分析与计算。研究连杆 BC。B 点速度 $v_B = AB \cdot \omega_1 = 100\text{cm/s}$，且 $\boldsymbol{v}_B \perp AB$；$C$ 点速度 $\boldsymbol{v}_C \perp CD$，连杆 BC 的速度瞬心为 P 点。连杆 BC 角速度为

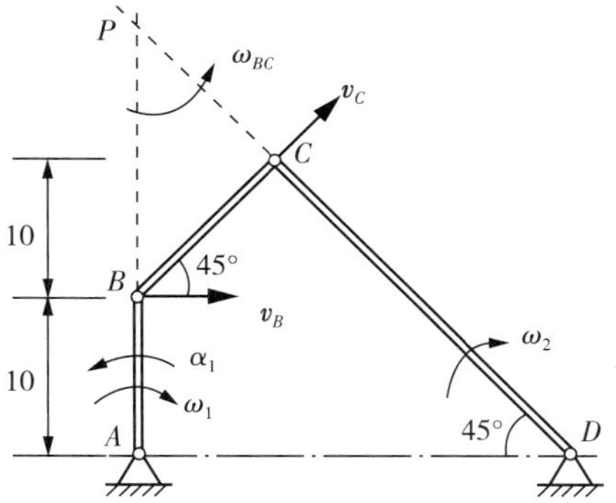

题 8 - 11(a) 图

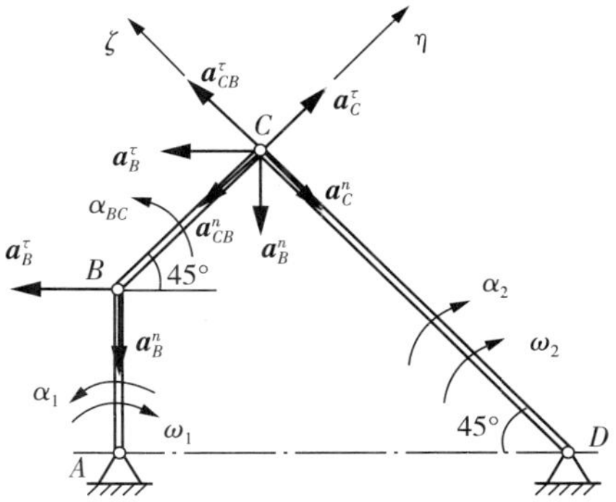

题 8 - 11(b) 图

$$\omega_{BC} = \frac{v_B}{BP} = \frac{100}{20} = 5\text{rad/s}$$

C 点速度为

$$v_C = CP \cdot \omega_{BC} = 10\sqrt{2} \times 5 = 70.7\text{cm/s}$$

摇杆 CD 角速度为

$$\omega_2 = \frac{v_C}{CD} = \frac{70.7}{20\sqrt{2}} = 2.5\text{rad/s}$$

(2) 加速度分析与计算。选 B 点为基点，则如题 8 - 11(b) 图，C 点的加速度可表示为

	$\boldsymbol{a}_C^\tau$	+	$\boldsymbol{a}_C^n$	=	$\boldsymbol{a}_B^\tau$	+	$\boldsymbol{a}_B^n$	+	$\boldsymbol{a}_{CB}^\tau$	+	$\boldsymbol{a}_{CB}^n$
大小：	?		$CD \cdot \omega_2^2$		$AB \cdot \alpha_1$		$AB \cdot \omega_1^2$		$BC \cdot \alpha_{BC}$?		$BC \cdot \omega_{BC}^2$
方向：	$\perp CD$		$C \to D$		$\perp AB$		$B \to A$		$\perp CB$		$C \to B$

式中 $a_B^\tau = AB \cdot \alpha_1 = 10 \times 5 = 50\ \text{cm/s}^2$，$a_B^n = AB \cdot \omega_1^2 = 10 \times 10^2 = 1000\ \text{cm/s}^2$，

$a_C^n = CD \cdot \omega_2^2 = 20\sqrt{2} \times 2.5^2 = 176.8\ \text{cm/s}^2$

$a_{CB}^n = BC \cdot \omega^2 = 10\sqrt{2} \times 5^2 = 353.6\ \text{cm/s}^2$

将上式分别投影至 η 和 ξ 轴上，得

$$\eta: a_C^\tau = -a_B^\tau \sin 45° - a_B^n \cos 45° - a_{CB}^n$$

$$\xi: -a_C^n = a_B^\tau \cos 45° - a_B^n \sin 45° + a_{CB}^\tau$$

代入数据解得 $a_C^\tau=-1096\text{cm/s}^2$，$a_{CB}^\tau=495\text{cm/s}^2$，则连杆 BC 的角加速度为

$$\alpha_{BC}=\frac{a_{CB}^\tau}{BC}=49.5\ \text{rad/s}^2(\text{逆时针})$$

摇杆 CD 的角加速度为

$$\alpha_2=\frac{a_C^\tau}{CD}=-38.8\ \text{rad/s}^2$$

负值表明其实际转向为逆时针。

8-12　曲柄长 $OA=0.2\text{m}$，绕 O 轴以匀角速度 $\omega=10\text{rad/s}$ 转动，通过长 $AB=1\text{m}$ 的连杆带动滑块 B 沿铅直导槽运动。图示瞬时，$OA\perp AB$，$\theta=45°$。试求该瞬时连杆 AB 的角速度、角加速度以及滑块 B 的速度、加速度。

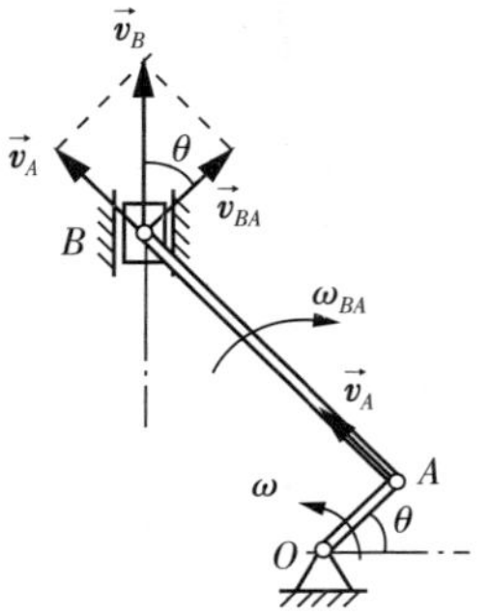

题 8-12(a) 图

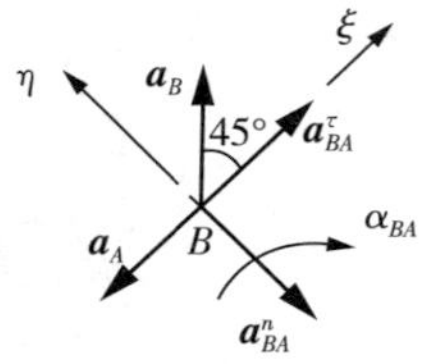

题 8-12(b) 图

【解】　杆 AB 作平面运动，以 A 为基点，则如题 8-12(a) 图，B 点的速度为

	$\boldsymbol{v}_B$	=	$\boldsymbol{v}_A$	+	$\boldsymbol{v}_{BA}$
大小：	?		$OA\cdot\omega$		$AB\cdot\omega_{AB}$?
方向：	铅直		$\perp OA$		$\perp BA$

得 $v_B=\dfrac{v_A}{\cos\theta}=\dfrac{0.2\times10}{\cos45°}=2\sqrt{2}\,\text{m/s}(\uparrow)$，$v_{BA}=v_B\cos\theta=2\text{m/s}$，则有

$$\omega_{AB}=\frac{v_{BA}}{AB}=2\text{rad/s}(\text{顺时针转向})$$

如题 8-12(b) 图，B 点的加速度为

	$\boldsymbol{a}_B$	=	$\boldsymbol{a}_A$	+	$\boldsymbol{a}_{BA}^n$	+	$\boldsymbol{a}_{BA}^\tau$
大小：	?		$OA\cdot\omega^2$		$AB\cdot\omega_{AB}^2$		$AB\cdot\alpha_{AB}$?
方向：	铅直		$A\rightarrow O$		$B\rightarrow A$		$\perp AB$

式中 $a_{BA}^n=AB\cdot\omega_{AB}^2=4\ \text{m/s}^2$，$a_{BA}^\tau=\alpha_{AB}\cdot AB$，分别投影至 ξ、η 轴上，得

$$\xi: a_B\cos45^\circ = a_{BA}^{\tau} - a_A$$

$$\eta: a_B\sin45^\circ = -a_{BA}^{n}$$

解得$\begin{cases} a_{BA}^{\tau} = 16\text{m/s}^2 \\ a_B = -4\sqrt{2}\,\text{m/s}^2 \end{cases}$，所以 $\alpha_{AB} = \dfrac{a_{BA}^{\tau}}{AB} = 16\ \text{rad/s}^2$（顺时针），滑块 B 的加速度

$$a_B = -4\sqrt{2}\ \text{m/s}^2(\downarrow)$$

8－13　在如题 8－13 图所示机构中，曲柄 OA 长为 r，绕 O 轴以等角速度 ω 转动，$AB=6r$，$BC=3\sqrt{3}\,r$，求图示位置时，滑块 C 的速度和加速度。

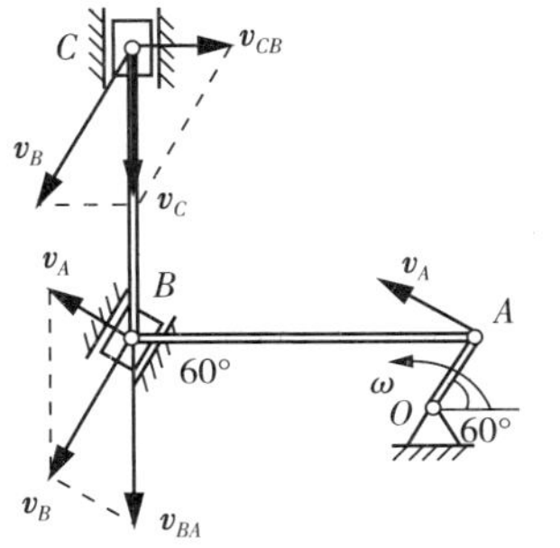

题 8－13(a) 图

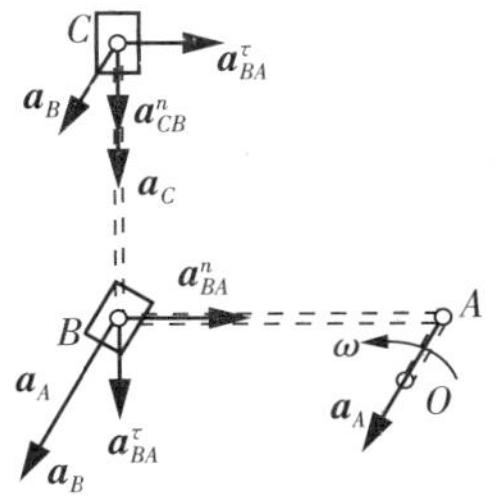

题 8－13(b) 图

【解】 AB、BC 均作平面运动。

(1) 以 A 为基点，如题 8－13(a) 图，B 点的速度为

	$\boldsymbol{v}_B$	=	$\boldsymbol{v}_A$	+	$\boldsymbol{v}_{BA}$
大小：	?		$OA\cdot\omega$		$AB\cdot\omega_{AB}$?
方向：	↙		$\perp OA$		$\perp BA$

得 $v_B = v_A\tan60^\circ = \sqrt{3}\,r\omega$，$v_{BA} = v_A/\cos60^\circ = 2r\omega$，则

$$\omega_{AB} = v_{BA}/AB = 2r\omega/6r = \frac{\omega}{3}$$

如题 8－13(b) 图，B 点的加速度为

	$\boldsymbol{a}_B$	=	$\boldsymbol{a}_A$	+	$\boldsymbol{a}_{BA}^{n}$	+	$\boldsymbol{a}_{BA}^{\tau}$
大小：	?		$OA\cdot\omega^2$		$AB\cdot\omega_{AB}^2$		$AB\cdot\alpha_{AB}$?
方向：	↙		$A\to O$		$B\to A$		$\perp AB$

式中 $a_{BA}^{n} = \omega_{AB}^2\cdot AB = \left(\dfrac{\omega}{3}\right)^2 6r = \dfrac{2}{3}\omega^2 r$，向 BA 轴投影

$$-a_B\cos60^\circ = -a_A\cos60^\circ + a_{BA}^{n}.$$

得

$$a_B=-\frac{1}{3}r\omega^2$$

(2) 以 B 为基点，如题 8-13(a) 图，C 点的速度为

	$\boldsymbol{v}_C$	=	$\boldsymbol{v}_B$	+	$\boldsymbol{v}_{CB}$
大小：	?		已求得		$BC\cdot\omega_{BC}$?
方向：	铅直		↙		$\perp BC$

得 $v_{CB}=v_B\sin30°=\frac{\sqrt{3}}{2}r\omega$，$\omega_{BC}=\frac{v_{CB}}{BC}=\frac{1}{6}\omega$，$v_C=v_B\cos30°=\frac{3}{2}r\omega$ (↓)。如题 8-13(b) 图，C 点的加速度为

	$\boldsymbol{a}_C$	=	$\boldsymbol{a}_B$	+	$\boldsymbol{a}_{CB}^n$	+	$\boldsymbol{a}_{CB}^\tau$
大小：	?		已求得		$BC\cdot\omega_{BC}^2$		$BC\cdot\alpha_{BC}$?
方向：	铅直		↙		$C\to B$		$\perp BC$

式中 $a_{CB}^n=BC\cdot\omega_{BC}^2=3\sqrt{3}r\left(\frac{\omega}{6}\right)^2=\frac{\sqrt{3}}{12}r\omega^2$，向 CB 轴投影

$$a_C=a_B\cos30°+a_{CB}^n=-\frac{1}{3}r\omega^2\frac{\sqrt{3}}{2}+\frac{\sqrt{3}}{12}r\omega^2$$

$\therefore a_C=-\frac{\sqrt{3}}{12}r\omega^2$

负号说明 C 点的加速度方向向上。

8-14 如题 8-14 图所示，直径为 $6\sqrt{3}$ cm 的滚子在水平面作匀速滚动而无滑动，并通过连杆 BC 带动滑块 C。已知滚子的角速度 $\omega=12\text{rad/s}$，$\theta=12\text{rad/s}$，$\theta=30°$，$\varphi=60°$，$BC=27\text{cm}$。求 BC 杆与地面平行时的角速度、角加速度和 C 点的速度、加速度。

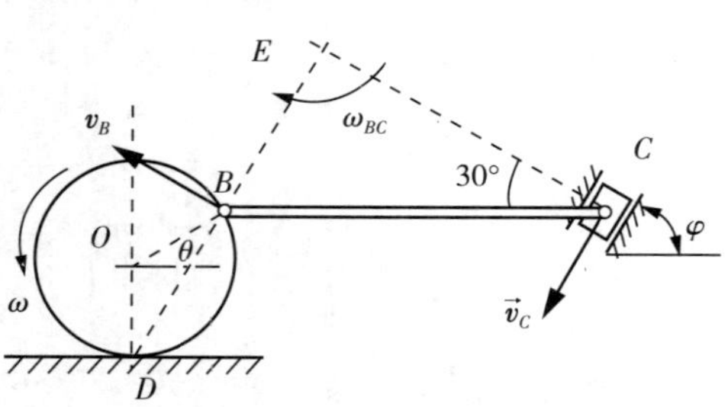

题 8-14(a) 图

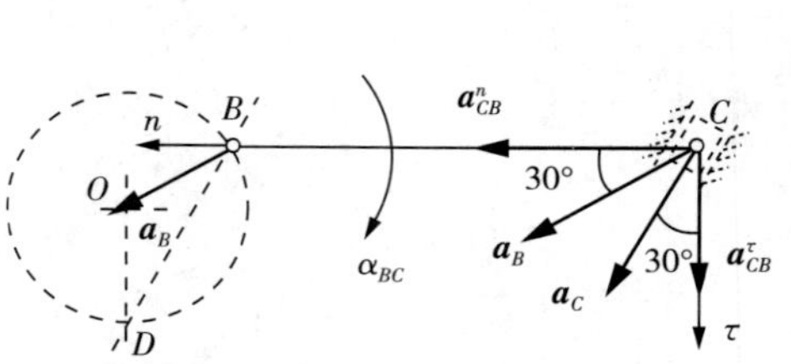

题 8-14(b) 图

【解】 取滚子为研究对象(作平面运动)，轮与地面的接触点 D 为速度瞬心

$$BD=2\times3\sqrt{3}\cos30°=9\text{cm}$$

$$v_B = BD \cdot \omega = 9 \times 12 = 108\text{cm/s}$$

滚子作匀速纯滚动，ω 及 $v_O = R\omega$ 均为常数，∴$a_O = 0$，$a_{BO}^{\tau} = 0$。

由 $\boldsymbol{a}_B = \boldsymbol{a}_O + \boldsymbol{a}_{BO}^n + \boldsymbol{a}_{BO}^{\tau}$ 得

$$a_B = a_{BO}^n = R\omega^2 = 3\sqrt{3} \times 12^2 = 432\sqrt{3}\,\text{cm/s}^2$$

再取 BC 为研究对象(作平面运动)，瞬心为 E 点

$$\omega_{BC} = \frac{v_B}{BE} = \frac{108}{27 \times \cos 60^\circ} = 8\text{rad/s},\ v_C = \omega_{BC} \cdot EC = 108\sqrt{3}\,\text{cm/s}(\swarrow)$$

如题 8－14(b) 图，以 B 为基点，C 点的加速度为

	$\boldsymbol{a}_C$	=	$\boldsymbol{a}_B$	+	$\boldsymbol{a}_{CB}^n$	+	$\boldsymbol{a}_{CB}^{\tau}$
大小：	?		已求得		$BC \cdot \omega_{BC}^2$		$BC \cdot \alpha_{BC}$?
方向：	$\swarrow$		$B \to O$		$C \to B$		$\perp BC$

式中 $a_{CB}^n = BC \cdot \omega_{BC}^2 = 27 \times 8^2 = 1728\text{cm/s}^2$。

将上式分别投影至 n、τ 轴上，有

$$n: a_C \cos 60^\circ = a_B \cos 30^\circ + a_{AB}^n \tag{1}$$

$$\tau: a_C \sin 60^\circ = a_B \sin 30^\circ + a_{AB}^{\tau} \tag{2}$$

解得

$$a_C = \sqrt{3}\,a_B + 2a_{CB}^n = 4752\text{cm/s}(\swarrow)$$

$$a_{CB}^{\tau} = a_C \sin 60^\circ = a_B \sin 30^\circ = 2160\sqrt{3}\,\text{cm/s}^2$$

$$\alpha_{CB} = \frac{a_{CB}^{\tau}}{BC} = \frac{2160\sqrt{3}}{27} = 80\sqrt{3}\,\text{rad/s}^2$$

8－15　如题8－15图所示，曲柄 OA 以匀转速$n = 60$rpm绕O轴转动，通过连杆带动圆柱沿水平地面作无滑动的滚动，圆柱借摩擦带动物体 DE 沿水平方向平行移动，设圆柱与 DE 间没有滑动。已知 $OA = 100$mm，$AB = 300$mm，圆柱半径 $R = 100$mm。求该曲柄 OA 处于铅直位置瞬时，物体 DE 的速度 v_{DE} 和加速度 a_{DE}。

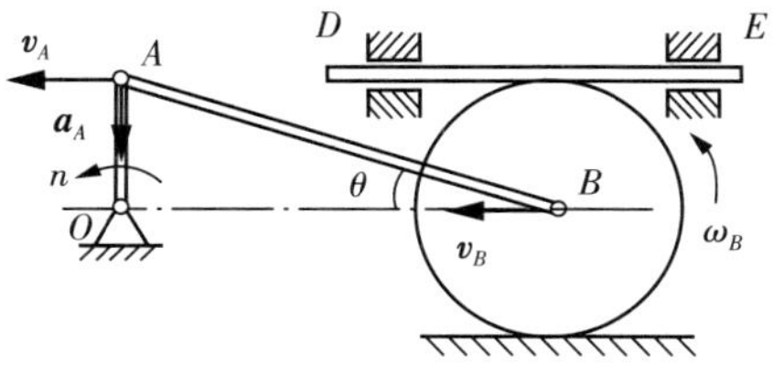

题 8－15(a) 图

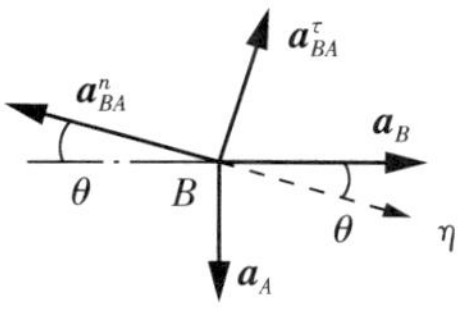

题 8－15(b) 图

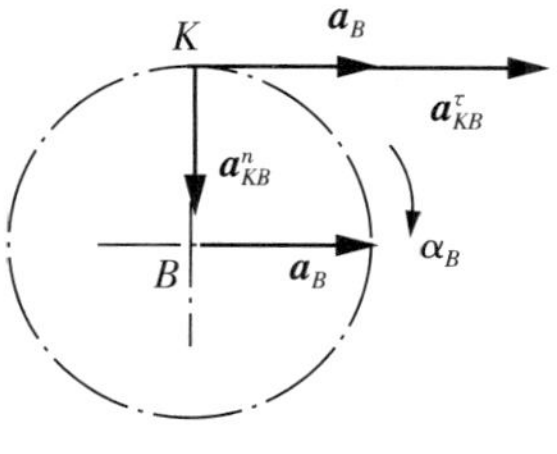

题 8－15(c) 图

【解】 OA 杆角速度 $\omega=\dfrac{2\pi n}{60}=2\pi\text{rad/s}$，$v_A=OA\cdot\omega=20\pi\text{cm/s}$，$a_A=OA\cdot\omega^2=40\pi^2\ \text{cm/s}^2$。

连杆 AB 作瞬时平动，所以 $\omega_{AB}=0$，$v_A=v_B=20\pi\text{cm/s}$。以 A 为基点，则 B 点加速度如题 8-15(b) 图，有

	$\boldsymbol{a}_B$	=	$\boldsymbol{a}_A$	+	$\boldsymbol{a}_{BA}^n$	+	$\boldsymbol{a}_{BA}^\tau$
大小：	?		$OA\cdot\omega^2$		$AB\cdot\omega_{AB}^2$		$AB\cdot\alpha_{AB}$?
方向：	↙		$A\to O$		$B\to A$		$\perp AB$

式中 $a_{BA}^n=\omega_{AB}^2\cdot AB=0$，$\sin\theta=\dfrac{1}{3}$。将上式向 η 轴投影得

$$a_B\cos\theta=a_A\sin\theta-a_{BA}^n$$

$a_B=a_A\tan\theta-\dfrac{a_{BA}^n}{\cos\theta}=139\ \text{cm/s}^2$。

再研究 B 轮，有 $\omega_B=\dfrac{v_B}{R}=2\pi\text{rad/s}$，$\alpha_B=\dfrac{a_B}{R}=13.9\text{rad/s}^2$，$v_C=2R\omega_B=40\pi\text{cm/s}$

以 B 为基点，则如题 8-15(c) 图，圆柱上与 DE 接触点 K 的加速度为

	$\boldsymbol{a}_K$	=	$\boldsymbol{a}_B$	+	$\boldsymbol{a}_{KB}^n$	+	$\boldsymbol{a}_{KB}^\tau$
大小：	?		已求得		$KB\cdot\omega_B^2$		$KB\cdot\alpha_B$?
方向：	?		水平		$K\to B$		$\perp KB$

式中 $a_{KB}^\tau=R\alpha_B=a_B$，将上式投影到 x 轴，得 $a_{Kx}=a_B+a_{KB}^\tau=278\ \text{cm/s}^2$，物体 DE 平动，所以其速度和加速度分别为

$$v_{DE}=v_K=40\pi\text{cm/s},\ a_{DE}=a_{Kx}=278\text{cm/s}^2$$

8-16 绕线轮 O 外径为 R、内径为 r，沿固定水平直线轨道作纯滚动，在轮缘上与杆 CD 铰接，杆端点 D 沿轨道滑动。已知 $CD=4R$，线段 AB 保持水平。在图示瞬时，线端 A 的速度为 v，加速度为 a，铰链 C 处于最高位置。试求该瞬时杆端点 D 的速度和加速度。

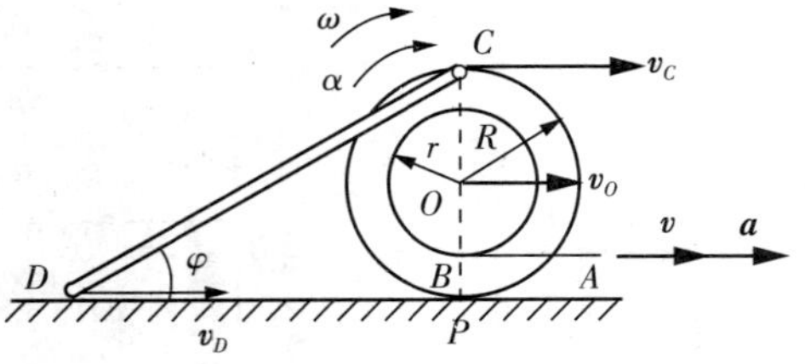

题 8-16(a) 图

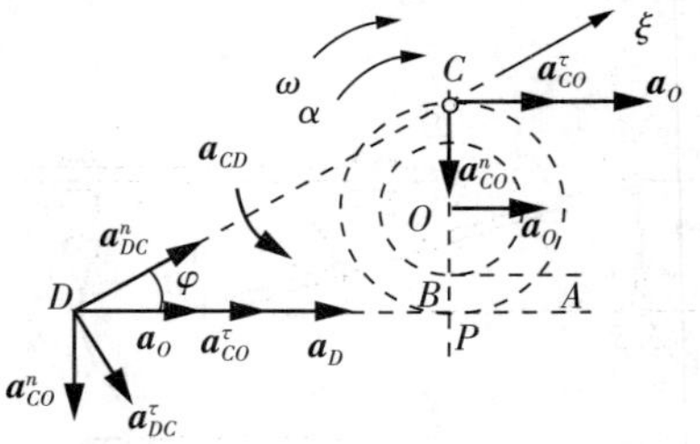

题 8-16(b) 图

【解】 绕线轮作纯滚动，速度瞬心为 P 点，角速度 $\omega=\frac{v}{BP}=\frac{v}{R-r}$，角加速度 $\alpha=\frac{a}{R-r}$，轮心速度 $v_O=R\omega=\frac{Rv}{R-r}$，加速度 $a_O=R\alpha=\frac{Ra}{R-r}$，$C$ 点速度 $v_C=CP\cdot\omega=\frac{2Rv}{R-r}$，$\varphi=30°$，杆 CD 作瞬时平动，$\omega_{CD}=0$，杆端点 D 的速度为

$$v_D=v_C=\frac{2Rv}{R-r}$$

为求点 D 的加速度，需先求出 C 点的加速度。选 O 为基点，则 C 点的加速度为

$$\boldsymbol{a}_C=\boldsymbol{a}_O+\boldsymbol{a}_{CO}^t+\boldsymbol{a}_{CO}^n \tag{1}$$

选 C 为基点，则 D 点的加速度为

$$\boldsymbol{a}_D=\boldsymbol{a}_C+\boldsymbol{a}_{DC}^n+\boldsymbol{a}_{DC}^t \tag{2}$$

式中 $a_{DC}^n=\omega_{CD}^2\cdot CD=0$。合并式(1)(2)，如(b)图，得

	$\boldsymbol{a}_D$	=	$\boldsymbol{a}_O$	+	$\boldsymbol{a}_{CO}^n$	+	$\boldsymbol{a}_{CO}^\tau$	+	$\boldsymbol{a}_{DC}^\tau$
大小：	?		已求得		$CO\cdot\omega^2$		$CO\cdot\alpha$		$CD\cdot\alpha_{CD}$?
方向：	水平		水平		$C\to O$		$\perp CO$		$\perp DC$

(3)

式中 $a_O=R\alpha=\frac{Ra}{R-r}$，$a_{CO}^n=R\omega^2=\frac{v^2R}{(R-r)^2}$，$a_{CO}^\tau=R\alpha=\frac{aR}{R-r}$。将(3)式向 ξ 轴投影得

$$a_D\cos\varphi=a_O\cos\varphi+a_{CO}^\tau\cos\varphi-a_{CO}^n\sin\varphi$$

解得杆端点 D 的加速度为

$$a_D=\frac{2Ra}{R-r}-\left(\frac{\sqrt{3}Rv^2}{3(R-r)^2}\right)(\rightarrow)$$

8-17　如题8-17图所示曲柄连杆机构中，曲柄 OA 绕轴 O 定轴转动，通过连杆 AB 带动滑块在滑槽内往复运动。已知 $OA=r$，滑槽半径 $R=4r$。图示瞬时，$\theta=45°$，OA 角速度为 ω，角加速度为 α，求该瞬时(1)滑块 B 的速度；连杆 AB 的角速度；(2)滑块 B 的加速度；连杆 AB 的角加速度。

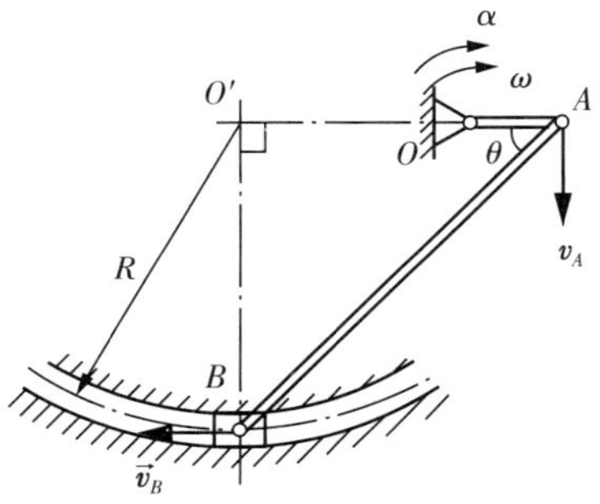

题8-17(a)图

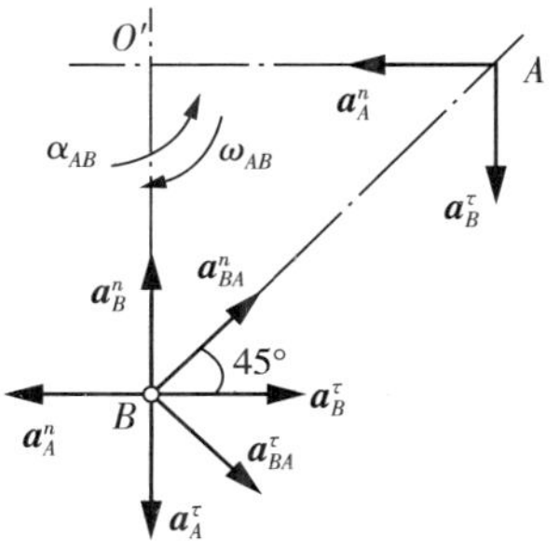

题8-17(b)图

【解】 (1) 速度分析。$\because \boldsymbol{v}_A \perp OA, \boldsymbol{v}_B \perp O'B, v_A = r\omega, O'A = O'B = R = 4r$,

AB 杆的速度瞬心为 O' 点,$\omega_{AB} = \dfrac{v_A}{O'A}$,$v_B = O'B \cdot \omega_{AB}$,得连杆 AB 的角速度和滑块 B 的速度分别为

$$\omega_{AB} = \frac{\omega}{4}(\text{顺时针}), v_B = r\omega$$

(2) 加速度分析。以 A 为基点,则 B 点加速度如(b)图,有

	$\boldsymbol{a}_B^n$	+	$\boldsymbol{a}_B^\tau$	=	$\boldsymbol{a}_A^n$	+	$\boldsymbol{a}_A^\tau$	+	$\boldsymbol{a}_{BA}^n$	+	$\boldsymbol{a}_{BA}^\tau$
大小:	v_B^2/R		?		$r\omega^2$		$r\alpha$		$AB \cdot \omega_{AB}^2$		$AB \cdot \alpha_{AB}$?
方向:	$B \to O'$		$\perp O'B$		$A \to O$		$\perp OA$		$B \to A$		$\perp AB$

式中 $a_B^n = \dfrac{v_B^2}{R} = \dfrac{\omega^2 r^2}{4r} = \dfrac{\omega^2 r}{4}$,$a_A^n = \omega^2 r$,$a_A^\tau = \alpha \cdot r$,$a_{BA}^n = 4\sqrt{2} r\omega_{AB}^2 = \dfrac{\sqrt{2}\omega^2 r}{4}$,

将上式分别在水平和铅垂方向投影,

$$\begin{cases} a_B^\tau = -a_A^n + a_{BA}^\tau \cos 45° + a_{BA}^n \cos 45° \\ a_B^n = -a_A^\tau + a_{BA}^n \cos 45° - a_{BA}^\tau \cos 45° \end{cases}$$

解得 $a_{BA}^\tau = -\sqrt{2} r\alpha$,$AB$ 杆的角加速度为 $\alpha_{AB} = \dfrac{a_{BA}^\tau}{AB}$,得 $\alpha_{AB} = -\dfrac{\alpha}{4}$(顺时针)

$$a_B^\tau = -r\alpha - \frac{3}{4}\omega^2 r,\ a_B^n = \frac{\omega^2 r}{4}, (\text{负值表示方向与所设方向相反})$$

8-18 如题 8-18 图所示轮 O 在水平面内匀速纯滚动而不滑动,轮心的速度为 v,轮缘上固定销钉 B,此销钉在摇杆 O_1A 的槽内滑动,并带动摇杆绕 O_1 轴转动。已知轮的半径为 R,在图示位置时 O_1A 是轮的切线,摇杆与水平线的夹角 $\theta = 60°$。求(1) 销钉 B 点的速度和摇杆 O_1A 的角速度;(2) 销钉 B 点的加速度和摇杆 O_1A 的角加速度。

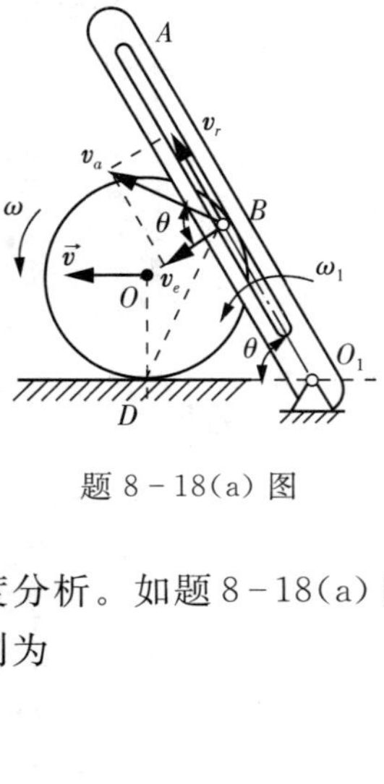

题 8-18(a) 图

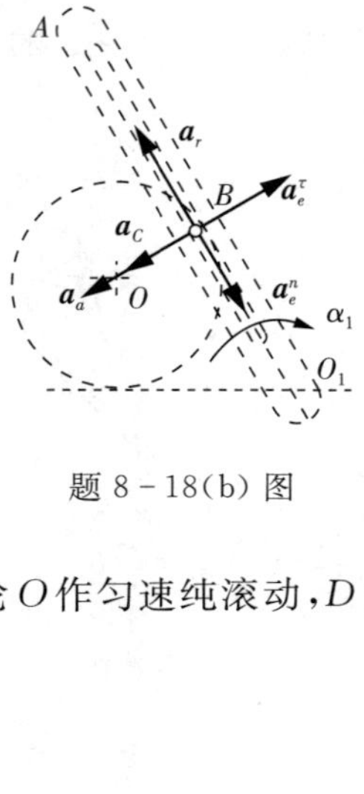

题 8-18(b) 图

【解】 (1) 速度分析。如题 8-18(a) 图所示轮 O 作匀速纯滚动,D 为瞬心,轮 O 上 B 销的速度和加速度分别为

$$v_B = BD \cdot \omega = 2R\cos30^\circ \cdot \frac{v}{R} = \sqrt{3}\,v$$

$$a_B = v^2/R（参见题 8-14 图）$$

取 B 销为动点，摇杆 O_1A 为动系，则

	$\boldsymbol{v}_a$	$=$	$\boldsymbol{v}_e$	$+$	$\boldsymbol{v}_r$
大小：	v_B		$O_1B \cdot \omega_1$?		?
方向：	$\perp BD$		$\perp O_1B$		沿 O_1B

$$v_e = v_a\sin30^\circ \frac{\sqrt{3}}{2}v, v_r = v_a\cos30^\circ = \frac{3}{2}v, \omega_1 = \frac{v_e}{O_1B} = \frac{v_e}{R\tan\theta} = \frac{v}{2R}（逆时针转向）$$

如题 8-18(b) 图，B 销的加速度为

	$\boldsymbol{a}_a$	$=$	$\boldsymbol{a}_e^n$	$+$	$\boldsymbol{a}_e^\tau$	$+$	$\boldsymbol{a}_r$	$+$	$\boldsymbol{a}_C$
大小：	a_B		$O_1B \cdot \omega_1^2$		$O_1B \cdot \alpha_1$?		?		$2\omega_1 v_r$
方向：	$B \to O$		$B \to O_1$		$\perp O_1B$		沿 O_1B		$\perp O_1B$

式中 $a_a = a_B = \dfrac{v^2}{R}$，$a_C = 2\omega_1 v_r = 3\ \dfrac{3v^2}{2R}$，投影到 BO 轴上，得

$$a_a = a_C - a_e^\tau, a_e^\tau = \frac{v^2}{2R}$$

$$\alpha_1 = \frac{a_e^\tau}{O_B} = \frac{\sqrt{3}}{6}\ \frac{v^2}{R^2}（顺时针转向）$$

8-19　如题8-19图所示圆轮半径为 r，在水平面上作纯滚动，轮心 C 以匀速度 v 向左运动。图示瞬时，摇杆 OE 与水平线夹角为 30°，连杆 ABD 与水平线夹角为 60°，$AB = BD = 4r$，试求该瞬时，(1) 滑块 D 销的速度；(2) 摇杆 OE 的角速度；(3) 摇杆 OE 的角加速度。

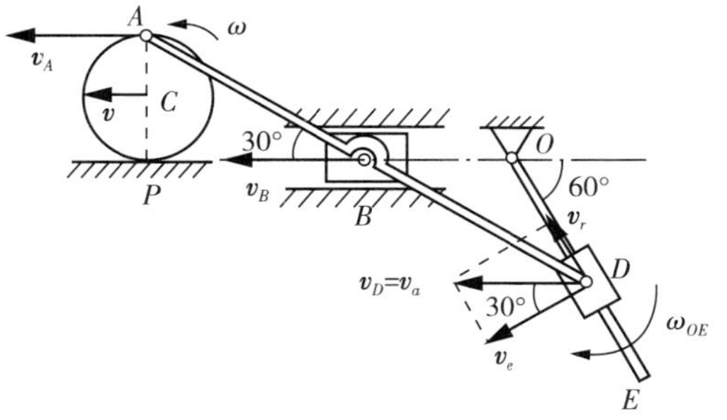

题 8-19(a) 图

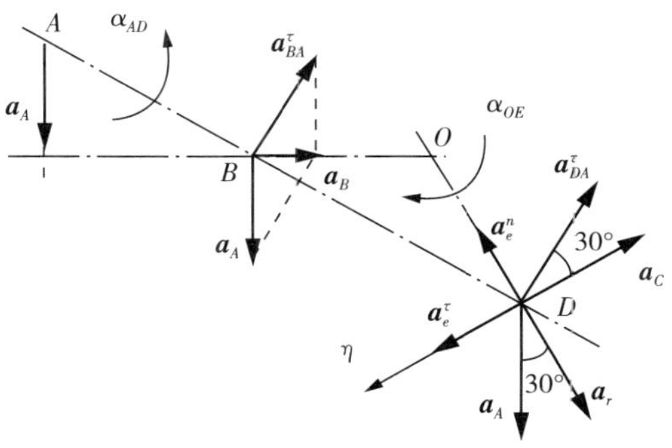

题 8-19(b) 图

【解】 轮 A 作平面运动,速度瞬心为与水平面的接触点 P,角速度 $\omega=\frac{v}{r}$,$v_A=2r\omega$。杆 AD 作瞬时平动,$v_A=v_B=v_D=2r\omega$,$\omega_{AD}=0$,即滑块 D 销的速度 $v_D=2r\omega$。加速度如题 8-19(b) 图,由

$$\boldsymbol{a}_B=\boldsymbol{a}_A+\boldsymbol{a}_{BA}^n+\boldsymbol{a}_{BA}^\tau$$

式中 $a_{BA}^n=\omega^2 AD\cdot AB=0$,$a_A=\omega^2 r$,$a_{BA}^\tau=\frac{a_A}{\cos30^\circ}=\frac{2r\omega}{\sqrt{3}}$,杆 AD 的角加速度 $\alpha_{AD}=\frac{a_{BA}^\tau}{AB}=\frac{2r\omega}{4r\sqrt{3}}=\frac{\sqrt{3}}{6}\omega^2$,由 $\boldsymbol{a}_D=\boldsymbol{a}_A+\boldsymbol{a}_{DA}^n+\boldsymbol{a}_{DA}^\tau$,式中 $a_{DA}^n=\omega_{AD}^2\cdot AD=0$,$a_A=\omega^2 r$,$a_{DA}^\tau=\alpha_{AD}\cdot AD=\frac{4\sqrt{3}}{3}r\omega^2$。

选动点销 D,动系 OE 杆,由 $\boldsymbol{v}_a=\boldsymbol{v}_e+\boldsymbol{v}_r$,则 $v_a=v_D=2r\omega$,$v_e=v_a\cos30^\circ=\sqrt{3}r\omega$,$v_r=v_a\sin30^\circ=r\omega$,摇杆 OE 的角速度 $\omega_{OE}=\frac{v_e}{OD}=\frac{3}{4}\omega$

由 $\boldsymbol{a}_a=\boldsymbol{a}_e^\tau+\boldsymbol{a}_e^n+\boldsymbol{a}_r+\boldsymbol{a}_C$,如题 8-19(b) 图,式中 $\boldsymbol{a}_a=\boldsymbol{a}_D=\boldsymbol{a}_A+\boldsymbol{a}_{DA}^\tau$,即

$$\boldsymbol{a}_A+\boldsymbol{a}_{DA}^\tau=\boldsymbol{a}_e^\tau+\boldsymbol{a}_e^n+\boldsymbol{a}_r+\boldsymbol{a}_C \qquad (*)$$

且 $a_e^n=OD\cdot\omega_{OE}^2=\frac{3\sqrt{3}}{4}r\omega^2$,$a_{DA}^\tau=\frac{4\sqrt{3}}{3}r\omega^2$,$a_C=2\omega_{OE}v_r=\frac{3}{2}r\omega^2$。

将(*)式投影至 η 轴上,得 $a_A\sin30^\circ-a_{DA}^\tau\cos30^\circ=a_e^\tau-a_C$,将加速度量代入,有

$$\frac{1}{2}r\omega^2-\frac{4\sqrt{3}}{3}r\omega^2\times\frac{\sqrt{3}}{2}=a_e^\tau-\frac{3}{2}r\omega^2$$

解得 $a_e^\tau=0$,所以该瞬时摇杆 OE 的角加速度 $\alpha_{OE}=\frac{a_e^\tau}{OD}=0$。

8-20 如题 8-20 图所示,平面机构的曲柄 OA 长为 $2l$,以匀角速度 ω_0 绕 O 轴转动。在图示位置时,$AB=BO$,并且 $\angle OAD=90^\circ$。求此时套筒 D 相对杆 BC 的速度和加速度。

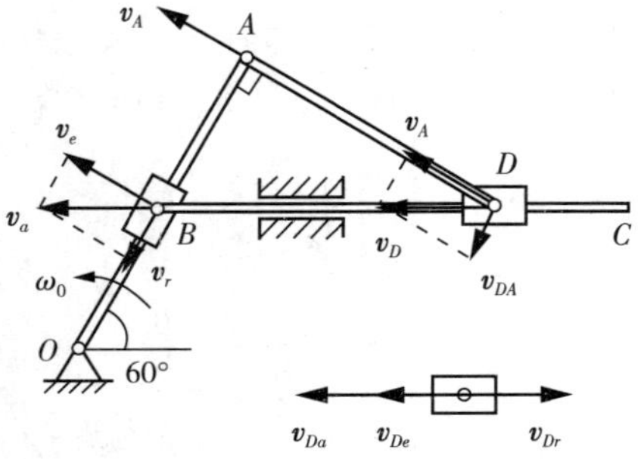

题 8-20(a) 图

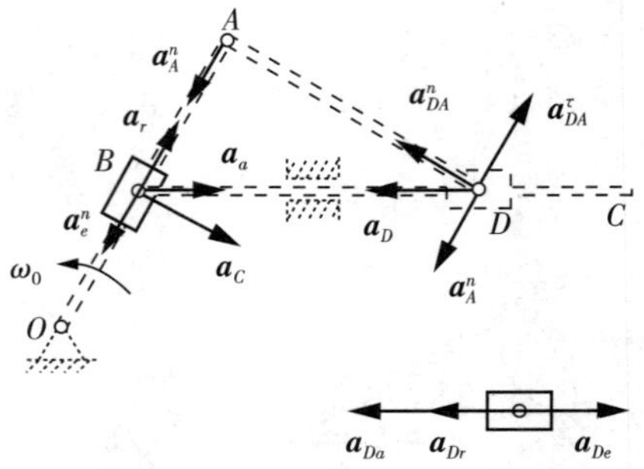

题 8-20(b) 图

【解】 (1) 先进行速度分析。以套筒 B 为动点,杆 OA 为动系,由 $\boldsymbol{v}_a=\boldsymbol{v}_e+\boldsymbol{v}_r$ 作 B 的速度图,由图可知

$$v_a=\frac{v_e}{\cos30^\circ}=\frac{2\sqrt{3}}{3}\omega_0 l,\quad v_r=v_a\sin30^\circ=\frac{\sqrt{3}}{3}\omega_0 l$$

BC 杆作平移的速度为 $v_{BC}=v_a=\frac{2\sqrt{3}}{3}\omega_0 l$，再以 A 为基点分析 D 点的速度。由 $\boldsymbol{v}_D=\boldsymbol{v}_A+\boldsymbol{v}_{DA}$ 作 D 点的速度合成图。由图可知

$$v_D=\frac{v_A}{\cos30^\circ}=\frac{2l\omega_0}{\cos30^\circ}=\frac{4\sqrt{3}}{3}\omega_0 l,\ v_{DA}=v_D\cos60^\circ=\frac{2\sqrt{3}}{3}\omega_0 l,\ \omega_{DA}=\frac{v_{DA}}{AD}=\frac{v_{DA}}{\sqrt{3}l}=\frac{2}{3}\omega_0$$

再以套筒 D 为动点，杆 BC 为动系，由 $\boldsymbol{v}_{Da}=\boldsymbol{v}_{De}+\boldsymbol{v}_{Dr}$ 作 D 点速度合成图，由图可知

$$v_{Da}=v_{De}-v_{Dr}$$

其中 $v_{Da}=v_D=\frac{4\sqrt{3}}{3}\omega_0 l$，$v_{De}=v_{BC}=\frac{2\sqrt{3}}{3}\omega_0 l$，代入上式可得套筒 D 相对杆 BC 的速度为

$$v_{Dr}=v_{De}-v_{Da}=-\frac{2\sqrt{3}}{3}\omega_0 l$$

所以，套筒 D 相对杆 BC 的速度大小为 $\frac{2\sqrt{3}}{3}\omega_0 l$，方向(←)。

(2) 再进行加速度分析。以套筒 B 为动点，杆 OA 为动系，由 $\boldsymbol{a}_a=\boldsymbol{a}_e^n+\boldsymbol{a}_r+\boldsymbol{a}_C$ 作 B 的速度图，列 a_k 方向的投影方程，有

$$a_a\cos30^\circ=a_C$$

其中 $a_C=2\omega_0 v_r=\frac{2\sqrt{3}}{3}\omega_0^2 l$，代入上式，可得 $a_a=\frac{a_C}{\cos 30^\circ}=\frac{4}{3}\omega_0^2 l$。

再以 A 为基点分析 D 点的加速度。由 $\boldsymbol{a}_D=\boldsymbol{a}_A+\boldsymbol{a}_{DA}^n+\boldsymbol{a}_{DA}^\tau$ 作 D 点的速度合成图。列 a_{DA}^n 方向的投影方程，有

$$a_D\cos30^\circ=a_{DA}^n$$

其中 $a_{DA}^n=\omega_{DA}^2\cdot DA=\frac{4\sqrt{3}}{9}\omega_0^2 l$，代入上式，可得 $a_D=\frac{a_{DA}^n}{\cos30^\circ}=\frac{8}{9}\omega_0^2 l$。

再以套筒 D 为动点，杆 BC 为动系，由 $\boldsymbol{a}_{Da}=\boldsymbol{a}_{De}+\boldsymbol{a}_{Dr}$ 作 D 点加速度合成图，列 $\boldsymbol{a}_{Da}$ 方向的投影方程，有

$$a_{Da}=-a_{De}+a_{Dr}$$

其中 $a_{Da}=a_D=\frac{8}{9}\omega_0^2 l$，$a_{De}=a_a=\frac{4}{3}\omega_0^2 l$，代入上式，可得

$$a_{Dr}=a_{Da}+a_{De}=\frac{20}{9}\omega_0^2 l$$

所以套筒 D 相对杆 BC 的加速度大小为 $\frac{20}{9}\omega_0^2 l$，方向(←)。

8-21　平面机构如题 8-21 图，已知 $OA=AB=r$，OA 杆、CD 杆角速度均为 ω，角加速度为零。在图示位置，OA 杆、AB 杆成水平直线，CD 杆与铅垂线夹角为 30°。试求此位置杆 AB 的角速度和角加速度。

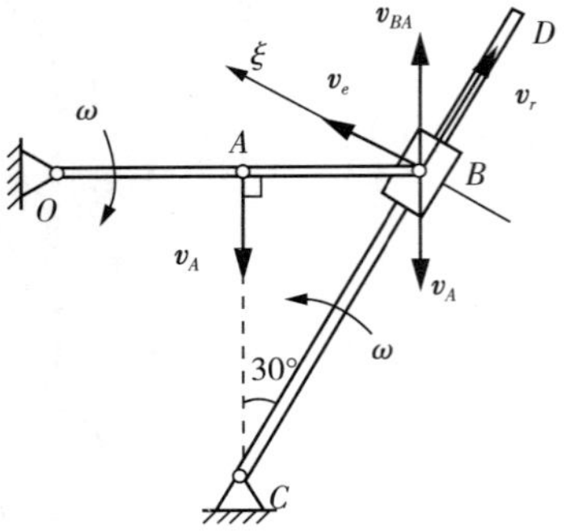

题 8 - 21(a) 图

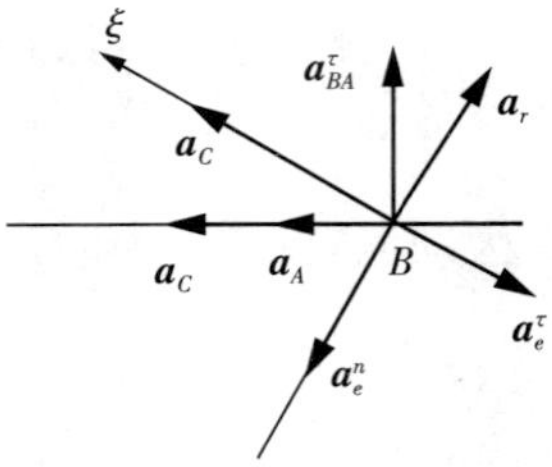

题 8 - 21(b) 图

【解】 (1) 速度分析。OA 杆、CD 杆做定轴转动,AB 杆作平面运动,由基点法

	$\boldsymbol{v}_B$	=	$\boldsymbol{v}_A$	+	$\boldsymbol{v}_{BA}$
大小:	?		$r\omega$		$AB\cdot\omega_{AB}$?
方向:	?		$\perp OA$		$\perp AB$

再选 B 销为动点,CD 杆为动系,则有

	$\boldsymbol{v}_a$	=	$\boldsymbol{v}_e$	+	$\boldsymbol{v}_r$
大小:	?		$CB\cdot\omega$		?
方向:	?		$\perp CB$		沿 CD

以上两矢量式各有三个未知量,不能单独求解,但注意到$\boldsymbol{v}_B=\boldsymbol{v}_a$,可联立两式得

$$\boldsymbol{v}_A+\boldsymbol{v}_{BA}=\boldsymbol{v}_e+\boldsymbol{v}_r$$

如题 8 - 21(a) 图,将此式投影至 ξ 轴上,得

$$-v_A\sin30^\circ+v_{BA}\sin30^\circ=v_e$$

即 $-\frac{1}{2}r\omega+\frac{1}{2}r\omega_{AB}=2r\omega$,解得杆 AB 的角速度

$$\omega_{AB}=5\omega$$

B 销的速度 $v_a=v_B=v_{BA}-v_A=5r\omega-r\omega=4r\omega$,$v_r=v_a\cos30^\circ=2\sqrt{3}\,r\omega$。

(2) 求杆 AB 的角加速度

	$\boldsymbol{a}_B$	=	$\boldsymbol{a}_A$	+	$\boldsymbol{a}_{BA}^n$	+	$\boldsymbol{a}_{BA}^{\tau}$
大小:	?		$r\omega^2$		$AB\cdot\omega_{AB}^2$		$AB\cdot\alpha_{AB}$?
方向:	?		$A\to O$		$B\to A$		$\perp AB$

再选 B 销为动点，CD 杆为动系，则

	$\boldsymbol{a}_a$	=	$\boldsymbol{a}_e$	+	$\boldsymbol{a}_r$	+	$\boldsymbol{a}_C$
大小：	?		$CB \cdot \omega^2$		?		$2\omega v_r$
方向：	?		$B \rightarrow C$		沿 O_1B		$\perp CD$

以上两矢量式各有三个未知量，不能单独求解，但 $\boldsymbol{a}_B = \boldsymbol{a}_a$，联立可得

$$\boldsymbol{a}_A + \boldsymbol{a}_{BA}^n + \boldsymbol{a}_{BA}^\tau = \boldsymbol{a}_e + \boldsymbol{a}_r + \boldsymbol{a}_C$$

如题 8-21(b) 图，将上式投影至 ξ 轴上，得

$$a_A \cos 30° + a_{BA}^n \cos 30° + a_{BA}^\tau \cos 60° = a_C$$

代入相关量加速度，有

$$r\omega^2 \cdot \frac{\sqrt{3}}{2} + 25r\omega^2 \cdot \frac{\sqrt{3}}{2} + \alpha_{AB} r \cdot \frac{1}{2} = 4\sqrt{3}\, r\omega^2$$

解得 $\alpha_{AB} = -18\sqrt{3}\omega^2$，负号说明 AB 杆角加速度为顺时针转向。

8-22　如题 8-22 图所示机构中滑块 A 的速度为常值，$v_A = 0.2\text{m/s}$，$AB = 0.4\text{m}$。求当 $AC = CB$，$\theta = 30°$ 时杆 CD 的速度和加速度。

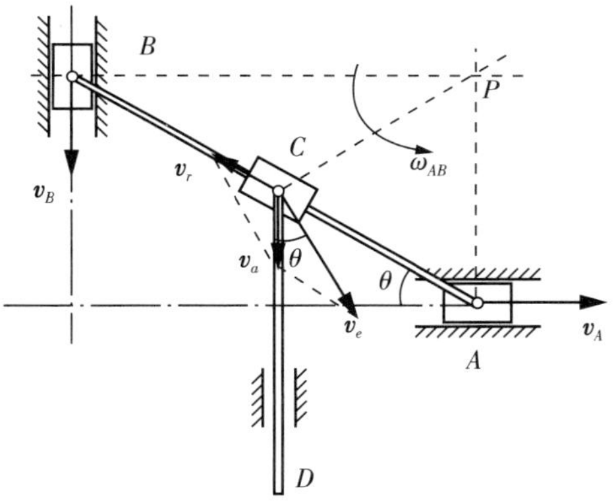

题 8-22(a) 图

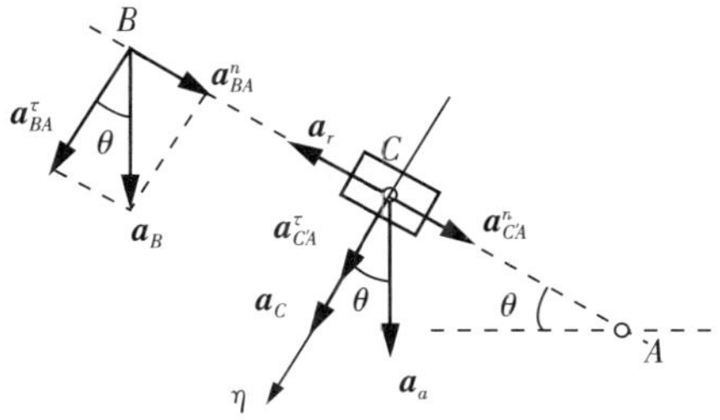

题 8-22(b) 图

【解】　速度分析：AB 杆做平面运动，瞬心为点 P，$\omega_{AB} = v_A / AP = 1\text{rad/s}$，$AB$ 杆上点 C' 的速度 $v_C' = \omega_{AB} \cdot CP = 0.2\text{m/s}$。选销 C 为动点，杆 AB 为动系，如题 8-22(a) 图，销 C 速度为

	$\boldsymbol{v}_a$	=	$\boldsymbol{v}_e$	+	$\boldsymbol{v}_r$
大小：	?		$CP \cdot \omega_{AB}$		?
方向：	沿 CD		$\perp CP$		沿 AB

式中 $v_e = v_C' = 0.2\text{m/s}$，得 $v_a = v_r = \frac{\sqrt{3}}{3} v_e = \frac{\sqrt{3}}{15}\text{m/s}$，即杆 CD 的速度为

$$v_{CD}=\frac{\sqrt{3}}{15}\text{m/s}$$

加速度分析：AB 杆作平面运动，有

$$\boldsymbol{a}_B=\boldsymbol{a}_A+\boldsymbol{a}_{BA}^n+\boldsymbol{a}_{BA}^\tau$$

式中 $a_A=0$ ，$\boldsymbol{a}_{BA}^n=\omega_{AB}^2\cdot AB=0.4\ \text{m/s}^2$，$a_{BA}^\tau=\dfrac{a_{BA}^n}{\tan\theta}=0.4\sqrt{3}\ \text{m/s}^2$，$\alpha_{AB}=\dfrac{a_{BA}^\tau}{AB}=\sqrt{3}\,\text{rad/s}^2$。

选销 C 为动点，杆 AB 为动系，如题 8－22(b) 图，有

$$\boldsymbol{a}_a=\boldsymbol{a}_e+\boldsymbol{a}_r+\boldsymbol{a}_C$$

式中$\boldsymbol{a}_e$ 即 AB 杆上点 C' 的加速度，有$\boldsymbol{a}_e=\boldsymbol{a}_{C'}=\boldsymbol{a}_A+\boldsymbol{a}_{C'A}^n+\boldsymbol{a}_{C'A}^\tau$，得

	$\boldsymbol{a}_a$	=	$\boldsymbol{a}_{C'A}^\tau$	+	$\boldsymbol{a}_{C'A}^n$	+	$\boldsymbol{a}_r$	+	$\boldsymbol{a}_C$
大小：	?		$CA\cdot\alpha_{AB}$		$CA\cdot\omega_{AB}^2$		?		$2\omega_{AB}v_r$
方向：	铅直		$\perp AB$		$C\to A$		沿 AB		$\perp AB$

将上式投影至 η 轴上得 $a_a\cos\theta=a_C+a_{C'A}^\tau$，解得 $a_a=\dfrac{2}{3}\ \text{m/s}^2\downarrow$，即图示瞬时杆 CD 的加速度。

8－23　如题8－23图所示刨床机构，曲柄 $O_1A=r$，以匀角速度 ω 逆时针转动，轴 O 到水平刨杆 BC 的距离为 $4r$，求在图示瞬时，刨杆 BC 的速度与加速度。

【解 1】 (1) 速度分析：BD 杆上与销 O 重合的点 O' 的速度$v_{O'}$ 沿杆轴线方向，B 点速度方向水平，所以 BD 杆速度瞬心为 P 点。几何尺寸

$$O_1A=r,OA=2r,BP=\frac{16}{3}r,OP=\frac{8}{3}r,AP=\frac{10}{3}r,\sin\theta=\frac{3}{5}$$

选销 A 为动点，BD 杆为动系，则如题 8－23(a) 图，A 点速度

	$\boldsymbol{v}_a$	=	$\boldsymbol{v}_e$	+	$\boldsymbol{v}_r$
大小：	$O_1A\cdot\omega$		?		?
方向：	$\perp O_1A$		$\perp AP$		沿 BD

将上式投影至 η 轴：$v_a\sin30^\circ=v_e\sin\theta$，解得 $v_e=\dfrac{5}{6}r\omega$；投影至 DB 轴：

$$v_a\cos30^\circ=v_r-v_e\cos\theta$$

解得 $v_r=\left(\dfrac{\sqrt{3}}{2}+\dfrac{2}{3}\right)r\omega$，则 BD 杆角速度为 $\omega_{BD}=\dfrac{v_e}{AP}=\dfrac{1}{4}\omega$，$B$ 点的速度为

$$v_B=\omega_{BD}\cdot BP=\frac{1}{4}\omega\cdot\frac{16}{3}r=\frac{4}{3}r\omega$$

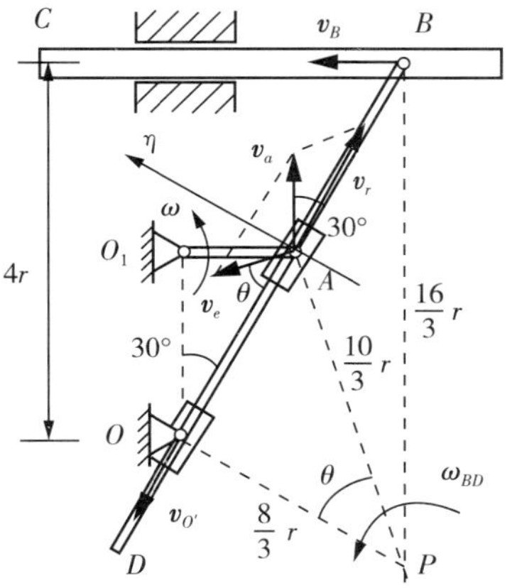

题 8－23(a) 图

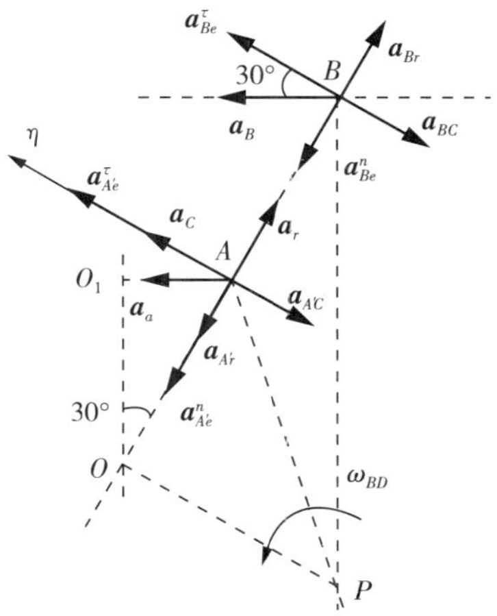

题 8－23(b) 图

即刨杆 BC 的速度为 $v_B=\frac{4}{3}r\omega(\leftarrow)$，$BD$ 杆上与 O 销重合的点 O' 的速度

$$v_O'=\omega_{BD}\cdot OP=\frac{\omega}{4}\cdot\frac{8}{3}r=\frac{2}{3}r\omega$$

注意：v_O' 也是摇杆 BD 上各点相对于套筒 O 运动的速度。

(2) 加速度分析：选销 A 为动点，BD 杆为动系，则如题 8－23(b) 图，A 点加速度为

	$\boldsymbol{a}_a$	$=$	$\boldsymbol{a}_e$	$+$	$\boldsymbol{a}_r$	$+$	$\boldsymbol{a}_C$
大小：	$\omega^2 r$		a_A'?		?		$2\omega_{BD}v_r$
方向：	$A\rightarrow O$		?		沿 BD		$\perp BD$

式中牵连加速度$a_e=a_A'$ 即杆 BD 上与销 A 重合的点 A' 的加速度。上式有三个未知量，不可求解。选杆 BD 上与销 A 重合的点 A' 为动点，套筒 O 为动系，则 A' 点加速度为$a_A'=a_e$，如题 8－23(b) 图。

	$\boldsymbol{a}_A'$	$=$	$\boldsymbol{a}_{A'e}^{\tau}$	$+$	$\boldsymbol{a}_{A'e}^{n}$	$+$	$\boldsymbol{a}_{A'r}$	$+$	$\boldsymbol{a}_{A'C}$
大小：	?		$AO\cdot\alpha_O$?		$AO\cdot\omega_O^2$		?		$2\omega_O v_O'$
方向：	?		$\perp AO$		$A\rightarrow O$		沿 BD		$\perp AO$

联立以上两矢量式，注意到摇杆 BD 与套筒 O 具有相同的角速度、角加速度，$\omega_O=\omega_{BD}=\frac{1}{4}\omega$，$\alpha_O=\alpha_{BD}$ 待求，有

	$\boldsymbol{a}_a$	$=$	$\boldsymbol{a}_{A'e}^{\tau}+$	$\boldsymbol{a}_{A'e}^{n}+\boldsymbol{a}_{A'r}+\boldsymbol{a}_{A'C}+\boldsymbol{a}_r$	$+\boldsymbol{a}_C$
大小：	$\omega^2 r$		$AO\cdot\alpha_O$?	$AO\cdot\omega_O^2$? $2\omega_O v_O'$?	$2\omega_{BD}v_r$
方向：	$A\rightarrow O$		$\perp AO$	$A\rightarrow O$ 沿 BD $\perp AO$ 沿 BD	$\perp BD$

将上式投影至 η 轴

$$a_a\cos30^\circ = a_{A'e}^{\tau} - a_{A'C} + a_C$$

得$\frac{\sqrt{3}}{2}r\omega^2 = 2r\cdot\alpha_O - 2\cdot\frac{1}{4}\omega\cdot\frac{2}{3}r\omega + 2\cdot\frac{1}{4}\omega\cdot\left(\frac{\sqrt{3}}{2}+\frac{2}{3}\right)r\omega$，所以套筒 O 的角加速度为

$$\alpha_O = \frac{\sqrt{3}}{8}\omega^2$$

最后以 B 为动点，套筒 O 为动系，如题 8-23(b) 图，有

$$\boldsymbol{a}_B = \boldsymbol{a}_{Be}^{\tau} + \boldsymbol{a}_{Be}^{n} + \boldsymbol{a}_{Br} + \boldsymbol{a}_{BC}$$

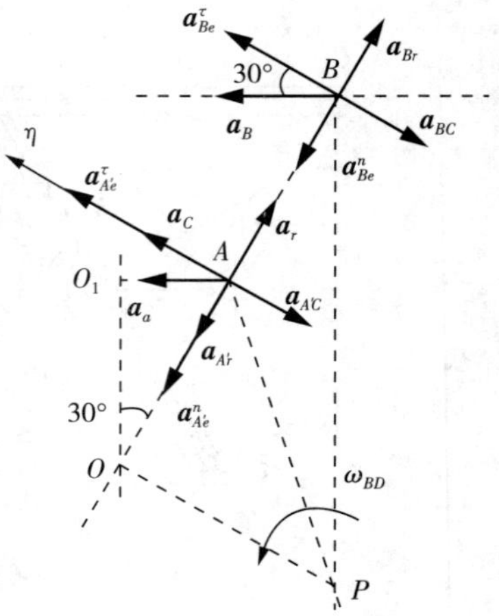

题 8-23(c) 图

式中

$$a_{Be}^{\tau} = BO\cdot\alpha_O = \frac{8\sqrt{3}}{3}r\cdot\frac{\sqrt{3}}{8}\omega^2 = r\omega^2$$

$$a_{Be}^{n} = BO\cdot\omega_O^2 = \frac{8\sqrt{3}}{3}r\cdot\left(\frac{\omega}{4}\right)^2 = \frac{\sqrt{3}}{6}r\omega^2$$

$$a_{BC} = 2\omega_O v_O{}' = 2\cdot\frac{\omega}{4}\cdot\frac{2}{3}r\omega = \frac{1}{3}r\omega^2$$

将上式投影至 η 轴，得 $a_B\cos30^\circ = a_{Be}^{\tau} - a_{BC}$，解得刨杆 BC 的加速度为

$$a_B = \frac{4}{9}\sqrt{3}\,r\omega^2\,(\leftarrow)$$

【解 2】 解析法。机构的一般位置如题 8-23(c) 图。建立坐标系 Oxy，则

$$x_B = 4r\tan\theta \tag{1}$$

$$v_B = \frac{\mathrm{d}x_B}{\mathrm{d}t} = \frac{4r}{\cos^2\theta}\dot{\theta} \tag{2}$$

$$a_B = \frac{\mathrm{d}v_B}{\mathrm{d}t} = \frac{4r}{\cos^2\theta}\ddot{\theta} + \frac{8r\sin\theta}{\cos^3\theta}\dot{\theta}^2 \tag{3}$$

几何关系：在 ΔOO_1A 中，有

$$AO = \sqrt{r^2 + (\sqrt{3}r)^2 - 2\cdot r\cdot\sqrt{3}r\cos\varphi} = r\sqrt{4-2\sqrt{3}\cos\varphi}$$

由正弦定理，有$\frac{AO}{\sin\varphi} = \frac{r}{\sin\theta}$，解得 $\sin\theta = \frac{\sin\varphi}{\sqrt{4-2\sqrt{3}\cos\varphi}}$，对时间求两阶导数得

$$\cos\theta\dot{\theta} = \frac{4\cos\varphi - \sqrt{3}\cos^2\varphi - \sqrt{3}}{(4-2\sqrt{3}\cos\varphi)^{\frac{3}{2}}}\dot{\varphi} \tag{4}$$

$$-\sin\theta\dot{\theta}^2+\cos\theta\ddot{\theta}=\frac{4\cos\varphi-\sqrt{3}\cos^2\varphi-\sqrt{3}}{(4-2\sqrt{3}\cos\varphi)^{\frac{3}{2}}}\ddot{\varphi}+\frac{-4\sin\varphi+2\sqrt{3}\cos\varphi\sin\varphi}{(4-2\sqrt{3}\cos\varphi)^{\frac{3}{2}}}\dot{\varphi}^2-\frac{(4\cos\varphi-\sqrt{3}\cos^2\varphi-\sqrt{3})\cdot\frac{3}{2}\cdot2\sqrt{3}\sin\varphi}{(4-2\sqrt{3}\cos\varphi)^{\frac{5}{2}}}\dot{\varphi}^2 \tag{5}$$

注意到 $\dot{\varphi}=\omega,\ddot{\varphi}=0$，当 $\varphi=90°$ 时 $\theta=30°$。由式(4)、(5) 得

$$\dot{\theta}=-\frac{1}{4}\dot{\varphi}=-\frac{1}{4}\omega,\ddot{\theta}=-\frac{\sqrt{3}}{8}\dot{\varphi}^2=-\frac{\sqrt{3}}{8}\omega^2$$

代入式(2)、(3) 得刨杆 BC 的速度 $v_B=-\frac{4}{3}r\omega(\leftarrow)$，加速度 $a_B=-\frac{4}{9}\sqrt{3}r\omega^2(\leftarrow)$。

8-24　边长为$\sqrt{2}l$的正方形$DEFG$在自身平面内运动，其两边始终与固定槽边 A、B 点接触，$AB=l$，图示瞬时，板的角速度ω和角加速度α 均为已知，A 点位于DG边的中点。求该瞬时板上 F 点的速度和加速度。

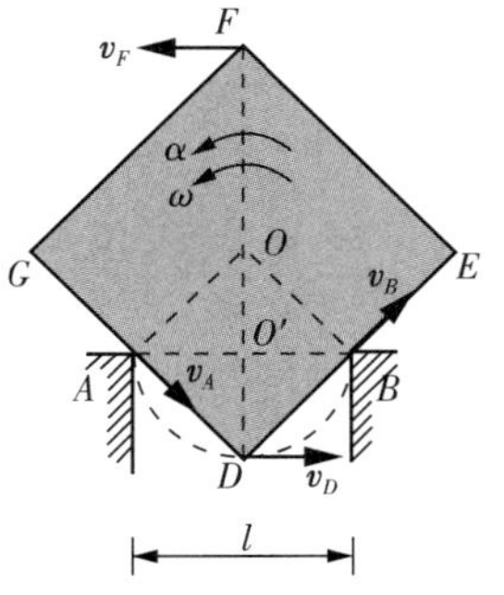

题 8-24(a) 图

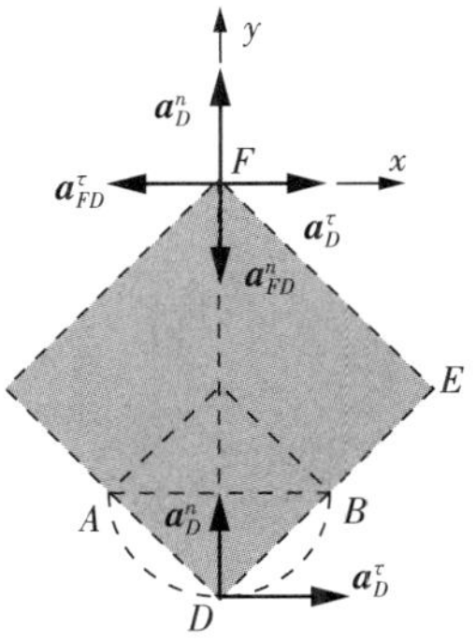

题 8-24(b) 图

【解】　速度分析：正方形两边 DG、DE 始终与固定槽边 A、B 点接触，板上 A、B 两点速度分别沿 GD、DE 方向，因此，板的速度瞬心为点 O，如题 8-24(a) 图。

$$v_A=v_B=\frac{\sqrt{2}}{2}l\omega,v_D=v_F=l\omega$$

即板上F点的速度$v_F=l\omega$　$(\leftarrow)$。又因点D的轨迹为以AB中点O'为圆心、AB为直径的半圆周，所以点 D 的法向加速度和切向加速度分别为

$$a_D^n=\frac{v_D^2}{O'D}=\frac{(l\omega)^2}{l/2}=2l\omega^2,a_D^{\tau}=\frac{\mathrm{d}v_D}{\mathrm{d}t}=l\alpha$$

由基点法，$\boldsymbol{a}_F=\boldsymbol{a}_D^n+\boldsymbol{a}_D^{\tau}+\boldsymbol{a}_{FD}^n+\boldsymbol{a}_{FD}^{\tau}$，式中 $a_{FD}^n=\omega^2\cdot FD=2l\omega^2$，$a_{FD}^{\tau}=\alpha\cdot FD=2l\alpha$，分别投影至 x、y 方向，得

$$\begin{cases} a_{Fx} = a_D^{\tau} - a_{FD}^{\tau} = -l\alpha \\ a_{Fy} = a_D^n - a_{FD}^n = 0 \end{cases}$$

所以 F 点的加速度 $a_F = l\alpha$ (←)。

8-25　半径为 r 的圆盘沿水平面滚动并滑动，其角速度为常数。圆盘上点 A 和点 B 速度相同、加速度相同，$OA = r/2$。求点 C 和点 D 的速度的比值及加速度的比值。

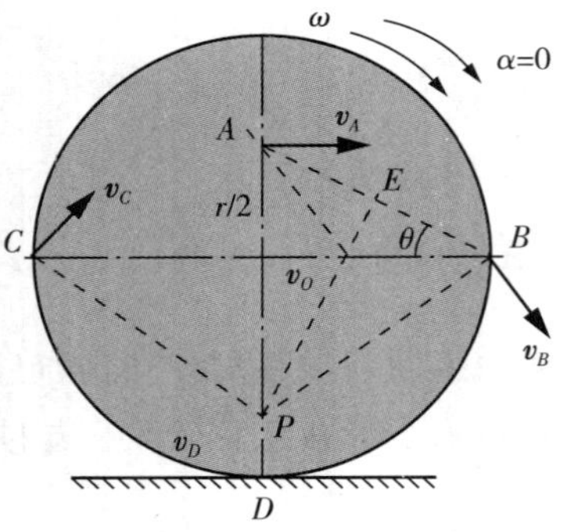

题 8-25(a) 图

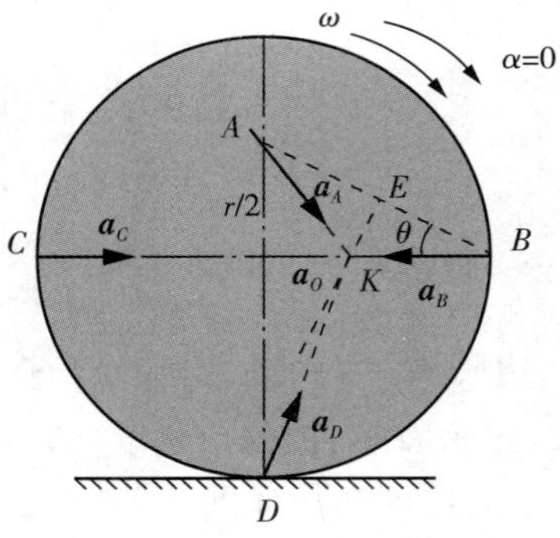

题 8-25(b) 图

【解】　(1) 圆盘上点 A 和点 B 速度相同，则圆盘的速度瞬心在 AB 连线的中分线上。又圆盘中心 O 的速度水平方向，所以速度瞬心为点 P，如题 8-25(a) 图。

$$\overline{AB} = \sqrt{\overline{OA}^2 + \overline{OB}^2} = \sqrt{\left(\frac{r}{2}\right)^2 + r^2} = \frac{\sqrt{5}}{2}r, \overline{AE} = \overline{BE} = \frac{\sqrt{5}}{4}r$$

$$\tan\theta = \frac{1}{2}, \sin\theta = \frac{1}{\sqrt{5}}, \cos\theta = \frac{2}{\sqrt{5}}$$

$$\overline{AP} = \frac{\overline{AE}}{\sin\theta} = \frac{5}{4}r, \overline{OP} = \overline{AP} - \overline{OA} = \frac{5}{4}r - \frac{1}{2}r = \frac{3}{4}r$$

$$\overline{DP} = r - \overline{OP} = \frac{1}{4}r, \overline{CP} = \sqrt{\left(\frac{3}{4}r\right)^2 + r^2} = \frac{5}{4}r$$

$$v_C = \omega \cdot \overline{CP} = \frac{5}{4}r\omega, v_D = \omega \cdot \overline{DP} = \frac{1}{4}r\omega$$

所以点 C 和点 D 的速度的比值 $v_C : v_D = 5 : 1$

(2) 圆盘上点 A 和点 B 加速度相同，则圆盘的加速度瞬心在 AB 连线的中分线上。又圆盘角加速度为零，各点加速度矢量交点即加速度中心。圆盘中心点 O 的加速度沿水平方向，所以，圆盘加速度瞬心为点 K，如题 8-25(b) 图。

$$\overline{BK} = \frac{\overline{BE}}{\cos\theta} = \frac{5}{8}r, \overline{OK} = r - \frac{1}{2}\overline{BK} = \frac{3}{8}r$$

$$\overline{CK} = r + \overline{OK} = \frac{11}{8}r, \overline{DK} = \sqrt{r^2 + \overline{OK}^2} = \frac{\sqrt{73}}{8}r$$

点 C 的加速度为

$$a_C = \omega^2 \cdot \overline{CK} = \frac{11}{8} r\omega^2$$

所以点 D 的加速度为

$$a_D = \omega^2 \cdot \overline{DK} = \frac{\sqrt{73}}{8} r\omega^2$$

点 C 和点 D 的加速度的比值

$$a_C : a_D = 11 : \sqrt{73}$$

第 9 章　质点动力学的基本方程

9.1　主要内容

一、动力学基本定律

1. 第一定律(惯性定律)

不受力作用的质点,将保持静止或作匀速直线运动。

2. 第二定律(力与加速度间关系)

质点因受力作用而产生的加速度,其方向与力相同,其大小与力成正比而与质点的质量成反比,即

$$m\boldsymbol{a} = \boldsymbol{F} \tag{9-1}$$

称为质点动力学的基本方程。当质点受多个力作用时,上式中的 F 为此汇交力系的合力。

3. 第三定律(作用于反作用定律)

两个物体间的作用力与反作用力总是大小相等、方向相反,沿同一直线,且分别作用在这两个物体上。

注意

(1) 上述牛顿三定律适用于惯性参考系。

(2) 匀速直线运动称为惯性运动。

(3) 质点的加速度和质点所受的力是瞬时对应的关系。

二、质点的运动微分方程

1. 矢量式的质点运动微分方程

$$m\frac{\mathrm{d}^2\boldsymbol{r}}{\mathrm{d}t^2} = \sum_{i=1}^{n}\boldsymbol{F}_i \tag{9-2}$$

式中 $\boldsymbol{r}$ 是质点对于固定点的矢径。

2. 直角坐标投影式的质点运动微分方程

$$m\frac{\mathrm{d}^2x}{\mathrm{d}t^2} = \sum F_{ix},\ m\frac{\mathrm{d}^2y}{\mathrm{d}t^2} = \sum F_{iy},\ m\frac{\mathrm{d}^2z}{\mathrm{d}t^2} = \sum F_{iz} \tag{9-3}$$

式中 x,y,z 为矢径 r 在固定直角坐标系 $Oxyz$ 各轴上的投影；$\sum F_{ix}$，$\sum F_{iy}$，$\sum F_{iz}$ 分别为质点上所受各力在相应坐标轴上投影的代数和。

3. 自然轴投影式的质点运动微分方程

$$m\frac{\mathrm{d}v}{\mathrm{d}t}=\sum F_{it},m\frac{v^2}{\rho}=\sum F_{in},0=\sum F_{ib} \tag{9-3}$$

式中 $\sum F_{it}$，$\sum F_{in}$，$\sum F_{ib}$ 分别为质点上所受各力在切线、主法线和副法线上投影的代数和；ρ 为轨迹的曲率半径。

三、质点动力学的基本问题分类

质点动力学可分为两类基本问题：

(1) 已知质点的运动，求作用于质点的力；

(2) 已知作用于质点的力，求质点的运动。

求解第一类问题，需先求得质点的加速度；求解第二类问题，一般是积分的过程。质点的运动规律不仅决定于作用力，也与质点的运动初始条件有关，这两类的综合问题称为混合问题。

9.2　解题指导与习题解答

一、解题指导

1. 选取研究对象。根据题意选取一个质点或可简化为质点的物体作为研究对象。

2. 进行受力分析。做出研究对象的受力图，方法与静力学受力分析相同。

3. 进行运动分析。分析研究对象的运动要素如速度、加速度等，并标识在图中。

4. 选择适当的坐标系，建立质点的运动微分方程。

5. 求解方程。根据不同类型的质点动力学问题可采用以下不同方式求解。

(1) 已知运动求力的问题：归结为求导问题，即由已知的质点的运动规律，通过对时间的求导，得到质点的加速度在相应坐标轴上的投影，再带入相应的运动微分方程，求得未知力。

(2) 已知力求运动问题：归结为积分问题，即将已知的作用于质点上的力代入质点运动微分方程并进行积分运算，求得质点的速度和运动方程。积分常数可根据质点的运动初始条件（初瞬时质点的速度和坐标）确定。

在积分过程中，常常需要根据作用力的性质（常力或时间、位置、速度的函数），灵活地进行分离变量，如 $a=\frac{\mathrm{d}v}{\mathrm{d}t}$，$a_x=\frac{\mathrm{d}v_x}{\mathrm{d}x}\cdot\frac{\mathrm{d}x}{\mathrm{d}t}=v_x\frac{\mathrm{d}v_x}{\mathrm{d}x}$ 等，以方便进行积分。

(3) 对于质点动力学综合问题，一般可根据已知的力和质点运动的初始条件，求得质点的运动规律，然后在质点运动确定的情况下再求未知的作用力。

注意

(1) 具体计算时常用的方法为直角坐标法和自然坐标法；当质点的轨迹已知时，选自然坐标法比较方便；

(2) 牛顿定律适用的坐标系是惯性坐标系，工程问题中常把固结于地面的参考系，或相对于地面做匀速直线运动的参考系为惯性参考系（定系），因此质点运动微分方程中的加速度应该为绝对加速度。

(3) 建立其运动微分方程时必须把质点放在一般的位置上，这样才能保证该方程能适用于整个运动过程，从而使解具有普遍意义。

二、习题解答

9-1　是非题

(1) 只要知道作用在质点上的力，那么质点在任一瞬间的运动状态就完全确定了。

(2) 在惯性参考系中，不论初始条件如何变化，只要质点不受力的作用，则该质点应保持静止或等速直线运动状态。

(3) 一个质点只要运动，就一定受有力的作用，而且运动的方向就是它受力的方向。

(4) 同一运动的质点，在不同的惯性参考系中运动，其运动的初始条件是不同。

【答】 (1)(×)；(2)(√)；(3)(×)；(4)(√)

9-2　三个质量相同的质点，在某瞬时的速度分别如题9-2图所示，若对它们作用了大小、方向相同的力 $\boldsymbol{F}$，问质点的运动情况是否相同？

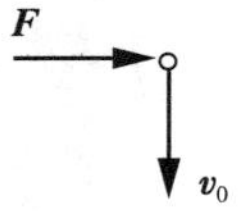

题 9-2(a) 图

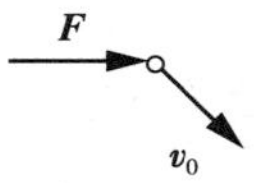

题 9-2(b) 图

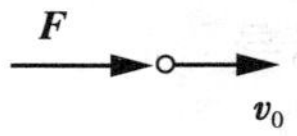

题 9-2(c) 图

【答】 三个质点质量相同，受力相同，其运动微分方程相同，但初始条件不相同，故运动情况不相同。

9-3　如题9-3图所示，管 OA 内有一小球 M，管壁光滑。当管 OA 在水平面内绕铅直轴 O 转动时，小球为什么向管口运动？

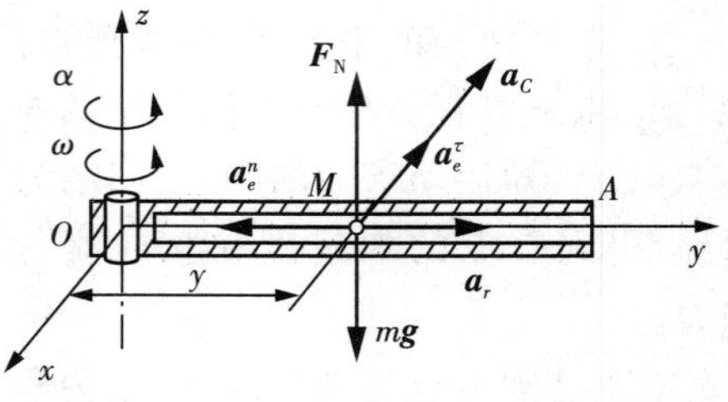

题 9-3 图

【解】 研究小球，受力如图，小球在 y 轴方向不受力。取小球 M 为动点，套管为动系，有

$$\boldsymbol{a}_a = \boldsymbol{a}_e^n + \boldsymbol{a}_e^\tau + \boldsymbol{a}_r + a_C$$

且 $a_e^n = \omega^2 y, a_e^\tau = \alpha y$，

由 $m\boldsymbol{a}_a = \sum \boldsymbol{F}_i$，投影至 y 轴上得 $ma_{ay} = 0, m(a_r - a_e^n) = 0, a_r = a_e^n = \omega^2 y$，显然 $a_r = \dfrac{\mathrm{d}v_r}{\mathrm{d}t} = \omega^2 y > 0$

积分 $v_r = \int_0^t \omega^2 y\mathrm{d}t > 0$　∴ 小球向管口运动。

9-4　在一水平放置的、不计质量的圆盘边缘上固结一质量为 m 的质点 M，圆盘以角速度 ω，角加速度 α 绕轴 O 转动，则系统在题 9-4 图所示位置轴 O 处约束力为________。（需在图上画出该力）

【答】 $F_{On} = mR\omega^2, F_{O\tau} = mR\alpha$

9-5　光滑细管绕铅垂轴 z 以匀角速度 ω 转动。管内有一小球以相对于管的初速度 v_{r0} 朝 O 点运动，则小球相对细管的相对运动微分方程为________。

【答】 $\ddot{x} - \omega^2 x = 0$

9-6　质量为 10kg 的质点，受水平力 $\boldsymbol{F}$ 的作用，在光滑水平面上运动，设 $F=3+4t$（t 以 s 计，F 以 N 计），初瞬间（$t=0$）质点位于坐标原点，且其初速度为零。则 $t=3s$ 时，质点的位移等于________，速度等于________。

【答】 3.15m，2.7m/s

9-7　质量 $m=2$kg 的重物 M，挂在长 $l=0.5$m 的细绳下端，重物受到水平冲击后获得了速度 $\boldsymbol{v}_0=5$m/s，则此时绳子的拉力等于________。

【答】 119.6N

9-8　已知摆长 $OM=l$，摆锤质量 m，悬挂点 O 以加速度 $\boldsymbol{a}_0$ 向上运动，则相对于 $Ox'y'$ 坐标系的相对运动动力学方程为________。

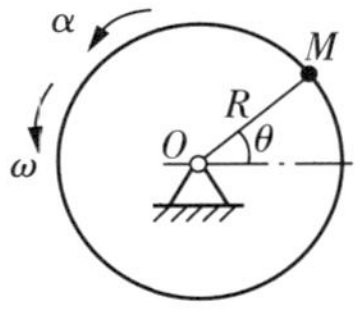

题 9-4 图

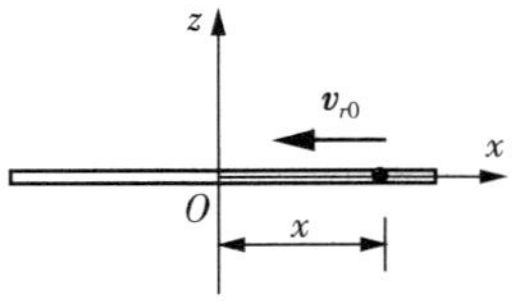

题 9-5 图

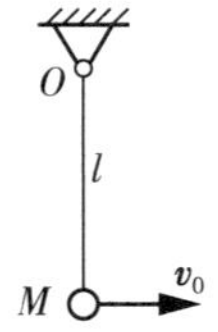

题 9-7 图

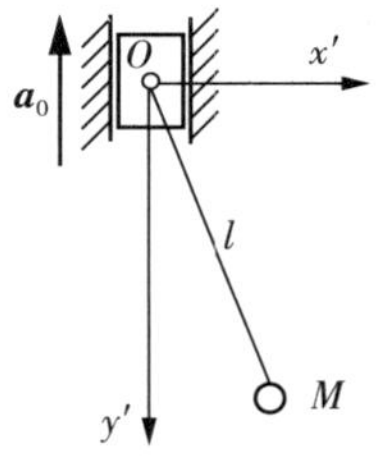

题 9-8 图

【答】 $\ddot{\varphi} + (a_0 + g)\sin\varphi / l = 0$

9-9　在介质中上抛一质量为 m 的小球，已知小球所受阻力 $\boldsymbol{R} = -k\boldsymbol{v}$，若选择坐标轴 x 铅直向上，则小球的运动微分方程为________。

【答】 $m\ddot{x} = -mg - k(\mathrm{d}x/\mathrm{d}t)$

9-10　如题 9-10 图所示物块 A 置于锥形圆盘上，离转动轴的距离为 $r=20$cm，如物块与锥面间的摩擦系数为 $f=0.3$，问圆盘的每分钟转速应在什么范围内，方能使物块在锥面上保持平衡，假定角速度改变很慢，角加速度可忽略不计。

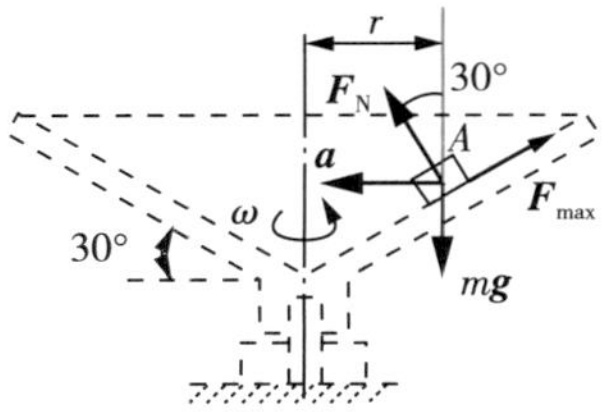

题 9-10 图

【解】　取物块 A 为研究对象，考虑 A 下滑的临界状态，最大静摩擦力方向沿斜面向上，受力如题 9-10(b)

图。由 $m\boldsymbol{a}=\sum \boldsymbol{F}_i$，分别向 x、y 方向投影

$$\begin{cases}mr\omega^2=F_N\sin30°-F_{max}\cos30° \\ 0=F_N\cos30°+F_{max}\sin30°-mg\end{cases}$$

$$F_{max}=fF_N$$

解得 $r\omega^2=\dfrac{(\sin 30°-f\cos 30°)}{(\cos 30°+f\sin 30°)}g$，则

$$\omega=3.4\text{rad/s},n=\frac{30\omega}{\pi}=32.52\text{r/min}$$

考虑 A 上滑的临界状态，最大静摩擦力方向沿斜面向下（将(b)图中的 F_{max} 反向即可）

$$\begin{cases}mr\omega^2=F_N\sin30°+F_{max}\cos30° \\ 0=F_N\cos30°-F_{max}\sin30°-mg\end{cases}\text{解得：}r\omega^2=\frac{(\sin 30°+f\cos 30°)}{(\cos 30°-f\sin 30°)}g$$

$$F_{max}=fF_N$$

$$\omega=7.2\text{rad/s},n=\frac{30\omega}{\pi}=68.89\text{r/min}$$

所以转速的范围为

$$32.52\text{r/min}\leqslant n\leqslant 68.89\text{r/min}$$

9-11　半径为 R 的偏心轮绕轴 O 以角速度 ω 转动，推动导杆沿铅直导槽运动。导杆顶部放有质量为 m 的物块 A，设偏心距为 $OC=e$，开始时 OC 沿水平线。求(1)物块对导板的最大压力；(2)使物块不离开导板的 ω 最大值。

分析　物块不离开导板的临界状态是偏心轮所受压力为零。

【解】　物块受力如图，建立坐标，物块的运动方程为

$$x=h+R+e\sin\omega t$$

则加速度为 $\ddot{x}=-e\omega^2\sin\omega t$

由 $m\ddot{x}=F_N-mg$ 得

$$F_N=mg-me\omega^2\sin\omega t$$

所以最大压力为 $F_{Nmax}=m(g+e\omega^2)$；最小压力为 $F_{Nmin}=m(g-e\omega^2)$。物块不离开导板的条件是 $F_{Nmin}\geqslant 0$ 得

$$e\omega^2\leqslant g$$

$\therefore\omega$ 的最大值 $\omega_{max}=\sqrt{\dfrac{g}{e}}$。

9-12　如题 9-11 图所示质量为 m 的球 M，为两根各长 l 的杆所支持，此机构以不变的角速度 ω 绕铅直轴 AB 转动。如 $AB=2a$，两杆的各端均为铰接，且杆重忽略不计，求杆 AM、

BM 的内力。

【解】 研究小球，受力如题 9-12 图。小球作匀速圆周运动，加速度为 $a_n = \omega^2\sqrt{l^2 - a^2}$，由 $m\boldsymbol{a} = \sum \boldsymbol{F}$，向 x、y 轴分别投影，得

$$x:\quad ma_n = (F_{AM} + F_{BM})\cos\theta$$

$$y:\quad 0 = (F_{AM} - F_{BM})\sin\theta - mg$$

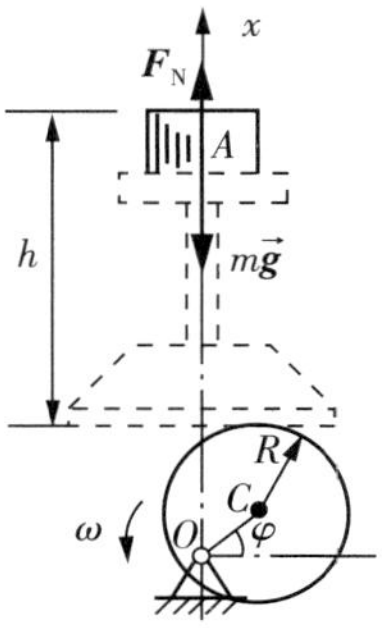

题 9-11 图

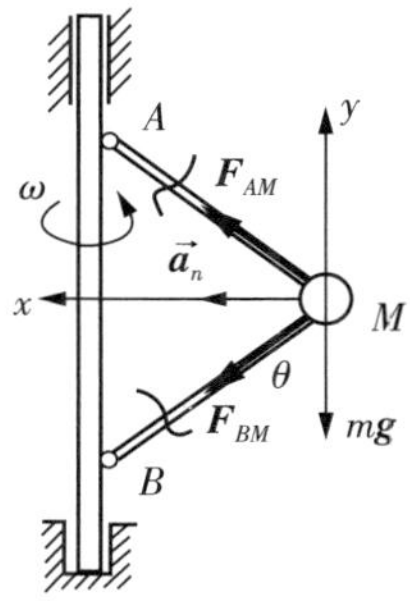

题 9-12 图

联立解得 $F_{AM} = \dfrac{ml}{2a}(a\omega^2 + g)$，$F_{BM} = \dfrac{ml}{2a}(a\omega^2 - g)$。

9-13　如题 9-13 图所示质点的质量为 m，受指向原点 O 的力 $\boldsymbol{F} = -k\boldsymbol{r}$ 作用，力与质点到点 O 的距离成正比。如初瞬时质点的坐标为 $x = x_0$，$y = 0$，而速度的分量为 $v_x = 0$，$v_y = v_0$。试求质点的轨迹。

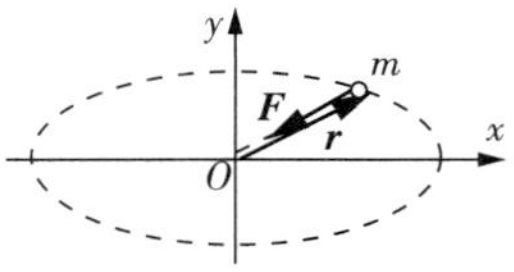

题 9-13 图

【解】 研究质点 M，受力如题 9-13 图，坐标为(x, y)。

即 $\boldsymbol{F} = -k\boldsymbol{r}$ 而 $\boldsymbol{r} = x\boldsymbol{i} + y\boldsymbol{j}$ 投影得 $F_x = -kx$，$F_y = -ky$。由 $m\boldsymbol{a} = \sum \boldsymbol{F}_i$ 得

$$\begin{cases} m\ddot{x} = F_x = -kx \\ m\ddot{y} = F_y = -ky \end{cases} \quad \begin{cases} \ddot{x} + \omega_n^2 x = 0 \\ \ddot{y} + \omega_n^2 y = 0 \end{cases}$$

式中 $\omega_n^2 = \dfrac{k}{m}$ 上式通解为 $\begin{cases} x = C_1\cos\omega_n t + C_2\sin\omega_n t \\ y = C_3\cos\omega_n t + C_4\sin\omega_n t \end{cases}$。由初始条件 $t=0$，$x = x_o$，$y=0$，$\dot{x}=0$，$\dot{y} = v_o$ 则有

$$C_1 = x_o,\ C_2 = 0,\ C_3 = 0,\ C_4 = \frac{v_o}{\omega_n}$$

代入通解，有

$$x = x_o\cos\omega_n t,\ y = \frac{v_o}{\omega_n}\sin\omega_n t$$

上式即为质点运动方程，消去时间 t，得

$$\frac{x^2}{x_0^2}+\frac{k}{m}\frac{y^2}{v_0^2}=1$$

即质点的轨迹为椭圆。

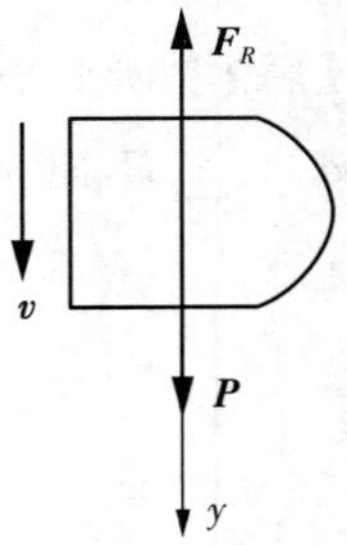

题 9-14 图

9-14　不前进的潜水艇重 Q，受到较小的沉力 P(重力与浮力的合力) 向水底下沉。在沉力不大时，水的阻力 $\boldsymbol{F}_R=-kA\boldsymbol{v}$，其中 k 为比例常数，A 为潜水艇的水平投影面积，v 为下沉速度。如果当 $t=0$ 时，$v=0$。求下沉速度和在时间 T 内潜水艇下潜路程。

【解】　视潜艇为一质点，受力如图，有

$$ma=P-F_R=P-kAv$$

因为 $a=\frac{\mathrm{d}v}{\mathrm{d}t}$，$v=\frac{\mathrm{d}y}{\mathrm{d}t}$，代入止式则有

$$\frac{Q}{g}\frac{\mathrm{d}v}{\mathrm{d}t}=P-kAv$$

分离变量，积分 $\int_0^v\frac{Q\mathrm{d}v}{P-kAv}=\int_0^t g\mathrm{d}t$，得

$$\ln(P-kAv)\ |_0^v=-\frac{kAg}{Q}t\ |_0^t$$

解得 $v=\frac{P}{kA}(1-\mathrm{e}^{-\frac{kAg}{Q}t})$。再积分一次 $\int_0^s\mathrm{d}y=\int_0^T\frac{P}{kA}(1-\mathrm{e}^{-\frac{kAg}{Q}t})\mathrm{d}t$，得

$$y=\frac{P}{kA}\left[T-\frac{Q}{kAg}(1-\mathrm{e}^{-\frac{KAg}{Q}T})\right]$$

即在时间 T 内潜水艇下沉的路程 $s=\frac{P}{kA}\left[T-\frac{Q}{kAg}(1-\mathrm{e}^{-\frac{KAg}{Q}T})\right]$。

9-15　如题 9-10 图所示机构处于铅直平面内，滑块 B 重 $G=9.8\mathrm{N}$，在摇杆与水平线成 $\theta=30°$ 时，$\omega=2\mathrm{rad/s}$，$\alpha=2\ \mathrm{rad/s^2}$。求导槽的约束反力及销钉与摇杆间的压力，摇杆质量及各处摩擦忽略不计。

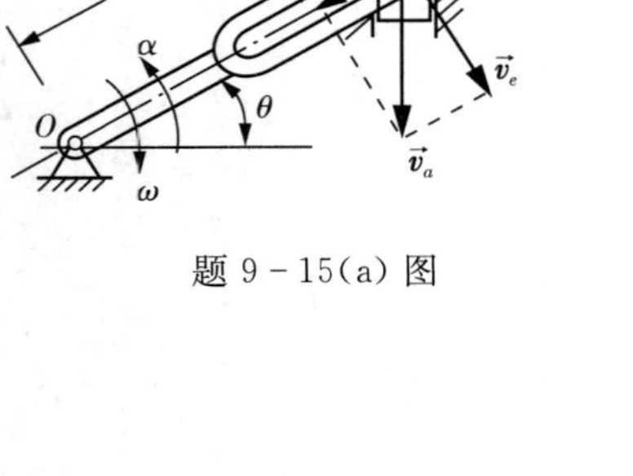

题 9-15(a) 图

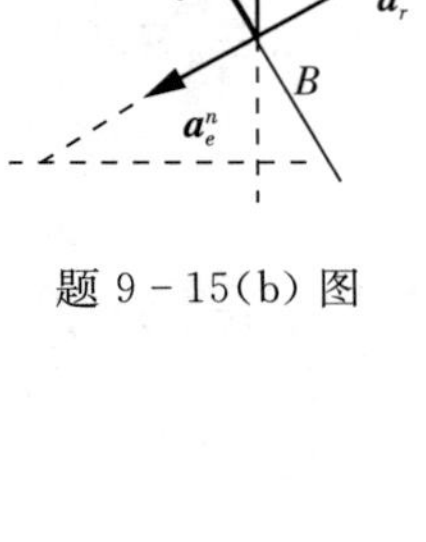

题 9-15(b) 图

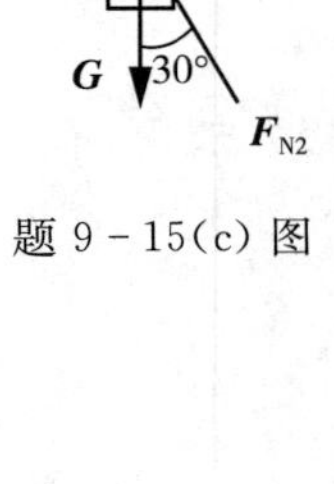

题 9-15(c) 图

【解】 1. 以 B 销为动点，OA 杆为动系，则

$$v_e = OB \cdot \omega = 0.5 \times 2 = 1\text{m/s}$$

由 $\boldsymbol{v}_a = \boldsymbol{v}_e + \boldsymbol{v}_r$，如题 9－15(a) 图，

$$v_r = v_e \tan 30^\circ = \frac{\sqrt{3}}{3}\text{m/s}$$

由 $\boldsymbol{a}_a = \boldsymbol{a}_e^\tau + \boldsymbol{a}_e^n + \boldsymbol{a}_r + \boldsymbol{a}_C$，加速度合成图如题 9－15(b) 图，式中 $a_e^\tau = OB \cdot \alpha = 0.5 \times 2 = 1\text{rad/s}^2$，$a_C = 2\omega v_r = \frac{4}{3}\sqrt{3}\ \text{m/s}^2$

将上式投影至 ξ 轴上，得

$$a_a \cos 30^\circ = a_e^\tau + a_C$$

$$\therefore a_a = \frac{a_e^\tau + a_C}{\cos 30^\circ} = 3.82(\text{m/s}^2)(\uparrow)$$

2. 对滑块 B 受力分析如题 9－15(c) 图，有

$$ma_x = \sum F_x, 0 = F_{N1} - F_{N2}\sin 30^\circ$$

$$ma_y = \sum F_x, \frac{G}{g}a_a = F_{N2}\cos 30^\circ - G$$

解得 $F_{N1} = 7.86\text{N}$，$F_{N2} = 15.73\text{N}$ 即导槽的约束力为 15.73N，摇杆间的压力为 7.86N。

9－16　半径为 r 的鼓轮 O 以匀角速度 ω_0 转动，绳子绕过尺寸不计的滑轮 B 牵引质量为 m 的滑块 A 沿铅直导杆向上滑动。已知滑轮 B 中心到导杆距离为 l，滑块与导杆间摩擦系数为 f。试求滑块在 x 处时绳子的拉力。

【解】 研究滑块，受力如题 9－16(b) 图，由动力学基本方程，有

$$\sum F_x = m\frac{\mathrm{d}^2 x}{\mathrm{d}t^2}, mg + F_S - F_T\cos\theta = m\frac{\mathrm{d}^2 x}{\mathrm{d}t^2}$$

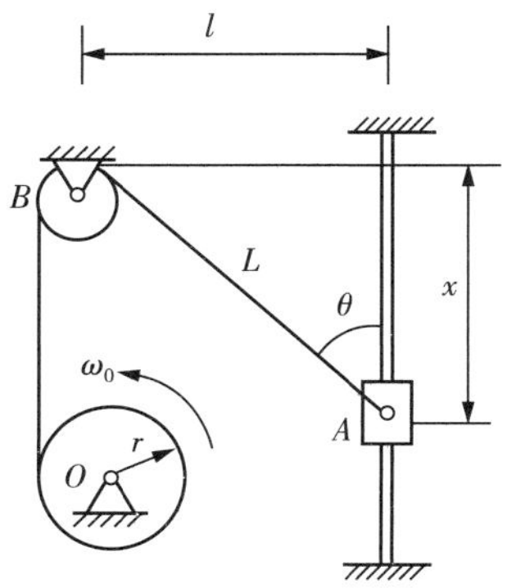

题 9－16(a) 图

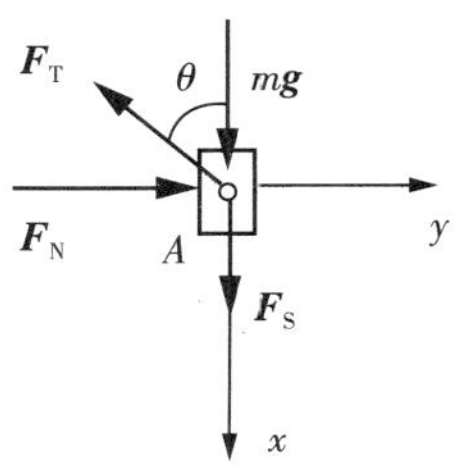

题 9－16(b) 图

$$\sum F_y = 0, F_N - F_T \sin\theta = 0$$

式中 $F_S = fF_N$ 得

$$F_T = \frac{1}{\cos\theta - f\sin\theta}\left(mg - m\frac{d^2x}{dt^2}\right)$$

几何关系有：$L = \sqrt{l^2 + x^2}$，等式两边对时间求导，得

$$\frac{dL}{dt} = \frac{x}{\sqrt{l^2 + x^2}}\frac{dx}{dt}$$

且 $\frac{dL}{dt} = \omega_0 r$，有 $\frac{dx}{dt} = \omega_0 r\frac{\sqrt{l^2 + x^2}}{x}$，等式两边再次对时间求导，可得

$$\frac{d^2x}{dt^2} = -\frac{\omega_0^2 r^2 l^2}{x^3}$$

又 $\cos\theta = \frac{x}{\sqrt{l^2 + x^2}}$，$\sin\theta = \frac{l}{\sqrt{l^2 + x^2}}$，解得绳子的张力

$$F_T = \left(g + \frac{\omega_0^2 r^2 l^2}{x^3}\right)\frac{m\sqrt{l^2 + x^2}}{x - fl}$$

第10章　动量定理

10.1　主要内容

一、动量与冲量

1. 动量

(1) 质点的动量：质点的质量与速度的乘积称为质点的动量，记为 $m\boldsymbol{v}$。质点的动量是矢量，其方向与质点的速度相同。国际单位制中，动量的单位为 kg·m/s。

(2) 质点系的动量：质点系内各质点动量的矢量和称为质点系的动量，记为

$$\boldsymbol{p}=\sum_{i=1}^{n}m_i\boldsymbol{v}_i \tag{10-1}$$

质点系的动量还可以表示为

$$\boldsymbol{p}=m\boldsymbol{v}_C \tag{10-2}$$

式中 m 为质点系的总质量，$\boldsymbol{v}_C$ 为质点系质心的速度。

2. 冲量

(1) 常力的冲量：常力 F 与其作用时间 t 的乘积称为常力的冲量，记为

$$\boldsymbol{I}=\boldsymbol{F}t \tag{10-3}$$

冲量是矢量，其方向与力的方向一致。在国际单位制中，冲量的单位为 N·s。

(2) 变力的冲量

力的元冲量：在微小时间间隔 $\mathrm{d}t$ 内，力 F 的冲量称为力 F 的元冲量，记为

$$\mathrm{d}\boldsymbol{I}=\boldsymbol{F}\mathrm{d}t \tag{10-4}$$

力在某一时间内的冲量：力 F 在作用时间 t 内的冲量为矢量积分，记为

$$\boldsymbol{I}=\int_0^t\boldsymbol{F}\mathrm{d}t \tag{10-5}$$

二、动量定理

1. 质点的动量定理

(1) 微分形式：质点动量的增量等于作用于质点上的力的元冲量，即

$$\mathrm{d}(m\boldsymbol{v})=\boldsymbol{F}\mathrm{d}t \tag{10-6}$$

(2) 积分形式:在某一时间间隔内,质点动量的变化等于作用于质点的在此时间内冲量,即

$$m\boldsymbol{v}_2 - m\boldsymbol{v}_1 = \int_{t_1}^{t_2} \boldsymbol{F}\mathrm{d}t \tag{10-7}$$

式中$\boldsymbol{v}_1$、$\boldsymbol{v}_2$分别为初瞬时 t_1 和瞬时 t_2 质点的速度。

2. 质点系的动量定理

(1) 微分形式:质点系动量的增量等于作用于质点系上的外力元冲量的矢量和,即

$$\mathrm{d}\boldsymbol{p} = \sum_{i=1}^{n} \boldsymbol{F}_i^{(e)}\mathrm{d}t = \sum_{i=1}^{n} \mathrm{d}\boldsymbol{I}_i^{(e)} \tag{10-8}$$

也可写成$\dfrac{\mathrm{d}\boldsymbol{p}}{\mathrm{d}t} = \sum\limits_{i=1}^{n} \boldsymbol{F}_i^{(e)}$。即质点系的动量对时间的导数等于质点系的外力的矢量和(或外力的主矢量)。投影式为

$$\left.\begin{aligned} \frac{\mathrm{d}p_x}{\mathrm{d}t} &= \sum F_{ix}^{(e)} \\ \frac{\mathrm{d}p_y}{\mathrm{d}t} &= \sum F_{iy}^{(e)} \\ \frac{\mathrm{d}p_z}{\mathrm{d}t} &= \sum F_{iz}^{(e)} \end{aligned}\right\} \tag{10-9}$$

式中 $p_x = \sum m_i v_{ix}$,$p_y = \sum m_i v_{iy}$,$p_z = \sum m_i v_{iz}$ 分别为质点系的动量在x,y,z轴上的投影。

(2) 积分形式:在某一时间间隔内,质点系动量的改变量等于在此时间内作用于质点系的外力冲量的矢量和,即

$$\boldsymbol{p}_2 - \boldsymbol{p}_1 = \sum_{i=1}^{n} \boldsymbol{I}_i^{(e)} \tag{10-10}$$

式中p_1、p_2 分别为初瞬时 t_1 和瞬时 t_2 质点系的动量。投影式为

$$p_{2x} - p_{1x} = \sum I_{ix}^{(e)},\ p_{2y} - p_{1y} = \sum I_{iy}^{(e)},\ p_{2z} - p_{1z} = \sum I_{iz}^{(e)} \tag{10-11}$$

式中$\sum I_{ix}^{(e)}$,$\sum I_{iy}^{(e)}$,$\sum I_{iz}^{(e)}$ 分别为质点系的外力冲量在x,y,z轴上的投影。

三、质点系动量守恒定律

(1) 若$\sum\limits_{i=1}^{n} \boldsymbol{F}_i^{(e)} \equiv 0$,则有 $p =$常矢量。即若作用于质点系的外力主矢量恒等于零,则质点系的动量守恒。

(2) 若$\sum\limits_{i=1}^{n} F_{ix}^{(e)} \equiv 0$,则有 $p_x =$常量。即若作用于质点系的外力主矢在某一坐标轴上的投影恒等于零,则质点系的动量在该坐标轴上的投影保持不变。

四、质心运动定理

1. 质点系的质量中心

(1) 质心：设质点系的总质量为 m，其中各质点的质量分别为 $m_1, m_2, \cdots, m_n$，则由公式

$$\boldsymbol{r}_C = \frac{\sum m_i \boldsymbol{r}_i}{\sum m_i} = \frac{\sum m_i \boldsymbol{r}_i}{m} \tag{10-12}$$

所确定的一点 C 称为该质点系的质量中心（简称为质心）。式中 $\boldsymbol{r}_i$、$\boldsymbol{r}_C$ 分别为某固定点 O 到第 i 个质点和到质心 C 的矢径。

(2) 质心的坐标公式

$$\begin{aligned} x_C &= \frac{\sum m_i x_i}{\sum m_i} = \frac{\sum m_i x_i}{m} \\ y_C &= \frac{\sum m_i y_i}{\sum m_i} = \frac{\sum m_i y_i}{m} \\ z_C &= \frac{\sum m_i z_i}{\sum m_i} = \frac{\sum m_i z_i}{m} \end{aligned} \tag{10-13}$$

2. 质心运动定理

质点系的质量 m 与质心加速度的乘积等于作用于质点系外力的矢量和（即外力系的主矢）。

$$m\boldsymbol{a}_C = \sum_{i=1}^{n} \boldsymbol{F}_i^{(e)} \tag{10-14}$$

质心运动定理的直角坐标轴投影式

$$\begin{aligned} ma_{Cx} &= \sum F_x^{(e)} \\ ma_{Cy} &= \sum F_y^{(e)} \\ ma_{Cz} &= \sum F_z^{(e)} \end{aligned} \tag{10-15}$$

质心运动定理的自然坐标轴投影式

$$\begin{aligned} m\frac{\mathrm{d}v_C}{\mathrm{d}t} &= \sum F_t^{(e)} \\ m\frac{v_C^2}{\rho} &= \sum F_n^{(e)} \\ 0 &= \sum F_b^{(e)} \end{aligned} \tag{10-16}$$

式中 v_C 为质心的速度；ρ 为质心轨迹的曲率半径；$F_t^{(e)}$，$F_n^{(e)}$，$F_b^{(e)}$ 分别为作用于质点系的外力在自然轴切线、主法线、副法线上投影的代数和。

3. 质心运动守恒定律

(1) 若 $\sum_{i=1}^{n} \boldsymbol{F}_i^{(e)} \equiv 0$，则有 $\boldsymbol{v}_C = \boldsymbol{v}_{C0} =$ 常矢量。即若作用于质点系的外力主矢量恒等于零，则质点系的质心做匀速直线运动（惯性运动）；若初始时质心静止即 $\boldsymbol{v}_{C0} = 0$，则质点系的质心位置始终保持不变（质心位置守恒）。

(2) 若 $\sum_{i=1}^{n} F_{ix}^{(e)} \equiv 0$，则有 $v_{Cx} = v_{C0x} =$ 常量。即若作用于质点系的外力主矢在某一坐标轴上的投影的代数和恒等于零，则质点系的质心的速度在该坐标轴上的投影保持不变。若初始时，质心速度在某轴上投影等于零，则质点系的质心沿该轴的坐标保持不变。

10.2 解题指导与习题解答

一、解题指导

1. 选取研究对象。根据题意选取适当的质点或质点系作为研究对象，并建立适当的坐标系。

2. 进行受力分析。分析研究对象的受力情况并画出其受力图（注意只画主动力），判断系统是否动量守恒或质心运动守恒。

3. 进行运动分析。计算动量或写出系统质心的坐标，分析系统的运动量要素，如位移、速度、加速度等，计算研究对象在所选定的初、末瞬时的动量或写出在任一瞬时系统质心的运动方程。

4. 建立动力学方程。利用动量定理、质心运动定理或相应的守恒定律建立动力学方程，通常是列出其投影式。若建立的动力学方程数目小于未知量的数目时，则需补充建立各力之间或各运动量之间的补充关系式。

5. 求解方程。求出未知量，并检查所得结果的数值及量纲是否合理或正确。

注意：

(1) 质点系的动量及质点系质心的运动均只与质点系所受的外力有关，质点系的内力不能改变质点系的动量及质点系质心的运动，但内力却能改变质点系中某一部分的动量或某些质点的运动。

(2) 动量定理和质心运动定理均由牛顿定律推导而得，因此，定理中涉及的运动量如质心的运动方程、速度和加速度等必须是相对于惯性参考系的坐标、绝对速度和绝对加速度。

(3) 质点系质心的加速度只与外力系主矢有关，而与外力系中各力的作用点无关。

(4) 计算由若干构件组成的质点系的动量时，可用公式

$$\boldsymbol{p} = \sum \boldsymbol{p}_i = \sum m_i \boldsymbol{v}_{Ci} \tag{10-17}$$

式中 $\boldsymbol{v}_{Ci}$ 为第 i 个构件质心的速度，投影式为

$$p_x = \sum m_i v_{Cxi}, p_y = \sum m_i v_{Cyi}, p_z = \sum m_i v_{Czi} \tag{10-18}$$

(5) 对于由若干构件组成的质点系，质心运动定理可写成

$$\sum m_i \boldsymbol{a}_{Ci} = \sum \boldsymbol{F}_i^{(e)} \tag{10-19}$$

式中$\boldsymbol{a}_{Ci}$为第 i 个构件质心的速度，投影式为

$$\left.\begin{aligned} \sum m_i a_{Cix} &= \sum F_x^{(e)} \\ \sum m_i a_{Ciy} &= \sum F_y^{(e)} \\ \sum m_i a_{Ciz} &= \sum F_z^{(e)} \end{aligned}\right\} \tag{10-20}$$

也可以根据质心坐标式计算质心的坐标(质心的运动方程)，求导两次得质心的加速度，代入质心运动定理进行求解。

二、习题解答

10－1　试求下列各题中，质量 $m=1\text{kg}$ 的质点 A 在 $t=10s$ 瞬时的动量。

【解】 (a) 质点的速度

$$v = \frac{\mathrm{d}x}{\mathrm{d}t} = 4t + 3, v|_{t=10\text{s}} = 43\text{m/s}$$

质点的动量

$$p|_{t=10\text{s}} = mv|_{t=10\text{s}} = 1 \times 43 = 43\text{kg} \cdot \text{m/s}$$

(b) 质点的速度

$$v = r\frac{\mathrm{d}\theta}{\mathrm{d}t} = 0.1 \cdot \frac{\mathrm{d}}{\mathrm{d}t}(\sin 0.1t) = 0.01\cos 0.1t$$

则$v|_{t=10\text{s}} = 0.0054\text{m/s}$，质点的动量

$$p|_{t=10\text{s}} = mv|_{t=10\text{s}} = 0.0054\text{kg} \cdot \text{m/s}$$

(c) 选质点为动点，OB 管为动系，有$\boldsymbol{v}_a = \boldsymbol{v}_e + \boldsymbol{v}_r$ 速度矢量如题 10－1(c) 图。

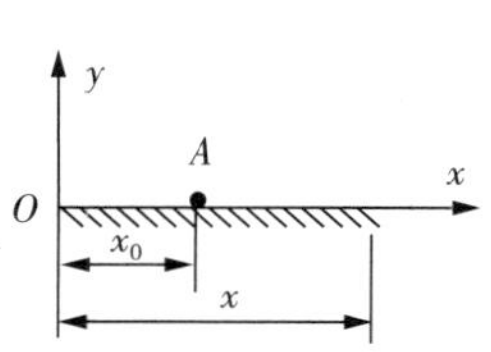

(a) 已知$x=2t^2+3t+1$ (m)

题 10－1(a) 图

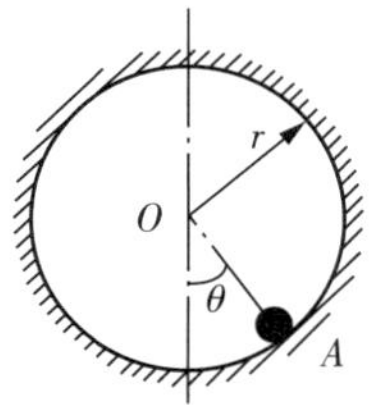

(b) 已知$r=0.1$ (m)，$\theta=\sin 0.1t$

题 10－1(b) 图

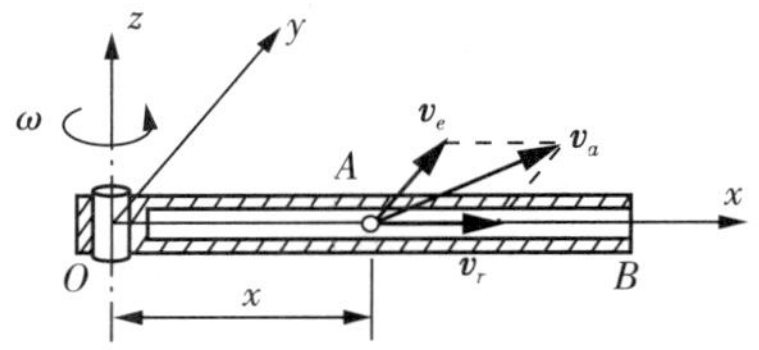

(c) 已知图示OB管$\omega=2\text{rad/s}$，$x=6t^2$ (m)

题 10－1(c) 图

$$v_r=\frac{\mathrm{d}x}{\mathrm{d}t}=\frac{\mathrm{d}}{\mathrm{d}t}(6t^2)=12t, v_e=\omega\cdot x=12t^2$$

则 $v_a=\sqrt{v_e^2+v_r^2}=\sqrt{(12t^2)^2+(12t)^2}=12\sqrt{t^4+t^2}$，$v_a|_{t=10\mathrm{s}}=1200\mathrm{m/s}$，质点的动量

$$p|_{t=10\mathrm{s}}=mv|_{t=10\mathrm{s}}=1200\mathrm{kg\cdot m/s}$$

10－2　选择题

(a) 一质量为 m 的小球和地面碰撞开始瞬时的速度为 v_1，碰撞结束瞬时的速度为 v_2（如题 10－2 图所示），若 $v_1=v_2=v$，则碰撞前后质点动量的变化值为________。

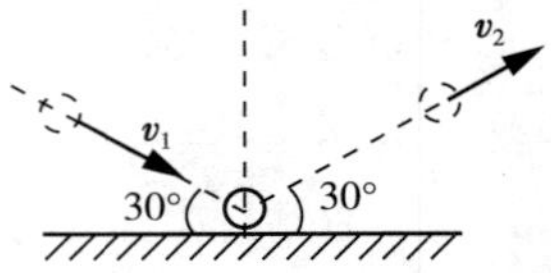

题 10－2(a) 图

①mv；　② $2mv$；　③ $3mv$；　④ 0。

(b) 人重 P，车重 Q，置于光滑水平地面上，人可在车上走动，系统开始时静止。则不论人采用何种方式（走，跑）从车头运动到车尾，则________。

① 车的位移是不变的；　② 车的速度是不变的；

③ 人和车系统的质心位置是不变的；　④ 车的末加速度是相同的。

(c) 如题 10－2(c) 图，两质量相等、半径相同的质圆盘 A、B，放在光滑水平面上，分别受到 F 和 F' 的作用，由静止开始运动，若 $F=F'$，则任一瞬间两圆盘的动量相比较是________。

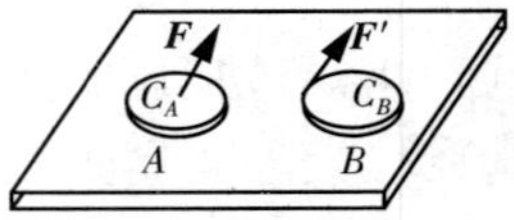

题 10－2(c) 图

① $p_A>p_B$　② $p_A<p_B$　③ $p_A=p_B$

(d) 在一重 W 的车轮的轮轴上绕有软绳，绳的一端作用一水平力 $\boldsymbol{F}_\mathrm{T}$，已知车轮的半径为 R，轮轴的半径为 r，车轮及轮轴对中心 O 的回转半径为 ρ，以及车轮与地面间的滑动摩擦系数为 f，绳重和滚阻皆不计。当车轮沿地面作平动时，力 $\boldsymbol{F}_\mathrm{T}$ 的值为________。

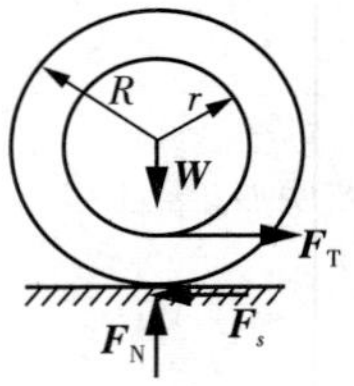

题 10－2(d) 图

① $F_\mathrm{T}=fWR/\rho$；② $F_\mathrm{T}=fWR/r$；

③ $F_\mathrm{T}=fW\rho/r$；④ $F_\mathrm{T}=fW$。

(e) 质量均为 m 的两个小球 A、B 用长为 L 而重量不计的刚杆相连。将小球 A 置于光滑水平面上，且 AB 与水平面成 60° 角时无初速释放，则 B 球落地时，A 球移动的水平距离为________。

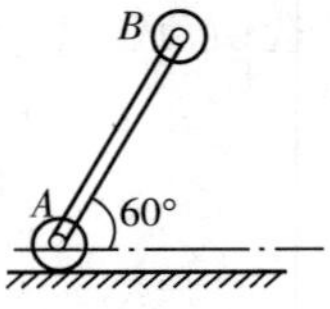

题 10－2(e) 图

① $L/3$；② $L/4$；③ $L/6$；④ 0。

【答】 (a)①；(b)③；(c)③；(d)②；(e)② 。

10－3　试计算题 10－3 图中质量为 m 的均质刚体的动量（杆长为 l，轮半径为 R，运动量如图）。

【解】 (a) OA 杆质心速度为 $v_C=\omega\cdot\frac{l}{2}$，$\therefore p=mv_C=\frac{1}{2}m\omega l$

(b) 轮 C 质心速度为 $v_C = \omega \cdot R$，$\therefore p = mv_C = m\omega R$

(c) 轮 C 质心速度为 $v_C = 0$，$\therefore p = mv_C = 0$

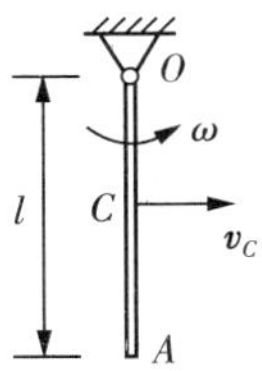

(a) 已知杆角速度为ω

题 10 - 3(a) 图

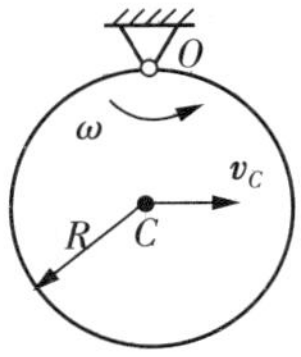

(b) 已知轮角速度为ω

题 10 - 3(b) 图

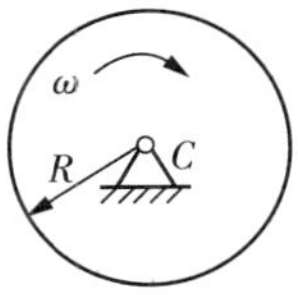

(c) 已知轮角速度为ω

题 10 - 3(c) 图

(d) 轮 C 质心速度为 $v_C = v$，$\therefore p = mv_C = mv$

(e) AB 杆作平面运动，速度瞬心为 P，角速度 $\omega_{AB} = \dfrac{v}{AP} = \dfrac{v}{l\sin\varphi}$，质心速度为 $v_C = \omega_{AB} \cdot CP = \dfrac{v}{l\sin\varphi} \cdot \dfrac{l}{2} = \dfrac{v}{2\sin\varphi}$，所以杆的动量为 $p = mv_C = \dfrac{mv}{2\sin\varphi}$

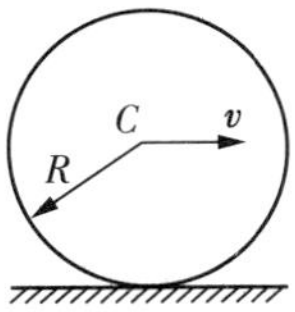

(d) 已知轮心速度为v

题 10 - 3(d) 图

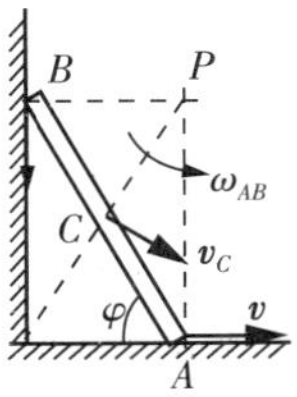

(e) 已知杆端A点速度为v

题 10 - 3(e) 图

10 - 4　计算下列各图中系统的动量。

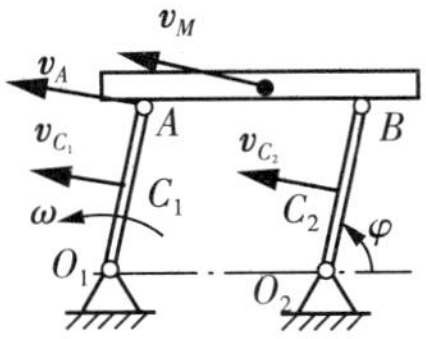

题 10 - 4(a) 图

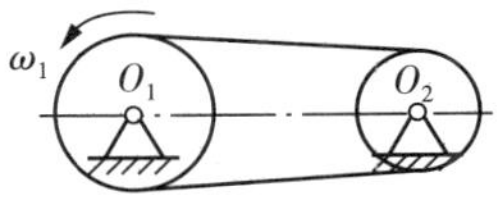

题 10 - 4(b) 图

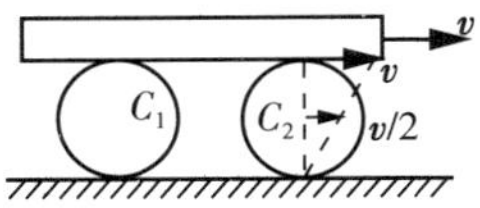

题 10 - 4(c) 图

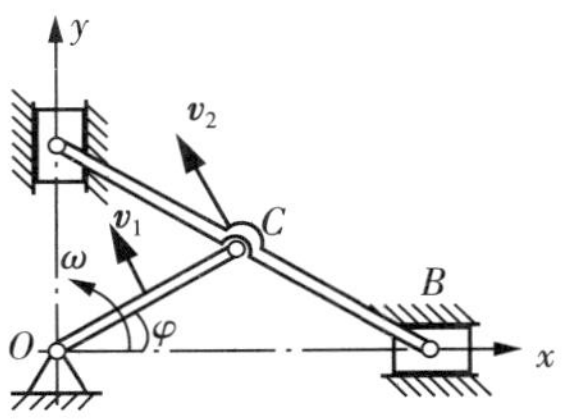

题 10 - 4(d) 图

(a) 均质摆杆 $O_1A=O_2B=l$，质量均为 m，角速度为 ω，$O_1O_2=AB$ 均质矩形板 AB 质量为 M，求题 10－4(a) 图示瞬时系统的动量。

【解】 矩形板 AB 作平动，$\nu_M=\nu_A=l\omega$，$\nu_{C_1}=\nu_{C_2}=\frac{1}{2}l\omega$，

$$\begin{cases} p_x=2\cdot m\frac{1}{2}\omega\sin\varphi+Ml\omega\sin\varphi=(m+M)l\omega\sin\varphi \\ p_y=-(m+M)l\omega\cos\varphi \end{cases}$$

系统动量大小

$$p=(m+M)l\omega$$

(b) 带传动机构中，带轮 O_1 和 O_2 以及胶带都是均质的，重量分别为 P_1，P_2 和 P_3，带轮 O_1 的角速度为 ω_1，如题 10－4(b) 图所示。求系统的动量。

【解】 系统质心不动，由 $\boldsymbol{p}=m\boldsymbol{v}_C$，∴ 系统动量 $p=0$。

(c) 重 P_1 的平板放在重量均为 P_2 且半径相等的两个轮子上，平板速度为 ν，各接触处没有相对滑动，如题 10－4(c) 图所示，求系统的动量。

【解】 两轮心 C_1，C_2 速度为 $\nu_{C_1}=\nu_{C_2}=\nu/2$，∴ 系统动量

$$p=2\cdot\frac{P_1}{g}\cdot\frac{1}{2}\nu+\frac{P_2}{g}\nu=\frac{P_1+P_2}{g}\nu$$

(d) 椭圆规尺 AB 重 $2P_1$，曲柄 OC 重 P_1，滑块 A、B 重量均为 P_2，$OC=AC=CB=l$；曲柄绕 O 轴转动的角速度 ω 为常量；当开始时，曲柄水平向右。求题 10－4(d) 图示瞬时系统的动量。

【解】 如题 10－4 图所示，OC 质心速度为 $\nu_1=\frac{1}{2}\omega$，规尺 AB 与滑块 A、B 系统质心 C 点的速度为 $\nu_2=l\omega$，系统动量为

$$p=\frac{P_1}{g}\nu_1+\left(\frac{2P_1}{g}+\frac{2P_2}{g}\right)\nu_2=\frac{\omega l}{2g}(5+P_1+4P_2)$$

方向与曲柄垂直，沿其转动方向。

10－5 填空题

(a) 在质量为 M，半径为 R 的均质圆盘上焊接一质量为 m 长为 R 的均质细杆 OA。该系统可绕水平轴 O 在铅垂面内转动，题 10－5(a) 图示瞬时，角速度为 ω，角加速度为 α，则该瞬时轴 O 处的约束力为________。（须在图中画出）

【答】 $\frac{1}{2}m\omega^2R$，水平向左；$(M+m)g-\frac{1}{2}m\alpha R$，铅垂向上。

(b) 小球 M 重 Q，固定在一根长为 L 重为 P 的均质细杆上，杆的另一端铰接在以匀速 v 运动的小车的顶板上，杆 OM 以角速度 ω 绕 O 轴逆时针转动，则题 10－5(b) 图示瞬时杆的动量的大小 $p_1=$________，小球动量的大小 $p_2=$________。

【答】 $p_1=\frac{P}{g}\sqrt{v^2+\frac{1}{4}L^2\omega^2+\frac{1}{2}vL\omega}$，$p_2=\frac{Q}{g}\sqrt{v^2+L^2\omega^2+vL\omega}$

(c) 如题 10－5(c) 图，半径 $r=20\text{cm}$、质量 $M=10\text{kg}$ 的均质圆盘，在水平面内以角速度 $\omega=2\text{rad/s}$ 绕 O 轴转动。一质量 $m=5\text{kg}$ 的小球 A，在通过 O 轴的直径槽内以 $l=5t$（l 以 cm 计，t 以 s 计）的规律运动，则当 $t=2\text{s}$ 时系统的动量的大小为________。

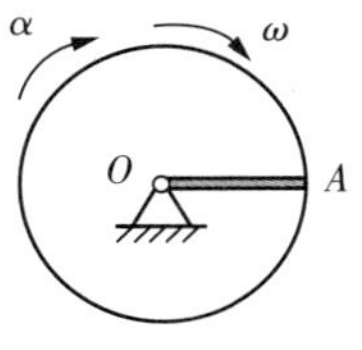

题 10－5(a) 图

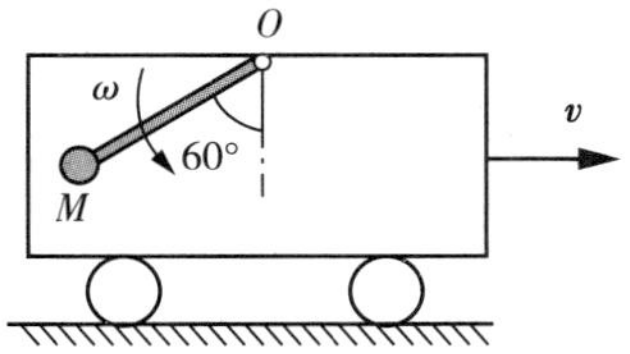

题 10－5(b) 图

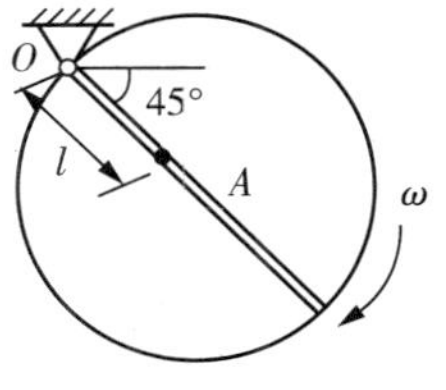

题 10－5(c) 图

【答】　$p=5\text{N}\cdot\text{s}$。

(d) 两小球 A，B 的质量分别为 2m 和 m，用长为 l 的无重刚杆连接，系统在光滑水平面静止不动，如题 10－5(d) 图所示。若给小球 A 作用一冲量 I，则系统质心速度的大小为________。

【答】　$v_C=\dfrac{I}{3m}$。

(e) 一质点的质量为 m，以匀速 $v_A=v_B=v$ 做圆周运动，如题 10－5(e) 所示。当质点从位置 A 运动到位置 B 时，作用在质点 m 上的力的冲量大小为________，方向须在图中画出。

【答】　$I=\sqrt{2}\,mv$，方向与 AO 成 45°。

(f) 质量均为 m 的均质细杆 AB，BC 和均质圆盘 CD 用铰链连接在一起并支撑如题 10－5 图。已知 $AB=BC=CD=2R$，图示均质 A、B、C 处在一水平直线位置上而 CD 铅直，且 AB 杆以角速度 ω 转动，则该均质系统的动量的大小为________（在图中画出该动量）。

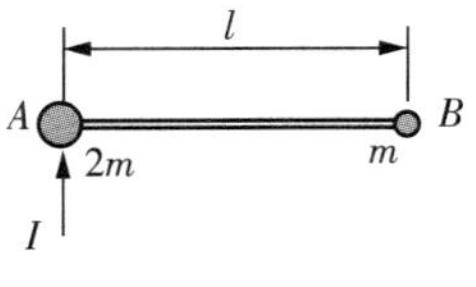

题 10－5(d) 图

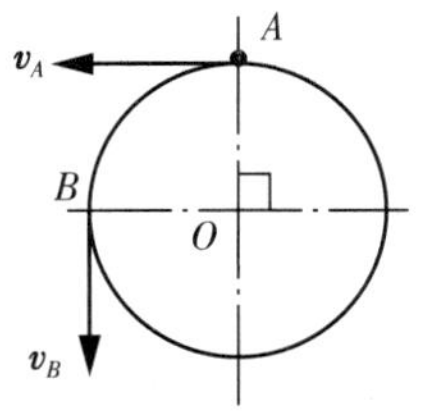

题 10－5(e) 图

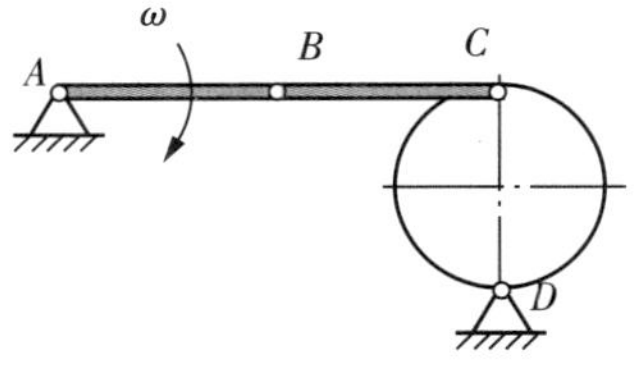

题 10－5(f) 图

【答】　$2mR\omega$，向下。

10－6　直径 $d=200\text{mm}$ 的管道有一个 135° 的弯头，流经管道的水的密度 $\rho=1000\,\text{kg/m}^3$，若流量 $Q=0.6\text{m}^3/\text{s}$。求弯头处因水流的动量变化所引起的附加动压力。

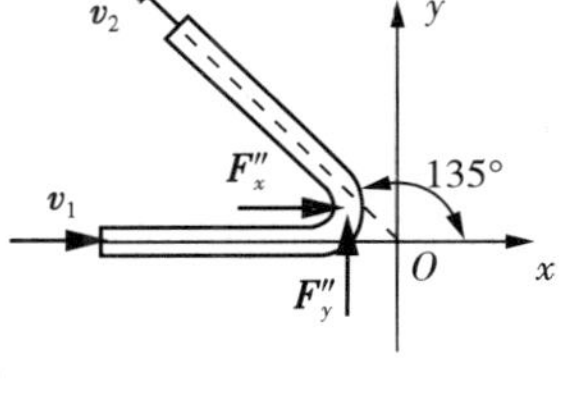

题 10－6 图

【解】　设附加动反力如题 10－6 图所示，由流体附加动反力公式 $F''=\rho Q(\boldsymbol{v}_2-\boldsymbol{v}_1)$，对于等截面管流速，

$$v_1=v_2=\frac{Q}{S}=\frac{4Q}{\pi d^2}=\frac{4\times0.6}{\pi\times0.2^2}=19.10\text{m/s}$$

$$\therefore \begin{cases} F''_x = \rho Q(-v_2\cos45^\circ - v_1) = -1000 \times 0.6 \times 19.1 \times (\cos45^\circ + 1) = -19562\text{N} \\ F''_y = \rho Q(v_2\sin45^\circ - 0) = 1000 \times 0.6 \times 19.1\sin45^\circ = 8102\text{N} \end{cases}$$

10-7　如题10-7图所示物块A质量为M，放在光滑水平面上；其上铰接的AB杆质量为m、长为l。求当杆AB从水平静止释放后至铅直时，A块的水平位移。

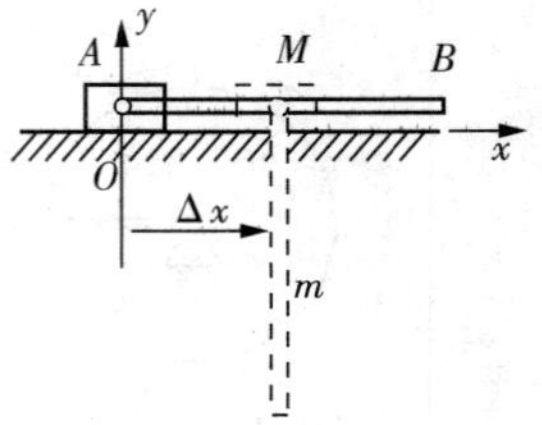

题10-7图

【解】　研究物块与杆组成的系统，取坐标系Oxy如图，原点为物块初始位置。设杆铅直时，物块A的水平位移为Δx，

$\because \sum F_x = 0$，且系统初始静止，$\therefore$ 该系统在x方向上质心位置守恒。在初始位置和图示位置，质心的坐标分别为

$$x_{C1} = \frac{M \cdot 0 + m \cdot \frac{l}{2}}{M+m} = \frac{ml}{2(M+m)}, x_{C2} = \frac{M \cdot \Delta x + m \cdot \Delta x}{M+m} = \Delta x$$

由$x_{C1} = x_{C2}$，解得$\Delta x = \dfrac{ml}{2(M+m)}$。

10-8　已知重物$P_1 = 20\text{kN}$，起重机$P_2 = 200\text{kN}$，起重杆$AB = 8\text{m}$。开始时，系统静止，杆与铅直位置成60°角；水的阻力和杆重不计。求AB转到与铅直位置成30°角时起重机的位移。

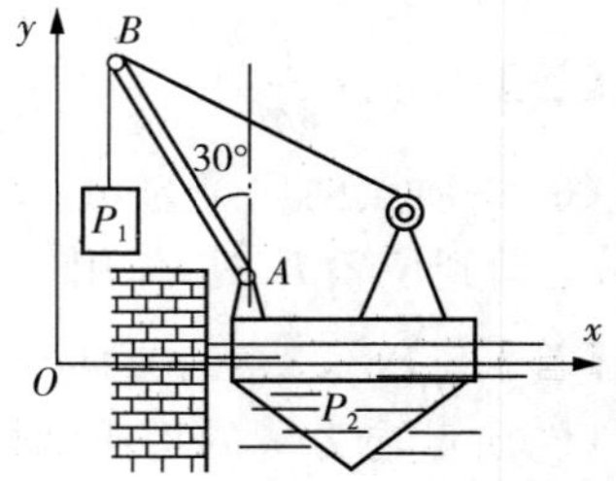

题10-8图

【解】　设起重机沿x轴正向运动了Δx，$\because \sum F_x = 0$，且系统初始静止，$\therefore$ 该系统在x方向上质心位置守恒。在初始位置和图示位置，质心的坐标分别为

$$x_{C1} = \frac{m_1x_1 + m_2x_2}{m_1 + m_2} = \frac{P_1x_1 + P_2x_2}{P_1 + P_2}$$

$$x_{C2} = \frac{P_1[x_1 + \Delta x + OA(\sin60^\circ - \sin30^\circ)] + P_2(x_2 + \Delta x)}{P_1 + P_2}$$

由$x_{C1} = x_{C2}$，解得$\Delta x_C = -0.226\text{m}$，即起重机将向左位移26.6厘米。

10-9　质量为m、尺寸不计的小球放在质量为M、半径为R的半圆柱体上A点，不计摩擦，初始时系统静止，小球从A点滑下。求小球未脱离圆柱体前的运动轨迹。

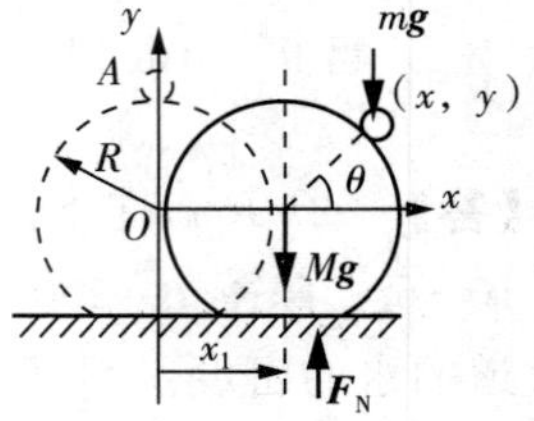

题10-9图

【解】　取坐标系如题10-9图，初始时圆柱中心为坐标原点，系统质心坐标$x_C^0 = 0$。设小球落至θ角处，圆柱中心的坐标为x_1，则小球的坐标为

$$\begin{cases} x = x_1 + R\cos\theta \\ y = R\sin\theta \end{cases}$$

系统质心坐标 $x_C=\dfrac{Mx_1+m(x_1+R\cos\theta)}{M+m}=x_1+\dfrac{m}{M+m}R\cos\theta$

系统受力如题 10-9 图，$\because \sum F_x^{(e)}=0$ 且初始时系统静止，$\therefore x_C=x_C^0=const.=0$

$\therefore x_1+\dfrac{m}{M+m}R\cos\theta=0, x_1=-\dfrac{m}{M+m}R\cos\theta$

小球的坐标为

$$\begin{cases} x=x_1+R\cos\theta=\dfrac{M}{M+m}R\cos\theta \\ y=a\sin\theta \end{cases}$$

消去参数 θ，得 $\dfrac{x^2}{\left(\dfrac{MR}{M+m}\right)^2}+\dfrac{y^2}{R^2}=1$，即小球在离开圆柱体之前的轨迹是椭圆。

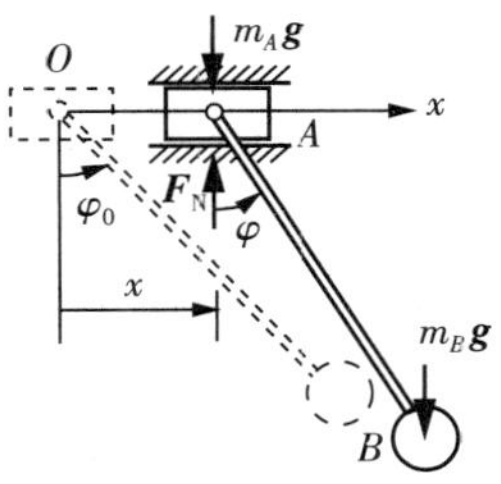

题 10-10 图

10-10　如题10-10图，质量为 m_A 的滑块A与质量m_B的小球B构成椭圆摆。滑块 A 可沿光滑水平面滑动，杆 AB 长为 l，质量不计。初瞬时，杆由 φ_0 角处静止释放，求滑块 A 的位移（用角 φ 表示。）

【解】　研究系统，受力如题 10-10 图。取滑块 A 初始位置为坐标原点，则初瞬时系统质心

$$x_{C0}=\frac{m_A\cdot 0+m_B\cdot l\sin\varphi_0}{m_A+m_B}=\frac{m_B l\sin\varphi_0}{m_A+m_B}$$

设角 φ 时滑块的坐标为 x，则系统质心

$$x_C=\frac{m_A\cdot x+m_B\cdot(x+l\sin\varphi)}{m_A+m_B}=x+\frac{m_B l\sin\varphi)}{m_A+m_B}$$

$\because \sum F_x{}^e=0$，且 $v_{Cx0}=0$，$\therefore x_{C0}=x_C$，得滑块的位移

$$x=\frac{m_B l}{m_A+m_B}(\sin\varphi_0-\sin\varphi)$$

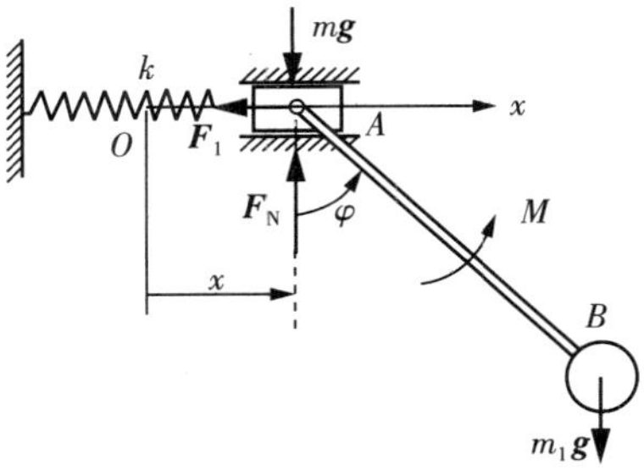

题 10-11 图

10-11　如题10-11图所示，滑块A质量为m，可以在水平光滑槽内运动，弹簧刚度为 k，自重不计。杆 $AB=l$，质量不计，B 球质量为 m_1，在铅垂面内可绕水平轴 A 摆动。设杆在力偶 M 作用下转角 $\varphi=\omega t$，ω 为常数。初瞬时 $\varphi=0$，弹簧为原长，滑块静止，求滑块 A 的运动微分方程。

【解】　以弹簧原长处和铅垂位置为 x 和 φ 的起始位置，系统受力如题 10-11 图。由

$$\frac{\mathrm{d}p_x}{\mathrm{d}t}=\sum F_x\text{，即}\frac{\mathrm{d}^2}{\mathrm{d}t^2}\sum m_i x_i=-F_k$$

有$\frac{\mathrm{d}^2}{\mathrm{d}t^2}[mx+m_1(x+l\sin\varphi)]=-kx$，求导后得

$$\ddot{x}+\frac{k}{m+m_1}x=\frac{m_1 l\omega^2}{m+m_1}\sin\varphi$$

方程的解为

$$x=\frac{m_1 l\omega^2}{k-(m+m_1)\omega^2}\sin\omega t$$

10－12　已知曲柄质量为m_1，滑块质量为m_2，滑杆质量为m_3，$OA=l$，$BC=l/2$，ω为常数，不计摩擦；求(1) 机构质量中心的运动方程；(2) 作用在轴O处的最大水平力。

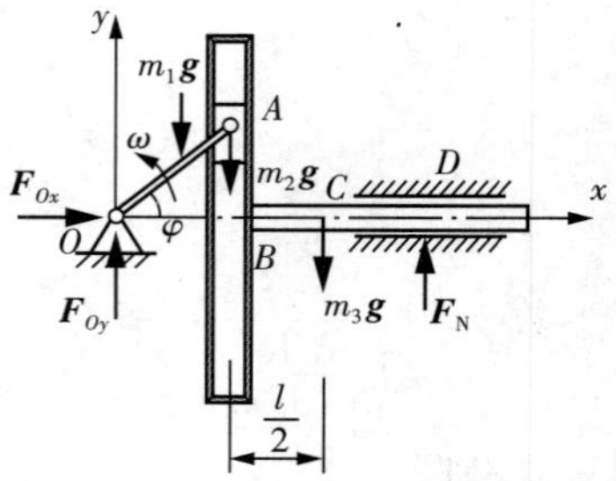

题 10－12 图

【解】　取坐标系如题 10－12 图，由质心坐标公式，有

$$x_C=\frac{\sum m_i x_i}{m}=\frac{m_1\ \frac{1}{2}l\cos\omega t+m_2 l\cos\omega t+m_3\left(l\cos\omega t+\frac{1}{2}l\right)}{m_1+m_2+m_3}$$

$$y_C=\frac{\sum m_i y_i}{m}=\frac{m_1\ \frac{1}{2}l\sin\omega t+m_2 l\sin\omega t+m_3\cdot 0}{m_1+m_2+m_3}$$

得质心的运动方程

$$\begin{cases}x_C=\dfrac{m_3 l}{2(m_1+m_2+m_3)}+\dfrac{m_1+2m_2+2m_3}{2(m_1+m_2+m_3)}l\cos\omega t\\[2ex] y_C=\dfrac{m_1+2m_2}{2(m_1+m_2+m_3)}l\sin\omega t\end{cases}$$

则质心的加速度为

$$a_{Cx}=\ddot{x}_C=-\frac{m_1+2m_2+2m_3}{2(m_1+m_2+m_3)}l\omega^2\cos\omega t$$

由　$ma_{Cx}=\sum F_x$，有　$(m_1+m_2+m_3)a_{Cx}=F_{Ox}$，解得

$$F_{Ox}=-\frac{1}{2}(m_1+2m_2+2m_3)l\omega^2\cos\omega t$$

最大水平力为

$$F_{Ox\max}=\frac{1}{2}(m_1+2m_2+2m_3)l\omega^2$$

10-13　质量为 m，长为 l 的均质杆杆端与质量为 m、半径为 r 的均质圆盘中心固结，绕水平轴 O 的做定轴转动，题 10-13 图示瞬时杆与铅垂线夹角为 θ，角速度为 ω，角加速度为 α，试求该瞬时轴承 O 处的约束力。

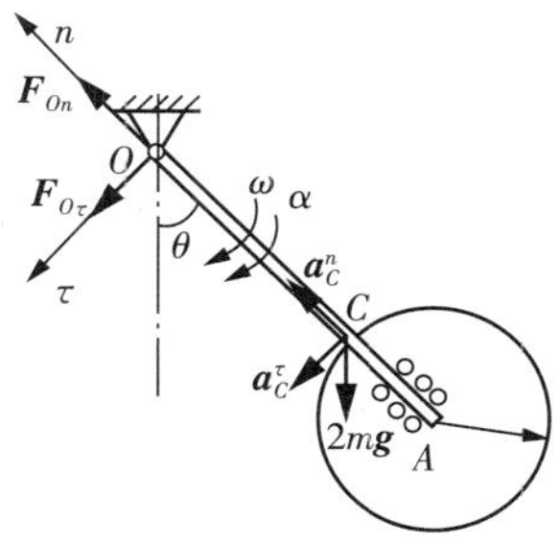

题 10-13 图

【解】　刚体的质心位置 $r_C=OC=\dfrac{m\dfrac{l}{2}+ml}{2m}=\dfrac{3}{4}l$，

质心的加速度为 $a_C^n=\dfrac{3}{4}l\omega^2$，$a_C^\tau=\dfrac{3}{4}l\alpha$。

系统受力如题 10-13 图，由质心运动定理得

$$\begin{cases}\sum F_n=ma_C^n,F_{On}-2mg\cos\theta=2m\times\dfrac{3}{4}l\omega^2\\ \sum F_\tau=ma_C^\tau,F_{O\tau}+2mg\sin\theta=2m\times\dfrac{3}{4}l\alpha\end{cases}$$

解得轴承 O 处的约束力

$$\begin{cases}F_{On}=\dfrac{3}{2}ml\omega^2+2mg\cos\theta\\ F_{O\tau}=\dfrac{3}{2}ml\alpha-2mg\sin\theta\end{cases}$$

10-14　薄平板 ABD 为一直角等腰三角形，$AB=12\text{cm}$，今将其顶点 A 靠在光滑水平面上，使斜边 AB 沿铅垂方向，然后无初速地释放，平板在重力作用下沿其所在的铅垂面倒落。假设在平板的倒落过程中，A 端始终不脱离水平面，求 BD 边的中点 M 的运动轨迹。

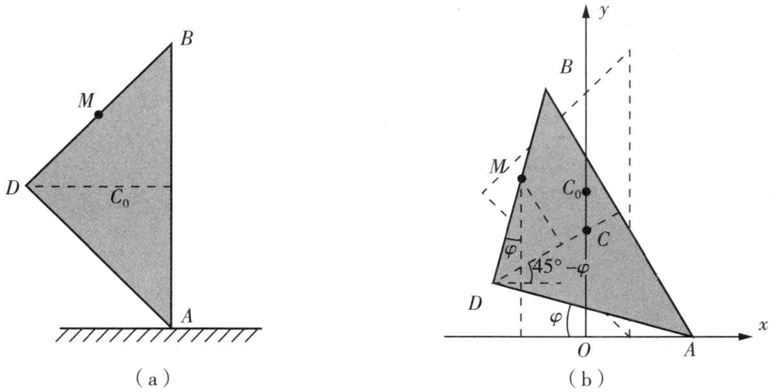

题 10-14 图

【解】　研究三角形平板 ABD，取坐标系如题 10-14 图所示，y 轴通过质心 C_0，$x_{C0}=0$。$\because \sum F_x{}^e=0$，且 $v_{C0}=0$，$\therefore x_C=x_{C0}=0$，质心位于 y 轴上。设图示 φ 角时 BD 中点 M 的坐标为

x 、y，则有

$$\begin{cases} x = DC\cos(45° - \varphi) - DM\sin\varphi \\ y = AD\sin\varphi + DM\cos\varphi \end{cases}$$

式中 $AD = 6\sqrt{2}\,\text{cm}$，$DC = 4\text{cm}$，$DM = 3\sqrt{2}\,\text{cm}$ 得

$$\begin{cases} x = \sqrt{2}(2\cos\varphi - \sin\varphi) \\ y = 3\sqrt{2}(2\sin\varphi + \cos\varphi) \end{cases}$$

有 $\left(\dfrac{x}{\sqrt{2}}\right)^2 = (2\cos\varphi - \sin\varphi)^2$ 和 $\left(\dfrac{y}{3\sqrt{2}}\right)^2 = (2\sin\varphi + \cos\varphi)^2$，两式相加得

$$\frac{x^2}{2} + \frac{y^2}{18} = 5(\cos^2\varphi + \sin^2\varphi)$$

整理可得 $\dfrac{x^2}{10} + \dfrac{y^2}{90} = 1$，即 M 的运动轨迹为椭圆。

10-15 如题 10-15 图所示，均质杆 AC 与 BC 由相同材料制成，在 C 处铰接，二杆位于同一铅垂面内。$AC = 25\text{cm}$，$BC = 40\text{cm}$。若 $CH = 24\text{cm}$ 时，系统由静止释放，求当 A、B、C 在同一直线上时，A、B 两点各自移动的距离。

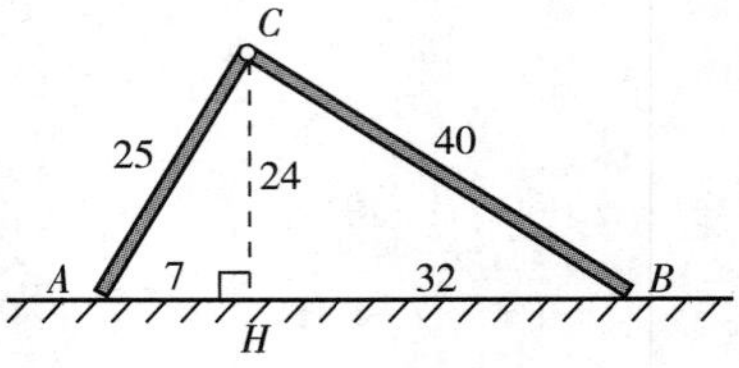

题 10-15 图

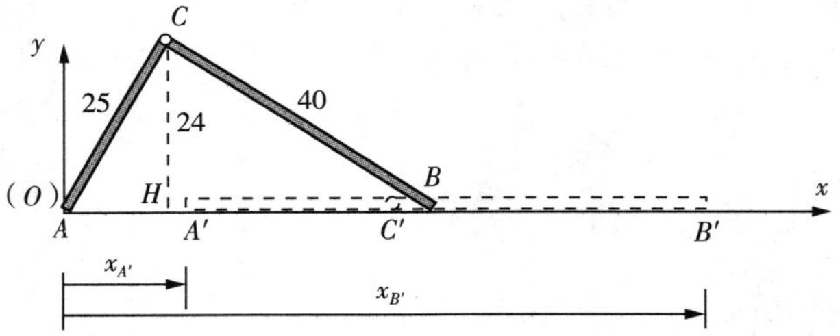

【解】 几何尺寸：$AC = 25\text{cm}$，$BC = 40\text{cm}$，$CH = 24\text{cm}$，$AH = \sqrt{25^2 - 24^2} = 7\text{cm}$，

$$BH = \sqrt{40^2 - 24^2} = 32\text{cm}$$

取坐标系 Oxy（坐标原点 O 与静止释放瞬时 A 点的位置重合），则系统初始时质心坐标为

$$x_{C0} = \frac{25\dfrac{AH}{2} + 40\left(AH + \dfrac{BH}{2}\right)}{25 + 40} = \frac{25 \times 3.5 + 40 \times (7 + 16)}{25 + 40} = 15.5\text{cm}$$

设两杆均落至水平时，A' 点坐标为 $x_A{}'$，则系统质心坐标为

$$x_C = \frac{25\left(x_A{}' + \frac{AC}{2}\right) + 40\left(x_A{}' + AC + \frac{BC}{2}\right)}{25 + 40} = \frac{25(x_A{}' + 12.5) + 40(x_A{}' + 25 + 20)}{25 + 40}$$

因为 $\sum F_x = 0$，且系统由静止释放，$x_C = const.$。由 $x_{C0} = x_C$，解得 $x_A{}' = -17\text{cm}$

$$\therefore x_B{}' = x_A{}' + AC + CB = -17 + 25 + 42 = 48\text{cm}$$

A、B 两点各自移动的距离为

$$\Delta x_A = x_A{}' = -17\text{cm}$$

$$\Delta x_B = x_B{}' - x_B = 48 - 39 = 9\text{cm}$$

第 11 章　动量矩定理

11.1　主要内容

一、动量矩

1. 质点的动量矩

(1) 对点的动量矩：质点的动量对于点 O 的矩，称为质点对于点 O 的动量矩，是定位矢量，记为

$$\boldsymbol{M}_O(m\boldsymbol{v})=\boldsymbol{r}\times m\boldsymbol{v} \tag{11-1}$$

式中 r 是点 O 到质点的矢径。质点的动量矩还可以表示为

$$\boldsymbol{M}_O(m\boldsymbol{v})=\boldsymbol{r}\times m\boldsymbol{v}=\begin{vmatrix} \boldsymbol{i} & \boldsymbol{j} & \boldsymbol{k} \\ x & y & z \\ mv_x & mv_y & mv_z \end{vmatrix} \tag{11-2}$$

(2) 对轴的动量矩：质点对于点 O 的动量矩(矢量)向过点 O 的某轴(如 z 轴)上的投影等于质点对于该轴的动量矩，即

$$[\boldsymbol{M}_O(m\boldsymbol{v})]_z=M_z(m\boldsymbol{v}) \tag{11-3}$$

在国际单位制中，动量矩的单位为 $\text{kg}\cdot\text{m}^2/\text{s}$。

2. 质点系的动量矩

(1) 对点的动量矩：质点系对某点 O 的动量矩等于各质点对同一点的动量矩的矢量和，即

$$\boldsymbol{L}_O=\sum_{i=1}^{n}\boldsymbol{M}_O(m_i\boldsymbol{v}_i)=\sum_{i=1}^{n}(\boldsymbol{r}_i\times m_i\boldsymbol{v}_i) \tag{11-4}$$

(2) 对轴的动量矩：质点系对某点 O 的动量矩在经过该点的某轴上的投影等于质点系对于该轴的动量矩，即

$$[\boldsymbol{L}_O]_z = L_z = \sum_{i=1}^{n} M_z(m_i \boldsymbol{v}_i) \tag{11-5}$$

(3) 平移刚体和定轴转动刚体的动量矩：

平移刚体：刚体平移时可看成是一个集中在质心的质点来计算其动量矩。

定轴转动刚体：定轴转动刚体对转轴 z 的动量矩等于刚体对转轴 z 的转动惯量于加速度的乘积，即

$$L_z = J_z\omega \tag{11-6}$$

(4) 质点系对某固定点 O 的动量矩$\boldsymbol{L}_O$ 的一般计算公式：

$$\boldsymbol{L}_O = \boldsymbol{L}_C + \boldsymbol{r}_C \times m\boldsymbol{v}_C \tag{11-7}$$

式中$\boldsymbol{L}_C$ 为质点系相对于质心 C 的动量矩，$\vec{\boldsymbol{r}}_C$ 为质心 C 相对于定点 O 的矢径。

$$\boldsymbol{L}_C = \sum \boldsymbol{r}'_i \times m_i \boldsymbol{v}_{ir} = \sum \boldsymbol{r}'_i \times m_i \boldsymbol{v}_i \tag{11-8}$$

$\boldsymbol{r}'_i$为质点系中第i 个质点相对于质心C 的矢径，$\boldsymbol{v}_{ir}$ 为该质点相对于以质心C 为原点的平移坐标系的相对速度。

二、动量矩定理

1. 质点的动量矩定理

$$\frac{\mathrm{d}}{\mathrm{d}t}\boldsymbol{M}_O(m\boldsymbol{v}) = \boldsymbol{M}_O(\boldsymbol{F}) \tag{11-9}$$

即质点对某定点 O 的动量矩对时间的导数，等于作用于质点的力对同一点 O 的矩。质点动量矩定理的投影式

$$\left.\begin{aligned} \frac{\mathrm{d}}{\mathrm{d}t}M_x(m\boldsymbol{v}) &= M_x(\boldsymbol{F}) \\ \frac{\mathrm{d}}{\mathrm{d}t}M_y(m\boldsymbol{v}) &= M_y(\boldsymbol{F}) \\ \frac{\mathrm{d}}{\mathrm{d}t}M_z(m\boldsymbol{v}) &= M_z(\boldsymbol{F}) \end{aligned}\right\} \tag{11-10}$$

即质点对于某定轴的动量矩对时间的导数，等于作用于质点的力对于同一轴的矩。

2. 质点系的动量矩定理

$$\frac{\mathrm{d}}{\mathrm{d}t}\boldsymbol{L}_O = \sum_{i=1}^{n} \boldsymbol{M}_O(\boldsymbol{F}_i^{(e)}) \tag{11-11}$$

即质点系对某定点 O 的动量矩对时间的导数，等于作用于质点系的外力对同一点 O 的矩的矢量和(即外力系对点 O 的主矩)。

质点系动量矩定理的投影式

$$\left.\begin{aligned}\frac{\mathrm{d}}{\mathrm{d}t}L_x &= \sum M_x(\boldsymbol{F}_i^{(e)})\\ \frac{\mathrm{d}}{\mathrm{d}t}L_y &= \sum M_y(\boldsymbol{F}_i^{(e)})\\ \frac{\mathrm{d}}{\mathrm{d}t}L_z &= \sum M_z(\boldsymbol{F}_i^{(e)})\end{aligned}\right\}\tag{11-12}$$

即质点系对于某定轴的动量矩对时间的导数，等于作用于质点系的外力对于同一轴的矩的代数和。

3. 质点系相对质心的动量矩定理

$$\frac{\mathrm{d}}{\mathrm{d}t}\boldsymbol{L}_C = \sum_{i=1}^{n}\boldsymbol{M}_C(\boldsymbol{F}_i^{(e)})\tag{11-13}$$

即质点系在相对于随质心平移的坐标系中运动时，质点系相对于质心 C 的动量矩对时间的导数，等于作用于质点系的外力对质心 C 的矩的矢量和(外力系对质心的主矩)。

投影到以质心为原点的平移坐标系 $Cxyz$ 上，有

$$\left.\begin{aligned}\frac{\mathrm{d}}{\mathrm{d}t}L_{Cx} &= \sum_{i=1}^{n}M_{Cx}(\boldsymbol{F}_i^{(e)})\\ \frac{\mathrm{d}}{\mathrm{d}t}L_{Cy} &= \sum_{i=1}^{n}M_{Cy}(\boldsymbol{F}_i^{(e)})\\ \frac{\mathrm{d}}{\mathrm{d}t}L_{Cz} &= \sum_{i=1}^{n}M_{Cz}(\boldsymbol{F}_i^{(e)})\end{aligned}\right\}\tag{11-14}$$

即质点系对于某质心轴的动量矩对时间的导数，等于作用于质点系的外力对于同一轴的矩的代数和。

三、动量矩守恒定律

1. 质点动量矩守恒定律

$$\left.\begin{aligned}&\text{若}\boldsymbol{M}_O(\boldsymbol{F})\equiv 0,\text{则}\boldsymbol{M}_O(m\boldsymbol{v})=\text{常矢量}\\ &\text{若}\ M_z(\boldsymbol{F})\equiv 0,\text{则}\ M_z(m\boldsymbol{v})=\text{常量}\end{aligned}\right\}\tag{11-15}$$

即作用于质点上的力对于某定点(或定轴)的矩恒等于零，则质点对该点(或该轴)的动量矩守恒。

2. 质点系动量矩守恒定律

$$\left.\begin{aligned}&\text{若}\sum\boldsymbol{M}_O(\boldsymbol{F}_i^{(e)})\equiv 0,\text{则}\boldsymbol{L}_O=\text{常矢量}\\ &\text{若}\sum M_z(\boldsymbol{F}_i^{(e)})\equiv 0,\text{则}\ L_z=\text{常量}\end{aligned}\right\}\tag{11-16}$$

即作用于质点系上的外力对于某定点(或定轴)的矩恒等于零,则质点系对该点(或该轴)的动量矩守恒。

$$\left.\begin{array}{l}若\sum \boldsymbol{M}_C(\boldsymbol{F}_i^{(e)}) \equiv 0,则\boldsymbol{L}_C = 常矢量 \\ 若\sum M_{Cz}(\boldsymbol{F}_i^{(e)}) \equiv 0,则\ L_{Cz} = 常量\end{array}\right\} \tag{11-17}$$

即作用于质点系上的外力对于质心(或质心轴)的矩恒等于零,则质点系对质心(或该质心轴)的动量矩守恒。

四、刚体的转动惯量

1. 转动惯量

刚体对某轴 z 的转动惯量,等于刚体内各质点的质量与该质点到转轴的垂直距离平方的乘积的总和,即

$$J_z = \sum m_i r_i^2 \tag{11-18}$$

在国际单位制中,转动惯量的量纲为 $kg \cdot m^2$。

2. 惯性半径(回转半径)

刚体对某轴 z 的转动惯量 J_z,可表示为刚体的总质量与某一特征长度的平方的乘积,即

$$J_z = m\rho_z^2 \tag{11-19a}$$

或

$$\rho_z = \sqrt{\frac{J_z}{m}} \tag{11-19b}$$

该特征长度 ρ_z 称为刚体对轴 z 的惯性半径或回转半径。

3. 转动惯量的平行轴定理

刚体对任一轴的转动惯量,等于刚体对于通过质心且与该轴平行的轴的转动惯量,加上刚体的质量与两轴间的距离平方的乘积,即

$$J_z = J_{zC} + md^2 \tag{11-20}$$

五、刚体的定轴转动微分方程

$$J_z\alpha = \sum M_z(\boldsymbol{F}) \tag{11-21a}$$

或

$$J_z \frac{d^2\varphi}{dt^2} = \sum M_z(\boldsymbol{F}) \tag{11-21b}$$

即定轴转动刚体对转轴的转动惯量于角加速度的乘积等于作用在刚体上的外力对转轴的主矩。

六、刚体平面运动微分方程

$$\left.\begin{aligned} m\boldsymbol{a}_C &= \sum \boldsymbol{F}^{(e)} \\ J_C\alpha &= \sum M_C(\boldsymbol{F}^{(e)}) \end{aligned}\right\} \tag{11-22a}$$

或

$$\left.\begin{aligned} ma_{Cx} &= \sum F_x \\ ma_{Cy} &= \sum F_y \\ J_C\alpha &= \sum M_C(\boldsymbol{F}^{(e)}) \end{aligned}\right\} \tag{11-22b}$$

或

$$\left.\begin{aligned} ma_C^n &= \sum F_n \\ ma_C^t &= \sum F_t \\ J_C\alpha &= \sum M_C(\boldsymbol{F}^{(e)}) \end{aligned}\right\} \tag{11-22c}$$

11.2 解题指导与习题解答

一、解题指导

1. 选取研究对象。当求解的是多轴轮系的动力学问题时，应分别选取每一根轴系为研究对象。

2. 进行受力分析和运动分析。分析研究对象所受的所有外力，画受力图；分析系统的运动，计算系统的动量矩。

3. 建立动力学方程。用动量矩定理或相应的动量矩守恒定律建立动力学方程。

4. 求解方程。

注意

(1) 计算动量矩所用到的速度或角速度，必须是相对于惯性坐标系而言的绝对速度或绝对角速度。

(2) 列动量矩定理方程时，必须注意动量矩与外力系的主矩应该具有相同的正负号。

(3) 式(11-11)、(11-12)或(11-13)、(11-14)给出的动量矩定理只适用于惯性坐标系中的定点、定轴，或质点系中的质心、质心轴。对于任意的动点、动轴，动量矩定理并不具有上述的简单形式。

(4) 动量矩定理仍然具有的简单形式的特殊动点有：刚体的加速度中心、加速度指向质心的速度瞬心(如均质圆轮沿固定轨道纯滚动时的速度瞬心)。

常见问题

问题一　要注意,计算动量矩时仅仅计算对质心动量矩时,用静止坐标系或用随质心平移的坐标系都可以,两者的计算结果是相同的。对一般的动点,两者计算结果不同,必须用静止坐标系计算或用书中的公式计算。

问题二　要注意,动量矩定理仅仅对定点或质心成立,对一般的动点通常是不成立的。

问题三　要仔细体会在知识点例题中所提到的技巧及注意事项。

问题四　求解运动学问题时,通常要补充运动学关系,一定注意正确的补充运动学关系。

二、习题解答

11-1　选择题

(1) 作用在平面运动刚体上的外力系主矢量为零,则该刚体

(a) 只能绕质心轴转动;(b) 只能作平动;(c) 运动不能确定。

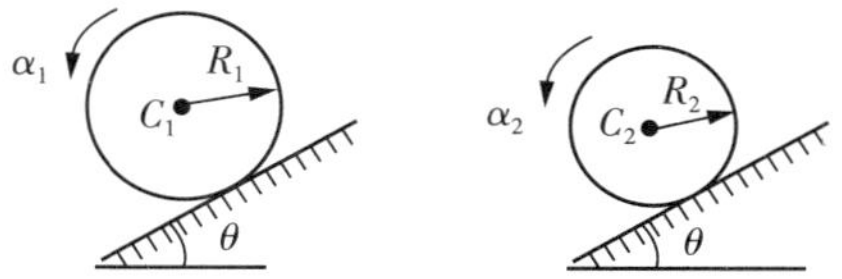

题 11-1(2) 图

(2) 如题 11-(2) 图所示,两个密度相同的均质圆柱 C_1 和 C_2,其半径 $R_1 > R_2$,在相同的斜面上无初速开始纯滚动,其角加速度分别为 α_1 和 α_2,则________

(a)$\alpha_1 > \alpha_2$;(b)$\alpha_1 = \alpha_2$;(c)$\alpha_1 < \alpha_2$。

(3) 具有相同半径和质量的均质圆柱 C_1 和均质圆环 C_2 放在相同的斜面上无初速开始纯滚动,若其角加速度分别为 α_1 和 α_2,则________

(a)$\alpha_1 > \alpha_2$;(b)$\alpha_1 = \alpha_2$;(c)$\alpha_1 < \alpha_2$。

(4) 具有相同半径和质量的均质圆环、圆柱、圆球,放在相同的粗糙斜面上,无初速开始纯滚动,则三者加速度________。

(a) 相等;(b) 不相等;(c) 无法比较。

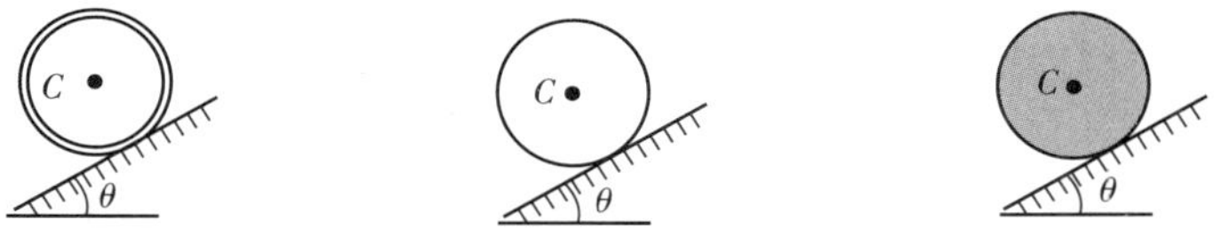

题 11-1(4) 图

相同时间内三者质心走过的距离________最大,________最小。

(a) 圆环;(b) 圆球;(c) 圆球。

(5) 图示三个刚性杆可绕水平轴 O 转动,在 θ 角处静止释放。则该瞬时三者角加速度________(相等、不相等);最先达到水平位置的是________;最后达到水平位置的是________。

【答】 (1)(c);　(2)(c);　(3)(a);　(4)(b),(c),(a);　(5) 不相等;(a);(b)

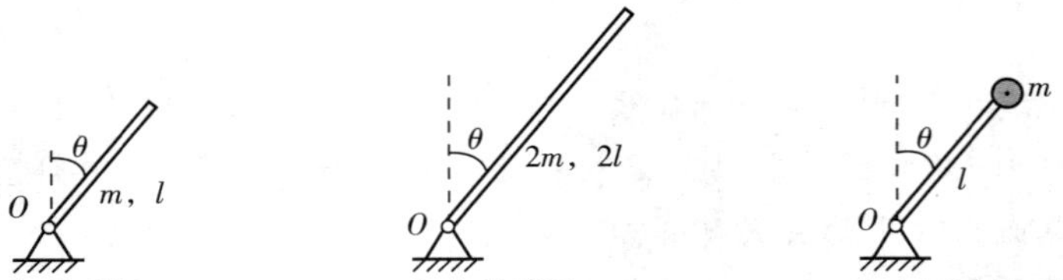

（a）均质杆　（b）均质杆　（c）无重杆+质点

题 11－1(5) 图

11－2　试求下列刚体或系统对水平轴 O 的动量矩。

(a) 质量为 m，半径为 r 的均质圆盘绕水平轴 O 做定轴转动，角速度为 ω。

【解】 $L_O = J_O\omega = (\frac{1}{2}mr^2 + mr^2)\omega = \frac{3}{2}mr^2\omega$

(b) 质量为 m，长为 l 的均质杆杆端与质量为 m、半径为 r 的均质圆盘中心固结，绕水平轴 O 做定轴转动，角速度为 ω。

【解】 $L_O = J_O\omega = \left(\frac{1}{3}ml^2 + \frac{1}{2}mr^2 + ml^2\right)\omega = \frac{1}{6}(8l^2 + 3r^2)m\omega$

(c) 图示滑轮组，重物 A 和 B 质量分别为 m_1 和 m_2；滑轮 O 的质量为 m_3，半径为 r，可视为均质圆盘。滑轮绕水平轴 O 的做定轴转动，角速度为 ω。（绳子不计质量和弹性。）

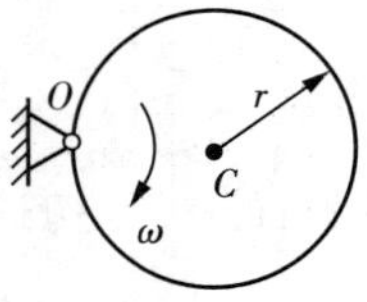

题 11－2(a) 图

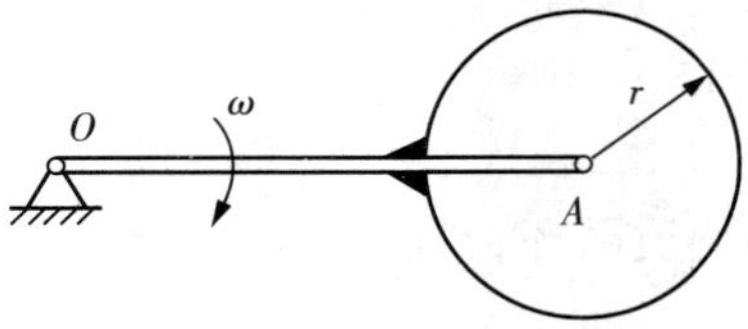

题 11－2(b) 图

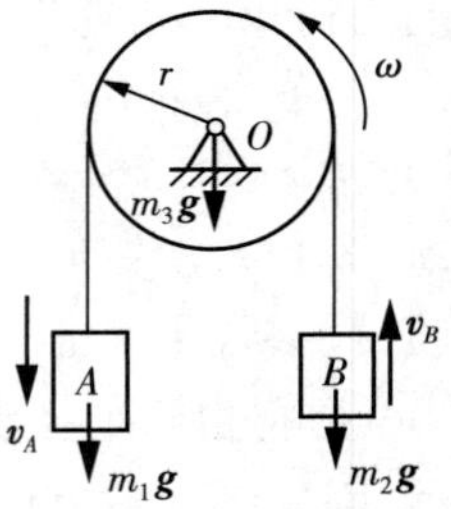

题 11－2(c) 图

【解】　重物 A 和 B 速度 $v_A = v_B = r\omega$，

$$L_O = m_1 v_A \cdot r + m_2 v_B \cdot r + J_O\omega$$

$$= m_1 r\omega \cdot r + m_2 r\omega \cdot r + \left(\frac{1}{2}m_3 r^2\right)\omega = \left(m_1 + m_2 + \frac{1}{2}m_3\right)r^2\omega$$

11－3　如题 11－3 图所示，杆 CD 与 z 轴的夹角为 θ，杆长 $CO = OD = l$，杆端固结的小球 C、D 质量均为 m，大小不计；系统绕铅直轴 z 转动的角速度为 ω，求

(1) 杆 CD 不计质量时，系统对 z 轴的动量矩；

(2) 均质杆 CD 质量为 $2m$ 时，系统对 z 轴的动量矩。

【解】 (1) 由动量矩的定义，可得

$$L_z = 2ml\omega\sin\theta \cdot l\sin\theta = 2m\omega l^2\sin^2\theta$$

（2）杆和球对 z 轴的转动惯量为

$$J_z = 2\int_0^l \frac{m}{l}(x\sin\theta)^2\mathrm{d}x + 2m(l\sin\theta)^2 = \frac{8}{3}ml^2\sin^2\theta$$

系统对 z 轴的动量矩为

$$L_z = J_{AB}\omega = \frac{8}{3}m\omega l^2\sin^2\theta$$

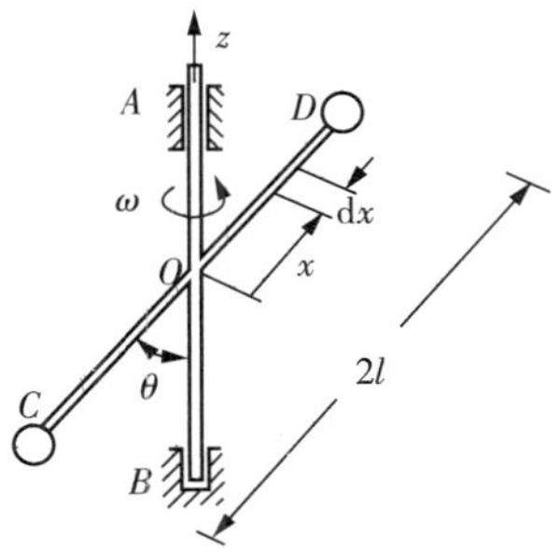

题 11－3 图

11－4　填空题

（1）十字杆由两根均质细杆固连而成，OA 长 $2l$，质量为 $2m$，BD 长 l，质量为 m。则系统对 O 轴的转动惯量为________。

【答】 $J_z = \frac{15}{4}ml^2$

（2）T 形杆由两个相同的、质量为 m，长为 l 的均质杆固结而成，C 为 AB 的中点。T 形杆绕轴 O 转动，角速度为 ω，则对轴 O 的动量矩为 L_O ________。

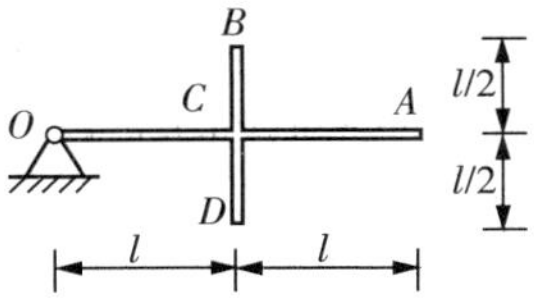

题 11－4(1) 图

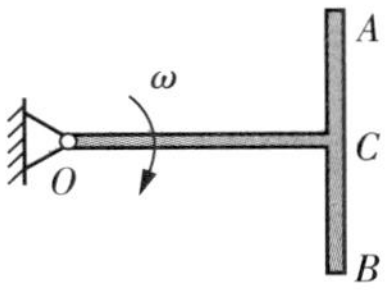

题 11－4(2) 图

【答】 $L_O = \frac{17}{12}ml^2\omega$

（3）一质量为 m，半径为 R 的均质圆板，挖去一半径为 $r=R/2$ 的圆洞。该刚体绕轴 O 转动，角速度为 ω，则对 O 轴的动量矩 $L_O=$________。

【答】 $L_O = \frac{29}{32}mR^2\omega$

（4）质量为 M，半径为 R 的均质圆盘的边缘上焊接一质量为 m、长为 b 的均质细杆 AB。刚体绕轴 O 转动，角速度为 ω，则系统的动量 $p=$________，对轴 O 的动量矩 $L_O=$________。

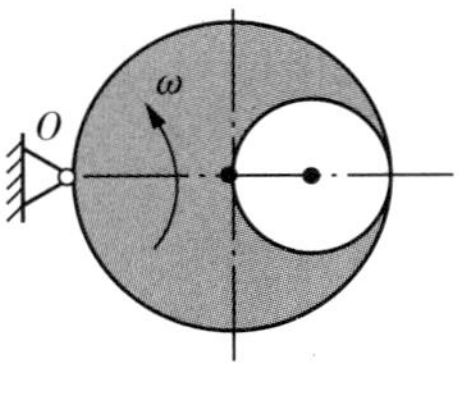

题 11－4(3) 图

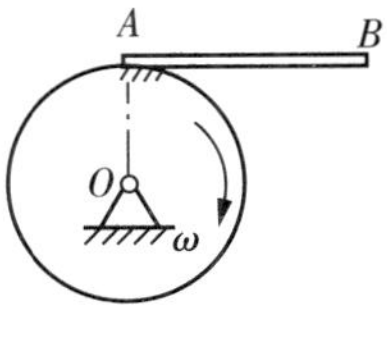

题 11－4(4) 图

【答】 $p = \frac{1}{2}m\omega\sqrt{b^2+4R^2}$，$L_O = R^2\omega\left(\frac{M}{2}+m\right) + \frac{1}{2}mb^2\omega$

（5）质量为 M、半径为 R 的均质细圆环与质量为 m、长为 R 的均质细杆 AB 固接如图，系

统以角速度 ω 绕 O 轴转动,,则系统对 O 轴的动量矩 $L_O=$________。

【答】 $L_O=\left[2MR^2+\frac{1}{12}mR^2+mR^2\left(1+\frac{\sqrt{3}}{2}\right)^2\right]\omega$

(6) 均质直角杆 OAB,单位长度的质量为 ρ,$OA=AB=2R$,图示瞬时以角速度 ω 绕 O 轴转动。该瞬时直角杆的动量的大小为 $p_x=$________;$p_y=$________;$p=$________;对 O 轴的动量矩的大小 $L_O=$________,转向为________。

【解】 OA 的动量为 $p_{OA}=m_{OA}v_{C1}=2R\rho\cdot\omega\cdot R=2\rho R^2\omega$,$p_{OA}\perp OA$;

AB 的动量为 $p_{AB}=m_{AB}v_{C2}=2R\rho\cdot\omega\sqrt{5}R=2\sqrt{5}\rho R^2\omega$,$\boldsymbol{p}_{AB}\perp OC_2$

$$p_x=p_{OA}+p_{AB}\frac{2}{\sqrt{5}}=6\rho R^2\omega,\ p_y=p_{AB}\frac{1}{\sqrt{5}}=2\rho R^2\omega$$

所以 $p=\sqrt{p_x^2+p_y^2}=2\sqrt{10}\rho R^2\omega$

$$J_O=J_{OA}+J_{AB}=\frac{1}{3}2R\rho\ (2R)^2+\frac{1}{12}2R\rho\ (2R)^2+2R\rho\ (\sqrt{5}R)^2=\frac{40}{3}\rho R^3$$

$\therefore L_O=\frac{40}{3}\rho R^3\omega$

(7) 半径为 R,重为 W 的均质圆盘静止地放在粗糙水平面上,滑动摩擦系数为 f,不计滚动摩擦。今在圆盘上作用一水平力 P,该力到 O 点的距离为 e。欲使圆盘只移动而不滚动,P 应满足的条件是________。

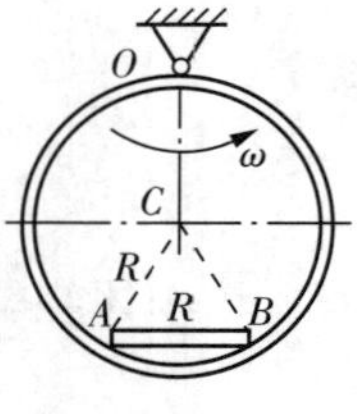

题 11-4(5) 图

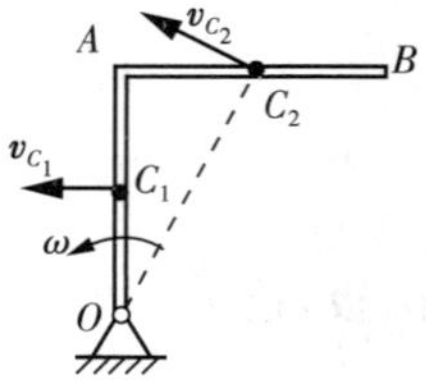

题 11-4(6) 图

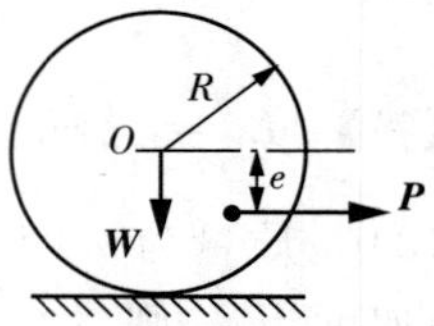

题 11-4(7) 图

【答】 $P=\frac{WfR}{e}$

(8) 如题 11-4(8) 图所示系统置于铅垂面内,由静止开始释放,若:① 均质圆盘在 C 与杆铰接,则系统下降过程中,圆盘作________运动;② 均质圆盘在 D 点与杆铰接,则系统下降过程中,圆盘作________运动。

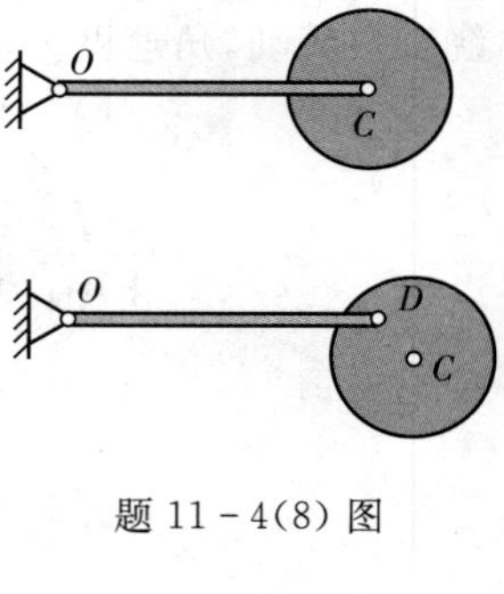

题 11-4(8) 图

【答】 平动;平面运动

(9) 均质细杆重 P,长 l,用两根弹簧系数均为 k 的相同的弹性绳悬挂成水平位置。今突然剪断右边的弹性绳,则该瞬时 AB 杆的角加速度 $\alpha=$________。

【答】 $\alpha=\frac{3g}{l}$

(10) 质量为 m 的均质杆 OA 长 l，在杆的下端固结一质量亦为 m，半径为 $l/2$ 的均质圆盘，图示瞬时角速度为 ω，角加速度为 α，则系统的动量为________，系统对 O 轴的动量矩为________，方向在图上标明。

【答】 $p=2ml\omega(\rightarrow)$；$L_O=\frac{65}{24}ml^2\omega$，逆时针

(11) 如题 11－4(11) 图所示系统中，物块 A、均质圆盘 B、C 的质量均为 m，圆盘的半径均为 R，且圆盘 C 在水平面作纯滚动，BC 段绳子水平。试写出系统对轴 O 的动量矩为________。

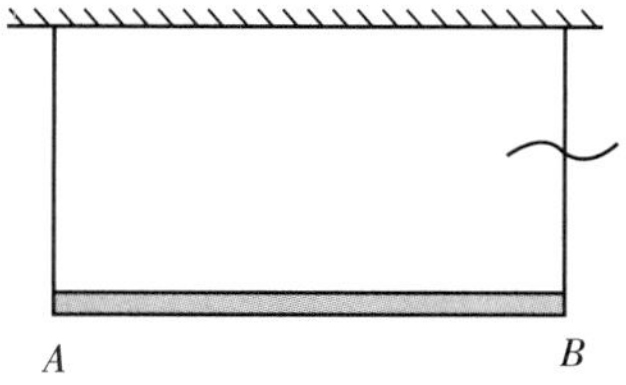

题 11－4(9) 图

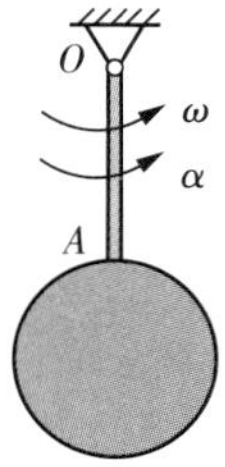

题 11－4(10) 图

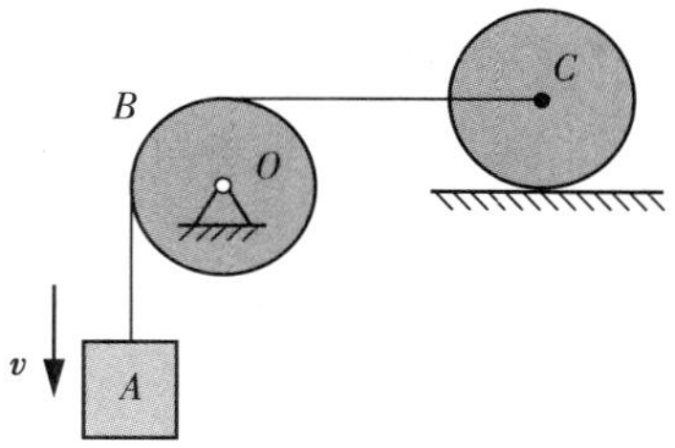

题 11－4(11) 图

【解】 物块 A、圆盘 B、C 对轴 O 的动量矩分别为

物块 A：$(L_O)_A=mvR$；圆盘 B：$(L_O)_B=\frac{1}{2}mvR$；圆盘 C：$(L_O)_C=\frac{3}{2}mvR$；系统对轴 O 的动量矩 $L_O=(L_O)_A+(L_O)_B+(L_O)_C$，即

$$L_O=3mvR$$

11－5　已知半径为 R，重量为 P 的均质圆盘，可绕 z 轴无摩擦地转动。一重量为 Q 的人在盘上由 B 点按规律 $s=at^2/2$ 沿半径为 r 的圆周行走。开始时，圆盘和人静止。求圆盘的角速度和角加速度。

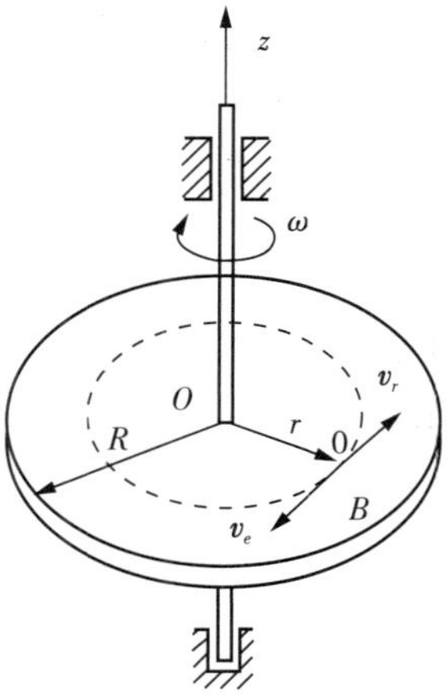

题 11－5 图

【解】 研究整体，由于 $\sum M_z(\boldsymbol{F})=0$，且系统初始静止，所以系统对 z 轴的动量矩守恒，且 $L_z=0$。圆盘定轴转动，$L_{z1}=J_z\omega=\frac{1}{2}\frac{P}{g}R^2\omega$。选人为动点，圆盘为动系，人相对圆盘的运动 $s=at^2/2$，相对速度 $v_r=ds/\mathrm{d}t$，由速度合成定理

$$\boldsymbol{v}_a=\boldsymbol{v}_e+\boldsymbol{v}_r$$

式中 $v_e=r\omega$，$v_a=v_e-v_r=r\omega-at$。人对 z 轴的动量矩 $L_{z2}=Q(r\omega-at)r/g$，所以

$$L_{z2}=L_{z1}+L_{z2}=0,\quad \frac{1}{2}\frac{P}{g}R^2\omega+\frac{Q(r\omega-at)r}{g}=0$$

解得 $\omega=\dfrac{2Qart}{PR^2+2Qr^2}$，$\alpha\ \dfrac{d\omega}{dt}=\dfrac{2Qart}{PR^2+2Qr^2}$。

11-6 如题11-6图所示离合器，轮1和2的转动惯量分别为 J_1 和 J_2，初始时，轮2静止，轮1具有角速度 ω_0。求(1)当离合器接合后，两轮共同转动的角速度；(2)若经过 t 秒后两轮的转速才相同，离合器应有的摩擦力矩。

【解】 (1)该系统 $\sum M_z(\boldsymbol{F})=0$，所以 $L_z=L_{z0}=$ 常量，即

$$(J_1+J_2)\omega=J_1\omega_0$$

解得离合器接合后，两轮共同转动的角速度 $\omega=\dfrac{J_1\omega_0}{J_1+J_2}$

(2)分别取1、2轮为研究对象，有

$$J_1\frac{d\omega_1}{dt}=-M_f,\ J_2\frac{d\omega_2}{dt}=M_f,\text{积分}\int_{\omega_0}^{\omega}J_1 d\omega=\int_0^t -M_f dt,\ \int_0^{\omega}J_2 d\omega=\int_0^t M_f dt$$

解得 $M_f=\dfrac{J_1J_2\omega_0}{(J_1+J_2)t}$。

11-7 重物 A 和 B 质量分别为 m_1 和 m_2；塔轮的质量为 m_3，对水平轴 O 的回转半径为 ρ，且质心位于转轴 O 处，求塔轮的角加速度 α。(绳子不计质量和弹性。)

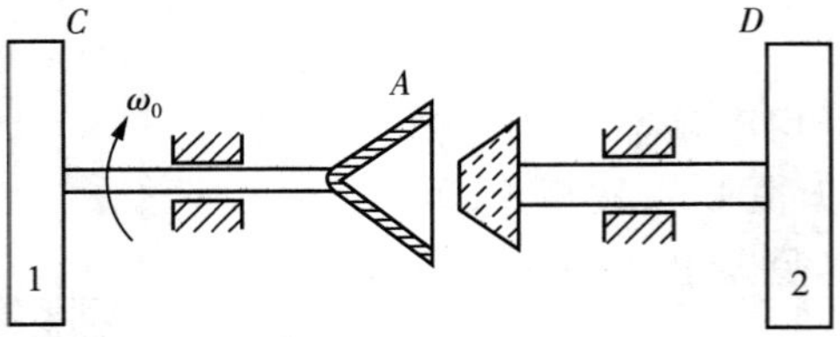

题11-6图

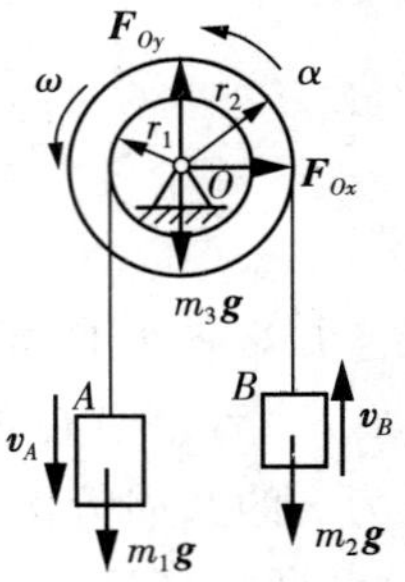

题11-7图

【解】 设塔轮的角速度为 ω，则 A、B 块的速度分别为 $v_A=r_1\omega$，$v_B=r_2\omega$，系统对水平轴 O 的动量矩

$$L_O=m_1v_Ar_1+m_2v_Br_2+J\omega=(m_1r_1^2+m_2r_2^2+m_3\rho^2)\omega$$

由动量矩定理，$\dfrac{d}{dt}L_O=\sum M_O(\boldsymbol{F})$ 得

$$\frac{d}{dt}[(m_1r_1^2+m_2r_2^2+m_3\rho^2)\omega]=m_1gr_1-m_2gr_2$$

注意到 $\alpha=\dfrac{d\omega}{dt}$，则塔轮的角加速度

$$\alpha=\frac{(m_1r_1-m_2r_2)g}{m_1r_1^2+m_2r_2^2+m_3\rho^2}$$

11－8　如题 11－8 图所示两均质带轮的半径各为 R_1 和 R_2，其重量分别为 P_1 和 P_2，分别受矩为 M 的主动力偶和矩为 M' 的阻力偶作用，胶带与轮之间无滑动，胶带质量略去不计。求第一个带轮的角加速度。

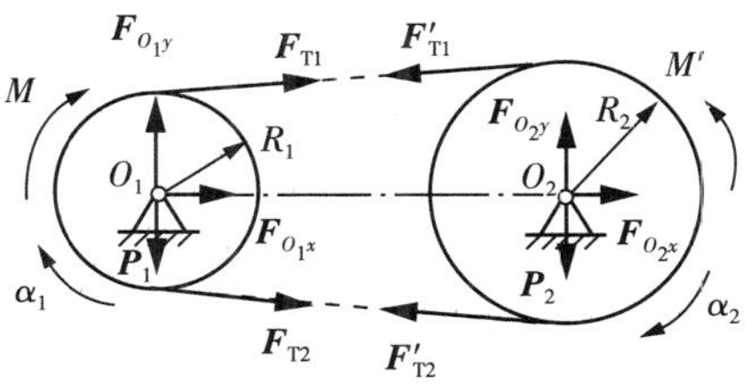

题 11－8 图

【解】　分别研究两轮，受力如图所示。应用定轴转动微分方程

$$J_{O_1}\alpha_1=\sum M_{O_1}(\boldsymbol{F}),\frac{1}{2}\frac{P_1}{g}R_1^2\alpha_1=M+F_{T1}R_1-F_{T2}R_1$$

$$J_{O_2}\alpha_2=\sum M_{O_2}(\boldsymbol{F}),\frac{1}{2}\frac{P_2}{g}R_2^2\alpha_2=-M'-F'_{T1}R_2+F'_{T2}R_2$$

式中 $F_{T1}=F'_{T1}$，$F_{T2}=F'_{T2}$，$\alpha_2=\dfrac{R_1}{R_2}\alpha_1$，解得

$$\alpha_1=\frac{2(R_2M-R_1M')}{(P_1+P_2)R_1^2R_2}g$$

即带轮 1 的角加速度 $\alpha_1=\dfrac{2(R_2M-R_1M')}{(P_1+P_2)R_1^2R_2}g$。

11－9　均质圆轮 A 重量为 P_1，半径为 r_1，以角速度 ω 绕杆 OA 的 A 端转动，此时将轮放置在均质轮 B 上；杆 OA 重量不计；均质轮 B 重量为 P_2、半径为 r_2，初始静止，但可绕其中心自由转动。放置后轮 A 的重量由轮 B 支持。设两轮间的摩擦系数为 f'；求自轮 A 放在轮 B 上到两轮间没有相对滑动时的时间。

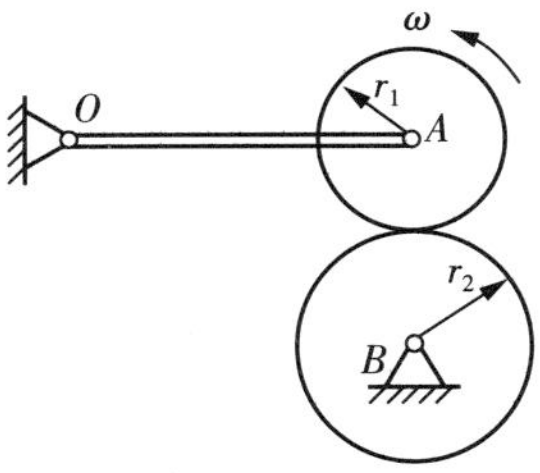

题 11－9(a) 图

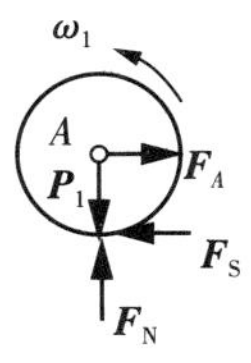

题 11－9(b) 图

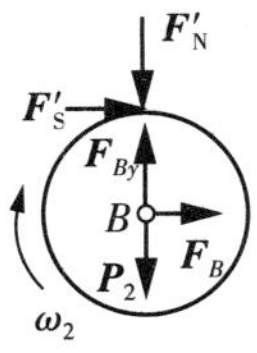

题 11－9(c) 图

【解】　分别研究两轮，受力如题 11－9(b) 图、(c) 图。因为 OA 为二力杆，所以轴承 A 的作用力为 $\boldsymbol{F}_A$，沿杆轴线方向。对轮 A，由

$\sum F_y=0$，$F_N-P_1=0$，得 $F_N=P_1$

分别列出 A、B 两轮的定轴转动微分方程为

$$J_A\frac{d\omega_1}{dt}=\sum M_A(\boldsymbol{F}),\frac{1}{2}\frac{P_1}{g}r_1^2\frac{d\omega_1}{dt}=-F_s\cdot r_1$$

$$J_B\frac{\mathrm{d}\omega_2}{\mathrm{d}t}=\sum M_B(\boldsymbol{F}),\frac{1}{2}\frac{P_2}{g}r_2^2\frac{\mathrm{d}\omega_2}{\mathrm{d}t}=F'_s\cdot r_2$$

式中$F'_s=F_s=fF_N=fP_1$，分别积分，得$r_1\omega_1=r_1\omega-2fgt$，$P_2r_2\omega_2=2fP_1gt$，$A$、$B$两轮间无相对滑动时，应有$r_1\omega_1=r_2\omega_2$，得

$$t=\frac{r_1\omega}{2fg\left(1+\frac{P_1}{P_2}\right)}$$

11-10 均质圆柱的半径r，质量为m，今将其放在如题11-10图所示位置。设在A和B处的摩擦因数均为f。若给圆柱以初角速度ω_0，导出到圆柱停止所需的时间表达式。

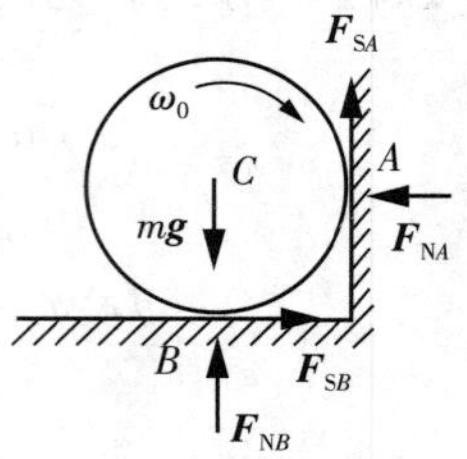

题11-10图

【解】 研究圆柱，受力如图。其质心加速度为零，角加速度$\alpha=\frac{\mathrm{d}\omega}{\mathrm{d}t}$，由刚体平面运动微分方程，有

$$\begin{cases}ma_{Cx}=\sum F_x,0=F_{SB}-F_{NA}\\ ma_{Cy}=\sum F_x,0=F_{NB}+F_{SA}-mg\\ J_C\alpha=\sum M_C(\boldsymbol{F}),\frac{1}{2}mr^2\frac{\mathrm{d}\omega}{\mathrm{d}t}=-(F_{SA}+F_{SB})r\end{cases}$$

又 $F_{SA}=fF_{NA}$，$F_{SB}=fF_{NB}$，联立解得 $F_{SA}=\frac{f^2}{1+f^2}mg$，$F_{SB}=\frac{f}{1+f^2}mg$，

且$\int_{\omega_0}^{0}\frac{1}{2}mr^2\mathrm{d}\omega=\int_0^t-(F_{SA}+F_{SB})r\mathrm{d}t$，得 $t=\frac{r\omega_0(1+f^2)}{2gf(1+f)}$。

11-11 均质圆柱体A的质量为m，在外圆上绕以细绳，绳的一端B固定不动，如题11-11图所示。圆柱体因解开绳子而下降，其初速为零，试求当圆柱体的中心降落了高度h时的速度和绳子的张力。

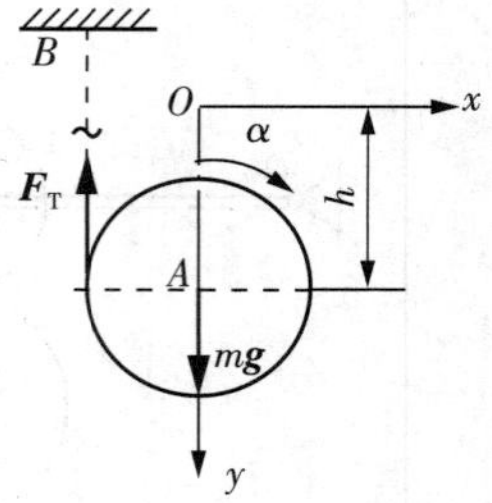

题11-11图

【解】 圆柱体作平面运动，受力如图，由平面运动微分方程

$$\begin{cases}ma_{Cx}=\sum F_x,ma_{Ax}=0\\ ma_{Cy}=\sum F_y,ma_{Ay}=mg-F_T\\ J_C\alpha=\sum M_C(\boldsymbol{F}),\frac{1}{2}mR^2\alpha=F_TR\end{cases}$$

$a_A=a_{Ay}$，$R\alpha=a_A$，解得$a_A=\frac{2}{3}g$，$F_T=\frac{1}{3}mg$ 即绳子的张力为$F_T=\frac{1}{3}mg$，a_A为常数，点A降落了高度h时的速度为$v=\sqrt{2a_Ah}=\frac{2}{3}\sqrt{3gh}$。

11-12　重物 A 重 P，系在跨过固定滑轮 D 并绕在鼓轮 B 上的绳子上，鼓轮 B 半径为 r，轮 C 的半径为 R，两者固连在一起，沿水平面纯滚动。两者总重为 Q，关于水平轴 O 的回转半径为 ρ，不计 D 轮质量。求重物 A 的加速度。

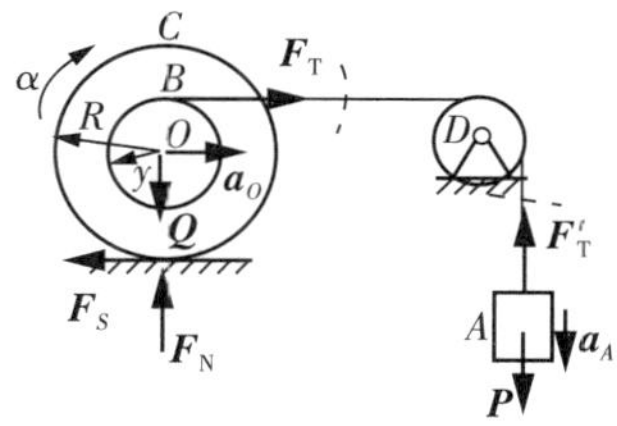

题 11-12 图

【解】　分别研究物体 A 和鼓轮，受力分析与加速度分析如题 11-12 图所示。因为不计 D 轮质量，所以 D 轮两端绳子张力相等：$F_T=F'_T$。

物 A：$ma_A=\sum F$，$\dfrac{P}{g}a_A=P-F'_T$

鼓轮：$\begin{cases} ma_O=\sum F_x,\ \dfrac{Q}{g}a_O=F_T-F_s \\ J_O\alpha=\sum M_O(\boldsymbol{F}),\ \dfrac{Q}{g}\rho^2\alpha=F_Tr+F_sR \end{cases}$

式中 $\alpha=\dfrac{a_A}{R+r}$，$a_O=R\alpha=\dfrac{R}{R+r}a_A$，解得 $a_A=\dfrac{Pg\ (R+r)^2}{P\ (R+r)^2+Q(R^2+\rho^2)}$

11-13　均质圆柱 A 和 B 的重量均为 P，半径均为 r，一绳缠绕在绕固定轴 A 转动的圆柱 A 上，绳的另一端绕在圆柱 B 上，如题 11-13 图所示，摩擦不计。求(1) 圆柱体 B 下落时质心的加速度；(2) 若在圆柱体 A 上作用一矩为 M 的逆时针转向的力偶，试问在什么条件下圆柱体 B 的质心将上升。

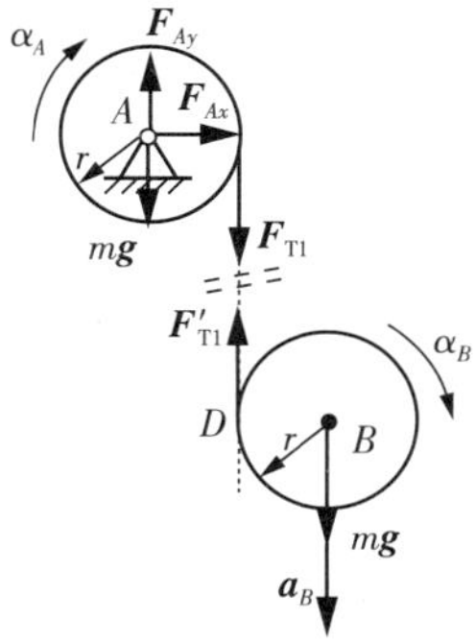

题 11-13(a) 图

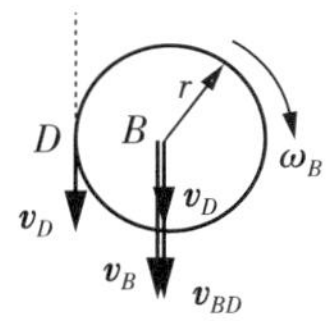

题 11-13(b) 图

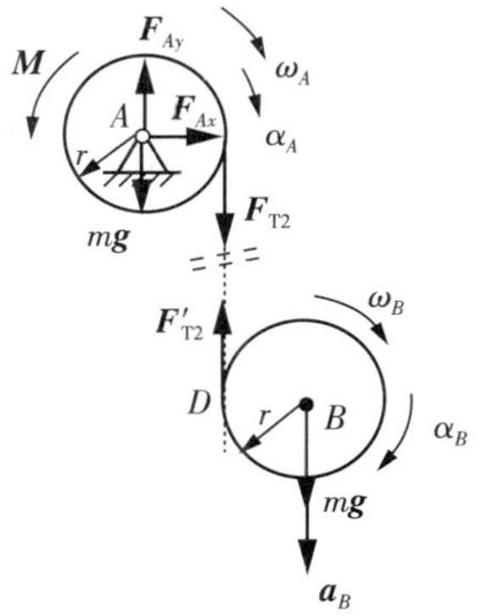

题 11-13(c) 图

【解】　(1) 两轮的受力与运动分析分别如题 11-13(a) 图，分别列出 A 轮的定轴转动微分方程及 B 轮的平面运动微分方程，有

$$\frac{1}{2}\frac{P}{g}r^2\alpha_A=rF_{T1} \tag{1}$$

$$\frac{1}{2}\frac{P}{g}r^2\alpha_B=rF'_{T1} \tag{2}$$

$$\frac{P}{g}a_B = P - F'_{T1} \tag{3}$$

$$F_{T1} = F'_{T1} \tag{4}$$

再以 B 轮与绳相切点 D 为基点，则$\boldsymbol{v}_B = \boldsymbol{v}_D + \boldsymbol{v}_{BD}$，如题 11－13(b) 图，式中 $v_D = r\omega_A$，$v_{BD} = r\omega_B$ ∴ $v_B = r\omega_A + r\omega_B$，求导可得

$$a_B = r\alpha_A + r\alpha_B \tag{5}$$

联立以上 5 式，解得　$a_B = \frac{4}{5}g$

(2) 再分别对两轮进行受力与运动分析，如题 11－13(c) 图，图中 $F_{T2} = F'_{T2}$，分别列出 A 轮及 B 轮的动力学方程，有

$$\frac{1}{2}\frac{P}{g}r^2\alpha_A = -M + rF_{T2}$$

$$\frac{1}{2}\frac{P}{g}r^2\alpha_B = rF'_{T2}, \frac{P}{g}a_B = P - F'_{T2}$$

同理 $a_B = r\alpha_A + r\alpha_B$，(但 $\alpha_A \neq \alpha_B$)，令 $a_B < 0$，可解得圆柱体 B 的质心加速度向上的条件

$$M > 2Pr$$

11－14　质量为 m、长为 l 的均质杆 AB 放在铅直平面内，在 $\varphi = \varphi_0$ 角时由静止状态倒下，墙与地面均光滑。求(1) 杆在任意位置时的角速度和角加速度；(2) 杆脱离墙时与水平面所夹的角。

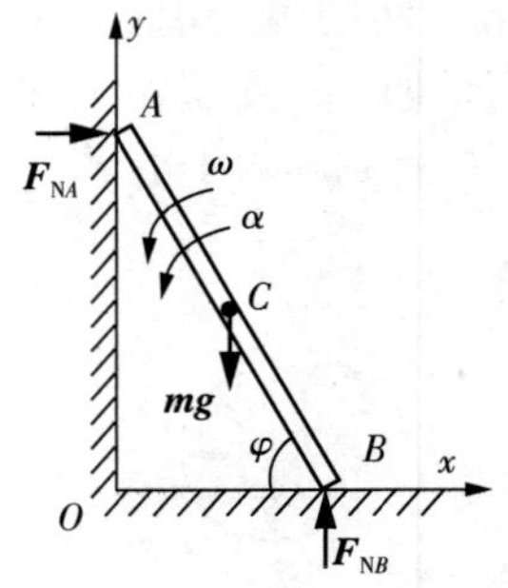

题 11－14 图

【解】　取坐标系如题 11－14 图所示，则质心 C 的坐标为

$$x_C = \frac{l}{2}\cos\varphi, y_C = \frac{l}{2}\sin\varphi$$

质心 C 的加速度为 $a_{Cx} = \ddot{x}_C$，$a_{Cy} = \ddot{y}_C$，注意到 $\dot{\varphi} = \frac{d\varphi}{dt} = -\omega$，$\alpha = \frac{d\omega}{dt} = \frac{d\omega}{d\varphi}\frac{d\varphi}{dt} = -\omega\frac{d\omega}{d\varphi}$，得 $a_{Cx} = \frac{l}{2}(\alpha\sin\varphi - \omega^2\cos\varphi)$，$a_{Cy} = -\frac{l}{2}(\alpha\cos\varphi - \omega^2\sin\varphi)$。

列出杆的平面运动微分方程

$$\begin{cases} \sum F_x = ma_{Cx}, F_{NA} = ma_{Cx} \\ \sum F_y = ma_{Cy}, F_{NB} - mg = ma_{Cy} \\ \sum M_C(\boldsymbol{F}) = J_C\alpha, F_{NB}\frac{l}{2}\cos\varphi - F_{NA}\frac{l}{2}\sin\varphi = \frac{1}{12}ml^2\alpha \end{cases}$$

$$\begin{cases} F_{NA}=\dfrac{l}{2}(\alpha\sin\varphi-\omega^2\cos\varphi)m \\ F_{NB}-mg=-\dfrac{l}{2}(\alpha\cos\varphi-\omega^2\sin\varphi)m \\ F_{NB}\dfrac{l}{2}\cos\varphi-F_{NA}\dfrac{l}{2}\sin\varphi=\dfrac{1}{12}ml^2\alpha \end{cases}$$

联立解得杆在任意位置时的角加速度 $\alpha=\dfrac{3g}{2l}\cos\varphi$。由 $\alpha=\dfrac{\mathrm{d}}{\mathrm{d}t}\omega=\dfrac{3g}{2l}\cos\varphi$ 两端积分，有

$$\frac{\mathrm{d}\omega}{\mathrm{d}t}=\frac{\mathrm{d}\omega}{\mathrm{d}\varphi}\frac{\mathrm{d}\varphi}{\mathrm{d}t}=\frac{3g}{2l}\cos\varphi \text{ 或} \int_0^{\omega}\omega\mathrm{d}\omega=\int_{\varphi_0}^{\varphi}\frac{3g}{2l}\cos\varphi\mathrm{d}\varphi$$

得杆在任意位置时的角速度　$\omega=\sqrt{\dfrac{3g}{l}(\sin\varphi_0-\sin\varphi)}$

$$F_{NA}=ma_{Cx}=\frac{3}{2}mg\cos\varphi(\frac{3}{2}\sin\varphi-\sin\varphi_0)$$

杆脱离墙的条件为 $F_{NA}=0$，代入上式，解得杆脱离墙时与水平面所夹的角

$$\varphi_1=\arcsin\left(\frac{2}{3}\sin\varphi_0\right)$$

11－15　板重 P_1，受水平力 $\boldsymbol{F}$ 作用，沿水平面运动，板与平面间的动摩擦系数为 f'。在板上放一重为 P_2 的实心圆柱，如题 11－15 图所示，圆柱对板只滚不滑，求板的加速度。

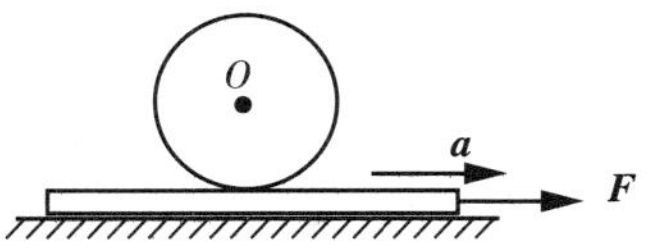

题 11－15(a) 图

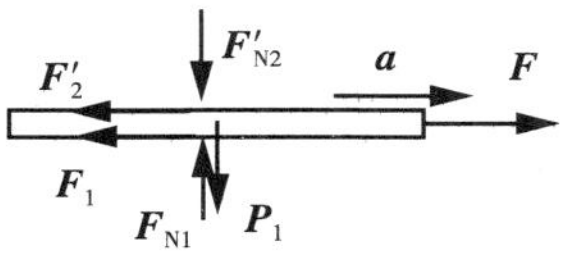

题 11－15(b) 图

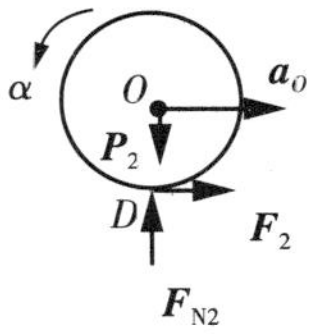

题 11－15(c) 图

【解】　板与圆柱的受力图分别如题 11－15(b)、(c) 图；对板由质心运动定理，有

$$\begin{cases} m_1a=\sum F_x, \dfrac{P_1}{g}a=F-F_1-F_2' \\ 0=\sum F_y, 0=F_{N1}-F_{N2}'-P_1 \end{cases}$$

式中摩擦力 $F_1=f'F_{N1}$，对圆柱由刚体平面运动微分方程，有

$$\begin{cases} m_2a_O=\sum F_x, \dfrac{P_2}{g}a_O=F_2 \\ J_O\alpha=\sum M_O, \dfrac{1}{2}\dfrac{P_2}{g}R^2\alpha=F_2R \end{cases}$$

以圆柱与板的接触点 D 为基点，设圆柱的角加速度为 α，则圆心 O 的加速度为

$$\boldsymbol{a}_O = \boldsymbol{a}_D + \boldsymbol{a}_{OD}^n + \boldsymbol{a}_{OD}^\tau$$

式中 $a_D = a$，$a_{OD}^\tau = R\alpha$，加速度矢量图如题 11-15(d) 图。将矢量方程投影至水平方向得：$a_O = a - R\alpha$

联立解得

$$a = \frac{F - f'(P_1 + P_2)}{P_1 + \dfrac{P_2}{3}} g$$

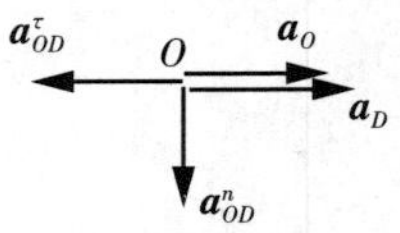

题 11-15(d) 图

11-16　已知：均质圆柱体质量为 m，半径 r，斜面倾角为 60°。细绳缠绕在圆柱体上，此绳与 A 相连部分与斜面平行。圆柱体与斜面间的摩擦系数为 $f = 1/3$，求圆柱沿斜面落下的加速度 a_C。

【解】　圆柱受力与运动分析如题 11-17 图，平面运动方程为

$$ma_C = \sum F_x, ma_C = mg\sin 60° - F - F_T$$

$$0 = \sum F_y, 0 = F_N - mg\cos 60°$$

$$J_C\alpha = \sum M_C, \frac{1}{2}mr^2\alpha = F_T r - Fr$$

式中 $F = fF_N$，$a_C = r\alpha$，联立解得圆柱沿斜面落下的加速度为 $a_C = 0.356g$

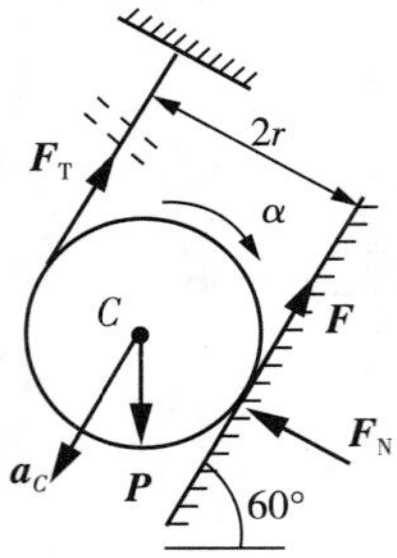

题 11-16 图

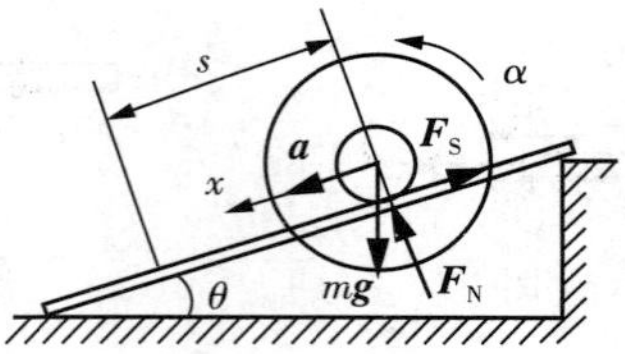

题 11-17 图

11-17　如图所示，轨道的倾角为 $\theta = 20°$，轮轴的直径为 $d = 50$mm，无初速地作纯滚动，5 秒内轮心移动的距离 $s = 3$m，求轮子对轮心的回转半径。

【解】　设轮子质量为 m，对轮心的回转半径为 ρ，其运动微分方程为

$$\begin{cases} ma_{Cx} = \sum F_x, ma = mg\sin\theta - F_S \\ J_C\alpha = \sum M_C(\boldsymbol{F}), m\rho^2\alpha = F_S \cdot \dfrac{d}{2} \end{cases}$$

轮作纯滚动，有 $a = r\alpha$，解得 $a = \dfrac{d^2\sin\theta}{4\rho^2 + d^2}g$ 为常数，有 $S = \dfrac{1}{2}at^2$ 故 $a = \dfrac{2S}{t^2}\bigg| = 0.24\text{m/s}$ 得

$$\rho=\frac{d}{2}\sqrt{\frac{g\sin\theta-a}{a}}$$

代入数据得

$$\rho=\frac{50}{2}\sqrt{\frac{9.8\sin20^{\circ}-0.24}{0.24}}=90\mathrm{mm}$$

即轮子对轮心的回转半径为 90mm。

11－18　质量为 m 半径为 r 的均质圆盘，在距盘心 $r/2$ 处焊接一个质量为 m 的质点，如题 11－18(a) 图所示。圆盘经干扰后可在水平面上往复纯滚动，试求：

(1) 系统对速度瞬心的绝对动量矩；

(2) 系统的运动微分方程；

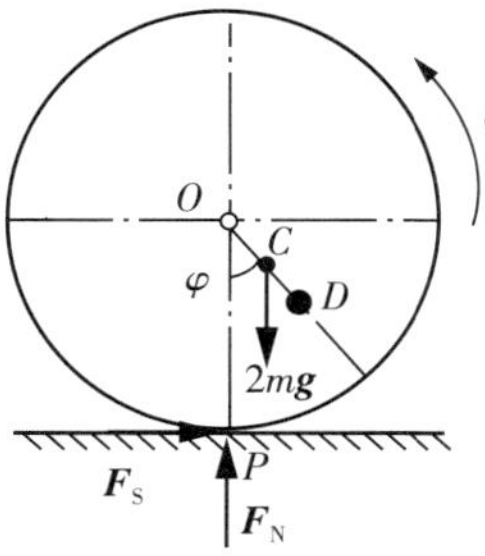

题 11－18(a) 图

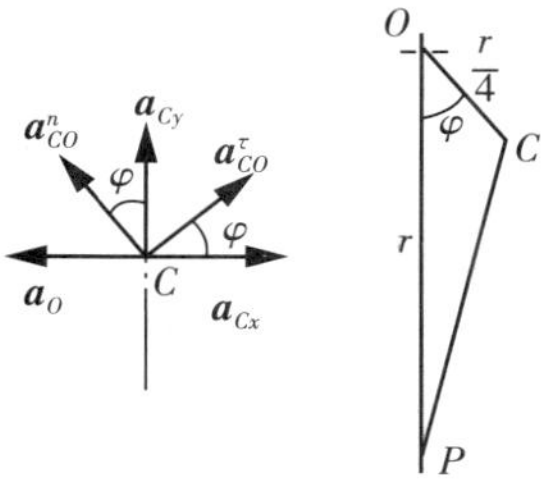

题 11－18(b) 图

(3) 若系统的运动微分方程具有以下形式

$$A(\varphi)\ddot{\varphi}+B(\varphi)\dot{\varphi}^2+C(\varphi)=0$$

试说明改变均质圆盘的质量，对 $A(\varphi)$、$B(\varphi)$ 和 $C(\varphi)$ 分别有何影响。

(提示：余弦定理 $c^2=a^2+b^2-2ab\cos\varphi$)

分析：知识要点为质心运动定理，刚体平面运动基点法求加速度。需找到系统质心 C 的位置，并根据圆盘中心 O 的加速度，求出质心 C 的加速度，再用质心运动定理建立系统的运动微分方程。

【解】　(1) 由已知条件得，刚体质心位置 $OC=r/4$。对质心的转动惯量为

$$J_C=\frac{1}{2}mr^2+m\cdot OC^2+m\cdot CD^2=\frac{1}{2}mr^2+m\left(\frac{r}{4}\right)^2+m\left(\frac{r}{4}\right)^2=\frac{5}{8}mr^2$$

对速度瞬心 P 的转动惯量

$$J_P=J_C+2m\cdot CP^2=\frac{5}{8}mr^2+2m\left[r^2+\left(\frac{r}{4}\right)^2-2r\cdot\frac{r}{4}\cos\varphi\right]=\left(\frac{11}{4}-\cos\varphi\right)mr^2$$

系统对速度瞬心的绝对动量矩 $L_P=J_P\omega=\left(\frac{11}{4}-\cos\varphi\right)mr^2\omega$

(2) 圆盘作纯滚动，$a_O=r\alpha=r\ddot{\varphi}$，质心的加速度 $\boldsymbol{a}_C=\boldsymbol{a}_O+\boldsymbol{a}_{CO}^n+\boldsymbol{a}_{CO}^\tau$，式中 $a_{CO}^n=\frac{r}{4}\dot{\varphi}^2$，$a_{CO}^\tau=$

$\frac{r}{4}\ddot{\varphi}$，将$\boldsymbol{a}_C$ 朝坐标轴投影，有

$$a_{Cx}=-a_O-a_{CO}^{n}\sin\varphi+a_{CO}^{\tau}\cos\varphi=-r\ddot{\varphi}-\frac{r}{4}\dot{\varphi}^2\sin\varphi+\frac{r}{4}\ddot{\varphi}\cos\varphi$$

$$a_{Cy}=a_{CO}^{n}\cos\varphi+a_{CO}^{\tau}\sin\varphi=\frac{r}{4}\dot{\varphi}^2\cos\varphi+\frac{r}{4}\ddot{\varphi}\sin\varphi$$

由刚体平面运动微分方程

$$\begin{cases}\sum F_x=ma_{Cx}\text{，}F_s=2m\left(-r\ddot{\varphi}-\frac{r}{4}\dot{\varphi}^2\sin\varphi+\frac{r}{4}\ddot{\varphi}\cos\varphi\right) & (1)\\ \sum F_y=ma_{Cy}\text{，}F_N-2mg=2m\left(\frac{r}{4}\dot{\varphi}^2\cos\varphi+\frac{r}{4}\ddot{\varphi}\sin\varphi\right) & (2)\\ \sum M_C(\boldsymbol{F})=J_C\alpha\text{，}F_s\left(r-\frac{r}{4}\cos\varphi\right)-F_N\left(\frac{r}{4}\sin\varphi\right)=\frac{5}{8}mr^2\ddot{\varphi} & (3)\end{cases}$$

由式(1)、(2) 解出 F_N、F_s 代入式(3) 得

$$2m\left(-r\ddot{\varphi}-\frac{r}{4}\dot{\varphi}^2\sin\varphi+\frac{r}{4}\ddot{\varphi}\cos\varphi\right)\left(r-\frac{r}{4}\cos\varphi\right)$$
$$-\left[2mg+2m\left(\frac{r}{4}\dot{\varphi}^2\cos\varphi+\frac{r}{4}\ddot{\varphi}\sin\varphi\right)\right]\left(\frac{r}{4}\sin\varphi\right)=\frac{5}{8}mr^2\ddot{\varphi}$$

化简得

$$(11-4\cos\varphi)r\ddot{\varphi}+2r\sin\varphi\dot{\varphi}^2+2g\sin\varphi=0$$

(3) 设均质圆盘质量为 m_1，同理可得

$$\left[\frac{6m_1}{m}+(5-4\cos\varphi)\right]r\ddot{\varphi}+2r\sin\varphi\dot{\varphi}^2+2g\sin\varphi=0$$

所以，改变圆盘的质量仅对 $A(\varphi)$ 有影响，对 $B(\varphi)$ 和 $C(\varphi)$ 无影响。

第 12 章　动能定理

12.1　主要内容

一、力的功

1. 力的元功

力在无限小位移上所做的功称为**元功**。记为

$$\delta W = F \cdot \mathrm{d}r \tag{12-1}$$

元功的解析表达式为

$$\delta W = F_x \mathrm{d}x + F_y \mathrm{d}y + F_z \mathrm{d}z \tag{12-2}$$

2. 力在全路程上的功

作用力从 M_1 到 M_2 的全路程上所做的功为

$$W_{12} = \int_{M_1}^{M_2} \delta W = \int_{M_1}^{M_2} \boldsymbol{F} \cdot \mathrm{d}\boldsymbol{r} \tag{12-3}$$

功的解析表达式为

$$W_{12} = \int_{M_1}^{M_2} (F_x \mathrm{d}x + F_y \mathrm{d}y + F_z \mathrm{d}z) \tag{12-4}$$

在国际单位制中，功的单位为 J(焦耳)。

3. 几种常见力的功

(1) 重力的功。重力的功等于质点系的重力与其质心在运动始末位置的高度差的乘积，即

$$W_{12} = mg(z_{C_1} - z_{C_2}) \tag{12-5}$$

质点系的质心下降，重力做正功；质心上升，重力做负功。重力的功与质心运动的轨迹形状无关。

(2) 弹性力的功。弹性力的功仅与弹簧在初始和末了位置的变形量有关，与力作用点的轨迹无关。表达式如下

$$W_{12} = \frac{1}{2}k(\delta_1^2 - \delta_2^2) \tag{12-6}$$

式中δ_1、δ_2分别为弹簧的初变形量和末变形量。当$\delta_1>\delta_2$弹性力做正功；当$\delta_1<\delta_2$弹性力作负功；弹力的功与力作用点的轨迹形状无关。

(3) 定轴转动刚体上作用力或力偶的功。作用于定轴转动刚体上的力(或力偶)的功等于该力(或力偶)对转轴的矩与刚体微小转角乘积的积分，即

$$W_{12}=\int_{\varphi_1}^{\varphi_2}M_z\mathrm{d}\varphi \tag{12-7}$$

式中φ_1、φ_2分别为刚体的初转角和末转角。当$M_z=$常量时，$W_{12}=M_z(\varphi_2-\varphi_1)$。

(4) 任意运动刚体上力系的功。力系的功总是等于力系中所有力的功的代数和。具体计算时，可以先将力系向任一点简化，得到一个力和一个力偶，则力系的功等于简化所得到的力和力偶的功的代数和。特别地，当刚体作平面运动时，刚体的质心C从C_1移到C_2，同时刚体转角由φ_1转到φ_2，则力系的功为

$$W_{12}=\int_{C_1}^{C_2}\boldsymbol{F}'_R\cdot\mathrm{d}\boldsymbol{r}_C+\int_{\varphi_1}^{\varphi_2}M_C\mathrm{d}\varphi \tag{12-8}$$

式中$\boldsymbol{F}'_R$为力系的主矢，M_C为力系对通过质心且垂直于运动平面的轴的主矩。

二、约束力及内力的功

1. 理想约束

约束力作功为零的约束称为理想约束。

理想约束举例：光滑支持面约束、光滑铰链约束、光滑固定铰支座、固定端约束、不可伸长的柔索等。

注意：当轮子在固定面上纯滚动时，静滑动摩擦力不做功，该固定面也属于理想约束。

2. 内力的功

内力总是成对出现、等值、反向，但是内力的功之和不一定等于零。

实例：刚体所有内力做功的和等于零。

注意：只有当质点系中各质点间距离始终不变时，内力做功之和才会等于零。

三、动能

1. 质点的动能

若质点的质量为m，速度为v，则质点的动能记为

$$T=\frac{1}{2}mv^2 \tag{12-9}$$

动能是恒正的标量，在国际单位之中动能的单位为J(焦耳)。

2. 质点系的动能

质点系中各质点的动能的算数和称为质点系的动能。记为

$$T=\sum\frac{1}{2}m_iv_i^2 \tag{12-10}$$

（1）平移刚体的动能

$$T=\frac{1}{2}mv_C^2 \tag{12-11}$$

（2）定轴转动刚体的动能

$$T=\frac{1}{2}J_z\omega^2 \tag{12-12}$$

（3）平面运动刚体的动能

$$T=\frac{1}{2}mv_C^2+\frac{1}{2}J_C\omega^2 \tag{12-13}$$

即平面运动刚体的动能，等于随质心平移的动能与绕质心转动的动能之和。式中 v_C 为刚体绕质心 C 的速度，J_C 为刚体绕质心 C 轴的转动惯量。平面运动刚体的动能还可以表达为

$$T=\frac{1}{2}J_P\omega^2 \tag{12-14}$$

即平面运动刚体的动能，等于绕瞬心 P 瞬时转动的动能。式中 J_P 为刚体绕速度瞬心 P 轴的转动惯量。

四、动能定理

1. 质点的动能定理

（1）微分形式：质点动能的增量等于作用在质点上力的元功，即

$$\mathrm{d}\left(\frac{1}{2}mv^2\right)=\delta W \tag{12-15}$$

（2）积分形式：在质点运动的某个过程中，质点动能的改变量等于作用在质点上力所做的功，即

$$\frac{1}{2}mv_2^2-\frac{1}{2}mv_1^2=W_{12} \tag{12-16}$$

2. 质点系的动能定理

（1）微分形式：质点系动能的增量等于作用在质点系上所有力的元功之和，即

$$\mathrm{d}T=\sum\delta W_i \tag{12-17}$$

（2）积分形式：在质点运动的某个过程中，质点系动能的改变量等于作用在质点系上的所有力作的功之和，即

$$T_2-T_1=\sum W_i \tag{12-18}$$

五、功率和功率方程

1. 功率

单位时间内，力所做的功称为功率，记为

$$P=\frac{\delta W}{\mathrm{d}t} \tag{12-19a}$$

或

$$P=\boldsymbol{F}\cdot\boldsymbol{v}=F_{\tau}v \tag{12-19b}$$

作用在定轴转动刚体上的力的功率为

$$P=M_z\boldsymbol{\omega} \tag{12-20}$$

式中 M_z 是力对转轴的矩，ω 是角速度。在国际单位之中功率的单位为 W（瓦特）。

2. 功率方程

$$\frac{\mathrm{d}T}{\mathrm{d}t}=\sum P_i \tag{12-21}$$

即质点系动能对时间的导数，等于作用于质点系上的所有力的功率的代数和。机器的功率可分为输入功率、无用功率（损耗功率）和有用功率（输出功率），则机器的功率方程

$$\frac{\mathrm{d}T}{\mathrm{d}t}=P_{输入}-P_{有用}-P_{无用} \tag{12-22}$$

功率方程可用来研究机器工作时的能量变化与转化的问题。

3. 机械效率

有效功率与输入功率的比值称为机器的机械效率，即

$$\eta=\frac{有效功率}{输入功率} \tag{12-23}$$

式中有效功率 $=P_{有用}+\dfrac{\mathrm{d}T}{\mathrm{d}t}$。

六、势能

1. 质点的势能

在势力场中，质点从点 M 运动到任选的点 M_0，有势力所做的功称为质点在点 M 相对于点 M_0 的势能。记为

$$V=\int_{M}^{M_0}\boldsymbol{F}\cdot\mathrm{d}\boldsymbol{r}=\int_{M}^{M_0}(F_x\mathrm{d}x+F_y\mathrm{d}y+F_z\mathrm{d}z) \tag{12-24}$$

设点 M_0 的势能为零，则称其为零势点。可任意选取，势能是一个相对值。

2. 质点系的势能

在势力场中，质点系从某位置到其零势能位置的过程中，各有势力做功的代数和，称为

质点系在该位置的势能。

质点系的零势能位置也是可以任意选取的。

3. 几种常见的势能

(1) 重力场中的势能(以铅垂轴为 z 轴,以 z_{C0} 处为零势能点)

$$V = mg(z_C - z_{C0}) \tag{12-25}$$

(2) 弹性力场中的势能(以弹簧变形量 δ_0 为零势能点)

$$V = \frac{k}{2}(\delta^2 - \delta_0^2) \tag{12-26}$$

(3) 万有引力场中的势能(以矢径 r_1 的点为零势能点)

$$V = fm_1m_2\left(\frac{1}{r_1} - \frac{1}{r}\right) \tag{12-27}$$

七、机械能守恒定律

质点系仅在有势力的作用下运动时,其机械能保持不变。即

$$T_1 + V_1 = T_2 + V_2 \tag{12-28a}$$

或

$$T + V = 常量 \tag{12-28b}$$

八、动力学普遍定理的综合应用

1. 动力学普遍定理的分类

第一类为矢量形式,包括动量定理和动量矩定理;第二类即标量形式的动能定理。两类均可用于研究机械运动,而后者还可用来研究机械运动与其他形式运动有能量转化的问题。

2. 动力学普遍定理的综合应用

动力学普遍定理的应用问题分为两种类型,即一题多解型和综合求解型。一题多解型意味着选用不同定理均可以求解;综合求解型则是比较复杂的问题,需要根据各定理的特点,联合运用。

12.2　解题指导与习题解答

一、解题指导

1. 用动能定理解题的基本步骤

(1) 选取研究对象。因理想约束力不做功,不会出现在方程中,所以用动能定理求解时,

应选取整个质点系作为研究对象较为方便。

(2) 进行受力分析。分析研究对象所受的所有的力(包括做功的内力),画受力图,计算各力在运动过程中所做的功的代数和(若求的是加速度或角加速度,宜用微分形式的动能定理,则此处计算系统在任意瞬时的所有力的元功的代数和)。

(3) 进行运动分析。分析系统的运动,计算系统在选定运动过程的始末两瞬时的系统动能(应用微分形式动能定理时,则求系统在任意瞬时的动能,然后求微分)。

(4) 建立动力学方程。利用动能定理的积分形式或微分形式建立动力学方程。

(5) 求解方程。求加速度或角加速度,通常是对微分形式动能定理方程两边同时除以 dt。

注意:

(1) 用动能定理解题时,应该选整个系统为研究对象,而不是拆分系统来研究。

(2) 在理想约束的情况下,可以只计算主动力的功,但必须注意不可遗漏内力的功。

(3) 动能定理是标量方程,可以不用建立坐标系,但力的功是代数量,需注意功的正负号。

(4) 微分形式或积分形式动能定理的选用:一般若求某一位置点的速度或刚体的角速度,通常选用积分形式的动能定理;若求加速度或角加速度,通常选用微分形式的动能定理或功率方程来求解。

2. 用动力学普遍定理综合分析问题的基本步骤

(1) 选取研究对象。根据题意及选用的动力学定理,适当选取不同的系统作为研究对象。

(2) 进行受力分析,画受力图。分析研究对象所受力的特点(内力或外力、主动力或约束力)是否做功,计算所有力的功。

(3) 进行运动分析,并计算相应的运动量。分析系统中各物体的运动形式和特点,计算相应的基本物理量(动量、动量矩或动能)。

(4) 建立动力学方程。根据前面的分析选取合适的动力学定理,建立动力学方程,并根据需要补充运动学方程或力的方程。

(5) 求解方程,并分析所得结果的正确性和合理性。

注意:

(1) 应该根据各动力学普遍定理的特点,灵活选用,合理组合,简捷解题。如求物体的运动量(速度、加速度、角速度、角加速度),首选动能定理且用动能定理的积分形式求速度或角速度;用动能定理的微分形式或功率方程求加速度或角加速度;或者将积分形式的动能定理表达成函数关系(即适用于任意时刻或者任意位置),则可将其两端对时间求导即可得到加速度及角加速度;求约束力问题,宜选用动量定理或质心运动定理;对于定轴转动刚体问题,宜用定轴转动微分方程;对于平面运动刚体问题,宜用刚体平面运动微分方程等。

(2) 动力学普遍定理均由牛顿定律推导出来,各基本物理量(动量、动量矩或动能)中涉及的速度、角速度以及方程中的质心坐标、加速度、角加速度等等,都必须是相对于惯性坐标系而言的绝对量。

二、习题解答

12-1　填空题

(1) L 形均质杆质量为 $3m$，角速度为 ω，则动能 $T=$________。

(2) 均质杆 $AB=l$，质量 m，图示瞬时角速度为 ω，则动能 $T=$________。

(3) 如题 12-1 图所示机构中，$O_1A=O_2B=l$，$AB=O_1O_2$，杆 O_1A 的角速度为 ω，三角板 CDE 的质量为 M，则三角板的动能 $T=$________。

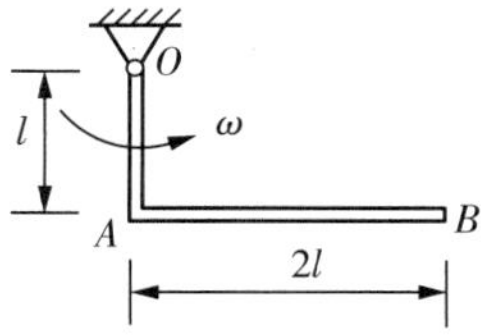

题 12-1(1) 图

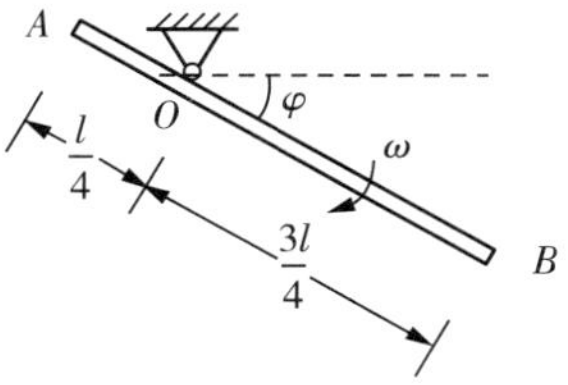

题 12-1(2) 图

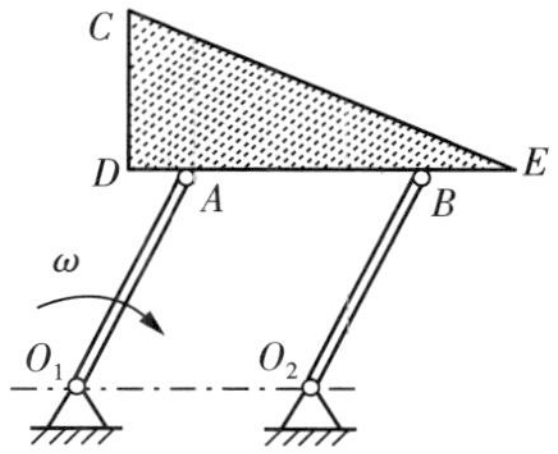

题 12-1(3) 图

【答】 (1) $T=\frac{5}{2}ml^2\omega^2$；(2) $T=\frac{7}{96}ml^2\omega^2$；(3) $T=\frac{1}{2}Ml^2\omega^2$

(4) 小环 C 的质量为 m，套在直角曲杆 OAB 及固定杆 OD 上，直角曲杆 OAB 绕轴 O 做定轴转动，角速度为 ω，$OA=l$，则如题 12-1 图所示瞬时小环的动能 $T=$________。

(5) 在半径为 r 质量为 m 的均质圆盘的直径上固结一长为 $2r$、质量为 m_1 的均质细杆。圆盘作纯滚动。已知圆盘中心的速度为 v_0，则系统的动能 $T=$________。

(6) 滑块 A 重量为 W，可在水平滑道内滑动，均质杆 AB 长为 l，重为 P，铰接在滑块上。已知滑块 A 的速度 v 和均质杆 AB 的角速度 ω，则图示瞬时系统的动能 $T=$________。

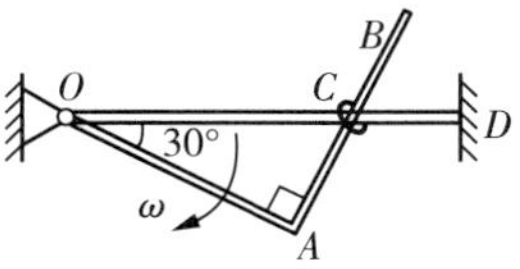

题 12-1(4) 图

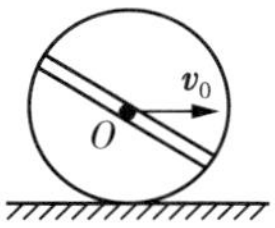

题 12-1(5) 图

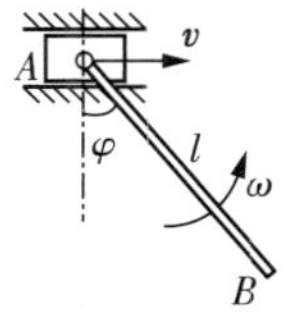

题 12-1(6) 图

【答】 (4) $T=\frac{2}{9}m\omega^2l^2$；(5) $T=\left(\frac{3}{4}m+\frac{2}{3}m_1\right)v_0^2$；(6) $T=\frac{W+P}{2g}v^2$

$+\frac{P\omega l(\omega l+3v\cos\varphi)}{6g}$

讨论：

第(4)题小环的动能 $T=mv_a^2/2$，需先应用速度合成定理，求出其绝对速度 $v_a=2l\omega/3$。第(5)题可分别求出圆盘和杆(均作平面运动)的动能，再叠加。第(6)题杆 AB 作平面运动，可用基点法求出其质心的速度后再求动能。

(7) 铅直面内的铰接的两均质杆 $OA=OB=l$，质量均为 m，A、B 两端沿光滑水平面向两边运动。图示瞬时 $\angle OAB=\theta$，O 点的速度为 v_0。则系统的动能 $T=$________。

(8) 质量为 m，半径为 R 的偏心轮，质心在 C，偏心距 $OC=e$，沿水平面作纯滚动，已知轮对质心 C 的转动惯量为 J，若图示瞬时轮的角速度为 ω，则该轮动量的大小为 $p=$________（方向标明在图上）；动能为 $T=$________。

(9) 若弹簧刚度 $k=10\text{N/cm}$，原长 $l_0=10\text{cm}$（图中长度单位为 cm），则：

① 弹簧端点从 A 到 B 的过程中弹性力所做的功为________；

② 弹簧端点从 B 到 C 的过程中弹性力所做的功为________。

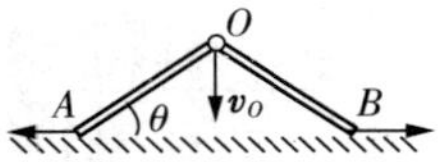

题 12-1(7) 图

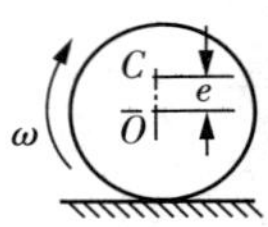

题 12-1(8) 图

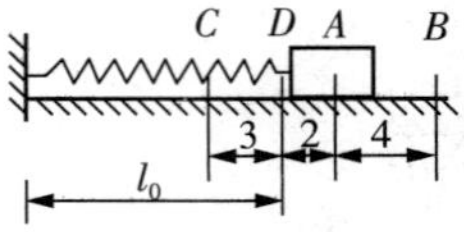

题 12-1(9) 图

【答】 (7) $T=\dfrac{mv_0^{\ 2}}{3\cos^2\theta}$；(8) $p=m(R+e)\omega$，$T=\dfrac{1}{2}[J+m(R+e)^2]\omega^2$；(9) $W_{AB}=-160\text{N}\cdot\text{cm}$，$W_{BC}=135\text{N}\cdot\text{cm}$

(10) 质量分别为 m_A、m_B 的物块 A、B 之间用刚度系数为 k、原长为 l_0 的弹簧连接，不计摩擦。现将弹簧拉长至 l 时无初速释放，当弹簧恢复原长时，两物块的速度分别为 v_A、v_B。则该瞬时

① 物块 A、B 的动量 $p_A=$________，$p_B=$________；② 系统的动量 $p=$________；

③ 系统的动能 $T=$________；④ 此过程中力的总功 $\sum W=$________。

(11) 滚轮外径为 R、内径为 r，重 Q，绕质心轴 C 的回转半径为 ρ，作纯滚动。柔索拖动的速度为 v，则系统的动量 $p=$________；动能 $T=$________。

(12) 小环 M 质量为 m，套在半径为 R 的固定大环上，在最高点 A 处无初速滑落，不计摩擦，则小环 M 通过最低点 B 时的速度为________；该瞬时小环对大环的压力为________。

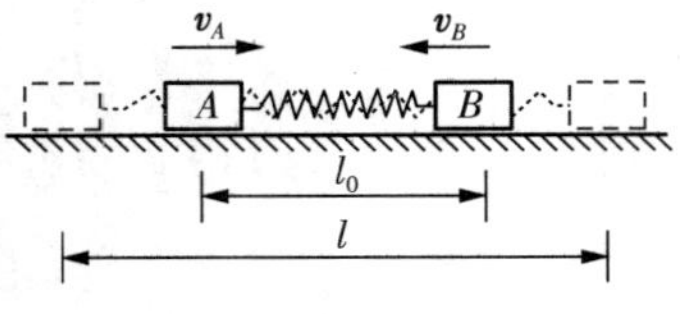

题 12-1(10) 图

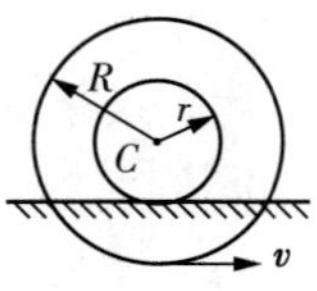

题 12-1(11) 图

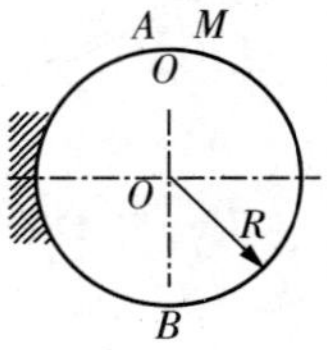

题 12-1(12) 图

【答】 (10) $p_A=(l-l_0)\sqrt{\dfrac{km_Am_B}{m_A+m_B}}$，$p_B=-(l-l_0)\sqrt{\dfrac{km_Am_B}{m_A+m_B}}$，$p=0$，$T=\sum W=\dfrac{1}{2}k(l-l_0)^2$；(11) $p=-\dfrac{Qr}{g(R-r)}v$，$T=\dfrac{Q(r^2+\rho^2)}{2g(R-r)^2}v^2$，(12) $v_B=2\sqrt{Rg}$，$F_N=5mg$

(13) 质量为 m、边长为 a 的匀质方形薄板 $ABCD$，对质心 O 的转动惯量为 $J_O=Ma^2/6$，C 点的速度大小为 $v_C=v$，且 $\boldsymbol{v}_C\perp AC$，D 点速度方向沿直线 CD，则薄板动量 $p=$________；对

A 点的动量矩 $L_A=$________；动能 $T=$________。

(14) 半径为 r 的均质圆盘，质量为 m_1，固结在长 $4r$、质量为 m_2 的均质直杆上。系统绕水平轴 O 转动，图示瞬时其角速度为 ω，则系统对 O 轴的动量矩 $L_O=$________；动能 $T=$________。

(15) 曲柄 OA、连杆 AB、滑块 B 均质，质量均为 m，$OA=AB=l$，$\omega=$常数，则图示瞬时系统的动能 $T=$________。

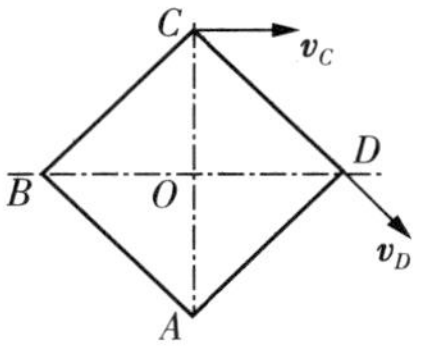

题 12-1(13) 图

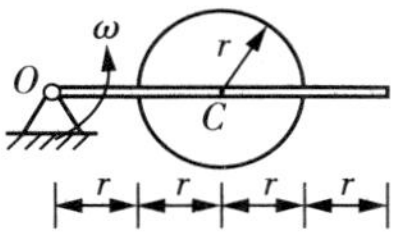

题 12-1(14) 图

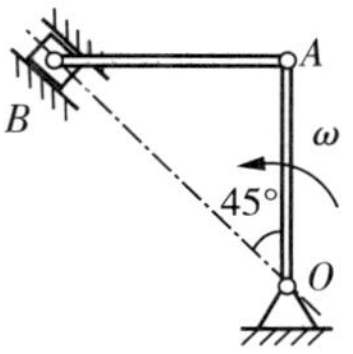

题 12-1(15) 图

【答】 (13)$p_x=\dfrac{1}{2}mv$，$p_y=0$，$L_A=\dfrac{\sqrt{2}}{3}mav$（顺时针），$T=\dfrac{mv^2}{6}$；(14)$L_O=\dfrac{27m_1+32m_2}{6}r^2\omega$（逆时针），$T=\dfrac{1}{12}(27m_1+32m_2)r^2\omega^2$；(15)$T=\dfrac{11}{6}ml^2\omega^2$

(16) 行星轮机构中，系杆 OA 质量为 M，长为 $l=r_1+r_2$，角速度为 ω，行星轮的质量为 m，半径为 r_2，则系统的动能 $T=$________。

(17) 质量为 M、半径为 R 的均质圆盘与质量为 m，长为 l 的均质杆 AB 铰接。系统由图示水平位置静止释放，则通过最低位置时，B 点的速度 $v_B=$________。

(18) 均质杆 $AB=40\text{cm}$，$OB=BC=20\text{cm}$，弹簧原长 $l_0=20\text{cm}$，弹簧常数 $k=200\text{N/m}$，力偶矩 $M=180\text{N}\cdot\text{m}$，当 AB 杆从图示位置运动到水平位置 $A'B$ 的过程中，弹性力所做的功 $W_F=$________；力偶所做的功 $W_M=$________。

【答】 (16)$T=\dfrac{2M+9m}{12}(r_1+r_2)^2\omega^2$；(17)$v_B=\sqrt{\dfrac{3(m+2M)gl}{m+3M}}$；

(18)$W_F=4(0.732^2-0.414^2)=1.46\text{N}\cdot\text{m}$，$W_M=-30\pi\text{N}\cdot\text{m}$。

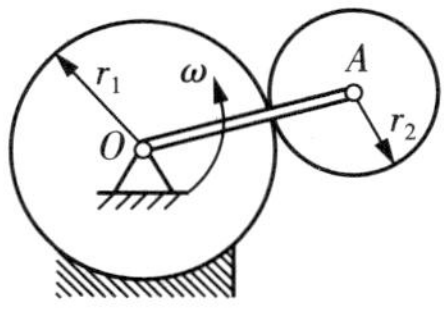

题 12-1(16) 图

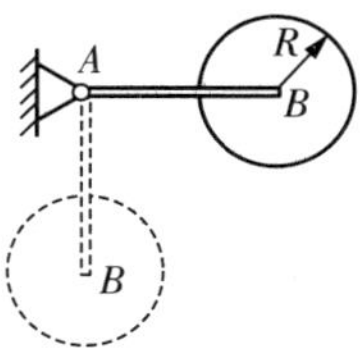

题 12-1(17) 图

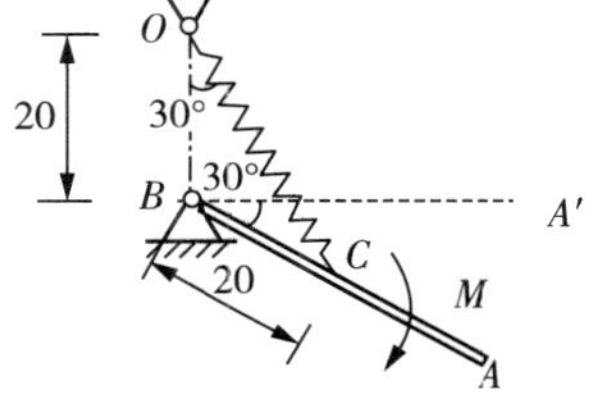

题 12-1(18) 图

(19) 图示机构中，杆 $OA=l$，$AB=2l$，C 为 AB 的中点，滑块 C 沿水平轨道滑动，B 处作用一个大小不变且始终垂直于杆 AB 的力 $\boldsymbol{F}$。试求当 θ 从 $0°$ 连续变化到 $90°$ 时，力 $\boldsymbol{F}$ 所做的功 $W_F=$________。

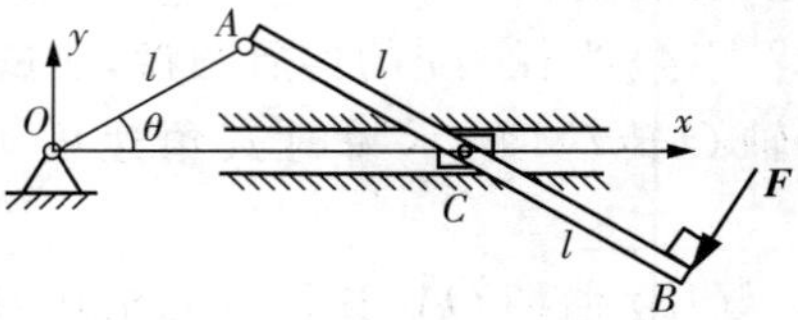

题 12-1(19) 图

分析　力 $\boldsymbol{F}$ 的大小不变，但方向变化，为变力，需用功的解析式 $W_{12}=\int_1^2 F_x\mathrm{d}x+F_y\mathrm{d}y+F_z\mathrm{d}z$ 来求。

【解】建立坐标系如图，则

$$\begin{cases}F_x=-F\sin\theta\\F_y=-F\cos\theta\end{cases}\begin{cases}x_B=3l\cos\theta\\y_B=-l\sin\theta\end{cases}\begin{cases}\mathrm{d}x_B=-3l\sin\theta\mathrm{d}\theta\\\mathrm{d}y_B=-l\cos\theta\mathrm{d}\theta\end{cases}$$

根据功的解析表达式，有

$$W_{12}=\int_1^2 F_x\mathrm{d}x_B+F_y\mathrm{d}y_B=\int_1^2(-F\sin\theta)(-3l\sin\theta\mathrm{d}\theta)+(-F\cos\theta)(-l\cos\theta\mathrm{d}\theta)$$

$$=Fl\int_0^{\frac{\pi}{2}}(3\sin^2\theta+\cos^2\theta)\mathrm{d}\theta=Fl\pi$$

即 θ 从 $0°-90°$ 时，力 $\boldsymbol{F}$ 的功为 $Fl\pi$。

12-2　选择题

(1) 如题 12-2 图所示三棱柱重 P，放在光滑的水平面上，重 Q 的匀质圆柱体静止释放后沿斜面作纯滚动，则系统在运动过程中________。

① 动量守恒，机械能守恒；

② 沿水平方向动量守恒，机械能守恒；

③ 沿水平方向动量守恒，机械能不守恒；

④ 均不守恒。

(2) 质量分别为 m_A、m_B 的物块 A、B 之间用刚度系数为 k 的弹簧连接，放于光滑水平面上，弹簧的原长为 l_0。现将弹簧拉长至 l 时无初速释放，则系统在运动过程中________。

① 动量守恒，机械能守恒；

② 沿水平方向动量守恒，机械能守恒；

③ 沿水平方向动量守恒，机械能不守恒；

④ 均不守恒。

(3) 均质杆 AB 长 l，质量 m，沿墙面下滑，A 点的速度为 $\boldsymbol{v}$。已知过 A 点的水平轴的转动惯量为 J_A，过质心 C 的水平轴的转动惯量为 J_C，过瞬心 P 的水平轴的转动惯量为 J_P，则图示瞬时杆的动能为________。

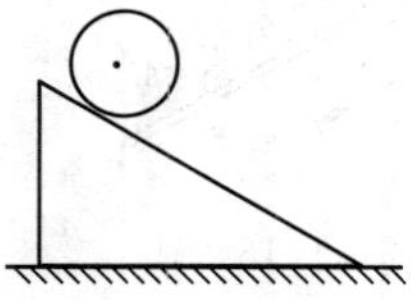

题 12-2(1) 图

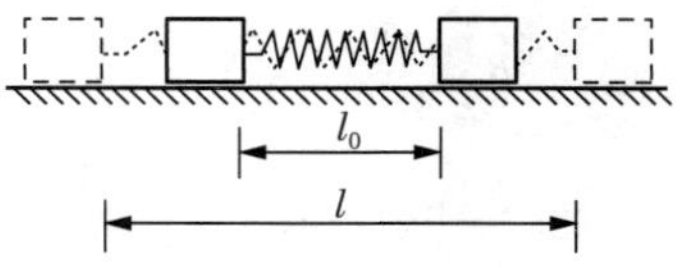

题 12-2(2) 图

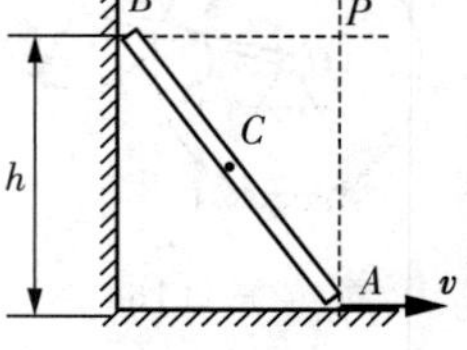

题 12-2(3) 图

① $\frac{1}{2}mv^2+\frac{1}{2}J_A\ (v/h)^2$；② $\frac{1}{2}m(v^2/4)+\frac{1}{2}J_C\ (v/h)^2$；③ $\frac{1}{2}J_P\ (v/h)^2$；

④ $\frac{1}{2}m\left(\frac{v}{h}\cdot\frac{l}{2}\right)^2$

(4) 图示两均质轮的质量皆为 m，半径皆为 R，用不计质量的绳绕在一起，两轮角速度分别为 ω_1 和 ω_2，则系统动能为________。

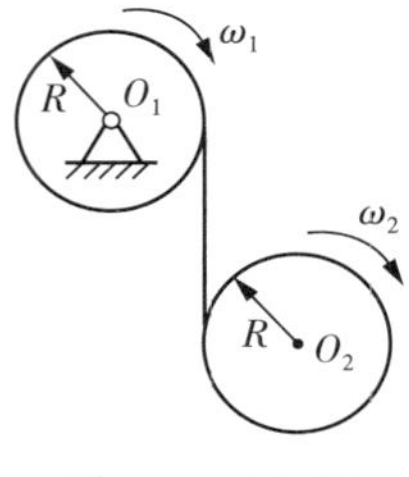

题 12－2(4) 图

① $T=\frac{1}{2}\left(\frac{1}{2}mR^2\right)\omega_1{}^2+\frac{1}{2}m\left(R\omega_2\right)^2$；

② $T=\frac{1}{2}\left(\frac{1}{2}mR^2\right)\omega_1{}^2+\frac{1}{2}\left(\frac{1}{2}mR^2\right)\omega_2{}^2$；

③ $T=\frac{1}{2}\left(\frac{1}{2}mR^2\right)\omega_1{}^2+\frac{1}{2}m\left(R\omega_2\right)^2+\frac{1}{2}\left(\frac{1}{2}mR^2\right)\omega_2{}^2$；

④ $T=\frac{1}{2}\left(\frac{1}{2}mR^2\right)\omega_1{}^2+\frac{1}{2}m\left(R\omega_1+R\omega_2\right)^2+\frac{1}{2}\left(\frac{1}{2}mR^2\right)\omega_2{}^2$。

(5) 半径为 R，质量为 m 的匀质圆盘在其自身平面内作平面运动。在图示位置时，若已知图形上 A、B 两点的速度方向如图所示。$\theta=45°$，且知 B 点速度大小为 v_B，则圆轮的动能为________。

① $\frac{1}{16}mv_B{}^2$；② $\frac{3}{8}mv_B{}^2$；③ $\frac{1}{4}mv_B{}^2$；④ $\frac{3}{4}mv_B{}^2$

(6) 已知均质杆长 L，质量为 m，端点 B 的速度为 v，则杆的动能为

① $\frac{1}{3}mv^2$；② $\frac{1}{2}mv^2$；③ $\frac{2}{3}mv^2$；④ $\frac{4}{3}mv^2$

(7) 圆环以角速度 ω 绕 z 轴转动，质量为 m 的小球自 A 处开始在圆环内运动，不计摩擦，则系统在运动过程中________。

① 机械能守恒，动量守恒；

② 机械能守恒，对 z 轴的动量守恒；

③ 机械能守恒，对 z 轴的动量矩守恒；

④ 均不守恒。

(8) 质量为 m、半径为 R 的均质细圆环，其上固结质量为 m 的质点 A。细圆环在水平面上做纯滚动，图示瞬时角速度为 ω，则系统的动能为________。

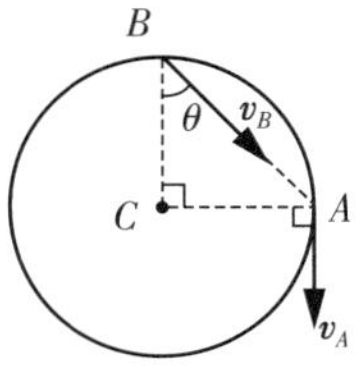

题 12－2(5) 图

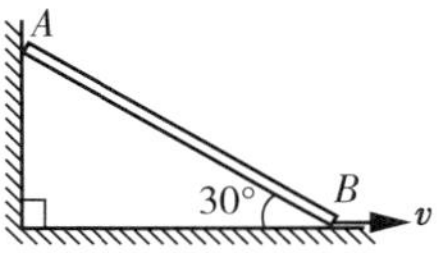

题 12－2(6) 图

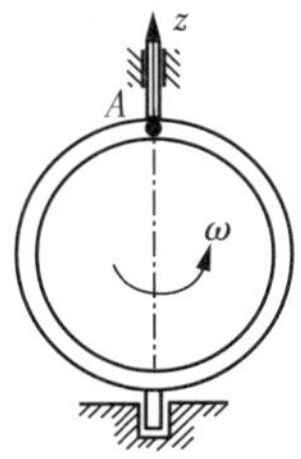

题 12－2(7) 图

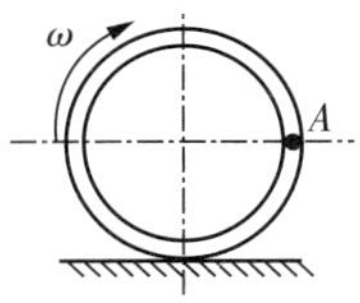

题 12－2(8) 图

① $\frac{1}{2}mR^2\omega^2$；② $\frac{3}{2}mR^2\omega^2$；③ $mR^2\omega^2$；④ $2mR^2\omega^2$

【答】 (1)②；(2)①；(3)③；(4)④；(5)②；(6)③；(7)③；(8)④

12－3　计算下列各系统的动能

(1) 图示机构中各构件均质，质量均为 m，杆 $OA=AB=l$，轮 B 半径为 r，OA 杆角速度为 ω，通过杆 AB 带动轮 B 在水平面纯滚动，试求图示瞬时系统的动能。

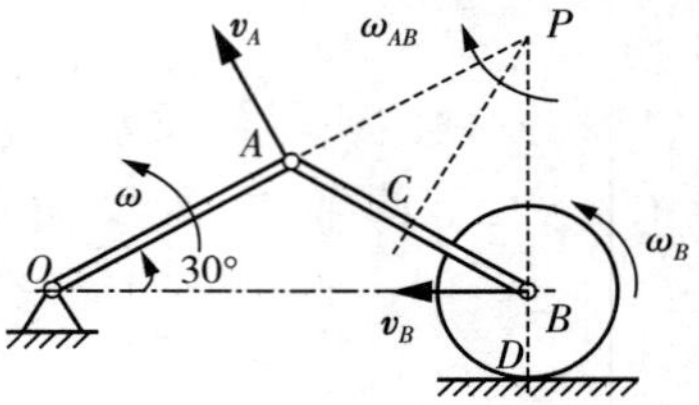

题 12－3(1) 图

【解】 AB 杆、B 轮的速度瞬心分别为 P 和 D。

$$\omega_{AB}=\frac{v_A}{AP}=\omega,v_B=\omega_{AB}BP=\omega l,\omega_B=\frac{v_B}{r}=\frac{\omega l}{r}$$

$$T_{OA}=\frac{1}{2}J_O\omega^2=\frac{1}{2}\frac{1}{3}ml^2\omega^2=\frac{1}{6}m\omega^2 l^2$$

$$T_{AB}=\frac{1}{2}J_P\omega^2=\frac{1}{2}\left(\frac{1}{12}ml^2+m\left(\frac{\sqrt{3}}{2}l\right)^2\right)\omega^2=\frac{5}{12}m\omega^2 l^2$$

$$T_B=\frac{1}{2}J_D\omega_B^2=\frac{1}{2}\left(\frac{1}{2}mr^2+mr^2\right)^2\left(\frac{\omega l}{r}\right)^2=\frac{3}{4}m\omega^2 l^2$$

系统动能为：$T=T_{OA}+T_{AB}+T_B=\frac{4}{3}m\omega^2 l^2$

(2) 滑块 A 沿水平面以速度 v_1 移动，重物块 B 沿滑块以相对速度 v_2 滑下，已知滑块 A 的质量为 m_1，物块 B 的质量为 m_2。

【解】 物块 B 的绝对速度为 $\boldsymbol{v}_a=\boldsymbol{v}_e+\boldsymbol{v}_r$

$$v_a^2=v_e^2+v_r^2-2v_e v_r\cos 30^\circ=v_1^2+v_2^2-\sqrt{3}v_1 v_2$$

系统动能为 $T=\frac{1}{2}m_1 v_1^2+\frac{1}{2}m_2 v_a^2$，即

$$T=\frac{1}{2}(m_1+m_2)v_1^2+\frac{1}{2}m_2 v_2^2-\frac{\sqrt{3}}{2}m_2 v_1 v_2$$

(3) 已知滑块质量为 M，以匀速 v 沿水平直线运动，O 点悬挂一单摆，摆长为 l，摆锤质量为 m，转动方程为 $\varphi=\varphi(t)$，求系统的动能表达式。

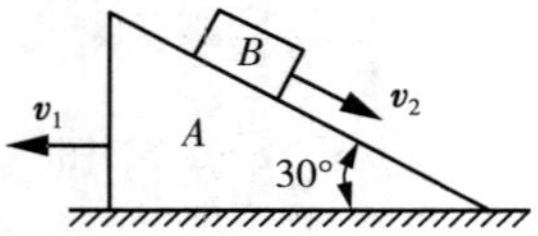

题 12－3(2)(a) 图

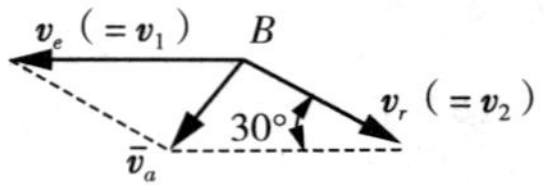

题 12－3(2)(b) 图

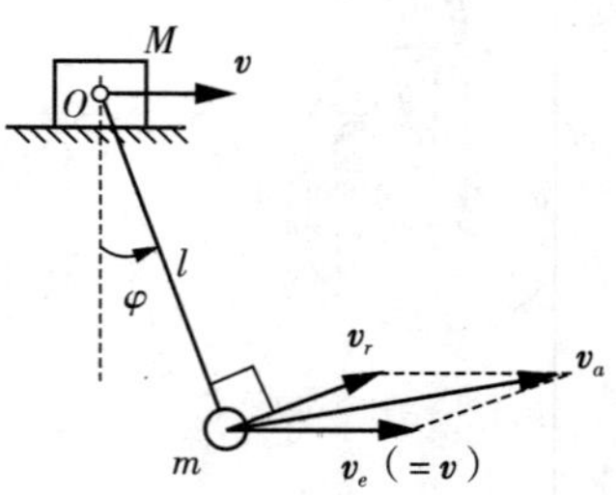

题 12－3(3) 图

【解】 先求摆锤绝对速度。由$\boldsymbol{v}_a=\boldsymbol{v}_e+\boldsymbol{v}_r$，式中$v_r=l\dot{\varphi}$，$v_e=v$，得

$$v_a^2=v_e^2+v_r^2-2v_ev_r\cos(\pi-\varphi)$$
$$=v^2+(l\dot{\varphi})^2+2vl\dot{\varphi}\cos\varphi$$

所以系统的动能为

$$T=\frac{1}{2}Mv^2+\frac{1}{2}mv_a^2$$

即

$$T=\frac{1}{2}(M+m)v^2+\frac{1}{2}ml^2\dot{\varphi}^2+mvl\dot{\varphi}\cos\varphi$$

12－4　已知均质圆轮半径为r，质量为m_1，重物质量为m_2，力偶M的矩为常量，斜面倾角为θ。重物对斜面的滑动摩擦系数为f，初始时，系统静止。求圆轮转过φ角时的角速度和角加速度。

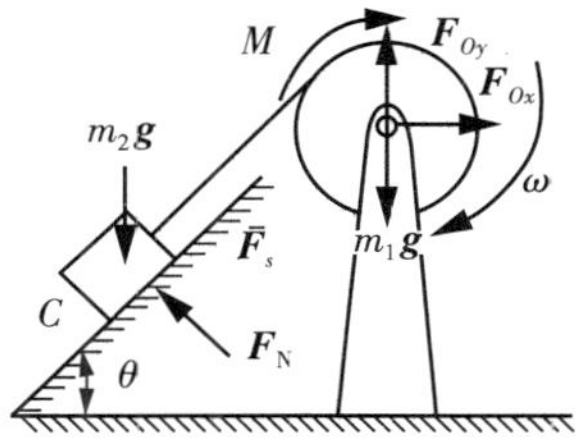

题 12－4 图

【解】 初始时系统静止，动能为零，即$T_1=0$；设鼓轮转过φ角时的角速度为ω，系统动能为

$$T_2=\frac{1}{2}\cdot\frac{1}{2}m_1r^2\omega^2+\frac{1}{2}m_2v^2,v=r\omega$$

在该过程中，所有的力做功为

$$\sum W_{12}=M\varphi-m_2gr\varphi\sin\theta-f'm_2g\cdot r\varphi\cos\theta$$

由动能定理$T_2-T_1=\sum W_{12}$得

$$\frac{1}{2}\cdot\frac{1}{2}m_1r^2\omega^2+\frac{1}{2}m_2\ (r\omega)^2-0=M\varphi-m_2gr\varphi\sin\theta-f'm_2gr\varphi\cos\theta$$

所以
$$\omega=\frac{2}{r}\sqrt{\frac{M-m_2gr(\sin\theta+f'\cos\theta)}{m_1+2m_2}\varphi}$$

对时间求导，注意到$\frac{\mathrm{d}\varphi}{\mathrm{d}t}=\omega$，得

$$\alpha=\frac{2[M-m_2gr(\sin\theta+f'\cos\theta)]}{r^2(m_1+2m_2)}$$

12－5　如题 12－5 图所示两均质带轮的半径各为R_1和R_2，其重量分别为P_1和P_2，分别受矩为M的主动力偶和矩为M'的阻力偶作用，胶带与轮之间无滑动，胶带质量略去不计，求第一个带轮的角加速度。

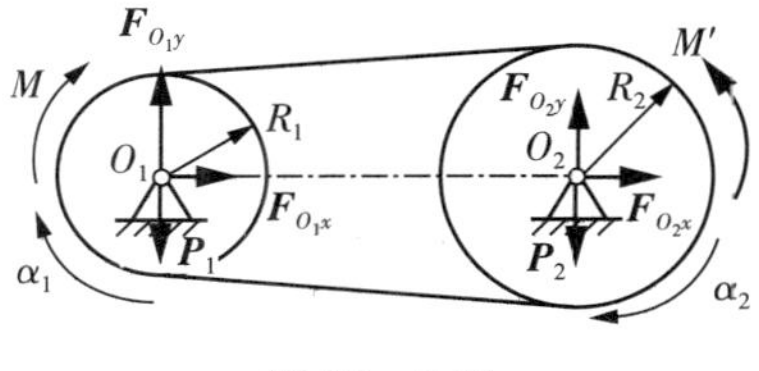

题 12－5 图

【解】 研究系统，受力如图。设两轮的角速

度、角加速度分别为 ω_1、ω_2 和 α_1、α_2，系统动能为

$$T=\frac{1}{2}\cdot\frac{1}{2}\frac{P_1}{g}R_1^2\omega_1^2+\frac{1}{2}\cdot\frac{1}{2}\frac{P_2}{g}R_2^2\omega_2^2$$

对时间求导，有 $\frac{\mathrm{d}T}{\mathrm{d}t}=\frac{1}{2}\frac{P_1}{g}R_1^2\omega_1\alpha_1+\frac{1}{2}\frac{P_2}{g}R_2^2\omega_2\alpha_2$，又 $\omega_2=\frac{R_1}{R_2}\omega_1$，$\alpha_2=\frac{R_1}{R_2}\alpha_1$，

$$\therefore\ \frac{\mathrm{d}T}{\mathrm{d}t}=\frac{(P_1+P_2)R_1^2}{2g}\omega_1\alpha_1$$

所有力的功率为 $\sum P=M\omega_1-M'\omega_2=\omega_1\left(M-M'\frac{R_1}{R_2}\right)$，由功率方程 $\frac{\mathrm{d}T}{\mathrm{d}t}=\sum P$，解得

$$\alpha_1=\frac{2(R_2M-R_1M')}{(P_1+P_2)R_1^2R_2}g$$

注意：请比较动量矩定理一章中题 11-8 图的解法。

12-6　如题 12-6 图所示机构位于水平面内，均质圆轮 O 质量为 m_1、半径为 r，在轮缘处与质量为 m_2 的杆 AB 铰接，轮 O 上作用一不变力偶矩 M。质量为 m_3 的十字形滑块 K 将固定杆 CD 和杆 AB 联接成直角，不计摩擦，系统由静止开始运动，求圆盘转过 φ 角时的角速度 ω。

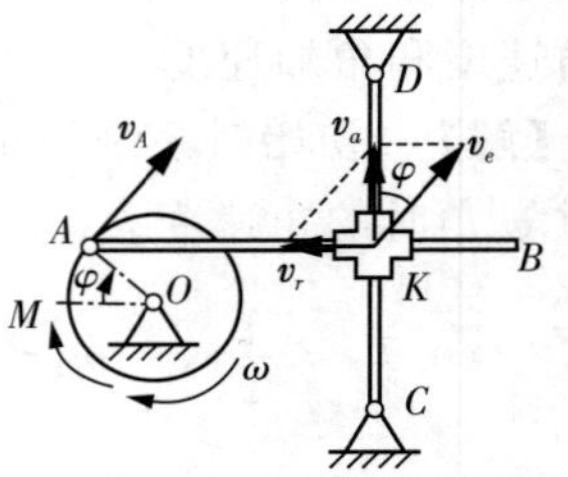

题 12-6 图

【解】　运动分析：轮 O 做定轴转动，杆 AB 和滑块 K 均作平移，AB 杆平移的速度为 $v_A=r\omega$。选滑块 K 为动点，AB 为动系，则 $v_e=v_A=r\omega$，由 $\boldsymbol{v}_a=\boldsymbol{v}_e+\boldsymbol{v}_r$ 得

$$v_a=v_e\cos\varphi=r\omega\cos\varphi$$

即滑块 K 平移的速度为 $v_K=r\omega\cos\varphi$

动力学分析：初瞬时系统动能为 $T_1=0$，φ 角处，系统动能为

$$T_2=\frac{1}{2}\cdot\frac{1}{2}m_1r^2\omega^2+\frac{1}{2}m_2v_A^2+\frac{1}{2}m_3v_K^2=\frac{1}{4}(m_1+2m_2+2m_3\cos^2\varphi)r^2\omega^2$$

由动能定理 $T_2-T_1=\sum W_{12}$ 得

$$\frac{1}{4}(m_1+2m_2+2m_3\cos^2\varphi)r^2\omega^2-0=M\varphi$$

解得
$$\omega=\frac{2}{r}\sqrt{\frac{M\varphi}{m_1+2m_2+2m_3\cos^2\varphi}}$$

12-7　如题 12-7 图所示机构位于水平面内，曲柄 OA 在常力矩 M 作用下绕轴 O 做定轴转动，通过连杆 AB 带动均质轮 B 作纯滚动。已知曲柄 OA 质量为 m、长为 l；连杆 AB 质量为 $2m$；长为 $2l$；均质轮 B 半径为 r，质量为 $4m$。当 $AO\perp OB$ 时，A 点的速度为 u。求曲柄 OA 转至与连杆 AB 成一直线时，A 点的速度。

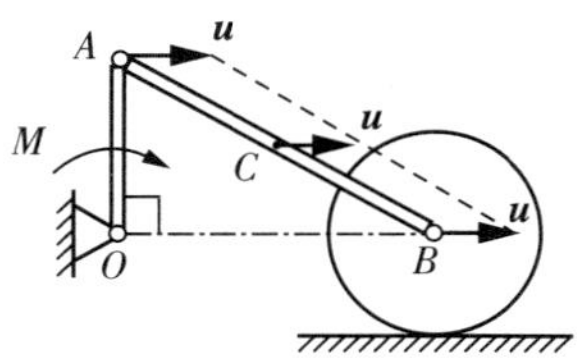

题 12-7(a) 图

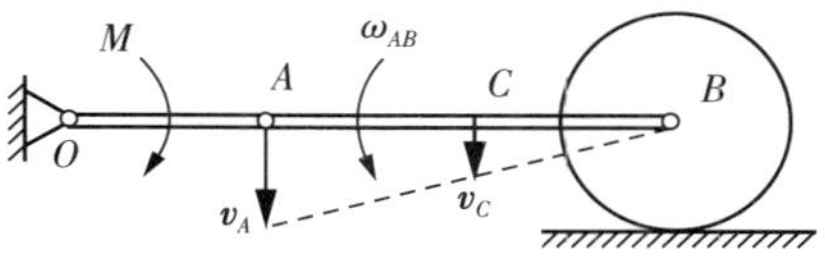

题 12-7(b) 图

【解】 当 $AO \perp OB$ 时，杆 AB 作瞬时平移，杆上各点速度均为 u。系统动能为

$$T_1 = T_{OA} + T_{AB} + T_B$$

$$= \frac{1}{2} \times \frac{1}{3} ml^2 \left(\frac{u}{l}\right)^2 + \frac{1}{2} \times 2mu^2 + \frac{3}{4} \times 4mu^2 = \frac{25}{6} mu^2$$

设 OA 转至与连杆 AB 成一直线时 A 点的速度为 v_A，此时 AB 杆速度瞬心即轮心 B，系统动能为

$$T_2 = \frac{1}{2} \cdot \frac{1}{3} ml^2 \left(\frac{v_A}{l}\right)^2 + \frac{1}{2} \cdot \frac{1}{3}(2m)(2l)^2 \left(\frac{v_A}{2l}\right)^2 + 0 = \frac{1}{2} mv_A^2$$

所有力的功为 $\sum W_{12} = M \cdot \frac{\pi}{2}$，由 $T_2 - T_1 = \sum W_{12}$，有 $\frac{1}{2} mv_A^2 - \frac{25}{6} mu^2 = M \cdot \frac{\pi}{2}$，解得

$$v_A = \sqrt{\frac{M\pi}{m} + \frac{25}{3} u^2}$$

12-8　机构如题 12-8 图所示，均质杆 $OA = AB = l$，质量均为 m_1，均质圆盘 B 质量为 m_2，半径为 r，在水平面作纯滚动。在铰接点 A 上作用一铅垂方向的恒力 $\boldsymbol{F}$，开始时系统静止，且知 OA 与水平线间的夹角为 θ，求当 OAB 成一直线($\theta = 0°$) 时 OA 杆的角速度 ω。

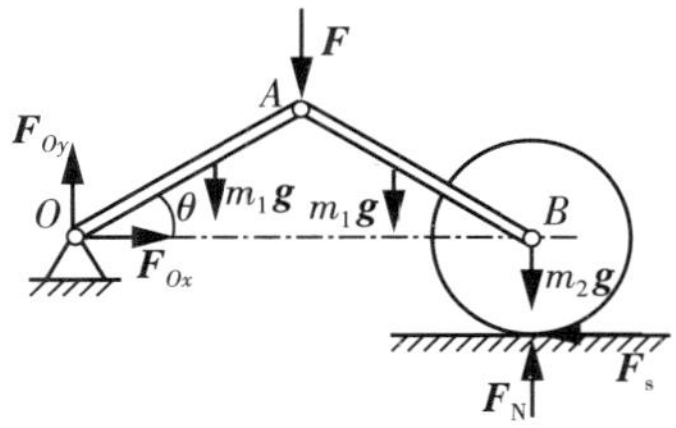

题 12-8 图

【解】 研究整个系统，受力如图。初瞬时，系统动能为 $T_1 = 0$。OA 杆做定轴转动，AB 杆作平面运动，当 OAB 成一直线时，AB 杆速度瞬心即点 B，$\omega_{AB} = \omega_{OA} = \omega$，圆盘静止，此时系统动能为

$$T_2 = \frac{1}{2} \cdot \frac{1}{3} m_1 l^2 \omega_{OA}^2 + \frac{1}{2} \cdot \frac{1}{3} m_1 l^2 \omega_{AB}^2 = \frac{1}{3} m_1 l^2 \omega^2$$

$$\sum W_{12} = Fl\sin\theta + 2m_1 g \frac{l}{2} \sin\theta = (F + m_1 g) l\sin\theta$$

由动能定理 $T_2 - T_1 = \sum W_{12}$ 得

$$\frac{1}{3} m_1 l^2 \omega^2 = (F + m_1 g) l\sin\theta$$

解得：

$$\omega=\sqrt{\frac{3(F+m_1 g)\sin\theta}{m_1 l}}$$

12-9　已知质量为 m、长为 l 的均质杆 OA 可绕水平轴 O 转动，杆的 A 端铰接一质量为 $2m$、半径为 R 的均质圆盘。初始时 OA 杆水平，杆和盘静止；求 $\theta=60°$ 角时，杆的角速度 ω、角加速度 α。

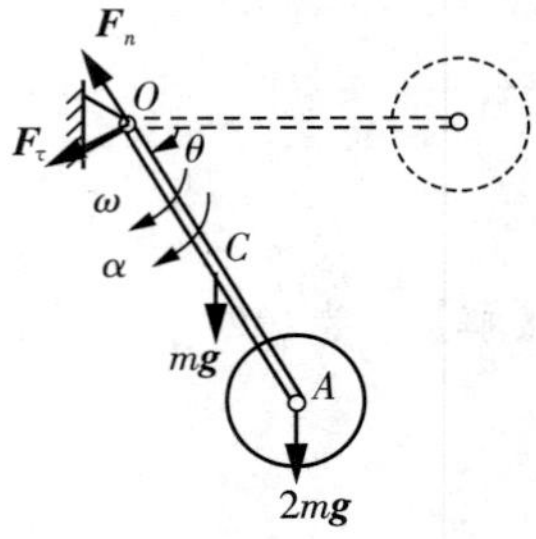

题 12-9 图

分析　本题要点是正确判断圆盘的运动特点。圆盘受力仅为重力及轴承 A 的约束力，均过其质心，对质心的矩为零，圆盘的角加速度始终为零，作平移！

【解】　研究系统，OA 杆做定轴转动，圆盘 A 作曲线平移，初始时系统的动能为 $T_1=0$，θ 角时系统的动能为

$$T_2=\frac{1}{2}\cdot\frac{1}{3}ml^2\cdot\omega^2+\frac{1}{2}\cdot 2m\,(l\omega)^2=\frac{7}{6}ml^2\omega^2$$

由动能定理 $T_2-T_1=\sum W_{12}$，有　$\frac{7}{6}ml^2\omega^2-0=2mgl\sin\theta+mg\ \frac{l}{2}\sin\theta$

$$\frac{7}{6}ml^2\omega^2-0=2mgl\sin\theta+mg\ \frac{l}{2}\sin\theta,\omega=\sqrt{\frac{15g}{7l}\sin\theta}$$

求导得 $2\omega\ \frac{\mathrm{d}\omega}{\mathrm{d}t}=\frac{15g}{7l}\cos\theta\ \frac{\mathrm{d}\theta}{\mathrm{d}t}$，$\therefore\alpha=\frac{15g}{14l}\cos\theta$

$\theta=60°$ 时，$\omega=\sqrt{\frac{15\sqrt{3}g}{14l}}\approx 1.36\sqrt{\frac{g}{l}}$，$\alpha=\frac{15g}{28l}$

求杆的角加速度 α 的另一种方法：

由动量矩定理 $\frac{\mathrm{d}L_O}{\mathrm{d}t}=\sum M_O(\boldsymbol{F})$：$\frac{\mathrm{d}}{\mathrm{d}t}\left(\frac{1}{3}ml^2\omega+2m\cdot l\omega\cdot l\right)=mg\ \frac{l}{2}\cos\theta+2mgl\cos\theta$

12-10　如题 12-10 图所示，弹簧两端各系质量为 m_1 的物块 A 和质量为 m_2 的物块 B，放置在光滑面上。若弹簧的弹簧刚度为 k，原长为 l_0，今将弹簧拉长到 l，然后无初速地释放。试求当弹簧恢复到原长时，物块 A、B 的速度。

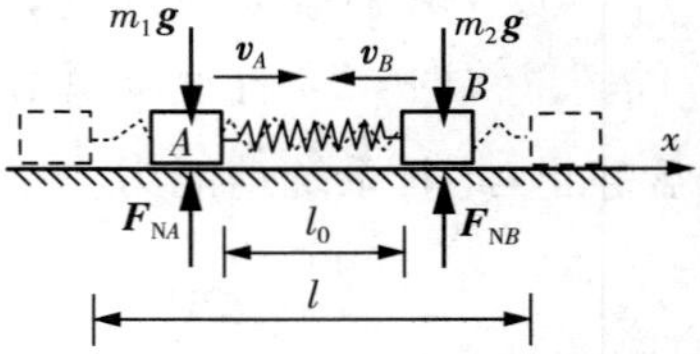

题 12-10 图

【解】　研究系统，受力如题 12-10。

$\because\sum F_x^{(e)}=0$，且系统初始静止，则水平方向动量守恒，$p_x=const.=0$，

$$\therefore m_1 v_A-m_2 v_B=0\tag{1}$$

再由动能定理 $T_2-T_1=\sum W_{12}$，得

$$\frac{1}{2}m_1v_A^2+\frac{1}{2}m_2v_B^2-0=\frac{1}{2}k(l-l_0)^2 \tag{2}$$

联立式(1)(2) 解得

$$v_A=\frac{\sqrt{km_2}(l-l_0)}{\sqrt{m_1(m_1+m_2)}},v_B=\frac{\sqrt{km_1}(l-l_0)}{\sqrt{m_2(m_1+m_2)}}$$

12-11　如题 12-11 图所示轴 Ⅰ 和轴 Ⅱ(连同安装在轴上的齿轮和带轮等) 的转动惯量分别为 $J_1=5\text{kg}\cdot m^2$ 和 $J_1=4\text{kg}\cdot m^2$,且 $\omega_2:\omega_1=3:2$,作用于轴 Ⅰ 上的力偶矩 $M_1=50\text{N}\cdot\text{m}$,系统由静止而运动。求(1) 轴 Ⅱ 转速达到 $n_2=120\text{r/min}$ 时,轴 Ⅱ 转过的圈数。(2) 在这过程中轴 Ⅱ 的角加速度。

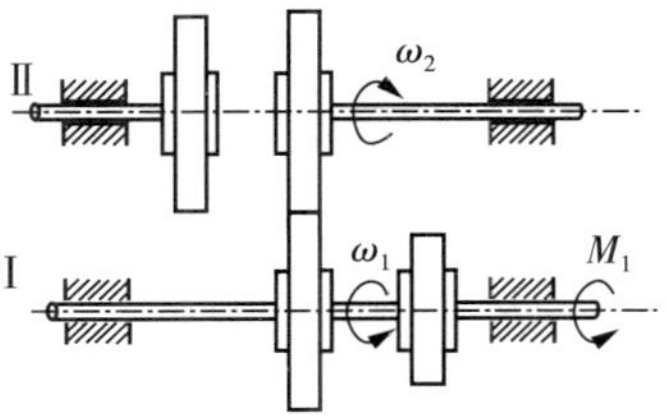

题 12-11 图

【解】　(1) 研究系统,由动能定理 $T_2-T_1=W_{12}$,有

$$\left(\frac{1}{2}J_1\omega_1^2+\frac{1}{2}J_2\omega_2^2\right)-0=M_1\varphi_1$$

式中 $\omega_2=\frac{120\pi}{30}=4\pi$，　$\omega_1=\frac{2}{3}\omega_2=\frac{8}{3}\pi$,代入数据,解得 $\varphi_1=9.826\text{rad}$,轴 Ⅱ 的转角 $\varphi_2=\frac{3}{2}\varphi_1$,轴 Ⅱ 转过的圈数

$$n=\frac{\varphi_2}{2\pi}=\frac{3\varphi_1}{4\pi}=2.346r$$

(2) 在任意瞬时,系统的动能为

$$T=\frac{1}{2}J_1\omega_1^2+\frac{1}{2}J_2\omega_2^2=\frac{1}{2}J_1\left(\frac{2}{3}\omega_2\right)^2+\frac{1}{2}J_2\omega_2^2=\left(\frac{4}{18}J_1+\frac{1}{2}J_2\right)\omega_2^2$$

由功率方程 $\frac{\text{d}T}{\text{d}t}=\sum P$,

$$\frac{\text{d}T}{\text{d}t}=\left(\frac{4}{9}J_1+J_2\right)\omega_2\alpha_2=M_1\omega_1=M_1\ \frac{2}{3}\omega_2$$

$$\alpha_2=\frac{6M_1}{4J_1+9J_2}=5.357\text{rad/s}^2$$

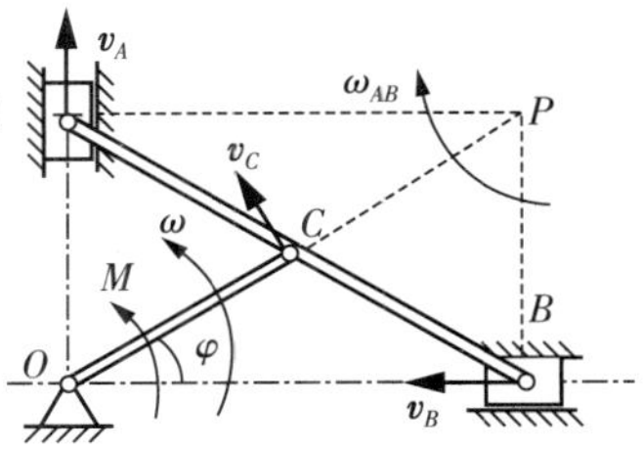

题 12-12 图

12-12　椭圆规位于水平面内,均质杆 OC 和 AB 重量分别为 P 和 $2P$,且 $OC=AC=BC=l$。滑块 A、B 的重量均为 Q。曲柄上的力偶矩 M 为常数,系统于 $\varphi=0$ 由静止开始运动,忽略各处摩擦。求曲柄的角速度(以转角 φ 的函数表示) 和角加速度。

【解】　运动分析:P 为 AB 杆的速度瞬心,有

$$v_C = l\omega, \omega_{AB} = \frac{v_C}{PC} = \omega, v_A = 2l\cos\varphi\omega_{AB} = 2l\omega\cos\varphi, v_B = 2l\sin\varphi\omega_{AB} = 2l\omega\sin\varphi$$

该系统的初动能 $T_1 = 0$；曲柄转过 φ 角时，该系统的动能为

$$T_2 = T_{OC} + T_A + T_B + T_{ACB}$$

$$= \frac{1}{2} \cdot \frac{1}{3} \frac{P}{g} l^2 \omega^2 + \frac{1}{2} \frac{Q}{g} v_A^2 + \frac{1}{2} \frac{Q}{g} v_B^2 + \left[\frac{1}{2} \cdot \frac{2P}{g} v_C^2 + \frac{1}{2} \cdot \frac{1}{12} \cdot \frac{2P}{g} (^2 l) 2\omega_{AB}^2 \right]$$

$$= \frac{1}{2} \frac{3P + 4Q}{g} l^2 \omega^2$$

功为 $W_{12} = M\varphi$，由动能定理 $T_2 - T_1 = \sum W_{12}$，解得

$$\omega = \sqrt{\frac{2gM\varphi}{(3P + 4Q)l^2}} \alpha = \frac{d\omega}{dt} = \frac{gM}{(3P + 4Q)l^2}$$

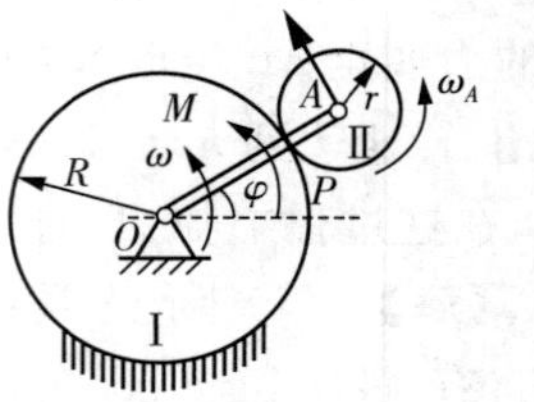

题 12-13 图

12-13　周转齿轮传动机构放在水平面内，动齿轮半径 r，重 P，可看成为均质圆盘；曲柄 OA 重 Q，可看成均质杆；定齿轮半径为 R。曲柄上作用一矩为 M 的不变力偶，使此机构由静止开始运动。求曲柄转过 φ 角后的角速度和角加速度。

【解】　设曲柄转过 φ 角时的角速度为 ω，由动能定理 $T_2 - T_1 = W_{12}$，有

$$\left[\frac{1}{2} \cdot \frac{1}{3} \cdot \frac{Q}{g} (R + r)^2 \omega^2 + \frac{1}{2} \cdot \frac{1}{2} \cdot \frac{P}{g} r^2 \omega_A^2 + \frac{1}{2} \frac{P}{g} v_A^2 \right] - 0 = M\varphi$$

式中 $v_A = r\omega_A$，行星轮的速度瞬心为啮合点，角速度 $\omega_A = \frac{R + r}{r}\omega$，解得曲柄转过 φ 角后的角速度

$$\omega = \frac{2}{R + r} \sqrt{\frac{3Mg}{9P + 2Q}\varphi}$$

求导并注意到 $\frac{d\varphi}{dt} = \omega, \frac{d\omega}{dt} = \alpha$ 得曲柄转过 φ 角后的角加速度为

$$\alpha = \frac{6Mg}{(R + r)^2(9P + 2Q)}$$

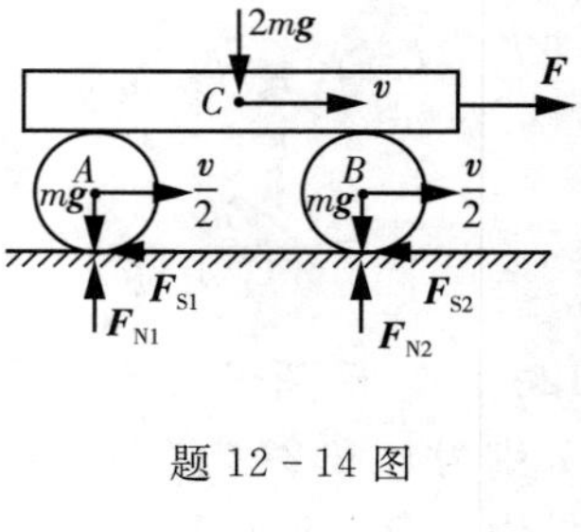

题 12-14 图

12-14　如题 12-14 图所示均质板质量为 $2m$，搁在两个相同的均质圆柱滚子上，滚子质量为 m，半径为 r。如果在板上作用水平力 $\boldsymbol{F}$，滚子与水平面和平板间均没有滑动，求板的加速度。

【解】　研究系统，设板的速度为 v，则滚子中心速度为 $v/2$，系统的动能为

$$T = \frac{1}{2} \cdot 2m \cdot v^2 + 2 \cdot \frac{3}{4} m \left(\frac{v}{2}\right)^2 = \frac{11}{8} mv^2$$

$$\frac{dT}{dt}=\frac{11}{4}mv\frac{dv}{dt}=\frac{11}{4}mva,\sum P=F\cdot v=Fv$$

由功率方程$\frac{dT}{dt}=\sum P$得$\frac{11}{4}mva=Fv$,解得板的加速度为$a=\frac{4}{11}\frac{F}{m}$。

注意:均质轮沿固定轨道纯滚动,其动能为$\frac{3}{4}mv^2$,v为轮心的速度。

12-15　如题12-15图所示机构中,圆柱体C和鼓轮O为均质物体,质量均为m,半径均为R。圆柱体C沿倾角为θ的斜面纯滚动,在鼓轮上作用一常力矩为M,绳子平行于斜面,不计绳子的质量及弹性。求(1)鼓轮O的角加速度;(2)轴承O的约束力;(3)绳子的张力。

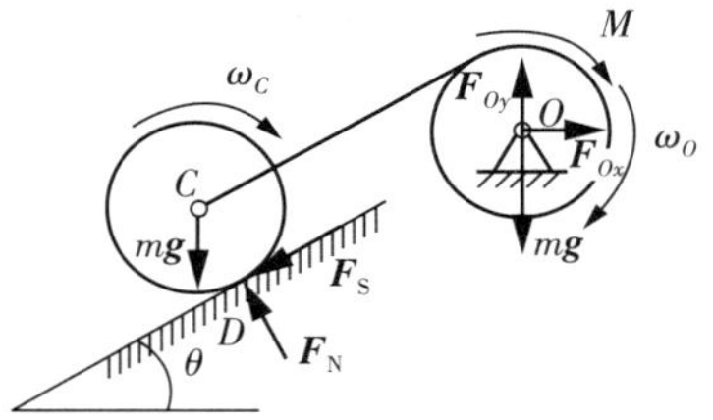

题 12-15(a) 图

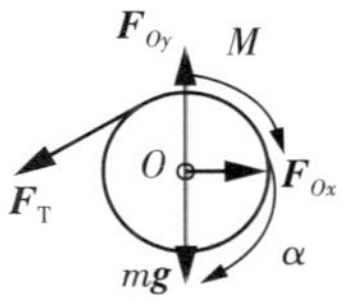

题 12-15(b) 图

【解】　研究系统,圆柱C作纯滚动,瞬心为D点,由运动学知$\omega_C=\omega_O=\omega$,系统动能为

$$T=\frac{1}{2}\frac{3}{2}mR^2\omega^2+\frac{1}{2}\frac{1}{2}mR^2\omega^2=mR^2\omega^2,\frac{dT}{dt}=2mR^2\omega\alpha$$

系统受力如图,所有力的功率为

$$\sum P=M\omega-mgv_C\sin\theta=M\omega-mgR\omega\sin\theta$$

由$\frac{dT}{dt}=\sum P$得

$$2mR^2\omega\alpha=M\omega-mgR\omega\sin\theta$$

得鼓轮O的角加速度

$$\alpha=\frac{M-mgR\sin\theta}{2mR^2}$$

研究O轮,由刚体平面运动微分方程,得

$$\begin{cases}M-F_TR=\frac{1}{2}mR^2\alpha\\F_{Ox}-F_T\cos\theta=0\\F_{Oy}-F_T\sin\theta-mg=0\end{cases}$$

解得

$$F_{\mathrm{T}}=\frac{3M+mgR\sin\theta}{4R},F_{Ox}=\frac{3M+mgR\sin\theta}{4R}\cos\theta,F_{Oy}=\frac{3M+mgR\sin\theta}{4R}\sin\theta+mg$$

12-16　均质碾子 A 与滑轮 B 质量均为 m_1，半径相等，碾子沿倾角为 φ 的斜面向下作纯滚动，借一不计质量的绳子提升质量为 m_2 的物体 C。若绳子不可伸长，轴承摩擦不计，求(1) 碾子质心的加速度；(2) 碾子与滑轮间绳子的张力。

【解】　如图所示，设碾子半径为 R，系统的动能为

$$T=\frac{1}{2}m_2v^2+\frac{1}{2}\ \frac{1}{2}m_1R^2\omega_O^2+\frac{1}{2}\ \frac{3}{2}m_1R^2\omega_A^2$$

将 $R\omega_A=R\omega_O=v$ 代入后整理，得 $T=(2m_1+m_2)v^2/2$，而系统所有力的功率

$$\sum P=(m_1g\sin\varphi-m_2g)v$$

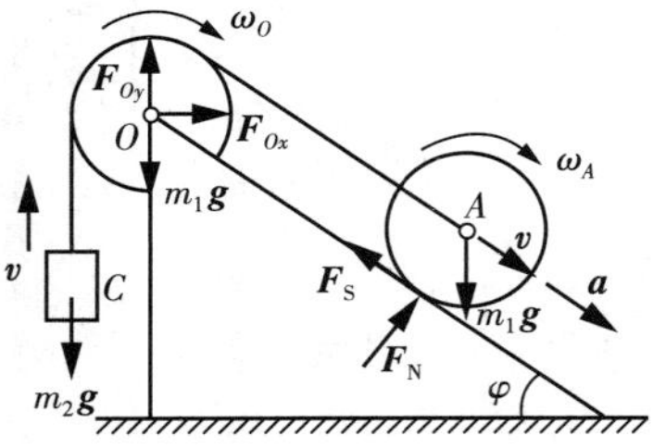

题 12-16(a) 图

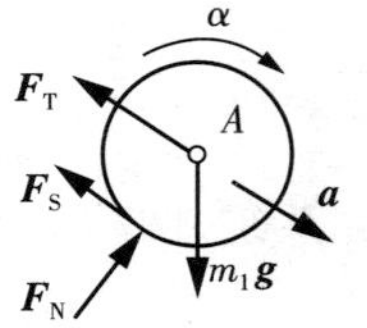

题 12-16(b) 图

由 $\dfrac{\mathrm{d}T}{\mathrm{d}t}=\sum P$ 得碾子中心的加速度为

$$a=\frac{m_1\sin\varphi-m_2}{2m_1+m_2}g$$

再研究碾子 A，如题 12-16(b) 图，有

$$\frac{1}{2}m_1R^2\alpha=F_{\mathrm{S}}R$$

$$m_1a=m_1g\sin\varphi-F_{\mathrm{S}}-F_{\mathrm{T}}$$

纯滚动，有 $R\alpha=a$ 联立得

$$F_{\mathrm{T}}=\frac{3m_1m_2+(2m_1m_2+m_1^2)\sin\varphi}{2(2m_1+m_2)}g$$

12-17　质量为 m 的物块 A 借不可伸长的绳子经滑轮 B 拖动碾子 D 在水平面上纯滚，碾子和滑轮均可视为质量为 m、半径为 r 的均质圆盘。质量为 $1.5m$、长 $l=\sqrt{2}r$ 均质细杆 DE 在端与碾子中心铰接，E 端与地面接触。若绳和滑轮 B 间没有相对运动，E 端与地面的摩擦不计，试求：(1) 碾子中心 D 的加速度；(2) 地面对杆端 E 的约束力。

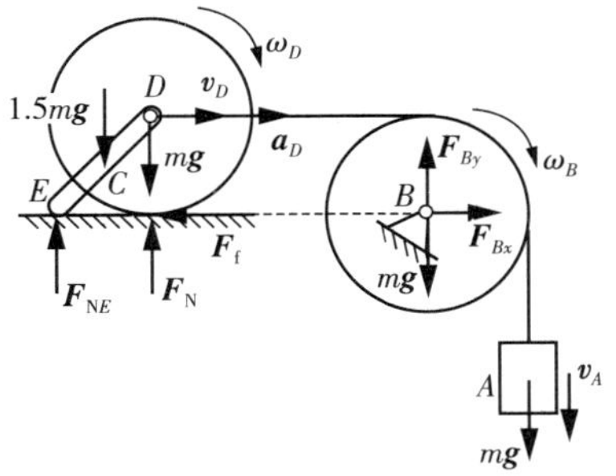

题 12－17(a) 图

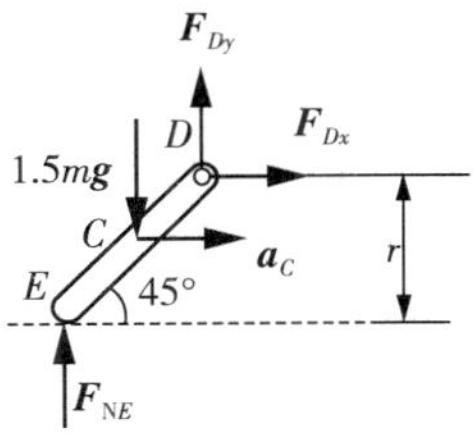

题 12－17(b) 图

【解】 DE 杆作平移，碾子作纯滚动，设碾子中心 D 的速度为$\boldsymbol{v}_D$，则 $r\omega_D=r\omega_B=v_D=v_A=v_C$，系统的动能为

$$T=\frac{1}{2}mv_A^2+\frac{1}{2}\ \frac{1}{2}mr^2\omega_B^2+\frac{1}{2}\ \frac{3}{2}mr^2\omega_D^2+\frac{1}{2}\ \frac{3}{2}mv_C^2$$

$$=\frac{1}{2}mv_D^2+\frac{1}{2}\ \frac{1}{2}mr^2\left(\frac{v_D}{r}\right)^2+\frac{1}{2}\ \frac{3}{2}mr^2\left(\frac{v_D}{r}\right)^2+\frac{1}{2}\ \frac{3}{2}mv_D^2=\frac{9}{4}mv_D^2$$

对时间求导

$$\frac{\mathrm{d}T}{\mathrm{d}t}=\frac{9}{2}mv_D\frac{\mathrm{d}v_D}{\mathrm{d}t}=\frac{9}{2}mv_Da_D$$

系统受力如题 12－17(a) 图，所有力的功率为 $\sum P=mgv_A=mgv_D$，代入功率方程 $\frac{\mathrm{d}T}{\mathrm{d}t}=\sum P$ 得碾子中心的加速度为 $a_D=\frac{2}{9}g$。

研究 DE 杆，质心加速度 $a_C=a_D=\frac{2}{9}g$，角加速度 $\alpha=0$，列平面运动微分方程

$$\sum F_x=ma_{Cx},F_{Dx}=1.5ma_C$$

$$\sum F_y=ma_{Cy},F_{Dy}+F_{NE}-1.5mg=0$$

$$\sum M_C(\boldsymbol{F})=J_C\alpha,F_{Dy}\frac{r}{2}-F_{Dx}\frac{r}{2}-F_{NE}\frac{r}{2}=0$$

联立解得地面对杆端 E 的约束力 $F_{NE}=\frac{7}{12}mg$

或：用对动点 D 的动量矩定理 $\frac{\mathrm{d}\boldsymbol{L}_D}{\mathrm{d}t}+\boldsymbol{v}_D\times m\boldsymbol{v}_C=\sum\boldsymbol{M}_D(\boldsymbol{F})$，有

$$\frac{\mathrm{d}}{\mathrm{d}t}\left(1.5mgv_C\cdot\frac{r}{2}\right)+0=1.5mg\cdot\frac{r}{2}-F_{NE}\cdot r$$

且 $\frac{\mathrm{d}v_C}{\mathrm{d}t}=a_C=a_D=\frac{2}{9}g$，得

$$F_{NE}=\frac{7}{12}mg$$

12－18 均质碳子 A 与滑轮 O 质量均为 m，半径均为 r，轮 O 上作用矩为 $M=mgr$ 的力偶，通过与斜面平行的绳子带动碳子沿倾角为 $\theta=30°$ 的斜面作纯滚动。若绳子不计质量且不可伸长，轴承摩擦不计，求(1) 碳子 A 质心的加速度；(2) 碳子与滑轮间绳子的张力；(3) 斜面与碳子之间的摩擦力。

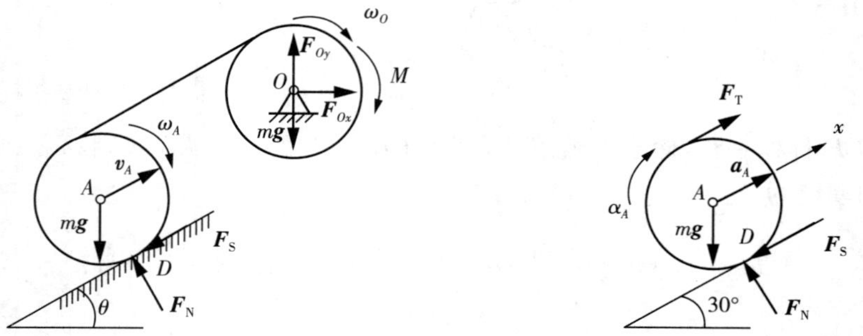

题 12－18(a) 图　　题 12－18(b) 图

【解】 碳子作纯滚动，设碳子中心 A 的速度为 $\boldsymbol{v}_A$，则 $r\omega_A=v_A$，$r\omega_O=2v_A$，系统的动能为

$$T=\frac{1}{2}mv_A^2+\frac{1}{2}\,\frac{1}{2}mr^2\omega_A^2+\frac{1}{2}\,\frac{1}{2}mr^2\omega_O^2=\frac{7}{4}mv_A^2,\ \frac{\mathrm{d}T}{\mathrm{d}t}=\frac{7}{2}mv_Aa_A$$

系统受力如题 12－18(a) 图，所有力的功率为

$$\sum P=M\omega_O-mgv_A\sin\theta=mgr\cdot\frac{2v_A}{r}-\frac{1}{2}mgv_A=\frac{3}{2}mgv_A$$

由 $\dfrac{\mathrm{d}T}{\mathrm{d}t}=\sum P$ 得碳子中心的加速度为 $a_A=\dfrac{3}{7}g$

再研究碳子 A，受力如题 12－18(b) 图。$\alpha_A=\dfrac{a_A}{r}=\dfrac{3}{7}\,\dfrac{g}{r}$，对其速度瞬心 D 应用动量矩定理，

$$\sum M_D=J_D\alpha_A,\quad F_T(2r)-mgr\sin30°=\frac{3}{2}mr^2\alpha_A$$

得碳子与滑轮间绳子的张力 $F_T=\dfrac{4}{7}mg$

由质心运动定理 $\sum F_x=ma_A$，　$F_T-mg\sin30°-F_S=ma_A$

解得 $F_S=-\dfrac{5}{14}mg$，负号说明摩擦力沿斜面向上。

12－19 滑轮组如题 12－19 图所示，定滑轮 O 半径为 $2r$，动滑轮 C 半径为 r，两滑轮间及 AB 段绳子方向铅直，两轮均可视为质量为 m 的均质圆盘。绳子与滑轮间无相对滑动，轴承 O 处的摩擦和绳子的质量均忽略不计。若在轮 O 上作用一矩为 $M=2mgr$ 的常值力偶，试求:(1) 动滑轮轮心 C 的加速度;(2) 轴承 O 处的约束力;(3)DE 段绳子的拉力;(4)AB 段绳子的拉力。

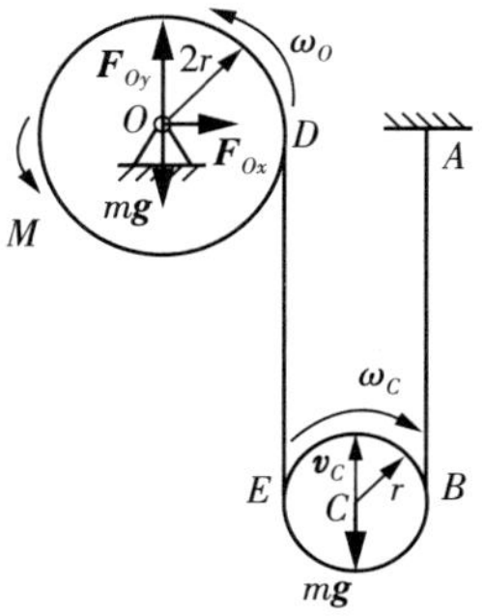

题 12－19(a) 图

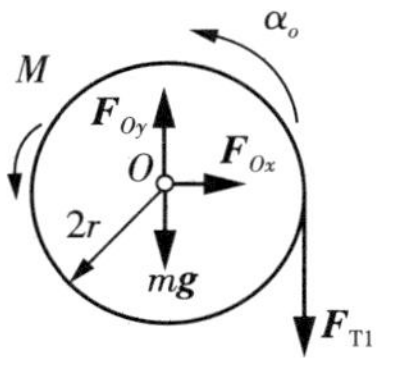

题 12－19(b) 图

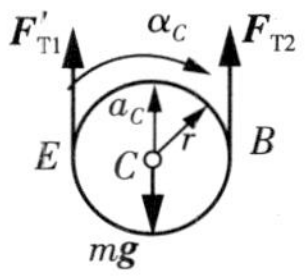

题 12－19(c) 图

【解】 B 点为动滑轮速度瞬心,设轮心 C 的速度为 v_C,则

$$\omega_C=\frac{v_C}{r},\omega_O=\frac{2v_C}{2r}=\frac{v_C}{r},\alpha_O=\frac{2a_C}{2r}=\frac{a_C}{r}$$

系统受力如题 12－19(a) 图,动能为

$$T=\frac{1}{2}mv_C^2+\frac{1}{2}J_C\omega_C^2+\frac{1}{2}J_O\omega_O^2=\frac{1}{2}mv_C^2+\frac{1}{2}\frac{1}{2}mr^2\left(\frac{v_C}{r}\right)^2+\frac{1}{2}\frac{1}{2}m(2r)^2\left(\frac{v_C}{r}\right)^2=\frac{7}{4}mv_C^2$$

$$\frac{\mathrm{d}T}{\mathrm{d}t}=\frac{7}{2}mv_Ca_C,\sum P=M\omega_O-mgv_C=2mgr\frac{v_C}{r}-mgv_C=mgv_C$$

由功率方程 $\frac{\mathrm{d}T}{\mathrm{d}t}=\sum P$ 得动滑轮轮心 C 的加速度 $a_C=\frac{2}{7}g$

再研究轮 O,受力如题 12－19(b) 图,由

$$\sum M_O(\boldsymbol{F})=J_O\alpha_O,M-F_{T1}\cdot 2r=\frac{1}{2}m(2r)^2\frac{a_C}{r}$$

得 DE 段绳子的拉力

$$F_{T1}=\frac{5}{7}mg$$

由质心运动定理

$$\begin{cases}\sum F_x=ma_{Cx},F_{Ox}=0\\ \sum F_y=ma_{Cy},F_{Oy}-mg-F_{T1}=0\end{cases}$$

解得

$$\begin{cases}F_{Ox}=0\\ F_{Oy}=\frac{12}{7}mg\end{cases}$$

再研究轮 C，受力如题 12－19(c) 图，由质心运动定理 $\sum F_y = ma_C$，有

$$F'_{T1} + F_{T2} - mg = ma_C$$

解得 AB 段绳子的拉力 $F_{T2} = \frac{4}{7}mg$

或由 $\sum M_C(\boldsymbol{F}) = J_C\alpha_C$，$F_{T1} \cdot r - F_{T2} \cdot r = \frac{1}{2}mr^2 \cdot \frac{a_C}{r}$，解得 $F_{T2} = \frac{4}{7}mg$

12－20　如题 12－20 图所示圆环半径为 R，对 z 轴的转动惯量为 J，绕 z 轴以角速度 ω 转动。质量为 m 的小球初始位于圆环内的 A 点处静止，由于微小干扰小球离开点 A 下滑，不计摩擦；求当小球分别到达点 B 和点 C 时，圆环的角速度和质点的速度。

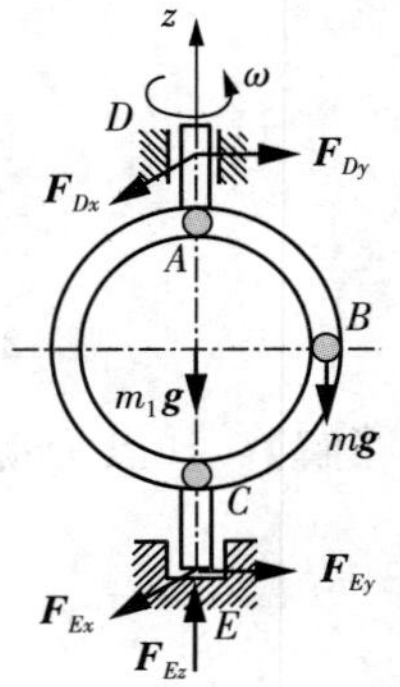

题 12－20 图

【解】　研究系统，受力如图，$\because \sum M_z(\boldsymbol{F}) = 0$，$\therefore$ 系统对 z 轴动量矩守恒。在 B 处，有

$$J\omega_B + mR^2\omega_B = J\omega$$

解得 $\omega_B = \frac{J\omega}{J + mR^2}$。在 C 处，有 $J\omega_C = J\omega$，得 $\omega_C = \omega$。

小球滑下时，重力做功，由动能定理 $T_2 - T_1 = W_{12}$，到 B 处时

$$\frac{1}{2}J\omega_B^2 + \frac{1}{2}mv_B^2 - \frac{1}{2}J\omega^2 = mgR$$

解得 $v_B = \sqrt{2gR + \frac{JR^2\omega^2(2J + mR^2)}{(J + mR^2)^2}}$（为绝对速度）。到 C 处时，

$$\frac{1}{2}J\omega_C^2 + \frac{1}{2}mv_C^2 - \frac{1}{2}J\omega^2 = 2mgR$$

解得

$$v_C = 2\sqrt{gR}$$

12－21　质量为 m 的均质杆 OA 可绕轴 O 转动，带动质量为 m、半径为 r 的均质轮 A 在固定的圆弧槽面上纯滚动。已知 $OA = 2r$，$R = 3r$。初始系统从 OA 处于水平的位置处静止释放，不计滚动摩阻和铰链处的摩擦。试求杆 OA 落至图示 φ 角时，(1) 杆的角速度和角加速度；(2) 圆弧槽面作用在轮 A 上的摩擦力。

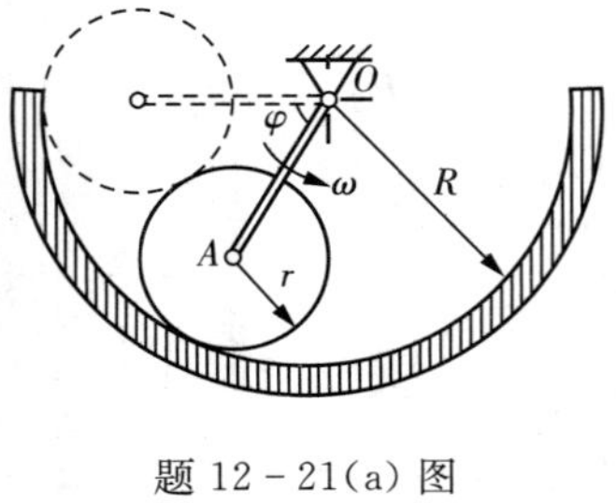

题 12－21(a) 图

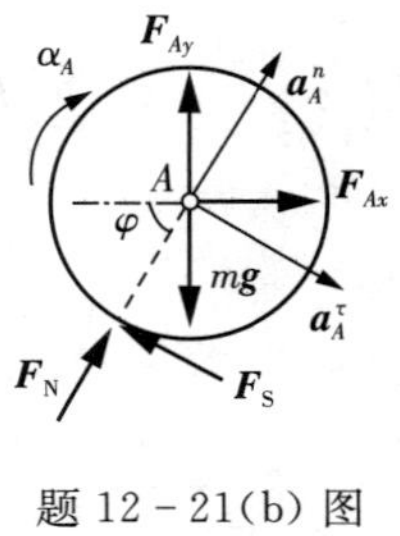

题 12－21(b) 图

【解】 初瞬时系统静止，设 φ 角时杆 OA 的角速度为 ω，由动能定理

$$T_2 - T_1 = \sum W_{12}$$

$$\frac{1}{2} \cdot \frac{1}{3} ml^2\omega^2 + \frac{3}{4} mv_A^2 - 0 = mg\ \frac{l}{2}\sin\varphi + mgl\sin\varphi$$

$$\frac{1}{2} \cdot \frac{1}{3} m\ (2r)^2\omega^2 + \frac{3}{4} m\ (2r\omega)^2 - 0 = 3rmg\sin\varphi$$

得 $\omega^2 = \dfrac{9g}{11r}\sin\varphi$，求导得

$$2\omega\ \frac{d\omega}{dt} = \frac{9g}{11r}\cos\varphi\ \frac{d\varphi}{dt}$$

且 $\dfrac{d\omega}{dt} = \alpha$，$\dfrac{d\varphi}{dt} = \omega$

得杆 OA 的角速度和角加速度分别为

$$\omega = \sqrt{\frac{9g}{11r}\sin\varphi}\ ;\alpha = \frac{9g}{22r}\cos\varphi$$

研究 A 轮，受力如题 12-21(b) 图，其质心 A 的加速度为

$$a_A^n = \omega^2 l = \left(\sqrt{\frac{9g}{11r}\sin\varphi}\right)^2 (2r) = \frac{18}{11}g\sin\varphi\ ;a_A^\tau = \alpha l = \frac{9g}{22r}\cos\varphi \times 2r = \frac{9}{11}g\cos\varphi$$

A 轮的角加速度 $\alpha_A = \dfrac{a_A^\tau}{r} = \dfrac{9}{11}\ \dfrac{g}{r}\cos\varphi$，由相对质心的动量矩定理

$$\sum M_A(\boldsymbol{F}) = J_A\alpha_A : F_S r = \frac{1}{2} mr^2\alpha_A ,F_S r = \frac{1}{2} mr^2\ \frac{9g}{11r}\cos\varphi$$

得轮 A 所受到的摩擦力为 $F_S = \dfrac{9}{22}mg\cos\varphi$。

12-22　均质细杆质量为 2m，长为 l，其一端固连质量为 m 的小球，此系统可绕水平轴 O 转动。开始时杆与小球位于最低位置，并获得初角速度 ω_0。试就以下两种情况求初角速度 ω_0 值：(1) 杆与小球到达铅直最高位置 OA 时，角速度为零；(2) 杆与小球通过位置 OA 时，支点 O 的约束力为零。

【解】 刚体对水平轴 O 的转动惯量为 $J_O = \dfrac{1}{3}(2m)l^2 + ml^2 = \dfrac{5}{3}ml^2$

(1) 初瞬时，角速度为 ω_0，动能为 $T_1 = \dfrac{1}{2}J_O\omega_0^2 = \dfrac{5}{6}ml^2\omega_0^2$，到达最高位置时，角速度为零，动能为 $T_2 = 0$。由动能定理

$$T_2 - T_1 = W_{12} : 0 - \frac{5}{6}ml^2\omega_0^2 = -2mg \cdot l - mg \cdot 2l$$

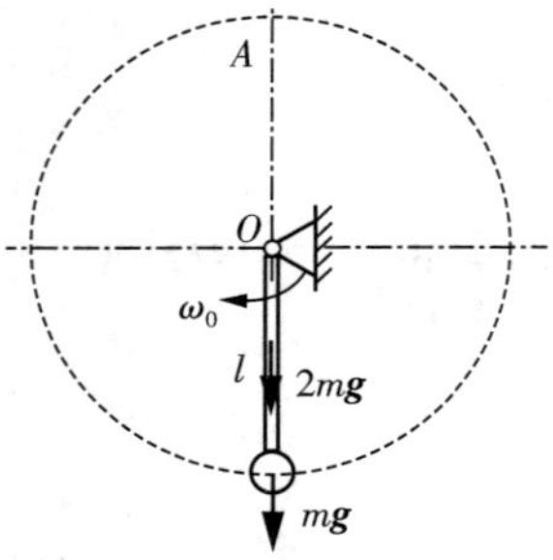

题 12-22(a) 图

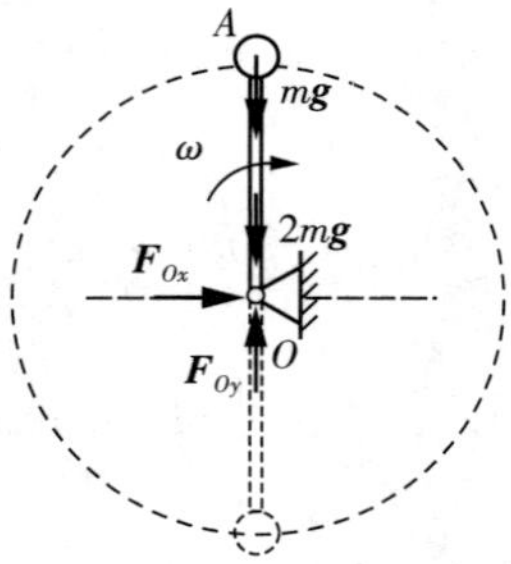

题 12-22(b) 图

解得

$$\omega_0=\sqrt{\frac{24g}{5l}}=2.191\sqrt{\frac{g}{l}}$$

(2) 初瞬时,角速度为 ω_0,动能为 $T_1=\frac{1}{2}J_O\omega_0^2=\frac{5}{6}ml^2\omega_0^2$,设小球达到最高位置时的角速度为 ω,支点 O 的约束力为零,由质心运动定理 $ma_{Cy}=\sum F_y^{(e)}$,并注意到 $F_{Oy}=0$,有

$$m\omega^2 l+2m\omega^2\frac{l}{2}=mg+2mg$$

即 $2ml\omega^2=3mg$,解得 $\omega^2=\frac{3g}{2l}$。由动能定理

$$T_2-T_1=W_{12}:\frac{1}{2}J_O\omega^2-\frac{1}{2}J_O\omega_0^2=-2mg\cdot l-mg\cdot 2l$$

化简有 $\frac{5}{6}ml^2(\omega^2-\omega_0^2)=-4mgl$。将 $\omega^2=\frac{3g}{2l}$ 代入得

$$\omega_0^2=\frac{24}{5}\frac{g}{l}+\frac{3g}{2l}=\frac{63g}{10l}\text{ 或 }\omega_0=\sqrt{\frac{63g}{10l}}=2.510\sqrt{\frac{g}{l}}$$

12-23 如题 12-23 图所示均质圆柱体重 Q,半径为 r,沿倾角为 φ、重 P 的三棱柱体作无滑动滚动,三棱柱体置于光滑的水平面上。求三棱柱体的加速度。

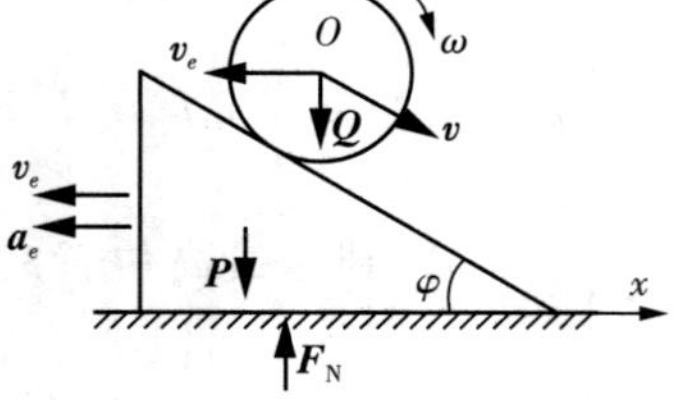

题 12-23(a) 图

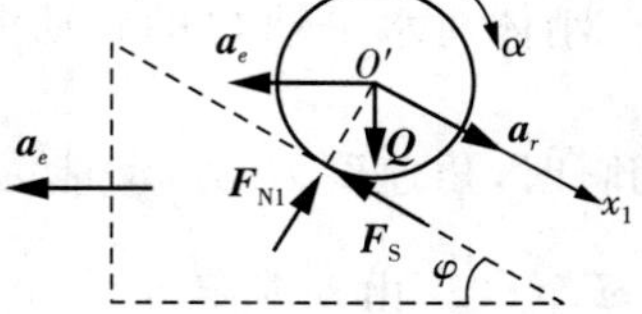

题 12-23(b) 图

【解 1】 设圆柱沿斜面滚下时三棱柱的速度为$\boldsymbol{v}_{\Delta}$，圆柱中心速度为$\boldsymbol{v}_O$，圆柱角速度为ω；选圆柱中心为动点，三棱柱为动系，有

$$\boldsymbol{v}_a = \boldsymbol{v}_e + \boldsymbol{v}_r$$

且 $v_e = v_{\Delta}$，$v_O = v_a$，$v_r = r\omega$。

研究系统，受力如题 12－23(a) 图，由于$\sum F_x^{(e)} = 0$且初始静止，系统水平方向动量守恒，有

$$\frac{Q}{g}(v_r\cos\varphi - v_e) - \frac{P}{g}v_e = 0$$

得

$$v_r = \frac{P+Q}{Q\cos\varphi}v_e \tag{1}$$

设圆柱半径为 r，系统的动能

$$T = \frac{P}{2g}v_e^2 + \frac{Q}{2g}(v_e^2 + v_r^2 - 2v_e v_r\cos\varphi) + \frac{1}{2}\,\frac{Q}{2g}r^2\omega^2$$

式中 $r\omega = v_r$，将式(1) 代入后整理，得

$$T = \frac{1}{2g}(P+Q)\left(\frac{3}{2}\,\frac{P+Q}{Q\cos^2\varphi} - 1\right)v_e^2$$

而系统所有力的功率$\sum P = Qv_r\sin\varphi$。由

$$\frac{\mathrm{d}T}{\mathrm{d}t} = \sum P \text{ 得} \frac{P+Q}{g}\left(\frac{3}{2}\,\frac{P+Q}{Q\cos^2\varphi} - 1\right)v_e a_e = Qv_r\sin\varphi \tag{2}$$

将式(1) 代入式(2) 后整理，解得三棱柱体的加速度为

$$a_{\Delta} = a_e = \frac{Q\sin2\varphi}{3P + Q + 2Q\sin^2\varphi}g$$

【解 2】 设圆柱沿斜面滚下时三棱柱的加速度为$\boldsymbol{a}_{\Delta}$，圆柱中心加速度为$\boldsymbol{a}_O$，圆柱角加速度为α；选圆柱中心为动点，三棱柱为动系，则$\boldsymbol{a}_a = \boldsymbol{a}_e + \boldsymbol{a}_r$，且 $a_e = a_{\Delta}$，$a_O = a_a$，$a_r = r\alpha$。

研究系统，受力如(a) 图，由质心运动定理

$$\sum F_x^{(e)} = \sum m_i a_{Cix}，0 = -\frac{P}{g}\boldsymbol{a}_e + \frac{Q}{g}(\boldsymbol{a}_r\cos\varphi - \boldsymbol{a}_e)，a_r = \frac{P+Q}{Q\cos\varphi}a_e \tag{1}$$

研究圆柱 O，受力如(b) 图，由刚体平面运动微分方程

$$\sum F_{x1} = m_2 a_{Ox1}，\quad Q\sin\varphi - F_s = \frac{Q}{g}(a_r - a_e\cos\varphi) \tag{2}$$

$$\sum M_O = J_O\alpha，\quad F_s r = \frac{1}{2}\,\frac{Q}{g}r^2 \cdot \frac{a_r}{r} \tag{3}$$

联立式(1)、(2)、(3)，解得三棱柱体的加速度为

$$a_{\Delta}=a_e=\frac{Q\sin 2\varphi}{3P+Q+2Q\sin^2\varphi}g$$

12-24　如题 12-24 图所示系统中，鼓轮质量为 m，对水平质心轴 A 的回转半径为 $\rho_A=\sqrt{2}R$，$r=R/2$，均质圆轮 C 质量为 m，半径为 R，在倾角为 30° 的斜面上纯滚动，物块 D 质量为 $4m$。绳子不可伸长并且与轮之间无相对滑动，两轮间绳线与斜面平行，轴承 A 处的摩擦不计。系统由静止开始运动。试求(1) 轮心 C 的加速度；(2) 两轮间的绳子的张力；(3) 支座 A 处约束力；(4) 斜面作用在轮 C 上的摩擦力。

【解】　(1) 研究系统，受力如题 12-24(a) 图。设轮心 C 的速度为 v_C，则 $\omega_A=\dfrac{v_C}{R}$，$v_D=\dfrac{v_C}{2}$，系统的动能为

$$T=\frac{1}{2}4m\left(\frac{v_C}{2}\right)^2+\frac{1}{2}J_A\left(\frac{v_C}{R}\right)^2+\frac{3}{4}mv_C^2=\frac{9}{4}mv_C^2$$

求导有 $\dfrac{\mathrm{d}T}{\mathrm{d}t}=\dfrac{9}{2}mv_Ca_C$。各个力的功率

$$\sum P=4mg\,\frac{1}{2}v_C-mgv_C\sin 30°=\frac{3}{2}mgv_C$$

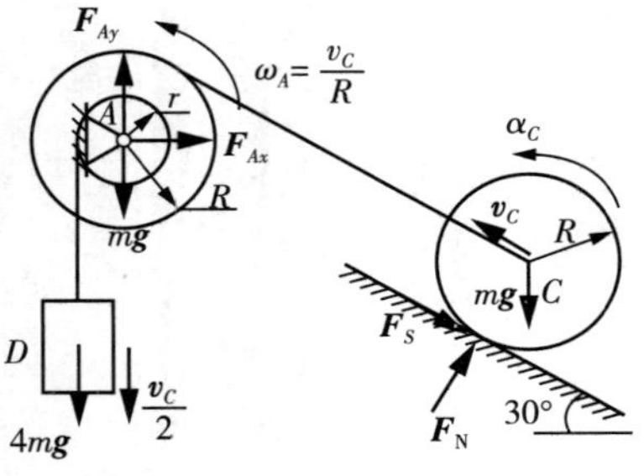

(a)

题 12-24(a) 图

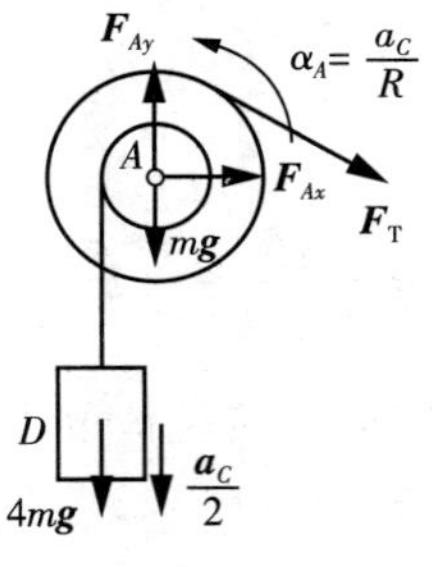

(b)

题 12-24(b) 图

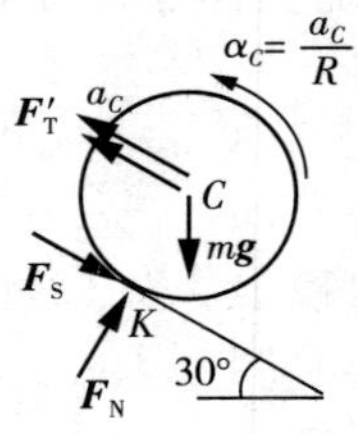

(c)

题 12-24(c) 图

由功率方程 $\dfrac{\mathrm{d}T}{\mathrm{d}t}=\sum P$，得 $a_C=\dfrac{1}{3}g$。

(2) 研究鼓轮物块系统，受力如题 12-24(b) 图。由动量矩定理及质心运动定理

$$\frac{\mathrm{d}L_A}{\mathrm{d}t}=\sum M_A(\boldsymbol{F}),\ \frac{\mathrm{d}}{\mathrm{d}t}\left(4m\cdot\frac{v_C}{2}\cdot\frac{R}{2}+m\rho_A^2\cdot\frac{v_C}{R}\right)=4mg\cdot\frac{R}{2}-F_TR$$

$$\sum F_x=\sum m_ia_{Cix},\ F_{Ax}+F_T\cos 30°=0$$

$$\sum F_y=\sum m_ia_{Ciy},\quad F_{Ay}-F_T\sin 30°-mg-4mg=-4m\frac{a_C}{2}$$

式中 $\rho_A=\sqrt{2}R$，解得 $F_T=mg$，$F_{Ax}=-\dfrac{\sqrt{3}}{2}mg$，$F_{Ay}=\dfrac{29}{6}mg$。

(3) 研究轮 C,受力如题 12－24(c) 图。由动量矩定理 $J_C\alpha_C=\sum M_C(\boldsymbol{F})$

$$\frac{1}{2}mR^2\cdot\frac{a_C}{R}=F_S\cdot R$$

解得斜面作用在轮 C 上的摩擦力为 $F_S=\frac{1}{6}mg$。

12－25 质量为 m_1、长为 l 的均质细杆 AB,B 端靠在光滑的墙上,A 端与质量为 m_2、半径为 R 的均质圆柱中心铰接。圆柱放在粗糙的水平面上,自 $\theta=30°$ 位置由静止开始纯滚动,求初瞬时 A 点的加速度。

【解】 研究系统,受力如题 12－25(a) 图。运动分析如(b) 图。AB 杆速度瞬心为 P,圆柱速度瞬心为 D,设任意角 θ 时点 A 的速度为 $\boldsymbol{v}_A$,则

$$\omega_{AB}=\frac{v_A}{l\cos\theta},v_C=\omega_{AB}\cdot CP=\frac{v_A}{l\cos\theta}\cdot\frac{l}{2}=\frac{v_A}{2\cos\theta}$$

系统动能为

$$T=T_{AB}+T_A=\frac{1}{2}J_P\omega_{AB}^2+\frac{1}{2}J_D\omega_A^2=\frac{1}{2}\left[\frac{1}{12}m_1l^2+m_1\left(\frac{l}{2}\right)^2\right]\left(\frac{v_A}{l\cos\theta}\right)^2+\frac{3}{4}m_2v_A^2$$

$$=\left(\frac{m_1}{6\cos^2\theta}+\frac{3}{4}m_2\right)v_A^2$$

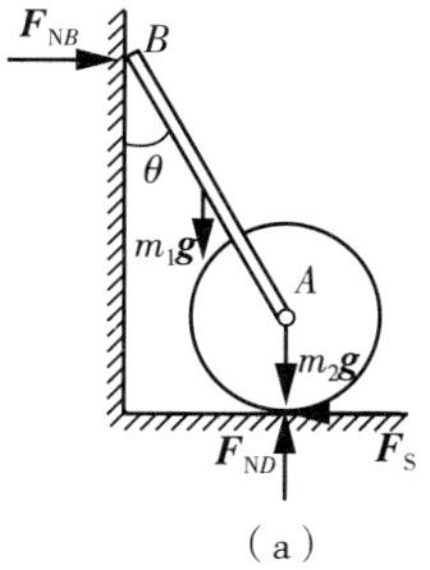

(a)

题 12－25(a) 图

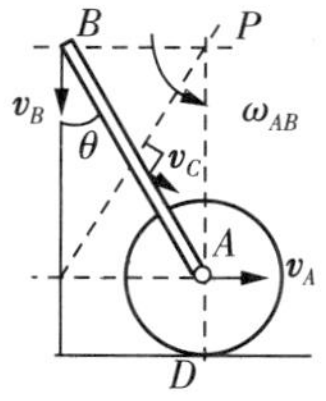

(b)

题 12－25(b) 图

所有力的功率为

$$\sum P=m_1g\cdot\boldsymbol{v}_C=m_1g\frac{v_A}{2\cos\theta}\sin\theta=\frac{1}{2}m_1gv_A\tan\theta$$

由功率方程 $\frac{\mathrm{d}T}{\mathrm{d}t}=\sum P$ 得

$$\left(\frac{m_1}{3\cos^2\theta}+\frac{3}{2}m_2\right)v_Aa_A+\frac{m_1}{6}v_A^2\cdot\frac{\mathrm{d}}{\mathrm{d}t}\left(\frac{1}{\cos^2\theta}\right)=\frac{1}{2}m_1gv_A\tan\theta$$

$$\left(\frac{m_1}{3\cos^2\theta}+\frac{3}{2}m_2\right)a_A+\frac{m_1}{6}v_A\cdot\frac{\mathrm{d}}{\mathrm{d}t}\left(\frac{1}{\cos^2\theta}\right)=\frac{1}{2}m_1g\tan\theta$$

注意到$\frac{d\theta}{dt}=\omega_{AB}=\frac{v_A}{l\cos\theta}$，且$\theta=30°$时，$v_A=0$，解得

$$a_A=\frac{3\sqrt{3}m_1}{8m_1+27m_2}g$$

12-26　如题12-26图所示，均质杆AB长为l，质量为m，沿光滑的铅直墙和水平地板于直立位置静止倒下。求杆在任意位置φ时的角速度ω和角加速度α以及A、B处的约束力。

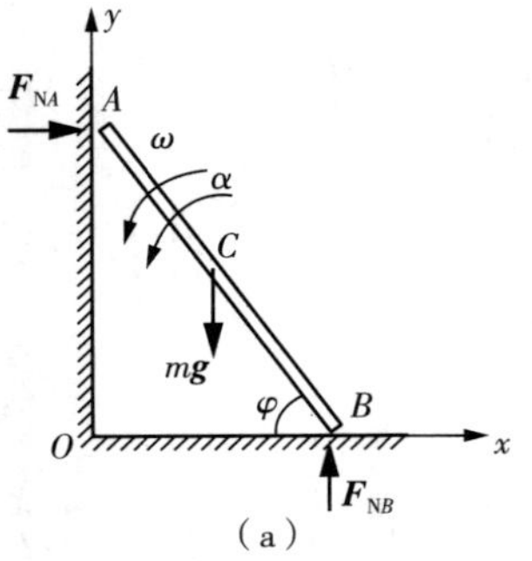

题12-26(a)图

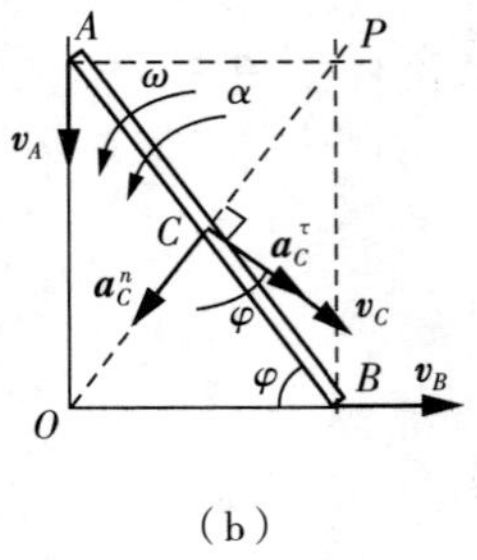

题12-26(b)图

【解1】　用积分形式的动能定理求出角速度，求导得角加速度；建立质心的运动方程(用变量φ表示)，求导得质心的速度和加速度。

取坐标系Oxy如题12-26(a)图，则杆质心C坐标为$x_C=\frac{l}{2}\cos\varphi$，$y_C=\frac{l}{2}\sin\varphi$。对时间求导，并注意$\frac{d\varphi}{dt}=-\omega$，$\frac{d\omega}{dt}=\alpha$有

$$v_{Cx}=\dot{x}_C=\frac{l}{2}\omega\sin\varphi,\ v_{Cy}=\dot{y}_C=-\frac{l}{2}\omega\cos\varphi$$

$$a_{Cx}=\ddot{x}_C=\frac{l}{2}(\alpha\sin\varphi-\omega^2\cos\varphi),\ a_{Cy}=\ddot{y}_C=-\frac{l}{2}(\alpha\cos\varphi+\omega^2\sin\varphi)$$

φ角处杆的动能为$T_2=\frac{1}{2}m(v_{Cx}^2+v_{Cy}^2)+\frac{1}{2}\frac{1}{12}ml^2\omega^2=\frac{1}{6}ml^2\omega^2$；杆直立时动能为零，$T_1=0$，受力如题12-26(a)图。由动能定理$T_2-T_1=\sum W_{12}$，有

$$\frac{1}{6}ml^2\omega^2-0=mg\ \frac{l}{2}(1-\sin\varphi),\ \omega^2=\frac{3g}{l}(1-\sin\varphi)$$

求导得$2\omega\frac{d\omega}{dt}=-\frac{3g}{l}\cos\varphi\frac{d\varphi}{dt}$，又$\alpha=\frac{d\omega}{dt}$，$\omega=-\frac{d\varphi}{dt}$

$\therefore\varphi$角处杆的角速度$\omega=\sqrt{\frac{3g}{l}(1-\sin\varphi)}$，角加速度$\alpha=\frac{3g}{2l}\cos\varphi$

【解2】　直接在φ角处用对速度瞬心的动量矩定理，求出角加速度，再积分得角速度。

运动分析如题 12-26(b) 图。杆作平面运动，根据杆端 A、B 的速度方向，确定速度瞬心为 P，且速度瞬心 P 到质心 C 距离始终不变，有 $\sum M_P(\boldsymbol{F}) = J_P\alpha$，

$$\left[\frac{1}{12}ml^2 + m\left(\frac{l}{2}\right)^2\right]\alpha = mg\ \frac{l}{2}\cos\varphi$$

得角加速度 $\alpha = \frac{3g}{2l}\cos\varphi$

$$\alpha = \frac{\mathrm{d}\omega}{\mathrm{d}t} = \frac{3g}{2l}\cos\varphi, \frac{\mathrm{d}\omega}{\mathrm{d}\varphi}\frac{\mathrm{d}\varphi}{dt} = \frac{3g}{2l}\cos\varphi, \int_0^{\omega}\omega\mathrm{d}\omega = \int_0^{\varphi}\frac{3g}{2l}\cos\varphi\mathrm{d}\varphi$$

得杆在任意位置 φ 时的角速度 $\omega = \sqrt{\frac{3g}{l}(1-\sin\varphi)}$

【解 3】 用功率方程求出角加速度，再积分得角速度；直接分析质心的轨迹为已知曲线，得出质心的法向加速度和切向加速度。

杆速度瞬心为 P，质心 C 速度 $v_C = \omega \cdot CP = \frac{l}{2}\omega$，$\frac{\mathrm{d}\varphi}{\mathrm{d}t} = -\omega$，$\frac{\mathrm{d}\omega}{\mathrm{d}t} = \alpha$，$\varphi$ 角处，动能为

$$T = \frac{1}{2}J_P\omega^2 = \frac{1}{2}\left[\frac{1}{12}ml^2 + m\left(\frac{l}{2}\right)^2\right]\omega^2 = \frac{1}{6}ml^2\omega^2, \frac{\mathrm{d}T}{\mathrm{d}t} = \frac{1}{3}ml^2\omega\alpha$$

由功率方程 $\frac{\mathrm{d}T}{\mathrm{d}t} = \sum P$，有

$$\frac{1}{3}ml^2\omega\alpha = mg \cdot \boldsymbol{v}_C = mgv_C\cos\varphi，即\frac{1}{3}ml^2\omega\alpha = mg\omega\ \frac{l}{2}\cos\varphi$$

得杆在任意位置 φ 时的角加速度 $\alpha = \frac{3g}{2l}\cos\varphi$

$$\alpha = \frac{\mathrm{d}\omega}{\mathrm{d}t} = \frac{3g}{2l}\cos\varphi, \frac{\mathrm{d}\omega}{\mathrm{d}\varphi}\frac{\mathrm{d}\varphi}{\mathrm{d}t} = \frac{3g}{2l}\cos\varphi, \int_0^{\omega}\omega\mathrm{d}\omega = \int_0^{\varphi}\frac{3g}{2l}\cos\varphi\mathrm{d}\varphi$$

得杆在任意位置 φ 时的角速度 $\omega = \sqrt{\frac{3g}{l}(1-\sin\varphi)}$

注意：可直接分析质心的轨迹为已知曲线，得出质心的法向加速度和切向加速度；再用质心运动定理求 A、B 处的约束力。

解出杆的角速度和角加速度后，再求 A、B 处的约束力。杆质心 C 的轨迹是以点 O 为圆心、$l/2$ 为半径的圆弧，$a_C^n = \frac{l}{2}\omega^2$，$a_C^\tau = \frac{l}{2}\alpha$。再由质心运动定理，得

$$\begin{cases}\sum F_x = ma_{Cx}, & F_{NA} = ma_{Cx}, \\ \sum F_y = ma_{Cy}, & F_{NB} - mg = ma_{Cy},\end{cases} \begin{cases}F_{NA} = m\ \frac{l}{2}(\alpha\sin\varphi - \omega^2\cos\varphi) \\ F_{NB} - mg = m\left[-\frac{l}{2}(\alpha\cos\varphi + \omega^2\sin\varphi)\right]\end{cases}$$

代入 ω，α 的值，得 A、B 处的约束力

$$F_{NA}=\frac{9}{4}mg\cos\varphi\left(\sin\varphi-\frac{2}{3}\right),F_{NB}=\frac{1}{4}mg\left[1+9\sin\varphi\left(\sin\varphi-\frac{2}{3}\right)\right]$$

12-27　均质直杆 AB 长 $2l$，质量为 m，A 端铰接不计质量的滑块，可在光滑水平轨道内滑动。开始时直杆位于水平位置，由静止释放后，试求当杆与水平成 θ 角时杆 A 端所受的约束力。

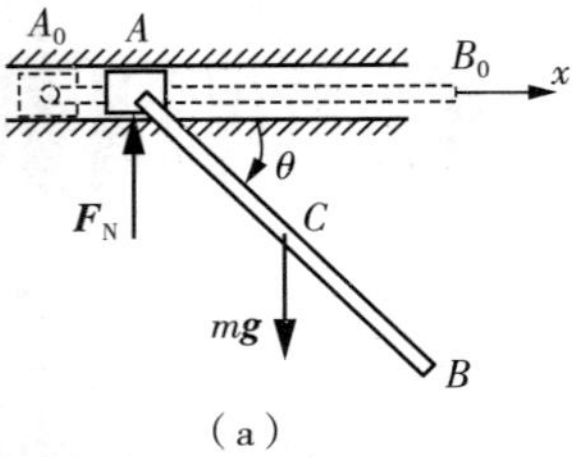

题 12-27(a) 图

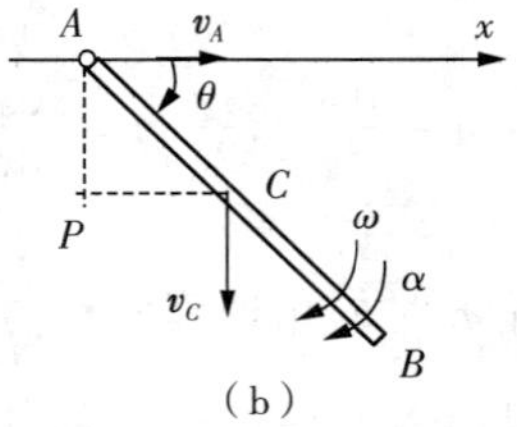

题 12-27(b) 图

【解】　研究杆，受力如题 12-27(a) 图。∵ 杆只受铅垂方向的力，且初瞬时静止，∴ 杆的质心 C 的速度沿铅垂方向向下，而 A 点速度水平，杆与水平成 θ 角时，速度瞬心为点 P，设此时角速度为 ω，则 $v_C=\omega\cdot CP=\omega l\cos\theta$。

初瞬时系统动能 $T_1=0$，当 AB 从水平位置无初速运动至 θ 角时，系统动能为

$$T_2=\frac{1}{2}mv_C^2+\frac{1}{2}J_C\omega^2=\frac{1}{2}m\ (\omega l\cos\theta)^2+\frac{1}{2}\frac{1}{12}m\ (2l)^2\omega^2=\frac{1}{6}ml^2\omega^2(3\cos^2\theta+1)$$

外力做功为 $W=mgl\sin\theta$。由动能定理 $T_2-T_1=\sum W_{12}$，得

$$\frac{1}{6}ml^2\omega^2(3\cos^2\theta+1)-0=mgl\sin\theta$$

解得 $\omega^2=\dfrac{6g\sin\theta}{l(3\cos^2\theta+1)}$，求导得 $\alpha=\dfrac{3g\cos\theta}{l}\dfrac{4+3\sin^2\theta}{(3\cos^2\theta+1)^2}$。再对杆，由相对质心的动量矩定理 $\sum M_C(\boldsymbol{F})=J_C\alpha$，得

$$F_N l\cos\theta=\frac{1}{12}m\ (2l)^2\alpha,F_N=\frac{4+3\sin^2\theta}{(3\cos^2\theta+1)^2}mg$$

12-28　长为 l、质量为 m 的均值细杆 AB 静止直立于光滑的水平面上。当杆受到微小干扰而倒下时，求(1) 杆倒下的过程中 B 端的轨迹；(2) 杆刚刚达到地面时 A 端的位移；(3) 杆刚刚达到地面时的角速度、角加速度和地面的约束力。

【解】　(1) 研究杆 AB，取坐标系 Oxy 如题 12-28(a) 图，y 轴过质心 C。杆 AB 受力如题 12-28(b) 图。由 $\sum F_x^{(e)}=0$，且初瞬时静止，所以杆质心的水平坐标不变，$x_C=x_{C0}=0$，即杆的质心 C 沿 y 轴铅直下落。

任意 φ 角处 B 端的坐标为 $x_B=\dfrac{l}{2}\cos\varphi$，$y_B=l\sin\varphi$，有

$$\frac{4x_B^2}{l}+\frac{y_B^2}{l}=1$$

即 B 端的轨迹为椭圆。

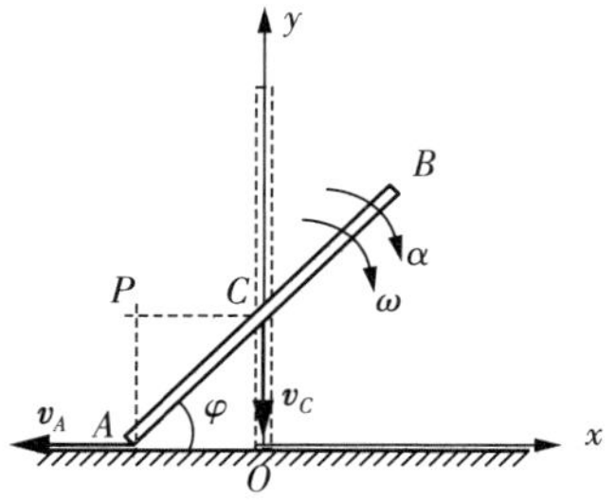

(a)

题 12 - 28(a) 图

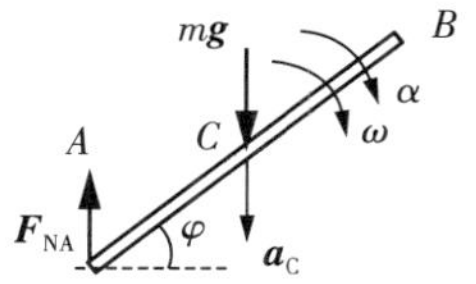

(b)

题 12 - 28(b) 图

(2) 由杆的质心水平坐标不变，$x_C=x_{C0}=0$，所以，杆落至水平时 $x_A=-\frac{l}{2}$，即向左位移$\frac{l}{2}$。

(3) 设角 φ 时杆的角速度为ω，角加速度为α，质心 C 速度始终铅直向下，A 点速度水平，杆的速度瞬心为 P，$v_C=\omega\cdot CP=\omega l\cos\varphi/2$。杆的动能为

$$T_2=\frac{1}{2}mv_C^2+\frac{1}{2}J_C\omega^2=\frac{1}{24}m\omega^2l^2(3\cos^2\varphi+1)$$

初瞬时动能为 $T_1=0$，此过程中只有重力做功，$W_{12}=mg\ \frac{l}{2}(1-\sin\varphi)$，由动能定理 $T_2-T_1=W_{12}$，有

$$\frac{1}{24}m\omega^2l^2(3\cos^2\varphi+1)=mg\ \frac{l}{2}(1-\sin\varphi)\qquad (*)$$

得 $\omega=\sqrt{\frac{12g(1-\sin\varphi)}{(3\cos^2\varphi+1)l}}$。

将(*)式两边同时对时间求导，并注意到 $\alpha=\frac{\mathrm{d}\omega}{\mathrm{d}t}$，$\omega=-\frac{\mathrm{d}\varphi}{\mathrm{d}t}$，可得

$$\frac{1}{4}l\alpha\ \cos^2\varphi+\frac{1}{4}l\omega^2\cos\varphi\sin\varphi+\frac{1}{12}l\alpha=\frac{1}{2}g\cos\varphi$$

当 $\varphi=0$ 时，解得 $\omega=\sqrt{\frac{3g}{l}}$，$\alpha=\frac{3g}{2l}$。

由相对质心的动量矩定理，有

$$F_{NA}\cdot\frac{l}{2}=J_C\alpha,F_{NA}\cdot\frac{l}{2}=\frac{1}{12}ml^2\cdot\frac{3g}{2l}$$

解得杆水平时 $F_{NA}=\frac{1}{4}mg$。

12-29　均质直杆 AB 的质量为 m，长度为 l，可绕水平固定轴 O 转动，$OA=l/3$。开始时杆处于下图虚线所示的铅直静止位置，受轻微扰动后绕轴 O 转动。如果不计轴承处的摩擦，求杆转到任意角度 φ 时的角速度和角加速度以及轴承 O 的水平和铅直约束力。

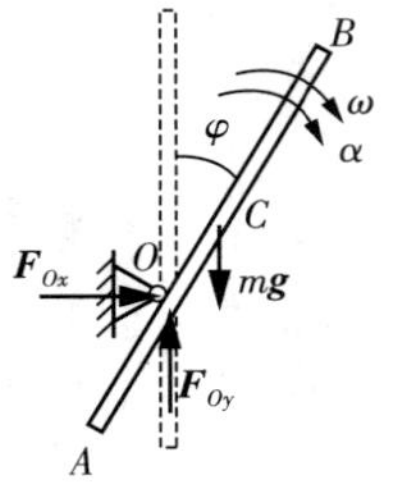

题 12-29(a) 图

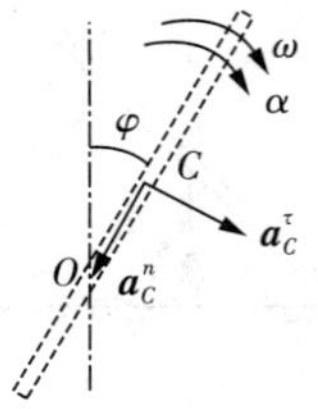

题 12-29(b) 图

【解】　研究杆 AB，受力如图。初瞬时动能为 $T_1=0$，设 φ 角时杆的角速度为 ω，动能为

$$T_2=\frac{1}{2}J_O\omega^2=\frac{1}{2}\left[\frac{1}{12}ml^2+m\left(\frac{l}{6}\right)^2\right]\omega^2=\frac{1}{18}ml^2\omega^2$$

杆 AB 从运动开始位置到终了位置，各力所做的功为

$$W_{12}=mg\,\frac{l}{6}(1-\cos\varphi)$$

由动能定理 $T_2-T_1=W_{12}$，有

$$\frac{1}{18}ml^2\omega^2-0=mg\,\frac{l}{6}(1-\cos\varphi)$$

解得 $\omega=\sqrt{\frac{3g(1-\cos\varphi)}{l}}$，两边同时对时间求导，并注意到 $\alpha=\frac{\mathrm{d}\omega}{\mathrm{d}t}$，$\omega=\frac{\mathrm{d}\varphi}{\mathrm{d}t}$，得

$$\alpha=\frac{3g\sin\varphi}{2l}$$

质心 C 的加速度

$$a_C^n=OC\cdot\omega^2=\frac{l}{6}\cdot\frac{3g(1-\cos\varphi)}{l}=\frac{1}{2}g(1-\cos\varphi)$$

$$a_C^\tau=OC\cdot\alpha=\frac{l}{6}\cdot\frac{3g\sin\varphi}{2l}=\frac{1}{4}g\sin\varphi$$

由质心运动定理，有

$$\begin{cases}\sum F_x=ma_{Cx}, F_{Ox}=m(a_C^\tau\cos\varphi-a_C^n\sin\varphi)\\ \sum F_y=ma_{Cy}, F_{Oy}-mg=m(-a_C^\tau\sin\varphi-a_C^n\cos\varphi)\end{cases}$$

解得轴承 O 的约束力

$$F_{Ox}=\frac{1}{2}mg\left(\frac{3}{4}\sin2\varphi-\sin\varphi\right),F_{Oy}=\frac{1}{4}mg(6-3\sin^2\varphi-2\cos\varphi)$$

12－30　不可伸长的细绳绕过半径为 R 的定滑轮 O，两端分别连接半径为 r 的磙子 C 和刚度系数为 k 的弹簧。滑轮 O、磙子 C 可看作质量分别为 m_1、m_2 的匀质圆盘，磙子 C 沿倾角为 θ 的固定斜面作纯滚动，绳子与滑轮间无相对滑动。绳子质量及轴承 O 摩擦不计。若在弹簧无变形时将系统由静止释放，试求：① 磙子中心 C 沿斜面下移距离 s 时的加速度；② 此时斜面与磙子 C 间的摩擦力。

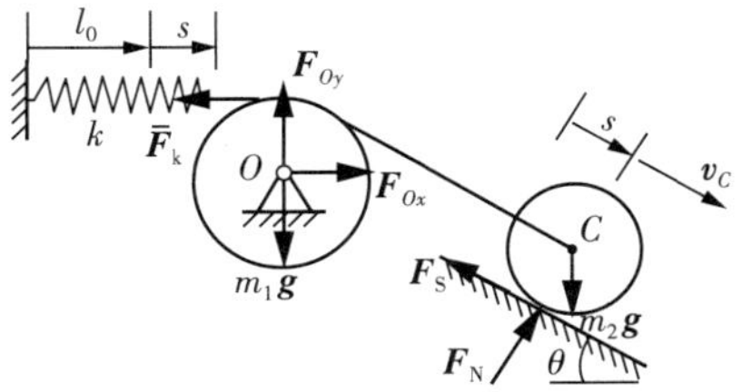

(a)

题 12－30(a) 图

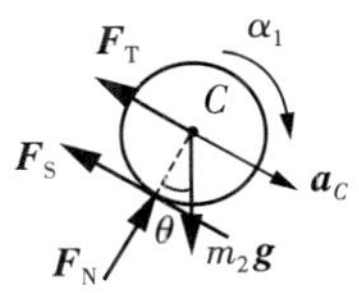

(b)

题 12－30(b) 图

【解】　研究系统，受力如题 12－30(a) 图。系统初始静止，弹簧无变形，系统的动能为 $T_1=0$。设磙子中心 C 沿斜面下移距离 s 时的速度为 v_C，则系统动能为

$$T_2=\frac{1}{2}\cdot\frac{1}{2}m_1R^2\cdot\left(\frac{v_C}{R}\right)^2+\frac{1}{2}\cdot\frac{3}{2}m_2r^2\left(\frac{v_C}{r}\right)^2=\frac{1}{4}m_1v_C^2+\frac{3}{4}m_2v_C^2$$

系统所受全部力做功的和为

$$\sum W=m_2gs\sin\theta-\frac{1}{2}ks^2=(m_2g\sin\theta-\frac{1}{2}ks)s$$

由动能定理 $T_2-T_1=\sum W$，有

$$\frac{1}{4}m_1v_C^2+\frac{3}{4}m_2v_C^2-0=(m_2g\sin\theta-\frac{1}{2}ks)s$$

两边同时对时间求导，注意到 $\frac{\mathrm{d}v_C}{\mathrm{d}t}=a_C$，$\frac{\mathrm{d}s}{\mathrm{d}t}=v_C$，得

$$\left(\frac{1}{2}m_1+\frac{3}{2}m_2\right)v_Ca_C=(m_2g\sin\theta-ks)v_C$$

解得

$$a_C=\frac{2(m_2g\sin\theta-ks)}{3m_2+m_1}$$

再研究轮 B，受力如(b) 图。由 $J_C\alpha=\sum M_C(\boldsymbol{F})$，有

$$J_C\alpha = F_S r,\ \frac{1}{2}m_2 r^2\alpha = F_S r$$

解得斜面与轮子 B 间的摩擦力为

$$F_S = \frac{m_2(m_2 g\sin\theta - ks)}{3m_2 + m_1}$$

12－31　如题 12－31 图所示，质量为 m_1、半径为 r 的均质圆柱 O 用不可伸长的绳子与质量为 m_2、半径为 r 的均质薄壁圆筒 C 相连（绳子一端与圆柱 O 的中心连接，另一端多圈缠绕在圆筒 C 上，绳与滑轮 A 的重量不计）。圆柱 O 沿水平面作纯滚动，且滚动摩阻不计。设圆筒 C 铅直下降，试求：

（1）圆柱 O 质心的加速度和圆筒 C 质心的加速度。

（2）保证圆柱 O 沿水平面纯滚动时，其与支承面之间的滑动摩擦系数应为多少

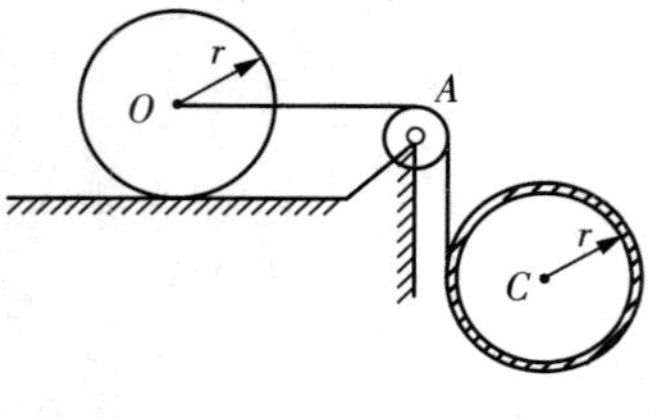

（a）

题 12－31(a) 图

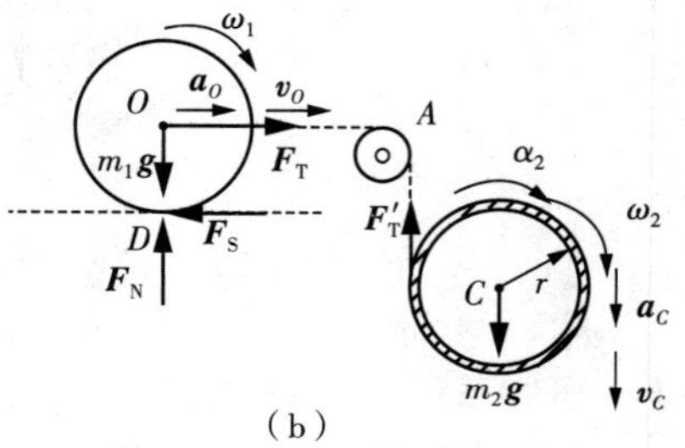

（b）

题 12－31(b) 图

【解】（1）研究圆筒 C，受力如题 12－31(b) 图。运动分析得

$$v_C = v_O + r\omega_2 \quad a_C = a_O + r\alpha_2$$

即 $\omega_2 = \frac{v_C - v_O}{r}$，$\alpha_2 = \frac{a_C - a_O}{r}$。又由平面运动微分方程，有

$$m_2 a_C = m_2 g - F'_T \tag{1}$$

$$J_C\alpha_2 = F'_T r \tag{2}$$

式中 $J_C = m_2 r^2$，得

$$m_2(a_C - a_O) = F'_T \tag{3}$$

再研究圆柱 O，受力如题 12－31(b) 图。对瞬心 D 点列动量矩定理方程，

$$(J_O + m_1 r^2)\alpha_1 = F_T r$$

圆柱 O 纯滚动，有 $\alpha_1 = a_O/r$，且 $J_O = \frac{1}{2}m_1 r^2$，$F'_T = F_T$，上式即

$$\frac{3}{2}m_1 a_O = F_T \tag{4}$$

联立式(1) ～ (4),得

$$a_O=\frac{m_2}{3m_1+m_2}g,a_C=\frac{3m_1+2m_2}{2(3m_1+m_2)}g,F_T=\frac{3m_1m_2}{2(3m_1+m_2)}g$$

(2) 求圆柱 O 沿水平面只滚不滑时的滑动摩擦系数 f。研究圆柱 O,根据质心运动定理,有

$$m_1a_O=F'_T-F_S \tag{5}$$

$$0=-m_1g+F_N \tag{6}$$

解得 $F_S=\dfrac{m_1m_2}{3(3m_1+m_2)}g,F_N=m_1g$。欲使圆柱 O 只滚不滑,必有 $F_S\leqslant fF_N$,所以

$$\frac{m_1m_2}{2(3m_1+m_2)}g\leqslant fm_1g$$

解得 $f\geqslant\dfrac{m_2}{2(3m_1+m_2)}$。

12-32　质量为 m、半径为 R 的均质圆盘 O 放在光滑的水平面上,质量为 m、长为 l 的均质细杆 OA 与圆盘中心铰接。开始时 $\varphi=0°$,杆位于铅垂位置,且系统静止。求当 $\varphi=60°$ 时杆 OA 的角速度。

【解】 研究系统,受力如题 12-32(a) 图。$\because\sum F_x^{(e)}=0$,且系统初始静止,$\therefore p_x=$ const. $=0$,即系统在水平方向的动量守恒。设 $\varphi=60°$ 时圆盘中心速度为 v_O,杆的角速度为 ω,运动分析如(b) 图,则杆质心 C 的速度为 $v_C=v_O+v_{CO}$,$v_{Cx}=-v_O+l\omega\cos\varphi/2$,

$$p_x=-mv_O+m\left(-v_O+\frac{l}{2}\omega\cos\varphi\right)=0,\text{得 } v_O=\frac{1}{8}l\omega$$

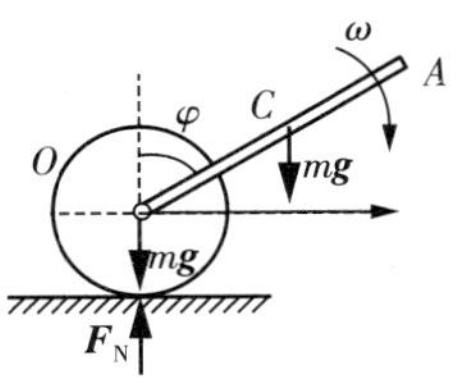

(a)

题 12-32(a) 图

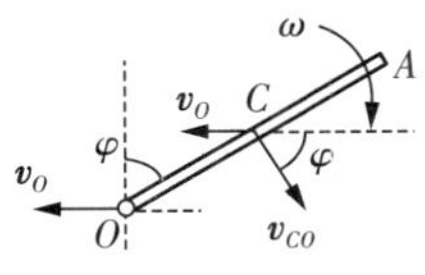

(b)

题 12-32(b) 图

杆从 $\varphi=0°$ 运动到 $\varphi=60°$ 过程中,圆盘作平动,杆作平面运动,系统动能有

$$T_1=0,T_2=\frac{1}{2}mv_O^2+\frac{1}{2}J_C\omega^2+\frac{1}{2}mv_C^2$$

式中 $v_C^2=v_O^2+v_{CO}^2-2v_Ov_{CO}\cos60°=v_O^2+\dfrac{1}{4}l^2\omega^2-\dfrac{1}{2}v_Ol\omega$,$J_C=\dfrac{1}{12}ml^2$,所以

$$T_2=\frac{1}{2}mv_O^2+\frac{1}{2}\cdot\frac{1}{12}ml^2\cdot\omega^2+\frac{1}{2}m\left(v_O^2+\frac{1}{4}l^2\omega^2-\frac{1}{2}v_Ol\omega\right)$$

将 $v_O=\frac{1}{8}l\omega$ 代入得 $T_2=\frac{29}{192}ml^2\omega^2$

$$\sum W_{12}=mg\ \frac{l}{2}(1-\cos60^\circ)=\frac{1}{4}mgl$$

应用动能定理 $T_2-T_1=\sum W_{12}$，有 $\frac{29}{192}ml^2\omega^2-0=\frac{1}{4}mgl$

解得 $\varphi=60^\circ$ 时杆 OA 的角速度为

$$\omega=\sqrt{\frac{48}{29}\frac{g}{l}}$$

12-33　已知均质圆盘 O，质量为 m，半径为 R，置于光滑水平面上，均质杆质量为 m，长 $AB=2R$，与圆盘焊接。当 AB 从垂直位置无初速运动至水平位置时，求(1) 圆盘的角速度；(2) 杆水平位置时地面对圆盘的约束力。

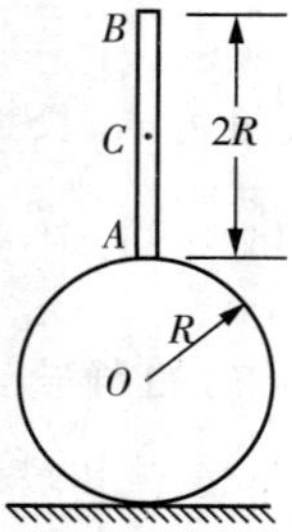

(a)

题 12-33(a) 图

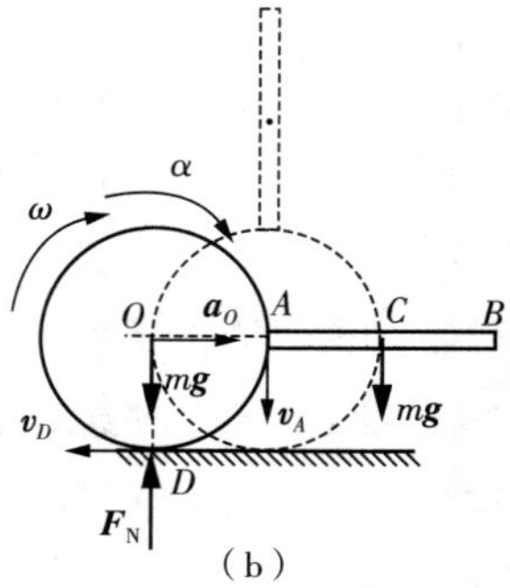

(b)

题 12-33(b) 图

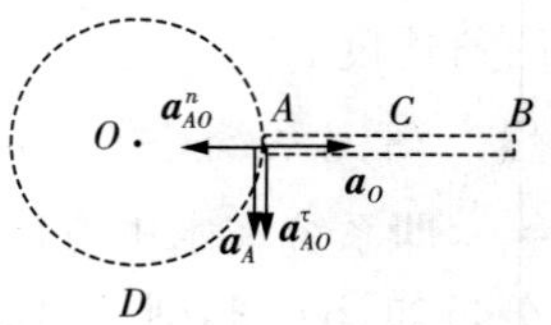

(c)

题 12-33(c) 图

【解】　(1) 研究系统，受力如题 12-33(b) 图。∵ $\sum F_x^{(e)}=0$，且系统初始静止，∴ 系统质心 A 的 x 坐标为常数，即质心 A 的轨迹沿铅垂方向，$\boldsymbol{v}_A$ 方向向下，又圆盘与水平面接触点 D 的速度 $\boldsymbol{v}_D$ 沿水平方向，∴ 杆水平时系统的速度瞬心即点 O，设此时角速度为 ω，则系统动能为

$$T=\frac{1}{2}\left[\frac{1}{2}mR^2+\frac{1}{12}m\ (2R)^2+m\ (2R)^2\right]\omega^2=\frac{29}{12}mR^2\omega^2$$

初瞬时系统动能 $T_0=0$，当 AB 从垂直位置无初速运动至水平位置时，外力做功为 $W_{12}=mg\cdot 2R$，由动能定理 $T-T_0=\sum W_{10}$，得

$$\frac{29}{12}mR^2\omega^2-0=2mgR$$

∴ 水平位置时角速度为 $\omega=\sqrt{\frac{24g}{29R}}$。

(2) 杆水平位置时系统受力如题 12 - 33(b) 图,由刚体的平面运动微分方程,得

$$\begin{cases}2mg-F_{\mathrm{N}}=2ma_{A}\\ \left[\dfrac{3}{2}mR^{2}+\dfrac{1}{3}m(^{2}R)2\right]\alpha=F_{\mathrm{N}}\cdot R\end{cases}\therefore\begin{cases}F_{\mathrm{N}}=2mg-2ma_{A}\\ F_{\mathrm{N}}=\dfrac{17}{6}mR\alpha\end{cases}$$

圆盘中心 O 的加速度 aO 为水平方向,如题 12 - 33(c) 图,由基点法 $\boldsymbol{a}_A=\boldsymbol{a}_O+\boldsymbol{a}_{AO}^{n}+\boldsymbol{a}_{AO}^{\tau}$,有

$$\therefore\begin{cases}0=a_O-a_{AO}^{n}\\ a_A=a_{AO}^{\tau}\end{cases},\begin{cases}a_O=\omega^{2}R\\ a_A=\alpha R\end{cases}$$

解得 $a_A=\dfrac{12}{29}g$, $F_{\mathrm{N}}=\dfrac{34}{29}mg$,即杆水平位置时地面对圆盘的约束力为 $F_{\mathrm{N}}=\dfrac{34}{29}mg$。

12 - 34　均质杆 AB 重 P,长为 $2l$,A 端用长为 l 的细绳 OA 系住,B 端放在光滑水平面上,初始时 OA 水平(图示虚线位置),系统静止释放,求当杆运动至细绳成铅直位置时,杆端 B 的速度及绳子的拉力和地面的约束力。

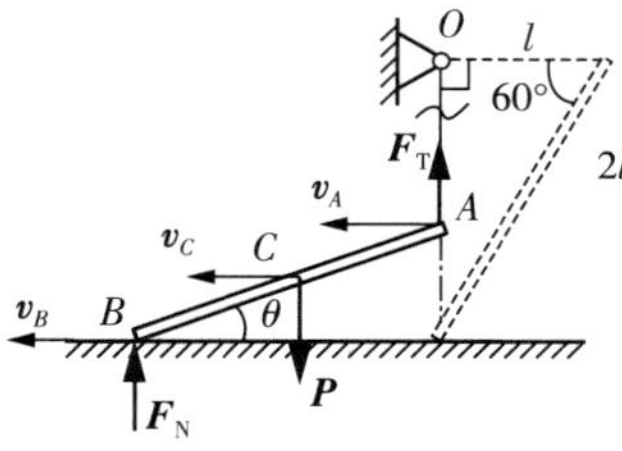

(a)

题 12 - 34(a) 图

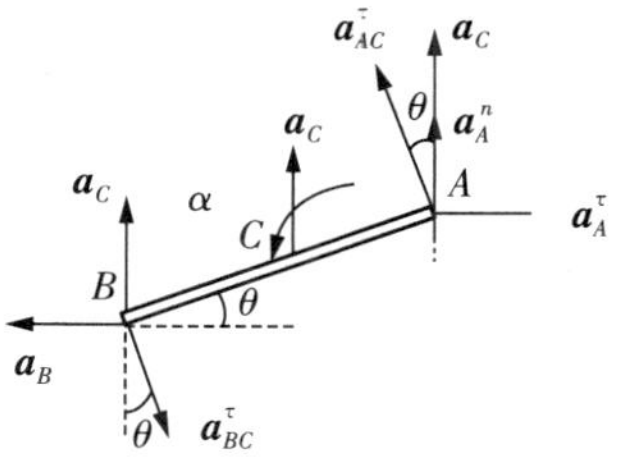

(b)

题 12 - 34(b) 图

【解】　研究杆 AB,初瞬时静止,动能 $T_1=0$。细绳 OA 铅直瞬时,杆 AB 受力如题 12 - 34(a) 图,作瞬时平移,$\omega_{AB}=0$,$v_A=v_B=v_C$,动能 $T_2=\dfrac{1}{2}\dfrac{P}{g}v_C^2$,从初瞬时至此,重心下降

$$\Delta h=\frac{\sqrt{3}}{2}l-\frac{1}{2}(\sqrt{3}\,l-l)=\frac{l}{2}$$

由 $T_2-T_1=\sum W_{12}$, $\dfrac{1}{2}\dfrac{P}{g}v_C^2-0=P\cdot\Delta h$ 得 $v_C=\sqrt{gl}$,即 $v_B=\sqrt{gl}$

由基点法,有 $\boldsymbol{a}_A=\boldsymbol{a}_C+\boldsymbol{a}_{AC}^{n}+\boldsymbol{a}_{AC}^{\tau}$ 和 $\boldsymbol{a}_B=\boldsymbol{a}_C+\boldsymbol{a}_{BC}^{n}+\boldsymbol{a}_{BC}^{\tau}$,加速度矢量如题 12 - 34(b) 图,式中 $a_A^n=v^2/l$,$a_{AC}^n=0$,$a_{AC}^{\tau}=l\alpha$,$a_{BC}^n=0$,$a_{BC}^{\tau}=l\alpha$。将上述两矢量方程投影至 y 轴上,得

$$\begin{cases}a_A^n=a_C+a_{AC}^{\tau}\cos\theta\\ 0=a_C-a_{BC}^{\tau}\cos\theta\end{cases},即\begin{cases}\dfrac{v^2}{l}=a_C+l\alpha\cos\theta\\ 0=a_C-l\alpha\cos\theta\end{cases}$$

解得 $a_C=\dfrac{1}{2}\dfrac{v^2}{l}=\dfrac{1}{2}g$,$\alpha=\dfrac{g}{2l\cos\theta}$。

再由刚体平面运动微分方程，得

$$\begin{cases} F_T + F_N - P = \dfrac{P}{g}a_C \\ F_T l\cos\theta - F_N l\cos\theta = \dfrac{1}{12}\dfrac{P}{g}(^2l)2\alpha \end{cases}$$

解得 $F_T = \frac{1}{2}\left(\frac{3P}{2} + \frac{P}{6\cos^2\theta}\right) = 0.846P$，$F_N = \frac{1}{2}\left(\frac{3P}{2} - \frac{P}{6\cos^2\theta}\right) = 0.645P$，即绳子的拉力为 $0.846P$，地面的约束力为 $0.645P$。

12－35　半径为 r 的实心均质圆柱具有初角速度 ω_0，放在倾角为 θ 的斜面上后往上滚动，圆柱中心的初速度为零。圆柱与斜面间的摩擦系数为 f。求圆柱沿斜面上行的最大距离 s。

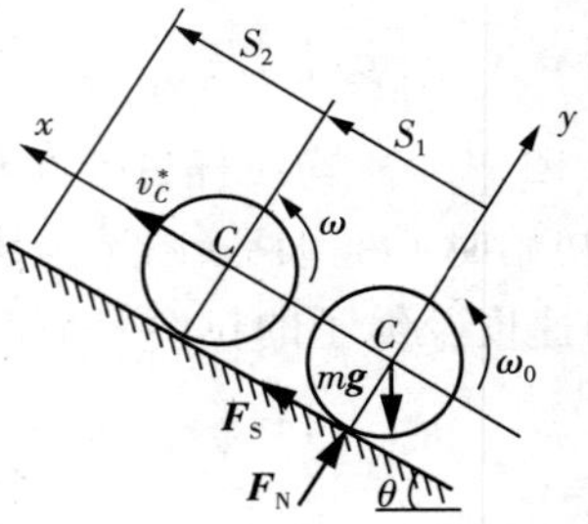

题 12－35 图

分析：1. 本题需要考虑两个阶段：(a) 中心初速度为零、初角速度为 ω_0 的圆柱放上斜面，开始时沿斜面既滚又滑地向上运动；(b) 圆柱中心速度达到 $\boldsymbol{v}_C = r\omega$ 时，圆柱开始纯滚动，直到圆柱停止滚动；2. 圆柱沿斜面上行的距离为上述两个阶段行进的距离之和。

【解】　研究圆柱，受力如题 12－35 图所示。

第一阶段，既滚又滑阶段。由刚体平面运动微分方程，得

$$\sum F_x = ma_C, F_s - mg\sin\theta = ma_C$$

$$\sum F_y = 0, F_N - mg\cos\theta = 0$$

$$\sum M_C(\boldsymbol{F}) = J_C\alpha, \frac{1}{2}mr^2\alpha = F_S \cdot r$$

且 $F_S = fF_N$，解得圆柱中心加速度 $a_C = fg\cos\theta - g\sin\theta$，角加速度 $\alpha = 2fg\cos\theta/r$，t 瞬时圆柱角速度为 $\omega = \omega_0 - 2fgt\cos\theta/r$，圆柱中心的速度为 $v_C = (fg\cos\theta - g\sin\theta)t$，圆柱中心的位移为 $s_C = (fg\cos\theta - g\sin\theta)t^2/2$。

设 $t = t*$ 时，圆柱开始纯滚动，此时 $v_C = r\omega$，即

$$(fg\cos\theta - g\sin\theta)t^* = r\left(\omega_0 - \frac{2fgt^*}{r}\cos\theta\right)$$

得 $t^* = \dfrac{\omega_0 r}{(3f\cos\theta - \sin\theta)g}$。

所以第一阶段圆柱中心的位移为

$$s_1 = \frac{1}{2}a_C t^{*2} = \frac{1}{2}(fg\cos\theta - g\sin\theta)t^{*2} = \frac{1}{2}(fg\cos\theta - g\sin\theta)\left(\frac{\omega_0 r}{3fg\cos\theta - g\sin\theta}\right)^2$$

第二阶段：圆柱开始纯滚动直至停止。开始纯滚动瞬时，圆柱的中心速度

$$v_C^* = at^* = (fg\cos\theta - g\sin\theta)t^* = \frac{(f\cos\theta - \sin\theta)\omega_0 r}{3f\cos\theta - \sin\theta}$$

动能 $T_1 = \frac{3}{4}mv_C^{*2}$，停止时动能 $T_2 = 0$，由动能定理 $T_2 - T_1 = W_{12}$，有 $0 - \frac{3}{4}mv_C^{*2} = -mgS_2\sin\theta$，所以第二阶段圆柱中心的位移为

$$s_2 = \frac{3}{4g\sin\theta}\left[\frac{(f\cos\theta - \sin\theta)\omega_0 r}{3f\cos\theta - \sin\theta}\right]^2$$

∴ 总位移为

$$s = s_1 + s_2 = \frac{1}{2g}(f\cos\theta - \sin\theta)\left(\frac{\omega_0 r}{3f\cos\theta - \sin\theta}\right)^2 + \frac{3}{4g\sin\theta}\left[\frac{(f\cos\theta - \sin\theta)\omega_0 r}{3f\cos\theta - \sin\theta}\right]^2$$

即圆柱沿斜面上行的最大距离为

$$s = \frac{(f\cos\theta - \sin\theta)\omega_0^2 r^2}{4g\sin\theta(3f\cos\theta - \sin\theta)}$$

第13章　达朗贝尔原理(动静法)

13.1　主要内容

达朗贝尔原理是将动力学问题转化为形式上的静力学问题来进行求解的方法,又称动静法。

一、惯性力的概念·质点的达朗贝尔原理

1. 质点的惯性力

质点的加速度 $\boldsymbol{a}$ 与质点的质量 m 的乘积并冠以负号,称为质点的惯性力,记为

$$\boldsymbol{F}_I=-m\boldsymbol{a} \tag{13-1}$$

2. 质点的达朗贝尔原理

作用在质点上的主动力、约束力和虚加的惯性力在形式上组成平衡力系,称为质点的达朗贝尔原理。即

$$\boldsymbol{F}+\boldsymbol{F}_{\mathrm{N}}+\boldsymbol{F}_I=0 \tag{13-2}$$

二、质点系的达朗贝尔原理

质点系中作用在每个质点上的主动力、约束力与虚加的惯性力在形式上组成平衡力系,称为质点系的达朗贝尔原理,记为

$$\left.\begin{aligned}&\sum \boldsymbol{F}_i+\sum \boldsymbol{F}_{\mathrm{N}i}+\sum \boldsymbol{F}_{Ii}=0\\&\sum \boldsymbol{M}_O(\boldsymbol{F}_i)+\sum \boldsymbol{M}_O(\boldsymbol{F}_{\mathrm{N}i})+\sum \boldsymbol{M}_O(\boldsymbol{F}_{Ii})=0\end{aligned}\right\} \tag{13-3}$$

式中$\sum \boldsymbol{F}_i$、$\sum \boldsymbol{F}_{\mathrm{N}i}$、$\sum \boldsymbol{F}_{Ii}$ 分别为主动力系、约束力系、惯性力系的矢量和(主矢),$\sum \boldsymbol{M}_O(\boldsymbol{F}_i)$、$\sum \boldsymbol{M}_O(\boldsymbol{F}_{\mathrm{N}i})$、$\sum \boldsymbol{M}_O(\boldsymbol{F}_{Ii})$ 分别为主动力系、约束力系、惯性力系对任一点 O 的矩的矢量和(主矩)。

质点系的达朗贝尔原理的另一种表述:作用在质点系上的所有外力与虚加的惯性力系在形式上组成平衡力系,记为

$$\left.\begin{array}{l}\sum \boldsymbol{F}_i^e + \sum \boldsymbol{F}_{Ii} = 0 \\ \sum \boldsymbol{M}_O(\boldsymbol{F}_i^e) + \sum \boldsymbol{M}_O(\boldsymbol{F}_{Ii}) = 0\end{array}\right\} \tag{13-4}$$

式中$\sum \boldsymbol{F}_i^e$、$\sum \boldsymbol{F}_{Ii}$分别为外力系、惯性力系的矢量和(主矢)，$\sum \boldsymbol{M}_O(\boldsymbol{F}_i^e)$、$\sum \boldsymbol{M}_O(\boldsymbol{F}_{Ii})$分别为外力系、惯性力系对任一点 O 的矩的矢量和(主矩)。

三、刚体惯性力系的简化

1. 刚体惯性力系简化的主矢

刚体做任何运动(平移、定轴转动、平面运动等等)时，其惯性力系简化的主矢均相同，均等于刚体的质量与质心加速度的乘积，方向与加速度方向相反，即

$$\boldsymbol{F}_{IR} = -m\boldsymbol{a}_C \tag{13-5}$$

2. 刚体惯性力系简化的主矩

(1) 平移刚体。刚体的惯性力系向质心简化，主矩为零。

(2) 定轴转动刚体。刚体的惯性力系向转轴上一点 O 简化，主矩为

$$\boldsymbol{M}_{IO} = M_{Ix}\boldsymbol{i} + M_{Iy}\boldsymbol{j} + M_{Iz}\boldsymbol{k} \tag{13-6}$$

式中 $M_{Ix} = J_{xz}\alpha - J_{yz}\omega^2$、$M_{Iy} = J_{yz}\alpha + J_{xz}\omega^2$、$M_{Ix} = -J_z\alpha$ 且 $J_{xz} = \sum m_i x_i z_i$、$J_{yz} = \sum m_i y_i z_i$ 称为对 z 轴的惯性积，J_z 为刚体对 z 轴的转动惯量。

当刚体有质量对称面且转轴垂直于此质量对称面时，惯性力系简化的主矩为

$$M_{IO} = M_{Ix} = -J_z\alpha \tag{13-7}$$

(3) 平面运动刚体。刚体的惯性力系向转轴上一点 O 简化，主矩为

$$M_{IC} = -J_C\alpha \tag{13-8}$$

式中 J_C 为刚体对通过质心且垂直于质量对称面的轴的转动惯量。

四、绕定轴转动刚体的轴承动约束力

1. 惯性主轴

与中心惯性主轴刚体对某轴的惯性积均为零，则称此轴为惯性主轴；过质心的惯性主轴称为中心惯性主轴。

2. 刚体绕定轴转动时的轴承约束力

轴承约束力包括静约束力和动约束力，动约束力由惯性力引起。

3. 静平衡

当只有重力作用时，刚体可以在任意位置上平衡，这种现象称为静平衡。静平衡的条件：转动刚体的转轴过质心。刚体转动时不出现动约束力，这种现象称为动平衡。动平衡的条件：转动刚体的转轴为中心惯性主轴。

13.2 解题指导与习题解答

一、解题指导

1. 选取研究对象，进行受力分析，画出研究对象所受的所有主动力和约束力。

2. 进行运动分析。分析系统中各刚体的运动特点（平移、定轴转动或平面运动等），着重分析各刚体的角加速度和质心的加速度，并找出它们之间的关系，在图中画出加速度和角加速度的方向（确定或待确定的方向）。

3. 虚加惯性力。按照刚体惯性力系的简化结果，在图中直接画上各刚体惯性力系的主矢和主矩。

4. 列“平衡方程”，并求解。

注意

(1) 应用达朗贝尔原理可以求解动力学的两类问题，即已知运动求力和已知力求运动。而这类问题不是截然分开的。

(2) 应用达朗贝尔原理解题的关键是正确地加惯性力系。惯性力系的简化结果直接与刚体质心的加速度和刚体的角加速度相关，若能在已知这些运动量的前提下，应用达朗贝尔原理求解未知力，则尤其方便。即动静法更适用于求解第一类动力学问题。

(3) 动能定理和达朗贝尔原理是绝佳的配合，即先应用动能定理求出未知的运动量（加速度、角加速度），再用达朗贝尔原理求未知力，这是常用的方法。

(4) 加惯性力需注意：对质点，惯性力直接加在质点上，方向与加速度反向；对刚体，直接画惯性力的主矢和主矩，而不是给每个质点加惯性力，主矢、主矩直接画成和加速度或角加速度的方向反向，而在惯性力的表达式中不再加负号，以方便计算；惯性力主矢应该加在简化中心上，而不是一律加在质心上，虽然一定是与质心的加速度方向反向。

二、习题解答

13-1 填空题

(1)质量为m半径为r的均质圆盘绕轴O转动的角速度为ω，角加速度为α，$OC=r/2$ $OC=r/2$。将惯性力系向轴O简化，则主矢 $F_I^n=$________；$F_I^\tau=$________；主矩 $M_{IO}=$________（方向在图中画出）。

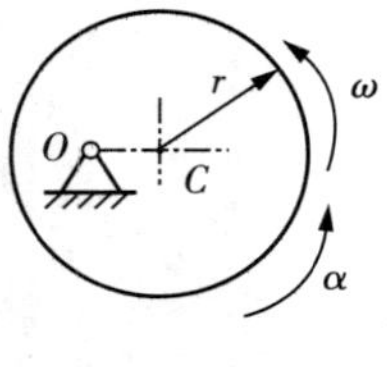

题 13-1(1) 图

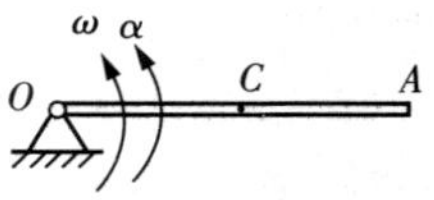

题 13-1(2) 图

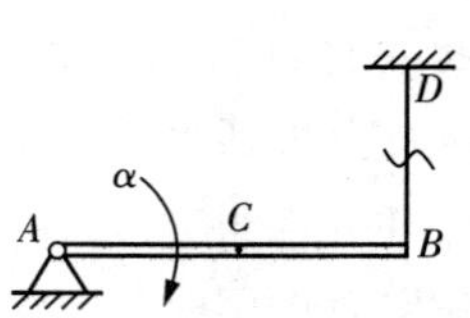

题 13-1(3) 图

(2) 长 l,重 P 的均质杆 OA,绕水平轴 O 的角速度为 ω、角加速度为 α;则惯性力系向 O 点简化,则主矢 $F_I^n=$________;$F_I^\tau=$________;主矩 $M_{IO}=$________(方向在图中画出)。

(3) 均质杆 AB 重 P、长 l,置于水平位置,在绳 BD 突然剪断瞬时有角加速度 α,则惯性力系向 B 点简化,其主矢 $F_I=$________,主矩 $M_{IB}=$________(方向在图中画出)。

【答】 (1)$F_I^n=\frac{1}{2}mR\omega^2(\rightarrow)$,$F_I^\tau=\frac{1}{2}mR\alpha(\downarrow)$,$M_{IO}=\frac{3}{4}mR^2\alpha$(顺时针);(2)$F_I^n=\frac{P}{2g}l\omega^2(\rightarrow)$,$F_I^\tau=\frac{P}{2g}l\alpha(\downarrow)$,$M_{IO}=\frac{P}{3g}l^2\alpha$(顺时针);(3)$F_I=\frac{P}{2g}l\alpha$,$M_{IB}=\frac{P}{6g}l^2\alpha$(顺时针)

(4) 图示瞬时,半径为 R 的圆环管在水平面内绕铅垂轴 O 以角速度 ω、角加速度 α 转动。质量为 m 的小球 M 在管内运动,相对速度为 v_r,θ 角已知,则该瞬时小球的科氏惯性力 $F_{IC}=$________;牵连惯性力 $F_{Ie}^n=$________ $F_{Ie}^\tau=$________(方向在图中标出)。

(5) 图示瞬时,边长为 l 的等边三角形框架绕水平轴 O 转动,角速度为 ω,角加速度为 α,质量为 m 的小球沿框架运动,相对速度为 v_r,相对速度为 v_r。则小球的科氏惯性力 $F_{IC}=$________;牵连惯性力 $F_{Ie}^n=$________ $F_{Ie}^\tau=$________(方向在图中标出)。

(6) 均质圆盘半径为 R,质量为 m,沿斜面作纯滚动。已知轮心加速度 a_O,则惯性力系向 O 点简化的主矢量 $F_I=$________;主矩的模 $M_{IO}=$________(方向在图中画出)。

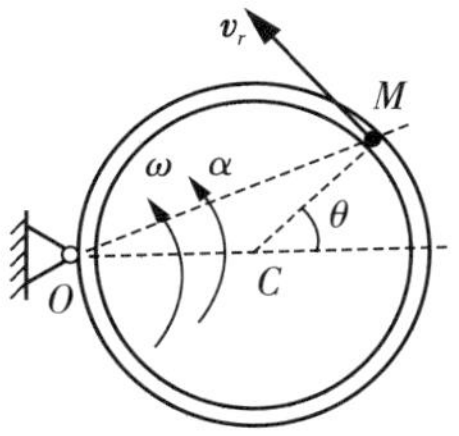

题 13-1(4) 图

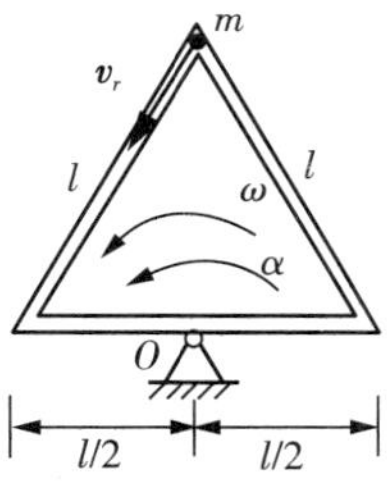

题 13-1(5) 图

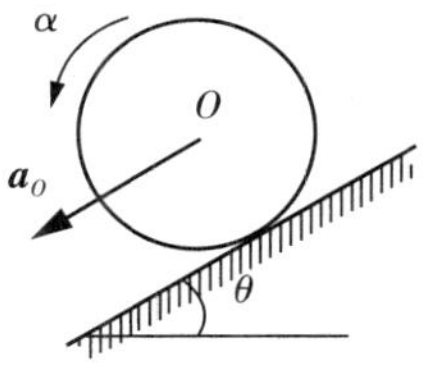

题 13-1(6) 图

【答】 (4)$F_{IC}=2m\omega v_r$,$F_{Ie}^n=2mR\omega^2\cos\frac{\theta}{2}$,$F_{Ie}^\tau=2mR\alpha\cos\frac{\theta}{2}$;(5)$F_{IC}=2m\omega v_r$,$F_{Ie}^n=\frac{\sqrt{3}}{2}ml\omega^2$,$F_{Ie}^\tau=\frac{\sqrt{3}}{2}ml\alpha$;(6)$F_I=ma_0$,$M_{IO}=\frac{1}{2}mRa_0$(顺时针)

(7) 倾角为 θ 的三棱柱以加速度 a_2 相对地面向右运动,质量为 m 的物块 A 相对于三棱柱以加速度 a_1 沿斜面向上运动,则物块 A 的惯性力 $F_I=$________。

(8) 半径为 R 的圆盘沿水平地面作纯滚动。一质量为 m、长为 R 的均质杆 OA 如图固结在圆盘上,当杆处于铅垂位置瞬时,圆盘圆心的速度为 $\boldsymbol{v}$,加速度为 $\boldsymbol{a}$。则图示瞬时,杆 OA 的惯性力系向质心 C 简化的结果为________(结果画在图上)。

(9)AB 杆质量为 m,长为 L,曲柄 O_1A,O_2B 质量不计,且 $O_1A=O_2B=R$,$O_1O_2=L$。当 $\varphi=60°$ 时,O_1A 杆绕 O_1 轴转动的角速度与角加速度分别为 ω 与 α,则该瞬时 AB 杆的惯性力大小为________(方向在图中画出)。

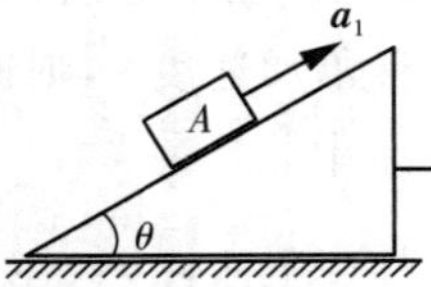

题 13-1(7) 图

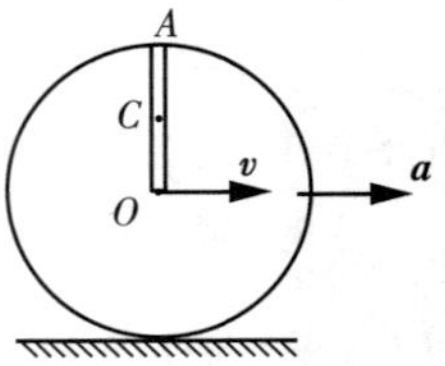

题 13-1(8) 图

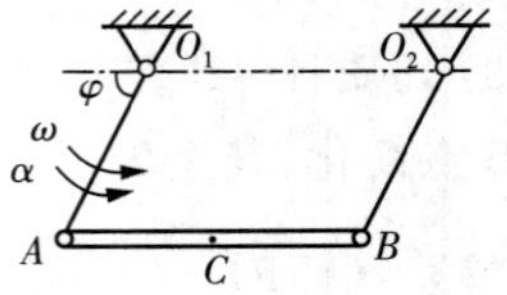

题 13-1(9) 图

【答】 (7)$F_{\mathrm{I}}=m\sqrt{a_1{}^2+a_2{}^2+2a_1a_2\cos\theta}$；(8) 主矢 $F_{\mathrm{I}}=\dfrac{1}{2}m\sqrt{9a^2+\dfrac{v^4}{R^2}}$，主矩 $M_{\mathrm{IC}}=\dfrac{1}{12}mRa$(逆时针)；(9)$F_{\mathrm{I}}^n=mR\omega^2$，$F_{\mathrm{I}}^\tau=mR\alpha$，$F_{\mathrm{I}}=mR\sqrt{\omega^4+\alpha^2}$

注意：第(7) 题物块 A 的惯性力 $F_I=ma_a$，需先求出其绝对加速度。应用加速度合成定理，$\boldsymbol{a}_a=\boldsymbol{a}_e+\boldsymbol{a}_r$，所以有 $a_a=\sqrt{a_1{}^2+a_2{}^2+2a_1a_2\cos\theta}$。

第(8) 题杆作平面运动，惯性力系简化结果与杆的角加速度及质心的加速度有关。由基点法$\boldsymbol{a}_C=\boldsymbol{a}_O+\boldsymbol{a}_{CO}^n+\boldsymbol{a}_{CO}^\tau$，式中 $a_O=a$，$a_{CO}^n=\omega^2\cdot CO=v^2/2R$，$a_{CO}^\tau=\alpha\cdot CO=a/2$，

$\therefore a_{Cx}=a_O+a_{CO}^\tau=3a/2$，$a_{Cy}=a_{CO}^n=v^2/(2R)$，$a_C=\sqrt{a_{Cx}^2+a_{Cy}^2}=\sqrt{9a^2+v^4/R^2}/2$

主矢 $F_I=ma_C=\dfrac{1}{2}m\sqrt{9a^2+\dfrac{v^4}{R^2}}$ 主矩 $M_{IC}=J_C\alpha=\dfrac{1}{12}mR^2\cdot\dfrac{a}{R}=\dfrac{1}{12}mRa$

第(9) 题杆 AB 作曲线平移，惯性力系简化结果与杆质心的加速度有关。质心 C 的加速度与点 A 相同。$a_C^n=a_A^n=\omega^2R$，$a_C^\tau=a_A^\tau=\alpha R$。

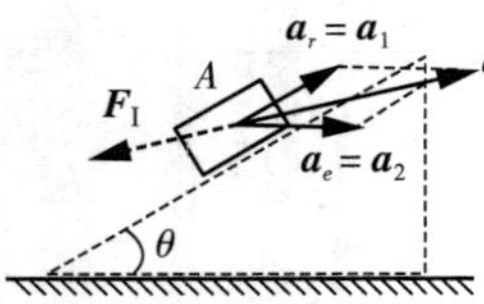

题 13-1(7)(a) 图

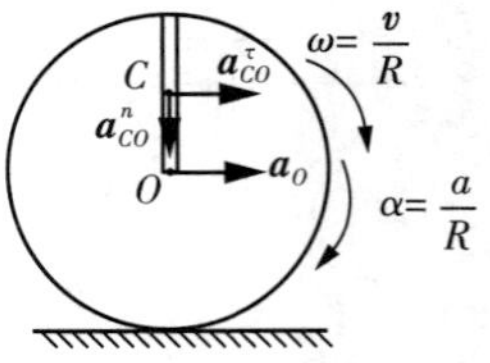

题 13-1(8)(a) 图

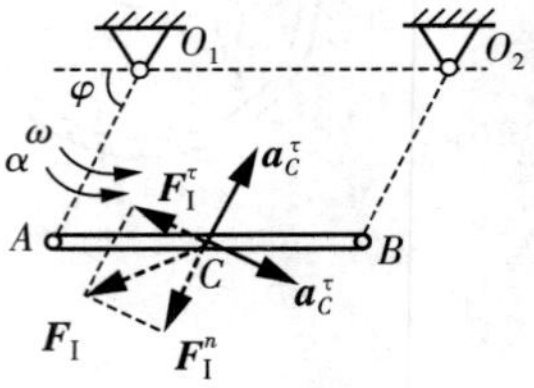

题 13-1(9)(a) 图

13-2　求下列刚体惯性力系简化结果

(1) 质量为 m，半径为 r 的均质圆盘绕水平轴 O 做定轴转动，角速度为 ω，角加速度为 α，试求圆盘的惯性力系分别向转轴 O、向质心 C 简化的结果(方向在图中画出)。

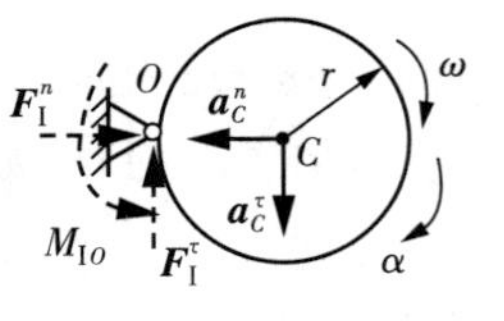

题 13-2(1)(a) 图

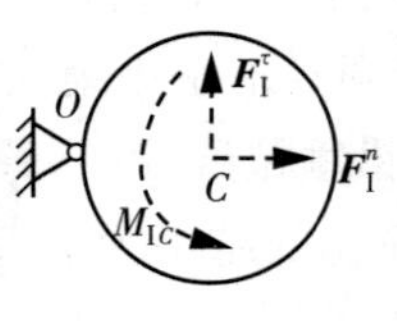

题 13-2(1)(b) 图

【解】 惯性力系主矢 $F_I^n=ma_C^n=mr\omega^2$，$F_I^\tau=ma_C^\tau=mr\alpha$，惯性力系向转轴 O 简化，主矩

如题 13－2(1)(a) 图

$$M_{IO}=J_O\alpha=\frac{3}{2}mr^2\alpha$$

惯性力系向质心 C 简化,主矩如题 13－2(1)(b) 图

$$M_{IC}=J_C\alpha=\frac{1}{2}mr^2\alpha$$

(2) 均质杆 OA 质量为 m,长为 l,可绕 O 轴转动。图示瞬时,角速度为零,角加速度为 α,试求杆的惯性力系分别向转轴 O、向质心 C 简化的结果(方向在图中画出)。

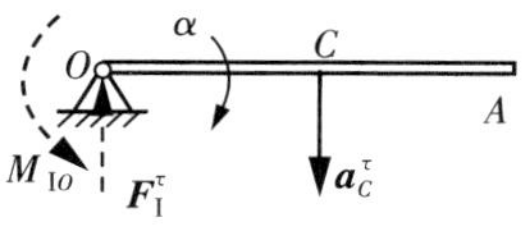

题 13－2(2)(a) 图

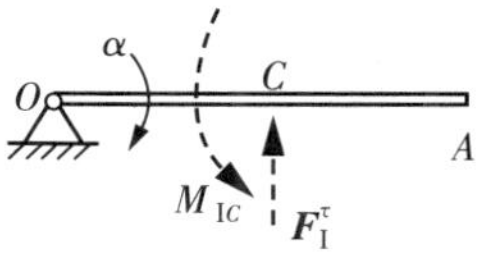

题 13－2(2)(b) 图

【解】 惯性力系主矢:$F_I^\tau=ma_C^\tau=ml\alpha/2$,惯性力系向转轴 O 简化,如题 13－2(2)(a) 图,主矩

$$M_{IO}=J_O\alpha=\frac{1}{3}ml^2\alpha$$

惯性力系向质心 C 简化,如题 13－2(2)(b) 图,主矩

$$M_{IC}=J_C\alpha=\frac{1}{12}ml^2\alpha$$

(3) 质量为 m、长为 l 的均质杆杆端与质量为 m、半径为 r 的均质圆盘中心固结,绕水平轴 O 的做定轴转动,角速度为 ω,角加速度为 α,试求系统惯性力系简化的结果(方向在图中画出)。

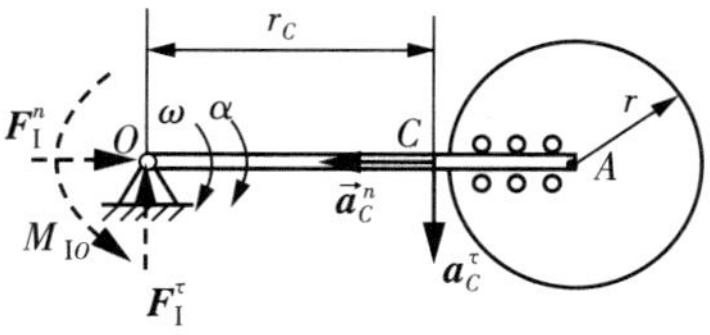

题 13－2(3)(a) 图

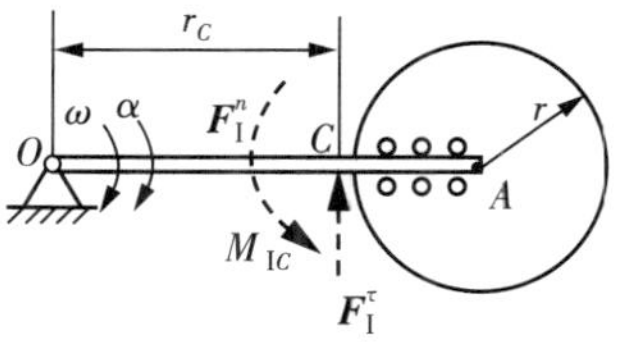

题 13－2(3)(b) 图

【解】 系统质心位置 $r_C=\dfrac{m\dfrac{l}{2}+ml}{2m}=\dfrac{3}{4}l$,加速度为 $a_C^n=\dfrac{3}{4}l\omega^2$,$a_C^\tau=\dfrac{3}{4}l\alpha$,惯性力系主矢

$$F_I^\tau=ma_C^\tau=\frac{3}{4}ml\alpha,\ F_I^n=ma_C^n=\frac{3}{4}ml\omega^2$$

惯性力系向转轴 O 简化，如题 13-2(3)(a) 图，主矩 $M_{IO}=J_O\alpha=\left(\frac{1}{3}ml^2+\frac{1}{2}mr^2+ml^2\right)\alpha=\frac{1}{6}(8l^2+3r^2)\alpha$；

惯性力系向质心 C 简化，如题 13-2(3)(b) 图，主矩

$$M_{IC}=J_C\alpha=\left[\frac{1}{12}ml^2+m\left(\frac{1}{4}l\right)^2+\frac{1}{2}mr^2+m\left(\frac{1}{4}l\right)^2\right]\alpha=\frac{1}{24}m(5l^2+12r^2)\alpha$$

(4) 质量为 m_1、半径为 r 的均质轮 O 与质量为 m_2、长为 $2r$ 的均质杆 OA 铰接如题 13-(4) 图，轮沿水平面作纯滚动，轮心 O 的加速度为 a。试求系统惯性力系简化的结果，并画出惯性力系主矢和主矩的方向。

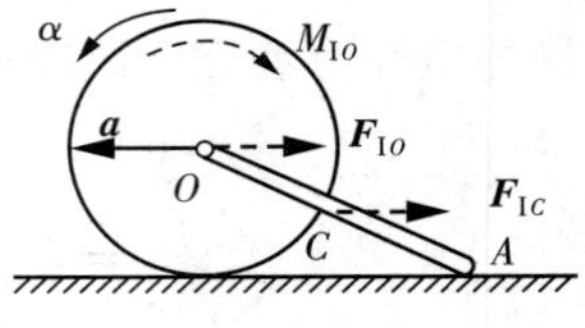

题 13-2(4) 图

【解】 杆 OA 作平移，$a_C=a_O=a$，惯性力系向质心 C 简化，主矢 $F_{IC}=ma_C=ma$，主矩为零。圆轮作平面运动，惯性力系向质心 O 简化，有

主矢 $F_{IO}=ma$，主矩 $M_{IO}=J_O\alpha=\frac{1}{2}mr^2\left(\frac{a}{r}\right)=\frac{1}{2}mra$，方向如题 13-2(4) 图。

13-3 已知重物 D 和 E 质量分别为 $m_D=250\text{kg}$，$m_E=60\text{kg}$；力偶矩 $M=400\text{Nm}$。滑轮半径 $r=20\text{cm}$，不计滑轮、杆 AC、杆 BC 以及钢丝绳的质量且钢丝绳不可伸长；求重物的加速度和支座 A 和 B 的约束力。

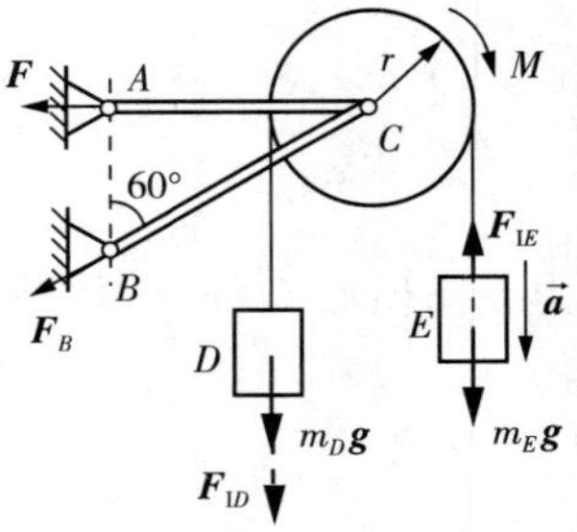

题 13-3 图

【解】 分析可知 AC、BC 杆均为二力杆，所以支座 A 和 B 的约束力分别沿杆的轴线方向。系统受力如题13-3图，并虚加惯性力，设物块的加速度为 $\boldsymbol{a}$，则惯性力 $F_{IE}=m_Ea$，$F_{ID}=m_Da$，由达朗贝尔原理，得

$$\sum M_C(\boldsymbol{F})=0, F_{ID}r+m_Dgr+F_{IE}r-m_Egr-M=0$$

即 $(m_E+m_D)a+(m_D-m_E)g=\frac{M}{r}$，$(250+60)a+(250-60)\times 9.8=\frac{400}{0.2}$

得重物的加速度 $a=0.445(\text{m/s}^2)$

$$\sum F_y=0, F_B\cos 60°+F_{ID}-F_{IE}+m_Dg+m_Eg=0$$

$$F_B=-2(m_D-m_E)a-2(m_D+m_E)g$$

$$\sum F_x=0, F_A-F_B\sin 60°=0$$

代入数据得 A、B 的约束力 $F_A=5412\text{N}$，$F_B=-6249\text{N}$。

13-4 已知均质杆 OA 与 OB 各长为 l，重均为 P，一端用铰链固定在铅垂轴上的 O 点，另一端用水平绳连在轴上的 D 处，杆与轴的夹角为 φ，如题 13-(a) 所示。令 $\triangle AOB$ 随轴 OD 以匀角速度 ω 转动，求绳的拉力及铰链 O 对杆 OB 的约束力。

【解】 研究 OB 杆，做定轴转动，其惯性力为沿杆方向线性分布，受力如题 13-4(b)

图。线性分布的惯性力系的合力过 E 点，且 $BE=OB/3=l/3$，

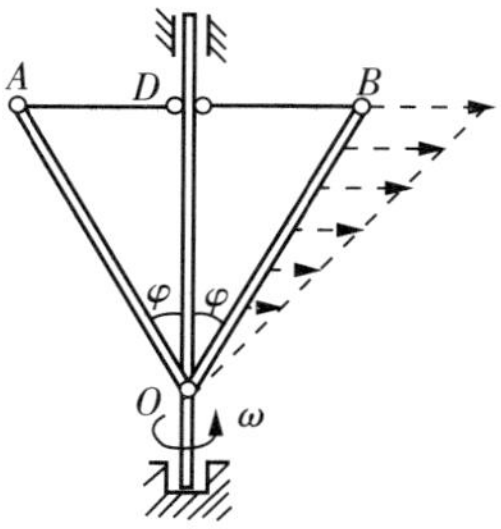

题 13-4(a) 图

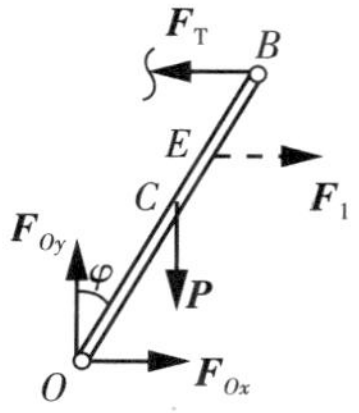

题 13-4(b) 图

$$F_I=ma_C=\frac{P}{g}\frac{l}{2}\sin\varphi\cdot\omega^2$$

$$\sum M_O(\boldsymbol{F})=0, F_T\cdot l\cos\varphi-F_I\cdot\frac{2l}{3}\cos\varphi-P\cdot\frac{l}{2}\sin\varphi=0$$

$$\sum F_x=0, F_{Ox}+F_I-F_T=0$$

$$\sum F_y=0, F_{Oy}-P=0$$

解得

$$F_T=\left(\frac{l\omega^2}{3g}\sin\varphi+\frac{1}{2}\tan\varphi\right)P, F_{Ox}=\left(\frac{1}{2}\tan\varphi-\frac{l\omega^2}{6g}\sin\varphi\right)P,\quad F_{Oy}=P$$

13-5　均质长方体浪木重为 P，如题 13-5(a) 图所示，悬挂在两根等长的软绳上，$OO_1=AB=2\text{m}$，从 $\theta=30°$ 的位置无初速释放开始摆动，求在下面两个瞬时浪木的加速度和两绳的拉力：(1) 开始运动瞬时；(2) 浪木通过最低位置瞬时。

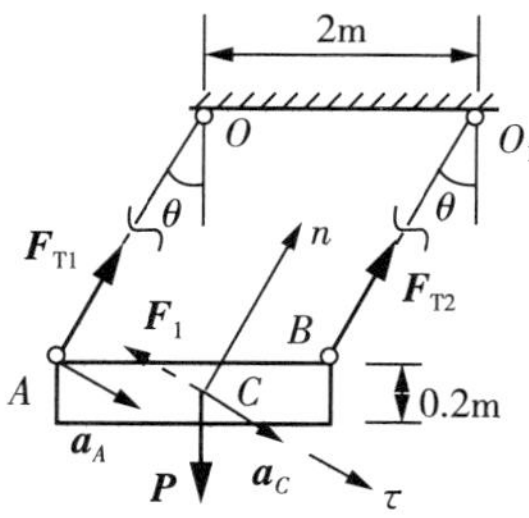

题 13-5(a) 图

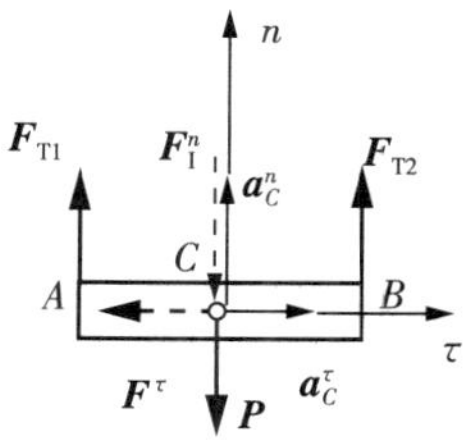

题 13-5(b) 图

【解】 (1) 初瞬时浪木受力如题 13-5(a) 图，浪木平动且初瞬时各点速度 $v=0$，有

$$\boldsymbol{a}_C=\boldsymbol{a}_A\perp\overline{AO}, F_I=\frac{P}{g}a_C$$

$$\sum F_\tau = 0, P\sin\theta - F_\mathrm{I} = 0$$

$$\sum F_n = 0, F_{\mathrm{T1}} + F_{\mathrm{T2}} - P\cos\theta = 0$$

$$\sum M_C(\boldsymbol{F}) = 0, F_{\mathrm{T1}}(1\cos30^\circ + 0.1\sin30^\circ) + F_{\mathrm{T2}}(0.1\sin30^\circ - 1\cos30^\circ) = 0$$

联立得初瞬时 $a_C = \dfrac{1}{2}g, F_{\mathrm{T1}} = 0.408P, F_{\mathrm{T2}} = 0.458P$

(2) 浪木于初始位置平移至最低位置过程，由动能定理得

$$\frac{1}{2}\frac{P}{g}v_C^2 - 0 = Pl(1 - \cos\theta)$$

得 $v_C^2 = 2gl(1 - \cos\theta)$，最低位置处受力如题 13-5(b) 图，有

$$\sum F_\tau = 0, F_I^\tau = 0$$

即 $\dfrac{P}{g}a_C^\tau = 0$，得 $a_C^\tau = 0$，所以 $a_C = a_C^n = \dfrac{v_C^2}{l} = 2g(1 - \cos\theta)$ 或 $a_C = (2 - \sqrt{3})g$。

$$\sum M_C(\boldsymbol{F}) = 0, F_{\mathrm{T1}} \cdot 1 - F_{\mathrm{T2}} \cdot 1 = 0$$

$$\sum F_n = 0, F_{\mathrm{T1}} + F_{\mathrm{T2}} - F_I^n - P = 0$$

$$F_{\mathrm{T1}} = F_{\mathrm{T2}} = \frac{1}{2}(F_I^n + P) = \frac{1}{2}\left(\frac{P}{g}a_C^n + P\right)$$

解得 $F_{\mathrm{T1}} = F_{\mathrm{T2}} = 0.628P$。

13-6　如题 13-6 图所示，长 $a = 20\mathrm{cm}$，宽 $b = 15\mathrm{cm}$ 的均质矩形板质量为 27kg，由销 A、销 B 悬挂，如果突然撤去销 B，求该瞬时矩形板的角加速度和销 A 的约束力。

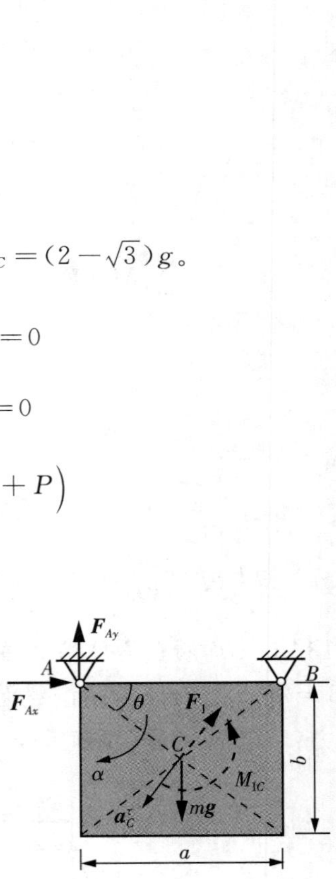

题 13-6 图

【解】　撤去销子的瞬时，$\omega = 0$，矩形板将做定轴转动

$$a_C^n = 0, a_C^\tau = \alpha\frac{\sqrt{a^2 + b^2}}{2}$$

惯性力系向质心 C 简化，主矢 $\boldsymbol{F}_I = \boldsymbol{F}_I^\tau$ 即

$$F_I = ma_C^\tau = m\alpha\frac{\sqrt{a^2 + b^2}}{2}$$

主矩 $M_{IC} = J_C\alpha = \dfrac{1}{12}m(a^2 + b^2)\alpha$。矩形板受力如题 13-6 图，图中 $\sin\theta = \dfrac{b}{\sqrt{a^2 + b^2}}$，$\cos\theta = \dfrac{a}{\sqrt{a^2 + b^2}}$。

由达朗贝尔原理,得

$$\sum M_A(\boldsymbol{F})=0, M_{IC}-mg\cdot\frac{a}{2}+F_I\cdot\frac{\sqrt{a^2+b^2}}{2}=0$$

$$\sum F_x=0, F_{Ax}+F_I\sin\theta=0$$

$$\sum F_y=0, F_{Ay}+F_I\cos\theta-mg=0$$

解得 $\alpha=\dfrac{3ga}{2(a^2+b^2)}$, $F_{Ax}=-m\alpha\dfrac{b}{2}$, $F_{Ay}=mg-m\alpha\dfrac{a}{2}$,代入数据得 $\alpha=47.07\ \mathrm{rad/s^2}$,销 A 的约束力 $F_{Ax}=-95.32\mathrm{N}$, $F_{Ay}=137.67\mathrm{N}$

提示:本题求解时,亦可将惯性力系向转轴 A 简化:主矢 $F_I=ma_C^{\tau}=m\alpha\sqrt{a^2+b^2}/2$,主矩 $M_{IA}=J_A\alpha=m(a^2+b^2)\alpha/3$,同样可用达朗贝尔原理求解。

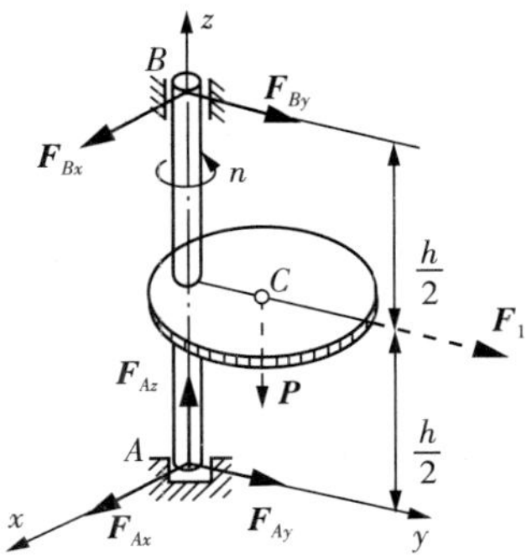

题 13-7 图

13-7　如题 13-7 图所示涡轮机的转盘重 $P=2\mathrm{kN}$,重心 C 到转轴 z 的距离 $e=0.5\mathrm{mm}$(图中已夸大),转轴 z 垂直于转盘的对称面,盘匀速转动,转速 $n=6000$ rpm, $AB=h=1000\mathrm{mm}$;求当转盘转到重心 C 位于 yz 平面的瞬时,止推轴承 A 和向心轴承 B 的静反力和附加动反力。

【解】　转盘作匀速定轴转动,角速度

$$\omega=\frac{\pi n}{30}=\frac{6000\pi}{30}=628\mathrm{rad/s}$$

惯性力系简化为合力

$$F_I=\frac{P}{g}e\omega^2=\frac{2}{9.8}\times 0.0005\times 628^2=40.2\mathrm{kN}$$

转盘受力如图,由达朗贝尔原理,有

$$\sum M_y(\boldsymbol{F})=0, F_{Bx}h=0$$

$$\sum F_x=0, F_{Ax}+F_{Bx}=0$$

$$\sum M_x(\boldsymbol{F})=0, -F_{By}h-Pe-F_I\frac{h}{2}=0$$

$$\sum F_y=0, F_{Ay}+F_{By}=0$$

$$\sum F_z=0, F_{Az}-P=0$$

得 $F_{Ax}=0$, $F_{Ay}=\dfrac{e}{h}P+\dfrac{1}{2}F_I$, $F_{Az}=P$, $F_{Bx}=0$, $F_{By}=-\dfrac{e}{h}P-\dfrac{1}{2}F_I$,代入数据,得静反力

$$F'_{Ax}=0, F'_{Ay}=0.001\text{kN}, F'_{Az}=2\text{kN}, F'_{Bx}=0, F'_{By}=-0.001\text{kN}$$

动反力 $F''_{Ay}=20.1\text{kN}, F''_{By}=-20.1\text{kN}$。

13-8 质量为 m 的均质杆 AB 以两根等长的细绳悬挂于 O 点，且 $OA=OB=AB=l$。若 B 端绳子突然断开，试求该瞬时 A 端绳子的张力。

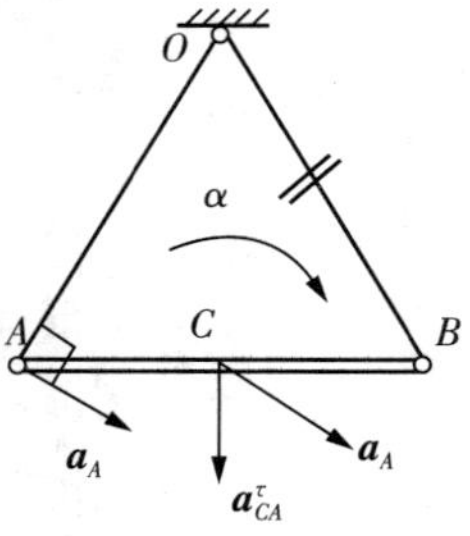

题 13-8(a) 图

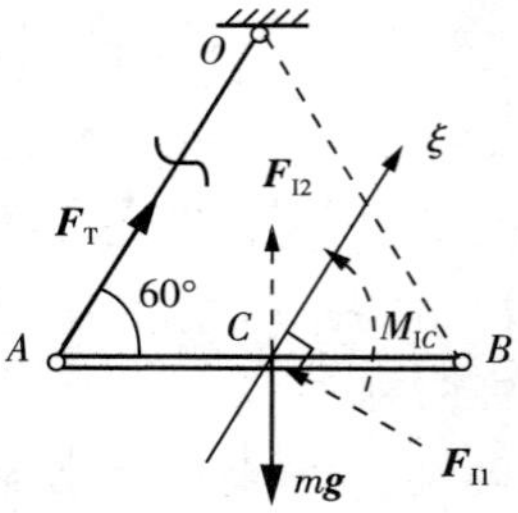

题 13-8(b) 图

【解】 在 B 端绳子突然断开瞬时，杆的角速度及杆上各点的速度均为零，A 点轨迹为以 O 为圆心、OA 为半径的圆周，则 $\boldsymbol{a}_A\perp OA$，杆将作平面运动，

由基点法 $\boldsymbol{a}_C=\boldsymbol{a}_A+a_{CA}^n+a_{CA}^{\tau}$，$\boldsymbol{a}_{CA}^n=0$，$\boldsymbol{a}_{CA}^{\tau}=\frac{1}{2}l\alpha$，$\therefore \boldsymbol{a}_C=\boldsymbol{a}_A=\boldsymbol{a}_{CA}^{\tau}$，如题 13-8(a) 图所示。

惯性力系主矢分量

$$F_{I1}=ma_A, F_{I2}=ma_{CA}^{\tau}=\frac{1}{2}ml\alpha$$

主矩 $M_{IC}=J_C\alpha=\frac{ml^2}{12}\alpha$，杆受力如题 13-8(b) 图所示。

由达朗贝尔原理，得

$$\begin{cases}\sum F_{\xi}=0,\quad F_T+F_{I2}\sin60^\circ-mg\sin60^\circ=0\\ \sum M_C(F)=0, F_T\dfrac{l}{2}\sin60^\circ-M_{IC}=0\end{cases}$$

$$\begin{cases}F_T+\dfrac{1}{2}ml\alpha\sin60^\circ-mg\sin60^\circ=0\\ F_T\dfrac{l}{2}\sin60^\circ-\dfrac{1}{12}ml^2\alpha=0\end{cases}$$

解得 $\alpha=\frac{18}{13}\frac{g}{l}$，$B$ 端绳子断开瞬时 A 端绳子的拉力为 $F_T=\frac{2\sqrt{3}}{13}mg$。

13-9 均质圆轮重 G、半径为 R，沿水平面纯滚。若不计滚阻：试问在下列两种情况下，轮心的加速度及接触面的摩擦力是否相等：(1) 在轮上作用一矩为 M 的顺钟向力偶；(2) 在轮心上作用一水平向右、大小为 M/R 的力 P。

【解】 轮作纯滚动，设轮心加速度为 $\boldsymbol{a}$，角加速度为 α，则 $a=R\alpha$，惯性力系主矢 $F_I=$

Ga/g,主矩

$$M_{IC}=J_C\alpha=\frac{1}{2}\frac{G}{g}R^2\alpha=\frac{GR}{2g}a$$

情况(1):轮受力如题 13-9(a) 图,摩擦力力向右。由达朗贝尔原理,得

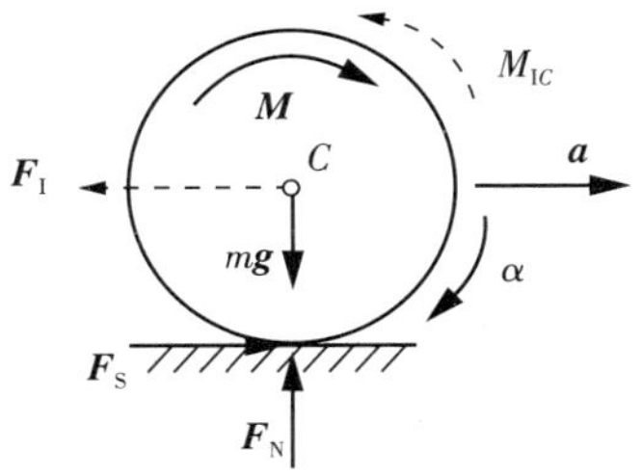

题 13-9(a) 图

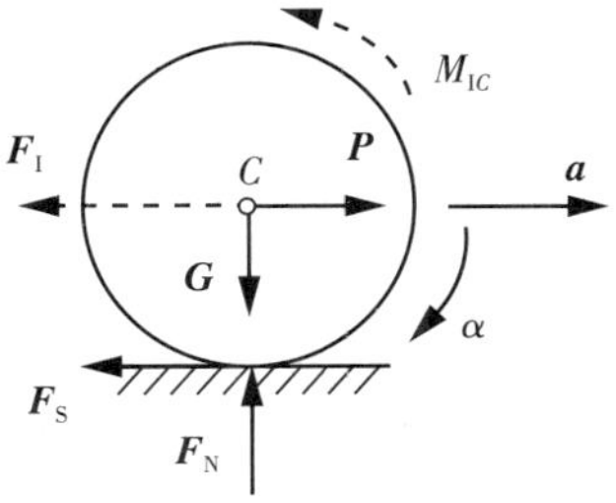

题 13-9(b) 图

$$\sum F_x=0, F_s-F_I=0$$

$$\sum M_C(\boldsymbol{F})=0, M-M_{IC}-F_SR=0$$

联立解得

$$a=\frac{2Mg}{3GR}, F_S=\frac{2M}{3R}$$

情况(2):轮受力如题 13-9(b) 图,摩擦力力向左。由达朗贝尔原理,得

$$\sum F_x=0, P-F_I-F_S=0$$

$$\sum M_C(\boldsymbol{F})=0, M_{IC}-F_SR=0$$

且 $P=M/R$,联立解得

$$a=\frac{2Mg}{3GR}, F_S=\frac{M}{3R}$$

可见,两种情况下,轮心加速度相等,而接触面的摩擦力大小、方向均不相等。

13-10 质量为 m、半径为 R 的均质圆柱放在质量为 m 的水平板 AB 上,绕柱细绳的拉力为 $\boldsymbol{F}_T$。圆柱在板上作纯滚动,板与地面间摩擦不计。求圆柱中心 C 及平板的加速度。

【解】 运动分析:圆柱作平面运动,板 AB 作平移。选柱心 C 为动点,板 AB 为动系,则柱心的加速度 $\boldsymbol{a}_a=\boldsymbol{a}_e+\boldsymbol{a}_r$,如题 13-10(b) 图。式中 $\boldsymbol{a}_e=\boldsymbol{a}_{AB}$,圆柱在板上作纯滚动,有 $a_r=R\alpha$。研究系统,受力如题 13-10(a) 图,惯性力系

$$F_{I1}=ma_C=m(a_e+a_r), M_{I1}=J_C\alpha=\frac{1}{2}mR^2\cdot\frac{a_r}{R}=\frac{1}{2}mRa_r, F_{I2}=ma_{AB}=ma_e$$

由达朗贝尔原理,

$$\sum F_x = 0, F_T - F_{I1} - F_{I2} = 0$$

得

$$F_T - m(a_e + a_r) - ma_e = 0$$

研究圆柱 C，受力如(b) 图，由达朗贝尔原理，

$$\sum M_D(F) = 0, F_T 2R - F_{I1} R - M_{I1} = 0$$

得

$$F_T 2R - m(a_e + a_r)R - \frac{1}{2} mRa_r = 0$$

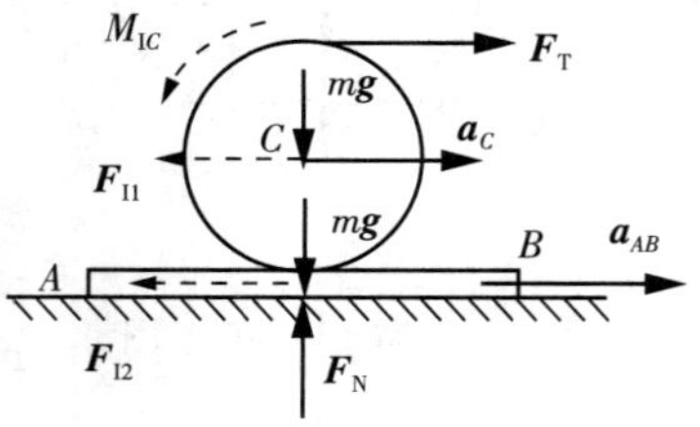

题 13-10(a) 图

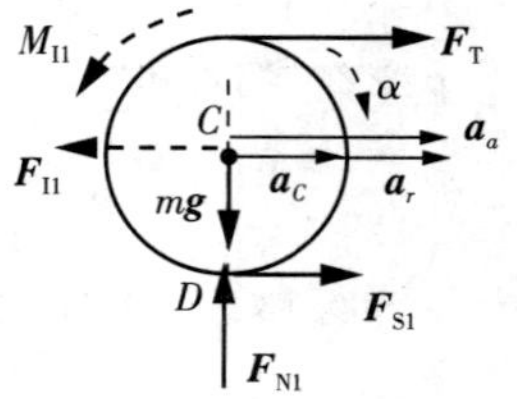

题 13-10(b) 图

联立解得 $a_e = -\frac{F_T}{4m}, a_r = \frac{3F_T}{2m}$，所以圆柱中心的加速度 $a_C = \frac{5F_T}{4m}$，平板的加速度 $a_{AB} = -\frac{F_T}{4m}$(负号表示方向向左)。

13-11　已知砂轮 I 质量 $m_1 = 1\text{kg}$，偏心距 $e_1 = 0.5\text{mm}$，砂轮 II 质量 $m_2 = 0.5\text{kg}$，偏心距 $e_2 = 1\text{mm}$。电动转子 III 质量 $m_3 = 8\text{kg}$，转速 $n = 3000\text{r/min}$。求转动时轴承 A、B 的附加动反力。

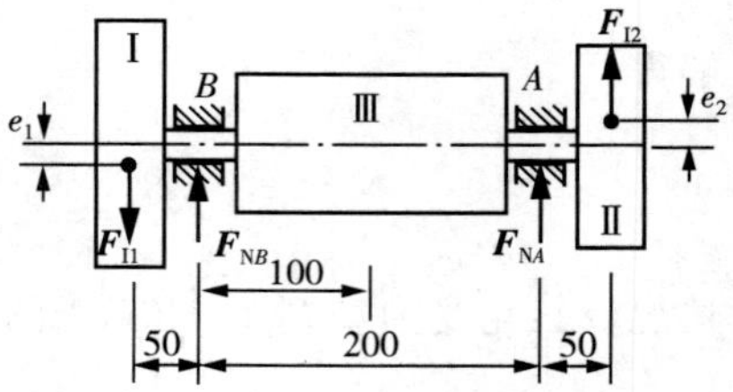

题 13-11 图

【解】　砂轮角速度

$$\omega = \frac{2\pi n}{60} = \frac{2\pi \times 3000}{60} = 100\pi \text{rad/s}$$

砂轮 I、II 的惯性力分别为

$$F_{I1} = m_1 e_1 \omega^2 = 1 \times 0.5 \times 10^{-3} \times (100\pi)^2 = 5\pi^2 \text{N}$$

$$F_{I2} = m_2 e_2 \omega^2 = 0.5 \times 1 \times 10^{-3} \times (100\pi)^2 = 5\pi^2 \text{N}$$

当只求动反力时，受力分析时重力可不考虑，由达朗贝尔原理

$$\sum M_A(\boldsymbol{F}) = 0, -200F_{NB} + 250F_{I1} + 50F_{I2} = 0$$

$$\sum M_B(\boldsymbol{F}) = 0, 200F_{NA} + 250F_{I2} + 50F_{I1} = 0$$

解出附加动反力

$$F_{NB}=-F_{NA}=73.5\text{N}$$

即转动时轴承 A 处的附加动反力为 73.5N,方向与图示相反;B 处的附加动反力为 73.5N,方向与图示相同。

13-12　如题 13-12 图所示,均质圆盘以等角速度 ω 绕 z 轴转动,圆盘平面与转轴 z 交成 θ 角,轴承 A 和 B 与圆盘中心相距各为 a 和 b;圆盘半径为 R,质量为 m,厚度可忽略不计。求两轴承 A 和 B 的附加动反力。

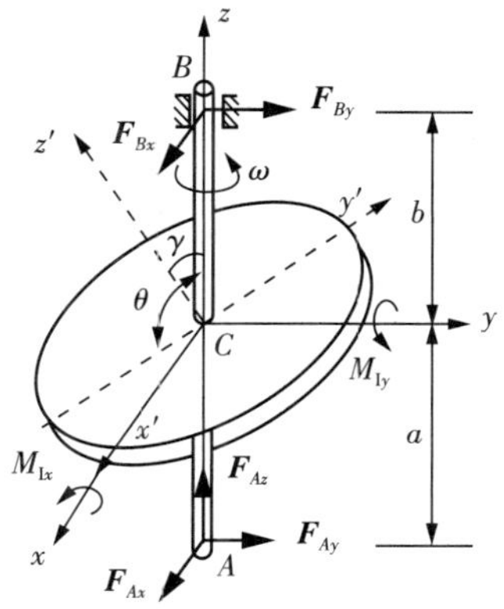

题 13-12 图

【解】 在题 13-12 图示坐标系中,由于圆盘上各点的 x 坐标对于 z 轴对称,圆盘的惯性积

$$J_{xz}=\sum m_i x_i z_i=0$$

为计算 J_{yz} 作圆盘的中心惯性主轴 $ox'y'z'$ 如题 13-12 图

$$J_{yz}=\sum m_i y_i z_i$$

$$=\sum m_i(y_i'\cos\gamma-z_i'\sin\gamma)(y_i'\sin\gamma+z_i'\cos\gamma)$$

$$=J_x{}'\cos\gamma\sin\gamma=-\frac{m}{8}R^2\sin2\theta$$

以圆盘和轴为研究对象,受力图中惯性力向中心点 C 简化结果为

$$F_I=\frac{P}{g}a_C=0M_{Ix}=-J_{yz}\omega^2$$

$$=\frac{m}{8}R^2\omega^2\sin2\theta,M_{Iy}=J_{xz}\omega^2=0$$

由达朗贝尔原理,得

$$\sum F_x=0,F_{Ax}+F_{Bx}=0$$

$$\sum F_y=0,F_{Ay}+F_{By}=0$$

$$\sum F_z=0,F_{Az}=0$$

$$\sum M_x(\boldsymbol{F})=0,M_{Ix}+aF_{Ay}-bF_{By}=0$$

$$\sum M_y(\boldsymbol{F})=0,M_{Iy}-aF_{Ax}+bF_{Bx}=0$$

联立解得

$$F_{Ax}=F_{Bx}=F_{Az}=0,F_{Ay}=-F_{By}=-\frac{mR^2\omega^2}{8(a+b)}\sin2\theta$$

13－13　如题13－13图所示绕线轮重P，半径为R及r，对水平质心C的转动惯量为J_C，在与水平成θ角的常力$\boldsymbol{F}_T$作用下纯滚动。试求(1)轮心加速度；(2)绕线轮作纯滚动的条件。

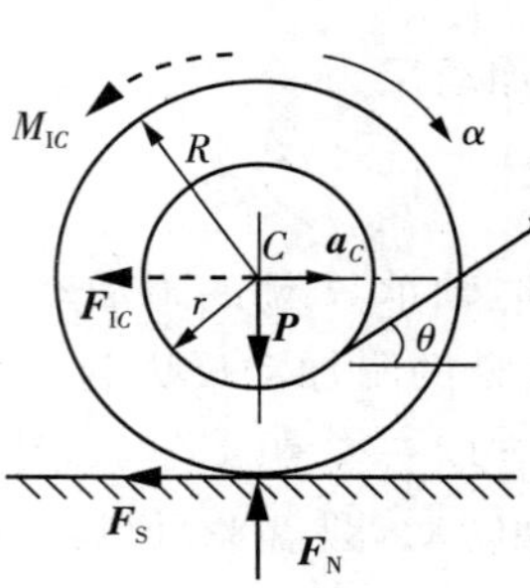

题13－13图

【解】　研究绕线轮，受力如题13－13图，惯性力系主矢$F_{IC}=Pa_C/g$，主矩$M_{IC}=J_C\alpha$，绕线轮纯滚动时有$a_C=R\alpha$，由达朗贝尔原理，

$$\sum F_x=0, F_T\cos\theta-F_{IC}-F_S=0$$

$$\sum F_y=0, F_N+F_T\sin\theta-P=0$$

$$\sum M_C(\boldsymbol{F})=0, F_Tr-F_SR+M_{IC}=0$$

联立解得

$$a_C=\frac{F_TR(R\cos\theta-r)}{J_C+\frac{P}{g}R^2};F_S=\frac{F_T\left(\frac{P}{g}Rr+J_C\cos\theta\right)}{J_C+\frac{P}{g}R^2}$$

及$F_N=P-F_T\sin\theta$，再将F_N、F_S代入$F_f\leqslant fF_N$，得绕线轮作纯滚动的条件为

$$f\geqslant\frac{F_T\left(\frac{P}{g}Rr+J_C\cos\theta\right)}{(P-F_T\sin\theta)\left(J_C+\frac{P}{g}R^2\right)}g$$

13－14　如题13－14(a)图所示，质量为m_1、倾角为θ的三棱柱与水平面的摩擦不计；质量为m_2、半径为r的均质圆柱沿三棱柱斜面向下作纯滚动，求三棱柱的加速度及圆柱中心相对于三棱柱的加速度。

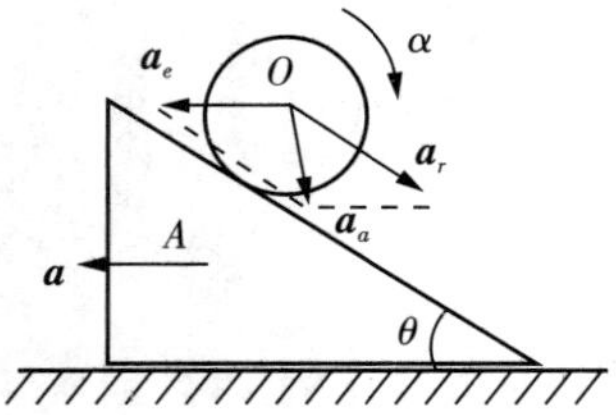

题13－14(a)图

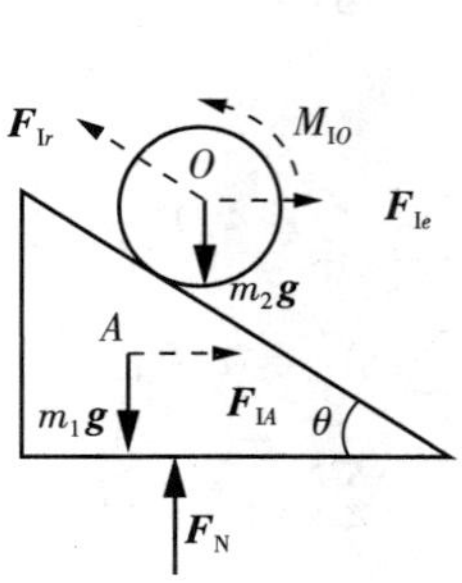

题13－14(b)图

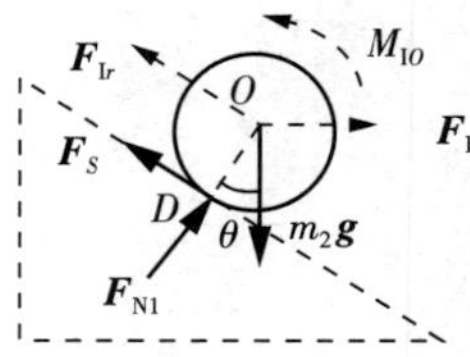

题13－14(c)图

【解】　取圆柱中心为动点，三棱柱为动系，如题13－14(a)图，由加速度合成定理$\boldsymbol{a}_a=\boldsymbol{a}_e+\boldsymbol{a}_r$，式中$\boldsymbol{a}_a=\boldsymbol{a}_O$为圆柱中心的加速度，$\boldsymbol{a}_e=a$为三棱柱平动的加速度，$\boldsymbol{a}_r$为圆柱中心相对于三棱柱的加速度，圆柱角加速度$\alpha=a_r/r$，系统的受力图及虚加惯性力系如题13－14(b)图，圆柱的受力图如题13－14(c)图，其中

$$F_{IA}=m_1a_e,F_{Ie}=m_2a_e,F_{Ir}=m_2a_r,M_{IO}=\frac{1}{2}m_2r^2\alpha=\frac{1}{2}m_2ra_r$$

由达朗贝尔原理,研究系统,有

$$\sum F_x=0,F_{IA}-F_{Ir}\cos\theta+F_{Ie}=0$$

研究圆柱,有

$$\sum M_D=0,M_{IO}+F_{Ir}r-F_{Ie}r\cos\theta-m_2gr\sin\theta=0$$

代入惯性力表达式,得

$$\begin{cases}m_1a_e-m_2a_r\cos\theta+m_2a_e=0\\ \frac{1}{2}m_2ra_r+m_2a_rr-m_2a_er\cos\theta-m_2gr\sin\theta=0\end{cases}$$

联立解得三棱柱的加速度为

$$a_e=\frac{m_2g\sin2\theta}{3(m_1+m_2)-2m_2\cos^2\theta}$$

圆柱中心相对于三棱柱的加速度为

$$a_r=\frac{2(m_1+m_2)g\sin\theta}{3(m_1+m_2)-2m_2\cos^2\theta}$$

13－15　圆柱质量为 m_1、楔形块质量为 m_2,分别放在具有相同倾角 θ 的斜面上,并相互接触。圆柱与楔形块之间、楔形块与斜面之间的摩擦均不计。圆柱沿着斜面向下纯滚动,带动楔形块沿斜面向上滑动,求圆柱作用在楔形块上的力。

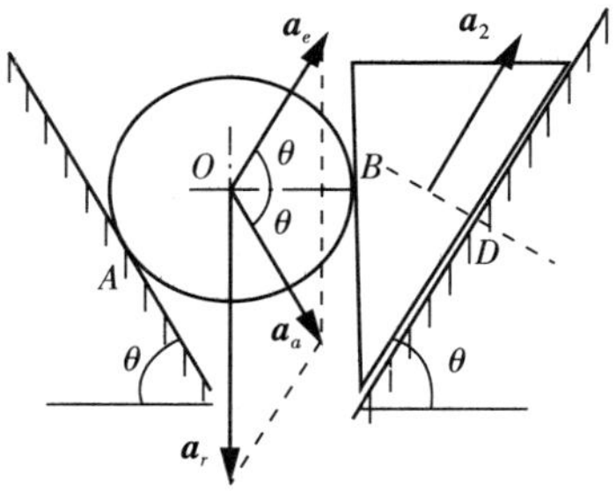

题 13－15(a) 图

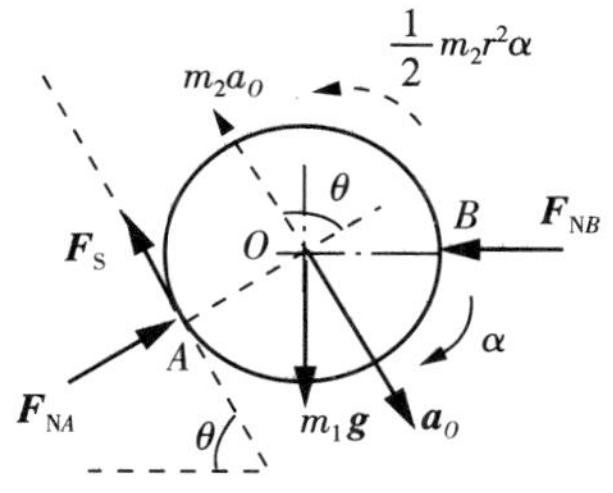

题 13－15(b) 图

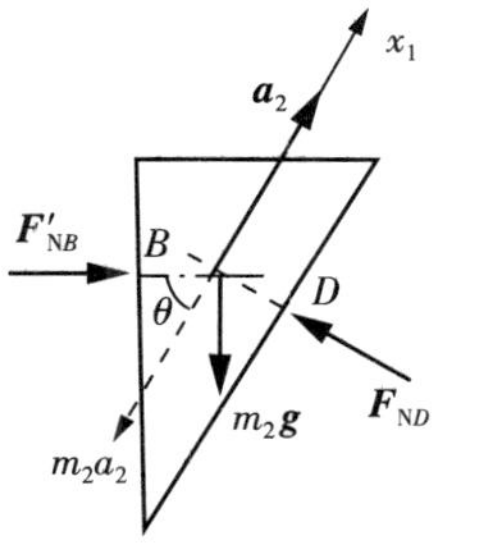

题 13－15(c) 图

【解】　选圆柱中心 O 为动点,楔块为动系,则 $\boldsymbol{a}_a=\boldsymbol{a}_e+\boldsymbol{a}_r$,$\boldsymbol{a}_a=\boldsymbol{a}_O$,$\boldsymbol{a}_e=\boldsymbol{a}_2$,如题 13－15(a) 图,由几何关系,得

$$a_a=a_e=a_O=a_2 \tag{1}$$

圆柱沿斜面纯滚动,角加速度 $\alpha=a_O/r$。虚加惯性力,圆柱受力如题 13－15(b) 图,

$$F_{I1}=m_1a_O,M_{IO}=\frac{1}{2}m_1r^2\alpha=\frac{1}{2}m_1ra_O$$

楔块：受力如题 13-15(c) 图，$F_{I2}=m_2a_2$，由达朗贝尔原理，

圆柱：$$\sum M_A(\boldsymbol{F})=0,m_1a_Or+\frac{1}{2}m_1r^2\frac{a_O}{r}+F_{NB}r\cos\theta-m_1gr\sin\theta=0 \quad (2)$$

楔块：$$\sum F_{x1}=0,F'_{NB}\cos\theta-m_2a_2-m_2g\sin\theta=0 \quad (3)$$

联立得

$$a_O=\frac{2(m_1-m_2)}{3m_1+2m_2}g\sin\theta,F'_{NB}=\frac{5m_1m_2g\tan\theta}{3m_1+2m_2}$$

即圆柱作用在楔形块上的力。

13-16　如题 13-16(a) 图所示，质量为 m、长为 l 的均质细杆 AB 与质量为 $2m$、边长为 l 的正方形均质板固结于 DE 边的中点 B，且 $AB\perp DE$，图示瞬时 AB 杆水平，系统由静止释放，求该瞬时(1)AB 杆的角加速度；(2) 轴承 A 处的约束力；(3) 固结点 B 处的约束力。

【解】 研究系统，静止释放瞬时，角速度为零，杆 AB 及均质板质心的加速度分别为

$$a_{C1}=\frac{1}{2}l\alpha,\boldsymbol{a}_{C1}\perp AB,a_{C2}=\frac{3}{2}l\alpha,\boldsymbol{a}_{C2}\perp AC_2$$

画系统的受力图并虚加惯性力系，如题 13-16(a) 图，

$$F_{I1}=ma_{C1}=\frac{1}{2}ml\alpha,M_{IC1}=\frac{ml^2}{12}\alpha$$

$$F_{I2}=(2m)a_{C2}=3ml\alpha,M_{IC2}=\frac{1}{12}\cdot(2m)(l^2+l^2)\alpha=\frac{1}{3}ml^2\alpha$$

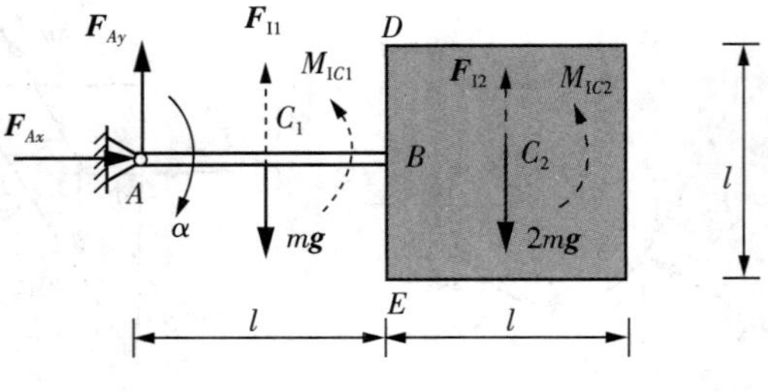

题 13-16(a) 图

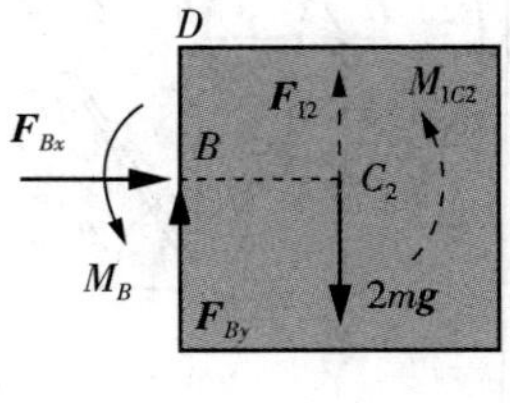

题 13-16(b) 图

由达朗贝尔原理得

$$\sum M_A(\boldsymbol{F})=0,M_{IC1}+F_{I1}\cdot\frac{l}{2}-mg\cdot\frac{l}{2}+M_{IC2}+F_{I2}\cdot\frac{3l}{2}-2mg\cdot\frac{3l}{2}=0$$

$$\frac{1}{12}ml^2\alpha+\frac{1}{2}ml\alpha\cdot\frac{l}{2}-mg\cdot\frac{l}{2}+\frac{1}{3}ml^2\alpha+3ml\alpha\cdot\frac{3l}{2}-2mg\cdot\frac{3l}{2}=0,\alpha=\frac{21}{31}\frac{g}{l}$$

$\sum F_x=0, F_{Ax}=0$

$\sum F_y=0, F_{Ay}+F_{I1}+F_{I2}-mg-2mg=0$

$$F_{Ay}+\frac{1}{2}ml\alpha+3ml\alpha-mg-2mg=0, F_{Ay}=\frac{39}{62}mg$$

再研究均质板,受力如题 13 - 16(a) 图,

$$\sum M_B(\boldsymbol{F})=0, M_B+M_{IC2}+F_{I2}\cdot\frac{l}{2}-2mg\cdot\frac{l}{2}=0, M_B=-\frac{15}{62}mgl$$

$$\sum F_x=0, F_{Bx}=0, F_{Bx}=0$$

$$\sum F_y=0, F_{By}+F_{I2}-2mg=0, F_{By}=-\frac{1}{62}mg$$

13 - 17　均质细杆 OA、AB 的质量均为 m,长均为 l,用光滑铰链 O、A 连接,如题 13 - 17(a) 图。初始时两杆均处于水平位置,求系统由静止释放瞬时,两杆的角加速度。

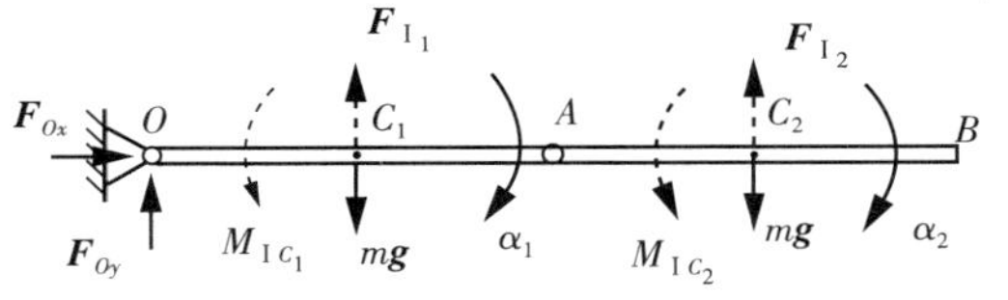

题 13 - 17(a) 图

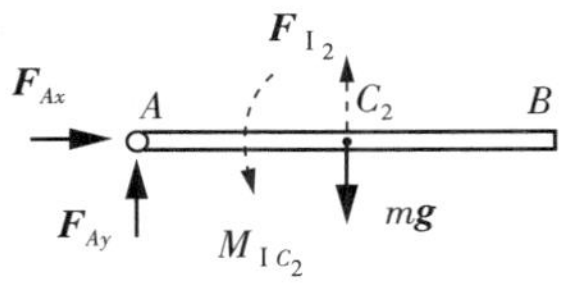

题 13 - 17(b) 图

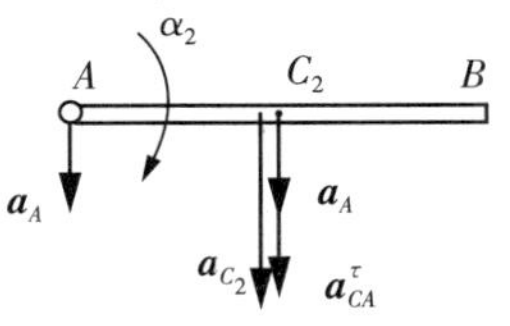

题 13 - 17(c) 图

【解】　系统静止释放瞬时,两杆的角速度均为零,OA 杆将做定轴转动,AB 杆作平面运动。设其角加速度分别为 α_1、α_2。如题 13 - 16(c) 图,由基点法,有

$$\boldsymbol{a}_{C2}=\boldsymbol{a}_A+\boldsymbol{a}_{C_2A}^{\tau}+\boldsymbol{a}_{C_2A}^{n}$$

式中 $a_{C_2A}^n=0$,$a_{C_2A}^{\tau}=\frac{1}{2}l\alpha_2$,所以 $a_{C2}=l\left(\alpha_1+\frac{1}{2}\alpha_2\right)$。对系统虚加惯性力 $F_{I_1}=\frac{1}{2}ml\alpha_1$,$M_{IC_1}=\frac{1}{12}ml^2\alpha_1$,$F_{I_2}=ml(\alpha_1+\frac{1}{2}\alpha_2)$,$M_{IC_2}=\frac{1}{12}ml^2\alpha_2$

根据达朗贝尔原理,对 AB 杆,受力如题 13 - 16(b) 图。

$$\sum M_A(\boldsymbol{F})=0, \frac{1}{12}ml^2\alpha_2+ml\left(\alpha_1+\frac{1}{2}\alpha_2\right)\frac{l}{2}-mg\frac{l}{2}=0 \tag{1}$$

对系统,受力如题 13 - 16(a) 图。由 $\sum M_O(\boldsymbol{F})=0$,

$$\frac{1}{12}ml^2\alpha_1+\frac{1}{2}ml\alpha_1\cdot\frac{l}{2}-mg\frac{l}{2}+\frac{1}{12}ml^2\alpha_2+ml\left(\alpha_1+\frac{1}{2}\alpha_2\right)\cdot\frac{3l}{2}-mg\frac{3l}{2}=0 \tag{2}$$

联立式(1)、(2),解得

$$\alpha_1=\frac{9}{7}\frac{g}{l}, \alpha_2=-\frac{3}{7}\frac{g}{l}$$(负号说明 AB 杆角加速度为逆时针)

13－18　均质细杆 OA、AB 的质量均为 m、长均为 l，相互铰接如图。初始时杆 OA 处于铅垂，$\theta=45°$，求系统由静止释放瞬时，两杆的角加速度。

【解】　系统静止释放瞬时，两杆的角速度均为零，OA 杆做定轴转动，AB 杆作平面运动。设其角加速度分别为 α_1、α_2，则 $a_{C1}=l\alpha_1/2$，$a_A=l\alpha_1$，由基点法，如题 13－18(a) 图

$$\boldsymbol{a}_{C2}=\boldsymbol{a}_A+\boldsymbol{a}_{C_2A}^{\tau}+\boldsymbol{a}_{C_2A}^{n}$$

式中 $a_{C_2A}^{n}=0$，$a_{C_2A}^{\tau}=l\alpha_2/2$，所以 $\boldsymbol{a}_{C2}=\boldsymbol{a}_A+\boldsymbol{a}_{C_2A}^{\tau}$。两杆惯性力均向各自质心简化，虚加惯性力，杆 AB 的惯性力系主矢用两个分量表示，系统受力如题 13－18(b) 图，图中

$$M_{IC_1}=\frac{1}{12}ml^2\alpha_1,M_{IC_2}=\frac{1}{12}ml^2\alpha_2$$

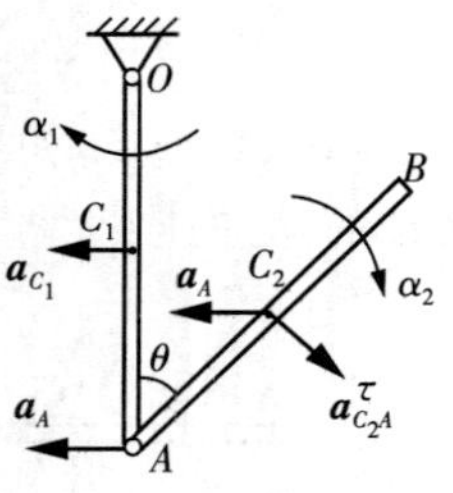

题 13－18(a) 图

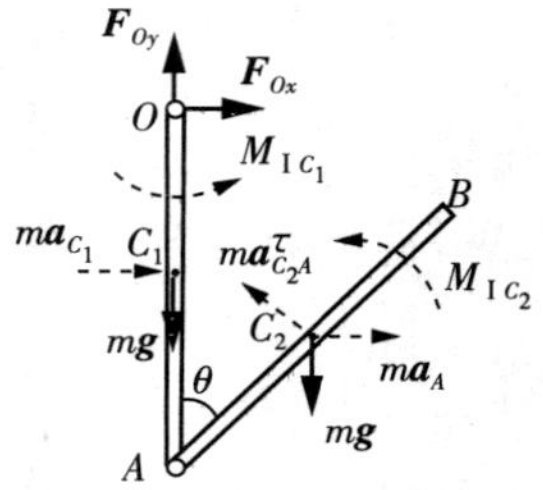

题 13－18(b) 图

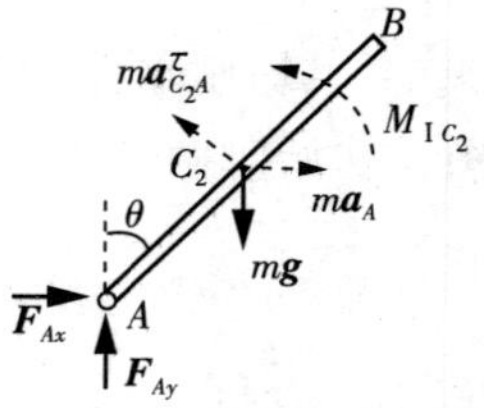

题 13－18(c) 图

由达朗贝尔原理，由 $\sum M_O(\boldsymbol{F})=0$ 有

$$\frac{1}{12}ml^2\alpha_1+\frac{ml\alpha_1}{2}\cdot\frac{l}{2}-\frac{ml\alpha_2}{2}\cos\theta\left(l-\frac{l}{2}\cos\theta\right)+\frac{ml\alpha_2}{2}\sin\theta\,\frac{l}{2}\sin\theta$$
$$-ml\alpha_1\cdot\left(l-\frac{l}{2}\cos\theta\right)-mg\cdot\frac{l}{2}\sin\theta+\frac{1}{12}ml^2\alpha_2=0 \tag{1}$$

对 AB 杆，受力如题 13－18(c) 图。由 $\sum M_A(\boldsymbol{F})=0$ 有

$$\frac{1}{12}ml^2\alpha_2+\frac{ml\alpha_2}{2}\cdot\frac{l}{2}-ml\alpha_1\cdot\frac{l}{2}\cos\theta-mg\cdot\frac{l}{2}\sin\theta=0 \tag{2}$$

式中 $\theta=45°$，联立式(1)、(2)，解得

$$\alpha_1=\frac{9g}{23l},\alpha_2=\frac{24\sqrt{2}\,g}{23l}$$

思考：如何求铰链 O 和铰链 A 处的约束力？

第14章 虚位移原理

14.1 主要内容

虚位移原理是应用功的概念分析系统的平衡问题，即用动力学方法求解静力学问题。虚位移原理又称分析静力学、静力学普遍方程或虚功方程。

一、约束及其分类

1. 约束

限制质点或质点系运动的条件称为约束，表示约束的数学方程称为约束方程。

2. 约束的分类

(1) 几何约束和运动约束。只限制质点或质点系在空间的几何位置，而不限制速度，或约束方程中不包含坐标对时间的导数的约束称为几何约束；限制质点或质点系的运动情况，或约束方程中包含坐标对时间的导数的约束称为运动约束。

(2) 定常约束(稳定约束)和非定常约束(非稳定约束)。约束方程中不显含时间 t 的约束称为定常约束；约束方程中显含时间 t 的约束称为非定常约束。

(3) 双侧约束(固执约束)和单侧约束(非固执约束)。约束方程为等式的约束称为双侧约束(固执约束)；约束方程为非等式的约束称为单侧约束(非固执约束)。

(4) 完整约束和非完整约束。由几何约束和可积分的运动约束所组成的这类约束称为完整约束；约束方程中包含坐标对时间的导数，且不能积分为有限形式的约束称为非完整约束。本章只讨论定常、完整、双侧、几何约束，其约束方程的一般形式为

$$f_j(x_1,y_1,z_1,x_2,y_2,z_2,\cdots x_n,y_n,z_n)=0 \quad (j=1,2,\cdots,s) \tag{14-1}$$

式中 n 为质点系中的质点数，s 为约束方程数。

二、虚位移

在某瞬时，质点系在约束允许的条件下，可能实现的任何无限小的位移，称为虚位移。虚位移可以是线位移，也可以是角位移。一般用变分符号表示，如 δr、δr、δx、$\delta\varphi$ 等。

注意：实位移通常记为 $\mathrm{d}r$、$\mathrm{d}r$、$\mathrm{d}x$、$\mathrm{d}\varphi$。

虚位移的特点：虚位移仅与约束条件有关，是纯粹的几何量，与实位移相比，

(1) 虚位移是无限小的位移；实位移可为无限小，也可为有限值；

(2) 虚位移是假想的位移，与时间、力、质点系的运动情况无关；

(3) 在稳定几何约束下，质点系无限小的实位移是其虚位移之一。

三、虚功

力在虚位移中做的功称为虚功，用 δW 表示。如力 F 在虚位移 δr 上作的虚功记为 $\delta W = F \cdot \delta r$；力偶 M 在虚位移 $\delta\varphi$ 上作的虚功记为 $\delta W = M\delta\varphi$。

注意：虚功与实位移中的元功虽然用同样的符号 δW 表示，但有本质上的区别：虚位移是假想的、非真实发生的，因此虚功也是假想的、是虚的。静止平衡的质点系，不会有实位移，不会有实功，但可以有虚位移，力可以做虚功。

四、理想约束

如果在质点系的任何虚位移中，所有约束力所做的虚功之和等于零，称这种约束为理想约束。理想约束可以用数学公式表示为

$$\delta W_{\mathrm{N}} = \sum \delta W_{\mathrm{N}i} = \sum \boldsymbol{F}_{\mathrm{N}i} \cdot \delta \boldsymbol{r}_i = 0 \tag{14-2}$$

式中 $\boldsymbol{F}_{\mathrm{N}i}$ 表示作用在质点 i 上的约束力的合力，$\delta \boldsymbol{r}_i$ 表示该质点的虚位移，$\delta W_{\mathrm{N}i}$ 表示此约束力在虚位移中所做的功。光滑固定面约束、光滑铰链、无重刚杆、固定端约束、不可伸长的柔索等均为理想约束。

五、虚位移原理

对于具有定常、双侧、几何理想约束的质点系，在某位置处于平衡的充要条件是所有作用于该质点系的主动力在任何虚位移中所作虚功的和等于零。

上述结论即虚位移原理或称虚功原理，写成为如下方程，亦称虚功方程。

$$\delta W_F = \sum \boldsymbol{F}_i \cdot \delta \boldsymbol{r}_i = 0 \tag{14-2}$$

或写成投影方程，则

$$\delta W_F = \sum (F_{xi}\delta x_i + F_{yi}\delta y_i + F_{zi}\delta z_i) = 0 \tag{14-3}$$

式中 F_{xi}，F_{yi}，F_{zi} 为作用在质点 i 上的主动力 $\boldsymbol{F}_i$ 在直角坐标轴上的投影，δx_i，δy_i，δz_i 为虚位移 $\delta \boldsymbol{r}_i$ 在直角坐标轴上的投影。

1. 虚位移原理的应用问题分类

(1) 已知质点系(机构) 处于平衡状态，求主动力之间的关系或平衡位置。

(2) 已知质点系(结构) 处于平衡状态，求其内力或约束力。

2. 应用虚位移原理的解题方法分类

(1) 几何法。应用式(14－2)，写虚功方程求解。

(2) 解析法。建立坐标系，写出各主动力作用点的坐标并求变分，写出各主动力的投影，代入式(14－3)，求解。

注意：特殊位形采用几何法，一般位形采用解析法。

14.2　解题指导与习题解答

一、解题指导

1. 研究整个系统，画出系统所受的所有主动力（若有非理想约束，则需解除该非理想约束，画出其约束力并视为主动力）。

2. 给系统以虚位移。对于机构平衡问题，直接给系统以虚位移；对于求结构的约束力问题，则把所求约束力的约束解除，画出约束力并视为主动力，再给系统以虚位移。

3. 找虚位移之间的关系。

(1) 几何法：可以作图给出机构的微小运动，直接由几何关系来定；或用虚速度法，充分利用运动学知识，如点的合成运动速度合成定理、刚体平面运动基点法、速度投影法、瞬心法等，来建立虚速度之间的关系，而虚速度之间的比例即虚位移之间的比例。

(2) 解析法：选广义坐标（自变量），给出各主动力作用点的坐标方程，求变分（变分运算的规则与微分运算的规则完全相同），各变分间的比例即为虚位移间的比例。

4. 代入虚功方程式(14-2)或式(14-3)，求解未知量。

二、习题解答

14-1　曲柄压榨机的销钉 B 上作用水平力 $\boldsymbol{F}$，此力位于 ABC 平面内，作用线平分 $\angle ABC$，$AB=BC$，$\angle ABC=2\theta$，各处摩擦及杆重不计，求压榨机对物体的压力。

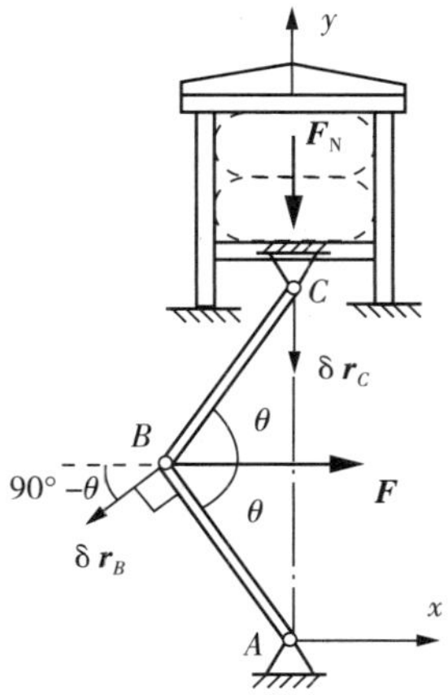

题 14-1 图

【解 1】　几何法：研究系统，如题 14-1 图，给虚位移 $\delta \boldsymbol{r}_B$、$\delta \boldsymbol{r}_C$，$\delta \boldsymbol{r}_B \perp AB$，$\delta \boldsymbol{r}_C$ 沿铅直方向，由 $[\delta \boldsymbol{r}_B]_{BC}=[\delta \boldsymbol{r}_C]_{BC}$ 得

$$\delta r_B \cos(2\theta-90^\circ)=\delta r_C \cos(90^\circ-\theta)$$

即 $\delta r_B \sin 2\theta=\delta r_C \sin\theta$。由虚功方程

$$\sum \delta W_F=0, F_N \delta r_C-F\delta r_B \sin\theta=0$$

解得 $F_N=\dfrac{1}{2}F\tan\theta$，物体受的压力与 F_N 大小相等，方向相反。

【解 2】　解析法：设 $AB=BC=l$，取直角坐标系如题 14-1 图，选 θ 为广义坐标，有 $x_B=-l\cos\theta$，$y_C=2l\sin\theta$，则 $\delta x_B=l\sin\theta\delta\theta$，$\delta y_C=2l\cos\theta\delta\theta$，由虚功方程

$$\sum \delta W_F=\sum (F_{ix}\delta x_i+F_{iy}\delta y_i)=0$$

有 $F\delta x_B+F_N\delta y_C=0$，即

$$F(l\sin\theta\delta\theta)-F_N(2l\cos\theta\delta\theta)=0$$

解得 $F_N=\frac{1}{2}F\tan\theta$，物体受的压力与 F_N 大小相等，方向相反。

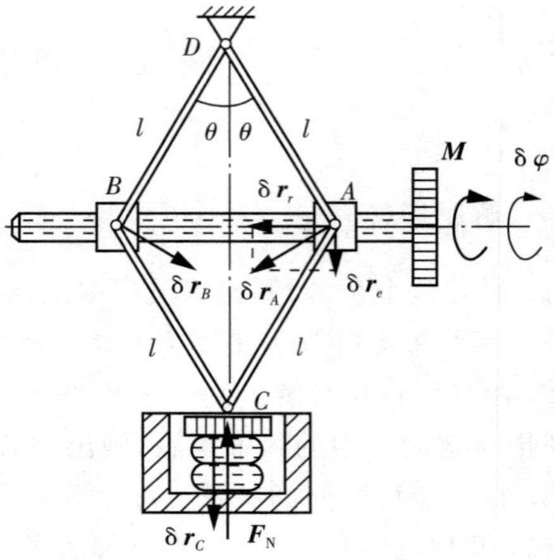

题 14-2 图

14-2　在压榨机的手轮上作用一力偶，其矩为 M。手轮轴的两端各有螺距同为 h，但方向相反的螺纹。螺纹上各有一个螺母 A 和 B，这两螺母各与长度相同的四杆相铰接，形成菱形框，其中 D 点不动，而 C 点连接在压榨机的水平压板上。求当菱形框的顶角为 2θ 瞬时，压缩机对被压物体的压力。

【解】　设物体对压板的压力为 F_N，螺杆及 A、B、C 各点的虚位移如题 14-2 图，由对称性，有 $\delta r_A=\delta r_B$。取螺母 A 为动点，螺杆为动系，有

$$\delta \boldsymbol{r}_A=\delta \boldsymbol{r}_e+\delta \boldsymbol{r}_r,\delta r_A\cos\theta=\delta r_r$$

螺母相对于螺杆的位移与螺杆的转角的关系为 $\delta r_r=\frac{h}{2\pi}\delta\varphi$。又 A、C 两点虚位移关系 $\delta r_C\cos\theta=\delta r_A\sin2\theta$，由虚功方程

$$\sum\delta W_F=0,M\delta\varphi-F_N\delta r_C=0$$

解得 $F_N=\frac{\pi M}{h\tan\theta}$，物体受的压力与 F_N 大小相等，方向相反。

14-3　如题 14-3 图所示机构中，当曲柄 OC 绕 O 轴摆动时，滑块 A 沿曲柄滑动，从而带动杆 AB 在铅直槽 K 内移动。已知 $OC=a$，$OK=l$，力 $\boldsymbol{F}_1\perp OC$；力 $\boldsymbol{F}_2$ 沿铅直方向。求机构平衡时 $\boldsymbol{F}_1$ 与 $\boldsymbol{F}_2$ 的关系。

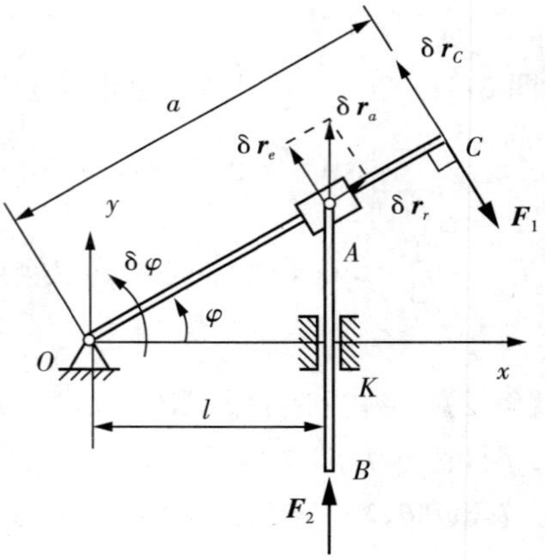

题 14-3 图

【解 1】　几何法：研究系统，如题 14-3(a) 图，OC 杆做定轴转动，给 OC 杆转角虚位移 $\delta\varphi$，则 C 点虚位移为 $\delta r_C=a\delta\varphi$，以销 A 为动点，OC 杆为动系，如图 4-3 所示，

$$\delta \boldsymbol{r}_a=\delta \boldsymbol{r}_e+\delta \boldsymbol{r}_r$$

式中 $\delta r_e=OA\cdot\delta\varphi=\frac{l}{\cos\varphi}\delta\varphi$，　则 $\delta r_a=\frac{\delta r_e}{\cos\varphi}=\frac{l}{\cos^2\varphi}\delta\varphi$。$AB$ 杆作平动，A、B 两点的绝对虚位移相等，有

$$\delta r_B=\delta r_a=\frac{l}{\cos^2\varphi}\delta\varphi$$

由虚功方程 $\sum\delta W_F=0$，有

$$F_2\delta r_B-F_1\delta r_C=0,F_2\cdot\frac{l}{\cos^2\varphi}\delta\varphi-F_1\cdot a\delta\varphi=0$$

解得

$$F_1=\frac{F_2 l}{a\cos^2\varphi}$$

【解 2】 解析法：取坐标系如题 14-3 图所示，选 φ 为广义坐标，设 $AB=b$，则 $x_C=a\cos\varphi$，$y_C=a\sin\varphi$，$y_B=y_A-b=l\tan\varphi-b$，有

$$\delta x_C=-a\sin\varphi\delta\varphi,\delta y_C=a\cos\varphi\delta\varphi,\delta y_B=\delta y_A=\frac{l}{\cos^2\varphi}\delta\varphi$$

各主动力的投影为 $F_{1x}=F_1\sin\varphi$，$F_{1y}=-F_1\cos\varphi$，$F_{2y}=F_2$。由虚功方程 $\sum\delta W_F=\sum(F_{ix}\delta x_i+F_{iy}\delta y_i)=0$，有

$$F_{1x}\delta x_C+F_{1y}\delta y_C+F_{2y}\delta y_B=0$$

即

$$F_1\sin\varphi(-a\sin\varphi\delta\varphi)+(-F_1\cos\varphi)(a\cos\varphi\delta\varphi)+F_2\left(\frac{l}{\cos^2\varphi}\delta\varphi\right)=0$$

解得

$$F_1=\frac{F_2 l}{a\cos^2\varphi}$$

14-4　如题 14-4 图所示机构中，曲柄 OA 上作用一力偶，其矩为 M，滑块 D 上作用水平力 F。已知 $OA=a$，$BC=BD=l$。求当机构在图示位置平衡时，力 F 与力偶矩 M 的关系。

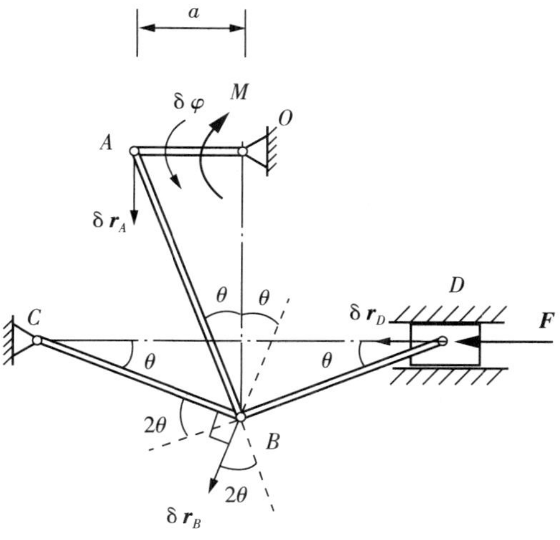

题 14-4 图

【解】 研究整个系统，给 OA 杆的虚位移为 $\delta\varphi$，则 $\delta\boldsymbol{r}_A\perp OA$，$\delta\boldsymbol{r}_B\perp CB$，$\delta\boldsymbol{r}_D$ 沿水平方向，且 $\delta r_A=a\delta\varphi$，将 A、B 两点的虚位移向 AB 连线投影，有

$$\delta r_B\cos2\theta=\delta r_A\cos\theta$$

将 D、B 两点的虚位移向 DB 连线投影，有

$$\delta r_B \sin 2\theta = \delta r_D \cos\theta$$

得 $\delta r_D = a\tan 2\theta\delta\varphi$。由虚功方程 $\sum \delta W_F = 0$，有

$$-M\delta\varphi + F\delta r_D = 0$$

所以 $M = Fa\tan 2\theta$

14－5　如题 14－5 图所示机构中杆 $OA = AB = l$，弹簧的原长为 $2l$，刚度系数为 k，各构件重量及各处摩擦均不计，若系统在铅直力 $\boldsymbol{Q}$ 作用下保持平衡，试用虚位移原理求平衡时力 $\boldsymbol{Q}$ 和角 θ 的关系。

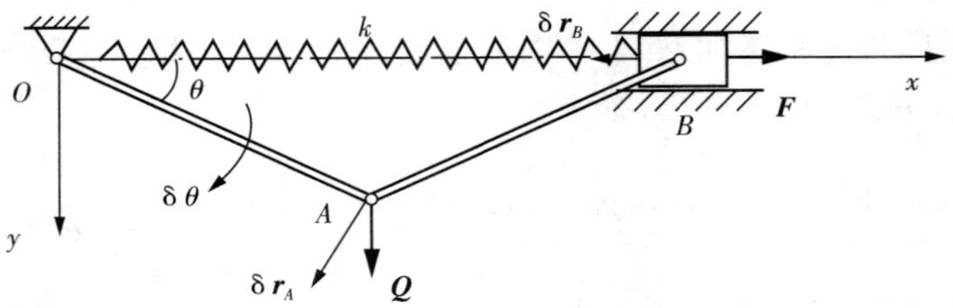

题 14－5 图

【解】　(1) 几何法。给杆 OA 虚位移 $\delta\theta$，则 $\delta r_A = l\delta\theta$，对 AB 杆，有 $[\delta \boldsymbol{r}_A]_{AB} = [\delta \boldsymbol{r}_B]_{AB}$，$\delta r_A \cos(90^\circ - 2\theta) = \delta r_B \cos\theta$，$\therefore \delta r_B = 2\delta r_A \sin\theta$。由

$$\sum \delta W_F = 0, Q\delta r_A \cos\theta - F\delta r_B = 0$$

又弹性力 $F = k(2l - 2l\cos\theta) = 2kl(1-\cos\theta)$，所以

$$Q\delta r_A \cos\theta - 2kl(1-\cos\theta)2\delta r_A \sin\theta = 0$$

得

$$Q = 4kl(\tan\theta - \sin\theta)$$

(2) 解析法。建立 Oxy 坐标系如题 14－5 图所示，则 $\begin{cases} y_A = l\sin\theta \\ x_B = 2l\cos\theta \end{cases}$，$\therefore \begin{cases} \delta y_A = l\cos\theta\delta\theta \\ \delta x_B = -2l\sin\theta\delta\theta \end{cases}$，

弹性力 $F = k(2l - 2l\cos\theta) = 2kl(1-\cos\theta)$，由

$$\sum \delta W_F = 0, Q\delta y_A + F\delta x_B = 0$$

$$Ql\cos\theta\delta\theta + 2kl(1-\cos\theta)(-2l\sin\theta\delta\theta) = 0$$

得

$$Q = 4kl(\tan\theta - \sin\theta)$$

14－6　两等长杆 AB 与 BC 用铰链连接，且在 D、E 两点连一弹簧如题 14－6(a) 图所示。弹簧刚性系数为 k，当 $AC = a$ 时，弹簧拉力为零；设 $BC = BA = l$，$BE = BD = b$，系统在 $\boldsymbol{F}$ 作用下平衡，杆重及摩擦不计；求平衡时 AC 长 x。

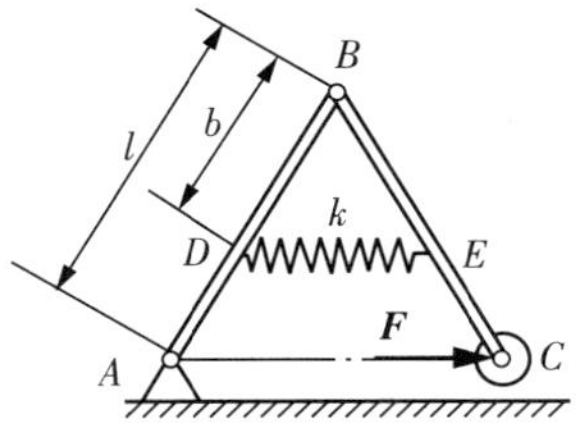

题 14－6(a) 图

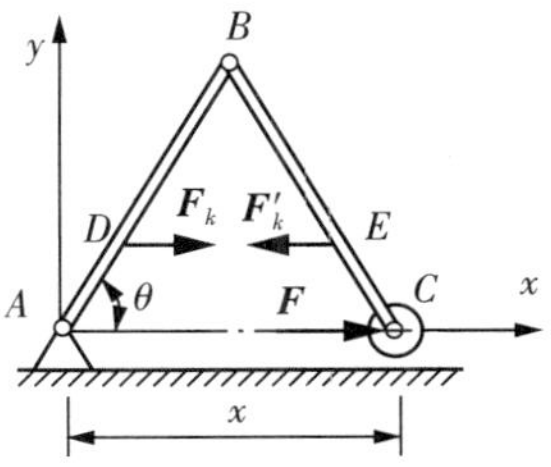

题 14－6(b) 图

【解】 解除弹簧约束，用弹性力代替，并建立直角坐标系如题 14－6(b) 图。设弹簧原长为 L_0，当 $AC=a$ 时，有

$$\frac{L_0}{a}=\frac{b}{l},L_0=\frac{b}{l}a$$

同理可得变形后的弹簧长度为 $L=\frac{b}{l}x$，弹簧的变形量为 $L-L_0=\frac{b}{l}(x-a)$，则弹性力大小为

$$F_k=F'_k=k(L-L_0)=k\frac{b}{l}(x-a)$$

选 θ 角为广义坐标，并建立直角坐标系，各力作用点横向坐标及其变分为

$$x_D=(l-b)\cos\theta,\delta x_D=-(l-b)\sin\theta\delta\theta$$

$$x_E=(l+b)\cos\theta,\delta x_E=-(l+b)\sin\theta\delta\theta$$

$$x_C=2l\cos\theta,\delta x_C=-2l\sin\theta\delta\theta$$

由虚功方程 $\sum\delta W_F=\sum(F_{ix}\delta x_i+F_{iy}\delta y_i)=0$ 有

$$F_k\delta x_D-F'_k\delta x_E+F\delta x_C=0$$

解得

$$x=a+\frac{Fl^2}{kb^2}$$

14－7　如题 14－7(a) 图所示滑套 D 套在直杆 AB 上，并带动杆 CD 在铅直滑道上滑动。已知弹簧刚度系数 $k=5\text{kN/m}$，$\theta=0°$ 时，弹簧为原长 300 mm；杆重不计，系统在图示位置平衡，求平衡时，力偶矩 M。

【解】 研究系统，解除弹簧约束，用弹性力 $\boldsymbol{F}_k$、$\boldsymbol{F}'_k$ 代替，如题 14－7(b) 图。弹性力大小

$$F_k=F'_k=k\left[0.3-\left(0.6-\frac{0.3}{\cos\theta}\right)\right]$$

给 AB 杆转角虚位移 $\delta\theta$，选 CD 杆的 D 点为动点，AB 杆为动系，虚位移如题 14－7(b) 图，由 $\delta\boldsymbol{r}_a=\delta\boldsymbol{r}_e+\delta\boldsymbol{r}_r$，　式中 $\delta r_e=AD\cdot\delta\theta$，则

$$\delta r_r=\delta r_e\tan\theta=\frac{0.3}{\cos\theta}\cdot\tan\theta\delta\theta$$

由虚功方程 $\sum\delta W_F=0$，有 $M\delta\theta-F_k\delta r_r=0$，解得平衡时力偶矩

$$M=450\,\frac{1-\cos\theta}{\cos^3\theta}\sin\theta\ \mathrm{N\cdot m}$$

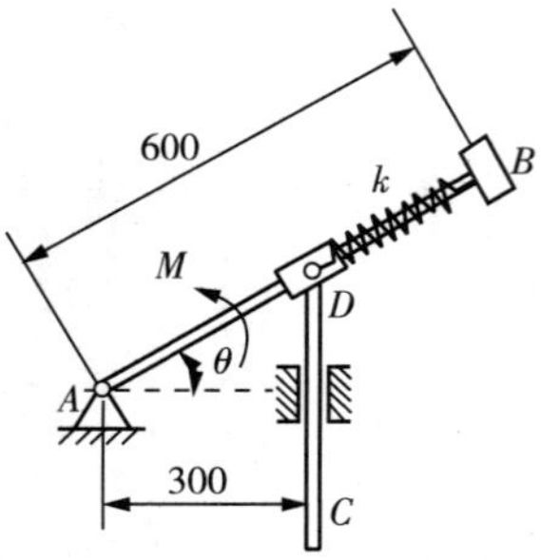

题 14－7(a) 图

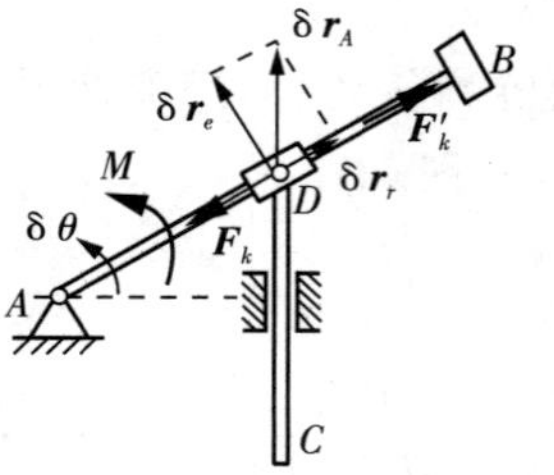

题 14－7(b) 图

14－8　如题 14－8 图所示机构由五根连杆与固定边 AB 组成。已知各杆及 AB 的长度均为 l，两水平力 $\boldsymbol{P}$ 分别作用在 C、D 点，铅垂力 $\boldsymbol{Q}$ 作用在 EF 杆的中点 G，使系统保持正六边形平衡。试用虚位移原理求力 P 与 Q 之间的关系。

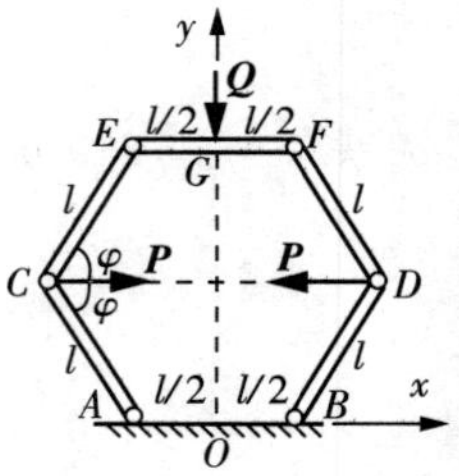

题 14－8 图

【解】　用解析法：取 Oxy 坐标系如题 14－8 图，选角 φ 为广义坐标，则点 D、C、G 的坐标及其变分为

$$x_C=-\frac{l}{2}-l\cos\varphi,\delta x_C=l\sin\varphi\cdot\delta\varphi$$

$$x_D=\frac{l}{2}+l\cos\varphi,\delta x_D=-l\sin\varphi\cdot\delta\varphi$$

$$y_G=2l\sin\varphi,\delta y_G=2l\cos\varphi\cdot\delta\varphi$$

由虚功原理 $\sum\delta W_F=0$，

$$P\delta x_C-P\delta x_D-Q\delta y_G=0,Pl\sin\varphi\cdot\delta\varphi-P(-l\sin\varphi\cdot\delta\varphi)-Q2l\cos\varphi\cdot\delta\varphi=0$$

由 $\delta\varphi$ 的任意性知，有 $-Q\cos\varphi+P\sin\varphi=0$，解得

$$\frac{Q}{P}=\tan\varphi$$

所以系统保持正六边形平衡，$\varphi=60^\circ$ 时有

$$\frac{Q}{P}=\sqrt{3}$$

14－9　由相同的长为 l、质量为 m 的均质杆铰接而成的系统位于垂直面内。如题 14－9(a) 图所示位置，在弹簧 KD 作用下 $KCDE$ 为正方形，系统平衡。若 $L=l(\sqrt{2}+\sqrt{3})$，求弹簧 KD 的约束力。

【解】　解除弹簧 KD 的约束，用弹性约束力 $\boldsymbol{F}_K$、$\boldsymbol{F}'_K$ 代替。取直角坐标系，如题 14－9(b) 图。选 θ 为广义坐标，则各杆质心的 y 坐标(对称的杆质心用同样的符号)及 K、D 两点的 x 坐标分别为

$$\begin{cases} y_{C1}=0.5l\sin\theta \\ y_{C2}=l\sin\theta-0.5l\sin\varphi \\ y_{C3}=l\sin\theta+0.5l\sin\varphi \\ x_K=l\cos\theta \\ x_D=l\cos\theta+2l\cos\varphi \end{cases} \text{求变分，得} \begin{cases} \delta y_{C1}=0.5l\cos\theta\delta\theta \\ \delta y_{C2}=l\cos\theta\delta\theta-0.5l\cos\varphi\delta\varphi \\ \delta y_{C3}=l\cos\theta\delta\theta+0.5l\cos\varphi\delta\varphi \\ \delta x_K=-l\sin\theta\delta\theta \\ \delta x_D=-l\sin\theta\delta\theta-2l\sin\varphi\delta\varphi \end{cases}$$

由虚功方程 $\sum\delta W_F=\sum(F_{ix}\delta x_i+F_{iy}\delta y_i)=0$ 有

$$2mg\delta y_{C1}+2mg\delta y_{C2}+2mg\delta y_{C3}+F_{Kx}\delta x_K-F'_{Kx}\delta x_D=0$$

$$2mg0.5l\cos\theta\delta\theta+2mg(l\cos\theta\delta\theta-0.5l\cos\varphi\delta\varphi)+2mg(l\cos\theta\delta\theta+0.5l\cos\varphi\delta\varphi)$$
$$+F_K(-l\sin\theta\delta\theta)-F_K(-l\sin\theta\delta\theta-2l\sin\varphi\delta\varphi)=0$$

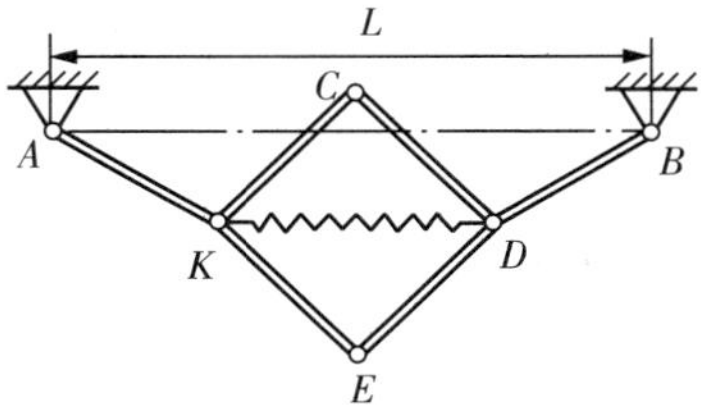

题 14－9(a) 图

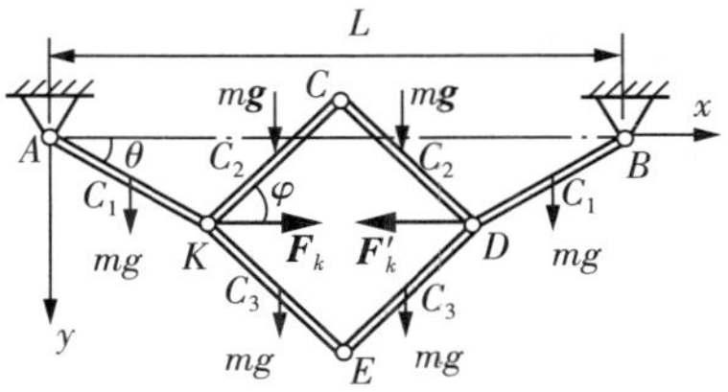

题 14－9(b) 图

得　$F_K=-\dfrac{5mg\cos\theta}{2\sin\varphi}\dfrac{\delta\theta}{\delta\varphi}$。

找虚位移之间的关系。因为　$L=l(\sqrt{2}+\sqrt{3})=2l\cos\theta+2l\cos\varphi$，求变分，得

$$0=-2l\sin\theta\delta\theta-2l\sin\varphi\delta\varphi$$

$\therefore \dfrac{\delta\theta}{\delta\varphi}=-\dfrac{\sin\varphi}{\sin\theta}$，弹簧 KD 的力 $F_K=\dfrac{5mg}{2\tan\theta}$。又平衡时，$KCDE$ 为正方形，$\varphi=45°$，代入 $L=l(\sqrt{2}+\sqrt{3})=2l\cos\theta+2l\cos\varphi$，得 $\cos\theta=\dfrac{\sqrt{3}}{2}$，$\theta=30°$，所以弹簧 KD 的力

$$F_K=\frac{5mg}{2\tan 30°}=\frac{5\sqrt{3}}{2}mg$$

14 - 10　如题 14 - 10 图所示构架由均质杆 AC 和 BC 在 C 处铰接而成。已知杆重 $F_1=2\text{kN}$，$F_2=4\text{kN}$，杆 $AC=2\text{m}$。用虚位移原理求支座 B 处的约束反力。

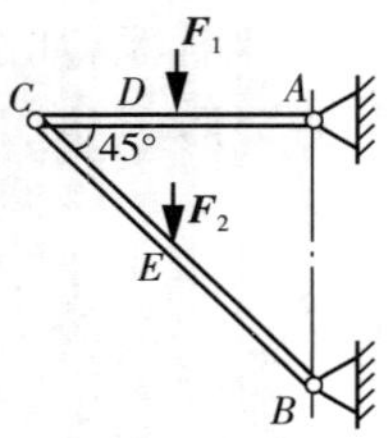

题 14 - 10(a) 图

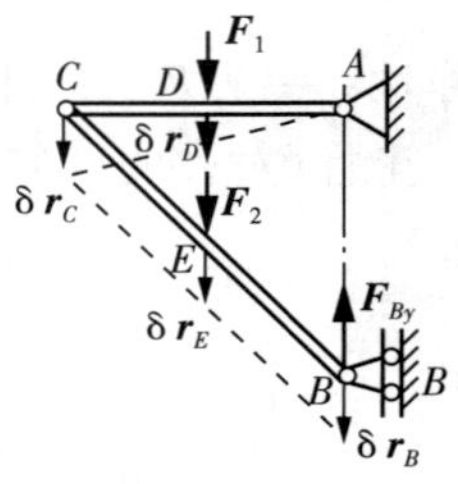

题 14 - 10(b) 图

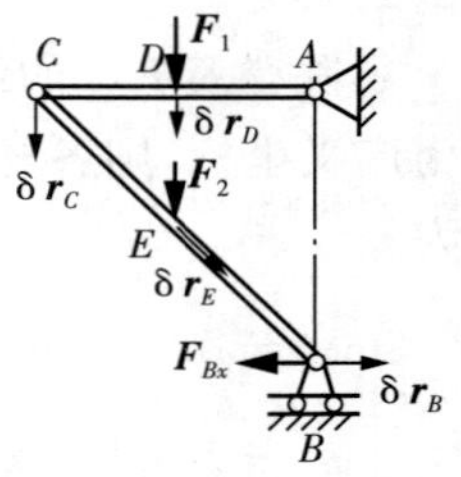

题 14 - 10(c) 图

【解】　(1) 求支座 B 的铅垂方向反力 $\boldsymbol{F}_{By}$，如题 14 - 10(b) 图。解除支座 B 的铅垂方向约束，代之以约束力 $\boldsymbol{F}_{By}$，给虚位移 δr_B，则 BC 作平动，AC 绕 A 的定轴转动，各点的虚位移之间的关系为

$$\delta r_B=\delta r_E=\delta r_C=2\delta r_D$$

由虚功方程 $\sum\delta W_F=0$：$F_1\delta r_D+F_2\delta r_E-F_{By}\delta r_B=0$，代入数据及虚位移之间的关系，解得

$$F_{By}=5\text{kN}$$

(2) 求支座 B 的水平方向约束反力 $\boldsymbol{F}_{Bx}$，如题 14 - 10(c) 图。解除支座 B 的水平方向约束，代之以约束力 $\boldsymbol{F}_{Bx}$，给虚位移 δr_B，则 BC 作平面运动，瞬心为 A 点；AC 作绕 A 的定轴转动，各点的虚位移之间的关系为

$$\delta r_B=\sqrt{2}\,\delta r_E=\delta r_C=2\delta r_D$$

由虚功方程 $\sum\delta W_F=0$，有

$$F_1\delta r_D+F_2\cos45^\circ\delta r_E-F_{Bx}\delta r_B=0$$

代入数据及虚位移之间的关系，解得 $F_{Bx}=3\text{kN}$。

14 - 11　结构受力及尺寸如题 14 - 11(a) 图所示，已知集中力 F，力偶 $M=Fa$，试用虚位移原理求固定端 A 的水平方向的约束力。

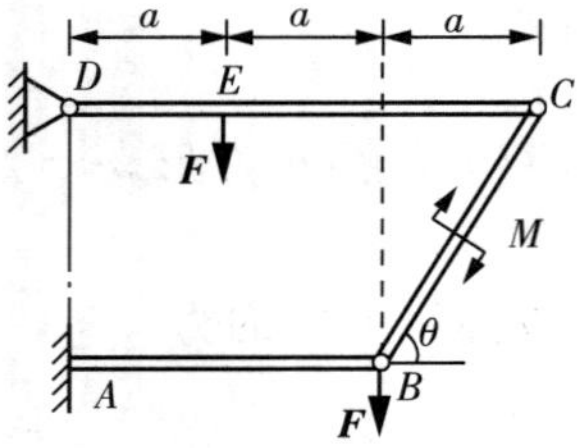

题 14 - 11(a) 图

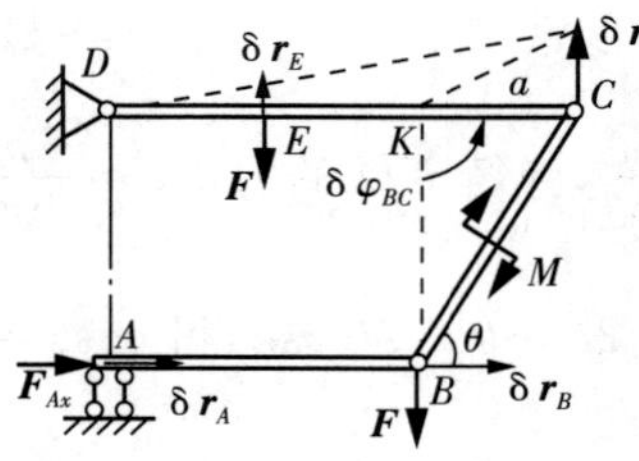

题 14 - 11(b) 图

【解】 研究系统，解除固定端 A 水平方向的约束，将其变成双连杆支座，用水平约束力 $\boldsymbol{F}_{Ax}$ 代替，并视其为主动力。给 AB 以虚位移 δr_A，AB 杆作平动，有 $\delta r_B = \delta r_A$，如题 14－11(b) 图

BC 杆作平面运动，瞬心为点 K，BC 杆作瞬时平动，CD 杆做定轴转动，BC 杆转角

$$\delta\varphi_{BC} = \frac{\delta r_B}{BK} = \frac{\delta r_B}{a\tan\theta},\delta r_C = CK\cdot\delta\varphi_{BC} = \frac{\delta r_B}{\tan\theta},\delta r_E = \frac{1}{3}\delta r_C = \frac{\delta r_B}{3\tan\theta}$$

由虚功原理 $\sum\delta W_F = 0$，得 $F_{Ax}\delta r_A - M\delta\varphi_{BC} - F\delta r_E = 0$，

$$F_{Ax}\delta r_B - M\frac{\delta r_B}{a\tan\theta} - F\frac{\delta r_B}{3\tan\theta} = 0$$

解得固定端 A 的水平约束力 $F_{Ax} = \dfrac{3M + Fa}{3a\tan\theta}$，即 $F_{Ax} = \dfrac{4F}{3\tan\theta}$。

14－12　如题 14－12(a) 图结构，已知铅垂力 $\boldsymbol{F}$ 及力偶矩 M，不计各杆杆重，试用虚位移原理求支座 D 处的约束力。

【解】 (1) 解除支座 D 处水平方向约束，用约束力 $\boldsymbol{F}_{Dx}$ 代替，固定铰支座转换成活动支座，如题 14－12(b) 图。给虚位移 $\delta\boldsymbol{r}_D$，则 CD 杆作平面运动，瞬心为 E 点，AB 杆做定轴转动。所以

$$\delta\varphi_{CD} = \frac{\delta r_D}{b} = \frac{\delta r_C}{a},\frac{\delta r_C}{2a} = \frac{\delta r_B}{3a},\therefore\delta r_B = \frac{3a}{2b}\delta r_D$$

由虚位移原理 $\sum\delta W_F = 0$，$F_{Dx}\delta r_D - F\delta r_B - M\delta\varphi_{CD} = 0$，得

$$F_{Dx} = \frac{2M + 3Fa}{2b}$$

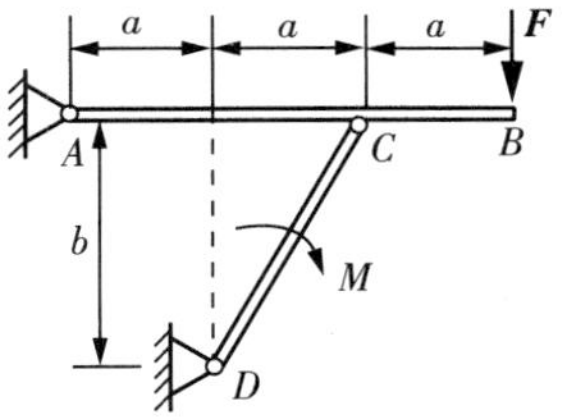

题 14－12(a) 图

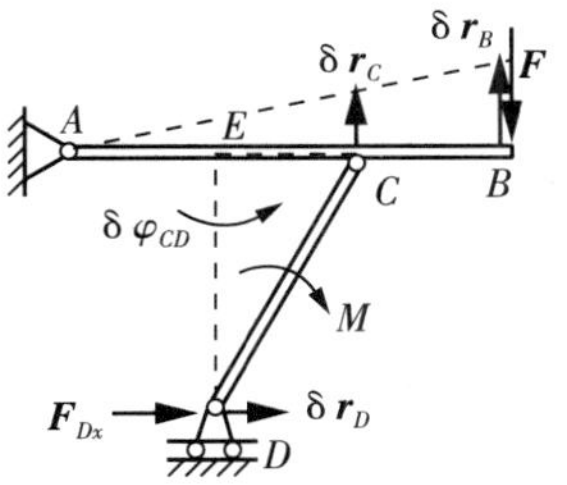

题 14－12(b) 图

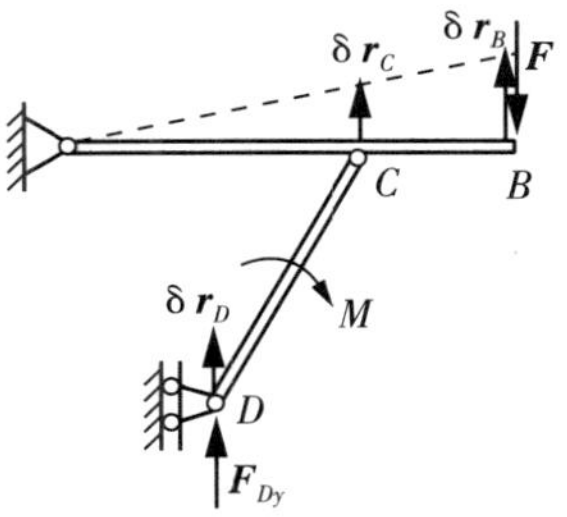

题 14－12(c) 图

(2) 解除支座 D 处铅直方向约束，用约束力 $\boldsymbol{F}_{Dy}$ 代替，固定铰支座转换成活动支座，如题 14－12(c) 图。给虚位移 $\delta\boldsymbol{r}_D$，则 CD 杆作瞬时平移运动；AB 杆做定轴转动。所以

$$\delta r_D = \delta r_C,\frac{\delta r_C}{2a} = \frac{\delta r_B}{3a}$$

由虚位移原理，$\sum\delta W_F = 0$，$F_{Dy}\delta r_D - F\delta r_B = 0$，得

$$F_{Dy}=\frac{3}{2}F$$

14-13　如题14-13(a)图所示平面结构，杆$AB=BC=2a$，铅垂力F_1作用于杆AO的中点D，水平力F_2作用于铅直杆BC的中点E，力偶M作用于杆AB，$F_1=F_2=F$，$M=Fa$，各构件重量和各处摩擦均不计。试用虚位移原理求固定端C处的约束力偶。

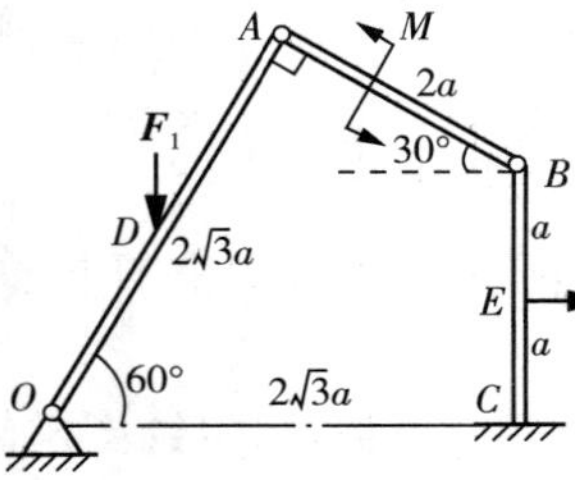

题 14-13(a) 图

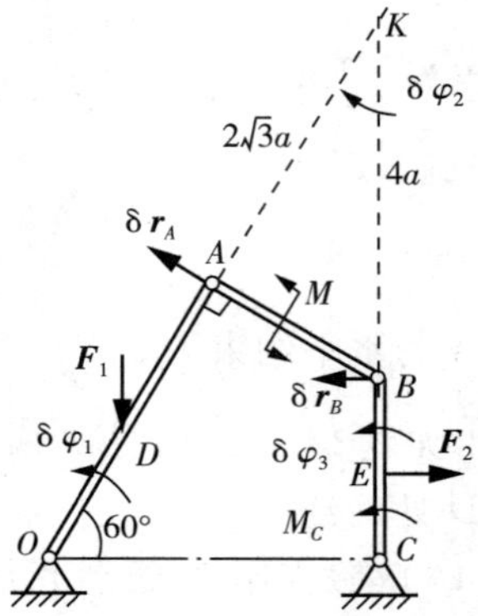

题 14-13(b) 图

【解】　解除固定端C的约束，用固定铰支座代替，并加约束力偶M_C，如题14-13(b)图。给OA杆转角虚位移$\delta\varphi_1$，则AB有转角虚位移$\delta\varphi_2$；BC有转角虚位移$\delta\varphi_3$；K为AB杆的速度瞬心。则有

$$\delta r_A=OA\cdot\delta\varphi_1=AK\cdot\delta\varphi_2,\ \delta r_B=BK\cdot\delta\varphi_2=BC\cdot\delta\varphi_3$$

$$2\sqrt{3}a\cdot\delta\varphi_1=2\sqrt{3}a\cdot\delta\varphi_2,\ 4a\cdot\delta\varphi_2=2a\cdot\delta\varphi_3$$

$\therefore\delta\varphi_2=\delta\varphi_1$，$\delta\varphi_3=2\delta\varphi_1$，由虚位移原理

$$\sum\delta W_F=0,\ -F_1\sqrt{3}a\cos60^\circ\delta\varphi_1-M\delta\varphi_2-F_2a\delta\varphi_3+M_C\delta\varphi_3=0$$

$$-F\sqrt{3}a\cos60^\circ\delta\varphi_1-Fa\delta\varphi_1-Fa\cdot2\delta\varphi_1+M_C\cdot2\delta\varphi_1=0$$

得$M_C=\dfrac{\sqrt{3}+6}{4}Fa$，即固定端$C$处的约束反力偶为$\dfrac{\sqrt{3}+6}{4}Fa$。

14-14　平面桁架如题14-14(a)图所示，$AD=DB=6\text{m}$，$CD=3\text{m}$，节点D处作用载荷$\boldsymbol{P}$。试用虚位移原理求图示桁架中杆3的内力。

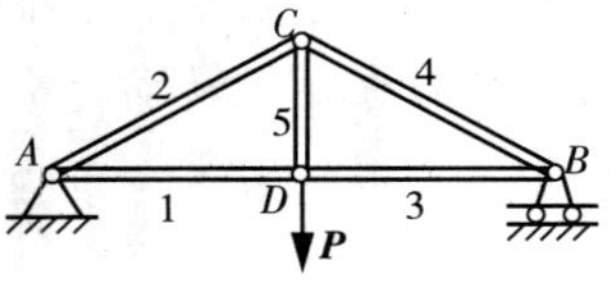

题 14-14(a) 图

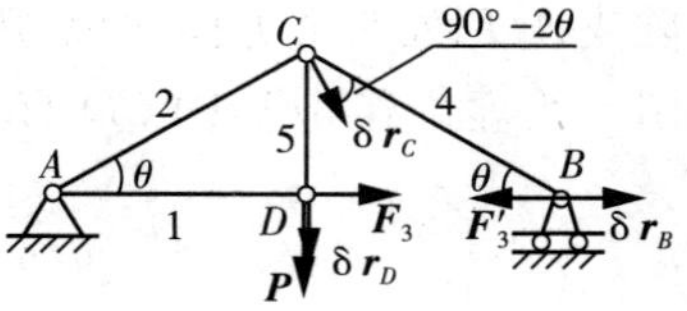

题 14-14(b) 图

【解】 研究整个桁架，解除杆 3 约束，代之以在节点 B、D 两处的拉力$\boldsymbol{F}_3$ 和$\boldsymbol{F}'_3$，如题 14－14(b) 图。给虚位移 $\delta \boldsymbol{r}_B$，则 BC 作平面运动；$\triangle ACD$ 绕A 做定轴转动。各点的虚位移之间的关系为

$$\delta r_B\cos\theta = \delta r_C\sin 2\theta,\ \delta r_C\cos\theta = \delta r_D$$

由虚功方程 $\sum \delta W_F = 0$，有 $P\delta r_D - F'_3\delta r_B = 0$

解得 $F'_3 = P$，即杆 3 的内力大小等于 P，为拉力。

14－15　平面桁架结构如题 14－15(a) 图，已知 $AB = BC = AC = a$，$AD = DC = \sqrt{2}a/2$，各杆自重不计，D 铰处作用集中力为 $\boldsymbol{P}$，求杆 BD 的内力。

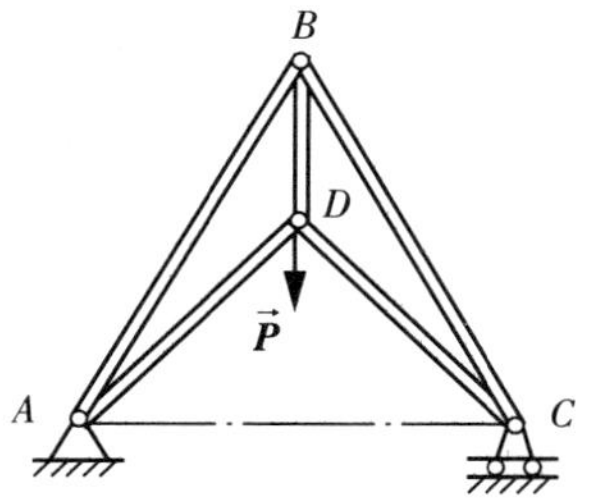

题 14－15(a) 图

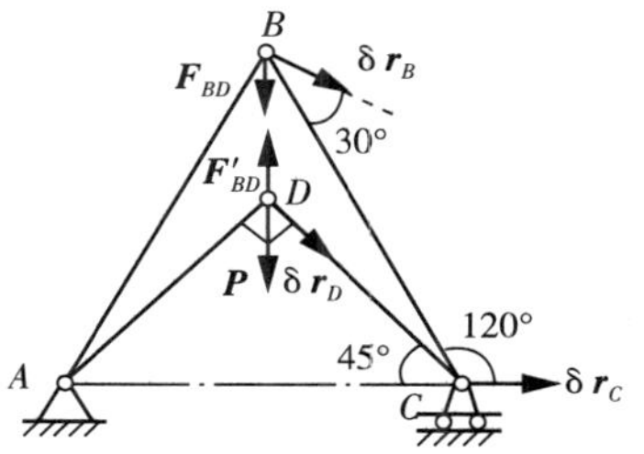

题 14－15(b) 图

【解】 研究整个桁架，解除杆 BD 约束，代之以 BD 杆的拉力$\boldsymbol{F}_{BD}$ 和$\boldsymbol{F}'_{BD}$，如题 14－15(b) 图。给系统虚位移，有 $\delta \boldsymbol{r}_B \perp AB$，$\delta \boldsymbol{r}_D \perp AD$，$\delta \boldsymbol{r}_C$ 水平。各虚位移之间的关系为

$$\delta r_B\cos 30° = \delta r_C\cos 60°,\quad \delta r_D = \delta r_C\cos 45°$$

所以 $\delta r_D = \dfrac{\sqrt{6}}{2}\delta r_B$，由虚功方程 $\sum \delta W_F = 0$，有

$$P\delta r_D\cos 45° - F'_{BD}\delta r_D\cos 45° + F_{BD}\delta r_B\cos 60° = 0$$

解得杆 BD 的内力 $F'_{BD} = F_{BD} = \dfrac{3+\sqrt{3}}{2}P$，为拉力。

14－16　如题 14－16(a) 图所示桁架，已知集中力 $\boldsymbol{F}$ 及尺寸 L。试用虚位移原理求杆 CD 的内力。

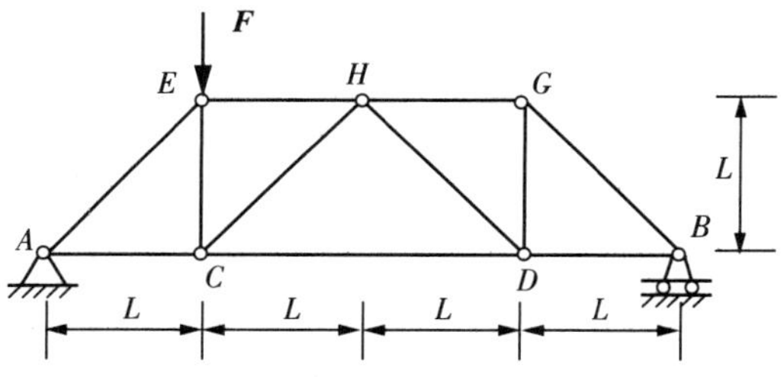

题 14－16(a) 图

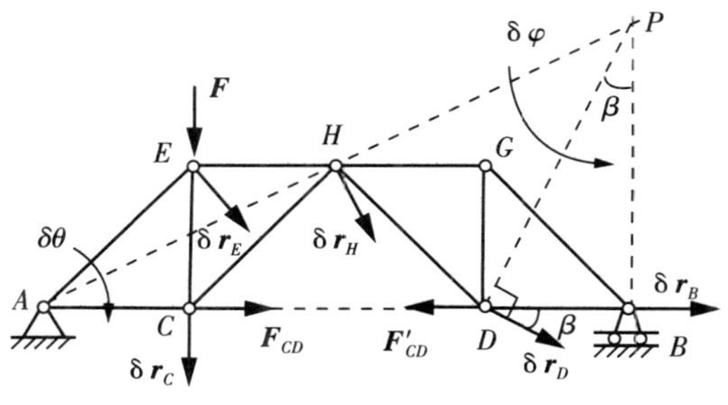

题 14－16(b) 图

【解】 解除 CD 杆约束,代之以 CD 杆的拉力 $\boldsymbol{F}_{CD}$ 和 $\boldsymbol{F}'_{CD}$,且 $F_{CD}=F'_{CD}$,如题 14-16(b) 图。给构架 $ACHE$ 绕 A 轴的转角虚位移 $\delta\theta$,则构架 $BDHG$ 作平面运动,瞬时中心为 P,转角为 $\delta\varphi$。各点虚位移如图所示,有

$$\delta r_E=AE\cdot\delta\theta=\sqrt{2}L\delta\theta,\delta r_C=AC\cdot\delta\theta=L\delta\theta,\delta r_H=AH\cdot\delta\theta=\sqrt{5}L\delta\theta$$

且 $\delta r_H=HP\cdot\delta\varphi=\sqrt{5}L\delta\varphi,\delta r_D=DP\cdot\delta\varphi=\sqrt{5}L\delta\varphi,\therefore\delta\varphi=\delta\theta;\delta r_D=\sqrt{5}L\delta\theta$

由虚功方程 $\sum\delta W_F=0$,有

$$F\delta r_E\cos45°+F_{CD}\delta r_C\cos90°-F'_{CD}\delta r_D\cos\beta=0$$

$$F\sqrt{2}L\delta\theta\cdot\frac{\sqrt{2}}{2}-F'_{CD}\sqrt{5}L\delta\theta\cdot\frac{2}{\sqrt{5}}=0,$$

由 $\delta\theta$ 的任意性,得

$$F'_{CD}=\frac{F}{2}(\text{拉力})$$

14-17 组合梁如题 14-17 图,已知 $l=8\text{m}$,$P=4900\text{N}$,$q=2450\text{N/m}$,$M=4900\text{N}\cdot\text{m}$,试用虚位移原理求各支座约束力。

【解】 为求支座反力,依次解除相应约束,用约束力代替。图中 AC 段梁、CE 段梁上的均布载荷分别用合力 $\boldsymbol{F}_1$ 用 $\boldsymbol{F}_2$ 表示,且 $F_1=F_2=\dfrac{1}{4}ql$

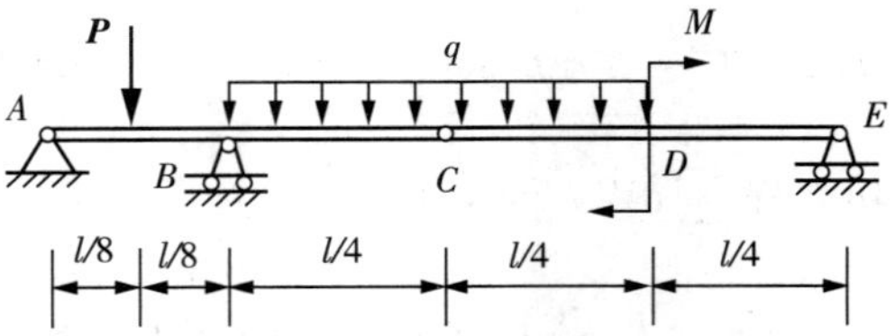

题 14-17 图

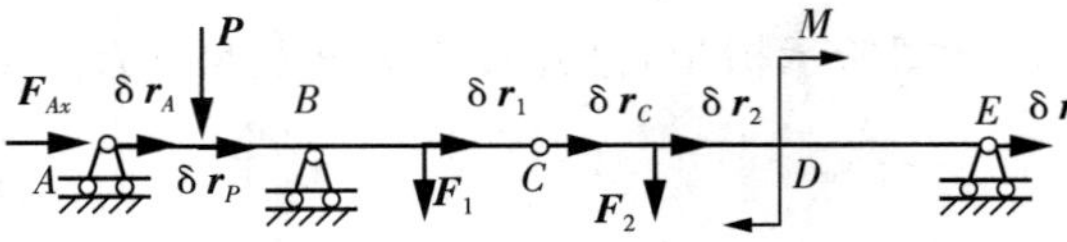

题 14-17(a) 图

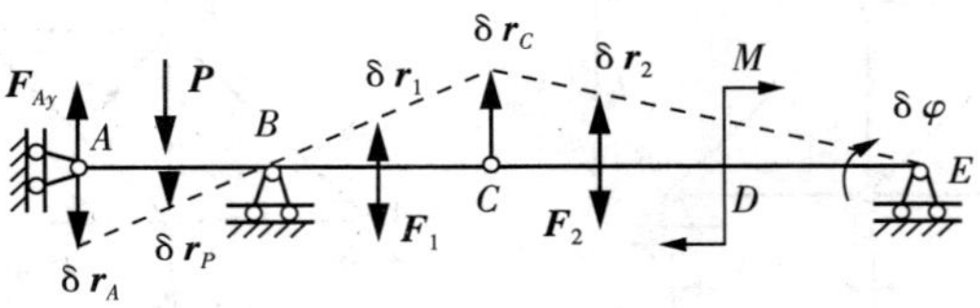

题 14-17(b) 图

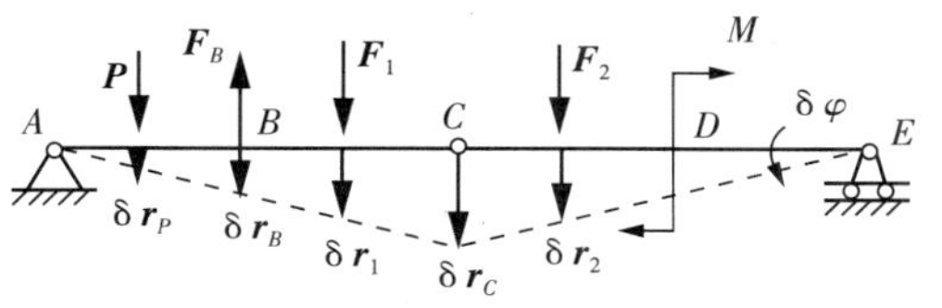

题 14－17(c) 图

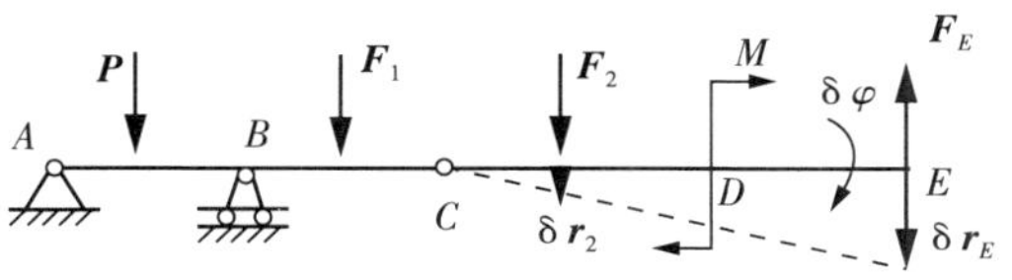

题 14－17(d) 图

(1) 解除 A 支座 x 方向的约束，代之以 $\boldsymbol{F}_{Ax}$，如题 14－17(a) 图，给 A 点虚位移 $\delta\boldsymbol{r}_A$，则根据约束特点，AC、CE 梁均作水平方向的平移，各点虚位移均相等。

$$\delta r_1=\delta r_2=\delta r_P=\delta r_A$$

由虚功方程 $\sum\delta W_F=0$，有 $F_{Ax}\delta r_A=0$，解得

$$F_{Ax}=0$$

(2) 解除 A 支座 y 方向的约束，代之以 $\boldsymbol{F}_{Ay}$，如题 14－17(b) 图，给 A 点虚位移 $\delta\boldsymbol{r}_A$，则根据几何关系得各点虚位移之间的关系

$$\delta r_P=\delta r_1=\frac{1}{2}\delta r_A,\delta r_C=\delta r_A,$$

$$\delta\varphi=\frac{\delta r_C}{CE}=\frac{2\delta r_A}{l},\delta r_2=\frac{3}{8}l\delta\varphi=\frac{3}{4}\delta r_A$$

由虚功方程 $\sum\delta W_F=0$，有

$$-F_{Ay}\delta r_A+P\delta r_P-F_1\delta r_1-F_2\delta r_2+M\delta\varphi=0$$

$$-F_{Ay}\delta r_A+P\times\frac{1}{2}\delta r_A-\frac{1}{4}ql\times\frac{1}{2}\delta r_A-\frac{1}{4}ql\times\frac{3}{4}\delta r_A+M\times\frac{2\delta r_A}{l}=0$$

代入数据解得　$F_{Ay}=-2450\text{N}$

(3) 解除 B 支座，代之以 $\boldsymbol{F}_B$，如题 14－17(c) 图，则 AC 梁绕 A 做定轴转动，CE 梁绕 E 做定轴转动；给 CE 梁转角虚位移 $\delta\varphi$，则各点虚位移之间的关系有

$$\delta r_2=\frac{3}{8}l\delta\varphi,\delta r_C=\frac{1}{2}l\delta\varphi,\delta r_1=\frac{3}{8}l\delta\varphi,\delta r_B=\frac{1}{4}l\delta\varphi,\delta r_P=\frac{1}{8}l\delta\varphi$$

由虚功方程 $\sum\delta W_F=0$，有 $P\delta r_P-F_B\delta r_B+F_1\delta r_1+F_2\delta r_2-M\delta\varphi=0$

$$P\times\frac{1}{8}l\delta\varphi-F_B\times\frac{1}{4}l\delta\varphi+\frac{1}{4}ql\times\frac{3}{8}l\delta\varphi+\frac{1}{4}ql\times\frac{3}{8}l\delta\varphi-M\delta\varphi=0$$

代入数据解得　$F_B=14700\text{N}$。

(4) 解除 E 支座，代之以 $\boldsymbol{F}_E$，如题 14-17(d) 图，则 AC 梁被完全约束，各处没有位移，而 CE 梁绕 C 做定轴转动；给 CE 梁顺时针转角虚位移 $\delta\varphi$，则各点虚位移之间的关系有

$$\delta r_2=\frac{1}{8}l\delta\varphi,\delta r_E=\frac{1}{2}l\delta\varphi$$

由虚功方程 $\sum\delta W_F=0$，有

$$F_2\delta r_2+M\delta\varphi-F_E\delta r_E=0$$

$$\frac{1}{4}ql\times\frac{1}{8}l\delta\varphi+M\delta\varphi-F_E\times\frac{1}{2}l\delta\varphi=0$$

代入数据解得　$F_E=2450\text{N}$。

第15章　分析力学基础

15.1　主要内容

一、矢量力学与分析力学

1. 矢量力学

牛顿力学研究的主要内容是物体与运动相互作用之间的关系。在牛顿定律的基础上建立起来的质点系动力学普遍定理(动量定理、动量矩定理、动能定理),可以用来求解质点系动力学的两类问题。这种方法和体系称为矢量力学。

矢量力学的特点是数学形式简单,物理概念清晰,适用于求解质点或简单刚体系统的动力学问题。缺点:对于复杂约束系统或变形体的动力学系统,由于约束力性质及分布均未知,用矢量力学求解就很困难,且无法建立一般系统的动力学方程。

2. 分析力学体系

采用能量与功来描述物体的运动与相互作用之间的关系,用数学分析的方法得到标量方程。建立了一般的理论和数学模型,对于具体问题,只要规范化地进行代入和展开,就可以直接建立力学方程。

二、广义坐标与自由度

1. 广义坐标

描述质点系在空间的位置的独立参数称为广义坐标。

2. 自由度

在完整约束条件下,确定质点系位形的独立参数的数目等于系统的自由度数。设系统由 n 个质点组成,由 s 个完整约束,其约束方程的一般形式为

$$f_k(\boldsymbol{r}_1,\boldsymbol{r}_2,\cdots \boldsymbol{r}_n,t)=0 \quad (k=1,2,\cdots,s) \tag{15-1}$$

则需要 $N=3n-s$ 个独立坐标 $q_1,q_2,\cdots q_N$ 来描述系统的位置,系统的自由度数为 N。

三、以广义坐标表示的质点系平衡条件

1. 以广义坐标表示的虚位移原理

$$\delta W_F=\sum_{k=1}^{N}Q_k\delta q_k=0 \quad (k=1,2,\cdots,N) \tag{15-2}$$

式中 Q_k 为广义坐标 q_k 对应的广义力，其数目等于系统的自由度数目。

$$Q_k=\sum_{i=1}^{N}\left(F_{ix}\frac{\partial x_i}{\partial q_k}+F_{iy}\frac{\partial y_i}{\partial q_k}+F_{iz}\frac{\partial z_i}{\partial q_k}\right)\quad(k=1,2,\cdots,N)\tag{15-3}$$

当广义坐标 q_k 是线位移时，广义力 Q_k 的量纲为力的量纲；q_k 是角位移时，Q_k 则是力矩的量纲。

2. 广义力的计算方法

(1) 直接由广义力的定义式(15-3)计算；

(2) 利用广义虚位移的任意性，令某一个 δq_k 不等于零，而其他 $N-1$ 个广义虚位移均等于零，由式(15-2)得

$$Q_k=\frac{\delta W_F}{\delta q_k}\quad(k=1,2,\cdots,N)\tag{15-4}$$

(3) 当系统为保守系统时，在一般位置，设系统的势能为 V，则广义力为

$$Q_k=-\frac{\partial V}{\partial q_k}\quad(k=1,2,\cdots,N)\tag{15-5}$$

3. 以广义坐标表示的质点系平衡条件

$$Q_k=0\quad(k=1,2,\cdots,N)\tag{15-6}$$

即具有完整、双侧、定常、理想约束的质点系，在给定位置平衡的必要和充分条件是系统所有的广义力都等于零。式(15-6)是一组平衡方程组，方程组的数目等于系统的自由度数。

四、保守系统的平衡条件

保守系统处于平衡的必要和充分条件是

$$\frac{\partial V}{\partial q_k}=0\quad(k=1,2,\cdots,N)\tag{15-7}$$

即势能具有驻值。若系统在平衡位置的势能具有极小值，则此平衡是稳定的。对单自由度系统，平衡时有 $\frac{\mathrm{d}V}{\mathrm{d}q}=0$，且当 $\frac{\mathrm{d}^2V}{\mathrm{d}q^2}>0$ 时，此系统为稳定的；当 $\frac{\mathrm{d}^2V}{\mathrm{d}q^2}<0$ 时，此系统是不稳定的；当 $\frac{\mathrm{d}^2V}{\mathrm{d}q^2}=0$ 时，需要分析更高阶导数。

五、动力学普遍方程

在双侧理想约束的条件下，质点系在任意瞬时所受的主动力系和虚加的惯性力系在虚位移上所作的虚功之和等于零，即

$$\sum_{i=1}^{N}(\boldsymbol{F}_i-m_i\ddot{\boldsymbol{r}}_i)\cdot\delta\boldsymbol{r}_i=0\tag{15-8}$$

投影式为

$$\sum_{i=1}^{N}[(F_{xi}-m_i\ddot{x}_i)\delta x_i+(F_{yi}-m_i\ddot{y}_i)\delta y_i+(F_{zi}-m_i\ddot{z}_i)\delta z_i]=0 \qquad (15-9)$$

式中 m_i 是质点的质量，$\ddot{x}_i$，$\ddot{y}_i$，$\ddot{z}_i$ 与 F_{xi}，F_{yi}，F_{zi} 分别为质点的加速度和作用在质点上的主动力在直角坐标轴上的投影。

式(15－8) 或(15－9) 称为动力学普遍方程，是达朗贝尔原理和虚位移原理相结合的产物，可以用来求解质点系动力学问题，特别是非自由质点系的动力学问题。

六、第一类拉格朗日方程

利用拉格朗日方程，将约束方程(15－1) 代入方程动力学普遍方程(15－1)。引入

$$\frac{\partial f_k}{\partial \boldsymbol{r}_i}=\frac{\partial f_k}{\partial x_i}\boldsymbol{i}+\frac{\partial f_k}{\partial y_i}\boldsymbol{j}+\frac{\partial f_k}{\partial z_i}\boldsymbol{k} \qquad (15-10)$$

得第一类拉格朗日方程

$$\boldsymbol{F}_i-m_i\ddot{\boldsymbol{r}}_i-\sum_{k=1}^{s}\lambda_k\frac{\partial f_k}{\partial \boldsymbol{r}_i}=0 \quad (i=1,2,\cdots,N) \qquad (15-11)$$

在式(15－11) 中，共有 $3n+s$ 个未知量，必须与方程(15－1) 联立求解。

七、第二类拉格朗日方程

用广义坐标表示动力学普遍方程，即可导出第二类拉格朗日方程。

1. 设质点系有 n 个质点，受到 s 个完整理想约束，则系统自由度为 $N=3n-s$，广义坐标为 q_1，q_2，…，q_N，系统运动满足拉格朗日方程

$$\frac{\mathrm{d}}{\mathrm{d}t}\left(\frac{\partial T}{\partial \dot{q}_k}\right)-\frac{\partial T}{\partial q_k}=Q_k \quad (k=1,2,\cdots,N) \qquad (15-12)$$

式中 T 为系统的动能，$\dot{q}_k$ 为广义速度，Q_k 为广义坐标 q_k 所对应的广义力。

2. 若系统只受保守力作用，则保守系统的拉格朗日方程

$$\frac{\mathrm{d}}{\mathrm{d}t}\left(\frac{\partial L}{\partial \dot{q}_k}\right)-\frac{\partial L}{\partial q_k}=0 \quad (k=1,2,\cdots,N) \qquad (15-13)$$

式中 L 是系统的动能和势能之差，称为拉格朗日函数，又称动势。通常，拉格朗日函数 L 是广义坐标、广义速度以及时间的函数。

八、拉格朗日方程的初积分

1. 循环积分

保守系统中，如果拉格朗日函数 L 中不显含某广义坐标 q_k，则称该坐标为循环坐标，有

$$p_k=\frac{\partial L}{\partial \dot{q}_k}=C \qquad (15-14)$$

式中 p_k 称为与广义坐标 q_k 对应的广义动量。上式也称广义动量守恒。

2. 能量积分

保守系统中，如果拉格朗日函数 L 中不显含时间 t，则有广义能量积分。在定常约束的条件下，广义能量积分进一步退化为机械能守恒，即

$$T+V=C \tag{15-15}$$

15.2 解题指导与习题解答

一、解题指导

1. 动力学普遍方程的解题步骤

(1) 确定研究对象。通常选整个系统为研究对象，因为理想约束力不会在动力学普遍方程中出现。

(2) 进行受力分析。画出系统的受力图，分析各力是否做功？若是非理想约束，则应视该约束力为主动力。

(3) 进行运动分析，并虚加惯性力，惯性力主矢和主矩分别和加速度和角加速度反向。

(4) 给虚位移，并找到虚位移之间的关系。

(5) 列出动力学普遍方程求解。当系统有多个自由度时，应分别取虚位移，列方程，联立求解。

2. 第二类拉格朗日方程的解题步骤

(1) 选整个系统为研究对象，分析系统的约束，确定系统的自由度，选广义坐标。

(2) 进行运动分析，用广义速度表示系统的动能。

(3) 分析系统的受力，并计算广义力。当系统为有势力场时，可用广义坐标表示系统的势能，求出动势 L。

(4) 计算 $\dfrac{\partial T}{\partial q_k}$、$\dfrac{\partial T}{\partial \dot{q}_k}$、$\dfrac{\mathrm{d}}{\mathrm{d}t}\left(\dfrac{\partial T}{\partial \dot{q}_k}\right)$，或 $\dfrac{\partial L}{\partial q_k}$、$\dfrac{\partial L}{\partial \dot{q}_k}$、$\dfrac{\mathrm{d}}{\mathrm{d}t}\left(\dfrac{\partial L}{\partial \dot{q}_k}\right)$。

(5) 代入第二类拉格朗日方程(15-12)或(15-13)中，得 N 个运动微分方程求解，并判断是否存在能量积分和循环积分。

二、习题解答

15-1　均质杆 $OA=l_1$，$AB=l_2$，OA 重 P_1，AB 重 P_2，两杆在 A 处铰接，OA 杆可绕水平轴 O 转动。在 B 端作用一水平力 $\boldsymbol{F}$，系统平衡；求平衡时的角 φ_1，φ_2。

【解 1】 解析法：系统具有两个自由度，选 φ_1，φ_2 为广义坐标，建立坐标系 Oxy 如题 15-1(a) 图，则

$$y_{C1}=\frac{1}{2}l_1\cos\varphi_1,\ y_{C2}=l_1\cos\varphi_1+\frac{1}{2}l_2\cos\varphi_2,\ x_B=l_1\sin\varphi_1+l_2\sin\varphi_2$$

求变分得

$$\delta y_{C1}=-\frac{1}{2}l_1\sin\varphi_1\delta\varphi_1,\delta y_{C2}=-l_1\sin\varphi_1\delta\varphi_1-\frac{1}{2}l_1\sin\varphi_2\delta\varphi_2,\delta x_B=l_1\cos\varphi_1\delta\varphi_1+l_2\cos\varphi_2\delta\varphi_2$$

各主动力在坐标轴上的投影为 $P_{1y}=P_1,P_{2y}=P_2,F_x=F$，由虚功方程 $\sum\delta W_F=0$，有

$$P_{1y}\delta y_{C1}+P_{2y}\delta y_{C2}+F_x\delta x_B=0$$

$$P_1\left(-\frac{1}{2}l_1\sin\varphi_1\delta\varphi_1\right)+P_2\left(-l_1\sin\varphi_1\delta\varphi_1-\frac{1}{2}l_2\sin\varphi_2\delta\varphi_2\right)+F(l_1\cos\varphi_1\delta\varphi_1+l_2\cos\varphi_2\delta\varphi_2)=0$$

$$\left(Fl_1\cos\varphi_1-\frac{1}{2}P_1l_1\sin\varphi_1-P_2l_1\sin\varphi_1\right)\delta\varphi_1+\left(Fl_2\cos\varphi_2-\frac{1}{2}P_2l_2\sin\varphi_2\right)\delta\varphi_2=0$$

$$\because\delta\varphi_1\neq0,\delta\varphi_2\neq0,\therefore\begin{cases}Fl_1\cos\varphi_1-\frac{1}{2}P_1l_1\sin\varphi_1-P_2l_1\sin\varphi_1=0\\Fl_2\cos\varphi_2-\frac{1}{2}P_2l_2\sin\varphi_2=0\end{cases}$$

解得

$$\varphi_1=\arctan\frac{2F}{P_1+2P_2},\varphi_2=\arctan\frac{2F}{P_2}$$

【解 2】　几何法：系统具有两个自由度，选 φ_1,φ_2 为广义坐标。

(1) 如题 15-1(b) 图，给 OA 杆转角虚位移 $\delta\varphi_1\neq0$，而令 AB 杆转角虚位移 $\delta\varphi_2=0$，即 AB 作平移，相应的虚位移

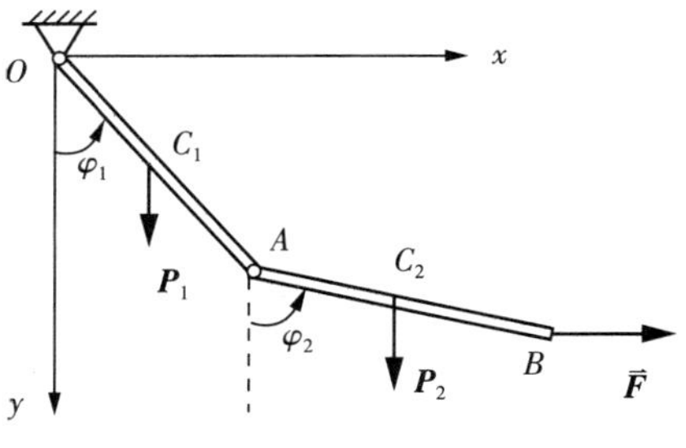

题 15-1(a) 图

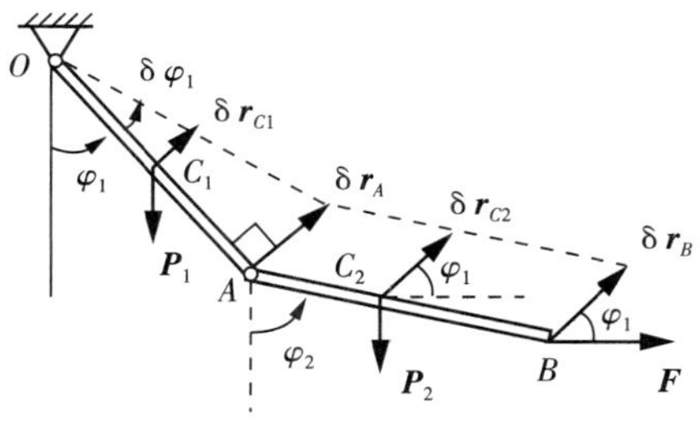

题 15-1(b) 图

$$\delta r_C=\frac{1}{2}l_1\delta\varphi_1,\delta r_A=\delta r_{C2}=\delta r_B=2\delta r_{C1}=l_1\delta\varphi_1$$

由虚功方程 $\sum\delta W_F=0$，有 $P_1\cdot\delta\boldsymbol{r}_{C_1}+P_2\cdot\delta\boldsymbol{r}_{C_2}+F\cdot\delta\boldsymbol{r}_B=0$

$$P_1\left(\frac{1}{2}l_1\delta\varphi_1\right)\cos(90^\circ+\varphi_1)+P_2(l_1\delta\varphi_1)\cos(90^\circ+\varphi_1)+F(l_1\delta\varphi_1)\cos\varphi_1=0$$

解得

$$\varphi_1 = \arctan \frac{2F}{P_1 + 2P_2}$$

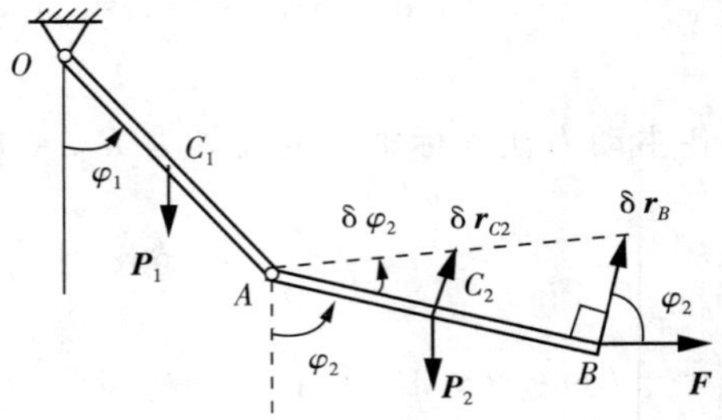

题 15-1(c) 图

(2) 如题 15-1(c) 图，令 OA 杆转角虚位移 $\delta\varphi_1 = 0$，而令 AB 杆转角虚位移 $\delta\varphi_2 \neq 0$，即 OA 杆不动，AB 绕 A 做定轴转动，相应的虚位移 $\delta r_B = 2\delta r_{C2} = l_2 \delta\varphi_2$，

由虚功方程 $\sum \delta W_F = 0$，有 $P_2 \cdot \delta \boldsymbol{r}_{C2} + F \cdot \delta \boldsymbol{r}_B = 0$

$$P_2\left(\frac{1}{2}l_2\delta\varphi_2\right)\cos(90^\circ + \varphi_2) + Fl_2\delta\varphi_2\cos\varphi_2 = 0$$

解得

$$\varphi_2 = \arctan \frac{2F}{P_2}$$

15-2　如题 15-2(a) 图所示二联杆机构中，$OA = AB = l$，自重不计，在杆件平面内作用有矩为 M 的力偶及水平力 $\boldsymbol{F}$；试确定机构平衡时 φ_1、φ_2 角。

【解 1】　解析法：系统具有两个自由度，选 φ_1，φ_2 为广义坐标，建立坐标系 Oxy 如题 15-2(a) 图，则

$$x_B = l\sin\varphi_1 + l\sin\varphi_2, \delta x_B = l\cos\varphi_1\delta\varphi_1 + l\cos\varphi_2\delta\varphi_2$$

主动力在坐标轴上的投影为 $F_x = F$。由虚功方程 $\sum \delta W_F = 0$，有

$$F_x\delta x_B - M\delta\varphi_1 - M\delta\varphi_2 = 0$$

$$F(l\cos\varphi_1\delta\varphi_1 + l\cos\varphi_2\delta\varphi_2) - M\delta\varphi_1 - M\delta\varphi_2 = 0$$

$$(Fl\cos\varphi_1 - M)\delta\varphi_1 + (Fl\cos\varphi_2 - M)\delta\varphi_2 = 0$$

$$\because \delta\varphi_1 \neq 0, \delta\varphi_2 \neq 0, \quad \therefore \begin{cases} Fl\cos\varphi_1 - M = 0 \\ Fl\cos\varphi_2 - M = 0 \end{cases}$$

解得

$$\varphi_1 = \varphi_2 = \arccos \frac{M}{Fl}$$

【解 2】　几何法：系统具有两个自由度，选 φ_1，φ_2 为广义坐标。

(1) 如题 15-2(b) 图，给 OA 杆转角虚位移 $\delta\varphi_1 \neq 0$，而令 AB 杆转角虚位移 $\delta\varphi_2 = 0$，即 AB 作平移，相应的虚位移 $\delta r_A = \delta r_B = l\delta\varphi_1$，由虚功方程 $\sum \delta W_F = 0$，有

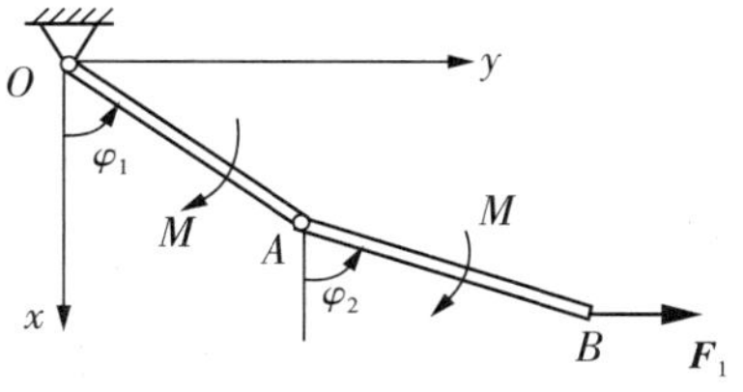

题 15－2(a) 图

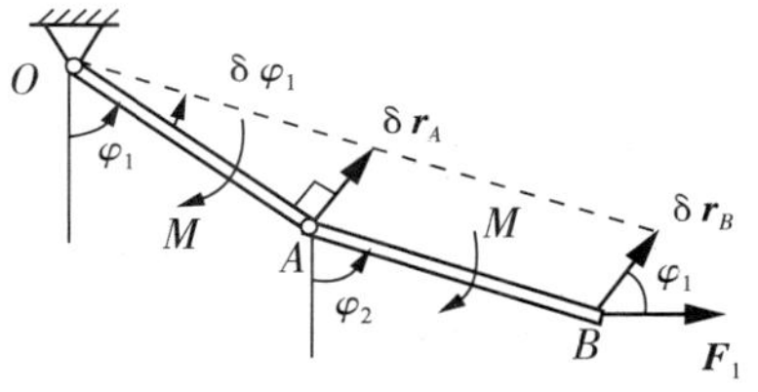

题 15－2(b) 图

$$-M\delta\varphi_1 + F\delta \boldsymbol{r}_B\cos\varphi_1 = 0$$

解得

$$\varphi_1 = \arccos\frac{M}{Fl}$$

(2) 如题15－2(c)图，令 OA 杆转角虚位移 $\delta\varphi_1 = 0$，而令 AB 杆转角虚位移 $\delta\varphi_2 \neq 0$，即 OA 杆不动，AB 绕 A 做定轴转动，相应的虚位移 $\delta r_B = l\delta\varphi_2$，由虚功方程 $\sum\delta W_F = 0$，有

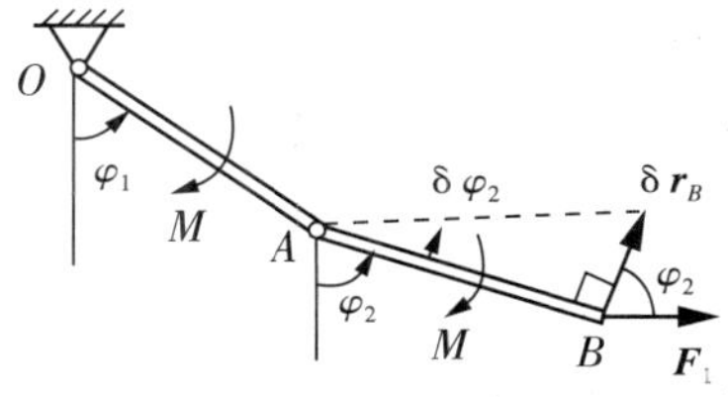

题 15－2(c) 图

$$-M\delta\varphi_2 + F\delta r_B\cos\varphi_2 = 0$$

$$-M\delta\varphi_2 + Fl\delta\varphi_2\cos\varphi_2 = 0$$

解得 $\varphi_2 = \arccos\dfrac{M}{Fl}$。

15－3　重物 A 和重物 B 分别连接在细绳的两端，重物 A 放在粗糙的水平面上，重物 B 绕过滑轮 E 悬挂，动滑轮 H 中心挂重物 C。A 重 $2P$，B 重 P，滑轮重不计；试求如题15－3图所示系统平衡时，重物 C 的重量 W；物 A 与水平面的摩擦系数 f。

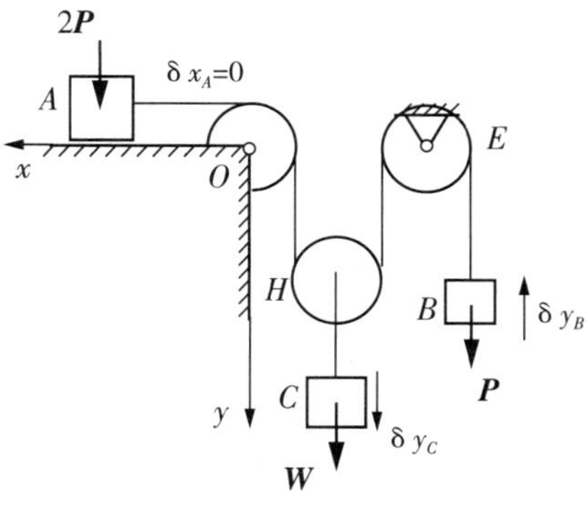

题 15－3(a) 图

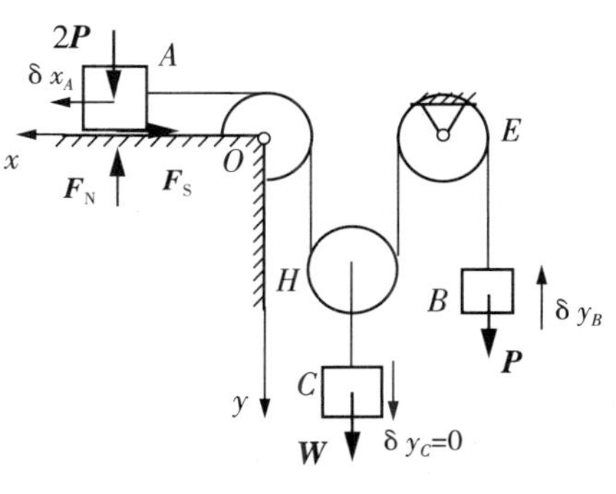

题 15－3(b) 图

【解】　系统具有两个自由度，选 x_A，y_C 为广义坐标。

(1) 令重物 A 的虚位移 $\delta x_A = 0$，而令重物 C 的虚位移 $\delta y_C \neq 0$，如题15－3(a)图，即重物 A 不动，B 和 C 的虚位移有 $\delta y_B = 2\delta y_C$，由虚功方程 $\sum\delta W_F = 0$，有

$$W\delta y_C - P\delta y_B = 0$$

解得 $W = 2P$

(2) 令重物 A 的虚位移 $\delta x_A \neq 0$，而令重物 C 的虚位移 $\delta y_C = 0$，如题 15-3(b) 图，即重物 C 不动，因绳长不变，所以 A 和 B 的虚位移有 $\delta x_A = \delta y_B$。摩擦力 $F_S = fF_N = 2fP$，由虚功方程 $\sum \delta W_F = 0$，有

$$P\delta y_B - 2Pf\delta x_A = 0$$

解得 $f = 0.5$

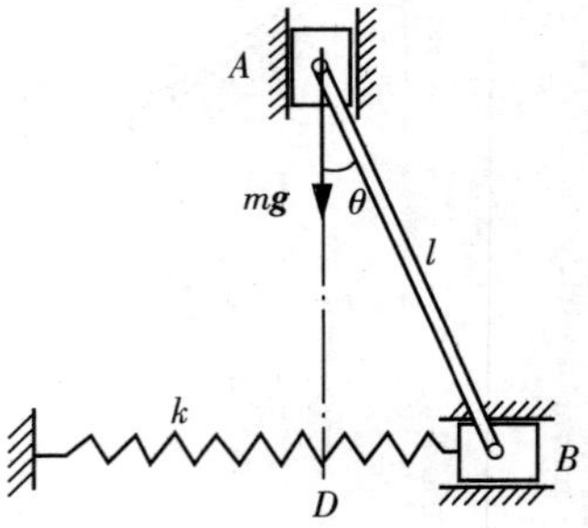

题 15-4 图

15-4　如题 15-4 图所示，AB 杆不计自重，长为 l，杆端铰接重量为 $mg = \frac{1}{2}kl$ 的物块，B 端铰接一刚度系数为 k 的弹簧，且端点在 D 处时弹簧为原长。不计各处摩擦。求系统的平衡位置及其稳定性。

【解】　系统为保守系统。选 θ 为广义坐标，计算势能。选弹簧原长处为弹性势能零势点，BD 水平线为重力势能零势点，则系统势能为

$$V = mgl\cos\theta + \frac{1}{2}k\,(l\sin\theta)^2$$

为求平衡位置，令 $\frac{\partial V}{\partial \theta} = 0$，则

$$-mgl\sin\theta + kl^2\sin\theta\cos\theta = 0$$

$$(kl\cos\theta - \frac{1}{2}kl)\sin\theta = 0,\ (2\cos\theta - 1)\sin\theta = 0,$$

$\therefore 2\cos\theta - 1 = 0$ 或 $\sin\theta = 0$，得系统平衡位置为 $\theta = \pm\frac{\pi}{3}$ 或 $\theta = 0$。为判定平衡稳定性，求势能函数的二阶导数

$$\frac{\partial^2 V}{\partial \theta^2} = -mgl\cos\theta + kl^2(\cos^2\theta - \sin^2\theta) = \frac{kl^2}{2}(-\cos\theta + 2\cos 2\theta)$$

当 $\theta = 0$ 时，$\frac{\partial^2 V}{\partial \theta^2} = \frac{kl^2}{2} > 0$，此时 $V = V\min$，系统为稳定平衡；当 $\theta = \pm\frac{\pi}{3}$ 时，$\frac{\partial^2 V}{\partial \theta^2} = -\frac{3kl^2}{4} < 0$，此时 $V = V\max$，系统为不稳定平衡。

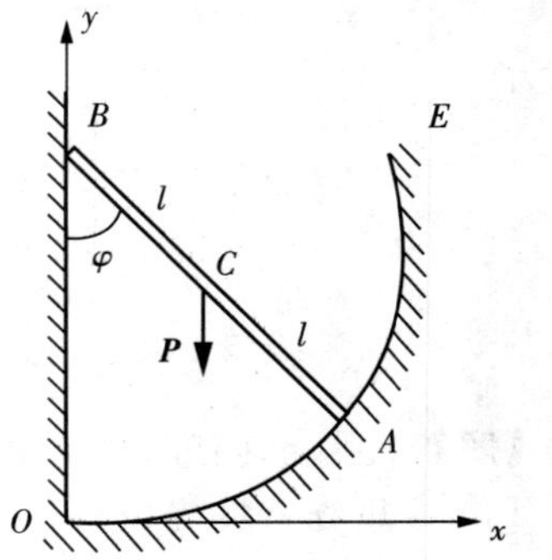

题 15-5 图

15-5　如题 15-5 图所示匀质杆 AB 长 $2l$，一端靠在光滑墙壁上，另一端放在固定的光滑曲线 OE 上，欲使此杆能在铅垂面内任一位置都能维持平衡，试确定曲线 OE 的形状。

【解】　设杆的重量为 $\boldsymbol{P}$，因杆能在任意位置上平

衡，所以 $P\delta r_C=0$，即 $\delta \boldsymbol{r}_C \perp P$，重心 C 只能沿水平线移动，在图示坐标系中，$y_C=l$，则

$$\begin{cases}x_A=2l\sin\varphi\\ y_A=l-l\cos\varphi\end{cases}$$

消去 φ，即得曲线 OE 的方程为

$$\frac{x_A^2}{4l^2}+\frac{(y_A-l)^2}{l^2}=1\text{（椭圆）}$$

15-6　如题 15-6 图所示离心调速器以角速度 ω 绕铅直轴转动，每个球质量为 m_1，套管 O 质量为 m_2，$OC=EC=AC=OD=ED=BD=l$，杆重不计，求两臂稳定旋转时 OA、OB 与铅垂轴的夹角 θ。

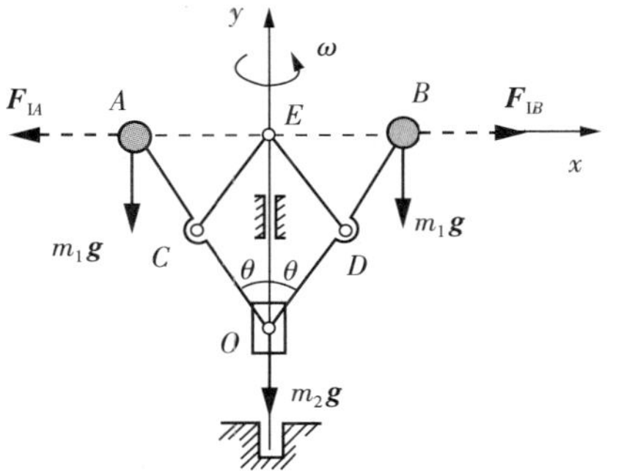

题 15-6 图

【解】　系统受理想约束作用，受力如题 15-6 图，其中虚加的惯性力 $F_{IA}=F_{IB}=m_1\omega^2 2l\sin\theta$。取坐标系 Exy，各力作用点坐标及其变分为

$$x_A=-2l\sin\theta,\delta x_A=-2l\cos\theta\delta\theta$$

$$y_A=0,\delta y_A=0$$

$$x_B=2l\sin\theta,\delta x_B=2l\cos\theta\delta\theta,y_B=0,\delta y_B=0$$

$$x_O=0,\delta x_O=0,y_O=2l\cos\theta,\delta y_O=-2l\sin\theta\delta\theta$$

代入动力学普遍方程，得 $-F_{IA}\delta x_A+F_{IB}\delta x_B+m_2 g\delta y_O=0$，解得

$$\cos\theta=\frac{m_2 g}{4lm_1\omega^2}$$

15-7　起重机械如题 15-7 图所示，鼓轮 1 半径为 R，其上作用一不变力矩 M，鼓轮 2 半径为 r_2，鼓轮 3 半径为 r_3，传动比 $z_5/z_4=K$，重物质量为 m，不计各传动部件及绳索质量，忽略摩擦，求重物 A 的加速度。

【解】　设重物上升的加速度为 a，在重物上加惯性力 $F_I=ma$ 如题 15-7 图，令各鼓轮的虚转角分别为 $\delta\varphi_1$、$\delta\varphi_2$、$\delta\varphi_3$、$\delta\varphi_4$、$\delta\varphi_5$，重物的虚位移为 δr_A，则虚位移间的关系为

$$R\delta\varphi_1=r_2\delta\varphi_2,\delta\varphi_2=\delta\varphi_4,\frac{\delta\varphi_4}{\delta\varphi_5}=\frac{z_5}{z_4}=K,\delta\varphi_5=\delta\varphi_3,\delta r_A=r_3\delta\varphi_3$$

由动力学普遍方程有 $M\delta\varphi_1-mg\delta r_A-F_I\delta r_A=0$，得

$$a=\frac{Mr_2K}{mRr_3}-g$$

15-8　如题 15-8 图提升系统，均质传动轮 Ⅰ、Ⅱ 的质量分别为 m_1、m_2，半径分别为 r_1、r_1，提升质量为 m_3 的重 A，求重物的加速度。

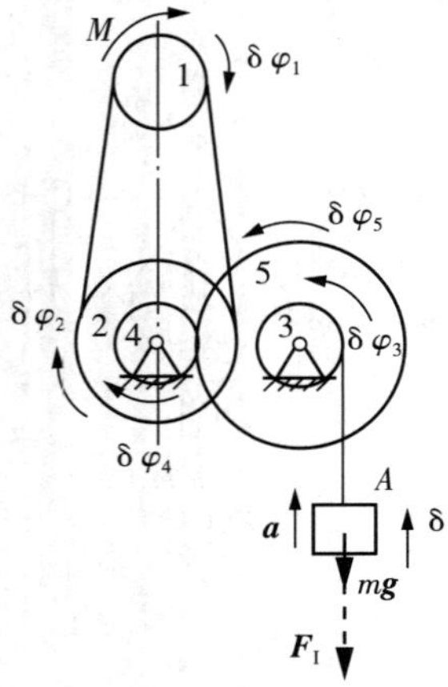

题 15-7 图

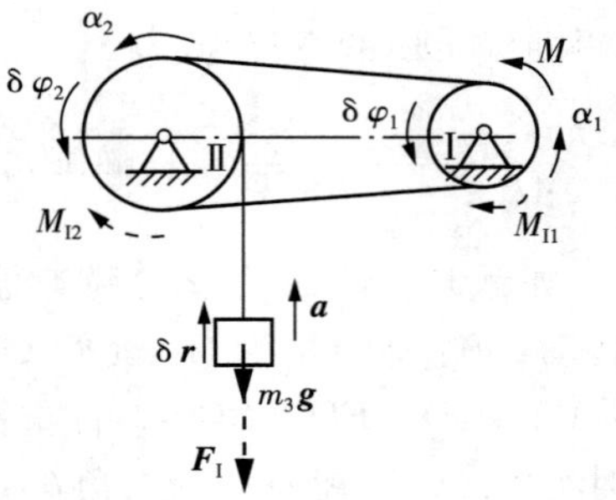

题 15-8 图

【解】 设重物加速度为 a，系统虚加惯性力如题 15-8 图，

$$M_{I1}=\frac{1}{2}m_1r_1^2\alpha_1, M_{I2}=\frac{1}{2}m_2r_2^2\alpha_1, F_I=m_3a$$

且 $r_1\alpha_1=r_2\alpha_2, a=r_2\alpha_2$。有 $M_{I2}=m_2r_2a/2, M_{I1}=m_1r_1a/2$，给重物虚位移 δr，则相应地传动轮 I、II 的转角分别为 $\delta\varphi_1, \delta\varphi_2$，且 $r_1\delta\varphi_1=r_2\delta\varphi_2=\delta r$，代入动力学普遍方程

$$M\delta\varphi_1-(m_3g+F_I)\delta r-M_{I1}\delta\varphi_1-M_{I2}\delta\varphi_2=0$$

解得

$$a=\frac{2(M-m_3gr_1)}{(m_1+m_2+2m_3)r_1}$$

15-9 单摆摆长为 l，质量为 m，如题 15-9 所示。分别以 φ、x、y 为广义坐标，用拉格朗日方程推导单摆的运动微分方程。

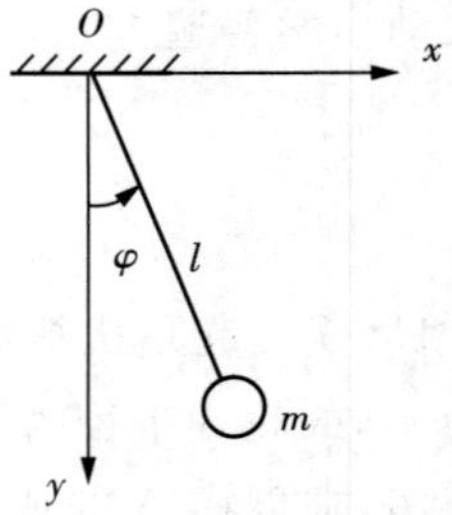

题 15-9 图

【解】 单摆为单自由度保守系统。

(1) 选 φ 为广义坐标，静平衡位置为零势能位置，则动能和势能为

$$T=\frac{1}{2}m(l\dot{\varphi})^2, V=\frac{1}{2}ml(1-\cos\varphi)$$

代入 $\frac{d}{dt}\frac{\partial L}{\partial\dot{\varphi}}-\frac{\partial L}{\partial\varphi}=0$，式中 $L=T-V$，得

$$\ddot{\varphi}+\frac{g}{l}\sin\varphi=0$$

(2) 选 x 为广义坐标，$\because x^2+y^2=l^2$，$\therefore 2x\dot{x}+2y\dot{y}=0, \dot{y}=-\frac{x\dot{x}}{\sqrt{l^2-x^2}}$，动能

$$T=\frac{1}{2}m(\dot{x}^2+\dot{y}^2)=\frac{1}{2}m\left(\dot{x}^2+\frac{x^2\dot{x}^2}{l^2-x^2}\right)$$

取坐标原点处为势能零点，则系统势能为 $V=-mg\sqrt{l^2-x^2}$，有

$$L=T-V=\frac{1}{2}m\left(\dot{x}^2+\frac{x^2\dot{x}^2}{l^2-x^2}\right)+mg\sqrt{l^2-x^2}$$

代入$\frac{\mathrm{d}}{\mathrm{d}t}\frac{\partial L}{\partial \dot{x}}-\frac{\partial L}{\partial x}=0$，得

$$[(l^2-x^2)\ddot{x}+x\dot{x}^2]l^2+gx\ (l^2-x^2)^{\frac{3}{2}}=0$$

(3) 选 y 为广义坐标，$x^2+y^2=l^2$，$\dot{x}=-\frac{y\dot{y}}{\sqrt{l^2-y^2}}$，动能

$$T=\frac{1}{2}m(\dot{x}^2+\dot{y}^2)=\frac{1}{2}m\left(\dot{y}^2+\frac{y^2\dot{y}^2}{l^2-y^2}\right)$$

取坐标原点处为势能零点则系统势能为

$$V=-mgy,L=T-V=\frac{1}{2}m\left(\dot{y}^2+\frac{y^2\dot{y}^2}{l^2-y^2}\right)+mgy$$

代入拉氏方程，得

$$[(l^2-y^2)\ddot{y}+y\dot{y}^2]l^2-g\ (l^2-y^2)^2=0$$

15-10　如题 15-10 图所示半径为 R 的滑轮可绕水平轴 A 转动，在滑轮上绕一不可伸长的绳子，绳的一端悬挂质量为 m 的重物，另一端固接在刚度系数为 k 的弹簧上。设滑轮质量为 M，分布于圆周上，绳与滑轮间无滑动。求重物振动的固有频率。

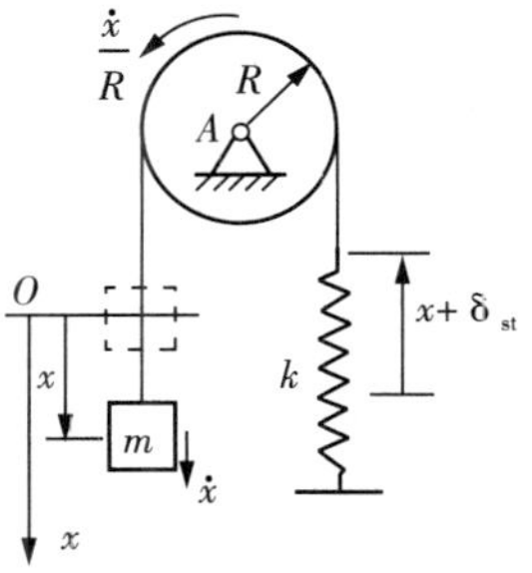

题 15-10 图

【解】　系统为单自由度保守系统，取广义坐标 x，坐标原点 O 在物块的静平衡位置，此时，弹簧静伸长为 δ_{st}，取该位置为系统零势能点。由静平衡方程，易知 $k\delta_{st}=mg$。

在 x 处，物块速度为 $\dot{x}$，滑轮的角速度为$\frac{}{R}$，系统动能为

$$T=\frac{1}{2}m\dot{x}^2+\frac{1}{2}MR^2\ (R)^2=\frac{1}{2}(m+M)\dot{x}^2$$

系统势能

$$V=-mgx+\frac{1}{2}k\ (x+\delta_{st})^2-\frac{1}{2}k\delta_{st}{}^2=\frac{1}{2}kx^2$$

系统动势

$$L=T-V=\frac{1}{2}(m+M)\dot{x}^2+\frac{1}{2}kx^2$$

代入保守系统的拉氏方程$\frac{\mathrm{d}}{\mathrm{d}t}\left(\frac{\partial L}{\partial \dot{x}}\right)-\frac{\partial L}{\partial x}=0$，得

$$(m+M)\ddot{x}+kx=0$$

即$\ddot{x}+\frac{k}{m+M}x=0$，则重物振动的固有频率

$$\omega_0=\sqrt{\frac{k}{M+m}}$$

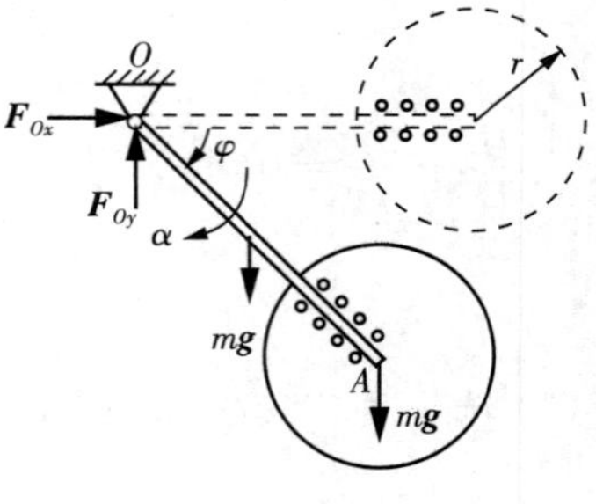

题 15-11 图

15-11　如题 15-11 图所示，长为 $OA=3r$ 的均质细杆 OA 在端部与半径为 r 的均质圆轮 B 轮心固结，杆与轮的质量均为 m。杆 OA 可绕水平轴 O 做定轴转动。初始时 O、A、B 连线成水平直线方向，系统由静止释放，试用拉格朗日方程求当杆与水平线成 φ 角时杆 OA 的角加速度。

【解】　选 φ 为广义坐标，则 φ 角时系统的动能为

$$T=\frac{1}{2}\cdot\left[\frac{1}{3}m(3r)^2+\frac{1}{2}mr^2+m(3r)^2\right]^2\dot{\varphi}^2=\frac{25}{4}mr^2\dot{\varphi}^2$$

选过 O 点的水平面为重力势能零点，则系统的势能为

$$V=-mg\times\frac{3}{2}r\sin\varphi-mg(3r)\sin\varphi=-\frac{9}{2}mgr\sin\varphi$$

动势为 $L=T-V=\frac{25}{4}mr^2\dot{\varphi}^2+\frac{9}{2}mgr\sin\varphi$，代入拉氏方程$\frac{\mathrm{d}}{\mathrm{d}t}\frac{\partial L}{\partial\dot{\varphi}}-\frac{\partial L}{\partial\varphi}=0$ 得

$$\frac{25}{2}mr^2\ddot{\varphi}-\frac{9}{2}mgr\cos\varphi=0$$

所以 $\ddot{\varphi}=\frac{9g}{25r}\cos\varphi$，即 φ 角时杆 OA 的角加速度为

$$\ddot{\varphi}=\frac{9g}{25r}\cos\varphi$$

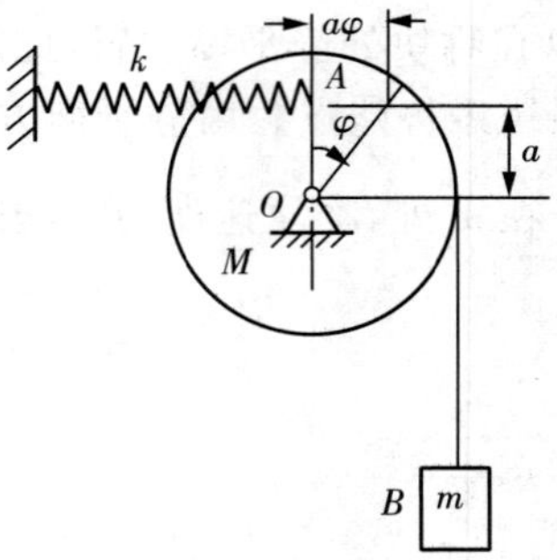

题 15-12 图

15-12　质量为 M、半径为 R 的均质轮可绕轴 O 转动，刚度系数为 k 的弹簧铰接在 A 处，且 $OA=a$。无弹性绳子末端悬挂质量为 m 的物块。设弹簧水平，OA 铅直时为系统的静平衡位置，绳子、弹簧质量不计。求系统微幅振动的固有频率。

【解 1】　此系统为单自由度保守系统。取平衡位置为零势能点，φ 为广义坐标，则系统在 φ 处弹簧伸长量为 $a\varphi$，系统势能和动能分别为

$$V=\frac{1}{2}k(a\varphi)^2,\ T=\frac{1}{2}\cdot\frac{1}{2}MR^2\dot{\varphi}^2+\frac{1}{2}m(R\dot{\varphi})^2=\frac{M+2m}{4}R^2\dot{\varphi}^2$$

动势为 $L=T-V=\frac{1}{4}(M+2m)R^2\dot{\varphi}^2-\frac{1}{2}ka^2\varphi^2$，代入拉氏方程 $\frac{\mathrm{d}}{\mathrm{d}t}\frac{\partial L}{\partial\dot{\varphi}}-\frac{\partial L}{\partial\varphi}=0$ 得

$$\frac{1}{2}(M+2m)R^2\ddot{\varphi}+ka^2\varphi=0$$

或 $\ddot{\varphi}+\frac{2ka^2}{(M+2m)R^2}\varphi=0$，解得系统的固有频率为

$$\omega_n=\sqrt{\frac{2ka^2}{(M+2m)R^2}}$$

【解 2】 能量法。φ 处势能 $V=\frac{1}{2}k(a\varphi)^2$，动能 $T=\frac{M+2m}{4}R^2\dot{\varphi}^2$，系统机械能守恒，有 $T+V=const.$，即 $\frac{M+2m}{4}R^2\dot{\varphi}^2+\frac{1}{2}k(a\varphi)^2=C$，等式两边求导得

$$\frac{M+2m}{2}R^2\dot{\varphi}\ddot{\varphi}+ka^2\varphi\dot{\varphi}=0,\ddot{\varphi}+\frac{2ka^2}{(M+2m)R^2}\varphi=0$$

解得系统的固有频率为

$$\omega_n=\sqrt{\frac{2ka^2}{(M+2m)R^2}}$$

15－13　质量为 M 半径为 r 的均质轮用不计质量，刚度系数为 k 的弹簧吊起，物块质量为 m，用不可伸长的细绳挂在轮上且不打滑。试用 Lagrange 方程建立系统作微幅振动的运动微分方程并求系统的固有频率。

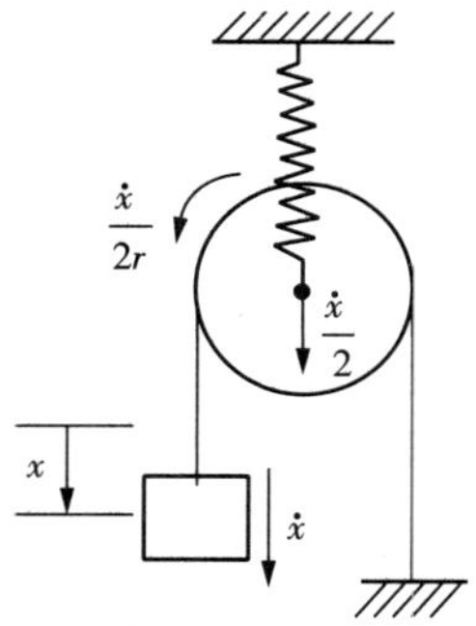

题 15－13 图

【解】 系统为单自由度保守系统。选物块的位移为广义坐标，取其静平衡时为坐标原点，则系统的动能为

$$T=\frac{1}{2}m\dot{x}^2+\frac{1}{2}\ \frac{3}{2}Mr^2\ (2r)^2=\frac{1}{16}(3M+8m)\dot{x}^2$$

取系统的静平衡位置为零势点，则系统的势能为

$$V=\frac{1}{2}k\left(\frac{1}{2}x\right)^2=\frac{1}{8}kx^2$$

系统的动势 $L=T-V=\frac{1}{16}(3M+8m)\dot{x}^2-\frac{1}{8}kx^2$，$\frac{\mathrm{d}}{\mathrm{d}t}\frac{\partial L}{\partial\dot{x}}=\frac{1}{8}(3M+8m)\ddot{x}$，$\frac{\partial L}{\partial x}=-\frac{1}{4}kx$，代入拉氏方程 $\frac{\mathrm{d}}{\mathrm{d}t}\frac{\partial L}{\partial\dot{x}}-\frac{\partial L}{\partial x}=0$，得

$$\frac{1}{8}(3M+8m)\ddot{x}+\frac{1}{4}kx=0$$

运动微分方程为

$$\ddot{x}+\frac{2k}{3M+8m}x=0$$

固有频率为 $\omega_0=\sqrt{\dfrac{2k}{3M+8m}}$。

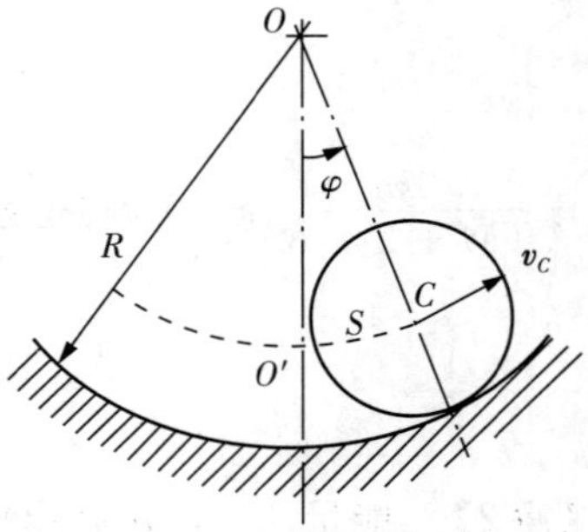

题 15-14 图

15-14　如题 15-14 图所示，质量为 m 半径为 r 的均质轮受微小扰动后在半径为 R 的圆弧面轨道上往复纯滚动。(1) 写出系统在任意 φ 角处的动能和势能表达式；(2) 用第二类拉格朗日方程列出轮心的运动微分方程。

【解】　系统为单自由度保守系统。选 φ 为广义坐标，则

$$s_C=\widehat{O'C}=(R-r)\varphi,v_C=(R-r)\dot{\varphi}$$

系统动能 $T=\dfrac{3}{4}mv_C^2=\dfrac{3}{4}m\,(R-r)^2\dot{\varphi}^2$。

选圆轮轮心最低点 O' 点为零势能点，则 φ 角处势能为 $V=mg(R-r)(1-\cos\varphi)$，系统的动势 $L=T-V=\dfrac{3}{4}m\,(R-r)^2\dot{\varphi}^2-mg(R-r)(1-\cos\varphi)$，$\dfrac{\partial L}{\partial\dot{\varphi}}=\dfrac{3}{2}m(R-r)\dot{\varphi}$，$\dfrac{\mathrm{d}}{\mathrm{d}t}\dfrac{\partial L}{\partial\dot{\varphi}}=\dfrac{3}{2}m\,(R-r)^2\ddot{\varphi}$，$\dfrac{\partial L}{\partial\varphi}=-mg(R-r)\sin\varphi$

根据保守系统的拉氏方程 $\dfrac{\mathrm{d}}{\mathrm{d}t}\dfrac{\partial L}{\partial\dot{\varphi}}-\dfrac{\partial L}{\partial\varphi}=0$，有

$$\frac{3}{2}m\,(R-r)^2\ddot{\varphi}+mg(R-r)\sin\varphi=0$$

即 $\ddot{\varphi}+\dfrac{2g}{3(R-r)}\sin\varphi=0$，当 φ 很小时，$\sin\varphi\approx\varphi$，所以 $\ddot{\varphi}+\dfrac{2g}{3(R-r)}\varphi=0$。

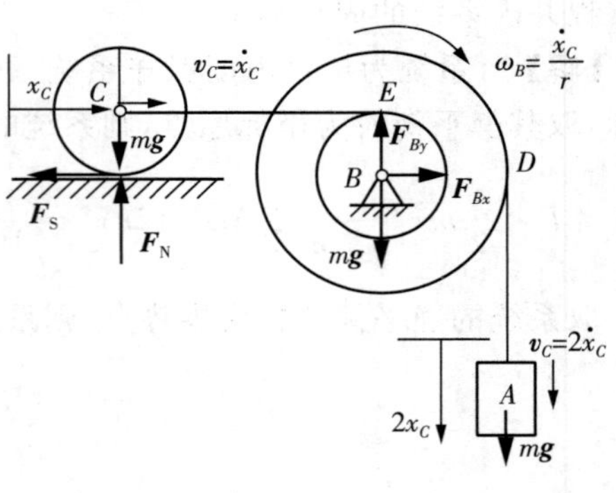

题 15-15 图

15-15　在如题 15-15 图所示机构中，物块 A、鼓轮 B 及均质轮 C 质量均为 m。鼓轮 B 的内径为 r，外径为 $R=2r$，对水平质心轴 B 的回转半径为 $\rho=\sqrt{2}r$。物块 A 下落时通过不可伸长的绳子带动鼓轮 B 作顶轴转动，均质轮 C 半径为 r，在水平面作纯滚动。绳的 CE 段与水平面平行。试用拉格朗日方程求解均质轮质心 C 加速度。

【解】　系统为单自由度问题，选均质轮质心 C 的坐标 x_C 为广义坐标，则系统动能

$$T=\frac{3}{4}m\dot{x}_C^2+\frac{1}{2}\cdot m\,(\sqrt{2}r)^2\left(\frac{\dot{x}_C}{r}\right)^2+\frac{1}{2}m\,(2\dot{x}_C)^2=\frac{15}{4}m\dot{x}_C^2$$

$\dfrac{\partial T}{\partial\dot{x}_C}=\dfrac{15}{2}m\dot{x}_C$，$\dfrac{\mathrm{d}}{\mathrm{d}t}\dfrac{\partial T}{\partial\dot{x}_C}=\dfrac{15}{2}m\ddot{x}_C$，$\dfrac{\partial T}{\partial x_C}=0$。关于广义坐标 x_C 的广义力

$$Q_{x_C}=\frac{\sum \delta W_F}{\delta x_C}=\frac{mg2\delta x_C}{\delta x_C}=2mg$$

代入拉氏方程$\frac{\mathrm{d}}{\mathrm{d}t}\frac{\partial T}{\partial \dot{x}_C}-\frac{\partial T}{\partial x_C}=Q_{x_C}$，有$\frac{15}{2}m\ddot{x}_C-0=2mg$，所以$\ddot{x}_C=\frac{4}{15}g$即$a_C=\frac{4}{15}g$。

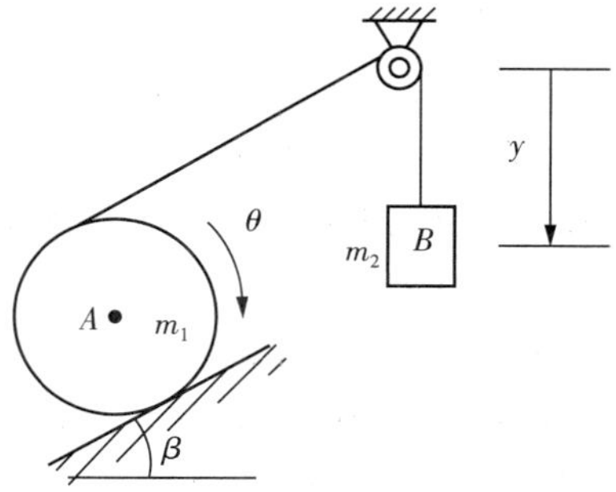

题 15-16 图

15-16　如题15-16图均质圆柱A质量为m_1，半径为r，物块B质量为m_2，光滑斜面的倾角为b，滑轮尺寸和质量忽略不计，斜绳段平行于斜面。(1)以q和y为广义坐标，用第二类拉格朗日方程建立系统的运动微分方程；(2)求圆柱A的角加速度和物块B的加速度。

【解】　系统具有两个自由度，选q和y为广义坐标，则物块B速度为$\dot{y}$，轮心A速度为$v_A=\dot{y}-\dot{\theta}r$，系统的动能为

$$T=\frac{1}{2}m_1(\dot{y}-\dot{\theta}r)^2+\frac{1}{2}\left(\frac{1}{2}m_1r^2\right)\dot{\theta}^2+\frac{1}{2}m_2\dot{y}^2$$

取滑轮中心为零势点，则系统势能为

$$V=-m_2gy+m_1g(y-\theta r)\sin\beta$$

$$\frac{\partial T}{\partial\dot{\theta}}=-m_1(\dot{y}-\dot{\theta}r)r+\frac{1}{2}m_1r^2\dot{\theta},\frac{\mathrm{d}}{\mathrm{d}t}\frac{\partial T}{\partial\dot{\theta}}=-m_1(\ddot{y}-\ddot{\theta}r)r+\frac{1}{2}m_1r^2\ddot{\theta}$$

$$\frac{\partial T}{\partial\theta}=0,\frac{\partial V}{\partial\theta}=-m_1gr\sin\beta$$

$$\frac{\partial T}{\partial\dot{y}}=m_2\dot{y}+m_1(\dot{y}-\dot{\theta}r),\frac{\mathrm{d}}{\mathrm{d}t}\frac{\partial T}{\partial\dot{y}}=m_2\ddot{y}+m_1(\ddot{y}-\ddot{\theta}r))$$

$$\frac{\partial T}{\partial y}=0,\frac{\partial V}{\partial y}=-m_2g+m_1g\sin\beta$$

代入第二类拉格朗日方程$\begin{cases}\frac{\mathrm{d}}{\mathrm{d}t}\frac{\partial T}{\partial\dot{\theta}}-\frac{\partial T}{\partial\theta}+\frac{\partial V}{\partial\theta}=0\\\frac{\mathrm{d}}{\mathrm{d}t}\frac{\partial T}{\partial\dot{y}}-\frac{\partial T}{\partial y}+\frac{\partial V}{\partial y}=0\end{cases}$，得系统的运动微分方程

$$\begin{cases}-(\ddot{y}-\ddot{\theta}r)+\frac{1}{2}r\ddot{\theta}-g\sin\beta=0\\m_2\ddot{y}+m_1(\ddot{y}-\ddot{\theta}r)-m_2g+m_1g\sin\beta=0\end{cases}$$

解得物块B的加速度

$$\ddot{y}=\frac{(3m_2-m_1\sin\beta)g}{3m_2+m_1}$$

圆柱 A 的角加速度

$$\ddot{\theta}=\frac{2m_2g(1+\sin\beta)}{(3m_2+m_1)r}$$

15-17　如题15-17图所示质量为 m 长为 $l=4r$ 的均质杆与质量为 m 半径为 r 的轮 A 铰接，轮在水平面上纯滚动，试用第二类拉格朗日方程建立系统的运动微分方程，并求其初积分。

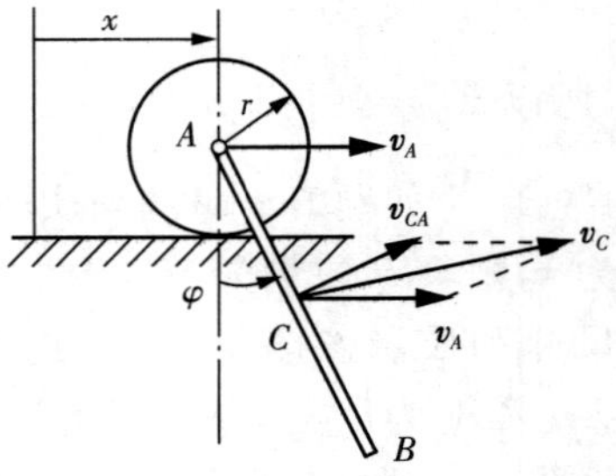

题 15-17 图

【解】(1) 系统具有两个自由度，选 x、φ 为广义坐标，则轮心 A 的速度为 $v_A=\dot{x}$，角速度为 $\omega_A=\dot{x}/r$，AB 杆作平面运动，由基点法 $\boldsymbol{v}_C=\boldsymbol{v}_A+\boldsymbol{v}_{CA}$，$v_{CA}=\dot{\varphi}l/2=2r\dot{\varphi}$，

$$\begin{aligned}v_C^2&=v_A^2+v_{CA}^2+2v_Av_{CA}\cos\varphi\\&=\dot{x}^2+4r^2\dot{\varphi}^2+4r\dot{x}\dot{\varphi}\cos\varphi\end{aligned}$$

则系统动能为

$$\begin{aligned}T&=\frac{3}{4}mr^2\dot{x}^2+\frac{1}{2}m(\dot{x}^2+4r^2\dot{\varphi}^2+4r\dot{x}\dot{\varphi}\cos\varphi)+\frac{1}{2}\frac{1}{12}m(4r)^2\dot{\varphi}^2\\&=\frac{5}{4}m\dot{x}^2+\frac{8}{3}mr^2\dot{\varphi}^2+2mr\dot{x}\dot{\varphi}\cos\varphi\end{aligned}$$

取轮心 A 处为重力势能零势点，则系统的势能为 $V=-mg2r\cos\varphi$，系统的动势为

$$L=T-V=\frac{5}{4}m\dot{x}^2+\frac{8}{3}mr^2\dot{\varphi}^2+2mr\dot{x}\dot{\varphi}\cos\varphi+2mgr\cos\varphi$$

$$\frac{\mathrm{d}}{\mathrm{d}t}\frac{\partial L}{\partial\dot{\varphi}}=\frac{16}{3}mr^2\ddot{\varphi}+2mr\ddot{x}\cos\varphi-2mr\dot{x}\dot{\varphi}\sin\varphi,\frac{\partial L}{\partial\varphi}=-2mr\dot{x}\dot{\varphi}\sin\varphi-2mgr\sin\varphi$$

$$\frac{\mathrm{d}}{\mathrm{d}t}\frac{\partial L}{\partial\dot{x}}=\frac{5}{2}m\ddot{x}+2mr\ddot{\varphi}\cos\varphi-2mr\dot{\varphi}^2\sin\varphi,\frac{\partial L}{\partial x}=0$$

代入拉氏方程，有 $\begin{cases}\dfrac{\mathrm{d}}{\mathrm{d}t}\dfrac{\partial L}{\partial\dot{\varphi}}-\dfrac{\partial L}{\partial\varphi}=0,\dfrac{16}{3}mr^2\ddot{\varphi}+2mr\ddot{x}\cos\varphi+2mgr\sin\varphi=0,\\\dfrac{\mathrm{d}}{\mathrm{d}t}\dfrac{\partial L}{\partial\dot{x}}-\dfrac{\partial L}{\partial x}=0\quad\dfrac{5}{2}m\ddot{x}+2mr\ddot{\varphi}\cos\varphi-2mr\dot{\varphi}^2\sin\varphi=0\end{cases}$，解得

$$\begin{cases}3\ddot{x}\cos\varphi+8r\ddot{\varphi}+3g\sin\varphi=0\\5\ddot{x}+4r\ddot{\varphi}\cos\varphi-4r\dot{\varphi}^2\sin\varphi=0\end{cases}$$

(2) 求拉氏方程的初积分。系统为完整保守系统，约束为定常约束，因此有能量积分

$$\frac{5}{4}m\dot{x}^2+\frac{8}{3}mr^2\dot{\varphi}^2+2mr\dot{x}\dot{\varphi}\cos\varphi-2mgr\cos\varphi=C_1$$

动势 L 中不含 x，所以有循环积分 $p_x=\frac{\partial L}{\partial \dot{x}}=\frac{\partial T}{\partial \dot{x}}=\text{const.}$，即

$$\frac{5}{2}m\dot{x}+2mr\dot{\varphi}\cos\varphi=C_2$$

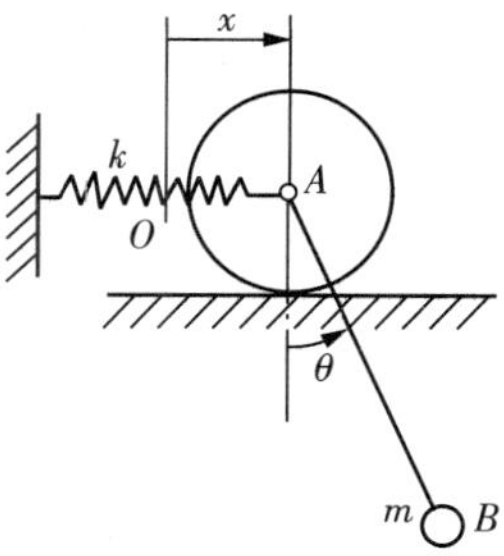

题 15-18 图

15-18　如题 15-18 图所示，均质圆盘质量为 m，半径为 r，在水平面作纯滚动。盘中心 A 铰接一质量不计，长为 l 的细杆及刚度系数为 k 的弹簧，杆端固结质量为 m 的质点。试用第二类拉格朗日方程列出系统的运动微分方程。

【解】　系统为保守系统。取弹簧原长处为坐标原点 O，选圆盘质心 A 的位移 x 及杆的转角 θ 为广义坐标，则质点 B 的坐标为

$$\begin{cases}x_B=x+l\sin\theta\\ y_B=-l\cos\theta\end{cases},\begin{cases}\dot{x}_B=\dot{x}+l\cos\theta\dot{\theta}\\ \dot{y}_B=l\sin\theta\dot{\theta}\end{cases}$$

系统的动能为

$$T=\frac{3}{4}m\dot{x}^2+\frac{1}{2}m\ (\dot{x}_B^2+\dot{y}_B^2)^2=\frac{3}{4}m\dot{x}^2+\frac{1}{2}m(\dot{x}^2+l^2\dot{\theta}^2+2\dot{x}\dot{\theta}l\cos\theta)$$

$$T=\frac{5}{4}m\dot{x}^2+\frac{1}{2}ml^2\dot{\theta}^2+m\dot{x}\dot{\theta}l\cos\theta$$

取弹簧原长处为弹性势能的零势点，圆盘中心为重力势能零势点，则系统的势能为

$$V=\frac{1}{2}kx^2-mgl\cos\theta$$

系统的动势 $L=T-V=\frac{5}{4}m\dot{x}^2+\frac{1}{2}ml^2\dot{\theta}^2+m\dot{x}\dot{\theta}l\cos\theta-\frac{1}{2}kx^2+mgl\cos\theta$

$$\frac{\mathrm{d}}{\mathrm{d}t}\frac{\partial L}{\partial \dot{x}}=\frac{5}{2}m\ddot{x}+ml\ddot{\theta}\cos\theta-m\dot{\theta}^2l\sin\theta,\frac{\partial L}{\partial x}=-kx$$

$$\frac{\mathrm{d}}{\mathrm{d}t}\frac{\partial L}{\partial \dot{\theta}}=ml^2\ddot{\theta}+m\ddot{x}l\cos\theta-m\dot{x}\dot{\theta}l\sin\theta,\frac{\partial L}{\partial \theta}=-m\dot{x}\dot{\theta}l\sin\theta-mgl\sin\theta$$

代入拉氏方程 $\begin{cases}\frac{\mathrm{d}}{\mathrm{d}t}\frac{\partial L}{\partial \dot{x}}-\frac{\partial L}{\partial x}=0\\ \frac{\mathrm{d}}{\mathrm{d}t}\frac{\partial L}{\partial \dot{\theta}}-\frac{\partial L}{\partial \theta}=0\end{cases}$，得

$$\begin{cases}\frac{5}{2}m\ddot{x}+ml\ddot{\theta}\cos\theta-m\dot{\theta}^2l\sin\theta+kx=0\\ ml^2\ddot{\theta}+m\ddot{x}l\cos\theta+mgl\sin\theta=0\end{cases}\text{或}\begin{cases}5m\ddot{x}+2ml\ddot{\theta}\cos\theta-2m\dot{\theta}^2l\sin\theta+2kx=0\\ l\ddot{\theta}+\ddot{x}\cos\theta+g\sin\theta=0\end{cases}$$

15-19　均质轮质量为 m，半径为 r，在水平面纯滚动。轮心 A 铰接一质量为 m 长为 $2l$ 的均质杆及刚度系数为 k 的弹簧。(1) 选定系统的广义坐标，写出系统的动能和势能表达

式;(2) 用第二类拉格朗日方程列出系统的运动微分方程及初积分;(3) 写出系统在稳定平衡位置附近的微振动方程式。

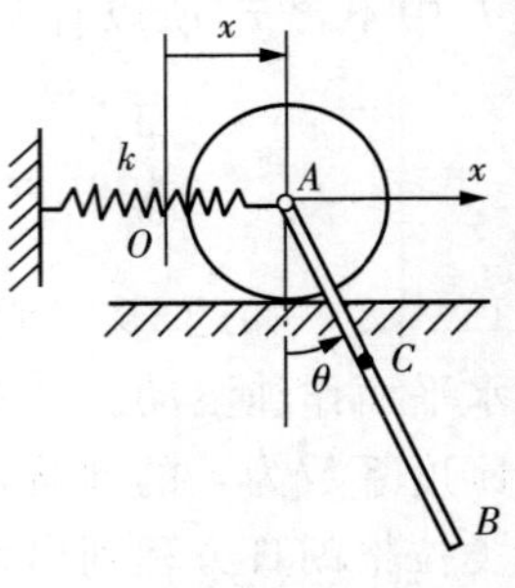

题 15-19 图

【解】(1) 该系统为保守系统。取弹簧原长处为坐标原点 O,选轮心 A 的位移 x 及杆的转角 θ 为广义坐标,则杆质心的坐标为

$$\begin{cases} x_C = x + l\sin\theta \\ y_C = -l\cos\theta \end{cases},\begin{cases} \dot{x}_C = \dot{x} + l\cos\theta\dot{\theta} \\ \dot{y}_C = l\sin\theta\dot{\theta} \end{cases}$$

系统的动能为

$$T = \frac{3}{4}m\dot{x}^2 + \frac{1}{2}m(\dot{x}_C^2 + \dot{y}_C^2)^2 + \frac{1}{2}\frac{1}{12}m(^2l)2\dot{\theta}^2$$

$$= \frac{3}{4}m\dot{x}^2 + \frac{1}{2}m(\dot{x}^2 + l^2\dot{\theta}^2 + 2\dot{x}\dot{\theta}l\cos\theta) + \frac{1}{6}ml^2\dot{\theta}^2$$

$$= \frac{5}{4}m\dot{x}^2 + \frac{2}{3}ml^2\dot{\theta}^2 + m\dot{x}\dot{\theta}l\cos\theta$$

取弹簧原长处为弹性势能的零势点,圆盘中心为重力势能零势点,则系统的势能为

$$V = \frac{1}{2}kx^2 - mgl\cos\theta$$

(2) 系统的动势

$$L = T - V = \frac{5}{4}m\dot{x}^2 + \frac{2}{3}ml^2\dot{\theta}^2 + m\dot{x}\dot{\theta}l\cos\theta - \frac{1}{2}kx^2 + mgl\cos\theta$$

$$\frac{\mathrm{d}}{\mathrm{d}t}\frac{\partial L}{\partial \dot{x}} = \frac{5}{2}m\ddot{x} + ml\ddot{\theta}\cos\theta - m\dot{\theta}^2 l\sin\theta, \frac{\partial L}{\partial x} = -kx$$

$$\frac{\mathrm{d}}{\mathrm{d}t}\frac{\partial L}{\partial \dot{\theta}} = \frac{4}{3}ml^2\ddot{\theta} + m\ddot{x}l\cos\theta - m\dot{x}\dot{\theta}l\sin\theta, \frac{\partial L}{\partial \theta} = -m\dot{x}\dot{\theta}l\sin\theta - mgl\sin\theta$$

代入拉氏方程 $\begin{cases} \dfrac{\mathrm{d}}{\mathrm{d}t}\dfrac{\partial L}{\partial \dot{x}} - \dfrac{\partial L}{\partial x} = 0 \\ \dfrac{\mathrm{d}}{\mathrm{d}t}\dfrac{\partial L}{\partial \dot{\theta}} - \dfrac{\partial L}{\partial \theta} = 0 \end{cases}$,得

$$\begin{cases} \frac{5}{2}m\ddot{x} + ml\ddot{\theta}\cos\theta - m\dot{\theta}^2 l\sin\theta + kx = 0 \\ \frac{4}{3}ml^2\ddot{\theta} + m\ddot{x}l\cos\theta + mgl\sin\theta = 0 \end{cases} \text{或} \begin{cases} 5m\ddot{x} + 2ml\ddot{\theta}\cos\theta - 2m\dot{\theta}^2 l\sin\theta + 2kx = 0 \\ 4l\ddot{\theta} + 3\ddot{x}\cos\theta + 3g\sin\theta = 0 \end{cases}$$

该系统为保守系统,有能量积分 $T + V = \text{Const.}$,即

$$\frac{5}{4}m\dot{x}^2 + \frac{2}{3}ml^2\dot{\theta}^2 + m\dot{x}\dot{\theta}l\cos\theta + \frac{1}{2}kx^2 - mgl\cos\theta = \text{Const.}$$

(3) 系统在稳定平衡位置附近作微幅振动，有 $\sin\theta \approx \theta$，$\cos\theta \approx 1$，$\dot{\theta}^2 \approx 0$，所以系统的微振动方程为

$$\begin{cases} 5m\ddot{x} + 2ml\ddot{\theta} + 2kx = 0 \\ 4l\ddot{\theta} + 3\ddot{x} + 3g\theta = 0 \end{cases}$$

15 - 20　如题 15 - 20(a) 图所示，质量为 m_1 倾角为 θ 的三棱柱与水平面的摩擦不计；质量为 m_2 半径为 r 的均质圆柱沿三棱柱斜面向下作纯滚动，求三棱柱的加速度及圆柱中心相对于三棱柱的加速度。

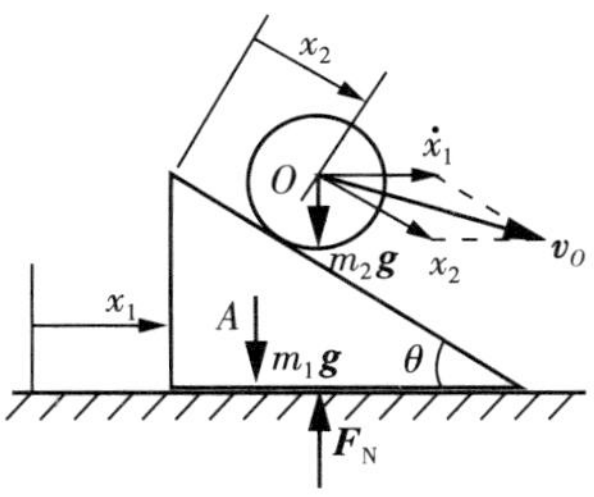

题 15 - 20(a) 图

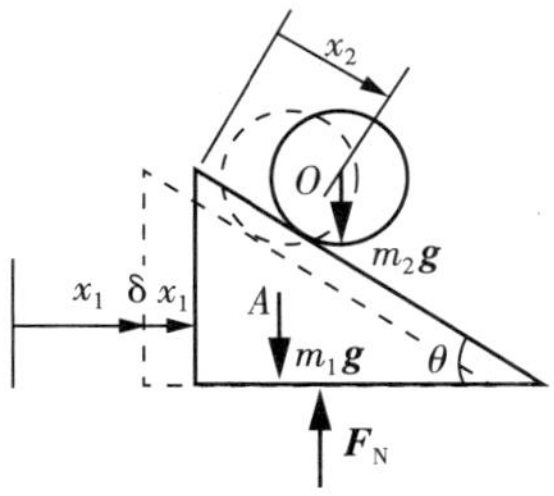

题 15 - 20(b) 图

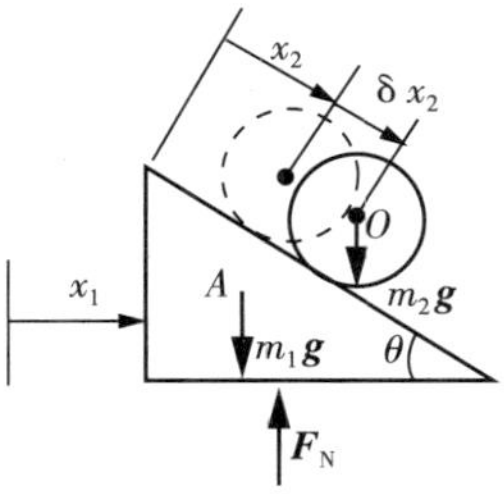

题 15 - 20(c) 图

【解】　系统具有两个自由度，如题 15 - 20(a) 图，选 x_1，x_2 为广义坐标，则三棱柱速度为 $\dot{x}_1$，加速度为 $\ddot{x}_1$，圆柱中心的速度为 $v_O^2 = \dot{x}_1{}^2 + \dot{x}_2{}^2 + 2\dot{x}_1\dot{x}_2\cos\theta$。设圆柱 O 的半径为 r，圆柱的角速度为 $\omega_O = \dot{x}_2/r$，系统的动能为

$$T = \frac{1}{2}m_1\dot{x}_1{}^2 + \frac{1}{2}m_2 v_O^2 + \frac{1}{2}J_O\omega_O^2 = \frac{1}{2}(m_1 + m_2)\dot{x}_1{}^2 + \frac{3}{4}m_2\dot{x}_2^2 + m_2\dot{x}_1\dot{x}_2\cos\theta$$

$$\frac{\mathrm{d}}{\mathrm{d}t}\frac{\partial T}{\partial \dot{x}_1} = (m_1 + m_2)\ddot{x}_1 + m_2\ddot{x}_2\cos\theta, \frac{\partial T}{\partial x_1} = 0$$

$$\frac{\mathrm{d}}{\mathrm{d}t}\frac{\partial T}{\partial \dot{x}_2} = \frac{3}{2}m_2\ddot{x}_2 + m_2\ddot{x}_1\cos\theta, \frac{\partial T}{\partial x_2} = 0$$

系统受力如题 15 - 20(a) 图，为求系统关于广义坐标 x_1，x_2 的广义力，给虚位移 $\delta x_1 \neq 0$，而令 $\delta x_2 = 0$，如题 15 - 20(b) 图，则

$$Q_{x_1} = \frac{\sum \delta W_F}{\delta x_1} = 0$$

给虚位移 $\delta x_2 \neq 0$，而令 $\delta x_1 = 0$，如题 15 - 20(c) 图，则

$$Q_{x_2} = \frac{\sum \delta W_F}{\delta x_2} = \frac{m_2 g \delta x_2 \sin\theta}{\delta x_2} = m_2 g \sin\theta$$

代入拉氏方程，得

$$\begin{cases}\dfrac{\mathrm{d}}{\mathrm{d}t}\dfrac{\partial T}{\partial \dot{x}_1}-\dfrac{\partial T}{\partial x_1}=Q_{x_1}, & -(m_1+m_2)\ddot{x}_1+m_2\ddot{x}_2\cos\theta=0\\ \dfrac{\mathrm{d}}{\mathrm{d}t}\dfrac{\partial T}{\partial \dot{x}_2}-\dfrac{\partial T}{\partial x_2}=Q_{x_2}, & \dfrac{3}{2}m_2\ddot{x}_2+m_2\ddot{x}_1\cos\theta=m_2g\sin\theta\end{cases}$$

联立解得三棱柱的加速度为 $\ddot{x}_1=\dfrac{-m_2g\sin2\theta}{3(m_1+m_2)-2m_2\cos^2\theta}$，圆柱中心相对于三棱柱的加速度为

$$\ddot{x}_2=\frac{2(m_1+m_2)g\sin\theta}{3(m_1+m_2)-2m_2\cos^2\theta}$$

15-21　如题 15-21(a) 图所示，三棱柱质量为 m_1，倾角为 θ，质量为 m_2 的均质圆柱沿三棱柱斜面作纯滚动，弹簧刚度系数为 k，在初瞬时弹簧无变形，不计三棱柱与水平面的摩擦。试建立系统的运动微分方程。

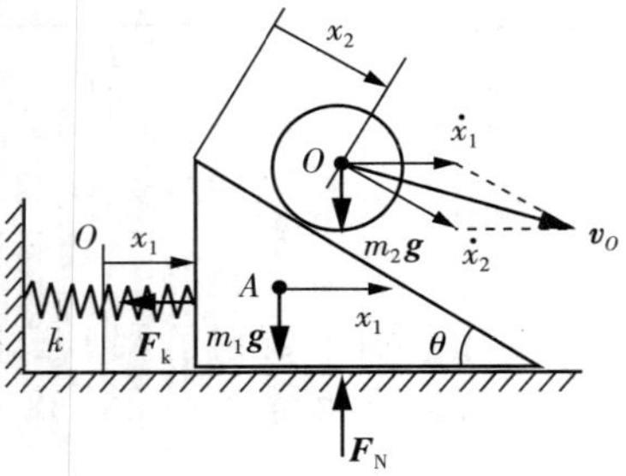

题 15-21(a) 图

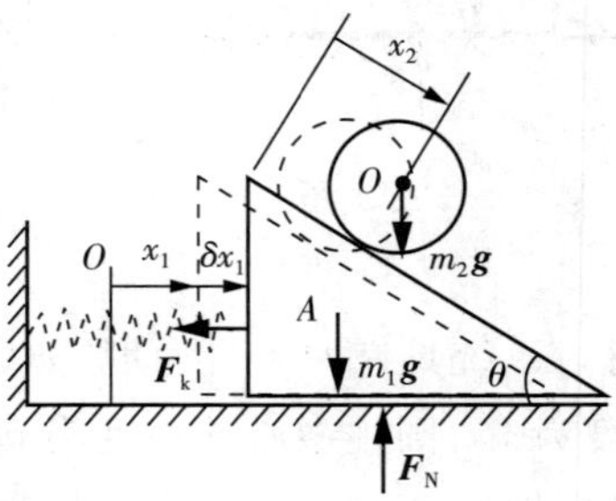

题 15-21(b) 图

【解】　系统具有两个自由度，选 x_1，x_2 为广义坐标，x_1 坐标原点为三棱柱初始位置，即弹簧原长处，如题 15-21(a) 图，则三棱柱速度为 $\dot{x}_1$，加速度为 $\ddot{x}_1$，圆柱中心的速度为 $v_O^2=\dot{x}_1{}^2+\dot{x}_2{}^2+2\dot{x}_1\dot{x}_2\cos\theta$，设圆柱 O 的半径为 r，则圆柱的角速度为 $\omega_O=\dot{x}_2/r$，所以系统的动能为

$$T=\frac{1}{2}m_1\dot{x}_1{}^2+\frac{1}{2}m_2v_O^2+\frac{1}{2}J_O\omega_O^2=\frac{1}{2}(m_1+m_2)\dot{x}_1{}^2+\frac{3}{4}m_2\dot{x}_2^2+m_2\dot{x}_1\dot{x}_2\cos\theta$$

$$\frac{\mathrm{d}}{\mathrm{d}t}\frac{\partial T}{\partial \dot{x}_1}=(m_1+m_2)\ddot{x}_1+m_2\ddot{x}_2\cos\theta,\frac{\partial T}{\partial x_1}=0$$

$$\frac{\mathrm{d}}{\mathrm{d}t}\frac{\partial T}{\partial \dot{x}_2}=\frac{3}{2}m_2\ddot{x}_2+m_2\ddot{x}_1\cos\theta,\frac{\partial T}{\partial x_2}=0$$

系统受力如题 15-21(a) 图，为求系统关于广义坐标 x_1，x_2 的广义力，给虚位移 $\delta x_1\neq 0$，而令 $\delta x_2=0$，如题 15-21(b) 图，则

$$Q_{x_1}=\frac{\sum\delta W_F}{\delta x_1}=\frac{-F_k\delta x_1}{\delta x_1}=\frac{-kx_1\delta x_1}{\delta x_1}=-kx_1$$

给虚位移 $\delta x_2 \neq 0$，而令 $\delta x_1 = 0$，如题 15-21(c) 图，则

$$Q_{x_2} = \frac{\sum \delta W_F}{\delta x_2} = \frac{m_2 g \delta x_2 \sin\theta}{\delta x_2} = m_2 g\sin\theta$$

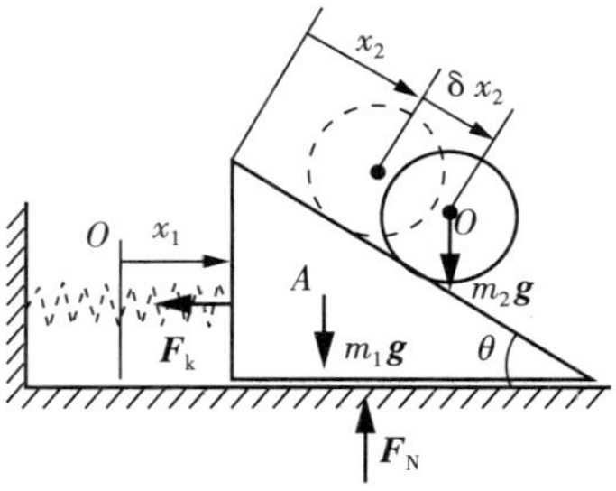

题 15-21(c) 图

代入拉氏方程，得

$$\begin{cases} \dfrac{\mathrm{d}}{\mathrm{d}t}\dfrac{\partial T}{\partial \dot{x}_1} - \dfrac{\partial T}{\partial x_1} = Q_{x_1}, (m_1 + m_2)\ddot{x}_1 + m_2\ddot{x}_2\cos\theta = -kx_1 \\ \dfrac{\mathrm{d}}{\mathrm{d}t}\dfrac{\partial T}{\partial \dot{x}_2} - \dfrac{\partial T}{\partial x_2} = Q_{x_2}, \dfrac{3}{2}m_2\ddot{x}_2 + m_2\ddot{x}_1\cos\theta = m_2 g\sin\theta \end{cases}$$

得系统的运动微分方程 $\begin{cases}(m_1 + m_2)\ddot{x}_1 + m_2\ddot{x}_2\cos\theta + kx_1 = 0 \\ 3\ddot{x}_2 + 2\ddot{x}_1\cos\theta - 2g\sin\theta = 0\end{cases}$

15-22　如题 15-22 图所示环形管半径为 R，对 z 轴的转动惯量为 J，质量为 m 的小球初始位于圆环内的 A 点处静止，而环形管绕 z 轴以角速度 ω_0 转动。由于微小干扰小球离开点 A 下滑，不计各处摩擦。(1) 试用第二类拉格朗日方程建立系统的运动微分方程并求其初积分；(2) 求当小球分别到达点 B 和点 C 时，环形管的角速度和小球的速度。

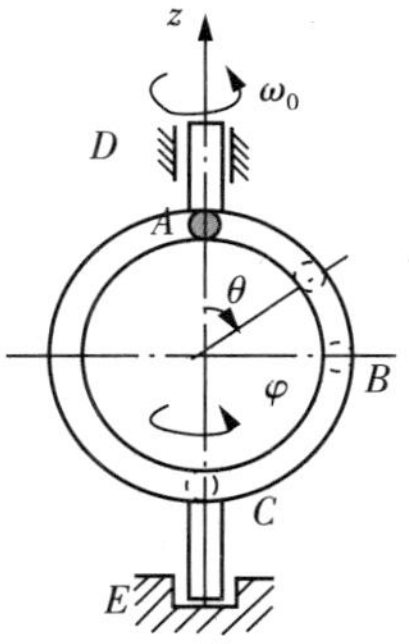

题 15-22 图

【解】　该系统为两个自由度的保守系统。选环形管的转角 φ 及 θ 为广义坐标，则圆环角速度为 $\dot{\varphi}$，由速度合成定理 $\boldsymbol{v}_a = \boldsymbol{v}_e + \boldsymbol{v}_r$，$\theta$ 角处 $v_e = \dot{\varphi}R\sin\theta$，$v_r = R\dot{\theta}$，小球的绝对速度为 $v_a = \sqrt{(\dot{\varphi}R\sin\theta)^2 + (R\dot{\theta})^2}$，则系统的动能为

$$T = \frac{1}{2}J\dot{\varphi}^2 + \frac{1}{2}m[(\dot{\varphi}R\sin\theta)^2 + (R\dot{\theta})^2] = \frac{1}{2}(J + mR^2\sin^2\theta)\dot{\varphi}^2 + \frac{1}{2}mR^2\dot{\theta}^2$$

取环形管中心为重力势能零势点，则系统的势能为 $V = mgR\cos\theta$，系统的动势

$$L = T - V = \frac{1}{2}(J + mR^2\sin^2\theta)\dot{\varphi}^2 + \frac{1}{2}mR^2\dot{\theta}^2 - mgR\cos\theta$$

$$\frac{\partial L}{\partial \dot{\varphi}} = (J + mR^2\sin^2\theta)\dot{\varphi}, \frac{\mathrm{d}}{\mathrm{d}t}\frac{\partial L}{\partial \dot{\varphi}} = (J + mR^2\sin^2\theta)\ddot{\varphi} + mR^2\sin 2\theta\dot{\varphi}\dot{\theta}, \frac{\partial L}{\partial \varphi} = 0$$

$$\frac{\mathrm{d}}{\mathrm{d}t}\frac{\partial L}{\partial \dot{\theta}} = mR^2\ddot{\theta}, \frac{\partial L}{\partial \theta} = mR^2\sin\theta\cos\theta\dot{\varphi}^2 + mgR\sin\theta$$

代入保守系统拉氏方程 $\begin{cases}\dfrac{\mathrm{d}}{\mathrm{d}t}\dfrac{\partial L}{\partial \dot{\varphi}} - \dfrac{\partial L}{\partial \varphi} = 0 \\ \dfrac{\mathrm{d}}{\mathrm{d}t}\dfrac{\partial L}{\partial \dot{\theta}} - \dfrac{\partial L}{\partial \theta} = 0\end{cases}$ 得 $\begin{cases}(J + mR^2\sin^2\theta)\ddot{\varphi} + mR^2\sin 2\theta\dot{\varphi}\dot{\theta} = 0 \\ R\ddot{\theta} - R\sin\theta\cos\theta\dot{\varphi}^2 - g\sin\theta = 0\end{cases}$。该系统为保守系统，所以有能量积分 $T + V = \text{Const.}$，即

$$\frac{1}{2}(J + mR^2\sin^2\theta)\dot{\varphi}^2 + \frac{1}{2}mR^2\dot{\theta}^2 + mgR\cos\theta = C_1$$

又动势中不含有广义坐标 φ，所以有循环积分 $\frac{\partial L}{\partial\dot{\varphi}}=C_2$，即 $(J+mR^2\sin^2\theta)\dot{\varphi}=C_2$。初瞬时有

$T_0+V_0=\frac{1}{2}J\omega_0^2+mgR=C_1$；$J\omega_0=C_2$，即

$$\begin{cases}\frac{1}{2}(J+mR^2\sin^2\theta)\dot{\varphi}^2+\frac{1}{2}mR^2\dot{\theta}^2+mgR\cos\theta=\frac{1}{2}J\omega_0^2+mgR\\(J+mR^2\sin^2\theta)\dot{\varphi}=J\omega_0\end{cases}$$

所以 $\begin{cases}\dot{\theta}=\sqrt{\frac{J\omega_0^2\sin^2\theta}{(J+mR^2\sin^2\theta)^2}+\frac{2g(1-\cos\theta)}{R}}\\\dot{\varphi}=\frac{J\omega_0}{J+mR^2\sin^2\theta}\end{cases}$

当小球到达点 B 时，环形管的角速度

$$\omega_B=\dot{\varphi}\big|_{\theta=90^\circ}=\frac{J\omega_0}{J+mR^2},\dot{\theta}\big|_{\theta=90^\circ}=\sqrt{\frac{J\omega_0^2}{(J+mR^2)^2}+\frac{2g}{R}}$$

小球的速度

$$v_B=v_a\big|_{\theta=90^\circ}=\sqrt{(\dot{\varphi}R\sin\theta)^2+(R\dot{\theta})^2}\Big|_{\theta=90^\circ}=\sqrt{2gR+\frac{JR^2\omega^2(2J+mR^2)}{(J+mR^2)^2}}$$

当小球到达点 C 时，环形管的角速度

$$\omega_C=\dot{\varphi}\big|_{\theta=180^\circ}=\omega_0,\dot{\theta}\big|_{\theta=180^\circ}=\sqrt{\frac{4g}{R}}$$

小球的速度

$$v_C=v_a\big|_{\theta=180^\circ}=\sqrt{(\dot{\varphi}R\sin\theta)^2+(R\dot{\theta})^2}\Big|_{\theta=180^\circ}=2\sqrt{gR}$$

15－23　四根长为 l 质量为 m 的均质杆铰接成一正方形，放置在光滑水平面上。力 F 沿如题 15－23 图所示方向作用在铰接点 A 上，在力作用之前系统静止。求铰链 A 在初始运动瞬时的加速度。

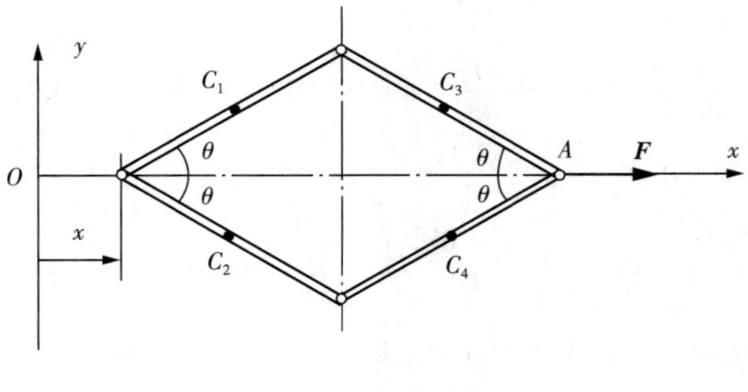

题 15－23 图

【解】 选 x、θ 为广义坐标，则各杆质心的坐标为

$$x_{C1}=x_{C2}=x+\frac{l}{2}\cos\theta,\ y_{C1}=y_{C3}=\frac{l}{2}\sin\theta$$

$$x_{C3}=x_{C4}=x+\frac{3}{2}l\cos\theta,\ y_{C2}=y_{C4}=-\frac{l}{2}\sin\theta$$

求导得

$$\dot{x}_{C1}=\dot{x}_{C2}=\dot{x}-\frac{l}{2}\sin\theta\dot{\theta},\ \dot{x}_{C3}=\dot{x}_{C4}=\dot{x}-\frac{3l}{2}\sin\theta\dot{\theta}$$

$$\dot{y}_{C1}=\dot{y}_{C3}=\frac{l}{2}\cos\theta\dot{\theta},\ \dot{y}_{C2}=\dot{y}_{C4}=-\frac{l}{2}\cos\theta\dot{\theta}$$

各杆质心速度

$$v_{C1}^2=\dot{x}_{C1}^2+\dot{y}_{C1}^2=\dot{x}^2+\frac{1}{4}l^2\dot{\theta}^2-l\sin\theta\dot{\theta}\dot{x}$$

$$v_{C3}^2=\dot{x}_{C3}^2+\dot{y}_{C3}^2=\dot{x}^2+\left(\frac{1}{4}+2\sin^2\theta\right)l^2\dot{\theta}^2-3l\sin\theta\dot{\theta}\dot{x}$$

根据对称性，有 $v_{C2}^2=v_{C1}^2$，$v_{C4}^2=v_{C3}^2$，系统的动能为

$$T=2\left(\frac{1}{2}mv_{C1}^2+\frac{1}{2}\,\frac{1}{12}ml^2\dot{\theta}^2\right)+2\left(\frac{1}{2}mv_{C3}^2+\frac{1}{2}\,\frac{1}{12}ml^2\dot{\theta}^2\right)$$

$$=2m\dot{x}^2+2m\left(\frac{1}{3}+\sin^2\theta\right)l^2\dot{\theta}^2-4ml\sin\theta\dot{\theta}\dot{x}$$

$$\frac{\partial T}{\partial\dot{x}}=4m\dot{x}-4ml\sin\theta\dot{\theta},\ \frac{\mathrm{d}}{\mathrm{d}t}\frac{\partial T}{\partial\dot{x}}=4m\ddot{x}-4ml\sin\theta\ddot{\theta}-4ml\cos\theta\dot{\theta}^2,\ \frac{\partial T}{\partial x}=0$$

$$\frac{\partial T}{\partial\dot{\theta}}=4m\left(\frac{1}{3}+\sin^2\theta\right)l^2\dot{\theta}-4ml\sin\theta\dot{x}$$

$$\frac{\mathrm{d}}{\mathrm{d}t}\frac{\partial T}{\partial\dot{\theta}}=4m\left(\frac{1}{3}+\sin^2\theta\right)l^2\ddot{\theta}+8ml^2\sin\theta\cos\theta\dot{\theta}^2-4ml\sin\theta\ddot{x}-4ml\cos\theta\dot{\theta}\dot{x}$$

$$\frac{\partial T}{\partial\theta}=4ml^2\sin\theta\cos\theta\dot{\theta}^2-4ml\cos\theta\dot{\theta}\dot{x}$$

坐标 $x_A=x+2l\cos\theta$，$\delta x_A=\delta x-2l\sin\theta\delta\theta$；广义力

$$Q_x=\frac{\sum\delta W_F}{\delta x}=\left.\frac{F(\delta x-2l\sin\theta\delta\theta)}{\delta x}\right|_{\delta\theta=0}=F$$

$$Q_\theta=\frac{\sum\delta W_F}{\delta\theta}=\left.\frac{F(\delta x-2l\sin\theta\delta\theta)}{\delta\theta}\right|_{\delta x=0}=-2Fl\sin\theta$$

代入拉氏方程$\begin{cases}\dfrac{\mathrm{d}}{\mathrm{d}t}\dfrac{\partial T}{\partial \dot{x}}-\dfrac{\partial T}{\partial x}=Q_x\\ \dfrac{\mathrm{d}}{\mathrm{d}t}\dfrac{\partial T}{\partial \dot{\theta}}-\dfrac{\partial T}{\partial \theta}=Q_\theta\end{cases}$，得

$$\begin{cases}4m\ddot{x}-4ml\sin\theta\ddot{\theta}-4ml\cos\theta\dot{\theta}^2=F\\ 4m\left(\dfrac{1}{3}+\sin^2\theta\right)l^2\ddot{\theta}+4ml^2\sin\theta\cos\theta\dot{\theta}^2-4ml\sin\theta\ddot{x}=-2Fl\sin\theta\end{cases}$$

初瞬时，$\theta=45°$，$\dot{\theta}=0$，$\dot{x}=0$，有

$$\begin{cases}4m\ddot{x}-4ml\sin45°\ddot{\theta}=F\\ 4ml^2\left(\dfrac{1}{3}+\sin^2 45°\right)\ddot{\theta}-4ml\sin45°\ddot{x}=-\sqrt{2}Fl\end{cases}\text{即}\begin{cases}4m\ddot{x}-2\sqrt{2}ml\ddot{\theta}=F\\ \dfrac{10}{3}ml\ddot{\theta}-2\sqrt{2}m\ddot{x}=-\sqrt{2}Fl\end{cases}$$

解得 $\ddot{x}=-\dfrac{1}{8}\dfrac{F}{m}$，$\ddot{\theta}=-\dfrac{3\sqrt{2}}{8}\dfrac{F}{ml}$。由 $x_A=x+2l\cos\theta$，有 $\ddot{x}_A=\ddot{x}-2l\cos\theta\dot{\theta}^2-2l\sin\theta\ddot{\theta}$，初瞬时，$\theta=45°$，$\dot{\theta}=0$，$\dot{x}=0$，有 $a_A=\ddot{x}_A=\ddot{x}-2l\sin45°\ddot{\theta}$，即

$$a_A=\frac{5}{8}\frac{F}{m}$$

第16章　碰　撞

16.1　主要内容

一、碰撞现象的基本特征

碰撞现象的基本特征是，碰撞时间极短（一般为$10^{-4}\sim10^{-3}$ s），速度变化为有限值，加速度变化巨大，碰撞力极大且为变力。

二、碰撞的分类及碰撞问题的简化

1. 碰撞的分类

(1) 按照两物体的相互位置分类

对心碰撞和偏心碰撞：若碰撞力的作用线通过两物体的质心，称为对心碰撞；否则称为偏心碰撞。

正碰撞和斜碰撞：若碰撞时两物体各自质心的速度均沿公法线则称为正碰撞，否则称为斜碰撞。

(2) 按照恢复因数 k 的值分类

$k=1$，完全弹性碰撞；$k=0$，塑形碰撞（或非弹性碰撞）；$0<k<1$，弹性碰撞。

2. 碰撞问题的简化

(1) 在碰撞过程中，普通力的冲量忽略不计；

(2) 在碰撞过程中，质点系内各质点的位移忽略不计。

三、用于碰撞过程的基本定理

1. 碰撞时的冲（动）量定理和质心运动定理

质点的冲（动）量定理

$$m\boldsymbol{v}'-m\boldsymbol{v}=\int_0^t \boldsymbol{F}\mathrm{d}t=\boldsymbol{I} \tag{16-1}$$

式中$\boldsymbol{v}$、$\boldsymbol{v}'$分别为碰撞开始瞬时和结束瞬时的速度；I 为碰撞冲量。

质点系的冲（动）量定理

$$\sum_{i=1}^{n} m\boldsymbol{v}_i'-\sum_{i=1}^{n} m\boldsymbol{v}_i=\sum_{i=1}^{n}\boldsymbol{I}_i^{(e)} \tag{16-2}$$

或

$$m\boldsymbol{v}'_C - m\boldsymbol{v}_C = \sum_{i=1}^{n} I_i^{(e)} \tag{16-3}$$

式中$\boldsymbol{v}_C$、v'_C分别为质点系质心在碰撞开始瞬时和结束瞬时的速度；$\sum I_i^{(e)}$为外碰撞冲量的矢量和。当碰撞冲量 I 或外碰撞冲量 $\sum I_i^{(e)}$ 为零时，则质点或系统的动量（或质心运动）守恒。

2. 碰撞时的冲（动）量矩定理

质点

$$\boldsymbol{L}_{O2} - \boldsymbol{L}_{O1} = \boldsymbol{M}_O(I) \tag{16-4}$$

式中$\boldsymbol{L}_{O1}$、$\boldsymbol{L}_{O2}$分别为质点在碰撞开始瞬时和结束瞬时对固定点 O 的动量矩矢；$\boldsymbol{M}_O(I)$为作用于质点上的碰撞冲量对该点的冲量矩矢。

质点系

$$\boldsymbol{L}_{O2} - \boldsymbol{L}_{O1} = \sum_{i=1}^{n} \boldsymbol{M}_O(I_i^{(e)}) \tag{16-5}$$

式中$\boldsymbol{L}_{O1}$、$\boldsymbol{L}_{O2}$分别为质点系在碰撞开始瞬时和结束瞬时对固定点 O 的动量矩矢；$\sum_{i=1}^{n} \boldsymbol{M}_O(I_i^{(e)})$为质点系对固定点 O 的外碰撞冲量矩的矢量和。

碰撞时相对质心 C 的动量矩定理同样成立，即

$$\boldsymbol{L}_{C2} - \boldsymbol{L}_{C1} = \sum_{i=1}^{n} \boldsymbol{M}_C(\boldsymbol{I}_i^{(e)}) \tag{16-6}$$

刚体绕定轴转动时的冲量矩定理：

$$J_z\omega_2 - J_z\omega_1 = \sum_{i=1}^{n} M_z(\boldsymbol{I}_i^{(e)}) \tag{16-7}$$

式中 ω_1、ω_2 分别为在碰撞开始瞬时和结束瞬时刚体转动的角速度；$\sum_{i=1}^{n} \boldsymbol{M}_z(I_i^{(e)})$为刚体对固定轴 z 的外碰撞冲量矩代数和。若$\boldsymbol{M}_O(I)$或$\sum_{i=1}^{n} \boldsymbol{M}_O(I_i^{(e)})$或$\sum_{i=1}^{n} \boldsymbol{M}_z(I_i^{(e)})$等于零，则质点或质点系对该点或该轴的动量矩守恒。

3. 刚体平面运动的碰撞方程

$$\left.\begin{aligned} mv'_{Cx} - mv_{Cx} &= \sum_{i=1}^{n} I_{ix}^{(e)} \\ mv'_{Cx} - mv_{Cx} &= \sum_{i=1}^{n} I_{ix}^{(e)} \\ J_C\omega_2 - J_C\omega_1 &= \sum_{i=1}^{n} M_C(I_i^{(e)}) \end{aligned}\right\} \tag{16-8}$$

式中 J_C 为刚体对通过质心 C 并垂直于平面图形的轴的转动惯量。

四、恢复因数

1. 小球对固定面碰撞时

正碰撞

$$k=|v|=\left|\frac{I_2}{I_1}\right|=\sqrt{\frac{h_2}{h_1}} \tag{16-9}$$

式中 v'，v 分别为小球在碰撞终止与碰撞开始时的速度；I_2，I_1 分别为恢复阶段与变形阶段的碰撞冲量；h_2，h_1 分别为小球回跳的高度和自由下落的高度。

斜碰撞

$$k=\frac{\tan\theta}{\tan\beta} \tag{16-10}$$

式中 θ，β 分别为入射角和反射角。

2. 两物体相互碰撞时

$$k=\left|\frac{\text{碰撞后法向相对速度}}{\text{碰撞前法向相对速度}}\right|=\left|\frac{v'^n_r}{v^n_r}\right| \tag{16-11}$$

式中 v'^n_r，v^n_r 分别为碰撞后和碰撞前两物体接触点沿接触面法线方向的相对速度。恢复因数 k 由实验确定。

五、撞击中心

设刚体有质量对称面，且绕垂直于此对称面的轴 O 转动，欲使得在外碰撞冲量 $\boldsymbol{I}$ 作用下，转轴 O 处不产生碰撞冲量，则必须作用在刚体的对称面内，且垂直于质心与转轴的连线，作用线到转轴的距离为

$$OK=l=\frac{J_O}{ma}=a+\frac{J_C}{ma} \tag{16-12}$$

K 点为撞击中心，式中 a 为质心 C 到转轴的距离，J_O、J_C 分别为刚体对过 O 或质心 C 而垂直对称平面的轴的转动惯量。

16.2　解题指导与习题解答

一、解题步骤

1. 根据题意分析是否属于碰撞问题，分清碰撞过程和非碰撞过程及碰撞类型，分别进行研究。

2. 碰撞前阶段：对研究对象进行受力分析和运动分析，应用动力学普遍定理，求出碰撞

发生瞬时物体的速度(或角速度)。

3. 碰撞阶段:进行受力分析,区分普通力和碰撞力,忽略普通力的冲量及碰撞过程物体的位移;画出系统的冲量图,区分系统外碰撞冲量或内碰撞冲量,判断系统是否动量守恒或动量矩守恒。

4. 根据碰撞问题的动力学定理,列出相应的方程,补充恢复因数公式,求解碰撞过程中的未知量,如碰撞结束瞬时物体的速度、角速度、恢复因数、碰撞冲量或碰撞力的平均值等等。

5. 如果还有碰撞结束后的动力学问题需要求解,则应用动力学普遍定理继续进行分析。

注意

(1) 碰撞过程中的约束力均属于碰撞力,其具体变化规律很难确定,一般只能求其平均值。

(2) 突然增加约束的问题属于碰撞问题。突加约束不仅会使物体速度(或角速度)发生变化,其运动形式也会发生变化。

(3) 碰撞问题的分析,不仅要运用动量定理(质心运动定理)、动量矩定理,还需要补充与碰撞物体机械性质相关的恢复因数 k 的关系式,才能联立求解。

二、习题解答

16-1 如题 16-1 图所示,打桩机的重锤质量为 $m_1=450\text{kg}$,桩柱质量为 $m_2=50\text{kg}$,锤由高度 $h=2\text{m}$ 处自由落下,如恢复系数 $e=0$,经过一次锤击后,桩柱下沉 $\Delta s=1\text{cm}$,试求土壤对桩柱的平均阻力。

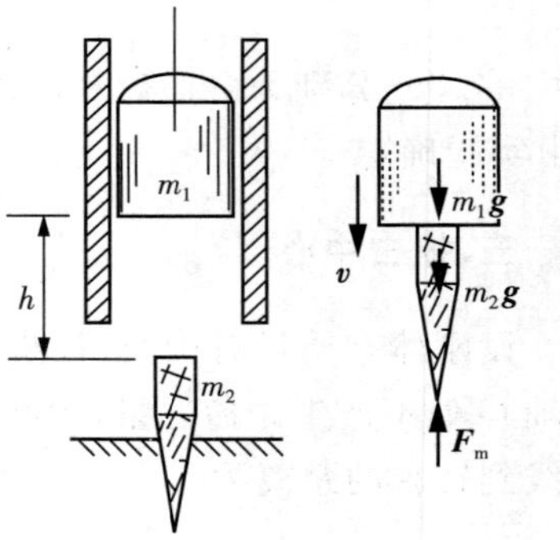

题 16-1 图

【解】 锤自由下落,击桩前瞬时速度为 $v_0=\sqrt{2gh}$,因为 $e=0$,所以击桩后锤与桩柱速度相同,设为 v。击桩阶段,不计重力、阻力等非碰撞力,桩锤系统动量守恒,有

$$(m_1+m_2)v=m_1v_0$$

击桩后,桩柱下沉 $\Delta s=1\text{cm}$,重力、阻力做功,由动能定理,得

$$0-\frac{1}{2}(m_1+m_2)v^2=[(m_1+m_2)g-F_m]\Delta s$$

联立可得土壤对桩柱的平均阻力 $F_m=799.5\text{kN}$。

16-2 如题 16-2 图所示,凸轮对 O 轴的转动惯量为 J_O,以角速度 ω 在图示位置撞击静止的桩锤,若锤的质量为 m,碰撞是非弹性的,碰撞点到 O 轴的距离为 r,求碰撞后凸轮的角速度、桩锤的速度和碰撞时凸轮与锤间的碰撞冲量。

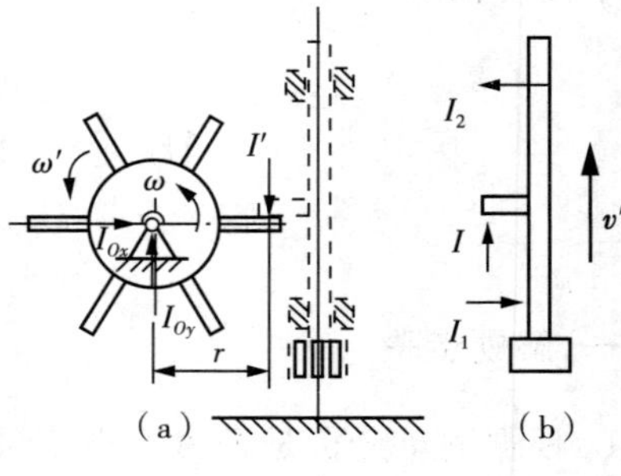

题 16-2 图

【解】 碰撞时，凸轮与锤间的碰撞冲量如题 16－2 图所示，碰撞后凸轮角速度为 ω'。研究凸轮，由冲量矩定理，得

$$J_O\omega' - J_O\omega = -I'r$$

研究桩锤，碰撞后其速度为 v'，由冲量定理，得

$$mv' - 0 = I, v' = r\omega'$$

由上列各式可解出碰撞后凸轮的角速度 $\omega' = \dfrac{J_O\omega}{J_O + mr^2}$，桩锤的速度 $v' = \dfrac{J_O}{J_O + mr^2}\omega r$，凸轮与锤间的碰撞冲量 $I = \dfrac{J_O}{J_O + mr^2}m\omega r$

16－3　均质杆质量为 m_1，长为 l，铰接在 O 处，由水平位置落下，其初角速度为零。杆在铅垂位置处撞到质量为 m_2 的物块，为非弹性碰撞。物块与支撑面之间的动摩擦系数为 f。求碰撞后物块所行的路程。

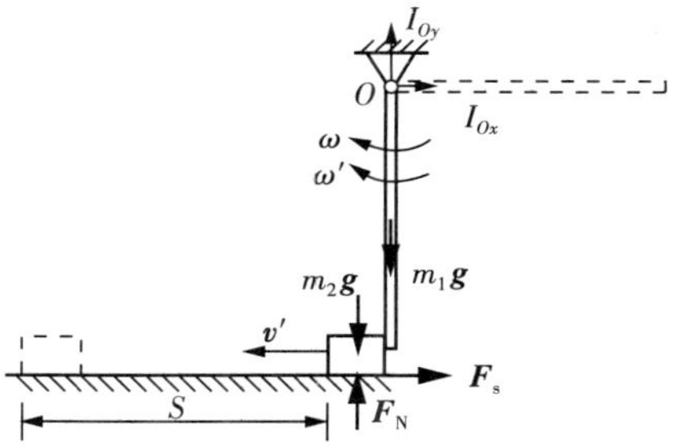

题 16－3 图

【解】 (1) 碰撞前阶段：设杆由水平位置自由落至铅垂位置瞬时，角速度为 ω，由动能定理，有

$$\frac{1}{2}J_O\omega^2 - 0 = m_1 g\frac{l}{2}$$

式中 $J_O = \dfrac{1}{3}m_1 l^2$，解得 $\omega = \sqrt{\dfrac{3g}{l}}$。

(2) 碰撞阶段：设撞击后物块速度为 v'，杆的角速度为 ω'，撞击过程中不计摩擦力，系统对轴 O 的动量矩守恒，有

$$J_O\omega' + m_2 v' l = J_O\omega$$

式中 $v' = \omega' l$，解得 $\omega' = \dfrac{m_1}{m_1 + 3m_2}\omega = \dfrac{m_1}{m_1 + 3m_2}\sqrt{\dfrac{3g}{l}}$，$v' = \dfrac{m_1\sqrt{3gl}}{m_1 + 3m_2}$。

(3) 碰撞后阶段：由动能定理，有

$$0 - \frac{1}{2}m_2 v'^2 = -F_s s$$

式中 $F_s = fF_N = fm_2 g$，解得 $s = \dfrac{3l}{2f}\dfrac{m_1^2}{(m_1 + 3m_2)^2}$。

注意：本题需要区分碰撞前阶段、碰撞阶段及碰撞结束后三个阶段，分别进行分析。

16－4　如题 16－4 图所示，在测定碰撞恢复因数的仪器中，均质杆杆长为 l，质量为 m_1，杆上带有质量为 m_2 的样块 A。由水平位置自由下摆，在铅直位置受碰撞后弹回到 φ 角处。求恢复系数 e 及轴承 O 处不受附加冲量的 x 应为多大？

【解】 (1) 碰撞前阶段：设杆由水平位置自由落至铅垂位置瞬时，角速度为 ω（顺时

针)。由动能定理,得

$$\frac{1}{2}\left(\frac{1}{3}m_1l^2+m_2x^2\right)\omega^2-0=m_2gx+m_1g\,\frac{l}{2} \tag{1}$$

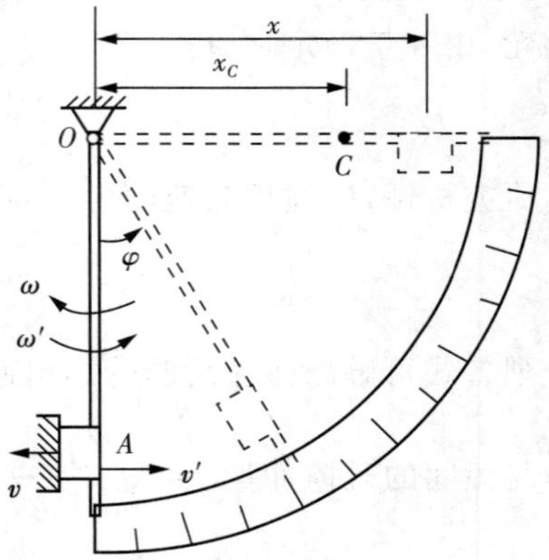

题 16-4 图

(2) 碰撞后阶段:设碰撞结束瞬时杆的角速度为 ω'(逆时针),弹回至角 φ 处,由动能定理,得

$$0-\frac{1}{2}\left(\frac{1}{3}m_1l^2+m_2x^2\right)\omega'^2=-\left(m_2gx+m_1g\,\frac{l}{2}\right)(1-\cos\varphi) \tag{2}$$

(3) 碰撞恢复系数 e:碰撞瞬时,物块的速度为 $v=\omega x$,碰撞结束瞬时,物块的速度为 $v'=\omega' x$,由恢复系数的定义,有

$$e=\left|\frac{v'^n_r}{v^n_r}\right|=\frac{v'}{v}=\frac{\omega' x}{\omega x}=\frac{\omega'}{w} \tag{3}$$

联立式(1)、(2)、(3)得恢复系数 $e=\sqrt{2}\sin\frac{\varphi}{2}$。

(4) 若撞击点是撞击中心,则轴承 O 处不受附加冲量。设杆、块系统的质心位置为 C 点,且 $OC=x_C$,则物块的位置应为撞击中心,即

$$x=\frac{J_O}{(m_1+m_2)x_C}$$

式中转动惯量 $J_O=\frac{1}{3}m_1l^2+m_2x^2$,质心 $x_C=\dfrac{m_1\dfrac{l}{2}+m_2x}{m_1+m_2}$,解得 $x=\frac{2}{3}l$。

16-5 均质圆柱质量为 m,半径为 r,沿水平面作无滑动的滚动。质心以等速 v_C 运动,与一高为 $h(h<r)$ 的凸台碰撞。设碰撞是塑性的,求圆柱体碰撞后质心的速度、圆柱体的角速度和碰撞冲量。

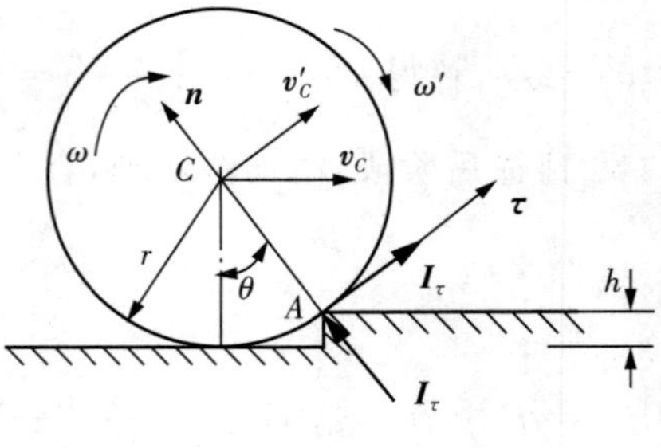

题 16-5 图

【解】 设碰撞后圆柱的角速度为 ω',质心的速度为 $\boldsymbol{v}'_C$。圆柱受碰撞冲量如题 16-5 图,碰撞过程中圆柱对点 A 的动量矩守恒,即

$$J_C\omega+mv_Cr\cos\theta=J_A\omega'$$

式中 $J_A=J_C+mr^2$,$J_C=\frac{1}{2}mr^2$。碰撞前 $\omega=\frac{v_C}{r}$,碰撞后 $\omega'=\frac{v'_C}{r}$,解得 $\omega'=\frac{v_C}{r}\frac{1+2\cos\theta}{3}$,式中 $\cos\theta=\frac{r-h}{r}$。圆柱体碰撞后质心的速度

$$v'_C = \omega' r = \frac{1+2\cos\theta}{3} v_C$$

再由冲量定理 $m v'_C - m \boldsymbol{v}_C = I$ 分别向轴 $\boldsymbol{\tau}$、$\boldsymbol{n}$ 方向投影，有

$$\begin{cases} mv'_C - mv_C\cos\theta = I_\tau \\ 0 - (-mv_C\sin\theta) = I_n \end{cases}$$

解得 $I_\tau = mv_C \dfrac{1-\cos\theta}{3}$，$I_n = mv_C\sin\theta$，式中 $\cos\theta = \dfrac{r-h}{r}$。

16-6　如题 16-6 图所示，汽锤质量 $m_1 = 3000\text{kg}$，以 5m/s 的速度落到砧座上，砧座连同被锻压的铁块质量为 $m_2 = 24000\text{kg}$，设碰撞是塑性的，求铁块所吸收的功 W_1、消耗于振动的功 W_2 和汽锤的效率 η。

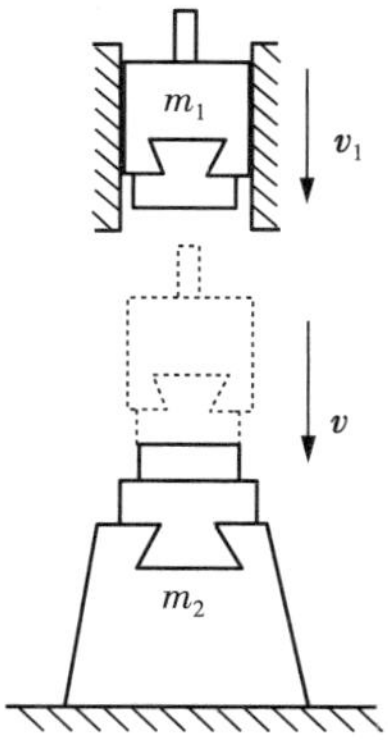

题 16-6 图

【解】　砧座下的吸振材料不是刚体，它对砧座的作用力为普通的弹性力，所以在打击瞬间应与重力一起略去，系统动量守恒。设打击后汽锤与砧座一起向下的速度为 v，则

$$(m_1 + m_2)v = m_1 v_1 \text{ 得 } v = \frac{m_1}{m_1+m_2} v_1$$

消耗于振动的功 $W_2 = \dfrac{1}{2}(m_1+m_2)v^2 = 4167\text{J}$

被铁块所吸收的功 $W_1 = \dfrac{1}{2}m_1 v_1^2 - W_2 = 33333\text{J}$

汽锤的效率 $\eta = \dfrac{W_1}{\frac{1}{2}m_1 v_1^2} = 89\%$。

16-7　已知质量为 m，长为 l 的均质杆自由下落距离 h 后与支座 D 碰撞。假定碰撞是塑性的，求碰撞后杆的角速度 ω' 和碰撞冲量 I。

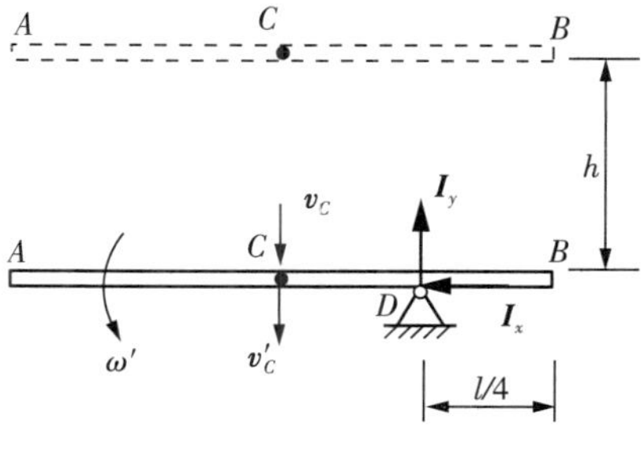

题 16-7 图

【解】　杆自 h 高处下落，作平动，角速度 $\omega = 0$，碰撞前瞬时，质心的速度为 $v_C = \sqrt{2gh}$。设碰撞后杆质心的速度 $\boldsymbol{v}'_C$，角速度为 ω'，不计非碰撞力，杆在点 D 处所受冲量如题 16-7 图，则碰撞前后杆对轴 D 动量矩守恒，即

$$mv_C \frac{l}{4} = J_D\omega',$$

式中 $J_D = \dfrac{1}{12}ml^2 + m\left(\dfrac{l}{4}\right)^2 = \dfrac{7}{48}ml^2$。解得 $\omega' = \dfrac{12}{7}\dfrac{\sqrt{2gh}}{l}$。

再由冲量定理 $m v'_C - m \boldsymbol{v}_C = I$ 投影得

$$0 = I_x；-mv'_C - (-mv_C) = I_y$$

式中 $v'_C=\omega\dfrac{l}{4}$，可解得碰撞冲量为

$$I=\frac{4}{7}m\sqrt{2gh}$$

16-8　光滑水平面上，均质圆盘绕轴 A 转动的角速度为 ω。若轴 A 突然被解脱，同时突然固定另一点 B，让圆盘绕 B 轴转动。已知 AB 弧所对的圆心角为 θ，求圆盘绕轴 B 转动的角速度 ω'。

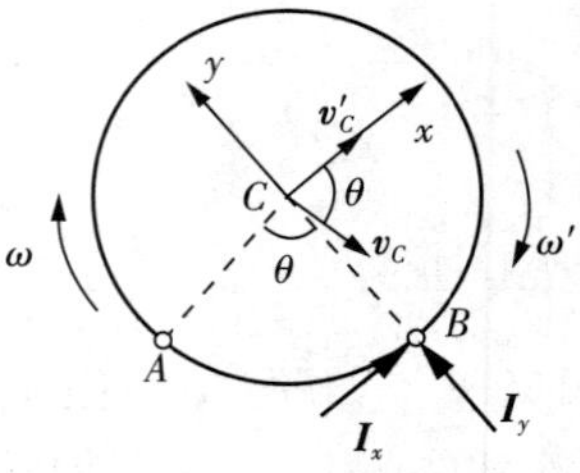

题 16-8 图

【解 1】　圆盘突然解除轴 A 并插入轴 B 时，所受冲量如题 16-8 图。取坐标轴 Cxy，由刚体平面运动碰撞方程，有

$$\begin{cases} mv'_{Cx}-mv_{Cx}=\sum I_{ix}^{(e)} \\ mv'_{Cy}-mv_{Cy}=\sum I_{iy}^{(e)} \\ J_C\omega'-J_C\omega=\sum M_C(I_i^{(e)}) \end{cases},\quad \begin{cases} mv'_C-mv_C\cos\theta=I_x \\ 0-(-mv_C\sin\theta)=I_y \\ J_C\omega'-J_C\omega=-I_xr \end{cases}$$

式中 r 为圆盘的半径，$J_C=\dfrac{1}{2}mr^2$，$v_C=\omega r$，$v'_C=\omega' r$，解得

$$\omega'=\frac{1+2\cos\theta}{3}\omega$$

【解 2】　突然解除轴 A 并插入轴 B，碰撞前后圆盘对 B 轴的动量矩守恒，有

$$J_C\omega+mv_Cr\cos\theta=J_B\omega'$$

式中 $J_C=\dfrac{1}{2}mr^2$，$J_B=\dfrac{1}{2}mr^2+mr^2=\dfrac{3}{2}mr^2$ 解得

$$\omega'=\frac{1+2\cos\theta}{3}\omega$$

16-9　如题16-9图所示质量为 m 半径为 r 的均质圆盘绕盘心 O 轴转动，圆盘上绕有绳子，绳子的一端系有一置于水平面上、质量也为 m 的重物，重物与水平面的动摩擦因数为 $f=0.25$，不计绳子质量及 O 轴摩擦。圆盘以角速度 ω_0 转动，绳子初始时为松弛，试求绳子被拉紧后重物能移动的最大距离。

【解】　绳子突然被拉紧为碰撞问题。忽略常规摩擦力。本题需要分别分析碰撞阶段和碰撞后阶段。

(1) 碰撞阶段：系统只在轴 O 处受外碰撞冲量 I_{Ox}，I_{Oy}（冲量图忽略未画），所以，碰撞前后，系统对 O 轴的动量矩守恒，有

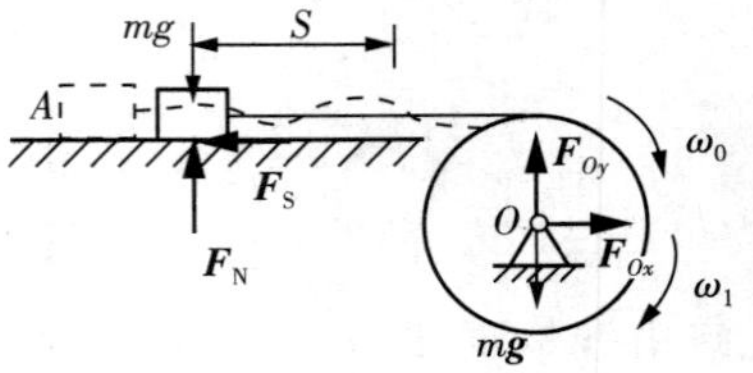

题 16-9 图

$$J_O\omega_0 = J_O\omega_1 + mvr$$

式中 ω_1 和 v 分别为碰撞结束(即绳子拉紧)瞬时圆盘的角速度和物块的速度,且 $v=\omega_1 r$,圆盘的转动惯量 $J_O = mr^2/2$,解得 $\omega_1 = \omega_0/3$。

(2) 碰撞后阶段:系统受力如题 16-9 图。绳拉紧到物块移动到最大距离 S,仅摩擦力做功。由动能定理,得

$$0-\left(\frac{1}{2}J_O\omega_1^2+\frac{1}{2}mv^2\right)=-F_S S$$

式中摩擦力 $F_S = fF_N = fmg$,解得重物能移动的最大距离

$$S=\frac{r^2\omega_0^2}{12fg}$$

16-10　质量均为 m 长均为 l 的三根相同的均质杆铰接如题 16-10(a) 图所示。$AB = OC = l$,杆系在铅垂面内处于稳定平衡时,OA 杆中点受到水平冲量 I 作用。若碰撞结束瞬时,OA 杆角速度为 ω,当转动至角 φ 时,OA 杆的角速度为 2ω,试求角 φ 的值。

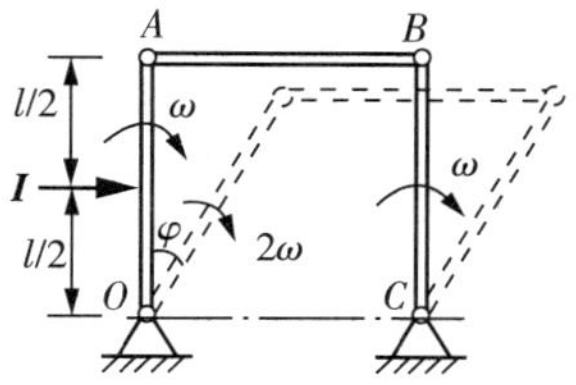

题 16-10(a) 图

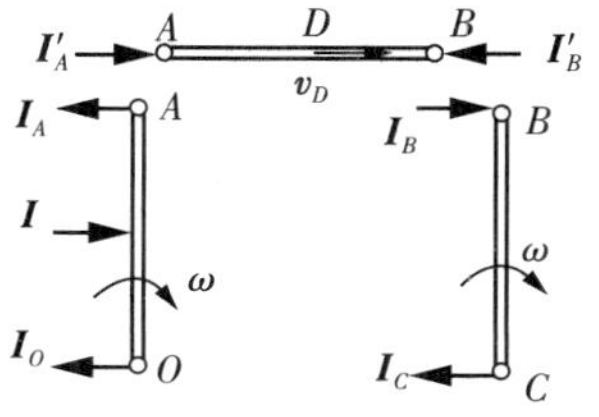

题 16-10(b) 图

【解】　(1) 碰撞阶段:各杆的碰撞冲量如题 16-10(b) 图,设碰撞结束瞬时,OA 杆角速度为 ω,则 $\omega_{BC}=\omega_{OA}=\omega$,$v_D=\omega l$。研究 OA 杆,由冲量矩定理,有

$$\frac{1}{3}ml^2\omega - 0 = I\frac{l}{2} - I_A l$$

研究 AB 杆,由冲量定理,有

$$mv_D = I'_A - I'_B$$

研究 BC 杆,由冲量矩定理,有

$$\frac{1}{3}ml^2\omega - 0 = I_B l$$

联立解得碰撞结束瞬时,杆 OA 的角速度为 $\omega=\dfrac{3}{10}\dfrac{I}{ml}$。

(2) 碰撞结束后阶段:由质点系动能定理 $T_2 - T_1 = W_{12}$,得

$$2\cdot\frac{1}{2}\cdot\frac{1}{3}ml^2(2\omega)^2+\frac{1}{2}m(2\omega l)^2-\left[2\cdot\frac{1}{2}\cdot\frac{1}{3}ml^2\omega^2+\frac{1}{2}m(\omega l)^2\right]$$

$$=mgl(1-\cos\varphi)+2mg\frac{l}{2}(1-\cos\varphi)$$

$$\frac{5}{2}m\omega^2l^2=2mgl(1-\cos\varphi)$$

解得 $\varphi=\arccos\left(1-\frac{5\omega^2l}{4g}\right)$，即 $\varphi=\arccos\left(1-\frac{9I^2}{80m^2gl}\right)$。

16－11　质量为2m的物块A置于光滑的水平面上，块上铰接质量为m、长为l的均质杆AB。系统初始静止，杆铅垂如题16－11(a)图所示。今有冲量为$\boldsymbol{I}$的水平碰撞力作用于AB杆的B端，求碰撞结束时，物块A的速度。

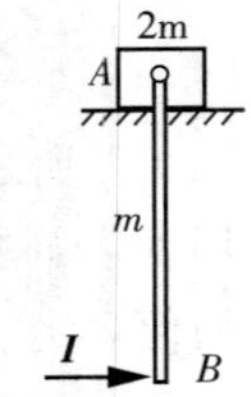

题16－11(a)图

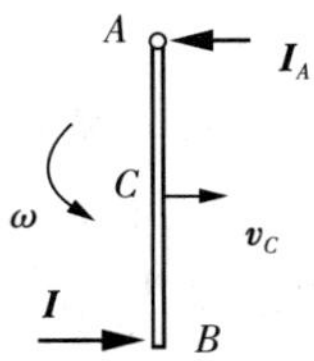

题16－11(b)图

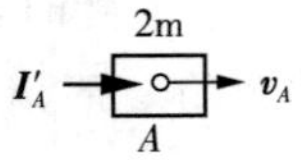

题16－11(c)图

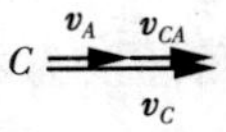

题16－11(d)图

【解】　AB杆及块A的碰撞冲量分别如题16－11(b)图、(c)。研究AB杆，由刚体平面运动碰撞方程，有

$$mv_C-0=I-I_A \tag{1}$$

$$J_C\omega-0=I\cdot\frac{l}{2}+I_A\cdot\frac{l}{2} \tag{2}$$

式中$J_C=\frac{1}{12}ml^2$。研究块A，由冲量定理

$$2mv_A-0=I'_A \tag{3}$$

式中$I_A=I'_A$，碰撞后，杆AB将作平面运动，由基点法$\boldsymbol{v}_C=\boldsymbol{v}_A+\boldsymbol{v}_{CA}$，且$v_{CA}=l\omega/2$，如题16－11(d)图，有

$$v_C=v_A+\frac{1}{2}l\omega \tag{4}$$

联立式(1)～(4)，解得$\omega=\frac{30}{9}\frac{I}{m}$，$\boldsymbol{v}_A=-\frac{2}{9}\frac{I}{m}$，负号表示物块$A$的速度与图示方向相反。

16－12　如题16－12(a)图所示，两根相同的均质杆在A处铰接并铅垂静止地悬挂在铰链O处，设两杆质量均为m，长度均为l。现在AB杆上作用一水平冲量，若冲击结束后的瞬时，AB杆的角速度为零，则该冲量应作用在什么位置？

【解】　设水平冲量$\boldsymbol{I}$作用在x处时，冲击结束瞬时，AB杆的角速度$\omega_2=0$，作平移；OA杆做定轴转动，角速度为ω_1，则

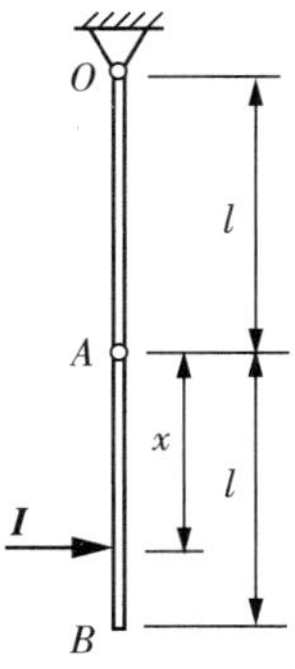

题 16－12(a) 图

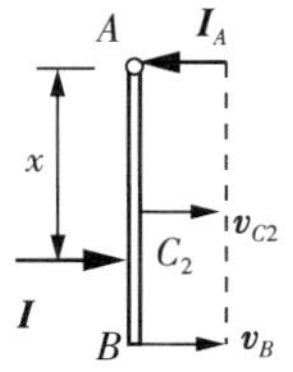

题 16－12(b) 图

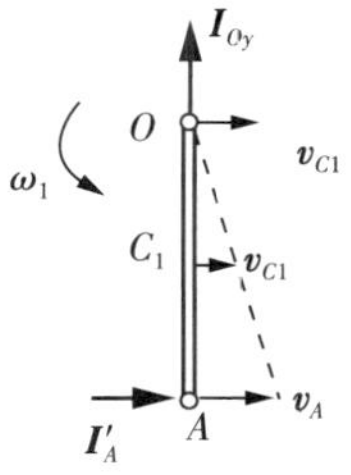

题 16－12(c) 图

$$v_{C2}=v_A=2v_{C1}=\omega_1 l$$

研究 OA 杆，碰撞冲量如(c) 图，由冲量矩定理，有

$$I'_A\cdot l=\frac{1}{3}ml^2\omega_1 \tag{1}$$

研究杆 AB，碰撞冲量如题 16－12(b) 图由刚体平面运动碰撞方程，有

$$I-I_A=mv_{C2} \tag{2}$$

$$I\left(x-\frac{l}{2}\right)+I_A\cdot\frac{l}{2}=0 \tag{3}$$

又
$$v_{C2}=\omega_1 l \tag{4}$$

式中 $I_A=I'_A$，联立式(1) ～ (4)，解得 $x=\dfrac{3}{8}l$。

16－13　长度为 $2l$ 的杆 AB，在高度为 $2l$ 处与铅垂线成 $\theta=30^\circ$ 角无初速地竖直落下，并与固定的光滑水平面碰撞。若在碰撞刚结束的瞬时，质心 C 的速度恰好为零，试求碰撞的恢复系数 e。

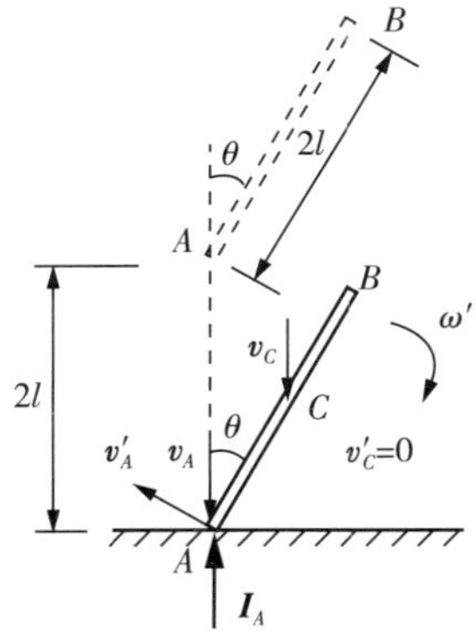

题 16－13 图

【解】 (1) 碰撞前阶段：杆在自由下落过程中处于平动状态。在碰撞前瞬时的平动速度为

$$v_C=2\sqrt{gl}=v_A$$

(2) 碰撞阶段：设碰撞结束瞬时，杆 AB 的角速度为 ω'，杆在 A 处受铅垂方向碰撞冲量I_A 如题 16－13 图。因碰撞结束瞬时质心速度 $v'_C=0$，所以点 A 的速度 $v'_A=\omega'\cdot AC=\omega' l$，$\boldsymbol{v}_A\perp AC$。由刚体平面运动碰撞方程，有

$$mv'_{Cy}-mv_{Cy}=\sum I_{iy}^{(e)},0-(-mv_C)=I_A \tag{1}$$

$$J_C\omega' - J_C\omega = \sum M_C(I^{(e)}),\frac{1}{12}m\,(2l)^2\omega' - 0 = I_A l\sin\theta \qquad (2)$$

联立式(1)、(2) 得 $\omega' = \dfrac{3v_C\sin\theta}{l}$

注意：建立 ω' 和 v_C 的关系，还可以直接应用碰撞前后，杆对点 A 的动量矩守恒，即

$$mv_C l\sin\theta = \frac{1}{12}m\,(2l)^2\omega'$$

解得 $\omega' = \dfrac{3v_C\sin\theta}{l}$，所以碰撞结束瞬时点 A 的速度 $v'_A = 3v_C\sin\theta$。

(3) 求恢复系数 e：由恢复系数定义，有

$$e = \left|\frac{v'^n_r}{v^n_r}\right| = \frac{v'_{Ay}}{v_A} = \frac{v'_A\sin\theta}{v_A} = \frac{3v_C\,\sin^2\theta}{v_C} = 3\,\sin^2\theta$$

将 $\theta = 30°$ 代入上式，得恢复系数 $e = \dfrac{3}{4}$。

第17章　机械振动基础

17.1　主要内容

一、振动现象的基本特征及其分类

1. 振动现象的基本特征

物体围绕其平衡位置作往复的机械运动。

2. 振动分类

(1) 根据振动系统的受力分类:无阻尼自由振动(只有弹性恢复力,无激振力和阻尼力)、有阻尼自由振动(有弹性恢复力,无激振力和阻尼力)、受迫振动(有弹性恢复力,有激振力)。

(2) 根据系统自由度数分类:单自由度振动(自由度 $=2$)、多自由度振动(自由度 $\geqslant 2$)、弹性体振动(无穷多自由度)。

(3) 根据系统微分方程类型分类:线性振动、非线性振动。

二、单自由度系统的自由振动

1. 单自由度无阻尼自由振动微分方程的标准形式

$$\frac{\mathrm{d}^2 x}{\mathrm{d}t^2}+\omega_0^2 x=0 \tag{17-1}$$

是一个二阶齐次线性常系数微分方程,其解为

$$x=A\sin(\omega_0 t+\theta) \tag{17-2}$$

2. 重要物理量

固有频率

$$\omega_0=\sqrt{\frac{k}{m}}=\sqrt{\frac{g}{\delta_{\mathrm{st}}}} \tag{17-3}$$

振幅

$$A=\sqrt{x_0^2+\frac{v_0^2}{\omega_0^2}} \tag{17-4}$$

初相角

$$\tan\theta = \frac{\omega_0 x_0}{v_0} \tag{17-5}$$

周期

$$T = \frac{2\pi}{\omega_0} = 2\pi\sqrt{\frac{m}{k}} \tag{17-6}$$

频率

$$f = \frac{1}{T} = \frac{\omega_0}{2\pi} \tag{17-7}$$

式中 m 为振动物体的质量，k 为弹簧的刚度系数，δ_{st} 按为弹簧在重力作用下的静伸长。

3. 弹簧的并联与串联

(1) 弹簧的并联并联弹簧的特点是其变形量相等。两个弹性系数分别为 k_1、k_2 的弹簧并联时，等效弹簧的刚度系数 k_{eq} 等于两个弹簧的刚度系数之和。

$$k_{eq} = k_1 + k_2 \tag{17-8}$$

(2) 弹簧的串联串联弹簧的特点是其受力相等。两个弹性系数分别为 k_1、k_2 的弹簧串联时，等效弹簧的刚度系数 k_{eq} 的倒数等于两个弹簧的刚度系数倒数之和。

$$\frac{1}{k_{eq}} = \frac{1}{k_1} + \frac{1}{k_2} \tag{17-9}$$

式(17-8)和(17-9)可以推广到多个弹簧的串联合并联的情形。

三、计算固有频率的能量法

计算系统的固有频率可以用建立系统振动微分方程的方法，但对于复杂系统，用能量法计算固有频率更有优势。能量法出发点是系统能量守恒，对于无阻尼振动系统，在振动过程中期机械能守恒。如取平衡位置为零势点，则有

$$T_{max} = V_{max} \tag{17-10}$$

即系统的最大动能等于最大势能，写出具体的动能、势能的表达式，即可求出固有频率。

四、单自由度系统的有阻尼自由振动

当振动系统受到粘性阻尼力 $\boldsymbol{F}_d = -cv$ 作用时，其运动微分方程为

$$\frac{d^2x}{dt^2} + 2\delta\frac{dx}{dt} + \omega_0^2 x = 0 \tag{17-12}$$

式中 c 为粘性阻力系数(简称阻力系数)，定义

$$\delta = \frac{c}{2m} \tag{17-13}$$

$$\zeta = \frac{\delta}{\omega_0} = \frac{c}{\sqrt{2mk}} \tag{17-14}$$

δ 为阻尼系数，ζ 为阻尼比。

(1) 若 $\delta < \omega_0(\zeta < 1)$ 这时阻尼很小，称为欠阻尼状态，方程(17-11) 的解为

$$x = Ae^{-\delta t}\sin(\omega_d t + \theta) \tag{17-15}$$

式中有阻尼自由振动的振幅为

$$A = \sqrt{x_0^2 + \frac{(v_0 + \delta x_0)^2}{\omega_0^2 - \delta^2}} \tag{17-16}$$

有阻尼自由振动的初相角为

$$\tan\theta = \frac{x_0\sqrt{\omega_0^2 - \delta^2}}{v_0 + \delta x_0} \tag{17-17}$$

有阻尼自由振动的固有频率为

$$\omega_d = \sqrt{\omega_0^2 - \delta^2} = \omega_0\sqrt{1 - \zeta^2} \tag{17-18}$$

有阻尼自由振动的周期为

$$T_d = \frac{2\pi}{\omega_d} = \frac{2\pi}{\omega_0\sqrt{1-\zeta^2}} = \frac{T}{\sqrt{1-\zeta^2}} \tag{17-19}$$

式(17-15) 表示欠阻尼状态下的自由振动表达式，其振幅呈几何级数不断衰减，又称衰减振动。两个相邻振幅之比称为减缩因数，为

$$\frac{A_i}{A_{i+1}} = \frac{Ae^{-\delta t_i}}{Ae^{-\delta(t_i + T_d)}} = e^{\delta T_d} \tag{17-20}$$

对式(17-20) 取自然对数，得对数减缩系数

$$\Lambda = \frac{2\pi\zeta}{\sqrt{1-\zeta^2}} \approx 2\pi\zeta \tag{17-21}$$

(2) 若 $\delta > \omega_0(\zeta > 1)$ 时，阻尼较大，称为过阻尼状态，方程(17-11) 的解为

$$x = e^{-\delta t}\left(C_1 e^{\sqrt{\delta^2 - \omega_0^2}\,t} + C_2 e^{-\sqrt{\delta^2 - \omega_0^2}\,t}\right) \tag{17-22}$$

式中 C_1，C_2 为积分常数，由初始条件确定。此时的运动已无周期往复的特点。

(3) 当 $\delta = \omega_0(\zeta = 1)$ 时，称为临界阻尼状态，此时系统的粘性阻力系数称为临界阻力系数，用 c_{cr} 表示，即 $c_{cr} = 2m\omega_0 = 2\sqrt{mk}$。方程(17-11) 的解为

$$x = e^{-\delta t}(C_1 + C_2 t) \tag{17-23}$$

式中 C_1，C_2 为积分常数，由初始条件确定，此时的运动已无振动的特点。

五、单自由度系统的受迫振动

1. 运动微分方程

当振动系统受到简谐激振力 $F=H\sin\omega t$ 作用时，系统作受迫振动，其运动微分方程为

$$\frac{\mathrm{d}^2x}{\mathrm{d}t^2}+2\delta\frac{\mathrm{d}x}{\mathrm{d}t}+\omega_0^2x=h\sin\omega t \tag{17-24}$$

此为有阻尼受迫振动微分方程的标准形式，是二阶常系数非齐次微分方程。式中 $h=H/m$。当 $\omega\to0$ 时，激振力的周期趋于无穷大，即激振力为一恒力，此时的振幅就是系统在静力 H 作用下的静变形，为

$$b_0=\frac{H}{k}=\frac{h}{\omega_0^2} \tag{17-25}$$

2. 运动方程

当 $\delta<\omega_0(\zeta<1)$ 时，方程(17-24)的解为

$$x=Ae^{-\delta t}\sin(\sqrt{\omega_0^2-\delta^2}\,t+\theta)+b\sin(\omega t-\varepsilon) \tag{17-26}$$

上式等式右边第一项称为衰减振动（瞬态过程），后一项称为受迫振动（稳态过程）。由于阻尼的作用，系统很快只剩下受迫振动。

结论：受简谐激振力作用的受迫振动仍然是谐振动，其振动频率等于激振力的频率，其相位角落后于激振力的相位角。受迫振动的振幅 b 和相位差 ε 分别为

$$b=\frac{h}{\sqrt{(\omega_0^2-\omega^2)^2+4\delta^2\omega^2}} \tag{17-27}$$

$$\tan\varepsilon=\frac{2\delta\omega}{\omega_0^2-\omega^2} \tag{17-28}$$

定义频率比

$$s=\frac{\omega}{\omega_0} \tag{17-29}$$

和振幅比

$$\beta=\frac{b}{b_0} \tag{17-30}$$

可以在幅频曲线（振幅比 β 随频率比 s 的变化曲线）、相频曲线（相位差 ε 随频率比 s 的变化曲线）上直观地看出频率和阻尼比对振幅和相位差的影响程度。

3. 共振现象

在式(17-27)中，当 $\omega=\sqrt{\omega_0^2-2\delta^2}=\omega_0\sqrt{1-2\zeta^2}$ 时，振幅 b 具有最大值

$$b_{max}=\frac{h}{2\delta\sqrt{\omega_0^2-\delta^2}}=\frac{b_0}{2\zeta\sqrt{1-\zeta^2}} \tag{17-31}$$

频率 $\omega=\omega_0\sqrt{1-2\zeta^2}$ 称为共振频率。当阻尼 $\zeta\ll 1$ 时，近似认为共振频率 $\omega=\omega_0$，而共振振幅为

$$b_{max}\approx\frac{b_0}{2\zeta} \tag{17-32}$$

共振时相位差 $\varepsilon=90°$。

4. 无阻尼受迫振动

若无阻尼（$c=0,\delta=0,\zeta=0$），则在式(17-31)中 b_{max} 理论上趋向于无穷大，其实此时该式已无意义。实际上，此时方程(17-24)的解是

$$x=-\frac{h}{2\omega_0}t\cos(\omega_0 t+\varphi) \tag{17-33}$$

六、转子的临界转速

由于转轴的弹性和转子的偏心，工程中的回转机械在运转时会发生垂直于转轴的横向振动。转速在某特定值时，转轴的振幅会突然增加。当转子的转速超过该特定值时，转轴的振幅又会很快减小。使转子发生激烈振动的特定转动角速度称为临界角速度，记为 ω_{cr}，它等于系统的固有频率 ω_0。

自动定心现象：对圆盘转动而言，当转子的角速度远大于其临界角速度时，转子的轴心与质心会趋于重合，即圆盘绕其质心转动，这种现象称为自动定心现象。

七、隔振

将振源与需要防振的物体之间用弹性元件和阻尼元件进行隔离，这种措施称为隔振。隔振分为主动隔振和被动隔振两类。

1. 主动隔振

将振源与支持振源的基础隔离开来，以减弱通过基础传到周围物体上的振动，称为主动隔振。主动隔振是通过减少力来达到隔振的目的，其隔振效果是由隔振前后地基上所受到的作用力的幅值来衡量，该比值称为力的传递率，用 η 表示，即

$$\eta=\frac{F_{Nmax}}{H}=\sqrt{\frac{1+4\zeta^2s^2}{(1-s^2)^2+4\zeta^2s^2}} \tag{17-34}$$

根据力的传递率的意义，仅当 $\eta<1$ 时隔振才有效果。也就是 $s>\sqrt{2}$，即 $\omega>\sqrt{2}\omega_0$ 时，才能达到隔振的目的。

2. 被动隔振

将需要防振的物体与振源隔离开来，以防止或减弱周围振动的影响，称为被动隔振。被动隔振是通过减少振幅来达到减振的目的，减振效果是根据减振前后需要防振的物体的受迫振动的振幅之比来衡量，该比值称为位移传递率，用 η' 表示，即

$$\eta' = \frac{b}{d} = \sqrt{\frac{1+4\zeta^2 s^2}{(1-s^2)^2+4\zeta^2 s^2}} \tag{17-35}$$

式中 d 为基础的简谐振动的振幅;b 为被隔振对象由于基础激励引起的受迫振动的振幅。

注意到式(17-34)、(17-35) 的右端的表达式相同,即力传递率与位移传递率曲线相同。因此,主动隔振或被动隔振的隔振元件的设计要求是一样的。

八、两个自由度系统的自由振动

运动微分方程的一般形式为

$$\begin{cases} m_{11}\ddot{x}_1 + m_{12}\ddot{x}_2 + k_{11}x_1 + k_{12}x_2 = 0 \\ m_{21}\ddot{x}_1 + m_{22}\ddot{x}_2 + k_{21}x_1 + k_{22}x_2 = 0 \end{cases} \tag{17-36}$$

式中 m_{ij},k_{ij} 是与系统质量和弹簧刚度系数有关的量。运动微分方程的解为

$$\begin{Bmatrix} x_1 \\ x_2 \end{Bmatrix} = \begin{Bmatrix} A_1 \\ A_2 \end{Bmatrix} \sin(\omega t + \varphi) \tag{17-37}$$

式中 ω 为两个质量块作自由振动的频率,φ 为初相角,A_1 和 A_2 为各自的振幅。从单自由度自由振动的性质可以看出,自由振动的频率 ω 不是任意的,而是决定于系统的动力学参数,多自由度系统也具有类似的性质。为确定振动频率 ω,将解(17-37) 代入微分方程组(17-36),得到下面关于 A_1 和 A_2 的齐次方程组

$$\begin{bmatrix} k_{11}-\omega^2 m_{11} & k_{12}-\omega^2 m_{12} \\ k_{21}-\omega^2 m_{21} & k_{22}-\omega^2 m_{22} \end{bmatrix} \begin{Bmatrix} A_1 \\ A_2 \end{Bmatrix} = \begin{Bmatrix} 0 \\ 0 \end{Bmatrix} \tag{17-38}$$

为使自由振动有非零解,上面齐次方程组系数矩阵的行列式必须等于零,即

$$\begin{vmatrix} k_{11}-\omega^2 m_{11} & k_{12}-\omega^2 m_{12} \\ k_{21}-\omega^2 m_{21} & k_{22}-\omega^2 m_{22} \end{vmatrix} = 0 \tag{17-39}$$

由此得到关于 ω^2 的一元二次方程

$$a\omega^4 - b\omega^2 + c = 0 \tag{17-40}$$

其中 $a = m_{11}m_{22} - m_{12}^2$,$b = k_{11}m_{22} + k_{22}m_{11} - 2k_{12}m_{12}$,$c = k_{11}k_{22} - k_{12}^2$。方程(17-40) 称为系统的特征方程或频率方程,由 ω^2 的根就可以确定系统作自由振动的固有频率

$$\omega_{1,2}^2 = \frac{1}{2a}\left(b \pm \sqrt{b^2 - 4ac}\right) \tag{17-41}$$

可以证明此两根为正实数,较小的 ω_1 为第一固有频率,较大的 ω_2 为第二固有频率,或简称为一阶频率和二阶频率。ω_1 和 ω_2 只与系统本身的质量参数和弹性参数有关,而与其他条件无关,称之为无阻尼自由振动的固有频率。

17.2　解题指导与习题解答

一、解题步骤

1. 单自由度系统的振动问题解题步骤

(1) 选取研究对象,进行运动分析,建立坐标系。根据系统特点选取广义坐标。通常选系统的静平衡位置为广义坐标原点,并确定坐标的正方向。

(2) 进行受力分析,画受力图。注意将系统置于广义坐标为正值的位置,则图中弹性力与粘性阻尼力均指向坐标轴的负向。

(3) 选取适当的定理(如牛顿定律、质心运动定理、动量矩定理或动能定理即拉格朗日方程)建立运动微分方程,将方程标准化,确定振动的类型,可直接得出系统的固有频率。

(4) 根据题意,代入相应的公式求各种物理量。

2. 能量法求系统的固有频率解题步骤(适用于保守系统)

(1) 选系统的静平衡位置为坐标原点,且为零势点,计算系统的最大势能 V_{max};

(2) 求系统的最大动能 T_{max};

(3) 应用 $T_{max}=V_{max}$,即可求出系的固有频率 ω_0。

二、习题解答

17-1　如题 17-1 图所示各系统中,已知物块质量及弹簧的刚度系数,求各系统作自由振动的周期。

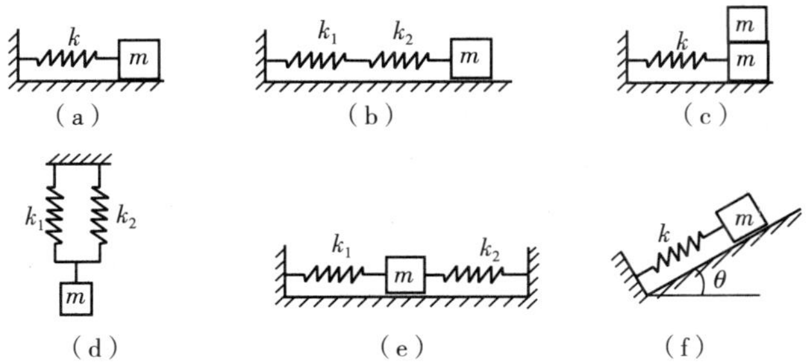

题 17-1 图

【解】　单自由度系统中,物体自由振动周期 $T=2\pi\sqrt{\frac{m}{k}}$。(a)、(f) 两图中,$T=2\pi\sqrt{\frac{m}{k}}$(与斜面倾角无关);(b) 图中两弹簧串联,当量弹簧常数为 $k_{eq}=\frac{k_1k_2}{k_1+k_2}$,$T=2\pi\sqrt{\frac{m(k_1+k_2)}{k_1k_2}}$;(c) 图中等效质量 $m_{eq}=2\text{m}$,$T=2\pi\sqrt{\frac{2m}{k}}$;(d)、(e) 两图中,两弹簧并联,当量弹簧常数为 $k_{eq}=k_1+k_2$,$T=2\pi\sqrt{\frac{m}{k_1+k_2}}$。

17-2　如题17-2图所示振动系统，物块质量为m_1时，自由振动周期为T_1；物块质量为m_2时，自由振动周期为T_2，求弹簧刚度k。

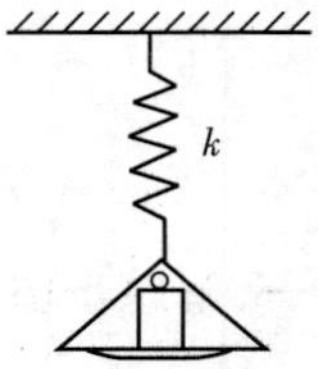

题17-2图

【解】　设托盘质量为m_0，则周期$T_1=2\pi\sqrt{\dfrac{m_1+m_0}{k}}$，$T_2=2\pi\sqrt{\dfrac{m_2+m_0}{k}}$，得$k=\dfrac{4\pi^2(m_1-m_2)}{{T_1}^2-{T_2}^2}$。

17-3　不计梁的质量，物块质量为m，此物静置于梁的中部时，梁中部的静挠度为$\delta_0=5\text{mm}$，今此物由$h=1\text{m}$处自由落在梁的中部后与梁不再分离。求此后物块的运动方程。

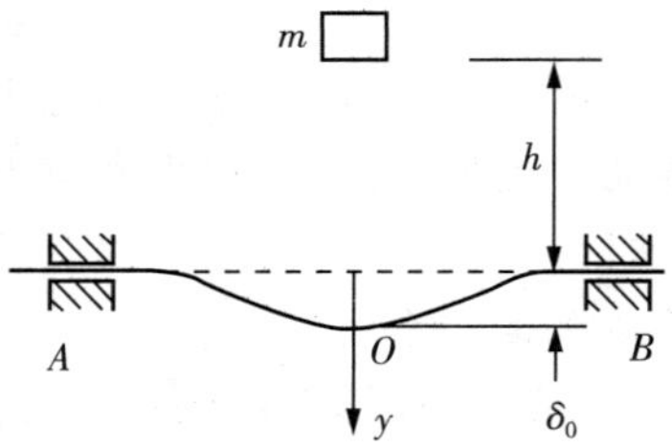

题17-3(a)图

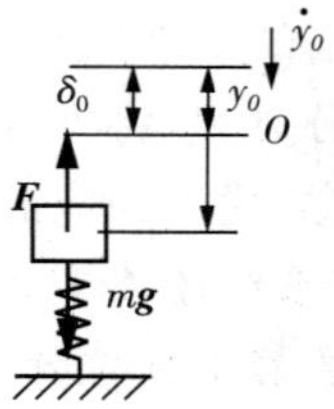

题17-3(b)图

【解】　重物运动的力学模型如题17-3(b)图，其运动微分方程为$\ddot{y}+\omega_0^2y=0$，初始条件：$y_0=-\delta_0$，$\dot{y}_0=\sqrt{2gh}$，固有频率$\omega_0=\sqrt{\dfrac{g}{\delta_0}}=44.3\quad\text{rad/s}$

重物的运动方程为

$$y=y_0\cos\omega_0t+\frac{\dot{y}_0}{\omega_0}\sin\omega_0t=-5\cos44.3t+100\sin44.3t$$

17-4　斜面倾角为θ，弹簧的刚度系数为k，质量为m的小车从高度为h处自由下行碰上弹簧后，不再与弹簧分开。求此后小车振动的周期和振幅。

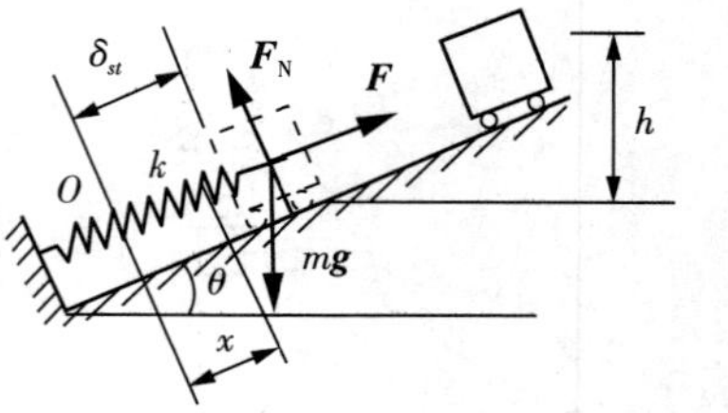

题17-4图

【解】　选小车静置于弹簧上的静平衡位置为坐标原点，则小车的运动微分方程为$m\ddot{x}+kx=0$，初始条件为

$$x_0=\frac{mg\sin\theta}{k},\dot{x}_0=\sqrt{2gh}$$

其自由振动的周期和振幅为

$$T=2\pi\sqrt{\frac{m}{k}},A=\sqrt{{x_0}^2+\left(\frac{\dot{x}_0}{\omega_0}\right)^2}=\sqrt{\frac{mg}{k}\left(\frac{mg}{k}\sin^2\theta+2h\right)}$$

17-5　如题17-5图所示均质杆AB质量为M，不计尺寸的小球B质量为m，两弹簧刚度均为k，杆处于水平位置时系统静止，求该系统微幅振动的固有频率ω_0。

【解】　设杆水平时，$\varphi=0$，其微幅振动方程为

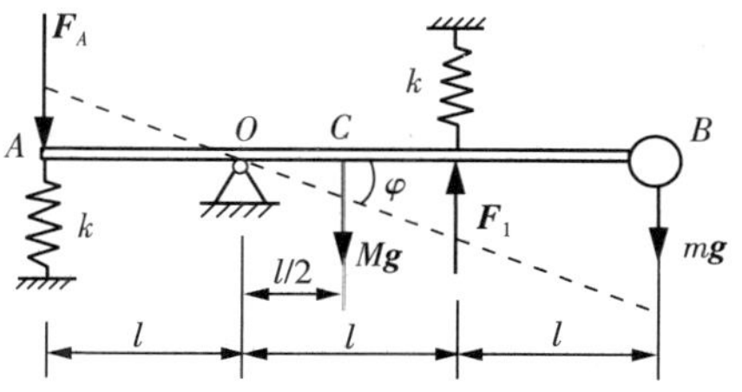

题 17－5 图

$$[J_0+m(2l)^2]\ddot{\varphi}=-2kl^2\varphi$$

式中 $J_0=\frac{1}{12}M(3l)^2+M\left(\frac{l}{2}\right)^2=Ml^2$，整理得

$$(M+4m)\ddot{\varphi}+2k\varphi=0$$

所以固有频率 $\omega_0=\sqrt{\frac{2k}{M+4m}}$。

17－6　质量为 $2m$ 的均质等边直角刚杆悬挂如题 17－6 图，$AB=AC=l$，求微幅振动的频率。

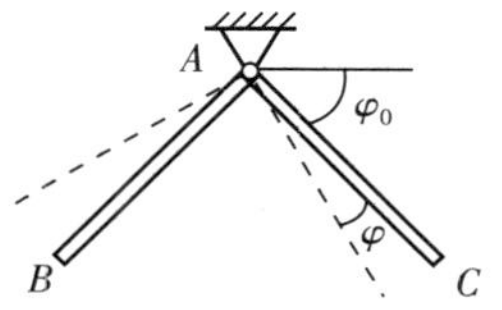

题 17－6 图

【解】　平衡时 $\varphi_0=45°$。微摆至 φ 处时，其定轴转动微分方程为

$$2\cdot\frac{ml^2}{3}\ddot{\varphi}=mg\ \frac{l}{2}\cos(\varphi_0+\varphi)-mg\ \frac{l}{2}\sin(\varphi_0+\varphi)$$

即 $\ddot{\varphi}=\frac{3g}{4l}[\cos(\varphi_0+\varphi)-\sin(\varphi_0+\varphi)]$，当 $\varphi_0=45°$ 时，可化简为 $\ddot{\varphi}=\frac{3g}{4l}(-\sqrt{2}\sin\varphi)$。对微幅振动时，有 $\sin\varphi\approx\varphi$，上式即

$$\ddot{\varphi}+\frac{3g}{2\sqrt{2}\,l}\varphi=0$$

所以微幅振动的频率 $\omega_0=\sqrt{\frac{3g}{2\sqrt{2}\,l}}$。

17－7　物块 A 及半径为 r 的滑轮均质的重量均为 P，弹簧刚度系数为 k，绳子不可伸长，求该系统的自由振动频率。

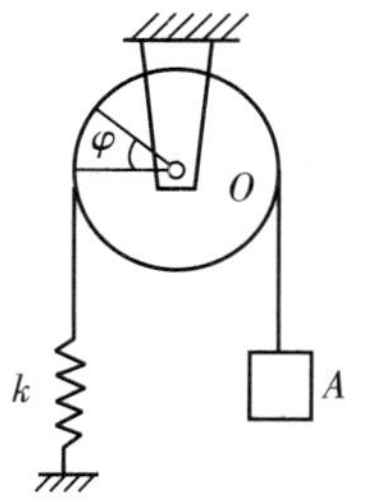

题 17－7 图

【解】　系统为单自由度保守系统，其机械能守恒。选广义坐标为 φ，取系统平衡处为零势能位置，则

$$\varphi=\varphi_0\sin(\omega_0t+\theta)，\dot{\varphi}=\varphi_0\omega_0\cos(\omega_0t+\theta)$$

最大动能 $T_{max}=\frac{1}{2}\frac{P}{g}(r\varphi_0\omega_0)^2+\frac{1}{2}\frac{Pr^2}{2g}(\varphi_0\omega_0)^2=\frac{3P}{4g}r^2\varphi_0{}^2\omega_0{}^2$，最大势能 $V_{max}=\frac{k}{2}(r\varphi_0)^2$，由 $T_{max}=V_{max}$，有

$$\frac{3P}{4g}r^2\varphi_0{}^2\omega_0{}^2=\frac{k}{2}(r\varphi_0)^2$$

得系统自由振动的频率为 $\omega_0=\sqrt{\frac{2k}{3P}g}$

17－8　质量为 m，半径为 r 的均质圆柱体在水平面纯滚。两刚度系数均为 k 的弹簧与圆

柱相连如题17-8图，连接处至柱心距离为a，系统静平衡时弹簧不受力。求圆柱作自由微振的周期。

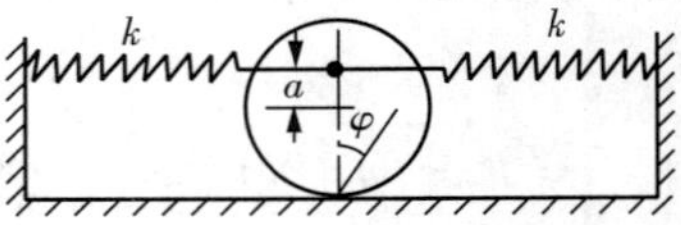

题 17-8 图

【解】 圆柱微振时，只有弹力做功，机械能守恒。选广义坐标为φ，并令系统平衡处为零势能位置，则$\varphi=\Phi\sin(\omega_0 t+\theta)$，$\dot{\varphi}=\Phi\omega_0\cos(\omega_0 t+\theta)$。圆柱最大的角速度为$\dot{\varphi}_{\max}=\Phi\omega_0$，圆柱中心最大速度为$r\dot{\varphi}_{\max}=r\Phi\omega_0$，最大动能和最大势能分别为

$$T_{\max}=\frac{1}{2}m\,(r\Phi\omega_0)^2+\frac{1}{2}\,\frac{mr^2}{2}\,(\Phi\omega_0)^2=\frac{3m}{4}r^2\Phi^2\omega_0^2$$

$$V_{\max}=2\cdot\frac{k}{2}\left[(r+a)\Phi\right]^2=k\,(r+a)^2\Phi^2$$

由$T_{\max}=V_{\max}$，即$\frac{3m}{4}r^2\Phi^2\omega_0^2=k\,(r+a)^2\Phi^2$，得

$$\omega_0=\sqrt{\frac{4k\,(r+a)^2}{3mr^2}}=2\left(1+\frac{a}{r}\right)\sqrt{\frac{k}{3m}}$$

所以周期为

$$T=\frac{2\pi}{\omega_0}=\frac{\sqrt{3}\,\pi}{1+\frac{a}{r}}\sqrt{\frac{m}{k}}$$

17-9　弹簧刚性系数为k，阻尼系数为c，物体B的质量为m，忽略其大小。杆AB质量忽略不计；求系统的固有频率ω_0和有阻尼自由振动的频率ω_d。

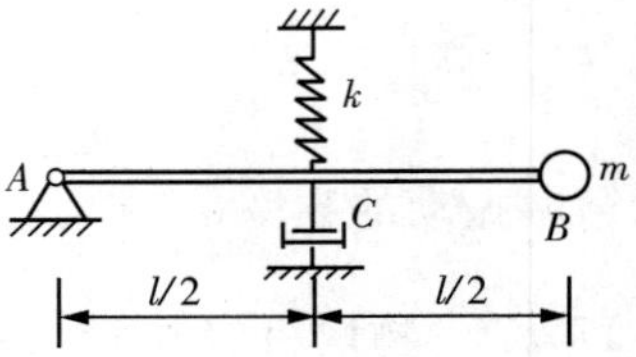

题 17-9 图

【解】 系统平衡时$\sum M_A(\boldsymbol{F})=0$，$mgl=k\delta_{st}\,\frac{l}{2}$。

运动至θ处，由$\frac{\mathrm{d}}{\mathrm{d}t}\sum m_A(mv)=\sum m_A(\boldsymbol{F}_e)$得

$$ml\ddot{\theta}=mgl-k\left(\delta_{st}+\frac{l}{2}\theta\right)\frac{l}{2}-c\,\frac{l}{2}\dot{\theta}\,\frac{l}{2}=\frac{k\theta}{4}l^2-\frac{c\dot{\theta}}{4}l^2$$

整理得$\ddot{\theta}+\frac{c}{4m}\dot{\theta}+\frac{k}{4m}\theta=0$，所以系统的固有频率为

$$\omega_0=\sqrt{\frac{k}{4m}}$$

并有阻尼系数$\delta=\frac{c}{8m}$，有阻尼自由振动的频率为

$$\omega_d=\sqrt{\omega_0{}^2-\delta^2}=\sqrt{\frac{k}{4m}-\frac{c^2}{64m^2}}$$

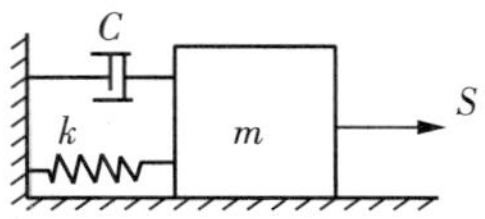

题 17-10 图

17-10　物体的质量 $m=2\text{kg}$，弹簧常数 $k=2\text{N/mm}$，干扰力 $S=16\sin 60t$，式中 t 以 s 计，S 以 N 计，物体所受阻力 $R=cv$，其中 $c=25.6\text{N}\cdot\text{s/m}$。求(1) 无阻尼时，物体受迫振动方程和动力放大系数 β；(2) 有阻尼时，物体受迫振动方程和动力放大系数 β。

【解】 (1) 无阻尼时，系统运动微分方程为

$$m\ddot{x}=-kx+16\sin 60t\text{，即 }\ddot{x}+\frac{k}{m}x=\frac{16}{m}\sin 60t$$

令 $\omega_0{}^2=\dfrac{k}{m}=\dfrac{2\times 10^3}{2}=10^3$，$h=\dfrac{16}{m}=8$，$b=\dfrac{h}{\omega_n^2-\omega^2}=-0.308$，则

$$x=-0.00308\sin 60t\ \text{m}$$

$$\beta=\frac{1}{\left|1-\left(\dfrac{\omega}{\omega_0}\right)^2\right|}=\frac{1}{\left|1-\left(\dfrac{60^2}{10^3}\right)\right|}=0.385$$

(2) 有阻尼时的运动微分方程为

$$\ddot{x}+\frac{c}{m}\dot{x}+\frac{k}{m}x=\frac{H}{m}\sin\omega t\text{，}\therefore x=b\sin(\omega t-\varepsilon)$$

令 $2\delta=\dfrac{c}{m}=12.8$，　$\omega_0{}^2=\dfrac{k}{m}=10^3$，　$h=\dfrac{H}{m}=8$，

$$\therefore b=\frac{h}{\sqrt{(\omega_0{}^2-\omega^2)^2+(2\delta\omega)^2}}=0.00295\text{cm}$$

$$\tan\varepsilon=\frac{2\delta\omega}{\omega_0{}^2-\omega^2}=-0.295\text{，}\quad\varepsilon=-0.287\text{rad，}$$

$$\therefore x=0.00295\sin(60t+0.287)\ \text{m}\text{，}\beta=\frac{b}{b_0}=\frac{B}{\dfrac{H}{m}}=0.369$$

17-11　质量为 $m=0.4\text{kg}$ 的物块悬挂在刚度系数 $k=40\text{N/m}$ 的弹簧上，已知 $O_1C=a\sin\omega t$，$a=0.02\text{m}$，$\omega=7\text{rad/s}$，求物块 B 受迫振动的规律和曲柄的临界转速。

【解】 选系统静平衡时 A、B 的位置为 x_A、x_B 的原点，如题 17-11(b) 图，弹簧力为 $F_k=k(x_B-x_A)$，式中 $x_A=a\sin\omega t$，则物块 B 的运动微分方程为

$$m\ddot{x}_B+kx_B=ka\sin\omega t$$

解得 $x_B=\dfrac{ka}{k-m\omega^2}\sin\omega t=40\sin 7t\ \text{mm}$

当 $\omega=\omega_0$ 时，曲柄达到临界转速，

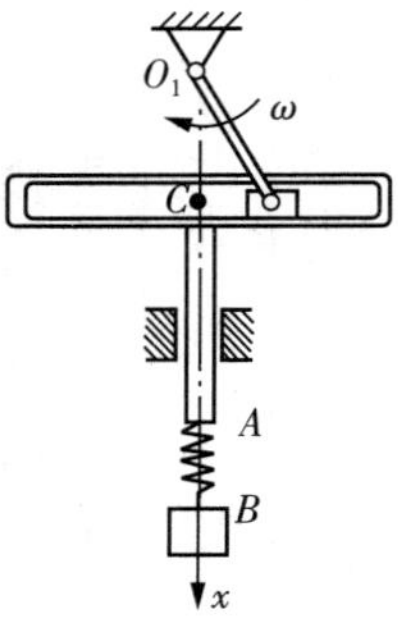

题 17－11(a) 图

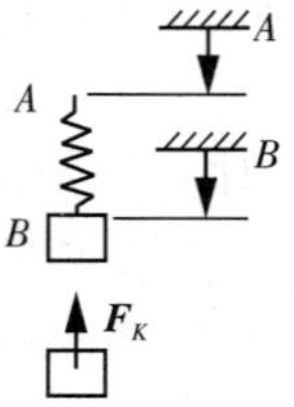

题 17－11(b) 图

$$\because \omega_0^2=\frac{k}{m}=\frac{40}{0.408}=98$$

$$\therefore n_p=\frac{30\omega_n}{\pi}=\frac{30}{\pi}\sqrt{98}=94.5\text{r/min}$$

17－12　电机质量 $m_1=250\text{kg}$,转子上的偏心块质量 $m_2=0.2\text{kg}$,偏心距 $e=10\text{mm}$,共四根弹簧,每根弹簧的刚度 $k=30\text{kN/m}$。求(1) 共振时的转速 n_0;(2)$n=1000\text{r/min}$ 时,振幅为多大?

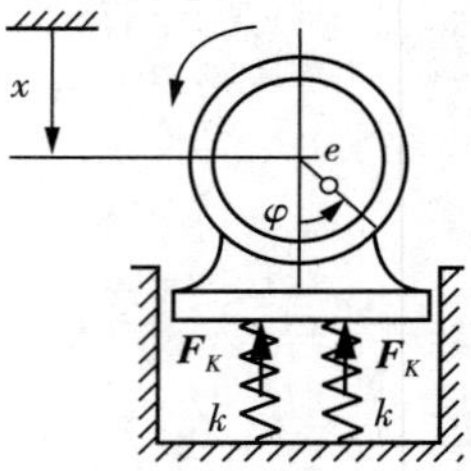

题 17－12 图

【解】　选电机静平衡位置为坐标原点,图中 $F_k=kx$ 为单根弹簧的恢复力,由动量定理,有

$$\frac{\mathrm{d}^2}{\mathrm{d}t^2}[m_1x+m_2(x+e\cos\varphi)]=-4kx$$

式中 $\varphi=\omega t,\omega=\dfrac{2\pi n}{60}$,展开上式得振动微分方程

$$(m_1+m_2)\ddot{x}+4kx=m_2e\omega^2\cos\omega t$$

所以固有频率及共振时的转速为

$$\omega_0=\sqrt{\frac{4k}{m_1+m_2}}=21.9\ \text{rad/s},n_0=\frac{60\omega_n}{2\pi}\approx 209\ \text{r/min}$$

而受迫振动的振幅为 $b=\dfrac{m_2e\omega^2}{|4k-(m_1+m_2)\omega^2|}=8.4\times10^{-3}\text{mm}$

17－13　已知电机转速 $\omega=60\pi\text{rad/s}$,全机质量 $m=100\text{kg}$,欲使传到地基上的干扰力降为原干扰力的 $\dfrac{1}{10}$,求隔振弹簧刚度系数 k。

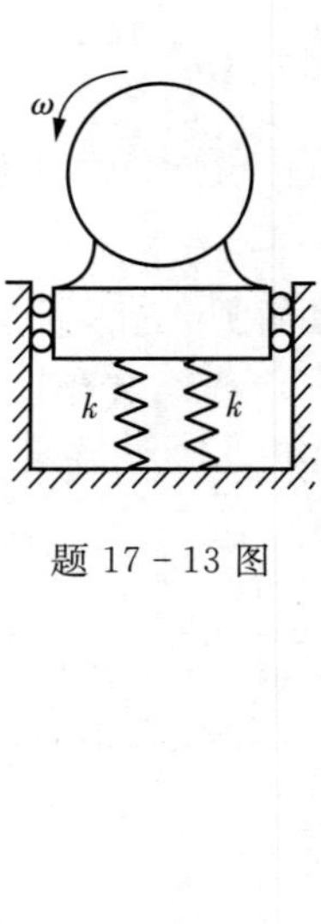

题 17－13 图

【解】　按主动隔振公式,力的传递率为

$$\eta=\frac{1}{\lambda^2-1},即\frac{1}{10}=\frac{1}{\frac{\omega^2 m}{k}-1},$$

可解出隔振弹簧总刚度为

$$k=\frac{\omega^2 m}{11}=323\text{kN/m}$$

17-14　如题 17-14 图，扭转刚度系数为 k_n 且质量不计的圆轴左端固定，其上装有两个转动惯量均为 J 的圆盘，求此系统自由扭振的固有频率。

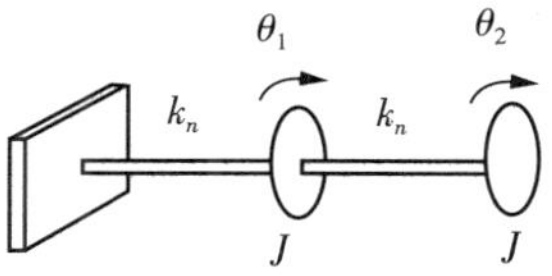

题 17-14 图

【解】　选平衡位置为扭角 θ_1、θ_2 的起始位置和系统的零势能位置，振动时系统的动能和势能分别为

$$T=\frac{1}{2}J\dot{\theta}_1^{\,2}+\frac{1}{2}J\dot{\theta}_2^{\,2},V=\frac{1}{2}k_n\theta_1^{\,2}+\frac{1}{2}k_n(\theta_2-\theta_1)^2$$

代入拉格朗日方程

$$\frac{\mathrm{d}}{\mathrm{d}t}\left(\frac{\partial T}{\partial\dot{\theta}_1}\right)-\frac{\partial T}{\partial\theta_1}=-\frac{\partial V}{\partial\theta_1},\frac{\mathrm{d}}{\mathrm{d}t}\left(\frac{\partial T}{\partial\dot{\theta}_2}\right)-\frac{\partial T}{\partial\theta_2}=-\frac{\partial V}{\partial\theta_2}$$

得运动微分方程

$$\begin{bmatrix}J & 0\\ 0 & J\end{bmatrix}\begin{Bmatrix}\ddot{\theta}_1\\ \ddot{\theta}_2\end{Bmatrix}+\begin{bmatrix}2k_n & -k_n\\ -k_n & k_n\end{bmatrix}\begin{Bmatrix}\theta_1\\ \theta_2\end{Bmatrix}=0$$

设 $\begin{Bmatrix}\theta_1\\ \theta_2\end{Bmatrix}=\begin{Bmatrix}\Theta_1\\ \Theta_2\end{Bmatrix}\sin\omega t$，代入式(1)，得

$$\begin{bmatrix}2k_n-J\omega^2 & -k_n\\ -k_n & k_n-J\omega^2\end{bmatrix}\begin{Bmatrix}\Theta_1\\ \Theta_2\end{Bmatrix}=0$$

令 $\begin{bmatrix}2k_n-J\omega^2 & -k_n\\ -k_n & k_n-J\omega^2\end{bmatrix}=0$，解得自由振动的固有频率为

$$\omega_1=0.618\sqrt{\frac{k_n}{J}},\omega_2=1.618\sqrt{\frac{k_n}{J}}$$